VA-655

Herausgeber:	Institut für Grünplanung und Gartenarchitektur Institut für Landschaftspflege und Naturschutz Institut für Landesplanung und Raumforschung Institut für Freiraumentwicklung und Planungsbezogene Soziologie
Redaktion dieses Heftes:	Dipl.-Ing. Wolfgang Roggendorf
Druck:	Druck Team, Hannover
ISSN: ISBN:	0721-6866 3-923517-33-5
Copyright:	Institut für Landesplanung und Raumforschung
Vertrieb:	Institut für Landesplanung und Raumforschung Universität Hannover, Herrenhäuser Str. 2 30419 Hannover, Tel.: (0511) 762 - 2660

BEITRÄGE ZUR RÄUMLICHEN PLANUNG

Schriftenreihe des Fachbereichs Landschaftsarchitektur und
Umweltentwicklung der Universität Hannover

Heft 46

Fürst, D.; Roggendorf, W.; Scholles, F.; Stahl, R.

UMWELTINFORMATIONSSYSTEME - PROBLEMLÖSUNGSKAPAZITÄTEN FÜR DEN VORSORGENDEN UMWELTSCHUTZ UND POLITISCHE FUNKTION

Forschungsprojekt gefördert von der VW - Stiftung (Projekt-Nr. II / 67 711)
Endbericht

Hannover 1996

Fürst, D.; Roggendorf, W.; Scholles, F.; Stahl, R.

Umweltinformationssysteme - Problemlösungskapazitäten für den vorsorgenden Umweltschutz und politische Funktion

Forschungsprojekt gefördert von der VW - Stiftung (Projekt-Nr. II / 67 711)
Endbericht

Hannover 1996, 304 S. (26 Abb.)

(Beiträge zur räumlichen Planung, Heft 46)

ISBN 3-923517-33-5

Inhaltsverzeichnis

Danksagung V

Abkürzungsverzeichnis VI

Zusammenfassung XI

1. Einführung 1
1.1 Abgrenzung und Ziele des Vorhabens 1
1.2 Vorgehensweise und Aufbau der Arbeit 2
1.3 Begriffsdefinitionen 3
1.3. Umweltinformationssysteme 3
1.3.2 Umweltvorsorge 5

2. Umweltinformationssysteme der Länder 7
2.1 Ausgewählte Beispiele 7
2.1.1 Niedersachsen - NUMIS 7
2.1.2 Nordrhein Westfalen - DIM 10
2.1.3 Baden - Württemberg 12
2.1.4 Hamburg - HUIS 16
2.1.5 Berlin 17
2.1.6 Brandenburg 23
2.1.7 Bayern 26
2.1.8 Sachsen - Anhalt 28
2.1.9 Schleswig - Holstein 29
2.1.10 Sachsen 32
2.2 Übergreifende Auswertung und allgemeine Trends 34
2.2.1 Fachinformationsysteme 35
2.2.2 Übergeordnete Komponeten 36
2.2.3 Basissysteme 38
2.2.4 Konzepterstellung und Systemimplementation 38
2.2.5 Nutzen von Länderumweltinformationssystemen für die kommunale Ebene ... 40

3. Kommunale Umweltinformationssysteme 41
3.1 Arbeitshypothesen zu Wirkungen von UIS 41
3.2 Unterschiede zwischen UIS und allgemeiner DV-Nutzung 44
3.4 Tendenzen kommunaler UIS-Konzepte 46
3.4.1 Datenbasis und Auswertungsmethodik 46
3.4.2 UIS in den verschiedenen Gebietskörperschaften 48

3.4.3	Realisierungsvarianten von UIS	48
3.4.4	Entwicklungsstand der UIS-Realisierungen	50
3.4.5	Mit UIS verbundene Zielvorstellungen	51
3.4.6	Strategien beim UIS-Aufbau	54
3.4.7	Organisationsformen von UIS	56
3.4.8	DV-Technik und Module von UIS	57
3.4.9	Anwendungsbereiche von UIS	61
3.4.10	Datenbereiche- Inhalte von UIS	62
3.4.11	Datengrundlagen kommunaler UIS	69
3.5	Darstellung der Fallbeispiele	72
3.5.1	Dortmund	73
3.5.2	Hannover	80
3.5.3	Umlandverband Frankfurt	92
3.5.4	Bielefeld	106
3.5.5	Hamm	112
3.5.6	Herne	121
3.5.7	Münster	129
3.5.8	Wuppertal	134
3.5.9	Würzburg	140
3.6	Dokumentation der Untersuchung in einer Meta-Datenbank	148

4. Übergreifende Auswertung ... 150

4.1	Ziele und Aufbau der Auswertung	150
4.2	Beitrag von UIS zur Schadstoffreduzierung und Umweltvorsorge	152
4.3	Probleme bei Konzeptionierung, Aufbau und Einsatz von UIS	162

5. Leitfaden für den Aufbau und Einsatz kommunaler Umweltinformationssysteme ... 180

5.1	Vorbemerkungen	180
5.1.1	Berücksichtigung der Aufgaben einer Kommune	180
5.1.2	Berücksichtigung der Möglichkeiten einer Kommune	180
5.2	Inhaltliche Anforderungen	181
5.2.1	Das UIS für einen vorsorgenden Umweltschutz - Zielsetzung	181
5.2.2	Daten und Methoden - Aufbau und Inhalte eines UIS	185
5.2.3	Daten- und Informationsmanagement	193
5.2.4	Anforderungen an Hard- und Software	196
5.3	Verfahrensanforderungen	202
5.3.1	Allgemeine Anforderungen	202
5.3.2	Voruntersuchung	203
5.3.3	Entwicklung eines Grobkonzepts	205

5.3.4	Feinkonzept	212
5.3.5	Pilotphase	213
5.3.6	Einsatzphase	213
5.3.7	Weiterentwicklung bzw. Neuaufbau	214

6. GIS-Unterstützung für die kommunale UVP in Dortmund 215

6.1	Zielsetzung	215
6.2	Vorgaben	217
6.2.1	Das UVP-Verfahren zur Bauleitplanung bei der Stadt Dortmund	217
6.2.2	Bewertungen nach dem „Handbuch zur Umweltbewertung"	218
6.2.3	Technische Voraussetzungen	219
6.3	Vorgehensweise	220
6.3.1	Auswahl der Bewertungskriterien	220
6.3.2	Auswahl der Schutzgüter	220
6.3.3	Auswahl der Testgebiete	221
6.4	Durchführung: Betrachtung der Schutzgüter	221
6.4.1	Boden	221
6.4.2	Flora und Fauna	225
6.4.3	Klima und Lufthygiene	229
6.5	Ergebnisse	231
6.5.1	Einschätzung des Automatisierungspotentials	232
6.5.2	Probleme der Umsetzung (Datensituation)	233
6.5.3	Einfluß der Technik auf Verfahren und Ergebnisse	235

7. Literatur- und Quellenverzeichnis 240

Anhang

Abbildungsverzeichnis

Abb. 2.1: Datenfluß ins DIM 11
Abb. 2.2: Konzept des UIS in Baden-Württemberg 13
Abb. 2.3: Geplanter Aufbau des Hamburger Umweltinformationssystems HUIS 17
Abb. 2.4: Struktur des Berliner Umweltinformationssystems 19
Abb. 2.5: Struktur des LUIS Brandenburg 25
Abb 2.6: Komponenten des UIS in Bayern 27
Abb. 2.7: Struktur des Umweltinformationssystems Sachsen-Anhalt 29
Abb. 2.8: Aufbau des NUIS-SH 31
Abb. 2.9: Geplante Struktur des UIS in Sachsen 33
Abb. 3.1: Allgemeine Zielvorstellungen über den Beitrag von UIS zur Schadstoffreduzierung und Umweltvorsorge 42
Abb. 3.2: Probleme bei Konzeptionierung, Aufbau und Einsatz von UIS 43
Abb. 3.3: Projektstädte im Forschungsprojekt Umweltinformationssysteme 47
Abb. 3.4: Struktur der Gebietskörperschaften mit UIS 48
Abb. 3.5: UIS-Kategorien 50
Abb.3.6: Realisierungsstand übergreifender UIS 50
Abb. 3.7: Softwareausstattung 59
Abb. 3.8: Datengrundlagen kommunaler UIS 70
Abb. 3.9 Methodisches Grundgerüst ÖFH 80
Abb. 3.10 Bausteine des UIS Hannover 81
Abb. 3.12 Aufbau des Kommunalen Informationssystems Würzburg 141
Abb. 3.13 Entity Relation Modell der geplanten Metadatenbank kommunaler UIS 149
Abb. 5.1: Wasserfallmodell nach P.F. Elzer 202
Abb. 6.1: Inhalte des Gebietsbriefs 216
Abb. 6.2: Bebauungsplanverfahren mit integriertem UVP-Verfahren 218
Abb. 6.3: Lineage Boden 225
Abb. 6.4: Verknüpfungsregel zur Bewertung der Qualität für Flora und Fauna 226

Tabellenverzeichnis

Tab. 3.1: Implementationsstrategien 54
Tab. 3.2: Projektförderer beim Aufbau von UIS 55
Tab. 3.3: Hardware und Betriebssysteme von UIS 57
Tab. 3.4: Verwendung von Modell- und Methodenbausteinen in UIS 60
Tab. 3.5: Anwendungsbereiche von UIS 61
Tab. 6.1: Bewertungsmatrix Qualität der Böden/Bodenfunktionen 223

Dank

Der Dank der Autoren gilt einerseits der VW-Stiftung, die durch ihre Finanzierung das Forschungsprojekt ermöglicht hat und andererseits den Partnerkommunen und Bundesländern für ihre Bereitschaft - in den allermeisten Fällen unentgeltlich - Informationsmaterial zur Verfügung zu stellen. Besonderer Dank gebührt den Städten Bielefeld, Dortmund, Hamburg, Hamm, Hannover, Herne, Münster, Wuppertal, Würzburg, dem Umlandverband Frankfurt, der Senatsverwaltung für Stadtentwicklung und Umweltschutz Berlin, der Umweltbehörde der Freien und Hansestadt Hamburg, dem Minister für Umwelt, Raumordnung und Landwirtschaft in Düsseldorf und dem Niedersächsischen Umweltministerium, die das Projekt zusätzlich durch die Freistellung einiger Mitarbeiter für Interviews und Vorführungen unterstützt haben. Hervorzuheben sind vor allem auch die Mitarbeiterinnen und Mitarbeiter des Umweltamts und des Planungsamts der Stadt Dortmund, denen wir zu Dank verpflichtet sind für die eingebrachte Zeit und Energie sowie die ausgezeichnete und stets kooperative Zusammenarbeit bei der Realisierung und anschließenden Beurteilung der gesamten Praxissimulation. Ebenso sollen hier alle Personen genannt werden, insbesondere die Teilnehmer unseres Workshops, die das Projekt aktiv mit ihren Anregungen und Diskussionsbeiträgen mitgestaltet haben. Zuletzt danken wir auch den Mitarbeiterinnen und Mitarbeitern am Institut, die ausgesprochen hilfreich an der Fertigstellung des Projektberichts mitgewirkt haben, vor allem unseren studentischen Hilfskräften Frau cand.ing. *Kerstin Hunebeck* und Herr cand.ing. *Frank Henneberg*.

Abkürzungsverzeichnis

ABM	Arbeitsbeschaffungsmaßnahme
ADA	Allgemeine Dienstanweisung
Adabas	Datenbanksystem
ADAM	Aktueller Digitaler Atlas München
ADV (AdV)	Arbeitsgemeinschaft der Vermessungsverwaltungen
ADV	Automatische Datenverarbeitung
AfA	Amt für Agrarstruktur
AKD	Arbeitsgemeinschaft Kommunale Datenverarbeitung
AKDB	Anstalt für kommunale Datenverarbeitung in Bayern
AKK	Automationskommission der Kommunen
AKOSIC	Arbeitsgemeinschaften Kommunaler SICAD-Anwender
AKTIS	Amtliches Topographisch-Kartographisches Informationssystem
ALB	Automatisiertes Liegenschaftsbuch
ALBIS	Arten-, Landschafts- und Biotopinformationssystem (Baden-Württemberg)
ALK	Automatisierte Liegenschaftskarte
ALK-GIAP	Geoinformationssystem der Fa. AED Graphics
Arc/Info	Geoinformationssystem der Fa. ESRI
ASCII	Amerikanischer Standardcode für Informationsaustausch
ASPE	EDV-Programm im Aufgabenfeld Artenschutz
AutoCAD	CAD-System der Fa. Autodesk
BALIS	Landwirtschaftinformationssystem (Bayern)
BAR	Büroautomation in den Regierungspräsidien (Baden-Württemberg)
BBauG	Bundesbaugesetz (seit 1986 gilt das Baugesetzbuch -BauGB)
BImSchG	Bundes-Immissionsschutzgesetz
BIS	Bodeninformationssystem
BKS	Bürokommunikationssystem
BLAK	Bund-Länder-Arbeitskreis
BMBau	Bundesministerium für Raumordnung, Bauwesen und Städtebau
BMFT	Bundesministerium für Forschung und Technologie, jetzt Bundesministerium für Bildung, Wissenschaft, Forschung und Technologie (BMBF)
BODVIEW	Programm zur menügesteuerten Auswertung von Bodenkennwerten (UVF)
BODWISS	Simulationsprogramm zur Interpolation von Bodenmeßwerten (UVF)
BTX	Bildschirmtext
CAD	Computer-Aided-Design
CIA	Computer-Integrated-Administration
CIR	Color Infrarot
CLUA	Labordatenverarbeitung in den Chemischen Untersuchungsanstalten (Baden-Württemberg)
Datex-J	Ein Mehrwertdienst der Post (ehemals BTX)
Datex-P	Betriebsart des Datex-Netzes der Post
DB	Datenbank
DB2	Großrechnerdatenbank der Fa. IBM

dBase	Relationales Datenbanksystem für PC der Fa. Borland
DEC (Digital)	Hardwarefirma (Digital Equipment Coop.)
DGK-5	Deutsche Grundkarte (Maßstab 1:5.000)
DGM	Digitales Geländemodell
DIfU	Deutsches Institut für Urbanistik (Berlin)
DIM	Daten- und Informationssystem des MURL
DTP	Desktop Publishing
DTV	Durchschnittliche tägliche Verkehrsmenge
DV	Datenverarbeitung
DVS	Datenvermittlungssystem NRW
DXF	AutoCAD Datenaustauschformat (Data Exchange Format)
EDBS	"Einheitliche" Datenbankschnittstelle für ATKIS- und ALK-Daten
EDV	Elektronische Datenverarbeitung
EU	Europäische Union
EXCEPT	Entscheidungsunterstützungssystem der Fa. IBM (Expertsystemshell for Computer aided Environmental Planing Task)
EXPO	Weltausstellung (für das Jahr 2000 in Hannover geplant)
EZS-I	Geoinformationssystem der Fa. ibb (auch EZS-GTI)
FAW Ulm	Forschungsinstitut für anwendungsorientierte Wissensverarbeitung
F + E	Forschung und Entwicklung
FEFLOW	Grundwassersimulationsprogramm
FIS	Führungsinformationssystem
GEOGIS	Geographisches Grundinformationssystem (Bayern)
GEOSUM	Geoinformationssystem Umwelt (Niedersächsisches Umweltministerium)
GIS	Geographisches Informationssystem
GKD-Ruhr	Gemeinsame Kommunale Datenverarbeitungszentrale Ruhr
GRAUSI	Grundwasser-Auskunftssystem (StAWA Bielefeld)
GU-INFO	Geographisches Umweltinformationssystem Herne
GÜN	Gewässerüberwachungssystem Niedersachsen
HEINS	Hannover Environmental Information System
HLfU	Hessische Landesanstalt für Umwelt
HTML	Hypertext Markup Language (Textformat für WWW-Dokumente)
HUIS	Hamburger Umweltinformationssystem
HUMIS	Gesundheitsberichterstattung (Baden-Württemberg)
IIASA	International Institute for Applied Systems Analysis (Laxenburg, A)
ILR	Informationssystem ländlicher Raum (Baden-Württemberg)
ILR	Institut für Landesplanung und Raumforschung
IMS	Informationsmanagementssystem (Brandenburg)
Informix	Relationales Datenbankprogramm
Ingres	Relationales Datenbankprogramm
Internet	Oberbegriff für alle Computernetze der Welt, die über TCP/IP miteinander kommunizieren
IPS	Informations- und Planungssystem (UVF)
IS-GAA	Informationssystem Gerwerbeaufsicht (Baden-Württemberg)

IS	Informationssystem
ISAL	Informationssystem Altlasten (NRW)
IT-BNL	Informationstechnik in den Bezirksstellen für Naturschutz und Landschaftspflege (Baden-Württemberg)
IT-WWA	Informationstechnik in den Wasserwirtschaftsämtern (Baden-Württemberg)
IuK	Information und Kommunikation
KAMO/UVF	Simulationsmodell zur Berechnung von Kaltluftproduktion und -abfluß (UVF)
KDN	Kommunale Datenzentralen in NRW
KFÜ	Kernreaktor-Fernüberwachung
KGSt	Kommunale Gemeinschaftsstelle für Verwaltungsvereinfachung
KIS	Kommunales Informationssystem (Würzburg)
KORIS	Kommunales Raumbezogenes Informationssystem (Stadt Münster)
KRIS	Kommunales Raum-Informationssystem (Landkreis Osnabrück)
KUIS	Kommunales Umweltinformationssystem (Produkt der Fa. Bull/AWD)
KUNIS	Kommunales Umwelt- und Naturschutz-Informationssystem der AKDB (Bayern)
KURD	Katalog Umweltrelevanter Daten (Hannover)
LAN	Local Area Network
LANIS	Landschaftsinformationssystem (Schleswig-Holstein/Bundesamt für Naturschutz)
LB	Geschützter Landschaftsbestandteil
LDS	Landesamt für Datenverarbeitung und Statistik (NRW)
LFU	Landesanstalt für Umweltschutz (Baden-Württemberg)
LHH	Landeshauptstadt Hannover
LIMS	Labor-Informations- und Management-Informationssystem (Baden-Württemberg)
LINFOS	Landschafts-Informationssystem NRW
LIPS	Labor-Informations-und Planungssystem (Baden-Württemberg)
LIS	Landesanstalt für Immissionsschutz NRW, jetzt Landesumweltamt (LUA)
LÖBF	Landesanstalt für Ökologie, Bodenordnung und Forsten/ Landesamt für Agrarordnung NRW (ehem. LÖLF)
LOKSYS	spezielles Raumbezugssystem (Umlandverband Frankfurt)
LSG	Landschaftsschutzgebiet
LUA	Landesamt für Umweltschutz (Brandenburg)
LUFA	IuK-Technik in der Landwirtschaftlichen Untersuchungs- und Forschungsanstalt (Baden-Württemberg)
LUIS	Landesumweltinformationsytem Brandenburg
LÜN	Luftüberwachungsnetz (Niedersachsen)
LVN	Landesverwaltungsnetz (Baden-Württemberg)
MERKIS	Maßstaborientierte Einheitliche Raumbezugsbasis für Kommunale Informationssysteme (Empfehlung des Städtetags)
MNUL	Ministerium für Natur, Umwelt und Landesentwicklung Schleswig-Holstein
MU	Niedersächsisches Umweltministerium
MUN	Ministerium für Umwelt und Naturschutz des Landes Sachsen-Anhalt
MUNR	Ministerium für Umwelt, Naturschutz und Raumordnung Brandenburg
MURL	Der Minister für Umwelt, Raumordnung und Landwirtschaft (Nordrhein-Westfalen)
NAUDA	Natürlichsprachlicher Zugang zu Umwelt-Datenbanken (Baden-Württemberg)
NFS	Network-File-System (Netzverwaltungssystem)

NIBIS	Niedersächsisches Boden-Informationssystem
NIPS	Netzinformationssystem (Bielefeld)
NLfB	Niedersächsisches Landesamt für Bodenforschung
NLÖ	Niedersächsisches Landesamt für Ökologie
NOISE	Lärmberechnungsprogramm
NRW	Nordrhein-Westfalen
NSG	Naturschutzgebiet
NUFIS	Führungs-Informationssystem des Natur- und Umweltinformationssystem Schleswig-Holstein
NUIS-ORG	Organisationskonzept des Natur- und Umweltinformationssystem Schleswig-Holstein
NUIS-SH	Natur- und Umweltinformationssystem Schleswig-Holstein
NUMIS	Niedersächsisches Umweltinformationssystem
ÖFH	Ökologisches Forschungsprogramm Hannover
Önorm	Österreichische Datenaustauschnorm
Oracle	Relationales Datenbankprogramm
OS/2	Multitasking-Betriebssystem der Fa. IBM
Outsourcing	Auslagern von Leistungen
PAK	Polycyclische aromatische Kohlenwasserstoffe
PCB	Polychlorierte Biphenyle
PIA	Geoinformationssystem der Fa. Forstware
PLANUM	Graphisches Informationssystem am Hauptamt Dortmund
QMF	SQL-ähnliche Datenbankabfragesprache
RBE	Raumbezugsebenen (des MERKIS-Konzeptes)
RDBMS	Relationales Datenbank-Management-System
RESEDA	Remote Sensor Data Analysis - Wissensbasierte Auswertung von Rasterbilddaten (Baden-Württemberg)
RIPS	Räumliches Informations-und Planungssystem (Baden-Württemberg)
RISC	Prozessorarchitektur
RISY	Räumliches Informationssystem (Bielefeld)
ROV	Raumordnungsverfahren
SAIF	Datenschnittstelle in Kanada
SDTS	Spatial Data Tranfer Standard (Datenschnittstelle in den USA)
SICAD	Geoinformationssystem der Fa. Siemens
SNI	Siemens Nixdorf International
SPANS	Geoinformationssystem der Fa. TYDAC
SQL	Structured Query Language (Abfragesprache für relationale Datenbanksysteme)
SSfUL	Sächsisches Staatsministerium für Umwelt und Landesentwicklung
StAWA	Staatliches Amt für Wasser und Abfall (u.a. NRW)
StMLU	Staatsministerium für Landesentwicklung und Umweltfragen (Bayern)
TCP/IP	Transfer Control Protocol / Internet Protocol (Datentransport-Protokoll)
TEMES	Telemetrisches Echtzeit-Mehrkomponenten-Erfassungs-System des LUA NRW
TEMITEC	Testdatenbank für Emissionsminderungstechniken der Uni Karlsruhe (Baden-Württemberg)
TIFF	Systemübergreifendes Format für Bitmap-Graphiken (Tagged Image File Format)
Tool	Software-Werkzeug

TuI	Technikunterstützte Informationsverarbeitung
TULIS	Technosphäre- und Luftinformationssystem (Baden-Württemberg)
UBA	Umweltbundesamt
UDK	Umweltdatenkatalog
UDO	Umweltinformationssystem Dortmund
UDOKAT	Umweltdatenkatalog Dortmund
UEP	Umwelterheblichkeitsprüfung
UFIS	Umwelt-Führungs-Informationssystem (Baden-Württemberg)
UIG	Umweltinformationsgesetz
ÜIS	Übergreifende Informationssysteme
UIS	Umweltinformationssystem
ULIZ	Umweltlage- und Informationszentrum (Brandenburg)
UMS	Umweltmanagementsysteme
UMWISS	Umweltinformationssystem des Umlandverbands Frankfurt
UNIX	Multitasking-Betriebssystem
UQUADO	Digitale Umweltqualitätskarte (Dortmund)
UQS	Umweltqualitätsstandard
UQZ	Umweltqualitätsziel
USCHI	Umweltschutz-Informationssystem der Stadt Bielefeld
UVA	Umweltvorsorgeatlas (Umlandverband Frankfurt)
UVF	Umlandverband Frankfurt
UVP	Umweltverträglichkeitsprüfung
UVPG	Gesetz über die Umweltverträglichkeitsprüfung
UVS	Umweltverträglichkeitsstudie
VAwS	Verordnung über Anlagen zum Lagern, Abfüllen und Umschlagen wassergefährdender Stoffe (NRW)
VERUM	Verfahrensunterstützung Umweltverträglichkeitsprüfung (Programm der Fa. IBM)
VETIS	Veterinär-Informationssystem (Baden-Württemberg)
VIOLA	IuK-Technik in der staatlichen Veterinärmedizin (Baden-Württemberg)
WANDA	Water Analysis Data Advisor - Wissensbasierte Auswertung von Sensorinformationen in der Wasseranalytik (Baden-Württemberg)
WATIS	Wattenmeerinformationssystem
WAWIS	Wasser- und Abfallwirtschaftliches Informationssystem (Baden-Württemberg)
WEDIF	Daten- und Informationsverarbeitung in der Flubereinigungsverwaltung (Baden-Württemberg)
WINHEDA	Wissensbasierter natürlichsprachlicher Zugriff auf verteilte heterogene Datenbanken (Baden-Württemberg)
XUMA	Expertensystem Umweltgefährlichkeit von Altlasten des Kernforschungszentrum Karlsruhe (Baden-Württemberg)
ZEUS	Zentrales Umwelt-Kompetenz-System (Baden-Württemberg)
ZGDV	Zentrum für Graphische Datenverarbeitung (Darmstadt)
ZIM	Zukunftsinitiative Montan-Region
ZIS	Zentrale Informationssysteme (Sachsen)

Zusammenfassung

Im Rahmen des Forschungsprojekts "Umweltinformationssysteme - Problemlösungskapazitäten für den vorsorgenden Umweltschutz und politische Funktion" wurden - beginnend im Juni 1993 - kommunale Umweltinformationssysteme (UIS) hinsichtlich ihrer Effizienz und ihres Nutzens für eine Schadstoffreduzierung und vorsorgende Umweltplanung untersucht. Ziel war es insbesondere zu ermitteln, ob UIS die Schlagkraft der Umweltpolitik erhöhen (schneller, flexibler, vernetzter agieren zu können).

Um diese Potentiale der UIS einschätzen zu können, wurden die folgenden Forschungskomplexe behandelt:
- Erfahrungen im Aufbau von UIS aus der Sicht der Anbieter und der Anwender,
- Erfolge und Probleme der Implementation von übergreifenden UIS in der sektoralisierten Kommunalverwaltung,
- Erfolge und Probleme der alltäglichen Nutzung von UIS.

Nach einer eingehenden Literaturrecherche und einer Untersuchung von Umweltinformationssystemen verschiedener Bundesländer hinsichtlich einer Nutzbarkeit ihrer konzeptionellen Ansätze, Verfahren und Datensätze wurden in einer Hauptuntersuchung auf der kommunalen Ebene bei insgesamt neun Fallbeispielen über Experteninterviews mit den jeweiligen Betreibern, sowie tatsächlichen und potentiellen Anwendern und über begleitende Aktenstudien die Forschungsfragen vertieft untersucht. Daneben wurden über weitere Recherchen und Kontakte gewonnenes umfangreiches Informationsmaterial zu rund 40 weiteren kommunalen UIS hinsichtlich des Implementationstands und der Konzeption ausgewertet. Zur Detaillierung und Untermauerung der Erkenntnisse wurde zum einen der praktische Einsatz von UIS am Beispiel einer Umweltverträglichkeitsprüfung auf Grundlage des UIS Dortmund in Form einer Praxissimulation nachvollzogen. Zum anderen wurden die thesenartig zusammengefaßten Ergebnisse in Workshops mit UIS-Praktikern und -Theoretikern erörtert.

Die Umweltinformationssysteme der Bundesländer, von denen bisher nur einige wenige über die Phase der Konzepterstellung hinaus auch zum praktischen Einsatz gelangt sind, haben zwar für kommunale UIS kaum unmittelbaren Nutzen, bieten jedoch wichtige Hinweise bezüglich der prinzipiellen Konzeptionierung und der Vorgehensweise beim Aufbau von solchen Systemen. Es zeigt sich, daß die Länder-Systeme durchgehend die in der sektoralisierten Fachverwaltung existierenden Fachinformationssysteme als Basis nutzen und zum einen deren Verknüpfung und Kommunikation fördern wollen und zum anderen die dort vorhandenen Informationen in übergreifenden Komponenten für querschnittsorientierte Fragestellungen und Auswertungen integrieren. Übergreifende Analysen und Datenaggregationen sollen einerseits der Verbesserung der umweltpolitischen Steuerung durch Aufzeigen von Wirkungszusammenhängen dienen und zum anderen Politik und Öffentlichkeit über Zustand und Entwicklung der Umwelt auf Länderebene mit Hilfe eines verbesserten Berichtswesens informieren. Basissysteme mit allgemeinen Grundlagen- und Hintergrunddaten sowie Grundfunktionalitäten wie z.B. Informationsmanagement über Metainformation oder Funktionen zur raumbezogenen Datenverarbeitung sollen eine effektive Systemnutzung gewährleisten. Länder-UIS benötigen in der Regel eine ausführliche Konzeptionsphase, in der über ausführliche Bestands- und Bedarfsanalysen Vorschläge zur Ausgestaltung der Systeme entwickelt werden, die dann in weiteren Schritten konkretisiert und verfeinert werden, bis dann die Umsetzung und der Aufbau der Systeme erfolgen kann.

Auf der kommunalen Ebene war festzustellen, daß die Entwicklung und vor allem der Einsatz von UIS, von den UIS-Pionieren einmal abgesehen, weit hinter den Erwartungen vergangener Jahre zurückgeblieben ist. Zwar sind allerorts Aktivitäten zum Systemaufbau zu verzeichnen, der Weg zur vollen Praxisreife scheint bei vielen aber noch mit einer Reihe von Problemen verbunden zu sein. Fortgeschrittene UIS sind vor allem im Rahmen von Forschungs- oder Modellprojekten entstanden.

Zudem hat sich bei kommunalen UIS eine sehr heterogene Systemlandschaft herausgebildet. So sind findet man unter dem Begriff ähnlich wie auf Länderebene Systeme mit einem fachübergreifenden und integrierenden Charakter. Daneben existieren aber auch zahlreich solche Systeme, deren Konzeption die punktuelle Unterstützung der Verwaltungstätigkeit durch Fachkataster bevorzugt. Bei diesem Systemen ist eine allgemeine Zugänglichkeit und Verfügbarkeit der Information nicht gegeben. Darüber hinaus entwickeln sich immer häufiger Systeme, die neben den umweltbezogenen noch umfangreiche weitere Daten und Informationen aus anderen Verwaltungsbereichen integrieren. Übergreifende UIS werden dabei vorwiegend in den größeren Städten aufgebaut, additive, ablauforganisatorisch orientierte Systeme finden sich in der Hauptsache auf Kreisebene.

Trotz eines heterogenen Begriffsverständnisses über UIS sind die Zielvorstellungen der Kommunen bezüglich ihrer Systeme doch recht homogen. Zunächst einmal soll ähnlich wie in den Ländern die Informationsbasis und Informationsvermittlung sowohl für die Verwaltung selbst als auch für die Politik und die breite Öffentlichkeit verbessert werden. Die Arbeit der Verwaltung soll darüber hinaus durch die DV-Unterstützung neue Qualitäten in allen Phasen der Problembearbeitung erhalten. Insbesondere soll die Datenerfassung, -pflege, -haltung und -analyse effektiviert werden. Letzlich versprach man sich aber auch Auswirkungen auf die Verwaltungsorganisation durch mehr Kooperation und Integration.

Bezüglich der technischen Werkzeuge gibt es einen klaren Trend weg von reinen Großrechner-Lösungen hin zu verteilten Systemen oder Client-Server-Architekturen. Auch findet eine Loslösung von reinen Datenbankanwendung durch verstärkter Integration der graphischen Datenverarbeitung statt. Bürokommunikationskomponenten und automationsgestütze Verwaltungsverfahren werden ebenfalls als wichtige Bausteine gesehen. Methoden- und Modellbausteine hingegen sind erst bei relativ wenigen Kommunen zu finden.

UIS decken mehr oder minder das gesamte Spektrum der in der Regel medial gegliederten Umweltaufgaben in den Kommunen ab. Viele Systeme konzentrieren sich jedoch zunächst auf die Unterstützung des Vollzugs der gesetzlichen Pflichtaufgaben, da in diesen Bereichen die Systeme auch am schnellsten und effektivsten Anwendungserfolge bringen. Übergreifende Planungsaufgaben mit hohem querschnittsorientierten Informationsbedarf (Landschaftsplanung, kommunale UVP) finden aber zunehmend auch durch UIS Unterstützung, vor allem wenn GIS-Funktionen integriert sind. Allerdings sind solche Einsatzfelder von den UIS-Betreibern immer schwieriger durchzusetzen, da sich hier Effektivitätssteigerungen vor allem qualitativ bemerkbar machen und damit schwer vermittelbar sind.

Durch die Einführung von UIS sind in den Kommunen in der Regel umfangreiche Grundlagen- und Bestandsdaten neu erhoben und erfaßt worden. Die Datenbasis konnte ausgebaut werden. Allerdings fehlt es häufig an nutzergerechter Datenaufbereitung, Regeln für die Aggregation von Grundlagen- und Rohdaten insbesondere für Planungszwecke oder Führungsinformationen scheinen vielfach noch nicht gefunden zu sein. Probleme bereiten häufig auch unvollständige, ungenaue oder für übergreifenden Anwendungen ungeeignete Datenbestände. Fortführungsprobleme führen zu veralteten Datenbeständen, oft ist der Aufwand für Erfassung und Pflege der Datenbestände im Verwaltungsalltag kaum zu leisten. Verursacherdaten werden meist nur im Bereich gesetzlicher Pflichtausgaben erhoben. So können dann medienübergreifende und die Wirkungszusammenhänge berücksichtigende Betrachtungen und Analysen selten durchgeführt werden. Auch ist die Integration der bereits verteilt in der sektoralisierten Verwaltungseinheiten existierenden Datenbeständen häufig nur unvollständig gelungen. Technische Inkompatibilitäten und die damit einhergehenden Schnittstellenprobleme spielen hier eine große Rolle. Allerdings können auch Ressortegoismen eine effektiven Datenaustausch behindern. Neben technischen sind auch inhaltliche Schnittstellenprobleme zu nennen, wie sie sich etwa aus fehlenden bzw. unterschiedlichen Definitionen oder Raumbezügen ergeben können. Über den verwaltungsinternen Datenaustausch ist davon vor allem auch der innerkommunale Datenaustausch betroffen. Hier ist aber auch zu beobachten, daß die angeführten Schwierigkeiten in der UIS-Praxis einen Standardisierungsdruck erzeugen. Bei der ungenügenden Nutzung vorhandener Datenbestände kommt noch zum tragen, daß häufig der Datenüberblick fehlt, wie er etwa durch Datenkataloge oder Metainformationssysteme zu erreichen wäre. Dennoch konnten in vielen Kommunen Datenredundanzen behoben oder vermieden werden.

Deutliche Vorteile brachten die UIS allerdings durch die Möglichkeit, auch große Datenbestände effektiv handhaben zu können. Insbesondere die technisch bedingten Analysemöglichkeiten umfangreicher Grunddaten, die etwa mit Datenbankrecherchen oder räumlichen Abfragen, Überlagerungs- und Verschneidungstechniken in GIS gegeben sind, stellen neue Qualitäten in der täglichen Arbeit dar, weil dadurch umfassender, tiefgreifender, lückenloser und schneller Aufgabenstellungen erledigt werden können. Qualitätssteigerungen können auch deshalb erreicht werden, weil durch die neuen Analysemöglichkeiten Ursachenzusammenhänge, Problem- und Handlungsdefizite überhaupt erst aufgedeckt werden können, die dann Grundlage für eine effektiveres Maßnahmenmanagment bilden. Neue technikunterstütze Methoden sind auch durch die Simulations- und Prognosemodelle als Teile von UIS eingeführt worden. Allerdings wird ihre Aufwand-/Ertragsrelation häufig als zu hoch eingeschätzt. Zudem sind solche Instrumente ebenso wie die zuvor genannten GIS entweder noch zu selten vorhanden oder ihre Potentiale und Methoden werden nur unzureichend ausgenutzt.

Mit der technikbedingten Effektivitätssteigerung ist es den Verwaltungen gelungen, die wachsende Aufgabenfülle bei sinkenden Personalbeständen halbwegs aufzufangen und so die häufig konstatierten Vollzugsdefizite zumindest nicht noch größer werden zu lassen. Entlastungseffekte durch Beschleunigung konnte besonders im Bereich standardisierbarer und häufig wiederkehrender Vorgangsbearbeitung vor allem im Vollzugsbereich erreicht werden. Beschleunigungseffekte treten aber auch in Planungs- und Genehmigungsverfahren auf, weil Informationen durch systembedingte Systematisierung schneller und vollständiger zur Verfügung stehen.

Auf die Verwaltung selbst wirken sich UIS aus, weil sie mehr Kooperation und Kommunikation vor allem auf horizontaler Ebene mit sich bringen. Vor allem die raumbezogenen Datenverarbeitung stößt häufig solche Kooperationen an. Allerdings sind die beobachteten Effekte noch schwach, einen wirklich tiefgreifenden Einfluß auf die Sektoralisierung oder gar die Schaffung eines "vernetzten Denkens" konnte noch nicht festgestellt werden. Häufiger wirken die gegebenen Verwaltungsstrukturen nämlich noch hindernd und bremsend bei der Systementwicklung. Kompetenzgerangel und Konkurrenz sowie die etablierten hierarchischen Dienstwege stehen Aufbau und Einsatz der UIS oft im Wege.

Erste Erfolge können die UIS-betreibenden Verwaltungseinheiten auch hinsichtlich der Verbesserung der Akzeptanz und Berücksichtigung von Umweltbelangen allgemein in ämterübergreifenden Verwaltungsverfahren verbuchen. Wirkungen von UIS im Bereich von Politik und Öffentlichkeit erhoffte man sich durch fundierte, sachlichere und transparenter Information und Argumentation, die letztlich den dortigen Entscheidungsprozeß beeinflussen soll. Solche Wirkungen sind nur schwer feststellbar. Mitunter kann sogar die Aufdeckung von Handlungsdefiziten mit Hilfe der UIS wenig erwünscht sein. Viele Systeme stehen momentan sogar im dem Spannungsfeld, daß aus dem allgemeinen Druck auf die Umweltverwaltungen im Zuge der Finanznot der Kommunen erwachsen ist. Hieraus entsteht dann oft ein streßerzeugender Legitimationszwang, wobei der Nutzennachweis zusätzlich oft nicht leicht fällt. Erfolgreich behaupten können sich hier Systeme, die Einsparungs- und Einnahmepotentiale nachweisen können.

Auf die Entwicklung von UIS wirken sich häufig auch Probleme aus, die in einer mangelhaften Konzeptionierung begründet sind. Hier sind vor allem unzureichende Personalkapazitäten zu nennen, die zum einem zu Überlastungen der Mitarbeiter und zum anderen zu personellen Abhängigkeiten führt. Oft fehlen so Zeit für Schulungen oder Datenerfassung und -pflege. Immer wieder zu wenig beachtet werden auch eher psychologisch bedingte Widerstände von Einzelnen oder Personengruppen, die dann eine konsequente Systemnutzung verhindern. Als Ursachen sind aufzuzählen: Angst vor Kompetenzverlust und Überwachung, Überforderung, Streß, Vereinsamung. Die aktive Einbeziehung und Beteiligung aller Betroffenen bei der Systemimplementation als Mittel zur Überwindung solcher Widerstände wird oft vernachlässigt. Auswirkungen in viele Richtungen kann die mangelnden Unterstützung durch die Amtsleitung haben. Probleme im DV-technischen Bereich sind: mangelnde Benutzerfreundlichkeit und Zuverlässigkeit des Systems, die schon angesprochenen Schnittstellenprobleme, aber auch unsinnige Systemvorgaben oder ungeeignete bzw. fehlenden, verwaltungsweite EDV-Strategien sowie bürokratische Beschaffungshürden. Auch wird der Flexibilität und Nachhaltigkeit der Systeme zu wenig Beachtung geschenkt.

Bemerkenswert ist noch, daß - wie die Erfahrungen der letzten Jahre gezeigt hat - die Entwicklung eines UIS-Prototyps, was Zielsetzung vieler Pilotprojekte der 80er Jahre war, kaum möglich erscheint. Aus diesem Grund wurde bislang keine komplettes System von einer auf die andere Kommunen übertragen. Lediglich die gemeinschaftliche Entwicklung oder der Austausch von Einzelbausteinen wurde mitunter durchgeführt. Offenbar muß sich der Aufbau eines UIS vielmehr an den spezifischen örtlichen Rahmenbedingungen und Problemschwerpunkten orientieren.

Abgeleitet aus den Erfahrungen der untersuchten Kommunen wurden im Sinne des Forschungsvorhabens Empfehlungen und Anforderungen für den Aufbau und Einsatz von vorsorgeorientierten UIS als Leitfaden entwickelt. Zusammenfassend ist danach zu beachten:

Hinsichtlich ihrer Zielsetzungen sollen vorsorgeorientierte UIS viel stärker auf vorsorgeorientierte Politikinstrumente ausgerichtet sein. Sie sollen dementsprechend besser als bisher Informationsgrundlagen durch geeignete Datenaggregationen bereitstellen, die über die gesetzlichen Vorgaben hinaus wirkungsvoll Umweltzustände und -entwicklungen beschreiben und im umweltpolitischen Planungs- und Entscheidungsprozeß genutzt werden können. Das setzt voraus, daß Daten und Methoden zur medienübergreifenden und medienintegrierenden Betrachtung in UIS zur Verfügung stehen. Mehr noch wie bisher sollten UIS für eine offensiven Öffentlichkeitsarbeit in Form eines kontinuierlichen Berichtswesens genutzt werden.

Inhaltliche Anforderungen: Um Umweltzustände und -(aus)wirkungen im System abzubilden, ist die prinzipielle Gliederung eines Umwelt-/Datenmodells in: Schutzgüter (Betroffene), Wirkungen, Verursacher geeignet. Darüber hinaus erfordert ein vorsorgeorientiertes UIS die Integration von Bewertungsmaßstäben. Auf der Datenebene ist eine Aufteilung in Sachdaten - Geometriedaten - Orientierungsdaten nützlich. Zudem ist zur Erfüllung planerischer Belange eine Einteilung der Daten entsprechend der Aggregationsebene in Abhängigkeit von der Verarbeitungsstufe im planerischen Problemlösungsprozeß sinnvoll. Als Raumbezugsbasis sollten die Grunddaten der Vermessungsverwaltungen (ALK, ATKIS) verwendet werden. Dem Datenmodell ist besondere Beachtung zu schenken. Die Daten müssen auch in Zukunft und auf neuen Hardwareplattformen und in neuen Softwaresystemen verwendet werden können. Fachkataster müssen die weitere Verwendbarkeit ihrer Daten in anderen Systemen (z.B. GIS) gewährleisten. Ihre digitalen Rohdaten sind schwer interpretierbar. Sie müssen beschrieben werden, damit ihre Inhalte zur Nutzung in übergreifenden Systemen deutlich werden und gezielte Suchen durchgeführt werden können. Bei der Beschaffung von Hard- und Software ist vor allem auf Kompatibilität, Herstellerunabhängigkeit, Aufgabenerfüllung am jeweiligen Arbeitsplatz und Finanzierungsmöglichkeiten zu achten. Zur Bearbeitung raumbezogener Analysen und Planungen ist der Einsatz von Geoinformationssystemen notwendig. Die Auswahl soll sich an den zu bearbeitenden Aufgaben ausrichten und nicht durch Vorgaben von außen bestimmt werden. Wichtig sind dann vor allem Austauschmöglichkeiten über Schnittstellen. Simulationsmodelle sind zur Bearbeitung komplexer Fragestellungen hilfreich. Solche Aufgaben sollten - vor allem bei kleinen und mittleren Kommunen ausgelagert werden.

Hinsichtlich der Verfahrensanforderungen bei der Konzeptionierung und beim Aufbau von UIS hat es sich als sinnvoll erwiesen, die Planungen im Rahmen einer Voruntersuchung zu überprüfen, in der das Augenmerk auf die speziellen kommunalen Problem- und Handlungsschwerpunkte zu legen ist. Die Voruntersuchung sollte mit einem Beschluß zur Aufstellung des UIS abgeschlossen werden, damit durch den Rat (oder andere Gremien) die politische Legitimation geschaffen wird. Im weiteren Vorgehen sollte man über die Ist-Aufnahme zu einem System- oder Rahmenkonzept gelangen. Eine Bestandsaufnahme muß die vorhandenen Organisationstrukturen erfassen und eine Analyse der Informations- und Kommunikationswege enthalten. Aus strategischen Gründen ist es für den Aufbau eines vorsorgeorientierten UIS i.d.R. zweckmäßig, auf die bereits in der Umweltverwaltung und auch außerhalb bestehende Datenverarbeitung (Hardware, Software, Daten) zurückzugreifen und diese in die Bestandsaufnahme mit einzubeziehen. Auch sollten die Realisierungsmöglichkeiten des UIS hinsichtlich finanzieller und personeller Ressourcen schon in der Bestandsaufnahme überprüft werden. Aufgrund der Ist-Aufnahme und -analyse und deren kritischer Bewertung sowie der sich an ein vorsorgeorientiertes UIS ergebenden Anforderungen ist konkret zu entwickeln, welches Ziel die Technikunterstützung in welchem Zeitrahmen erreichen soll. Wichtigster Schritt bei der Umsetzungsplanung ist die Strukturierung von Verfahren. Aufbauend auf den Daten- und Ablaufplänen sollen Vorschläge für die Ausgestaltung der Datenverarbeitung entwickelt werden. Bereits in der Phase der Erstellung des Sollkonzepts sollten eventuelle organisatorische Anpassungen geplant werden. Ein fundiertes Sollkonzept muß eine Zeitaufwandsschätzung incl. Personalplanung enhalten. Dann sollten Realisierungsfolge und Terminplanung festgelegt werden. Um den Finanzierungsbedarf des Projekts zu umreißen, sollen ein Projektbudget festgelegt und eine Kosten- bzw. Wirtschaftlichkeitsrechnung angestellt werden. Die aufgrund der genannten Anforderungen zu entwickelnden Vorschläge für die Ausgestaltung des UIS und der Aufbau- und Implementationsstrategie sollen in einem Konzept zusammengefaßt werden (fachlicher Grobvorschlag). Daran schließt sich die Entwicklung eines Feinkonzepts an, dessen wichtigster Bestandteil die Systementscheidung ist (Hard- *und* Software).

Auch die Konzeptphase sollte mit einem politischen Beschluß zur Umsetzung abgeschlossen werden. Sowohl bei der Entwicklung eines Grob- als auch eines Feinkonzepts ist es sinnvoll, einen externen Gutachter einzuschalten. Daran anschließen sollte sich eine Test- oder Pilotphase, der im allgemeinen viel zu wenig Beachtung geschenkt wird. Nach erfolgter Systemimplementierung wird aber nötig sein, von Zeit zu Zeit Funktionskontrollen durchzuführen und Verbesserungsvorschläge zu erarbeiten.

1. Einführung

1.1 Abgrenzung und Ziele des Vorhabens

Die gegenwärtig betriebene Umweltpolitik ist eine Kombination aus

- ordnungspolitischen Regelungen, die private Verhaltensänderungen bewirken sollen (Gebote, Verbote, Auflagen),
- ökonomischen Anreizen,
- infrastrukturellen Leistungen (Entsorgungsinfrastruktur) und
- persuasiven Maßnahmen (Aufklärung, Beratung, Schulung, Appelle).

Die Steuerung erfolgt arbeitsteilig in verschiedenen Behörden. Die Koordination obliegt primär den in Teilzuständigkeiten fragmentierten Aufsichtsbehörden (Gewerbeaufsichtsämter, Wasserbehörden, Abfallbehörden, Naturschutzbehörden).

Die bisherige Umweltpolitik läßt sich kennzeichnen als:

a) nachträglich entsorgend,

b) problem-reaktiv,

c) überraschungsgefährdet wegen ungenügender Problemvorschau.

Nicht zuletzt deshalb wird allenthalben an Umweltinformationssystemen (UIS) gearbeitet, die mit unterschiedlichen Zielen aufgebaut und für verschiedene Zwecke genutzt werden sollen.

UIS haben im Vergleich zu anderen kommunalen Informationssystemen mit Problemen einer besonders stark ausgeprägten Komplexität und Heterogenität des Arbeitsfeldes zu kämpfen, weil ihr Gegenstand (die Umwelt) komplex und die Umweltverwaltung heterogen ist. Diese wurde a) relativ spät aus zum größten Teil vorhandenen Aufgabenbereichen mit verschiedener Herkunft zusammengesetzt, beschäftigt b) Fachleute verschiedenster Ausbildungsgänge mit unterschiedlichem Fachwissen, -methodenrepertoire und -vokabular und muß c) diverse bestehende (analoge wie digitale) Datenbestände integrieren und dabei oft auf Bestände außerhalb ihres Kompetenzbereichs zugreifen.

Das Forschungsvorhaben untersucht,

- welche Funktion UIS in der Praxis zugeschrieben bekommen und wie sie konzeptionell sowie hinsichtlich Hard- und Software-Konfiguration aufgebaut worden sind,
- wie UIS als Management- und Koordinationskonzepte in der Praxis verwendet werden (segmentiert nach Fachplanungen oder fachübergreifend; additiv als periodisches Berichtswesen oder integriert als laufende Rückkoppelung) und welche Probleme dabei aufgetreten sind.

Ziel ist es insbesondere zu ermitteln, ob UIS die Schlagkraft der Umweltpolitik erhöhen (schneller, flexibler, vernetzter agieren zu können). Dabei wird ein Schwerpunkt auf Schadstoffreduzierung durch Umweltvorsorge gelegt.

Dazu wurde untersucht, wonach sich der Aufbau der UIS in der Praxis richtet: ob die neuen UIS stärker vom Bedarf her konzipiert werden, welche Nutzungsanforderungen dabei definiert werden und wie sich Nutzungsanforderungen sowie praktische Möglichkeiten der UIS in einem Prozeß wechselseitiger Anpassung zu einem handlungsfähigen Konzept verdichten. Darüber hinaus wurde ein Schwerpunkt auf die Frage gelegt, wie die Potentiale von Geographischen Informationssystemen (GIS), Daten und Informationen räumlich abzubilden, miteinander in Beziehung zu setzen und auszuwerten, ausgeschöpft werden.

Um diese Potentiale der UIS einschätzen zu können, werden die folgenden Forschungskomplexe behandelt:
- Erfahrungen im Aufbau von UIS aus der Sicht der Anbieter und der Anwender,
- Probleme der Implementation von übergreifenden UIS in der sektoralisierten Kommunalverwaltung,
- Probleme der alltäglichen Nutzung von UIS.

1.2 Vorgehensweise und Aufbau der Arbeit

Um die Forschungsfragen zu beantworten, wurde ein analytischer Ansatz gewählt, bei dem die für das Problemfeld typischen, eher qualitativ abbildbaren Untersuchungsvariablen vor allem anhand von Fallbeispielen zu prüfen waren.

In einer Voruntersuchung wurde anhand gut dokumentierter UIS-Konzepte die Exploration des Forschungsfeldes, d.h. die Analyse der Systemlogik von Umweltinformationssystemen, betrieben. Das Augenmerk richtete sich dabei vor allem auf die mit großem finanziellen Aufwand beim Systemaufbau unterstützten und dementsprechend ausführlich dokumentierten Vorhaben der Länder Baden-Württemberg, Niedersachsen und Nordrhein-Westfalen. Darüber hinaus wurde unter Einbeziehung der Ergebnisse weiterer laufender Forschungsvorhaben der Stand der Implementation bei Landesverwaltungen und Kommunen möglichst umfassend ermittelt. Kapitel 2 gibt einen aktuellen Überblick zu den Entwicklungen der Umweltinformationssysteme verschiedener Bundesländer und faßt deren Analyse hinsichtlich ihrer konzeptionellen Ansätze, Verfahren und Datensätze für die Nutzbarkeit auf kommunaler Ebene zusammen.

Ausgehend von der Analyse der UIS-Konzeptionen und ihrer Systemlogiken wurden Arbeitshypothesen für die Hauptuntersuchung erstellt, auf deren Basis dann Analyseraster und Interview-Leitfäden für die folgenden Untersuchungsphasen abgeleitet wurden. Der theoretische Rahmen der Arbeitshypothesen ist in den Kapiteln 3.1 bis 3.3 skizziert.

In die Voruntersuchung auf kommunaler Ebene wurden Konzepte zu rund 50 kommunalen UIS einbezogen, die im Rahmen umfangreicher Recherchen zusammengetragen worden sind (vgl. Kap. 3.4.1). Der Stand der Systemimplemetationen wurde in einer Datenbank dokumentiert, die als Diskettenversion auf Anfrage bei den Verfassern erhältlich ist. Eine Auswertung der in die Voruntersuchung einbezogenen UIS-Konzeptionen ist in Kapitel 3.4 dargestellt.

Die Auswahl der kommunalen Fallbeispiele für die Hauptuntersuchung folgte zunächst dem Grundsatz, Kommunen zu finden, bei denen über die Phasen der Konzepterstellung und des Systemaufbaus hinaus auch bereits Anwendungserfahrungen vorliegen. Erst damit ist gewährleistet, daß die spezifischen Einflußfaktoren im Forschungsfeld erkannt werden können und daraus dann verallgemeinerungsfähige Hypothesen ableitbar werden.

Die Hauptuntersuchung gliedert sich in mehrere Teilschritte:

- In den Städten Bielefeld, Hamm, Herne, Münster, Würzburg und Wuppertal wurden zunächst in Experteninterviews mit den Betreibern vor Ort die verschiedenen Ansätze und Vorgehensweisen sowie die Probleme bei der Erstellung und Nutzung der Systeme erörtert. Die Interviews wurden nach einem Leitfaden geführt. Zusätzlich fand eine Auswertung von Unterlagen über die Systeme statt.

- In Intensivuntersuchungen anhand der drei Fallbeispiele Dortmund, Hannover und Umlandverband Frankfurt wurde ein vertiefter Dialog mit den Experten der Praxis geführt, um das Problemfeld detaillierter und differenzierter zu erschließen und um problemspezifische und praxisnahe Anregungen zu erhalten. Dabei wurden sowohl die Betreiber (Anbieter) des UIS als auch tatsächliche und potentielle Nutzer der Systeme (Anwender) befragt. Als Analysemethode dienten wiederum strukturierte Interviews nach einem flexiblem Raster sowie intensives Studium vorhandener Unterlagen. Allerdings wurden den Anbietern notwendigerweise andere Fragen gestellt als den Anwendern, für die ein spezielles Frageraster entwickelt wurde, das sich an den Aufgaben der Befragten orientiert.

Eine ausführliche Beschreibung der Fallbeispiele beider Teilschritte mit einer Zusammenfassung der Effekte, Erfolge und Probleme des jeweiligen UIS enthält Kapitel 3.5.[1]

- Parallel dazu wurde über Literaturstudium, durch telefonische Interviews sowie auf Tagungen und Seminaren der Überblick über die Systemlandschaft vervollständigt und die Datenbank sukzessive ergänzt.
- Die anschließende Analysephase, in die die Ergebnisse der Vor- und Hauptuntersuchung einbezogen waren, führte zu einer übergreifenden Auswertung in Form von Thesenpapieren über die Erfolge und Probleme bei Aufbau und Einsatz von UIS (Kapitel 4).
- Zur Detaillierung und Untermauerung der Thesen wurde der praktische Einsatz von UIS bei einer konkreten kommunalen Aufgabenstellung in einer Praxissimulation am Institut nachvollzogen und auf seine Eignung hin untersucht sowie Verbesserungsvorschläge sowohl für die spezielle Aufgabenstellung als auch allgemein für die Anwendung von UIS abgeleitet (Kapitel 6).

Die Ergebnisse der Hauptuntersuchung wurden in einem „Leitfaden" für den Aufbau und die Nutzung eines UIS zusammengefaßt (Kapitel 5).

1.3 Begriffsdefinitionen

1.3.1 Umweltinformationssysteme

Da keine gesetzlich oder sonstwie normierte Vorschrift zu UIS vorliegt[2], hat sich die Praxis in den Kommunen sehr heterogen entwickelt. Da bereits Aufgaben und Aufbau der einzelnen Umweltverwaltungen kaum miteinander vergleichbar sind (vgl. FÜRST u. MARTINSEN i.V.) und starke Interdependenzen zwischen UIS-Aufbau und Verwaltungsaufgaben bestehen, gibt es - überspitzt formuliert - nahezu so viele Varianten, wie es Implementationen gibt, und durch unterschiedliche Ansichten bei den einzelnen Anwendern und Betreibern noch mehr Begriffsverständnisse. Der Begriff UIS wird für Konzepte und Implementationen benutzt, die hinsichtlich Datenmenge, Komplexität und abgedeckten Inhalten mehrere Größenordnungen auseinanderliegen.

Aus informationswissenschaftlicher Sicht ist ein Umweltinformationssystem ein System zur Aufnahme, Speicherung, Verarbeitung und Wiedergabe von Umweltinformationen, das aus der Gesamtheit der Daten und Verarbeitungsanweisungen besteht. Wesentliches Kennzeichen ist, daß es die Zusammenführung von mehreren Datenbeständen unter einem gemeinsamen thematischen Bezug realisiert und den problemorientierten Zugriff darauf ermöglicht. Aufgrund der Vielfalt der potentiellen Nutzer bestehen unterschiedlichste, teilweise divergierende Anforderungen an die Charakteristika eines UIS (PAGE et al. 1993, 83ff.).

Aus technischer Sicht wird ein UIS als ein erweitertes Geo-Informationssystem betrachtet, das der Erfassung, Speicherung, Verarbeitung und Präsentation von raum-, zeit- und inhaltsbezo-

---

[1] Zu beachten ist, daß die Untersuchungsphase in den Kommunen sich etwa vom Oktober 1993 bis in den Sommer 1994 erstreckte. Die Darstellungen der kommunalen Fallbeispiele geben somit den damaligen Sachstand wieder. Die rasanten Entwicklungen im UIS-Bereich führen aber dazu, daß vermutlich manche Aussage mittlerweile schon wieder veraltet sein dürfte. Wir haben versucht, in den Fällen, wo massive Veränderungen innerhalb der Systeme zu erwarten waren, diese durch ergänzende Telefoninterviews in die Studie noch mit aufzunehmen.

[2] auf Länderebene macht der Bund-Länder-Arbeitskreis UIS (BLAK-UIS) Versuche in Richtung auf Normierung

genen Daten zur Beschreibung des Zustands der Umwelt hinsichtlich Belastungen und Gefährdungen dient und Grundlagen für Maßnahmen des Umweltschutz bietet. Solche Definitionsansätze betonen die EDV-Technik und die technische Realisierung des Raumbezugs, wobei insbesondere die Möglichkeiten der graphischen Datenverarbeitung in Betracht gezogen werden. Diese Ansätze tendieren dazu, UIS als Software-Lösungen zu betrachten (vgl. BILL u. FRITSCH 1991, 45; LANDESHAUPTSTADT KIEL 1990, 4; KIRCHHOF u. GAPPEL 1987, 481).

Definitionen mit administrativ-umsetzungsorientiertem Schwerpunkt sind besonders heterogen, weil sie oft aus der jeweiligen kommunalen Anwendungspraxis heraus entwickelt worden sind. Ein kommunales UIS ist danach ein Instrumentarium für Aufgaben der Kommune im Bereich der Umwelt, das Informationen über alle Umweltbereiche räumlich, zeitlich und sachlich bereithält, verarbeitet und fortschreibt (FIEBIG et al. 1993, 10). "Ein Umweltinformationssystem ist ein Instrument zur Erleichterung der Bearbeitung von Umweltfragestellungen innerhalb einer bestimmten Institution. Der strukturelle Aufbau und die Funktionalität des Umweltinformationssystems ist nicht einheitlich, er wird bestimmt durch die in der Institution durchgeführten Arbeitsschritte zur Bearbeitung der Fragestellung. Zu einem Informationssystem gehört ein Metainformationssystem, mit dem die Informationen über die im Umweltbereich naturgemäß vielfältigen Daten verwaltet werden können" (LESSING 1994, Mskr. o.S.). UIS dienen zur Umsetzung umweltpolitischer Ziele. Einsatzschwerpunkte und Anwendungsgebiete hängen von den Zielen ab und sind damit sehr unterschiedlich. Von seinen Betreibern wird das UIS i.d.R. als medienübergreifendes Instrumentarium bezeichnet. Ein Geographisches Informationssystem kann, muß jedoch aus dieser Sicht nicht Bestandteil sein (vgl. JESORSKY u. v. NOUHUYS 1991, 153).

Schließlich finden sich Defintionen, die darüber hinaus den Anwender direkt einbeziehen und damit die Rechnerunterstützung aus dem Zentrum der Betrachtung herausrücken, denn nicht jede Rechnerunterstützung im Umweltschutz ist als UIS zu bezeichnen. Ein räumliches IS ist mithin "die Summe des verfügbaren Wissens in den Köpfen von Mitarbeitern, in klassischen Medien (z.B. Bücher und Karten) sowie in elektronisch gespeicherten und abrufbaren Dateien, welches systematisch für die Beschreibung, Prognose und Planung von räumlichen Prozessen einsetzbar ist" (TÜRKE 1984, 198). Es erscheint wichtig, das systemhafte an einem Unternehmen zu erläutern, das versucht, in einer Kommunalverwaltung mit bekanntermaßen stark ressortorientierten Arbeitsabläufen querschnittsorientierte, vernetzte Sichtweisen zu unterstützen, ja vielfach erst zu erfassen. Elemente eines UIS sind in erster Linie Informationen, Personen und technische Werkzeuge (HÖING 1990).

Darüber hinaus werden noch einzelne Fachdatenbanken (Altlasten, Indirekteinleiter, Feuerungsanlagen, Abfalltransport) auf der einen sowie Bestandteile von dezernatsübergreifenden kommunalen Gesamtkonzepten auf der anderen Seite als UIS bezeichnet. Auch findet man Büroinformationssysteme, die umweltbezogene Daten beinhalten, unter dem Etikett UIS.

Dazu ist im Hinblick auf den vorliegenden Forschungsbericht folgendes anzumerken: Information entsteht erst durch problemorientierte Aufbereitung von Daten oder Nachrichten; sie kann nicht gesammelt, sondern muß erarbeitet werden. Aufbereitung ist dabei nicht die Durchführung logischer Operationen oder Sortierung, sondern Verdichten, Übersetzen, Aggregieren, Filtern und Bewerten (LENK 1991). Systeme, in denen Daten lediglich verwaltet werden, heißen Datenbanken, unabhängig von ihrem Umfang. Informationssysteme müssen darüber hinaus Fragen der Anwender beantworten, d.h. sie müssen antizipierend auf deren Probleme hin zweckorientiert sein und damit mindestens Methoden und Modelle enthalten.

Häufig wird mehr oder weniger unreflektiert die DV-Unterstützung als wesentliches Kennzeichen eines UIS bezeichnet, weil ohne DV-Einsatz die Realisierung praktisch kaum möglich ist. Diese Ansicht wird verständlicherweise von der Hard- und Softwareindustrie gefördert, die sich verstärkt auch bei der Konzeptentwicklung engagiert, weil durch Umweltinformationssystem-Entwicklungen neue Absatzmärkte für Geräte und Programme erschlossen werden sollen. Bei einem solchen anbieterorientierten Vorgehen wird leicht darüber hinweggegangen, daß nicht alle relevanten Informationen standardisierbar und automatisierbar sind und im Computersystem enthalten sein müssen. Im Gegenteil sind die praktisch nutzbaren Informationssysteme noch immer Mensch-Maschine-Systeme, etwa nach der Definition von TÜRKE oder HÖING (s.o.).

Wesentliche, facettenartige Kennzeichen von UIS sind also:
- Sie decken sachlich die Umwelt als Ganzes oder Teile davon ab.
- Sie sind systematisch strukturiert (z.B. nach Schutzgütern und Verursachern).
- Sie haben i.d.R. eine räumliche Komponente.
- Sie dienen sowohl dem Vollzug als auch der Planung.
- Sie geben Antworten auf Fragen.
- Sie sind Mensch-Maschine-Systeme.
- Sie stellen ein Instrumentarium zur Verfügung (sind also kein homogenes Instrument).
- Sie erleichtern den Zugriff durch ein Metainformationssystem (Meta-IS).

Es hätte die Untersuchung allerdings stark behindert, von einem eigenen, festen Begriffsverständnis auszugehen und alle Ansätze, die dem nicht entsprechen, aus der Untersuchung auszuschließen. Verschiedene Versuche, ein Referenzsystem zu konzipieren, sind gescheitert; weitere Versuche sind aus den angeführten Gründen zum Scheitern verurteilt (vgl. auch BOCK, KNAUER 1993, 134). Daher mußte der pragmatische Weg gewählt werden, als UIS zunächst das anzusehen, was die Initiatoren darunter verstehen. Nur so war es möglich, die Implementationen an den von den Kommunen selbst gesetzten Zielen zu messen. Man kann nicht das Vorhandensein von Features abprüfen, auf die bei der Entwicklung nicht abgezielt wurde. In der Praxis stellen UIS daher einen spezifischen Zugang der anwendenden Gebietskörperschaft dar. Der Begriff wird von uns folglich strategisch verwendet, so daß zwar das Vorhandensein der o.g. Facetten abgeprüft werden kann, aufgrund des Fehlens einer Facette (z.B. des Meta-IS) jedoch nicht geschlossen werden sollte, daß es sich nicht um ein UIS handelt. Ausgeschlossen wurden lediglich Systeme, die (auch konzeptionell) nicht über reine Fachkataster hinausgehen, sowie Büroinformationssysteme mit lediglich marginalen Umweltdaten.

1.3.2 Umweltvorsorge

Eine in der juristischen wie umweltschutzfachlichen Theorie und Praxis allgemein anerkannte Definition des Begriffs "Umweltvorsorge" fehlt weitgehend. In bekannten Definitionen, wie sie sich z.B. in der Fortschreibung des Umweltprogramms 1976 und den Leitlinien Umweltvorsorge der Bundesregierung finden, ist folgender Vorsorgebegriff zugrunde gelegt. Durch das Vorsorgeprinzip anzustrebende Ziele sind Sicherung von Gesundheit und Wohlbefinden des Menschen, Erhaltung der Leistungsfähigkeit des Naturhaushalts, langfristige Gewährleistung zivilisatorischen Fortschritts und volkswirtschaftlicher Produktivität, Vermeidung von Schäden an Kultur- und Wirtschaftsgütern, Bewahrung von Landschaft, Pflanzen- und Tierwelt. In den Leitlinien umfaßt Vorsorge Gefahrenabwehr, Risikovorsorge und Zukunftsvorsorge. Vorsorge stellt eine Erweiterung des klassischen Gefahrbegriffs in den Bereich theoretischer Schadensmöglichkeiten hinein dar, sie kann als Paralleltatbestand zur Gefahrenabwehr Risikominimierung bereits verlangen, wenn kausale, empirische oder statische Verursachungszusammenhänge nicht oder nicht hinreichend bekannt oder nachweisbar sind (DI FABIO 1991, 357), wenn bei zeitlich entfernten Risiken der spätere Schadenseintritt nicht mit hinreichender Wahrscheinlichkeit ausgeschlossen ist, eine geringere Eintrittswahrscheinlichkeit vorliegt oder Umweltbelastungen anzunehmen sind, die für sich genommen ungefährlich, aber im Zusammenwirken mit anderen an sich auch ungefährlichen Belastungen schädlich und vermeidbar sind (KLOEPFER 1993, 73). Neben der Risikovorsorge (Minimierung von Restrisiken) umfaßt das Vorsorgeprinzip aber auch die Erhaltung von Freiräumen im Interesse einer materiellen Sicherung der

Handlungsfreiheit (Offenhalten von Belastungsreserven) (BENDER u. SPARWASSER 1988, 7).

PETERS (1994, 32) betont aus juristischer Sicht, daß der Maßstab der Möglichkeit sogar im Vorfeld der Wahrscheinlichkeit liege, und unterscheidet mithin zwischen möglichen und wahrscheinlichen Auswirkungen. Daher wird nur eine immissionsseitige (schutzgutseitige) Vorsorge der Zielsetzung gerecht. Folglich muß eine Verkürzung der Umweltvorsorge auf Gefahrenabwehr und Emissionsbeschränkung als höchst fragwürdig abgelehnt werden (KÜHLING, PETERS 1994, 11). Auch ENGELHARDT (1992) weist in seinem Rückblick auf die Rechtsprechung zum Immissionsschutzrecht darauf hin, daß Vorsorge mehr ist als Prävention, "vielmehr setzt Vorsorge dort ein, wo für vorbeugende Gefahrenabwehr i.S. von § 5 Abs. 1 Nr. 1 BImSchG kein Raum mehr ist" (109). Auch wenn die Definition dieses wichtigsten Prinzips der Umweltpolitik in der Praxis immer noch umstritten ist, so besteht Einigkeit, daß Vorsorge einen vergleichsweise langfristigen Charakter hat und den technischen Fortschritt im Hinblick auf Umweltfreundlichkeit lenken soll (ZIMMERMANN 1990).

In der Praxis, z.B. in der UVPVwV, findet man immer wieder Beispiele dafür, was ZIMMERMANN (1990, 23) die "deklamatorische Dominanz des Vorsorgeprinzips" nennt, d.h. es verpflichtet nicht zu direkten Aktivitäten, ist anpassungsfähig, wirkt aber legitimationsfördernd.

Die Umweltverträglichkeitsprüfung (UVP) nach dem UVPG stellt ein Instrument der Umweltvorsorge dar.

Zweck des UVPG ist es, die UVP "zur wirksamen Umweltvorsorge nach einheitlichen Grundsätzen" durchzuführen (§ 1). Infolgedessen haben Bewertung und Berücksichtigung "im Hinblick auf eine wirksame Umweltvorsorge im Sinne der §§ 1, 2 Abs. 1 Satz 2 und 4" stattzufinden (§ 12). Aber auch in diesem Zusammenhang ist der Vorsorgebegriff nicht definiert. Unter 0.6.2.1 UVPVwV ergeht zum Thema Bewertung mit Verweis auf die Bundestagsdrucksache 11/3919 lediglich der Hinweis, daß Umweltvorsorge im Sinne des § 12 UVPG die Gefahrenabwehr und das Vorbeugen des Entstehens schädlicher Umweltauswirkungen umfasse. Mit letzterem wird offensichtlich auf eine Emissionsbegrenzung abgestellt. Nach den oben dargestellten Gedanken wird in der Verwaltungsvorschrift somit eine unzulässige Verkürzung des Vorsorgegedankens vorgenommen.

KÜHLING (1992) stellt fest, daß sich der Vorsorgebegriff im Laufe seiner politischen Vereinnahmung immer weiter von dem wegentwickelt hat, was er ursprünglich für die Umweltpolitik bedeutete, nämlich Vermeidung künftiger Umweltgefährdung im Sinne von Prophylaxe.

Beim Vollzug des Umweltrechts wurde das Vorsorgeprinzip i.d.R. auf einen konkreten Gefahrverdacht und die Forderung rational zu sichernder Verhältnismäßigkeit der Maßnahmen begrenzt. Wenn man bedenkt, daß Vorsorge sich gerade auf die Risiken bezieht, die in ihrer Größe und Wahrscheinlichkeit noch unbekannt sind oder zukünftig auftreten könnten, so muß man feststellen, daß die Anwendung des Vorsorgeprinzips durch den Vollzug des Umweltrechts so reduziert wurde, daß es praktisch kaum abgedeckt wird. (vgl. REHBINDER 1988; ZIMMERMANN 1990).

Eine immissionsseitige (schutzgutseitige) Vorsorge bedarf aber der Absicherung durch Planung. Allein durch Vorhabenzulassung und -kontrolle, also Vollzug, ist sie nicht zu gewährleisten, da sie nicht auf allgemeingültigen Maßstäben beruhen kann, sondern lokale und regionale landschaftliche Besonderheiten einbeziehen muß. Nur eine Planung kann diese Besonderheiten herausarbeiten und bewerten. Daher wird bei der Untersuchung der Vorsorgetauglichkeit von UIS besonders auf ihre Eignung zur Unterstützung der Planung sowie übergreifender vorsorgeorientierter Kontrollinstrumente wie der UVP eingegangen.

2. Umweltinformationssysteme der Länder

Konzeption und Einsatz von Umweltinformationssystemen auf Länderebene werden im folgenden Kapitel in einem Überblick über die aktuelle Entwicklungen dargestellt und analysiert, um die Ansätze und Erfahrungen der Bundesländer mit ihren jeweiligen Systemen für das zentrale Themenfeld der Studie - nämlich die kommunalen Umweltinformationssysteme - hinsichtlich folgender Fragestellungen auszuwerten:

- Welche konzeptionellen, funktionalen und technischen Ansätze weisen die Ländersysteme auf, die auch für eine Übernahme oder Anpassung in kommunale UIS interessant sein können?

- Haben die teilweise schon über viele Jahre hinweg gewonnenen Erfahrungen mit Implementationsstrategien sowie Erfahrungen beim täglichen Einsatz Bedeutung für die Ausgestaltung und Nutzung kommunaler UIS?

- Welchen unmittelbaren Nutzen haben die Systeme der Bundesländer für den Aufbau und Betrieb kommunaler Systeme (Bedarf für vertikalen Informationsaustausch)?

Die Auswertung der Länder-Umweltinformationssysteme beruht im wesentlichen auf dokumentierten Konzepten und sonstigen ergänzenden Publikationen. Naturgemäß ist solchen Quellen allerdings nur wenig in Bezug auf die Erfahrungen beim Aufbau der Systeme zu entnehmen. Daher konnte die zweite Fragestellung auch nur unzureichend beantwortet werden. Einige der in den Darstellungen wiedergegebenen Detailinformationen konnten durch zusätzliche Expertengespräche mit Systeminitatoren und -betreibern in vier Bundesländern gewonnen werden (vgl. Kapitel 7).

Vergleichende Untersuchungen über Umweltinformationssysteme auf Länderebene gibt es bereits seit Mitte der 80er Jahre (PAGE 1986) und seither in nahezu regelmäßigen Abständen; zuletzt im Rahmen der Untersuchungen für das Hamburger Umweltinformationssystem HUIS 1993 (PAGE et al.1993). Auch Abhandlungen über den Beitrag von Landesumweltinformationssystemen für kommunale Umweltinformationssysteme liegen bereits vor (z.B. FIEBIG et al. 1992a).

In der Regel stehen für den Aufbau von Landes-UIS ungleich größere finanzielle und personelle Ressourcen zur Verfügung. Allerdings ist auch die Aufgabe wesentlich umfangreicher, vor allem was die Koordination der vielen Fachsysteme angeht. Somit geht dem Aufbau von Landes-UIS in allen Fällen eine sehr umfangreiche Konzeptionsphase voraus, wobei oftmals mit externen Beratungsunternehmen zusammengearbeitet wird (McKinsey, Kienbaum, Mummert + Partner, SNI, Dornier, Sema Group).

2.1 Ausgewählte Beispiele

2.1.1 Niedersachsen - NUMIS

Die Idee zur Entwicklung des Niedersächsischen Umweltinformationssystems NUMIS entstand ca. 1988. Bis 1991 wurde ein Konzept in Zusammenarbeit mit der Sema Group Köln entwickelt und veröffentlicht (NIEDERSÄCHSISCHES UMWELTMINISTERIUM 1991). Der Aufbau wurde 1991 vom Kabinett beschlossen.

Ziel war ursprünglich die Bereitstellung von Orientierungswissen, das Unterstützung bei der Problemidentifikation und der Ergebnisauswertung bieten kann, sowie die Unterstützung der Führungsebene bei der Erteilung operationaler Aufträge (PAGE et al. 1993). Die Strategie zum Aufbau von NUMIS verfolgt einen dezentralen Ansatz, der die Fachsysteme eigenständig wirken läßt (JENSEN 1994).

NUMIS setzt sich im wesentlichen aus 3 Komponenten zusammen:
- Führungsinformationssystem (VISION)
- Geoinformationssystem (GEOSUM)
- Umweltdatenkatalog (UDK)

Das Führungsinformationssystem:

Das Führungsinformationssystem (FIS) sollte zunächst vom UDK aus aufgerufen werden können. Diese Idee wurde aber wegen zu großen Aufwands fallengelassen. Dann war geplant, die Anwendungen UDK und Geoinformationssystem (GIS) sowie das ebenfalls im Ministerium installierte Bürokommunikationssystem (BKS) unter der gemeinsamen Oberfläche VISION-Umwelt der Sema Group als getrennte Bausteine zum FIS zusammenzufügen (SEMA GROUP 1991). In Zukunft sollten dann auch über VISION graphische Daten aufgerufen werden können.

In der weiteren Entwicklung kam jedoch die Entwicklung des FIS nicht zuletzt aufgrund von Akzeptanzproblemen bei den vorgesehenen Nutzern ins Stocken und die Arbeit konzentrierte sich auf die Komponenten GIS und UDK. Für diese beiden Komponenten gibt es mittlerweile konkrete Software (UDK, GEOSUM), die über die Grenzen Niedersachsens hinweg Beachtung und Interessenten gefunden haben (NIEDERSÄCHSISCHES UMWELTMINISTERIUM 1993a, 1993b). Der Bedarf für ein eigenständiges Führungsinformationssystem wird mittlerweile sogar verneint (JENSEN 1994).

Das Geoinformationssystem:

Das GIS ist derzeit noch eine lose Komponente innerhalb des NUMIS, mit dessen Hilfe ein Systemverbund zu Fachsystemen, zu externen Informationssystemen und zu regionalen und kommunalen Umweltinformationssystemen hergestellt werden soll. Dabei liegt der Schwerpunkt des GIS darin, raumbezogene Umweltdaten aus Fremdsystemen zu übernehmen, zu sammeln, zu visualisieren, zu analysieren und zu aggregieren. Zu diesem Zweck wird seit 1993 das Programm GEOSUM als Anwenderschale entwickelt und seit Anfang 1994 im Umweltministerium eingesetzt. Über dieses Programm sollen auch mittelfristig die raumbezogenen Systeme an den UDK angebunden werden, damit ein Durchgriff vom Katalog auf die realen Daten möglich wird (JENSEN 1994).

Bis 1993 beschränkten sich die Bemühungen der Einbeziehung der Fachinformationssysteme der Landesämter nur auf theoretische Überlegungen. Erst in jüngster Zeit finden diese Daten auch Eingang in die GIS-Komponente des NUMIS. Dieser Austausch findet projektbezogen statt und unterliegt erst neuerdings gewissen Regeln. Er orientiert sich ganz praktisch an Nachfrage und Angebot. Projekte zur Datenintegration richten sich also danach, was die Anwender im Ministerium oder bei den nachgeordneten Behörden brauchen und was in überschaubaren Zeiträumen beschafft oder erfaßt werden kann.

Der Datenaustausch kann z.Zt. nur einseitig, also von den Fachinformationssystemen LANIS, NIBIS, NATIS, WABIS und anderen ins GIS laufen. Die technischen Voraussetzungen haben sich allerdings in letzter Zeit deutlich verbessert: Die aus fachlicher Sicht für NUMIS wichtigsten Landesämter, das Niedersächsische Landesamt für Bodenforschung (NLfB) und das Niedersächsische Landesamt für Ökologie (NLÖ), setzen ebenso wie die Nationalparkverwaltung Wattenmeer die gleiche Software (Arc/Info) ein. Das Konzept von GEOSUM verfolgt nun die Intention, eine Vereinheitlichung und Zusammenführung dieser Fachsysteme zu gewährleisten (JENSEN 1994). Insbesondere in der Kooperation mit dem Niedersächsischen Landesamt für Ökologie sind auch bereits Erfolge in dieser Richtung erkennbar. Neben den Daten des umfangreichen Bodeninformationssystems des NLfB (NIBIS) konnten mittlerweile trotz Systemunterschieden auch Daten des Landesvermessungsamts (ATKIS) erfolgreich integriert werden. Der Datenbestand beläuft sich mittlerweile auf insgesamt über 3 Gigabyte.

Beispiele für GIS-Projekte sind:
- Moorschutzprogramm,
- Waldflächenerfassung aus Satellitendaten in Zusammenarbeit mit dem Forstplanungsamt Wolfenbüttel,
- Karte der für den Naturschutz wertvollen Bereiche,
- Vorranggebiete Natur und Landschaft des Landesraumordnungsprogramms,
- Überprüfung der Abgrenzung naturräumlicher Einheiten,
- Validierung der Satellitenbildinterpretation von ESRI in Zusammenarbeit mit dem NLfB z.B. für die gemeinsame Landesplanung Niedersachsen/Bremen.

Ziel dieser Projekte ist
- die Vertiefung von Kontakten und Anstöße für den Einsatz von Geoinformationstechnologie,
- der Aufbau eines raumbezogenen Grunddatenbestands für die Nutzung im Ministerium,
- die Koordination des GIS-Einsatzes nachgeordneter Dienststellen und
- eine Datenschleuse für das FIS (Schnittstellenproblem).

Vorhaben für die Zukunft sind
- Umweltbeobachtung, d.h. Auswertung von Umweltdaten in Zeitreihen und
- Aufsetzen von Methoden z.B. zur Bewertung oder der Einsatz von Modellen und Prognoseverfahren.

Das GIS kann und soll jedoch keinen Service im Bereich Datenabgabe und Analyse leisten. Eine solche Servicestelle müßte eher das NLÖ sein. Auch Öffentlichkeitsarbeit wird mit dem GIS z.Zt. nicht betrieben.

Die Fachabteilungen des Ministeriums sind teilweise über die hauseigene IuK-Technik (Datex-P-Leitungen geplant) mit den einzelnen Meßnetzen zur Umweltüberwachung (LÜN, KFÜ, GÜN) verbunden und erhalten von dort die Meßwerte. Eine räumliche Komponente ist dabei aber nicht integriert.

<u>Der Umweltdatenkatalog:</u>

Der Umweltdatenkatalog Niedersachsen (UDK) ist als ein Metainformationssystem konzipiert und realisiert, welches Informationen über reale, umweltrelevante Datenbestände aufnimmt und verwaltet. Ziel ist es, eine Übersicht über die Datenbestände der Fachverwaltungen herzustellen und in Zukunft sogar den direkten Zugriff auf die beschriebenen Datenbestände zu realisieren (LESSING u. SCHÜTZ 1994). Mittlerweile sind mehrere Bundesländer und Österreich an der Entwicklung des UDK beteiligt, die von Niedersachsen koordiniert wird.

Der UDK ist aktuell in einer Version 2 unter DOS, VMS und UNIX verfügbar. Aufgrund des Ziels des UDK, auch in der Öffentlichkeit Verbreitung zu finden und somit der Bürgerinformation zu dienen, wurde die public domain Datenbank OCELOT verwendet und eine einheitliche Oberfläche entwickelt. Für die Workstation-Version gilt jedoch, daß eine der Datenbanken Oracle, Ingres oder Informix vorhanden sein muß, auf die der UDK aufsetzen kann. Die Entwicklung erfolgte zunächst in Zusammenarbeit mit IBM. Diese Zusammenarbeit wurde 1991/92 beendet, und die weitere Entwicklung wurde an mbp (Berlin) und später "Dr. Lipke und Dr. Wagner" übertragen.

Zum Aufbau des Datenbestands gibt es derzeit nur Pilotprojekte mit dem NLÖ und dem NLfB bezüglich Datenintegration und -fortführung. Für die Dateneingabe und Aktualisierung der Metadaten sind die datenführenden Stellen verantwortlich. Diese werden vom Umweltministerium kontaktiert und um Zusammenarbeit gebeten, d.h. die Mitarbeit ist freiwillig. Die datenführenden Stellen werden dann automatisch zu UDK-Nutzern, weil sie ein komplettes

Programm für die Eingabe erhalten. Sie werden somit Anwender und Teil des UDK, die sogenannten UDK-Instanzen.

Obwohl alle Komponenten des NUMIS noch lose nebeneinander existieren, hat das UIS in Niedersachsen - vor allem durch die Entwicklung des UDK - viel Aufmerksamkeit auf sich gezogen. Eines der größten Probleme von NUMIS ist allerdings die geringe Personalstärke. Ganze 5 Mitarbeiter tragen momentan die gesamte Entwicklung.

Für die Kommunen ist das NUMIS derzeit kaum nutzbar. Die Daten der Fachinformationssysteme müssen nach wie vor bei den zuständigen Landesämtern bezogen werden.

2.1.2 Nordrhein Westfalen - DIM

Erste Ideen zum Aufbau eines Informationssystems entstanden bereits 1982 in einer Studie über ein Raumbeobachtungssystem. 1985 wurde das Ministerium für Umwelt, Raumordnung und Landwirtschaft (MURL) gegründet. Jetzt sollte zur Raumbeobachtung auch die Umweltinformation kommen. 1985-87 erstellte das Beratungsunternehmen Kienbaum eine Studie zum Aufbau des Daten- und Informationssystem (DIM) des MURL (KIENBAUM 1988). 1989 wurde dann die erste Aufbauphase abgeschlossen und das DIM war einsatzfähig. Der Aufbau erfolgte in sehr kurzer Zeit und unterscheidet sich damit z.B. von dem Konzept in Baden-Württemberg (vgl. Kap. 2.1.3), wo versucht wurde, möglichst alle Komponenten gleich mit aufzubauen. Während des Aufbaus gab es eine sehr straffe Organisation mit einem allmonatlichen Treffen der beteiligten Partner Landesamt für Datenverarbeitung und Statistik (LDS, dort wurde das Programm auf einem Großrechner implementiert), IBM (Programmentwickler) und MURL (fachliche Vorgaben) zur Berichterstattung und Absprache. Bis 1993 konnten bereits ca 70% aller für das DIM vorgesehenen Daten integriert werden.

Masken und Standards können nur vom LDS geändert werden, damit das DIM überall gleich aussieht. Updates werden auf Initative der Fachämter oder des MURL in unregelmäßigen Abständen durchgeführt.

Ziel des DIM ist die Verbesserung der fachlichen und politischen Entscheidungsgrundlagen. Es ist primär am Bedarf des MURL ausgerichtet, kann aber auch von anderen Behörden genutzt werden. Insbesondere bestehen Verbindungen zum Störfallzentrum und zum Informations- und Kommunikationssystem „Gefährliche und Umweltrelevante Stoffe" (PAGE et al. 1993). Das DIM wird in der Öffentlichkeitsarbeit (z.B. Veröffentlichung der neuesten Daten) eingesetzt, aber selten erwähnt. Ein direkter Zugang für die Öffentlichkeit existiert nicht, könnte aber z.B. über BTX realisiert werden. Eine Nachfrage ist jedoch angeblich kaum vorhanden. Überdies gäbe es große Sicherheitsprobleme, da im LDS z.B. auch sensible Daten (Polizei) verwaltet werden. Der Landtag greift nicht auf DIM zu, andere Ministerien nur selten.

Das DIM war bis zum Untersuchungszeitpunkt eine reine Großrechneranwendung (IBM-Datenbank DB2 beim LDS) ohne geographische Komponente. Die Oberfläche wirkt daher etwas antiquiert, soll aber um eine graphische Oberfläche ergänzt werden, vor allem weil geplant ist, die geographische Komponente zu integrieren. Dazu wurde 1993 eine groß angelegte Studie beim Zentrum für Graphische Datenverarbeitung (ZGDV) in Darmstadt durchgeführt. Die Entscheidung fiel schließlich für den Bereich Visualisierung zugunsten des Produktes WinCAD der Firma SNI aus. Das MURL und sämtliche nachgeordneten Behörden (ca. 4000 Arbeitsplätze) sollen im Laufe der nächsten Jahre mit diesem System ausgestattet werden. Für die Erhebung der räumlichen Daten wird vorwiegend der ALK-GIAP eingesetzt werden, der von der Landesvermessung in NRW maßgeblich mitentwickelt wurde und daher Standard im Vermessungsbereich dieses Bundeslands ist.

Räumliche Auswertungen können derzeit nur in vorgegebenen Auflösungen (z.B. Regierungsbezirke, Oberbereiche, Kreisgrenzen) durchgeführt werden. Die Auflösung ist maximal bis zu Gemeinden oder Meßstellen möglich. Neben der Einbeziehung der Geometrie soll im Zukunft auch der direkte Zugriff über verteilte Datenbanken möglich sein und ein Metainformationssystem integriert werden (MURL 1992). Von diesen Maßnahmen wird ein deutlicher Akzeptanzschub erwartet. Vor allem die Möglichkeit übergreifender Auswertungen soll eine neue Qualität der Information bringen.

Die Fortführung der Daten bei den Fachämtern läuft mittlerweile gut, weil diese merken, daß das DIM sie entlastet. Anfragen können an das DIM und müssen nicht mehr an die Mitarbeiter gerichtet werden. Überhaupt zeichnet sich das DIM durch eine gut funktionierende Zuarbeit der datenliefernden Stellen aus. Das Ministerium hat hier sehr klare Vorgaben gemacht, so daß die ankommenden Daten sofort übernommen werden können. Für das DIM werden keine Daten extra erhoben, sondern nur vorhandene zusammengeführt und aufbereitet. Sämtliche Daten liegen also redundant beim MURL und der datenführenden Stelle vor. Zu allen Datenbeständen gibt es einen Punkt "Fachliche Erläuterungen".

Eine Integration anderer Informationssysteme ist noch nicht sehr weit fortgeschritten, weil diese meistens erst in Planung sind. Vorgesehen ist jedenfalls die Einbeziehung von:
- Bodeninformationssystem BIS (im Aufbau)
- Stoffkataster Boden
- Integriertes Regierungsinformationssystem IRIS der Staatskanzlei
- Raumordnerische Verfahren sollen für die Regionalplanung (GP- oder RO-Verfahren) eingesetzt und in Zusammenarbeit mit den Regierungspräsidien ins DIM integriert werden.

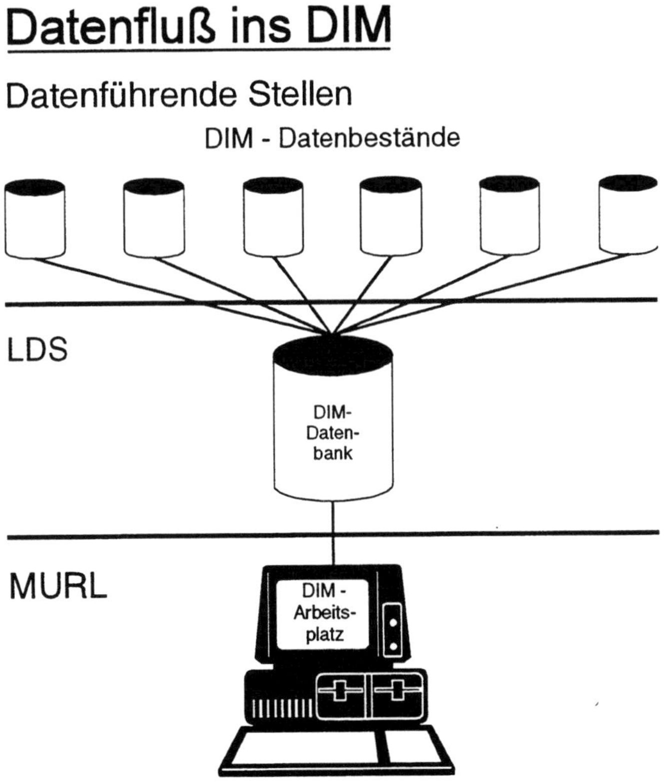

Abb. 2.1: Datenfluß ins DIM (Quelle: DIENING 1989)

Das Ziel, Informationen schneller und zuverlässiger verfügbar zu machen, konnte weitestgehend erreicht werden. Einen Einsatz bei Führungs- und Öffentlichkeitsinformation gibt es zwar, er entspricht jedoch nicht dem Umfang der Erwartungen.

Das DIM steht zur Zeit vor einer großen Umstellungsphase, da einerseits ein Verlassen der Großrechnerbasis und andererseits die nachträgliche Integration der geographischen Komponente ansteht.

Eine Nutzung für Kommunen ist wenig sinnvoll, da die Daten nicht den Anforderungen von kommunalen Aufgaben entsprechen. Die sachliche und räumliche Auflösung der Daten ist auf kommunaler Ebene ungleich höher, und durch die unterschiedlichen Aufgabenbereiche müssen auch andere Auswertemethoden eingesetzt werden (HOLLMANN 1992). Die zunächst bestehenden engen Kontakte mit den Pilotprojekten in Herne und Wesel sind folglich zurückgegangen.

Die Übertragung des DIM-Konzepts auf die kommunale Ebene im Rahmen eines Pilotprojekts unter Beteiligung der Stadt Herne und des Kreises Wesel ist, obwohl die beim DIM gemachten Erfahrungen genutzt werden konnten, zumindest in letzterem Fall nur bedingt gelungen. Die Implementation in Herne dagegen ist erfolgreicher, vor allem aber aufgrund der Tatsache, daß dort in großem Umfang eigene Entwicklungen stattfinden.

Der Austausch mit den Kommunen erfolgt zumeist nicht direkt, sondern über die Regierungsbezirksebene (HOLLMANN 1992). Eine Übernahme von Daten der Informationssysteme der Landesämter geschieht in NRW in recht großem Umfang. Vor allem Daten der LÖBF (LINFOS) finden Eingang in kommunale UIS.

Eine auch für die Kommunen interessante Entwicklung stellt das im Aufbau befindliche Bodeninformationssystem dar (GOLLAN 1994). Verschiedene Kommunen im Land sind in Arbeitsgruppen eng an der Entwicklung und Ausgestaltung des Systems beteiligt und stimmen mit dem Land die Erhebungskriterien und -methoden mit dem Land ab. Aufbauend auf diese Zusammenarbeit beginnen die Kommunen z.T. eigene lokale Bodeninformationssysteme aufzubauen.

2.1.3 Baden - Württemberg

Baden-Württemberg verfolgt das sicher umfangreichste, übergreifendste, aufwendigste und vor allem am besten dokumentierte Konzept zur Realisierung eines UIS. Mittlerweile wird es als Teil eines nochmals übergeordneten allgemeinen Landesverwaltungskonzepts weiterentwickelt, realisiert und betrieben. Da UIS ist allgemein gesprochen der aufgabenorientierte, informationstechnische, organisatorische und personelle Rahmen für die Bereitstellung von Umweltdaten und die Bearbeitung von fachbezogenen und fachübergreifenden Aufgaben im Umweltbereich in der Landesverwaltung (MAYER-FÖLL 1993).

Bereits 1983 beauftragte die Landesregierung eine Arbeitsgruppe - bestehend aus den Firmen Diebold, Dornier und Ikoss - mit der Erstellung einer Studie für ein informations- und kommunikationstechnisches Gesamtkonzept für die Landesverwaltung. 1985 beschloß der Ministerrat dann u.a. die Entwicklung verschiedener Einzelszenarien, darunter das UIS. Beauftragt wurden das Ministerium für Ernährung, Landwirtschaft, Umwelt und Forsten (ME) und später das neu gegründete Umweltministerium (MU). Zwischen 1987 und 1991 wurde dann von dem Consultingunternehmen McKinsey ein in 5 Phasen gegliedertes Konzept entwickelt, das weit über die Grenzen Baden-Württembergs hinaus bekannt und beachtet wurde (McKINSEY 1988, MI-BW 1991):

- Phase 1: Bestandsaufnahme und inhaltliche Konzeption (Vorhandene IuK-Verfahren, Aufgabenstruktur im Umweltbereich, Mitarbeiter-Interviews)
- Phase 2: Systemkonzeption (Benutzerschnittstellen)
- Phase 3: Umsetzungsplanung
- Phase 4: Weiterentwicklung der UIS-Rahmenkonzeption
- Phase 5: Umsetzung der UIS-Rahmenkonzeption

Die Ziele des UIS-BW wurden unterteilt in Innenziele, wie
- Unterstützung aller Aufgaben mit Umweltbezug in Politik und Verwaltung,

- Management von Umwelt-Störfällen durch eine Erfahrungs-Datenbank zur systematischen Nachbearbeitung der Störfälle (eine Systemunterstützung ist hier allerdings nur begrenzt sinnvoll und möglich),
- Führungskräfte in die Lage versetzen, Handlungsbedarfe zu erkennen und geeignete Maßnahmen zu ergreifen,
- Einbettung in das Landesinformationssystem (Teil Umwelt)

und Außenziele, wie
- Austausch mit EG, Bund, anderen Ländern und Kommunen und
- Umsetzung der EG-Richtlinie über den freien Zugang zu Informationen über die Umwelt.

Konkret bedeutet dies
- die Entwicklung eines einheitlichen Datenmodells,
- die sukzessive (entsprechend den verfügbaren Ressourcen) Entwicklung von Teilsystemen, ohne das Ziel der Gesamtschau über die Umwelt aus dem Auge zu verlieren,
- den Aufbau von Daten verschiedener Aggregationsstufen,
- und die Ermöglichung von "horizontalem" und "vertikalem" Datenzugriff.

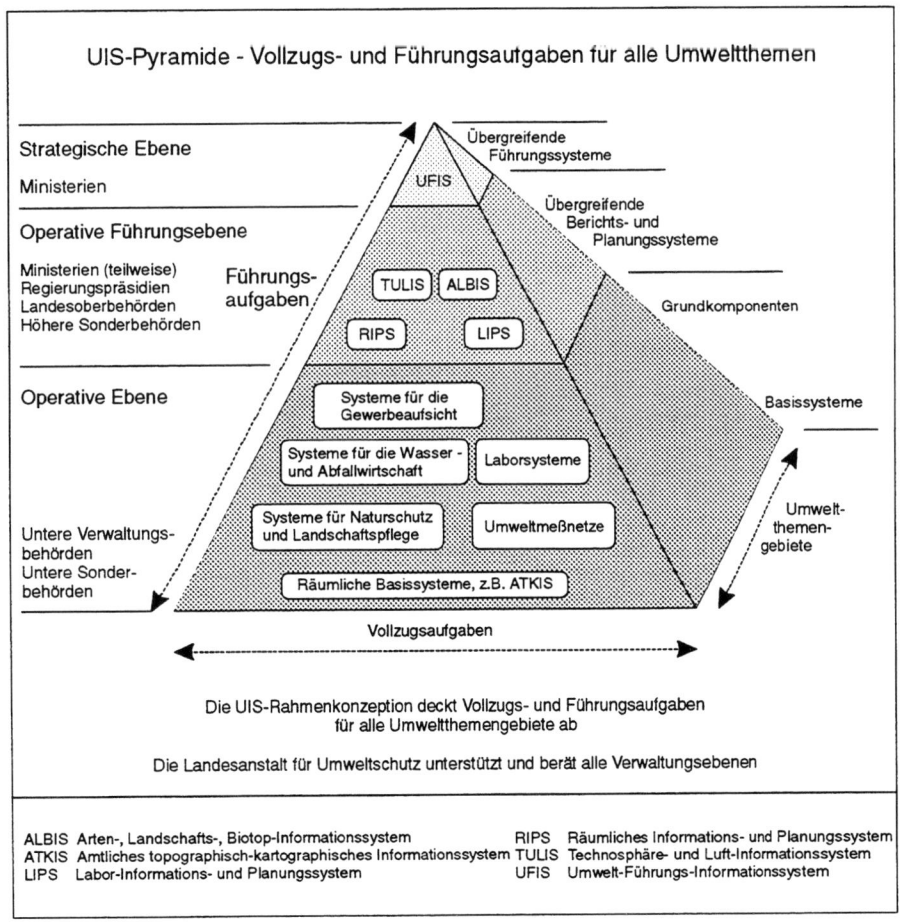

Abb. 2.2: Konzept des UIS in Baden-Württemberg (Quelle: MAYER-FÖLL 1993)

Das Umweltinformationssystem in Baden-Württemberg ist modular aufgebaut und setzt sich aus folgenden Komponenten zusammen:

1. Übergreifende Komponenten:
- UFIS (Umwelt-Führungs-Informations-System): UFIS ist gemeinsame Entwicklung mit der Firma DEC. Es zeigt Umweltdaten in ihrem räumlichen und zeitlichen Zusammenhang z.B.

per Direktzugriff auf aktuelle Daten der LfU (Landesanstalt für Umweltschutz). Eine Benutzeroberfläche für Karten-, Graphiken-, Tabellen- und Berichterstellung wurde entwickelt (HENNING 1993).

- ALBIS (Arten-, Landschafts- und Biotopinformationssystem): ALBIS ist ein Berichtssystem. Es hat hohe Anforderungen an die geographischen Funktionalitäten. Daher wurde 1991 ein GIS zur Bearbeitung angeschafft.
- LIPS (Labor-Informations- und Planungssystem)
- RIPS (Räumliches Informations- und Planungssystem)
- TULIS (Technosphäre- und Luftinformationssystem): TULIS wird als Berichtssystem zum Informationskomplex Luftqualität, Schadstoffbelastung, Emissionen, Technosphäre-Objekte sowie Maßnahmen der Gewerbeaufsicht konzipiert. Zur Datenhaltung wird ORACLE verwendet (KOHM 1993).

Alle übergreifenden Komponenten werden durch eine ressortübergreifende Arbeitsgruppe koordiniert.

2. Grundkomponenten (Fachinformationssysteme):

Grundkomponenten des UIS sind im wesentlichen Systeme zur Unterstützung der einzelnen Fachaufgaben mit Umweltbezug. Als Beispiele seien genannt:

- Systeme der LfU (Meß- und Überwachungssysteme, z.B. Vielkomponenten-Luftmeßnetz der UMEG GmbH)
- Informationstechnik in den Ämtern für Wasserwirtschaft und Bodenschutz (IT-WBÄ)
- Labordatenverarbeitung in den Chemischen Untersuchungsanstalten (CLUA)
- Informationssystem Gewerbeaufsicht
- Informations- und Kommunikationstechnik in den Bezirksstellen für Naturschutz und Landschaftspflege (IT-BNL)
- IuK-Technik in der Landwirtschaftlichen Untersuchungs- und Forschungsanstalt (LUFA)
- Daten- und Informationsverarbeitung in der Flurbereinigungsverwaltung (WEDIF)
- Bodeninformationssystem (BIS)
- Informationssystem Atomrechtliches Aufsichts- und Genehmigungsverfahren sowie Einbindung der Meßnetze zu Reaktorsicherheit und Strahlenschutz.

3. Basissysteme:

Als Basissysteme werden in erster Linie ATKIS, ALK/ALB, das LVN (Landesverwaltungsnetz), ILR (Informationssystem ländlicher Raum), BAR (Büroautomation in den Regierungspräsidien) und die Bürokommunikationssysteme angesehen.

Das Problem des Informationsmanagements wurde in Phase V (McKinsey) erkannt (vgl. auch KAUFHOLD 1993). Daher wurde ein Grobkonzept erstellt, das im wesentlichen ein 6-Schalen-Modell des Datenmanagement darstellt:

1. Individuelle Modelle
2. Gesamtdatenmodell
3. Metadaten (an einem UDK nach dem niedersächsischen Vorbild wird allerdings erst in jüngster Zeit gearbeitet)
4. Datenhaltungskonzepte und technische Systemrealisierung
5. Organisatorische Regelungen
6. Rahmenbedingungen (Datenschutz)

Neben den Umsetzungsarbeiten in den Behörden wurden weitere Forschungsprojekte (überwiegend an das FAW Ulm) vergeben. Darunter ZEUS (Zentrales Umwelt-Kompetenz-System), WINHEDA (Wissensbasierter natürlichsprachlicher Zugriff auf verteilte heterogene

Datenbanken), RESEDA (Remote Sensor Data Analysis - Wissensbasierte Auswertung von Rasterbilddaten), WANDA (Water Analysis Data Advisor - Wissensbasierte Auswertung von Sensorinformationen in der Wasseranalytik), NAUDA (Natürlichsprachlicher Zugang zu Umwelt-Datenbanken), TEMITEC (Testdatenbank für Emissionsminderungstechniken der Uni Karlsruhe), XUMA (Expertensystem Umweltgefährlichkeit von Altlasten des Kernforschungszentrum Karlsruhe), Erstellung von Schnittstellen zur Integration von Simulationsdaten auf Großrechnern (Uni Stuttgart) und Nutzung von Fernerkundungsdaten (Universitäten Stuttgart, Karlsruhe und FAW Ulm).

Vorgaben zur Hardware gibt es nicht. Datenbanken sollen relational und SQL-fähig sein, die Software marktgängig, und Bürokommunikationssysteme werden als wichtige infrastrukturelle Voraussetzung angesehen.

Es wurde erkannt, daß ein Großprojekt wie das Umweltinformationssystem mit den herkömmlichen Organisationsstrukturen und Methoden der Linienorganisation und im normalen Ablauf der Geschäfte in der öffentlichen Verwaltung nicht umsetzbar ist. Daher wurden "temporäre Organisationsformen" (UIS-Projektgruppe am MU - themenspezifische Arbeitsgruppen - externe Berater) geschaffen.

Eine neue Tendenz in der Entwicklung ist die Abwendung von der starken Führungsorientierung der frühen Jahre. Obwohl auch neuere Veröffentlichungen (JAESCHKE et al. 1993) den Führungsaspekt noch herausstellen (Pyramide als Leitbild existiert weiter), wird die Bedeutung der Fachinformationssysteme mittlerweile höher gewichtet. Das UIS wird jetzt in erster Linie als Kommunikationstool betrachtet sowie zur Bearbeitung übergreifender Fragestellungen eingesetzt. Deutlich wird dies in der neuen Position des RIPS als übergreifende Komponente zur Metadatenhaltung (MÜLLER 1992) und des neuen Informationsmanagementsystems INFORMS (KAUFHOLD 1993).

Aufgrund der nun schon langjährigen Erfahrung in der Aufbau- und Einsatzphase konnten verschiedene Probleme und Vorteile erkannt und dokumentiert werden (JAESCHKE et al 1993).

Als Schwierigkeiten wurden benannt:

- Prioritätsverschiebungen führten zu Problemen in der vorbereiteten Projektrealisierungsfolge.
- Individuelle Interessen der Mitarbeiter müssen besser in Übereinstimmung mit den Projektzielen gebracht werden (Stichworte: Beteiligung, Information, Schulung). Das Verständnis des einzelnen für die übergeordnete Struktur des Gesamtsystems fehlt häufig noch. Teilweise ist nicht einmal bekannt, daß die Daten (automatisch) ins UIS einfließen.
- Der Erfahrungs- und Informationsaustausch zwischen den Mitarbeitern muß verbessert werden.
- Mangel an Konzepten und Verordnungen (u.a. fehlende Gebührenordnung) zum Informationsaustausch mit Kommunen, Verbänden und Privatpersonen.
- Sicherstellung von Personal- und Sachmitteln für Planungssicherheit muß gewährleistet werden.
- Strenge Vorgaben von Hard- und Software führen zu schlechten Kompromißlösungen und Ablehnung (dennoch wird teilweise derartig verfahren; z.B. ist die Nutzung eines speziellen Programms zur Biotopkatastererfassung für die Kommunen vorgeschrieben).

Die Einbindung von externen Beratern und Entwicklern zur Ergänzung des eigenen Know-how wird positiv bewertet. Methoden und Organisationsformen zur Bearbeitung von ressortübergreifenden Großprojekten wurden erprobt und können für andere derartige Projekte von Nutzen sein. Eine Effektivierung vor allem in den Bereichen raumbezogene Planung, ressortübergreifende Analysen und Erfolgskontrolle von Projekten konnte erreicht werden.

Der Ansatz des UIS Baden-Württemberg ist der umfassendste von allen und hat den größten Koordinierungsaufwand. Diese Tatsache bremst z.T. konkrete Realisierungen, was dazu führt, daß Technik und Konzept bei der Realisierung der Gefahr unterliegen, bereits von der Zeit überholt worden zu sein. Außerdem wird immer von temporärer Projektorganisation gesprochen; das Führen und Pflegen eines UIS sollte aber als Daueraufgabe verstanden werden.

Der Nutzen des UIS-Baden-Württemberg auf der strategischen Ebene und der operativen Führungsebene ist für Kommunen als eher gering einzustufen und daher auch nicht vorgesehen, weil ihre Informationsanforderungen mit der hohen Aggregationsstufe der genannten Ebenen nicht erfüllt werden können.

2.1.4 Hamburg - HUIS

Die Ausgangssituation in Hamburg unterscheidet sich in vielem von der der Flächenstaaten. So kommen zu den ministeriellen Aufgaben der Umweltbehörde auch noch kommunale hinzu. Die Bezirke sind regional zuständige, ausführende Organe und entsprechen somit nur bedingt einer Kommune. Sie haben eigene Gesundheits- und Umweltämter, jedoch mit weit geringeren Zuständigkeiten als die Kommunen der Flächenstaaten. Mit über 700 Mitarbeitern (inklusive nachgeordneter Behörden wie z.B. das Geologische Landesamt) ist die Umweltbehörde allerdings auch nicht mit den Umweltämtern der „normalen" Großstädte zu vergleichen.

Anders als in vielen kleineren Städten gab es in Hamburg bereits vor den ersten Überlegungen zum Aufbau des UIS eine Vielzahl von Fachinformationssystemen im Umweltbereich. Insgesamt existieren ca. 150 Datensammlungen zu umweltrelevanten Sachverhalten, die in ihrer Gesamtheit alle derzeit relevanten Umwelt- und Problembereiche abdecken (PAGE et al. 1993). Daraus resultiert eine sehr heterogene Rechner- und Datenstruktur. Dies mußte bei der Konzeptionierung berücksichtigt werden.

Die Fachinformationssysteme bestanden bisher fast völlig unabhängig nebeneinander. Ein Austausch fand nur sehr eingeschränkt statt. Die DV-Abteilung der Umweltbehörde begann daher 1991, nicht zuletzt angeregt durch eine Empfehlung des Rechnungshofs zur Entwicklung eines ämterübergreifenden Konzepts für ein Umweltinformationssystem, Überlegungen über eine Zusammenführung und Vernetzung der Fachsysteme anzustellen. In Zusammenarbeit mit der Universität Hamburg wurde während einer sogenannten Projektvorlaufphase nach einer eingehenden Bestandserfassung und Bedarfsanalyse ein Konzept für das Hamburger Umweltinformationssystem HUIS entwickelt (PAGE, HÄUSLEIN 1992; PAGE et al. 1993).

Hauptziele und Aufgaben sind ein qualitativer Sprung von der automatisierten Datenverarbeitung abgegrenzter Teilaufgaben hin zu einer vernetzten und umfassenden Informationsbereitstellung im Sinne einer „Unternehmensweiten Datenmodellierung". Informationen sollen schnell, aktuell, aussagekräftig und vollständig zu den Stellen gelangen, die sie benötigen. HUIS soll demnach „nur" eine Kommunikationsschale für den Datenaustausch der Fachinformationssysteme untereinander und für übergreifende Auswertungen (z.B. Umweltatlas) sein. Es weist daher eine überwiegend organisatorische Struktur auf (vgl. Abb. 2.3), bei der die sogenannte Kommunikationskomponente eine zentrale Stellung einnimmt. Deshalb ist auch nur eine kleine Hard- und Softwareausstattung nötig. Es bleibt allerdings abzuwarten, ob sich die Einschätzung der HUIS-Initiatoren, daß sich alle technischen Probleme bei der Implementation dieser „Schnittstelle" durch genügenden Einsatz von Zeit und Geld lösen lassen, bewahrheitet.

Die Fachsysteme sollen renoviert und besser aneinander bzw. an HUIS angepaßt werden. Außerhalb von HUIS werden größere sogenannte Hintergrundinformationen (z.B. GIS-Server, Stoffdatenbanken, Metainformationssystem, Berichtserstattungssystem etc.) aufgebaut. Ein Führungsinformationssystem soll ebenfalls - wenn überhaupt - nur außerhalb von HUIS realisiert werden.

Mit einer Realisierung ist allerdings erst nach 1995 zu rechnen, weil die Umweltbehörde in einem Neubau räumlich zusammengeführt wird. In dem neuen Haus wird eine komplette Vernetzung eingerichtet, die den Kommunikationsprozess in und mit HUIS unterstützen bzw. erst ermöglichen wird. Erste Ergebnisse des Projekts HUIS werden erst für 1997 erwartet und es bleibt zu hoffen, daß das Konzept nicht von der rasanten technischen Entwicklung überholt wird und daß sich alle betroffenen Stellen auch an die HUIS-Standards halten werden. Zwangsmöglichkeiten zu einer solchen Einhaltung bestehen jedenfalls kaum.

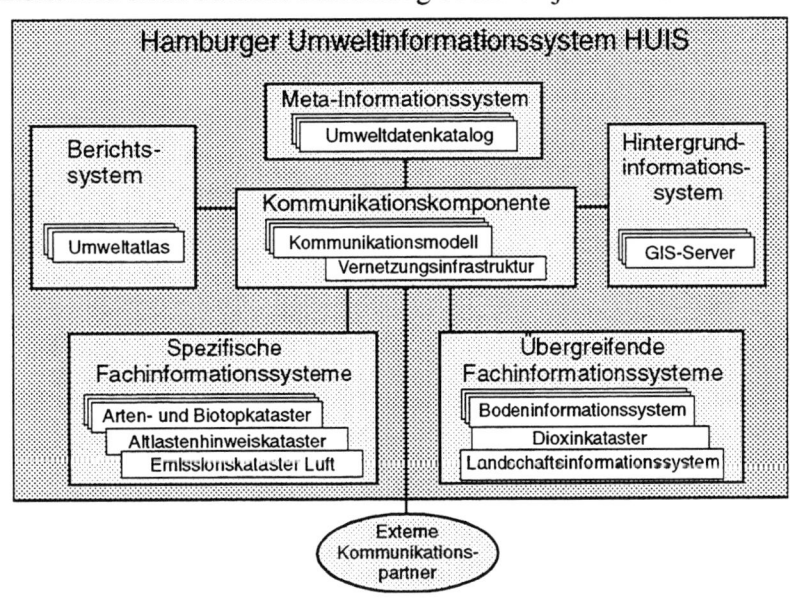

Abb. 2.3: Geplanter Aufbau des Hamburger Umweltinformationssystems HUIS (Quelle: PAGE et al. 1993)

2.1.5 Berlin

Das UIS der Senatsverwaltung für Stadtentwicklung und Umweltschutz Berlin besteht aus folgenden Teilkomponenten:

- Geographisches Informationssystem:

Das Geographische Informationssystem umfaßt als graphische Grundlage auf der Maßstabsebene 1:50.000 neben einer topographischen Grundkarte, die sich aus statistischen Blöcken und nutzungshomogenen Teilblöcken zusammensetzt, eine Reihe von Bezugssystemen, die durch die Zuordnung von Sachdaten zu thematischen Karten ausgewertet werden können. Für teilräumliche Aussagen steht ein digitales Kartenwerk im Maßstab 1:5.000 zur Verfügung.

Darüber hinaus liegt eine Vielzahl von geographischen Daten vor, die über gesonderte Methoden (Interpolation, Verschneidung, etc.) ausgewertet und mit den übrigen Daten in Beziehung gesetzt werden können (Höhenpunkte, Bodenbeschaffenheit bis zum Grundwasser, etc.)

- Fachdatenbanken:

Die ersten im UIS Berlin als Datenbankapplikationen unter Oracle aufgebauten Fachdatenbanken waren die Anwendungen „Bodenbelastungskataster (Altlasten)" und „Bodenschadstoffkataster (Schwermetalle)". Weitere Anwendungen wie das UIS-Datenkataster und das Immissionsökologische Wirkungskataster konnten in den letzten Jahren zu dem zentralen Fachdatenbestand des UIS hinzugefügt werden.

- Methodendatenbank

Es stehen Auswertungs-, Bewertungs- und Darstellungsmethoden zur Verfügung, die eine Verknüpfung der Sach- und Geometriedaten ermöglichen und eine unmittelbar planungsverwertbare Darstellung der Ergebnisse in Kartenform, z.B. als Karten des Umweltatlas Berlin, erlauben. Ein Großteil der Methoden (Interpolation, Kriging, Bewertungskubus und -matrix, Verschneidung) wurde im Rahmen des Geographischen Informationssystems unter SICAD entwickelt und stellt mittlerweile ein relativ vollständiges Repertoire dar. Ein kleinerer Teil, wie z.B. die Bewertung von Schwermetallwerten oder die Klassifikation von Altlastenflächen, wurde unter den jeweiligen Datenbankanwendungen implementiert.

- Datentransfer (Vernetzung)

Die Vernetzung der für das UIS zur Verfügung stehenden graphischen Arbeitsplätze, des Zentralrechners (BS2000), der Datenbankrechner (UNIX) und der PCs ist innerhalb der Senatsverwaltung bereits größtenteils realisiert. Hiermit ist über Emulations- und Filetransfersoftware ein durchgängiger Zugriff von der DOS- über die UNIX- bis hin zur BS2000-Ebene möglich.

Als Grundlage für die Datenkommunikation zwischen dem UIS und Verfahren anderer Dienststellen (Bezirke, andere Senatsverwaltungen) wird derzeit eine Hard- und Softwarekonzeption auf der Grundlage eines Verwaltungsnetzes umgesetzt (Fachübergreifendes Informationssystem).

- Metadatenbank

Berlin beteiligt sich derzeit nicht an dem Gemeinschaftsprojekt Umweltdatenkatalog (UDK). Als Zwischenlösung wurde ein eigenes Umweltdaten-Kataster unter Oracle entwickelt. Dort gibt es die typische Rechtezuweisung für gelegentliche Benutzer, Sachdatenbesitzer, Experten und Administratoren. Es wird in die Bereiche Sachdaten und Methoden unterschieden. Im Gegensatz zum UDK kann mit dem Umweltdatenkataster direkt auf die Daten durchgegriffen werden.

Grundsätzlich unterscheidet sich Berlin von anderen Systemen auf Länder- oder kommunaler Ebene, weil es keinen übergeordneten Service für Fachsysteme und -daten anbieten will, sondern als selbständiges System den Bereich Planung und Information abdeckt. Die UIS-Gruppe zieht Daten aus den Fachsystemen zu bestimmten Zwecken heran und bereitet sie auf, ist aber nicht Kopf oder Verwalter dieser Daten. Das UIS ist damit zwar in der mittleren Ebene der UIS-Pyramide (vgl. UIS Baden-Württemberg 2.1.3) einzuordnen, es gibt jedoch weder eine Spitze (Führungsinformationssystem) noch einen Rücklauf der aufbereiteten Daten in die Fachkataster, die mit derart aggregierten Daten im Regelfall auch nichts anfangen können.

Mit dem Umweltatlas soll die Öffentlichkeit informiert und dem vorsorgenden Umweltschutz in der Planung Nachdruck verliehen werden. Es wird also hier Nachfrage durch Angebot geschaffen und nicht umgekehrt, wie sonst üblich.

Das UIS erfüllt neben seiner unmittelbaren Bedeutung für die Umweltplanung eine Art Servicefunktion für die verschiedenen Verwaltungsteile, indem medienübergreifende Gesichtspunkte im Sinne der Zielvorstellungen der ökologischen Planung von diesen Stellen entwickelt und in den Diskussionsprozeß einbezogen werden können.

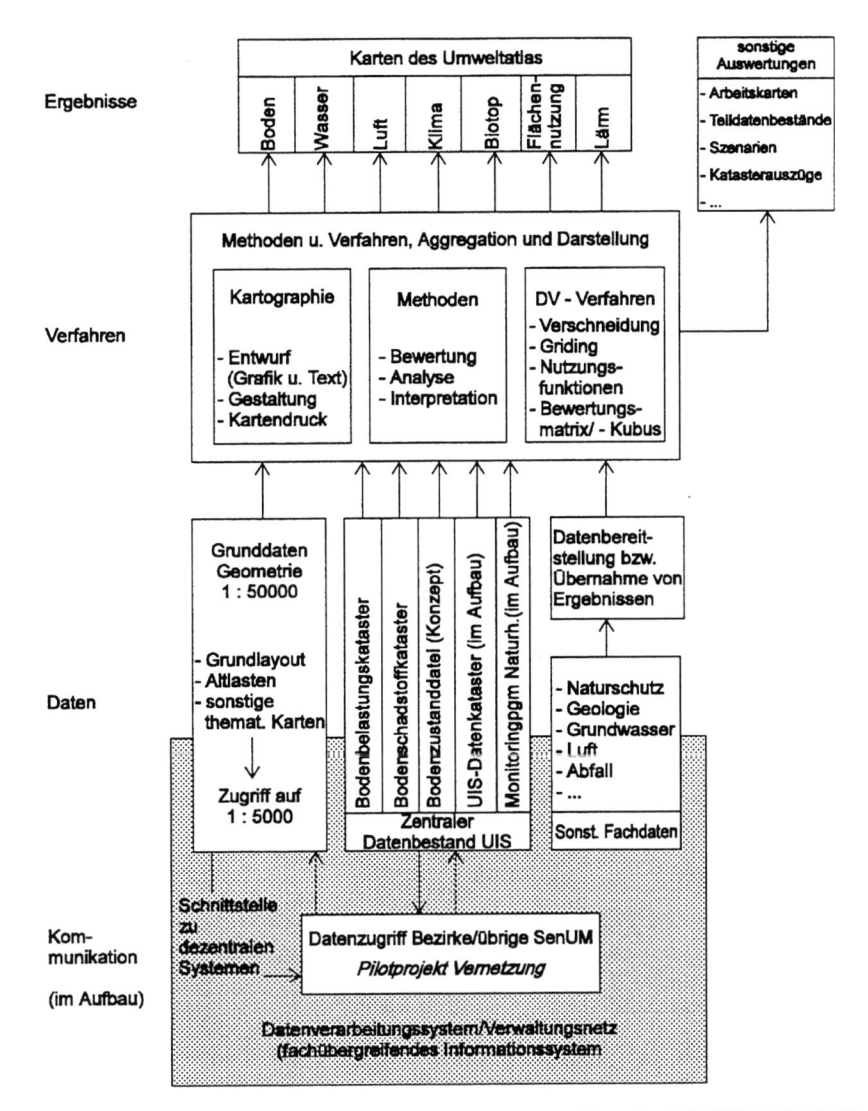

Abb. 2.4: Struktur des Berliner Umweltinformationssystems (Quelle: BOCK, KNAUER 1993)

Entwicklung:

1981 begann in Berlin die Entwicklung eines Umweltinformationssystems mit dem gemeinsamen Forschungsprojekt vom Senat für Stadtentwicklung und Umweltschutz und dem UBA zum "Aufbau eines ökologischen Informationssystems". In diesem Rahmen wurde bis Ende 1986 der Umweltatlas Berlin unter Einbeziehung von DV-Verfahren erarbeitet (v. NOUHUYS 1992).

Nach 1986 wurde das Projekt mit erweiterter Zielsetzung unter dem Titel "Ökologisches Planungsinstrument Berlin Naturhaushalt/Umwelt (ÖKOPLAN)" weitergeführt. Jetzt sollten über Bestands- und Belastungsdarstellung hinausgehend Konfliktbeschreibungen vorgenommen, die Ableitung räumlicher Darstellung von Maßnahmen mit erweitertem Einsatz graphischer Datenverarbeitung (analytischer Bereich) bearbeitet und die Anwendung des Ökologischen Planungsinstruments am Beispiel Boden/Grundwasser getestet werden (BOCK et al. 1990).

Erst 1989 wurde absehbar, daß das UIS als Daueraufgabe weitergeführt werden würde. Nachdem das System für den Westteil der Stadt etwa um 1990 operationell einsatzfähig und mit den vorgesehenen Daten gefüllt war, stand die Umweltbehörde plötzlich vor der Aufgabe, die Daten für den gesamten Ostteil neu erheben zu müssen. Dieser Prozeß wurde erst 1994 weitgehend abgeschlossen. In der Zwischenzeit mußten konzeptionelle Weiterentwicklungen zurückgestellt werden. Das System ÖKOPLAN wurde in dieser Zeit nicht weiterentwickelt.

Mit dem Land Brandenburg findet mittlerweile - ansatzweise - eine Abstimmung der konzeptionellen Überlegungen mit dem Ziel statt, Karten für regionale Planungen gemeinsam zu erstellen.

Im Aufbau befindet sich seit 1993 ein u.a. mit den Berliner Bezirken betriebenes Vorhaben unter dem Projekttitel „Fachübergreifendes Informationssystem (FIS)". Dabei handelt es sich in der Hauptsache um ein DV-Infrastruktur-Projekt. Ein gemeinsames Netz mit dezentraler technischer Ausstattung (MAN - Metropolitan Area Network) soll den Zugriff auf das UIS und anderer Verfahren in der Senatsverwaltung ermöglichen. Eine Differenzierung des Informationssystems nach den Ansprüchen der Bezirke soll möglich sein. Die über das Projekt „Fachübergreifendes Informationssystem (FIS)" geplante Einbeziehung der beteiligten Fach- und Bezirksverwaltungen hat eine Unterstützung beim Aufbau einheitlicher und mit den bestehenden Verfahren und Systemen kompatibler Teilsysteme in den Bezirken und einen direkten Zugriff auf weitere Großverfahren des Landes Berlin wie den Verfahren ALK und AKTIS zum Ziel.

Organisation und Arbeitsablauf:

Die Gruppe Ökologische Planungsgrundlagen, der das UIS organisatorisch zugeordnet ist, untergliedert sich in vier Sachgebiete. Die im folgenden genannten drei Sachgebiete beschäftigen sich im engeren Sinne mit dem Aufbau und der Pflege des UIS:

- UIS,
- Ökologische Bewertungsmethoden,
- Umweltatlas.

1) UIS

Für das Sachgebiet UIS arbeiten derzeit 7 Personen (darunter 3 ABM-Stellen). Etwa 50% der Arbeiten werden für die Erstellung der Karten den Umweltatlas aufgewendet. Zur Datenerfassung bzw. Übernahme stehen mehrere graphische Arbeitsplätze mit dem System SICAD zur Verfügung. Ein Problem dabei ist die sequentielle Speicherung der Daten unter BS 2000. Aus diesem Grund wird derzeit mit der Umstellung auf SICAD-open unter UNIX auf Silicon Graphics Workstations begonnen. In den nächsten drei bis vier Jahren soll die Umstellung abgeschlossen sein.

Ein weiteres Problem ist die Performance, weil alle Arbeitsplätze über eine „schmale" 64-kB-Leitung mit dem Hauptrechner in einem anderen Gebäude (ca. 400m entfernt) verbunden sind. Alle GIS-Operationen sowie die Datenhaltung erfolgt aber auf diesem Rechner.

Die Sachdaten werden in der Datenbank Oracle auf UNIX-Workstations von DEC gehalten. Die Nutzerarbeitsplätze sind mit PCs ausgestattet und über Ethernet (LAN) vernetzt. Ein Ausgang zu internationalen Netzen (Internet) mit Verfügbarmachung der Daten soll im laufenden Jahr geschaffen werden. Aus Sicherheitsgründen soll der Anschluß zunächst als „Insellösung" realisiert werden.

Daten werden - von wenigen Detailprojekten abgesehen - grundsätzlich flächendeckend für ganz Berlin im Maßstab 1:50.000 erhoben. Räumliche Grundlage ist die Raumgliederung der Statistik, die auch (fast) jeder Karte unterlegt ist. Auf diese Weise können die Daten des Statistischen Landesamts einfach integriert werden und über einen Flächenschlüssel alle Flächen eindeutig angesprochen werden. Dieses System der statistischen Blöcke hat sich in Berlin bewährt und weitgehend durchgesetzt, so daß sogar der Aufbau von ATKIS dieser Besonderheit Rechnung tragen wird. Der geplante Umstieg auf ATKIS als räumliche Datengrundlage wird dadurch vereinfacht. Trotzdem wird dieser Umstieg einen erheblichen Aufwand in 1995 bedeuten.

Die Fortführungsproblematik wurde durch automatische Markierung von durch Geometrieänderungen betroffenen Sachdatensätzen gelöst. Die Daten bleiben bis zur vollständigen Änderung in der alten Version erhalten, so daß der Bestand jederzeit konsistent ist.

Zentrale Datenbestände (z.B. Bodenbelastungskataster) werden von der Fachgruppe "Ökologische Planungsgruppe" verwaltet. Die übrigen Bestände werden in den jeweiligen Fachabteilungen verwaltet. Nur wenige dieser Datenbestände sind allerdings derzeit über das Netz erreichbar.

Mit den einzelnen Fachgruppen werden jedoch - dort wo es arbeitsökonomisch sinnvoll erscheint - derzeit Vereinbarungen getroffen, die sukzessive einen möglichst durchgehenden Informationszugriff zum Ziel haben, um so die Erstellung der periodisch erscheinenden Karten des Umweltatlas nach und nach zu rationalisieren bzw. zu automatisieren.

Ein Einsatz von digitalen Daten in den Fachbereichen anderer Abteilungen des SenStadtUm findet im wesentlichen nur durch externe Auftragnehmer statt. Ingenieur- und Planungsbüros übernehmen Teile der Geometrie- und Sachdaten für projektbezogene Auswertungen. Hierfür werden von SenStadtUm aufwandsabhängige Gebühren erhoben. In den vergangenen zwei Jahren konnten auf diesem Weg Daten im Wert von ca. 100.000,- DM weitergegeben werden.

Eine direkte Weitergabe von digitalen Daten findet auf der Grundlage des FIS mit den bezirklichen Umweltämtern statt. Über Leitungsverbindungen können bereits einige Testbezirke auf die Daten des Altlastenkatasters zugreifen.

Ein weiterer Weg der Weitergabe von digitalen Daten des UIS besteht durch die Veröffentlichung des „Digitalen Umweltatlas" als CD-Rom.

Als Benutzeroberfläche wird das aus dem World Wide Web (WWW) bekannte Mosaic[1] genutzt. Dieses hat den großen Vorteil, daß auch die mittlerweile angebotene Online-Schaltung des digitalen Umweltatlas über einen WWW-Server problemlos möglich ist. Ein weiterer Vorteil ist die Tatsache, daß die Daten für normale Anwenderprogramme genutzt werden können. So können beispielsweise Tabellen problemlos in Tabellenkalkulationsprogramme übernommen werden. Geodaten werden mit dem Kartographie-Programm YADE, das in einer Runtime-Version auf der CD enthalten ist, visualisiert.

Die Anwendung soll ergänzt um weitere Komponenten (Metadaten) über das Verwaltungsnetz (MAN) auch allen Anwendern der Berliner Verwaltung bereitgestellt werden.

2) Ökologische Bewertungsmethoden

Das Sachgebiet Ökologische Bewertungsmethoden hat im Rahmen des UIS die Aufgabe, vor dem Hintergrund einer relevanten sachbezogenen Datenbasis:

- Zustandsbeschreibungen und -darstellungen zu ermöglichen,
- Bewertungsmodelle und Zielsysteme zu entwickeln,
- Ursache-Wirkungs-Beziehungen und Konflikte aufzuzeigen,
- Qualitätsziele festzulegen und
- Simulation der Auswirkungen von Maßnahmen zu konzipieren.

Die hierbei verwendete Methodenbank enthält Verfahren zur Verschneidung, Interpolation und Aufrasterung sowie zur geostatistischen Berechnung, mit deren Hilfe inhaltliche Methoden auf der Grundlage der vorliegenden Daten umgesetzt werden können.

Im Gegensatz zu vielen anderen UIS werden in Berlin auch Bewertungsmodelle eingesetzt (BOCK et al. 1990). Ziel ist, Sachdaten auf der Grundlage eines Zielsystems zu bewerten, in

---

[1] neben Mosaic können auch alle anderen WWW-Browser (Netscape, Lynx, ...) genutzt werden.

Kriterien zu überführen und durch mathematische Funktionen zu verknüpfen. Als Methoden werden eingesetzt:

- Werttransformationen: Transformationsvorschriften bestimmen den Übergang von Sachdimension zur Wertdimension (Indikatoren => Kriterien),
- Wertsynthese: Zusammenfassen mehrerer Indikatoren, die als maßgeblich zur umweltrelevanten Beurteilung einer Raumeinheit angesehen werden, vor dem Hintergrund eines Zielsystems. Formale Aggregationsverfahren: Konventionelle Nutzwertanalyse, Bewertungsmatrix, -kubus (im Projekt umgesetzt), -baum.

Weitere Bestandteile sind Simulationsmodelle und Prognosen (BOCK et al. 1990). Sie dienen als wichtige Entscheidungsgrundlage für die Beurteilung geplanter Maßnahmen.

Das Benutzersystem stellt die Verbindung zwischen System und Anwender her und verfügt über eine graphische Dialogführung mit Auskunfts-, Hilfefunktionen und Benutzeranweisungen sowie eine Anpassung des Systemumfangs (Dialogabfragen, Hilfefunktionen, Informationen) an den Kenntnisstand des Anwenders.

Die Weiterentwicklung von ÖKOPLAN stagniert jedoch in den letzten Jahren. Als Gründe hierfür werden von den Betreibern aufgeführt:

- Vorrang der Datenerhebung für Ost-Berlin und
- mangelnde Benutzerfreundlichkeit (Oberfläche, Performance).

Die Erfahrung hat gezeigt, daß einfache Datenbank- bzw. Anwenderoberflächen wie das oben beschriebene WWW in der gewohnten PC-Umgebung des Sachbearbeiters eine deutlich höhere Akzeptanz erreichen, als die immer recht komplexen Oberflächen von Geographischen Informationssystemen.

3) Umweltatlas

Wie bereits angesprochen, dient der Umweltatlas der Umweltberichterstattung und der Planung. Die Sachgruppe „Umweltatlas" entwickelt selbständig Themen und Inhalte, die sich an der aktuellen (politischen) Situation orientieren. Es gibt also nicht die typische Redaktionsphase, in der Anforderungen der Fachabteilungen abgefragt und dann in Karten umgesetzt werden. Statt dessen wurden Karten zunächst im Rahmen der Anforderungen des Forschungsprojekts erstellt. Danach entstandene Ausgaben sind aus vorhandenen Daten zusammengestellt, die nach Auffassung der Arbeitsgruppe aktuelle Themen aus der Sicht der Umweltvorsorge, Umweltplanung und Umweltpolitik deutlich machen. Der Umweltatlas verbessert damit die Chance, ökologische Belange, vor allem in der räumlichen Planung, stärker als bisher zu berücksichtigen (SEN.STADT.UM 1993). Der Bedarf wird aus dem Wissen der Mitarbeiter der Gruppe über Planung, ihrer Übersicht über vorhandene Daten und dem Wissen über Defizite der Fachplanungen ermittelt.

Die Betrachtungsweise entspricht somit im allgemeinen nicht der der Fachabteilungen, die häufig dazu neigen, Probleme herunter zu spielen, um sie als „unter Kontrolle" bezeichnen zu können. Die Karten werden nicht für die Fachabteilungen erstellt, denn diese verfügen ohnehin immer über detailliertere Informationen, sondern für Planungs- und Informationszwecke. Die Position der Gruppe ist damit einerseits einfacher, weil nicht die Sachzwänge die Arbeit bestimmen, andererseits anspruchsvoller, weil räumlich übergreifende und für lange Zeiträume Aussagen generiert werden sollen. Trotzdem werden Themen natürlich mit den Fachabteilungen entwickelt, um nicht kontraproduktiv zu werden. Der Vorteil der Gruppe besteht dann im Wissen um Daten und Datenqualitäten. Gutachten werden nicht einfach unbesehen übernommen. Diese Plausibilitätsprüfungen stellen ein großes (aufwendiges) Problem dar.

Den Versuch einer Bedarfserhebung hat es allerdings gegeben: 1982/83 wurde das Erstkonzept von Prof. Sukopp mit der Frage, welche Bestandteile das UIS enthalten solle, an alle Verwaltungsabteilungen verschickt. Die Ergebnisse waren wenig verwertbar. Als Antworten kam entweder „das brauchen wir nicht (denn es könnte Arbeit bedeuten)" oder „das haben wir schon alles und das geht Euch gar nichts an" oder „es wäre ja ganz schön, alles zu haben, aber das kostet uns X Millionen DM".

Das große Problem der Akzeptanz durch die Fachabteilungen stellt sich in Berlin aufgrund der Philosophie des UIS nicht. Hier stehen Planung und Vorsorge in Mittelpunkt, nicht der Service. Man muß also nicht alle Leute „unter einen Hut" bekommen, und die Erfahrung zeigt, daß dies auch kaum möglich ist, weil Sachbearbeiter, Methoden und sogar notwendige Datengrundlagen für Fachaufgaben zu häufig wechseln. Auch der Austausch zwischen den Fachabteilungen wird nach den Aussagen der Betreiber nicht wahrgenommen, da sich alle gegeneinander abschotten. Natürlich wird das UIS aufgrund seiner Philosophie von einigen Fachabteilungen argwöhnisch betrachtet, es gilt nach wie vor als Forschung. Der Erfolg - vor allem des Umweltatlas[2] - gibt dem Ansatz aber recht.

Für „normale" Kommunen ist das Berliner Modell schon wegen seines großen Aufwands und der niedrigen räumlichen Auflösung (1:50.000) uninteressant. Einzelne Teile, vor allem die Bewertungsmodelle und -methoden, könnten jedoch als Idee übernommen werden. Zu berücksichtigen ist allerdings die starke Abhängigkeit von der Systemarchitektur (Siemens) und der räumlichen Datengrundlage (statistische Blöcke). Das Konzept der Umweltberichterstattung über digitale Umweltatlanten, die mit WWW-Browsern auf CD-Rom oder in globalen Nezten zugänglich sind, dürfte ebenfalls ein vielversprechender Ansatz sein. Es wird aktuell auch in anderen Bundesländern und sogar schon in ersten Kommunen in ähnlicher Weise umgesetzt.

2.1.6 Brandenburg

Als erstes der neuen Bundesländer konnte Brandenburg bereits im April 1992 ein Konzept zum Aufbau eines Umweltinformationssystem vorlegen (MUNR 1992).

Hauptziel des Landesumweltinformationssystem Brandenburg (LUIS) ist das Umweltmanagement (PAGE et al. 1993); das bedeutet die Bereitstellung von allen relevanten Umweltinformationen, die für die Erfüllung der Aufgaben des MUNR (Ministerium für Umwelt, Naturschutz und Raumordnung) und den Behörden des Geschäftsbereichs notwendig sind, sowie von Informationen laut der EG-Richtlinie zum freien Zugang zu Informationen über die Umwelt, zur Bürgerinformation und zur Erfüllung der aktiven Informationspflicht der Umweltverwaltung (z.B. Umweltberichterstattung) und des passiven Informationsrechts der Bürger. Desweiteren soll eine Koordination von Umweltinformationen betrieben und eine Transparenz hinsichtlich der vielfältigen Aufgaben verschiedener Umweltabteilungen und Referate im MUNR und der damit verbundenen Informationsflüsse (intern/extern) geschaffen werden.

LUIS soll in Systemkomponenten gegliedert werden. Ziel ist dabei die Eigenständigkeit der Facheinheiten. Zur Intergration dieser Komponenten werden sie um einen LUIS-Kern gruppiert. Dieser übernimmt die Steuerung und Koordination der Kommunikation. Der Kern sowie die Systemkomponenten stellen also das LUIS-Gesamtsystem dar (vgl. Abb. 2.5).

Fachinformationssyteme dienen der Bewältigung von konkreten Fachaufgaben, sind auf Fachebene organisiert, gliedern sich nochmals auf in Teilsysteme, sind eingabeorientiert (große Mengen an Rohdaten werden verarbeitet), verarbeiten Rohdaten zu aggregierten Daten oder zu Berichtsdaten (auf Zielaussagen bewertete Daten) und sind Datenlieferant für LUIS. Das Problem des Entstehens einer Motivationsschwelle, wenn die Fachbehörden sich nur als

---

[2] Bereits von der ersten Ausgabe des Umweltatlas (1985/1987) wurden 5000 Exemplare abgesetzt.

Datenlieferanten sehen und keinen direkten Nutzen am Gesamtsystem erkennen, soll durch vermehrte Berücksichtigung des Stellenwerts der Fachanwender gelöst werden.

Umweltmanagementsysteme (UMS) dienen der Unterstützung fachübergreifender, querschnittsorientierter Aufgaben (z.B. Systeme zur Entscheidungs- und Planungsunterstützung), bieten fachübergreifende Informationen, basieren auf Berichts- und aggregierten Daten und können so der Führungsinformation (interne Sicht) und Öffentlichkeitsarbeit (externe Sicht) dienen.

Der LUIS-Kern besteht aus einem Informationsmanagmentsystem (IMS), welches ein Metainformationssystem sein wird, und Basisinformationen.

Das IMS soll als Auskunftssystem für Umweltdatenbestände dienen, die Datenbestände verwalten bzw. "managen" und IT-Vorhaben koordinieren und steuern (Festlegung von Datenverantwortlichkeiten, Beschaffung von DV-Anwendungen). Ferner soll es das Management der Informationsverarbeitung (Technologie-, Daten-, Anwendungs- und Organisationsmanagement) und das Management der Ressource Information (Strategische Informationsplanung, Anwendungs-Architektur, Zusammenführung interner und externer Anwendungsbereiche, Informations-Kontrolle, Informationsaustausch) gewährleisten. Es soll zunächst aus dem Umwelt-Datenkatalog Brandenburg, basierend auf der Grundlage des UDK Niedersachsen, mit den Datenobjekten des Landes Brandenburg, sowie den "anforderungsspezifischen Erweiterungen Brandenburgs" bestehen (MUNR 1992).

Basisinformationen und Bürokommunikation werden für das LUIS - intern und extern - als Grundvoraussetzung angesehen. Als erforderliche Basisinformationen werden ATKIS sowie externe Informationssysteme mit Rechtsthemen, Stofflisten, Fachadressen, etc. genannt. Gerade nach externen Informationssystemen besteht eine große Nachfrage.

Der LUIS-Kern ist im Umweltlage- und Informationszentrum (ULIZ) im MUNR angesiedelt. Das ULIZ ist eine zentrale Informationsstelle für das MUNR und hat folgende Hauptaufgaben:
- IMS (s.o),
- Lage- und Störfallzentrum,
- Informationsvermittlung/-bereitstellung.

Vorgehensweise bei der Erarbeitung der Machbarkeitsstudie:
1. Erhebung des Informationsbedarfs im Geschäftsbereich des MUNR
2. Untersuchung der besonderen Bedingungen und Anforderungen in Brandenburg (Grobbefragung MUNR)
3. Ländervergleich (Expertenbefragung, Auswertung der Projektberichte, Betrachtung laufender Systeme)
4. IST-Aufnahme: Befragung aller Referate im MUNR und LUA (Landesamt für Umweltschutz) zur Ermittlung des Datenbestandes, des Informationsflusses sowie der internen und externen Schnittstellen.
5. Analyse der Anforderungen an das LUIS

In einer gesonderten Studie wurden die Problemfelder beim Einsatz von Geographischen Informationssystemen untersucht und Lösungsansätze zur Realisierung eines Managements geographischer Daten entwickelt (MUNR 1993).

Fachinformationssysteme

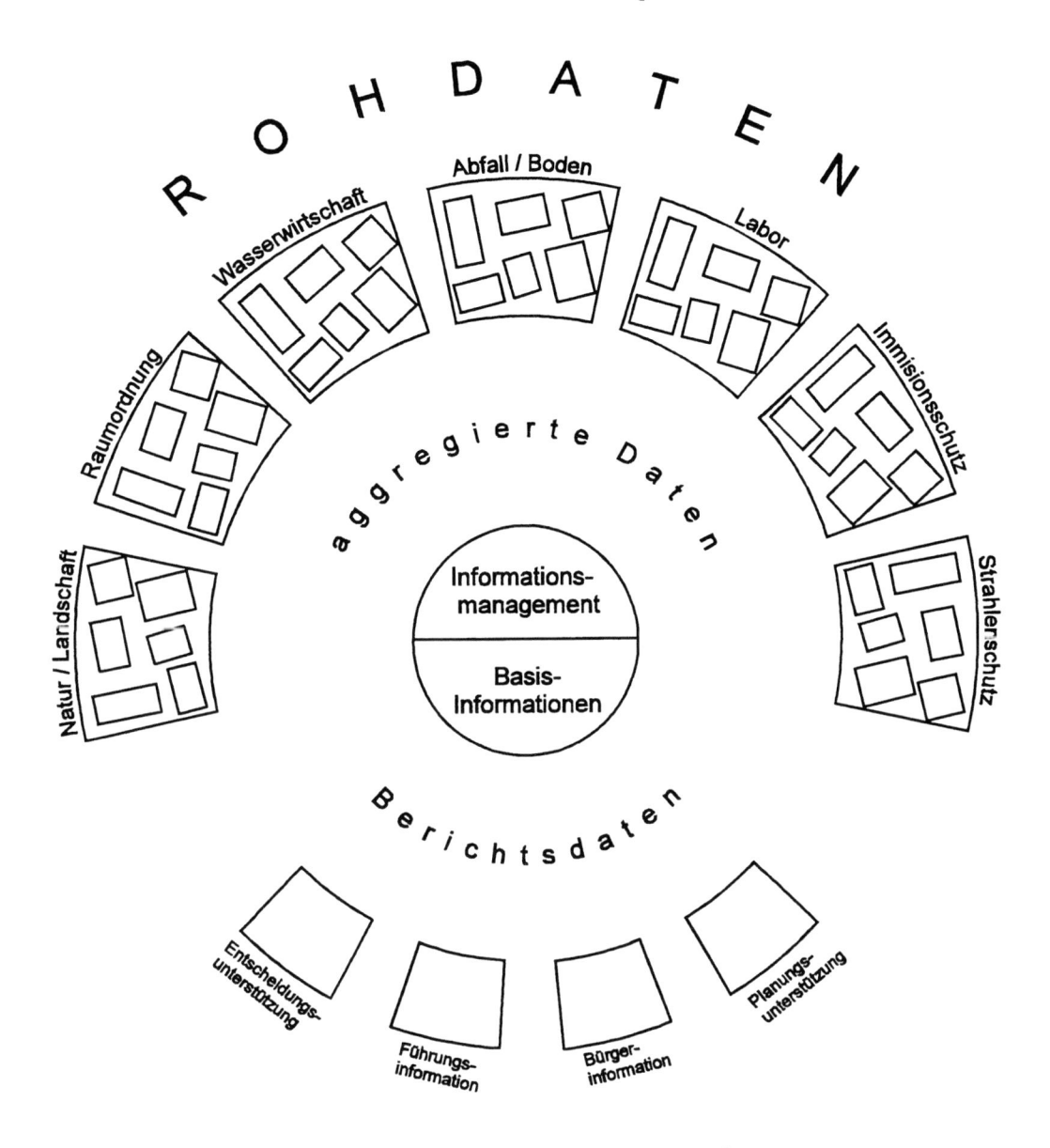

Figure: Halbkreisförmiges Diagramm mit den Segmenten "ROHDATEN" (außen) und "aggregierte Daten" (innen), umfassend die Bereiche: Raumordnung, Wasserwirtschaft, Abfall/Boden, Labor, Immissionsschutz, Strahlenschutz, Natur/Landschaft. Im Zentrum: Informationsmanagement / Basis-Informationen. Unten: "Berichtsdaten" mit den Elementen Entscheidungsunterstützung, Führungsinformation, Bürgerinformation, Planungsunterstützung.

Umweltmanagementsysteme

Abb. 2.5: Struktur des LUIS Brandenburg (Quelle: MUNR 1992)

Aufgrund der starken Konzentration auf die Managementfunktionen bietet das LUIS theoretisch gute Integrationsmöglichkeiten für kommunale UIS. Der Datenfluß ist dabei allerdings vorläufig nur in das LUIS hinein gewährleistet, so daß bei den Kommunen ähnliche Motivationsprobleme auftauchen können, wie sie für die Fachsysteme bereits angedeutet wurden. Dennoch ist das Potential vorhanden, das als Koordinations- und Umschlagservicestelle angedachte ULIZ für Umweltdaten aller Art - also auch für kommunale Daten - zu nutzen. Auch von Seiten der Kommunen und Landkreise werden die Voraussetzungen vermutlich vergleichsweise günstig sein, denn Brandenburg betreibt im Kreis Märkisch-Oderland ein Pilotprojekt zum Aufbau kommunaler UIS, das Grundlage für alle Kreise in diesem Bundesland werden soll. Das LUIS stünde also nicht vor dem Problem, jeweils völlig unterschiedliche Konzepte und Realisierungen auf kommunaler Ebene berücksichtigen zu müssen. Die Konzeption zum Management geographischer Daten stellt ein Gerüst für den

Austausch räumlicher Daten dar (MUNR 1993). Es bleibt allerdings abzuwarten, ob die technische Realisierung des LUIS diesen Anforderungen genügen wird.

2.1.7 Bayern

Die Entwicklung eines Landes-Umweltinformationssystems Bayern im Staatsministerium für Landesentwicklung und Umweltfragen (StMLU) begann schon sehr früh. Teilsysteme wie eine Landschaftsdatenbank, Überwachungsverfahren, verschiedenen Kartierungen, ein Boden- (BIS) und Landwirtschaftsinformationssystem (BALIS) entstanden z.T. schon vor 20 Jahren.

Seit ca. fünf Jahren liegen die Arbeitsschwerpunkte in der Verbesserung der Kommunikation zwischen den verschiedenen Teilsystemen sowie der Verknüpfung von deren Datenbeständen, also dem Aufbau eines übergreifenden UIS. Zukünftiger Schwerpunkt wird die Verknüpfung zwischen dem Landessystem und kommunalen Systemen sein (s.u.). Im Bereich Öffentlichkeitsarbeit sind zwei BTX-Informationsdienste bereits realisiert (Strahlenschutzvorsorge und Luftschadstoffe).

Hauptziele sind die Unterstützung der (Fach-) Aufgabenwahrnehmung, die Politikberatung und Entscheidungshilfe, die Unterstützung von UVPen und Raumordnungsverfahren, die Schaffung einer Informationsgrundlage zur Bevölkerungs-, Wirtschafts- und Siedlungsentwicklung sowie für raumordnerische Pläne und Programme, die Unterstützung der Aufgaben der kommunalen Ebene (umweltbezogener Verwaltungsvollzug) und die Information der Öffentlichkeit.

Die fachliche Systembetreuung obliegt den Fachbehörden (Inhalt/Pflege). Vorgeschrieben ist allerdings ein einheitliches Datenbanksystem Adabas. Standards für die geographischen Daten werden über das Geographische Grundinformationssystem (GEOGIS) gesetzt. Die technische Systembetreuung obliegt dem Rechenzentrum im StMLU. Die Datenerhebung erfolgt über verschiedene externe Partner (Zusammenarbeit mit Universitäten, Gutachtern, Interessenverbänden).

Bereits 1985 wurde ein Arbeitskreis eingerichtet und eine Studie über mögliche Einsatzbereiche der EDV in der kommunalen Umweltschutzverwaltung erstellt. Ergebnis waren Überlegungen, die schließlich zur Entwicklung von UMSYS als System zur Umweltüberwachung führten. 1986 startete das Pilotprojekt „UMSYS Altötting" im „EDV-Alleingang" mit der Firma Inplus.

1989 wurde dann ein Arbeitskreis im StMLU zur Erstellung einer Fachvorgabe für ein landesweit einheitliches Umweltüberwachungssystem eingesetzt. Erfahrungen in Altötting dienten als Diskussionsgrundlage. Allgemeine Kritik war jedoch, daß UMSYS hauptsächlich für industriell geprägte Landkreise geeignet ist. Dies führte 1990-93 zur Weiterentwicklung von UMSYS unter dem Namen KUNIS (Kommunales Umwelt- und Naturschutz-Informationssystem). Dieses Programm wird nun für alle Landkreise von der Anstalt für kommunale Datenverarbeitung in Bayern (AKDB) entwickelt und eingeführt. KUNIS dient insbesondere der Unterstützung des Verwaltungsvollzugs und stellt eine Umsetzung der Fachvorgabe von 1989 dar. Außerdem werden von einem AK Naturschutz und einem AK Kommunale Abfallwirtschaft und Abfallberatung weitere Fachvorgaben erarbeitet.

Ziel ist der dezentrale Aufbau eines landesweit einheitlichen Umweltüberwachungssystems zur Unterstützung des Vollzugs der Umweltgesetze in Bayern (HÄCKL 1992). Dazu werden bei den Kreisen selbständige, gleichartige und gleichberechtigte Systeme eingesetzt, zwischen denen ein Datenaustausch möglich ist (AKDB 1992).

Teilsysteme des Bayerischen Umweltinformationssystems *

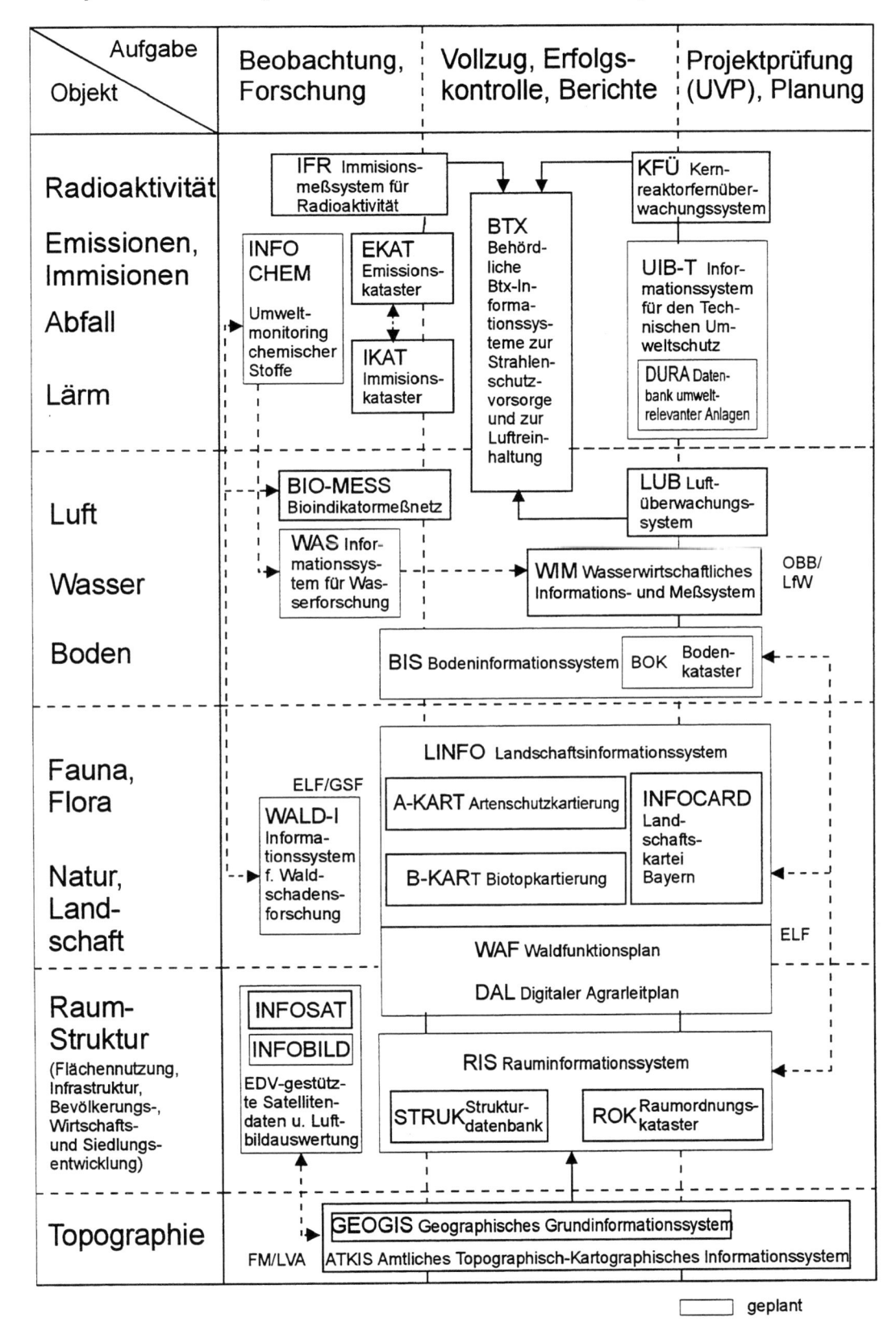

Objekt \ Aufgabe	Beobachtung, Forschung	Vollzug, Erfolgskontrolle, Berichte	Projektprüfung (UVP), Planung
Radioaktivität	IFR Immisionsmeßsystem für Radioaktivität	BTX Behördliche Btx-Informationssysteme zur Strahlenschutzvorsorge und zur Luftreinhaltung	KFÜ Kernreaktorfernüberwachungssystem
Emissionen, Immisionen	INFO CHEM Umweltmonitoring chemischer Stoffe	EKAT Emissionskataster	UIB-T Informationssystem für den Technischen Umweltschutz
Abfall		IKAT Immisionskataster	DURA Datenbank umweltrelevanter Anlagen
Lärm			
Luft	BIO-MESS Bioindikatormeßnetz		LUB Luftüberwachungssystem
Wasser	WAS Informationssystem für Wasserforschung	WIM Wasserwirtschaftliches Informations- und Meßsystem	OBB/LfW
Boden		BIS Bodeninformationssystem — BOK Bodenkataster	
Fauna, Flora	WALD-I Informationssystem f. Waldschadensforschung (ELF/GSF)	LINFO Landschaftsinformationssystem: A-KART Artenschutzkartierung, B-KART Biotopkartierung	INFOCARD Landschaftskartei Bayern
Natur, Landschaft		WAF Waldfunktionsplan; DAL Digitaler Agrarleitplan	ELF
Raum-Struktur (Flächennutzung, Infrastruktur, Bevölkerungs-, Wirtschafts- und Siedlungsentwicklung)	INFOSAT, INFOBILD EDV-gestützte Satellitendaten u. Luftbildauswertung	RIS Rauminformationssystem: STRUK Strukturdatenbank, ROK Raumordnungskataster	
Topographie		GEOGIS Geographisches Grundinformationssystem; ATKIS Amtliches Topographisch-Kartographisches Informationssystem (FM/LVA)	

☐ geplant

*Quelle: Bayerisches Staatsministerium für Landesentwicklung und Umweltfragen, München 1988.

Abb 2.6: Komponenten des UIS in Bayern

2.1.8 Sachsen - Anhalt

Nach Brandenburg konnte auch Sachsen-Anhalt noch 1992 ein Konzept für den Aufbau eines Landes-UIS vorlegen. Externer Gutachter war die Firma Dornier. Wesentliche Arbeiten wurden aber auch von den Facharbeitsgruppen und fachübergreifenden Arbeitsgruppen geleistet (MUN 1992).

Als Ziele wurden festgelegt

- die aufgabenorientierte Abbildung der Informationsflüsse und Schaffung der erforderlichen Datengrundlage in den Fachbereichen des gesamten Geschäftsbereichs des Umweltministeriums als Voraussetzung für eine effiziente und qualitativ verbesserte Aufgabenbewältigung,
- verbesserte Verfügbarkeit von Umweltdaten durch raschen Zugriff, hohe Aktualität und besseren Zugang zu Informationen,
- erleichterte Durchführung fachübergreifender Analysen durch Verschneidung von Daten verschiedener Fachgebiete,
- Beschleunigung von Verwaltungsverfahren,
- Unterstützung bei der Lösung komplexer Probleme durch den Einsatz von Expertensystemen,
- Analyse der Entwicklung der Umwelt und der Auswirkungen geplanter Maßnahmen auf die Umwelt bzw. Aufdeckung von Gefährdungspotentialen durch den Einsatz von Simulations- und Prognosemodellen,
- Verbesserung der Umweltberichterstattung und der Öffentlichkeitsinformation,
- Bereitstellung von Führungsinformation für politische Entscheidungsträger,
- Umsetzung der EG-Richtlinie über den freien Zugang zu Informationen über die Umwelt,
- Störfallmanagement und
- Entscheidungsunterstützung.

Zunächst wurde mittels Fragebogenaktionen, Besprechungen, Informationsveranstaltungen und Interviews mit Führungspersonal eine Ist-Analyse zur Daten- und Aufgabensituation durchgeführt. Die Angaben wurden jeweils medienbezogen (Wasser, Abfall/Altlasten/Bodenschutz, Luftreinhaltung, Umweltfaktoren, Chemikalien und Gentechniksicherheit, Strahlenschutz, Naturschutz und fachübergreifende Aufgaben) ausgewertet.

Wie die meisten Bundesländern setzt auch Sachsen-Anhalt auf eine starke Kommunikationskomponente zwischen Basis-, Fach- und fachübergreifenden Systemen, sowie internen und externen Anwendern (vgl. Abb 2.7).

Basissysteme sind das Informationsmanagementsystem (Metainformationssystem, Benutzerverwaltung und Kommunikationssystem für den Datenaustausch), ein zentrales Geoinformationssystem und ein System zur Verwaltung fachübergreifender Daten. Fachinformationssysteme sollen zu den Bereichen Abfall, Altlasten, Boden, Wasser, Emission, Immission, Strahlenschutz, Chemikalien und Gentechniksicherheit und Naturschutz entstehen bzw. integriert werden. Fachübergreifende Systeme werden ein Umweltführungsinformationssystem, ein Öffentlichkeitsinformationssystem und Systeme für fachübergreifende Analysen sein.

Die Realisierung der Planungen der verschiedenen Komponenten ist in einem Stufenplan auf einen Zeitraum von 70 Monaten ausgelegt (Fertigstellung also ca. im Jahr 2000). Dieser Plan wurde aufbauend auf einer Prioritätenliste entwickelt. Auch eine (qualitative) Nutzenanalyse wurde im Rahmen der Konzeptionierung durchgeführt.

Im Gegensatz zu anderen Konzepten ist auch der Personalplanung ein eigenes Kapitel gewidmet. Es wird davon ausgegangen, daß für Projektmanagement und -organisation ein zusätzlicher Personalbedarf entsteht, während die Arbeit in den Arbeitsgruppen und Facharbeitsgruppen im Rahmen der normalen Dienstpflichten erfüllt werden kann (MUN 1992).

Eine Einbeziehung der kommunalen Ebene hat nicht stattgefunden. Ob die Kommunen das zukünftige System trotzdem werden nutzen können, bleibt abzuwarten.

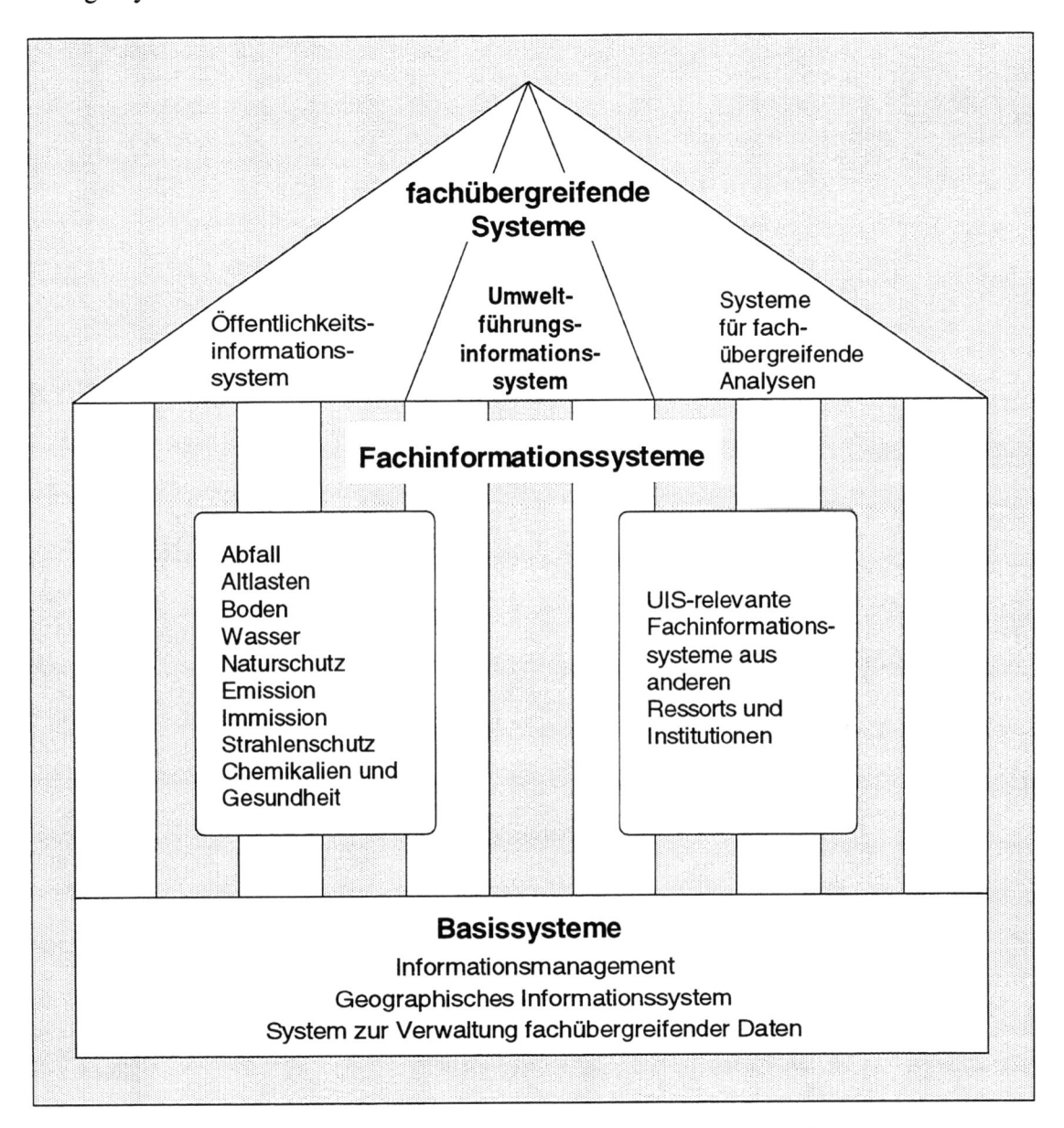

Abb. 2.7: Struktur des Umweltinformationssystems Sachsen-Anhalt (Quelle: MUN 1992)

2.1.9 Schleswig - Holstein

In Schleswig-Holstein begann 1989 die konzeptionelle Phase zum Aufbau eines Natur- und Umweltinformationssystem (NUIS-SH). Bis 1991 wurde von der Firma Mummert & Partner eine Vorstudie (MUMMERT + PARTNER 1991) und von der Arbeitsgemeinschaft Umweltforschung und Entwicklungsplanung e.V (ARGUMENT) des Ministers für Natur, Umwelt und Landesentwicklung (MNUL) eine Studie zu fachlichen und inhaltlichen Anforderungen vorgelegt (ARGUMENT 1991). Zwischen beiden Studien fanden laufend Abstimmungen statt; außerdem gab es einige gemeinsame Aktivitäten. Seither ist es jedoch um das NUIS-SH relativ ruhig geworden. Ein Schwerpunkt scheint zur Zeit die Entwicklung eines hypertextbasierten, objektorientierten Metainformationssystems (UDK-SH, s.u.) zu sein.

Die in der Konzeption genannten Ziele des Systems sind der medien- und ressortübergreifende Umweltschutz, übergreifende Zustandsbeschreibungen und Analysen von Wirkungszusammenhängen für ökologische Planungen, die Unterstützung der Grundlagen und Vollzugsaufgaben der Fachbehörden (medienbezogen), die Unterstützung der Führungsebene der Umweltverwaltung durch Umweltbeobachtung und Steuerung des Verwaltungsvollzugs, die Erfüllung der EG-Richtlinie über den freien Zugang zu Informationen über die Umwelt, Bürgerinformation, Öffentlichkeitsarbeit, Information der Behörden, Politik, Verbände, etc., die Vorsorge vor zusätzlichen Umweltschädigungen und die Bewältigung von Krisen.

Das NUFIS unterstützt daher die Umweltberichterstattung (Status-quo-Darstellungen, sektorale oder sektorübergreifende Auswertungen von Daten, Früherkennung von Trends, Beantwortung von Anfragen, Erfolgskontrolle, Information der Öffentlichkeit), Ursachenermittlungen, UVPen, Raumplanung, umweltbezogene Standort- und Gebietsauswahl (für Umweltprogramme und Maßnahmen) sowie die Umweltüberwachung.

Das Aufbaukonzept besteht aus vier Aufgabenschwerpunkten (vgl. Abb. 2.8):

1. Zielgerichteter Aufbau der Fachinformationssysteme.
2. Aufbau eines Organisationskonzepts NUIS-ORG.
3. Aufbau übergreifender und integrierender Systeme: der Umweltdatenktalog (UDK) zum Informationsmanagement und das Umwelt-Führungs-Informationssystem (NUFIS).
4. Abstimmung mit kommunalen UIS und externen Informationssystemen.

Fachinformationssysteme sind die Grundpfeiler des Systems. Es handelt sich dabei um abgeschlossene Systeme, die nach Umweltmedien (z.B. Wasser, Boden, Luft, Landschaft etc.) gegliedert sind und jeweils nur Daten aus dem eigenen Fachbereich enthalten. Fachfremde Daten können aus anderen Fachsystemen angefordert werden. Aufgabe ist die Erhebung, Verarbeitung und Pflege der Daten (dezentrale Datenhaltung). Datenbestände werden zu aggregierten Informationen aufbereitet und sind so in einem zentralen übergreifenden System intern und extern nutzbar.

Das Organisationskonzept (NUIS-ORG) ist als Querschnittsaufgabe zu verstehen. Es beinhaltet die Entwicklung und Initiierung einer Projektstruktur für Fachinformationssysteme und das NUFIS. Die Mitarbeiter des NUIS-ORG sollen sich als Moderatoren verstehen.

NUFIS, das Führungsinformationssystem innerhalb des NUIS-SH, soll einen zielgerichteten Überblick über die Umweltsituation anbieten, ggf. Handlungsbedarf anzeigen, eine Erfolgs- bzw. Zielkontrolle für Planungen durchführen, bei der Koordination der Umweltverwaltung helfen und ein Berichtssystem mit bewerteten, aussagekräftigen Ergebnissen (aggregierte Basisdaten) enthalten. Zielgruppe sollen Führungskräfte aus dem MNUL sein.

Der UDK-SH (Umweltdatenkatalog) ist das Metainformationssystem des NUIS-SH und soll die "optimale Deckung des Informationsbedarfes aller Nutzer" (MUMMERT + PARTNER 1991) sicherstellen. Er wird organisatorisches Hilfsmittel sein, ein Verzeichnis aller umweltrelevanten Datenbestände enthalten und als allgemein zugängliches Nachschlagewerk dienen.

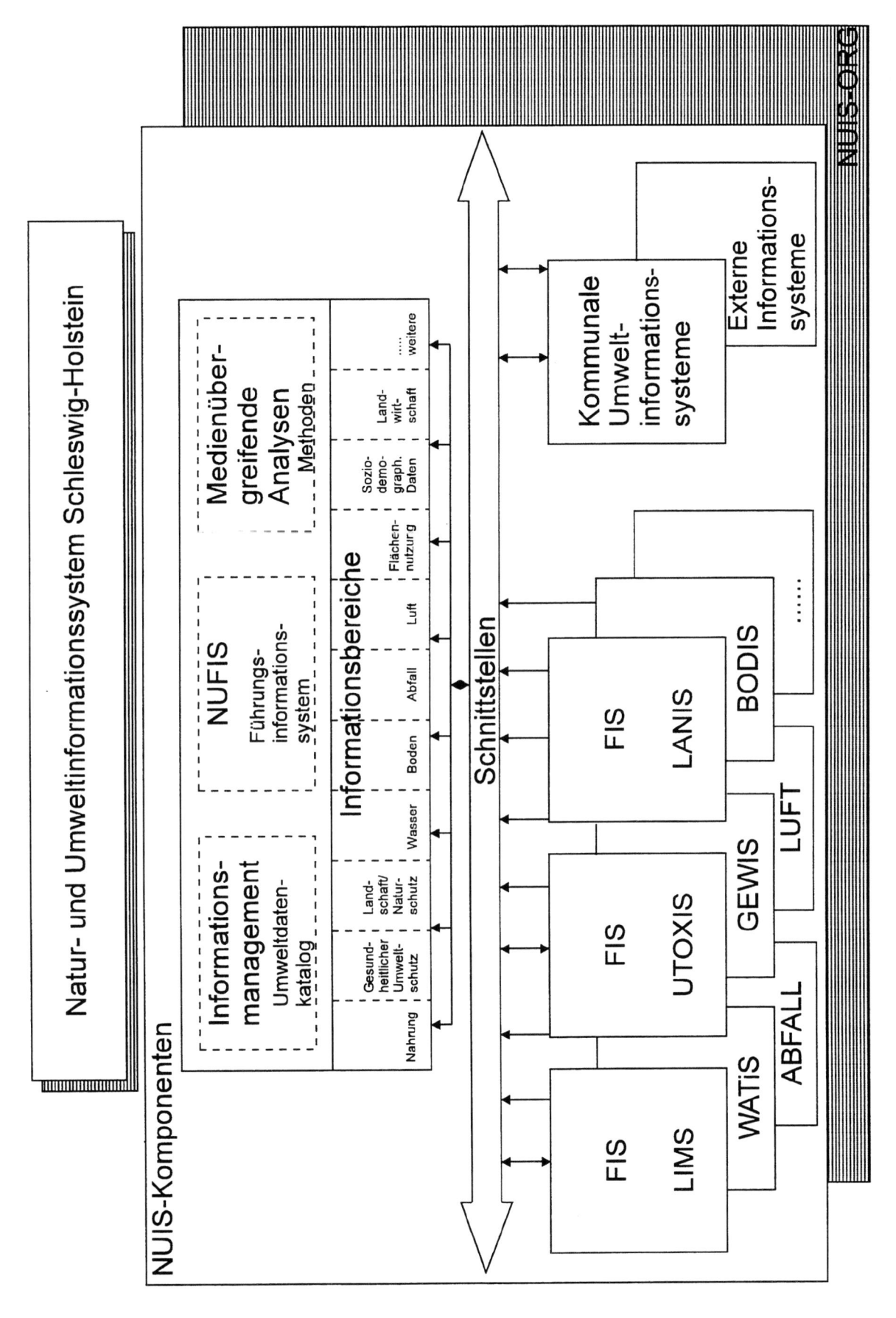

Abb. 2.8: Aufbau des NUIS-SH (Quelle: MUMMERT + PARTNER 1991)

Medienübergreifende Detailanalysen sollen aus Rohdaten neue, aggregierte Aussagen entwikkeln (z.B. für UVP), Modelle erstellen, um Wirkungszusammenhänge zu zeigen, und aus Informationen der einzelnen Fachbereiche medienübergreifende Einzelanalysen erarbeiten.

Das Besondere bei der Erstellung des NUIS-Konzepts ist die starke Einbeziehung der kommunalen Ebene. Erklärbar ist dies durch das Fehlen von Regierungsbezirken als Mittelinstanz. Jedenfalls gab es eine Absprache zwischen dem speziell zu diesem Zweck benannten Fachausschuß Umwelt der Automationskommission der Kommunen (AKK) und den Gutachtern der Firma Mummert + Partner. Ein koordiniertes Vorgehen beim Aufbau von kommunalen UIS und des Landes-UIS wird von beiden Seiten als notwendig erachtet. Aus Sicht der Kommunen werden folgende Aufgaben als NUIS-relevant angesehen:

- Naturschutz, Landschaftspflege, Gewässerschutz, Abwasserbeseitigung, Abfallentsorgung und Gesundheitlicher Umweltschutz.

Die Kommunen erwarten:

- Empfehlungen und Koordination bezüglich der Vereinheitlichung der Datenerhebung, der Austauschbedingungen und des Raumbezugssystems,
- keine einheitlichen Softwarevorgaben, aber Information und Erfahrungsaustausch über am Markt verfügbare Produkte,
- Zusammenarbeit Land-Kommunen in Form eines Gremiums mit Vertretern beider Seiten.

Mummert + Partner empfehlen, ein Referenzsystem mit offenem Datenmodell und Schnittstellenbeschreibungen zu schaffen. Dies soll als Minimalumfang alle Datenaustauschbeziehungen enthalten, die bei übertragenen Aufgaben entstehen. Über weitere Elemente, die den Bereich der Selbstverwaltungsaufgaben betreffen, müssen sich die Kommunen selbst einigen.

2.1.10 Sachsen

Im Dezember 1993 konnte auch das Land Sachsen ein Strukturpapier für den Aufbau eines UIS, erstellt von der Firma SNI, vorlegen (SSfUL 1993). Die im Anschluß vorgesehene Erstellung eines Feinkonzepts wurde aufgrund finanzieller Probleme und fehlender Motivation nicht mehr durchgeführt. 1994/95 soll lediglich noch ein kleineres Gutachten über die Verwaltung der geographischen Daten erstellt werden. Beim Aufbau des UIS Sachsen versucht man, sich so gut es geht an die Vorgaben des Gesamtgutachtens zu halten.

Nach den Strukturvorstellungen des Gesamtgutachtens (Abb. 2.9) sollen alle beteiligten Stellen jeweils einen sogenannten Systemkern und ihre eigenen Fachinformationssysteme bekommen. Dies soll die Erhaltung der Eigenständigkeiten und Verantwortlichkeiten der Stellen gewährleisten und Zuständigkeitsstreitigkeiten vorbeugen. Der Systemkern soll eine einheitliche Benutzeroberfläche bekommen, die horizontale Kommunikation gewährleisten und somit dem Entstehen von Insellösungen entgegenwirken. Weiterhin soll er allgemeine Querschnittsanwendungen bedienen (z.B. fachübergreifende Recherche in unterschiedlichen Informationssystemen). Genau zu diesem Zweck soll es auch noch übergreifende Informationssysteme (ÜIS) geben. Unterschied ist lediglich, daß ÜIS nicht allumfassend sein, sondern *spezielle* Informationssysteme verbinden sollen. Beiden Konzepten liegt jedoch die Idee eines Metainformationssystems zugrunde. Integriert werden sollen nur Fachanwendungen, die einen Kommunikationsbedarf aufweisen. Als weitere Gesamtkomponente sollen sogenannte zentrale Informationssysteme (ZIS) aufgebaut werden. Diese beinhalten allgemeine Basisdaten, die von allen benötigt werden. Dazu zählen Stoffinformationssysteme, Literatur- und Facharchive, Rechtsdatenbanken, Methoden- und Anwendungsdatenbanken, Geographische Basisdaten (vor allem topographische Daten wie ATKIS) und ein Laborinformationssystem.

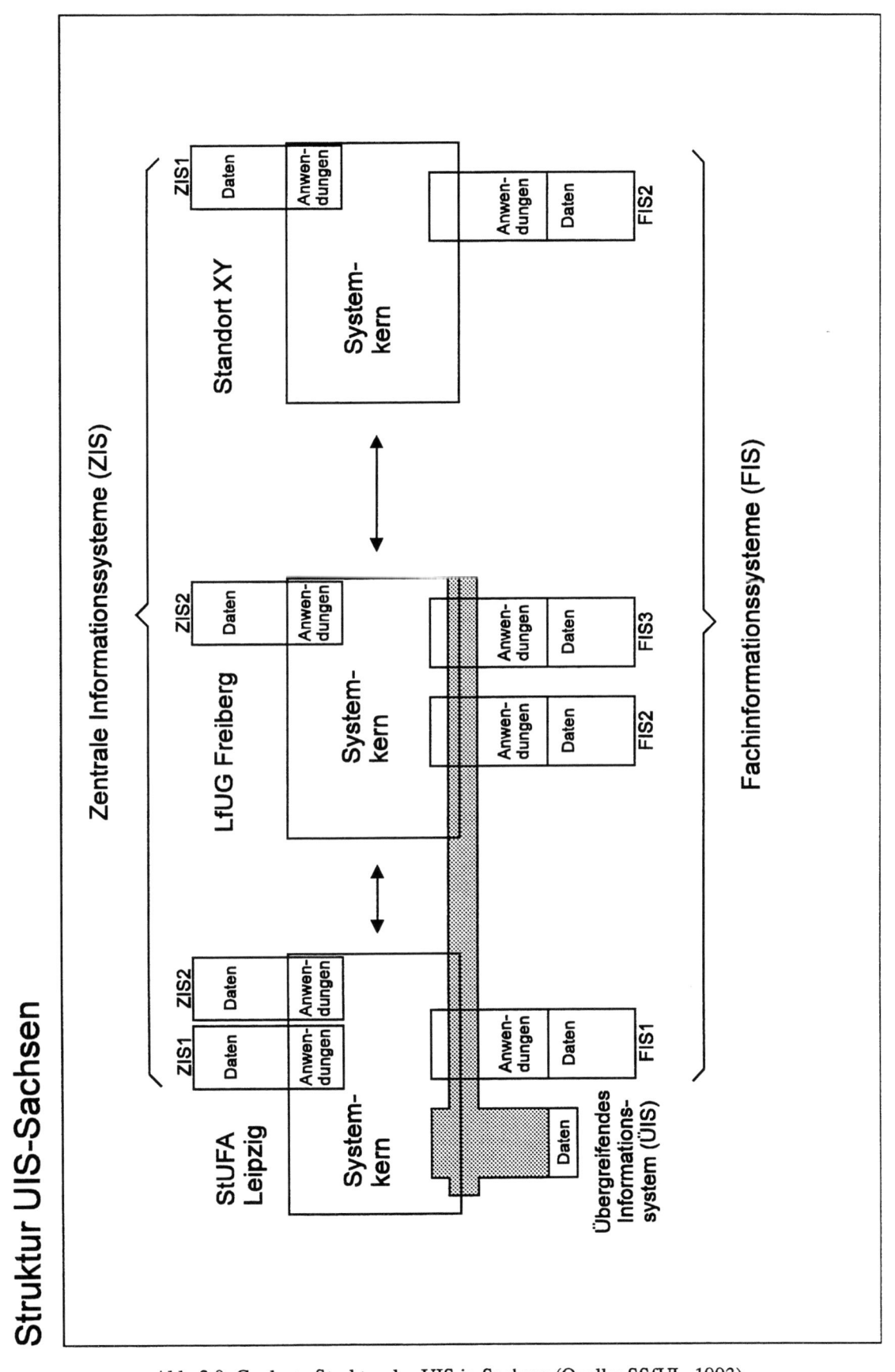

Abb. 2.9: Geplante Struktur des UIS in Sachsen (Quelle: SSfUL, 1993)

Fachinformationssysteme wird es wie in allen Bundesländern in großer Zahl geben. Sie bleiben voll unter der Zuständigkeit der einzelnen Fachbehörden. Schnittstellenvorgaben zum Systemkern existieren bisher nur als Vorstellung über den Aufbau verschiedener Schlüsseldateien (Gemeindeschlüssel, Liegenschaftskarten, Verwaltungsschlüssel ...).

Die bereits erwähnten ÜIS sollen in erster Linie für die Bereiche Umweltrelevante Ereignisse zur Unterstützung des Meldewesens und der Erfassung von Maßnahmen und Berichterstattung (Ereignisarchivierung), Berichts- und Informationswesen zur Unterstützung der Bürgerinformation und Öffentlichkeitsarbeit, sowie zur Unterstützung der Mittelbewirtschaftung und Erfolgskontrolle aufgebaut werden.

Als Geographisches Informationssystem wurde beim Landesamt für Umwelt und Geologie zunächst das Programm GIROS des Niedersächsischen Landesamts für Bodenforschung eingesetzt. Maßgeblich waren finanzielle Erwägungen, denn GIROS wurde dem SSfUL kostenlos überlassen. Später wurde das Programm Arc/Info angeschafft. Zur Zeit werden viele Daten auf dieses System übertragen. Neben diesen Geoinformationssystemen kommt für den Bereich Visualisierung noch das Programm PC-Map zum Einsatz.

Das Konzept für das UIS Sachsen ist schlüssig und modern. Ob eine technische Umsetzung auch praktikabel ist, muß aber erst die Zukunft zeigen. Es sind jedoch Zweifel angebracht, denn die Vergabe der umfangreichen Programmieraufträge, z.B. für den Systemkern und ÜIS, wird aus finanziellen Gründen vermutlich in absehbarer Zeit nicht erfolgen können. Daß die einzelnen Komponenten allerdings schon weitblickend und in einer Art und Weise aufgebaut werden, die später leicht zusammenzuführen ist, ist zwar unwahrscheinlich, aber (hoffentlich) nicht ausgeschlossen.

Für die Kommunen wäre eine Realisierung der Planungen jedenfalls von großem Nutzen, denn der Systemkern könnte vermutlich auch bei ihnen installiert werden, und sie hätten so online Zugang zu den Daten und Informationen der Landesämter. Eine mühselige Recherche bei den einzelnen Behörden entfiele. Evtl. könnten sie sogar in das Konzept integriert werden und ihre eigenen Fachsysteme unter dem Systemkern aufbauen. Die Planung sieht jedenfalls eine Kommunikationsverbindung des Kerns zu den Kommunen, aber auch zu anderen externen Informationssystemen, z.B. der EU, des Bundes und anderer Länder vor. Der Unterschied zu den Systemen anderer Länder ist hier der direkte Zugang zu den Daten der Landesämter, die im Gegensatz zu den aggregierten Daten der UIS, von den Kommunen häufig verwendet werden. Außerdem könnte möglicherweise die Oberfläche (Systemkern) auch bei den Kommunen eingesetzt werden, so daß sich jeder Mitarbeiter auch auf den Rechnern anderer Dienststellen zurechtfindet. Ob ein derartiges Programm inclusive Oberfläche, also quasi das „ideale UIS", überhaupt programmierbar ist, muß aber stark bezweifelt werden.

2.2 Übergreifende Auswertung und allgemeine Trends

Vergleicht man die beschriebenen, unterschiedlichen Ländersysteme, so fällt auf, daß sich alle Systeme mehr oder minder hinsichtlich ihrer Zielsetzungen und damit hinsichtlich der Erwartungen an die Funktionen und Funktionalitäten ähneln. Insgesamt ist sogar eine Angleichung ursprünglich stark differierender Systemlogiken und -konzepte festzustellen. Beispiele sind die Einbindung von Graphik- und Geometrie-Komponenten in das DIM (NRW), eine beginnende Abkehr von der Zentralisierung in NRW und Baden-Württemberg, die Verbesserung des Informationsmanagements durch Einführung von Metadatenbanken (UDK) bei allen Ländern (teils nachträglich, teils gleich bei der Konzipierung).

Alle Ländersysteme sind oder werden so organisiert, daß aufbauend auf Fachinformationssystemen, die in der Regel in den Fach(planungs-)behörden im Geschäftsbereich der Umweltministerien aufgebaut oder betrieben werden, übergreifende Komponenten aufgesetzt werden, die aber unterschiedliche Zielrichtungen haben können. Hierbei handelt es sich zum einen um

Auswertungs- und Aufbereitungskomponenten. Zum anderen sollen übergeordnete Kommunikationskomponenten die Teilsysteme miteinander verknüpfen. Schließlich wird in manchen Bundesländern[3] eine weitere Systemgruppe unterschieden, die als Basis- oder Zentrale Informationssysteme Grundlagendaten oder Basisfunktionalitäten vorhält, die von allen Teilsystemen genutzt werden können und sollen.

Im Ländervergleich lassen sich auch mehrere Hauptzielgruppen der Informationssysteme identifizieren, die prinzipiell nach Innenzielen und Außenzielen unterschieden werden können. Zielgruppen der Innensicht können die Fachressorts auf Ministeriumsebene oder auch in den nachgeordneten Behörden sowie die Führungsebene im Ministerium sein, in der Außensicht werden als Zielgruppen vor allem die Öffentlichkeit genannt, weniger noch die Kommunen (s.u.) und nur im Falle von Baden-Württemberg auch explizit der Bund und die europäische Ebene.

Zu den einzelnen Systemgruppen und -komponenten:

2.2.1 Fachinformationsysteme

Wie im Beispiel des Brandenburger UIS formuliert wurde, dienen die Fachinformationssysteme der Bewältigung konkreter Fachaufgaben und sind auf Fachebene organisiert. Auf Fachebene werden hier bereits Rohdaten verarbeitet und zu aggregierten Daten und somit zu Berichtsdaten aufbereitet. Damit fungieren sie in der Regel als die Daten- und Informationsquellen und damit als Datenlieferanten für das übergeordnete System. Eigene Datenerhebungen (mit Ausnahme des Berliner Systems) werden für übergreifenden Systeme nicht durchgeführt.

Die Rolle der Fachinformationssysteme innerhalb der Länder-UIS wird jedoch nicht ganz einheitlich gesehen. Unterschiedliche Sichtweisen gibt es in den Bundesländern bezüglich der Frage, ob die Fachinformationssysteme als Bestandteil der UIS zu sehen sind oder ob das UIS eine separate übergeordnete Einheit sein soll. Im Hamburger Beispiel soll hingegen das UIS sogar auf eine Verknüpfungskomponente zwischen Fachsystemen ohne weitere Funktion beschränkt sein.

Auch wenn die Fachinformationssysteme die Basis der Länder-UIS bilden, wird durchweg ihre Eigenständigkeit betont, d.h. daß bis auf die Frage der Datenzulieferung in das übergeordnete UIS von Seiten der Länderregierungen kein Einfluß auf die Ausgestaltung der Systeme genommen wird. Lediglich im Beispiel des UIS für Sachsen wird Wert darauf gelegt, daß die Fachsysteme mit einer einheitlichen und auch im übergeordneten Systems eingesetzen Benutzeroberfläche ausgestattet werden.

Wichtig ist, daß in allen Ländersystemen die Bedeutung der Fachinformationssysteme heute hervorgehoben und darüber hinaus erkannt wird, daß sie es sind, die im täglichen Geschäft der zuständigen Behörden auch tatsächlich eingesetzt werden. Und sie sind es auch, von denen die Kommunen ihre Daten beziehen, wenn sie denn überhaupt einen Austausch mit der Landesebene pflegen.

Nur wenig ausdifferenziert ist in den Systemkonzepten die Frage, ob Schwerpunktsetzungen innerhalb der Systeme entweder für Vollzugs- oder für Planungsaufgaben getroffen werden. Nur wiederum das Berliner System bildet eine Ausnahme, da es vorwiegend die vorsorgende Umweltplanung unterstützen soll.

Bemerkenswert erscheint, daß in vielen Bundesländern auf der Ebene der Fachinformationssysteme heute neben vielen anderen, sich aus den Aufgaben der Umweltgesetze ableitenden thematischen Systemen auch bereits Bodeninformationssysteme im Aufbau sind, ohne daß dieses Schutzgut durch ein eigenes Fachgesetz abgedeckt wäre.

---

[3] wie z.B. Baden-Württemberg, Sachsen oder Sachsen-Anhalt

Als eine Art Fachinformationssytem mit besonderer Funktionalität ist das Störfallmanagement bei einigen Systemen als Bestandteil des UIS vorgesehen (z.B. Baden-Württemberg). Auf der anderen Seite wird argumentiert, daß das Störfallmanagement weder im Zuständigkeitsbereich noch im Bereich der Umsetzbarkeit innerhalb eines UIS steht. Lediglich der Zugang zu Informationen aus dem UIS für entsprechende Entscheidungen ist vorgesehen (NRW) (PAGE et al.1993).

2.2.2 Übergeordnete Komponeten

Für die übergeordneten Komponenten gibt es im Ländervergleich unterschiedliche Organisationsformen vor allem DV-technischer Natur. Auch differieren ihre Bezeichnungen häufig. Gemeinsam sind aber den meisten Länder-UIS die Grundfunktionalitäten der übergreifenden Komponenten, die oft auch als Querschnittsanwendungen aufgefaßt werden. Im einzelnen ist zu unterscheiden:

Kommunikations- und Informationsmanagementsysteme

Die Verbesserung der Kommunikation und die Verknüpfung von Teil- oder Fachsystemen wird als einer der wichtigsten Zielsetzungen beim Aufbau fast aller Länder-UIS gesehen. Am deutlichsten wird dies wohl beim Hamburger System, wo die zentrale Stellung der Kommunikationskomponente zur Verbindung der Fachinformationssysteme explizit hervorgehoben wird. Andere Länder betonen die Verbesserung der Kommunikation zwischen den Fachsystemen und den fachübergreifenden, aufgesetzten Systemen. Brandenburg betont in diesem Zusammenhang die Notwendigkeit einer Koordination und Steuerung von Umweltinformation und Kommunikation. Als notwendige Voraussetzung wird in einigen Beispielen ein einheitliches Datenmodell für alle Teilsysteme angeführt.

Bei vielen Ländersystemen werden die zukünftig noch aufzubauenden Metainformationssysteme als das zentrale Instrument zur Verbesserung der Kommunikation und Integration von Teilsystemen gesehen. Sogar die Koordination und Steuerung der Umweltinformation über ein ausgeprägtes Informationsmanagement soll mit Hilfe des Metainformationssystems möglich werden.

Darüber hinaus erwartet man (in Niedersachsen und Brandenburg) von Metainformationssystemen eine verbesserte Transparenz bezüglich der Datenquellen, Informationsflüsse und letztlich auch der Aufgabenwahrnehmung. Erste Erfahrungen mit dem Metainformationssystem in Niedersachsen haben allerdings gezeigt, daß entscheidend für die Funktionsfähigkeit eines solchen Systems die Mitarbeit und Eingabedisziplin aller daten- und informationsführenden Stellen sind.

Im Bereich der Metainformationssysteme stellt der Aufbau eines Umweltdatenkataloges (UDK) als Metainformationssystem über Umweltdaten eine auch für die Kommunen interessante Entwicklung dar (NIEDERSÄCHSISCHES UMWELTMINISTERIUM 1993a, 1993b; LESSING u. SCHMALZ 1994; LESSING u. SCHÜTZ 1994; GREVE u. HÄUSLEIN 1994). An der Entwicklung des UDK wirken, koordiniert vom Niedersächsischen Umweltministerium, mittlerweile mehr als die Hälfte der Bundesländer sowie Österreich mit. Auch bei einigen Kommunen wurde erkannt, daß eine Datenübersicht im Sinne eines Metainformationssystems anzustreben ist. Ungeklärt ist aber bislang, ob der UDK der Länder auch für Kommunen geeignet sein kann.

Auswertung und Aufbereitungskomponenten

Die Auswertungs- und Aufbereitungskomponenten in Ländersystemen, die wie dargestellt auf die Fachsysteme zurückgreifen, lassen sich hinsichtlich ihrer Zielsetzungen noch weiter differenzieren. Jedoch geht es bei den im folgenden aufgeführten Funktionalitäten stets darum,

Informationen aus den Fachsystemen durch Datenaggregation und /oder -analyse noch stärker zu verdichten und verschiedenen Nutzergruppen medienübergreifend zur Verfügung zu stellen.

Führungsinformationsysteme

Führungsinformation war in den frühen Konzepten der Länder-UIS (vor allem in Nordrhein-Westfalen und Baden-Württemberg) ein zentrales Anliegen. Die Grundkonzeptionen dieser Systeme zeigen denn auch eine klare vertikale, an den Hierachiestufen angelehnte Orientierung. Querschnittsorientierte Führungsinformation wird konkret aber nur an der Verwaltungsspitze nachgefragt, vielfach nutzt die Führungsebene der Oberen Länderbehörden oder die Referentenebene in den Ministerien direkt die jeweiligen Fachinformationssysteme und benötigt daher keine separate führungsorientierte Funktionalität. Unter anderem wohl aus diesem Grund ist bei den genannten Systemen eine Abkehr von der strikten Führungsorientierung hin zu mehr Kommunikation der Teilkomponenten festzustellen. Zudem ist die Nutzung von Führungsinformationssystemen stark personenabhängig (REINERMANN 1991). Trotz dieser Entwicklung wird die Führungsinformation auf Länderebene aber im Gegensatz zu der kommunalen Ebene immer noch als wichtiger Bestandteil der UIS gesehen. Grund dafür ist die Tatsache, daß Länder-UIS ohnehin viel mit aggregierten Daten zu tun haben und eine weitere Stufe dieser Generalisierung leichter umzusetzen zu sein scheint. Es besteht sogar von Seiten der Industrie (Sema Group) die Hoffnung, daß sich Produkte zur Generierung von Führungsinformation gewinnbringend vermarkten lassen.

Das Verfahren der automatisierten Datenaggregation aus den Fachsystemen hin zu einem Führungssystem scheint mitunter die Frage aufzuwerfen, ob die bisherigen analogen Verfahren der Berichterstattung den Bedarf nach querschnittsorientierter Information erfüllen. Daher wird in einigen Bundesländern, vor allem in Schleswig-Holstein, der Aufbau eines auch der Führungsinformation dienenden Landes-UIS zum Anlaß genommen, eine umfassendere, medienübergreifende und kontinuierlichere Umweltberichterstattung zu installieren, die auf einer laufenden Umweltüberwachung und Raumbeobachtung aufbauen soll (Umweltmonitoring).

Öffentlichkeitsarbeit und Bürgerinformationssysteme

Zu den übergreifenden Komponenten von Länder-UIS gehören auch die der Bürgerinformation und Öffentlichkeitsarbeit dienende Verfahren. Diese sollen wie auch die Führungsinformation aus den Umweltberichtskomponenten entwickelt werden. Die Realisierungen zur Öffentlichkeitsinformation steckte bisher in den Kinderschuhen. Die Bedeutung dieses Punkts unterscheidet sich in den Konzepten z.T wesentlich (PAGE et al. 1993). Öffentliche Anschlüsse z.B. über BTX sind in den Anfängen stecken geblieben und selbst Infotafeln, die Umweltdaten anzeigen, findet man erst sehr vereinzelt (der Verkauf solcher Tafeln boomt allerdings derzeit). Im Zeitalter der allgegenwärtigen Diskussion über Vernetzungen und die sogenannte "Datenautobahn" scheint diese Tatsache völlig unverständlich, zumal die Planungen der EU (z.B. Weißbuch von Jacques Delors) bezüglich der Vernetzungen klar das Ziel der Koordination der verschiedenen Verwaltungsstrukturen und der Verbesserung ihres Dienstleistungsangebots haben (EHRHARDT 1994). Erste vielversprechende Ansätze der Veröffentlichung und Visualisierung von Umweltdaten findet man aktuell in Berlin und Hamburg, wo die bereits erfolgreich in der Bürgerinformation eingesetzten analogen Umweltatlanten jetzt auch digital auf CD-ROM zur Verfügung stehen und sogar über öffentlich zugängliche Datennetze (über WWW[4]-Server im Internet) erreichbar sind (BOCK, M. 1995; GREVE, K. et al. 1995). Auch in Baden-Württemberg ist der Aufbau eines WWW-Servers für landesweite Umweltdaten geplant, Teilsysteme wie der UDK sind schon verfügbar gemacht (KEITEL, A. u. M. MÜLLER 1995). In Österreich gibt es Planungen für den Zugang zu den Daten des Ozonmeß-

---

[4] WWW = WorldWideWeb

netzes über das Internet (KUTSCHERA 1994). Auch im Ausland, vor allem in den USA und Australien, ist die Entwicklung in dieser Hinsicht bereits weit fortgeschritten. Eine Übersicht über verfügbare Öko-Datenbestände und Informationsquellen geben BRIGGS-ERICKSON u. MURPHY (1994).

Fachübergreifende Analyse- und Recherchekomponenten

Neben fest integrierten Verfahren zur Datenauswertung wird in mehreren Ländern der Bedarf für freie, fachübergreifende Analysen und Recherchen gesehen. Eigenständige Systemkomponenten sollen für diese Aufgaben auch den Zugriff auf die Daten der Fachinformationssysteme direkt erlauben. So sind in Niedersachsen z.B. übergreifende Analysen in einigen Projekten auf Ministeriumsebene mit Hilfe eines GIS unter Nutzung verschiedener Fachinformationssysteme durchgeführt worden.

Freie, übergreifende Analysemöglichkeiten haben besondere Bedeutung zur Entscheidungsvorbereitung bei gering automatisierbaren Aufgaben, wie sie vor allem im Planungsbereich auftreten können. Einsatzgebiete sind daher z.B. die in Schleswig-Holstein als Aufgaben des Landes-UIS angedachte Unterstützung bei der umweltbezogenen Standort- und Gebietsauswahl für Umweltprogramme und Maßnahmen, für die UVP und die Raumplanung.

Geeignete Methodenbausteine für solche Analysen sind aber nur in wenigen Ländern angedacht, und wurden bisher nur in Berlin im Rahmen eines Forschungsprojekts für das UIS entwickelt (ÖKOPLAN).

2.2.3 Basissysteme

Als eigenständige Systemeinheiten sind in vielen Länder-UIS Basis- oder Zentralsysteme vorgesehen oder im Einsatz, die für alle Teilsysteme relevante Basisdaten und/oder Basisfunktionalitäten verfügbar machen. Als Basisdaten werden angeführt: Stoffinformationen, Literatur- und Facharchive sowie Rechtsdatenbanken, Methodenbausteine (die wie dargestellt jedoch nur in Berlin zur Verfügung stehen), geographische Basisdaten.

Als Basisfunktionalitäten sind eine einheitliche Benutzeroberfläche und Metainformationssysteme oben schon erwähnt worden. Aktuell steigt daneben der Bedarf nach GIS-Funktionalitäten zur raumbezogenen Informationsverarbeitung stark an. Diese Systemkomponenten müssen z.T. nachträglich implemetiert werden (z.B. in Nordrhein-Westfalen). GIS-Funktionalitäten sind zum einen wie dargestellt für fachübergreifende Analysen geeignet. Zum anderen können sie aber auch der räumlichen Visualisierung von Berichtsdaten dienen (vgl. Berlin). Eine weitere Funktion von GIS kann, wie die erfolgreiche Implementierung von GEOSUM in Niedersachsen zeigt, darin bestehen, als Integrationsinstrument für raumbezogenen Daten der Fachinformationssysteme zu dienen.

Schnittstellenprobleme beim Datenaustausch im GIS-Bereich sollen in Nordrhein-Westfalen vermieden werden, indem für das Ministerium und alle nachgeordneten Behörden ein einheitliches GIS-System eingeführt wird.

2.2.4 Konzepterstellung und Systemimplementation

Grundsätzlich ist festzustellen, daß dem Aufbau von Landes-UIS jeweils eine ausgiebige Konzeptions- und Vorlaufphase vorausgeht. Diese Vorgehensweise verzögert zwar die konkrete Umsetzung, ist aber unvermeidlich, um einen geordneten Aufbau und einen nachhaltigen Einsatz ermöglichen zu können. Im Gegensatz zu kleineren Kommunen ist es nicht möglich, ohne Bestands- und Bedarfsanalyse überhaupt einen Überblick über vorhandene - also zu integrierende - und erforderliche Komponenten zu bekommen. Schon 1992 existierten beispielsweise im Geschäftsbereich des Umweltministeriums Baden-Württemberg mehr als 2000 Rechnerarbeitsplätze (MAYER-FÖLL 1993); in Hamburg existierten zum gleichen Zeitpunkt bereits über 120 Fachsysteme (PAGE et al. 1993).

Wenig eindeutig sind aber die gewählten Strategien zur Umsetzung der Systeme. Hier weist die Praxis Unterschiede auf, die von einer breit angelegten, alle Systemkomponenten umfassenden Strategie, die dann aber auch entsprechende Ressourcen und Umsetzungszeiträume erfordert, bis hin zur schrittweisen Realisierung von Einzelkomponenten reicht. In Zukunft dürfte wohl die Finanzkraft der Ländern darüber entscheiden, welche Strategie letztendlich zum Einsatz kommt. Neu entstandene Finanznöte haben bereits dazu geführt, daß breit angelegte Projekte in der Realsierung stecken geblieben sind bzw. einen Strategiewechsel vornehmen mußten.

Bereits vorhandene Teilkomponenten können aber den Vorteil haben, über den projektbezogener Einsatz bereits Anwendungserfolge zu erreichen und so die Akzeptanz bei den Nutzern erhöhen zu können. Eine straff organisierte und erfolgsorientierte Umsetzungphase wie in Nordrhein-Westfalen praktiziert, bringt ebenfalls schnell Nutzerbefriedigung und steigert so Akzeptanz.

Betont wird auch (wie z.B. in Baden-Württemberg), daß ein Großprojekt wie der Aufbau eines Landesumweltinformationssystems mit den herkömmlichen Organisationsformen und im normalen Geschäftsgang nicht umgesetzt werden kann. Bei vielen Systemen wurden daher als neue Organisationsform ressortübergreifende Projektgruppen gebildet, die die Steuerung und Koordination des Gesamtprojekts übernahmen. Zudem nutzt jedes Bundesland bei der Konzeption und/oder Umsetzung der Systeme externer Berater entweder aus dem Bereich der Wissenschaft oder der Industrie.

In zwei Bundesländern (Nordrhein-Westfalen und Brandenburg) wurden zusätzlich zu dem implementierten System eigene Organisationseinheiten für die Informationsvermittlung geschaffen. Erwähnenswert ist noch die straffe Organisation der Datenzulieferung aus den Fachinformationssystemen, wie sie ebenfalls in Nordrhein-Westfalen zu finden ist. Damit wird überhaupt erst der Garant für eine befriedigende Funktionalität des UIS geschaffen. Der für die Gewährleistung von Umsetzungserfolgen notwendigen umfassenden Personalplanung ist offenbar nur in Sachsen-Anhalt Beachtung geschenkt worden.

Die technische Realisierbarkeit der Systeme wird bei entsprechendem Einsatz von Finanz- und Personalressourcen bei allen Systemen als unproblematisch betrachtet. Der erforderliche Aufwand wird jedoch häufig (mehr oder weniger wissentlich) unterschätzt (BOCK u. KNAUER 1993).

Erfahrungen aus der Konzeptions- und Aufbauphase und die sich daraus ergebenden Konsequenzen für die weitere Systementwicklung sind am umfassendsten bislang von Baden-Württemberg dokumentiert worden (vgl. dazu Kapitel 2.1.3).

Trotz weiterhin intensiver Bemühungen ist eine beginnende Ernüchterung, geprägt durch die Erkenntnis, daß UIS *allein* weder technisch noch thematisch eine Verbesserung im Umgang mit Umweltdaten bringen können, festzustellen. Diese Entwicklung scheint vergleichbar mit der Situation in der Digitalen Bildverarbeitung Ende der 80er und der der Managementinformationssysteme Ende der 70er Jahre. Begründet ist sie vor allem durch eine zunächst überhöhte Erwartungshaltung. Dennoch wird davon ausgegangen, daß heute und in Zukunft GIS/UIS qualitativ und quantitativ eine Verbesserung im Umgang mit Umweltdaten (vor allem bei übergreifenden Untersuchungen, Analysen und Simulationen) bringen werden. Die Bewertung dieses Fortschritts im Vergleich zum Aufwand wird von Politik, Verwaltung und Öffentlichkeit bestimmt.

2.2.5 Nutzen von Länderumweltinformationssystemen für die kommunale Ebene

Die Untersuchung der Länder-UIS wie auch einige in Nordrhein-Westfalen durchgeführte Pilotstudien zur Kooperation von Land und Kommune beim UIS-Aufbau haben ergeben, daß die direkte Nutzung von Daten und Informationen der übergreifenden Länder-UIS für die Kommunen weitgehend uninteressant ist, weil der Auflösungsgrad der Landessysteme aufgrund des gewählten Maßstabs für die Bedürfnisse der Kommunen nicht ausreicht. Entwickelter ist aber ein Datenaustausch mit der Landesebene im Bereich der Fachinformationssysteme der Landesämter. Hier findet z.T. eine sehr enge Kooperation statt (Bsp. Bodeninformationssystem Nordrhein-Westfalen), die neben Absprachen zu Erfassungskriterien und -methoden auch die Inhalte und Ausgestaltung des Landessystems festlegt, dessen Konzept dann wieder von den Kommunen zum Aufbau eigener lokaler Systeme genutzt werden kann.

In einigen Bundesländern wurden auf Initiative der Landesregierungen auch landeseinheitliche Programme für den Einsatz auf kommunaler Ebene (und damit auch innerhalb kommunaler UIS) entwickelt. Zielsetzung dabei kann einerseits die Vereinheitlichung der Datenerhebungen sein, wenn ein Interesse des Landes bezüglich einer zentralen Auswertung kommunal erhobener Daten eine Rolle spielt. Auf der anderen Seite haben solche Initiativen das Ziel (vor allem in Bayern), die Kommunen direkt bei der Erfüllung ihrer Aufgabenwahrnehmung vor allem im umweltbezogenen Verwaltungsvollzug zu unterstützen. Die Verwendung solcher landeseinheitlich vorgegebener Programme ist aber auch umstritten. Von einigen Komponenten wird sogar behauptet, daß sie völlig am Bedarf der Kommunen, Kreise und Städte vorbei entwickelt wurden (z.B. ISAL in Nordrhein-Westfalen oder das Biotoperfassungsprogramm in Baden-Württemberg). Diese Einschätzungen sind in der Regel durch die subjektive Sicht hinsichtlich der Nutzung im eigenen UIS und der unter Umständen schlechten Eignung solcher Daten bestimmt.

In Ländern wie Schleswig Holstein, wo eine Mittelinstanz fehlt, findet eine stärkere Kooperation und Koordinierung zwischen Land und Kommune bei der Entwicklung der UIS beider Ebenen statt. Hier sollen die Kommunen viel stärker als in anderen Bundesländern auch direkt vom Landessystem profitieren können. Die Kommunen erwarten dabei Empfehlungen und Koordination bezüglich der Vereinheitlichung der Datenerhebung, der Austauschbedingungen und des Raumbezugssystems. Solche Quasi-Standardisierungen werden von den Kommunen in anderen Bundesländern z.T. vermißt, weil sie nicht nur den horizontalen Datenaustausch (Land-Kommunen), sondern auch den interkommunalen Austausch erheblich erleichtern würden.

Besteht also wie dargestellt nur ein begrenzter unmittelbarer Nutzen der Länderumweltinformationssysteme für die Kommunen, so ist doch zu erwarten, daß zumindest jedoch von einigen Komponenten sowie den allgemeinen Erfahrungen der Länder beim Aufbau von UIS die Kommunen profitieren können.

3. Kommunale Umweltinformationssysteme

3.1 Arbeitshypothesen zu Wirkungen von UIS

Mit der Einführung von UIS sind im allgemeinen recht hohe Erwartungen verknüpft, die erwarteten Wirkungen sind vielfältiger Art und ergeben zusammengefaßt eine kompliziertes Beziehungsgeflecht. Oft besteht aber im einzelnen wenig Klarheit darüber, an welchen Ansatzstellen UIS konkret greifen sollen. Als Arbeitsgrundlage für die Hauptuntersuchung haben wir daher die UIS-bezogenen Zielaussagen der Kommunen systematisiert und in Form eines theoretischen Wirkungsgefüges zusammengefaßt (vgl. auch Kapitel 3.4). Danach ergibt sich etwa folgendes Bild:

In der Regel basieren UIS auf einer Reihe verschiedener, technischer Werkzeuge, deren Einsatz aufgrund ihrer systemimmanenten Potentiale die Umweltverwaltung in vielfältiger Art und Weise bei ihrer Arbeit unterstützen sollen. Es geht dabei zum einen um Arbeitserleichterung, in dem arbeitsaufwendige und mühsame Arbeitsschritte technikunterstützt vereinfacht werden. Zum anderen soll Technikeinsatz in die Lage versetzen, die zur Bewältigung der Arbeit nötigen Fähigkeiten und Möglichkeiten zu erweitern. Beide Stoßrichtungen können letztlich mehr Qualität und mehr Quantität in den Arbeitsprozeß hineinbringen und damit dann die Effektivität der Arbeit erhöhen. Als weitere Grundvoraussetzung zur Effektivierung der Arbeit soll über UIS aber auch die zur Verfügung stehende Informationsbasis, d.h. letztlich die Datenbasis, ausgebaut, erweitert, komplettiert und inhaltlich verbessert werden.

Mit den so geschaffenen Voraussetzungen erhofft man sich eine Verbesserung der Arbeitssituation und auch der Motivation für die Mitarbeiter, besonders durch die erwarteten Entlastungseffekte der Automatisierung. Aber auch Effekte auf das Verwaltungshandeln insgesamt sollen sich einstellen, indem die Technik- und Datenpotentiale Beschleunigung in Verwaltungsverfahren und für die Produktion von Arbeitsergebnissen bringen. Beschleunigung soll aber auch dazu beitragen, daß Defizite im Vollzug der Umweltgesetze aufgehoben werden können. Mehr Sicherheit bei Planung, Handeln und Entscheiden soll durch bessere Systematisierung, Lückenlosigkeit und Aktualität der Information und damit letztlich der Entscheidungsgrundlagen erreicht werden. Mitbewirken sollen solche Effekte auch erwartete Auswirkungen der UIS auf die Verwaltungsorganisation. Der Einsatz der modernen Technologien soll verkrustete und schwerfällige Hierarchien aufbrechen und die Einführung modernerer und effektiverer Verwaltungsstrukturen fördern. Man sieht in UIS Vernetzungskonzepte, die ermöglichen sollen, daß Verwaltungseinheiten besser wie bisher vernetzt agieren, indem auch Kooperation gestärkt wird. Dadurch soll erreicht werden, daß Umweltbelange stärker wie bisher im gesamten Verwaltungshandeln Berücksichtigung finden und Maßnahmen in Hinblick auf ihre Umweltauswirkungen effektiver gesteuert werden. Auch die an den hierarchischen Verwaltungsstrukturen orientierten Kommunikationswege sollen durch vermehrte horizontale Kommunikation beschleunigt oder gar aufgehoben werden. All diese Effekte verlangen aber auch eine Optimierung des Daten- und Informationsmanagements. Dazu sind übergreifende Konzepte erforderlich, die die vorhandenen und zukünftigen Teilbausteine und Datenbestände miteinander vernetzen und gegenseitig nutzbar machen.

Letztlich ist man bestrebt, über UIS die von der Verwaltung den Entscheidungsträgern und der Öffentlichkeit bereitgestellten Informationen über den Zustand und die Entwicklung der Umwelt zu verbessern. Das bedeutet, die Informationsqualität und -quantität des Verwaltungsoutputs in Form von Stellungnahmen, Vorlagen, Plänen und Programmen in Hinblick auf Umweltbelange zu erhöhen. Am weitesten gehen Zielvorstellungen, die von dieser möglichen Erweiterung des Informationshorizonts auch eine Änderung von Bewußtsein und Werthaltungen erwarten, die dann zu mehr Akzeptanz und Handlungsbereitschaft zur Verbesserung der Umweltsituation führen soll.

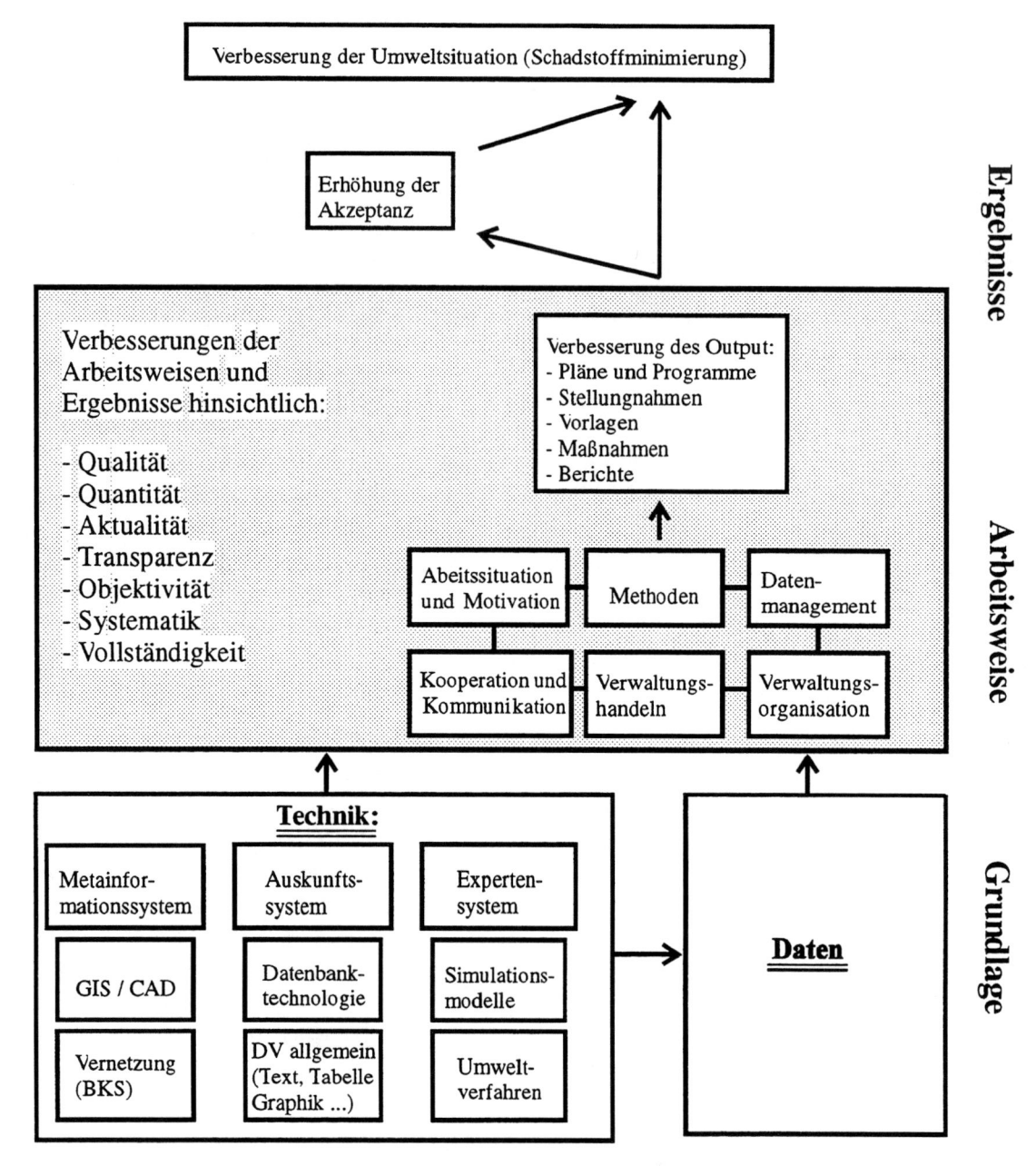

Abb. 3.1: Allgemeine Zielvorstellungen über den Beitrag von UIS
zur Schadstoffreduzierung und Umweltvorsorge

Den Zielvorstellungen und Wünsche, die an den Einsatz von UIS geknüpft sind, steht eine Reihe von Problemen entgegen. Noch stärker als die obe skizzierten Zielvorstellungen sind die Probleme miteinander verzahnt. Vieles bedingt sich gegenseitig. Oftmals existieren auch Kreisschlüsse von Problemen, also „Teufelskreise". Ein Beispiel: Aus der allgemein hohen Erwartungshaltung an graphische Systeme entsteht bei den Entscheidungsträgern unter Umständen eine Enttäuschung über die äußere Qualität der Ergebnisse der UIS, was zu einer verminderten finanziellen Unterstützung führt, so daß notwendige Technik nicht beschaffen werden kann und sich die Ergebnisse relativ zu den Erwartungen weiter verschlechtern.

Eine graphische Darstellung dieser Wechselwirkungen von Einzelproblemen ist auf eine übersichtliche Art nicht mehr möglich. Abb. 3.2 versucht zumindest den groben Zusammenhang der Problembereiche aufzuzeigen.

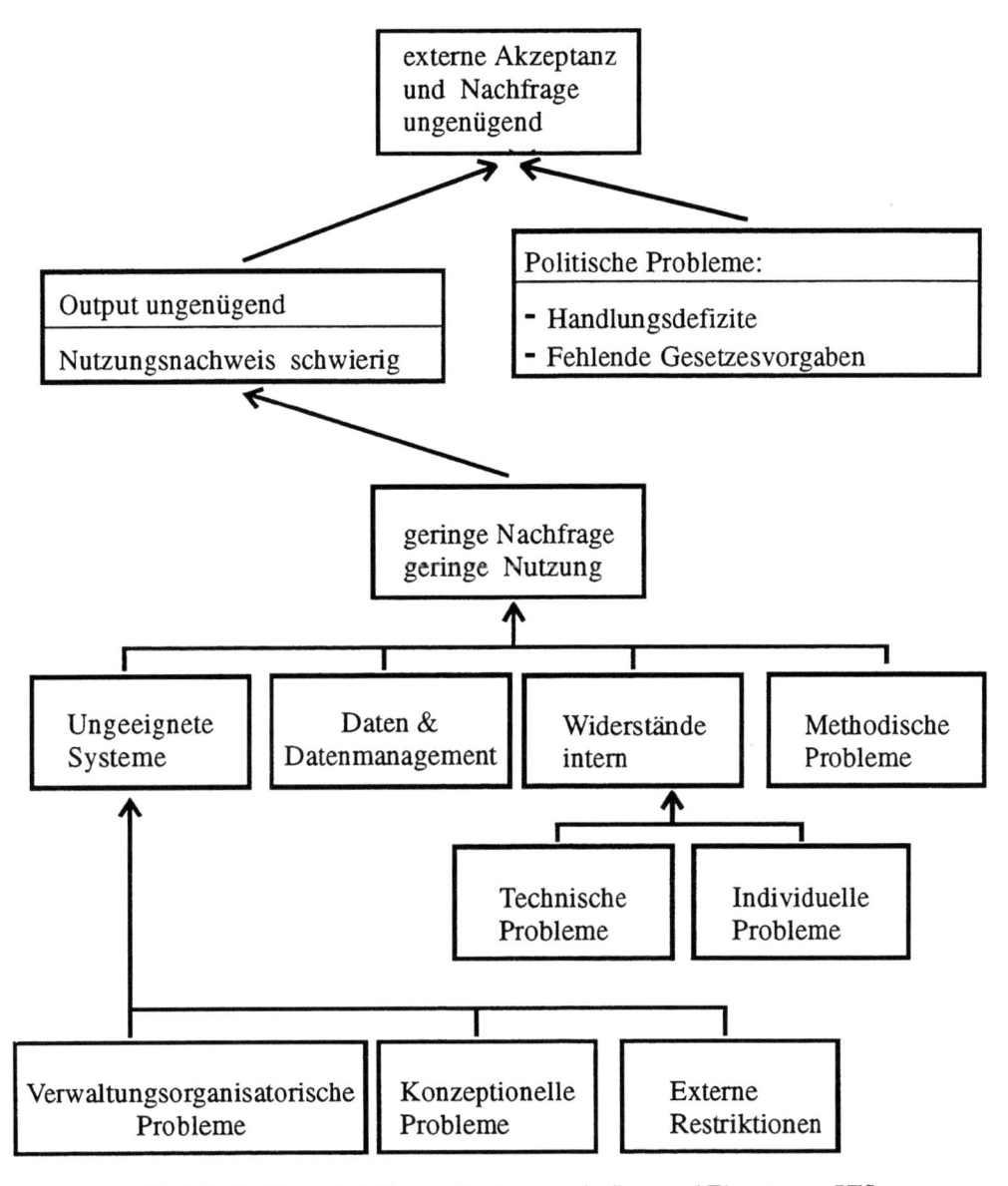

Abb. 3.2: Probleme bei Konzeptionierung, Aufbau und Einsatz von UIS

Im Zentrum steht dabei eine geringe Nachfrage und, unmittelbar damit verbunden, eine geringe Nutzung einiger Systeme. Ursache dafür sind in erster Linie ungeeignete Systeme und interne Widerstände. Aber auch Probleme im Daten- und Datenmanagementbereich, hier hauptsächlich fehlende oder ungeeignete Daten oder eine fehlende Übersicht über und Zugriffsmöglichkeiten auf vorhandenen Daten, sowie methodische Probleme können dazu führen, daß die Potentiale des vorhandenen Systems nicht ausgeschöpft werden.

Folge der geringen Nutzung kann, vor allem in Relation zum betriebenen finanziellen Aufwand beim Systemaufbau, ein qualitativ wie quantitativ ungenügender Output sein. Der Nutzen des UIS wäre damit nicht mehr nachweisbar und die Akzeptanz und damit auch die Nachfrage würde innerhalb wie außerhalb der Umweltverwaltung sinken. Das wiederum bedeutet, daß einerseits die notwendige Weiterentwicklung und Pflege des Systems in Frage gestellt wäre und andererseits ein Effekt in Richtung Schadstoffreduzierung nicht stattfinden könnte.

Neben den beschriebenen internen Schwierigkeiten gibt es aber unabhängig von der Qualität der Ergebnisse des UIS noch äußere Einflüsse, die die Akzeptanz bei Politik und Verwaltungsspitze einschränken. Hierzu zählt vor allem die „Gefahr", daß das UIS „unerwünschte" Ergebnisse liefert, die zwar aus Sicht der Umwelt als Erfolg zu werten wären, für Politik und Verwaltung aber in erster Linie Ärger und Mehrarbeit bedeuten, wenn nämlich Mißstände bekannt oder sogar öffentlich werden und die Haushaltsmittel oder das Personal fehlt, um Maßnahmen zu ergreifen.

3.2 Unterschiede zwischen UIS und allgemeiner DV-Nutzung

Viele der Erfolge und Schwierigkeiten sind nicht nur bei der Einführung von Umweltinformationssystemen, sondern bei einer Umstellung auf Informations- und Kommunikations (IuK)-Technik allgemein festzustellen. Dies überrascht nicht, denn UIS sind IuK-Systeme. Dennoch gibt es eine Reihe von Spezifika, die in dieser Ausprägung für UIS typisch sind bzw. für UIS eine ganz besondere Bedeutung haben:

- Umweltinformationssysteme verarbeiten und verwalten Daten, die fast immer einen Raumbezug haben, auch wenn dieser nicht immer erfaßt wurde.

- Im Unterschied zu anderen Dienststellen, die räumliche Daten verarbeiten, ist die Umweltplanung fast eine reine Auswertedisziplin. Das bedeutet, sie erhebt in der Regel selbst keine Primärdaten, sondern muß fremde Daten zusammenführen, bewerten, aggregieren, filtern und analysieren und gegebenenfalls ergänzend eigene Erhebungen durchführen oder vielmehr vergeben. Ein Datenmodell, das technische wie inhaltliche Festlegungen über Schnittstellen enthält, ist für niemand so wichtig, wie für die planende Verwaltung. Erschwerend kommt hinzu, daß die Umweltämter oft erst in den letzten 10 Jahren entstanden sind, und zwar zumeist aus bestehenden Abteilungen anderer Verwaltungseinheiten. Viele dieser Abteilungen verfügten bereits über Datenmaterial, das nun zusammengeführt werden muß.

- Darüber hinaus hat die Umweltverwaltung eine Vielzahl von Querschnittsaufgaben zu erledigen. Kommunikation und Kooperation ist daher eine wichtige Voraussetzung für ein erfolgreiches und zügiges Arbeiten.

- Die Arbeiten der Umweltplanung liegen oft im Bereich freiwilliger Aufgaben. Das bedeutet, eine übersichtliche Präsentation und Erläuterung der Ergebnisse, die auch für andere Stellen transparent und einsichtig ist, ist Voraussetzung, damit die Ergebnisse auch entsprechend berücksichtigt werden.

- Die Zusammensetzung des Personals der Umweltverwaltungen ist wie bei kaum einer anderen interdisziplinär. Das UIS muß daher den verschiedensten fachlichen Sichten und Ansprüchen gerecht werden und gleichzeitig gewährleisten, daß es nicht zu Fehlinterpretationen kommt, weil z.B. schon das Vokabular in den verschiedenen Fachdisziplinen jeweils spezifisch ist und, schlimmer noch, unter dem gleichen Begriff möglicherweise etwas anderes verstanden wird.

- Ein nach wie vor wenig realisierter Anspruch an ein UIS ist der Abbau der Sektoralisierung. Die Umwelt selbst ist ein vernetztes System. Fast alle Erscheinungen beeinflussen sich gegenseitig. Eine sektorale Herangehensweise, wie die Trennung nach den Umweltmedien Luft, Boden, Wasser usw., kann daher eine dauerhafte umweltgerechte Entwicklung nicht gewährleisten.

- Nicht nur organisatorisch unterscheiden sich die Anforderungen an ein UIS von denen an „normale" IuK bzw. RIS, sondern auch aufgrund der zu verwendenden Daten. So existieren im Umweltbereich praktisch keine flächenscharfen Daten wie etwa Grundstücksgrenzen oder Leitungstrassen. Immer sind die Grenzen fließend (Interpolationsergebnisse) oder zumindest nicht eindeutig (z.B. Biotope, Bodentypen, Grenze eines Wasserlaufes abhängig von Wetter und Jahreszeit, Verbreitung von Tierpopulationen). Dies stellt die heutige Generation von GIS-Software vor große Probleme, und deshalb wurde dieses Problem in der Praxis bisher weitgehend ignoriert. In jüngster Zeit wurden zwar Ansätze der Fuzzy-Set Theorie auf ihre Verwendung in GIS hin untersucht (MANDL 1994), ein praktischer Einsatz dieser Konzepte ist jedoch nicht abzusehen. Das gleiche gilt für Ansätze mit Unsicherheitsbändern (Puffer um Grenzen in der Breite des mittleren Lagefehlers). Solche Ansätze sind zwar technisch einfacher umsetzbar, werden jedoch aufgrund des höheren Aufwands ebenfalls wenig verwendet. Für Umweltdaten ist daher sowohl ein gutes Datenmodell als auch eine umfangreiche Datenbeschreibung (Metadaten) erforderlich. Prinzipiell sind sogar neue Software-Produkte erforderlich, die den beschriebenen Anforderungen gerecht werden.

3.4 Tendenzen kommunaler UIS-Konzepte

3.4.1 Datenbasis und Auswertungsmethodik

Die im folgenden dargestellte Auswertung kommunaler Konzepte hatte zum Ziel, zum einen den Überblick über die Systemimplementation mit ihren gründsätzlichen Ausrichtungen und Strukturen möglichst vollständig zu gewinnen. Zum anderen sollten daraus auch weitere in der Hauptuntersuchung zu vertiefende Analysefragen gewonnen werden.

Der Auswertung liegen als Datenquelle neben den vor Ort untersuchten Fallbeispielen eine ganze Reihe weiterer Beispiele kommunaler UIS-Ansätze zugrunde. Der Auswertung ging eine umfangreiche Datensammlung voraus (vgl. Kap. 1.2).

Von einer bundesweiten Umfrage wurde wegen der erfahrungsgemäß geringen Rücklaufquote und des vermutlich geringen Aufwand/Nutzenverhältnisses verzichtet, stattdessen wurde der Weg einer gezielten Datenbeschaffung gewählt. Grundlage dieser Datensammlung waren Hinweise in verschiedensten Publikationen über kommunale Aktivitäten zum Aufbau von UIS. Zusätzliche Informationsquellen waren Messe-, Kongreß- und Tagungskontakte. Die auf diesem Weg als UIS-Betreiber identifizierten Kommunen wurden in einem zweiten Schritt angeschrieben und um Zusendung weiterer Materialien, eventuell vorliegender Konzepte usw. gebeten. Der Rücklauf aus den Kommunen beschränkte sich auf etwa die Hälfte der Angeschriebenen. Zur weiteren Informationsverdichtung wurden im folgenden Telefoninterviews mit einer ausgewählten Zahl von UIS-Betreibern durchgeführt.

Zur Auswertung wurde ein Analyseraster für die relevanten Untersuchungspunkte aufgestellt und dieses dann in Form einer fest vorgegebenen Maske umgesetzt. Darin wurden die Daten kommunenbezogen eingegeben, so daß eine Gesamtübersicht aller ausgewerteten kommunalen Systeme als Datenblattsammlung entstanden war. Die in den Datenblättern zusammengefaßten Daten wurden dann nochmals den jeweiligen UIS-Betreibern zugesandt, damit die Angaben überprüft und gegebenenfalls aktualisiert werden konnten. Im letzten Arbeitsschritt wurden die Daten in eine Datenbank übertragen (vgl. Kap. 3.6).

Die unterschiedlichen Wege der Informationsbeschaffung führten zu einer sehr heterogenen Datenbasis. Beschränken sich unsere Informationen auf reine Literaturangaben, so ist die Aktualität der Darstellung nicht immer gegeben. Die unterschiedliche Informationstiefe und -dichte führt zu unterschiedlich gehaltvollen Datenblättern.

Wie später noch aufzuzeigen ist, handelt es sich bei den in die Auswertung eingeflossenen Beispielen zudem um eine sehr vielfältige Sammlung unterschiedlichster Ansätze, hervorzuheben wäre hier etwa, daß eine Reihe von UIS-Realisationen aus Pilotprojekten erwachsen ist.

Die Übersicht stellt also gewiß nicht die Grundgesamtheit aller kommunalen UIS-Konzepte dar. Jedoch ist es wohl gelungen, eine relativ flächendeckende und breite Übersicht über den Implementationsstand von UIS zusammenzustellen.

Die Abb. 3.3 auf der nächsten Seite zeigt die Verteilung der untersuchten kommunalen Systeme. Es ist ein deutlicher Schwerpunkt in Nordrhein-Westfalen festzustellen, aber auch in den neuen Bundesländern konnte eine Reihe von Fallbeispielen vorgefunden werden.

Eine statistische Auswertung des Materials ist aus den angeführten Gründen unzulässig. Die im folgenden wiedergegebene Auswertung konzentriert sich darauf, allgemeine Trends zu identifizieren und aufzuzeigen.

Abb. 3.3: Projektstädte im Forschungsprojekt Umweltinformationssysteme

3.4.2 UIS in den verschiedenen Gebietskörperschaften

Um heutige Entwicklungsprioritäten von UIS zu erkennen, wurden in einem ersten Schritt die vorgefundenen UIS-Ansätze hinsichtlich der Art der Gebietskörperschaft klassifiziert, in denen die Systeme jeweils aufgebaut werden. Die relevanten Kategorien und das Ergebnis der Verteilung ist in Abb. 3.4 dargestellt. Bemerkenswert ist die deutliche Konzentration von Aktivitäten des UIS-Aufbaus auf die Gebietskörperschaft Stadt mit sehr hohem Anteil kreisfreier Städte. Nur rund ein Siebtel der uns vorliegenden UIS-Konzepte stammt aus Landkreisen. Betrachtet man die Städte mit UIS-Aufbau noch differenzierter, so sind UIS vor allem in Städten über 250.000 Einwohnern zu finden, die rund ein Drittel der untersuchten Fälle ausmachen (Stadtstaaten wurden mit eingerechnet). Dieser Trend deckt sich mit den Beobachtungen, die JUNIUS und WEGENER (1994) bezüglich der Verbreitung von GIS in Städten über 100.000 Einwohner machten. Neben den in der Regel besseren Kapazitäten drängt in größeren, kreisfreien Städten offenbar die Fülle der zu leistenden Umweltschutzaufgaben und die in den vergangenen Jahren zunehmende Verschärfung der Umweltprobleme in den Ballungsräumen die Verantwortlichen eher dazu, zur Problemlösung auf das Instrument Umweltinformationssystem zurückzugreifen.

Art der Gebietskörperschaft   **Städte nach Einwohnerzahlen**

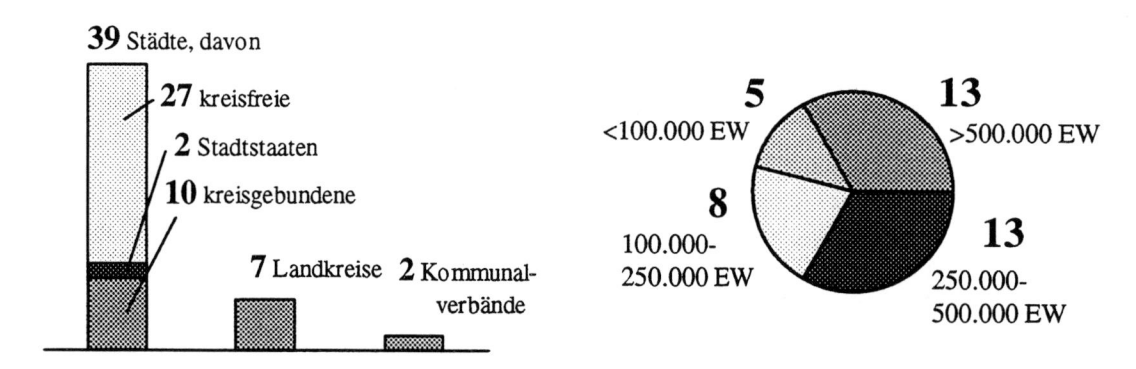

Abb. 3.4: Struktur der Gebietskörperschaften mit UIS

3.4.3 Realisierungsvarianten von UIS

Es ist bereits aufgezeigt worden, daß sich in der Praxis die vorzufindenden Realisierungen von UIS von Kommune zu Kommune teilweise erheblich unterscheiden und dementsprechend das Begriffsverständnis über UIS erheblich differiert. Bei den in dieser Auswertung betrachteten Beispielen gleicht kein System dem anderen, die Übernahme eines kompletten Systems von einer Kommune in eine andere hat weder stattgefunden, noch ist sie geplant. Dennoch kann eine grobe Kategorisierung der Systemlandschaft vollzogen werden, die dazu dient, unterschiedliche Entwicklunglinien und Ansätze bei der Realisierung von UIS aufzuzeigen. Die Zuordnung zu den einzelnen Gruppen gestaltete sich mitunter schwierig, da Übergänge zwischen den Gruppen fließend sind. Die Ergebnisse der Kategorisierung gibt Abb. 3.5 wieder.

Es wurden unterschieden:

<u>UIS mit sektorübergreifendem, integrierendem Charakter</u>

UIS dieser Kategorie versuchen, die unterschiedlichen, meist aufgrund des Medienbezugs sektoralisierten Aufgaben, Daten und Instrumente der Umweltverwaltung in einen gemeinsamen organisatorischen und in der Regel auch DV-technischen Rahmen zu integrieren. Dieser Ansatz ist der verbreitetste, man findet ihn bei der Mehrzahl der untersuchten Beispiele. Bei knapp einem Viertel dieser Gruppe gibt es neben dem UIS-Aufbau/Einsatz schon vorhandene oder geplante, umfassende kommunale Informationssysteme. Das UIS ist dabei aber in diesen Fällen stets ein eigenständiger Teil und eine separate Organisationseinheit des Gesamtsystems. Die UIS-Betreiber sind aber u.U. in die Situation versetzt, ihre eigenen Aktivitäten in ein größeres Abstimmungsfeld einzugliedern und gegebenenfalls mit dort entstandenen Vorgaben leben zu müssen. In der Regel profitieren die verschiedenen Teilsysteme voneinander, wenn der gegenseitige Datenzugriff und eine Übersicht zu den vorhandenen Datenbeständen gewährleistet sind. Die Umweltverwaltung kann dann insbesondere Grunddaten und nutzungsbezogene Daten aus anderen Verwaltungsteilen beziehen, ohne diese selber im eigenen System führen zu müssen.

Ein Sonderfall von übergreifenden UIS stellt jene Gruppe dar, die sich im Gegensatz zu der zuvor genannten Gruppe eher von ihrer Aufgabenfunktionalität her definiert. Unter einer gemeinsamen Systemoberfläche sind hier einzelne Fachkataster integriert, die vor allem der Unterstützung von Vollzugsaufgaben im Bereich Umweltüberwachung dienen. Für diese Gruppe wurden lediglich zwei Beispiele gefunden, die beide in Landkreisen installiert sind. Diese beiden Fallbeispiele stellen sicherlich nur eine enge Auswahl der mittlerweile installierten Systeme dieses Typs dar, da insbesondere auf der Kreisebene durch Vorgaben oder Empfehlungen der Länderregierungen kommerzielle Produkte oder - wie in Bayern der Fall - in Zusammenarbeit zwischen dem Land und einem Softwareunternehmen entstandene Programme für die genannten Überwachungsaufgaben eingesetzt werden sollen.

<u>UIS als Sammlung punktuell unterstützender Fachkataster, Verfahren oder Bausteine</u>

Solche Realisationen sind ebenfalls unter dem Schlagwort Umweltinformationssystem zu finden. Hierbei handelt es sich jedoch im Gegensatz zur ersten Gruppe nicht um umfassende und übergreifende Systeme, sondern um eine Sammlung einzelner meist auf Datenbanktechnologie basierender Programme, die weitgehend unabhängig voneinander existieren. Häufig ist in den Kommunen dieser Gruppe angedacht, ein übergreifendes System zu schaffen. Man hat in den Kommunen zunächst den pragmatischen Weg verfolgt, einzelne die Fachaufgaben unterstützende Instrumente zu installieren, dem übergreifenden Ansatz soll erst in Zukunft ein stärkeres Augenmerk geschenkt werden. In der Regel ist die Vollzugsorientierung dieser Systemgruppe stark ausgeprägt. Auch hier ist einschränkend anzumerken, daß die in die Untersuchung einbezogenen Fallbeispiele sicherlich nur eine begrenzte Auswahl darstellen, da solche Ansätze beinahe in jeder Verwaltung vorzufinden sind. Die Schaffung eines vollständigen Überblicks hierzu war im Rahmen des Forschungsprojekts nicht leistbar.

<u>Übergreifende Kommunale Informationssysteme (KIS, LandIS o.ä.) mit Umweltbezug</u>

In jüngster Zeit werden zunehmend Systeme aufgebaut, die von ihrem Ansatz her weit über das begrenzte Aufgabenfeld der Umweltverwaltungen hinaus für alle mit räumlichen Fragen befaßten Aufgaben der Verwaltungen konzipiert und eingesetzt werden (sollen)[1]. Diese Systeme tragen z.T. sehr unterschiedliche Bezeichnungen wie etwa „Kommunales Informationssystem" (KIS), „Rauminformationssystem" (RIS) oder „Land-Informationssystem" (LIS). Wie JUNIUS und WEGENER (1994) aufzeigen, ist bei solchen GIS-gestützten Informationssystemen der Anwendungsbereich „Umwelt" nur relativ selten realisiert. In die Untersuchung wurden insgesamt 12 übergreifende kommunale Informationssysteme mit einbezogen, die allesamt einen deutlichen Schwerpunkt im Umweltbereich haben, ohne daß ein eigenständiges UIS existieren würde. Z.T. sind diese Systeme aber auch aus UIS hervorgegangen, so daß die Anwendung im Umweltbereich hier Wegbereiter für umfassende räumliche Betrachtungen war.

---

[1] Auch die KGSt ist mit ihrem Bericht Nr. 12/1994 zur Räumlichen Informationsverarbeitung auf diese Entwicklung eingegangen.

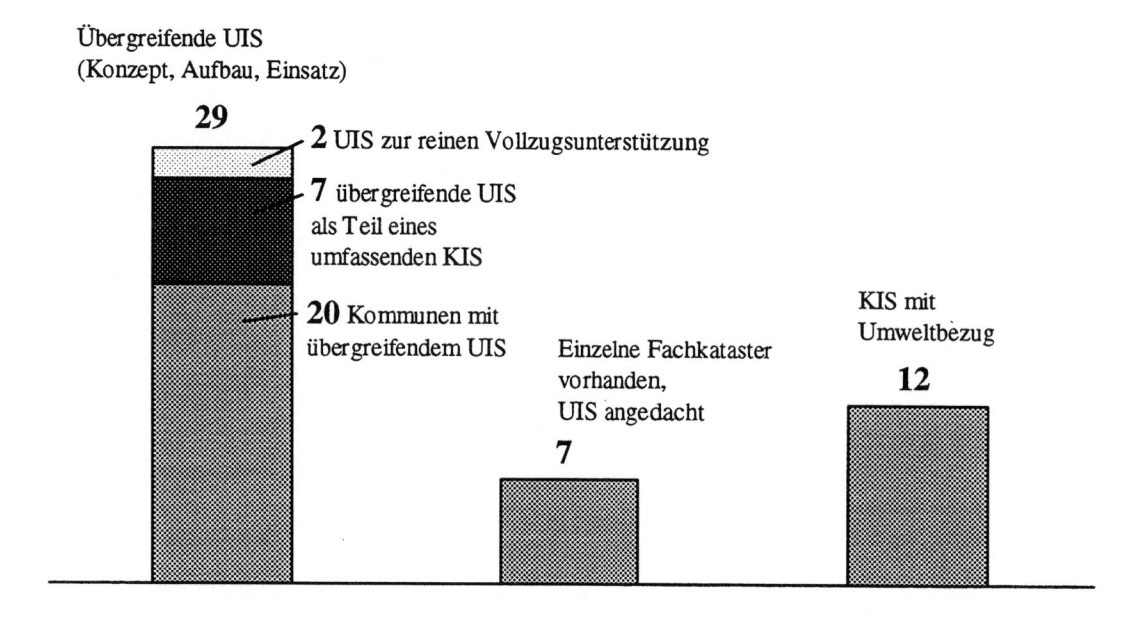

Abb. 3.5: UIS-Kategorien

Betrachtet man die Verteilung auf die einzelnen Gruppen, so kann vermutet werden, daß sich die heute teilweise geäußerte These, übergreifende Ansätze würden mehr und mehr verschwinden und Einzelbausteine sich stärker durchsetzen, in der Systemlandschaft in dieser Form nicht widerspiegelt oder zumindest in den Köpfen übergreifende Systeme weiter existieren. Zu erwähnen wäre auch, daß sich die Ansätze mit punktuell unterstützenden Systemen vor allem in kleineren Kommunen oder Landkreisen wiederfinden (wie auch die Überwachungssysteme). In den dortigen administrativen Strukturen scheint die Überschaubarkeit stärker gegeben zu sein, so daß übergreifende und damit zusammenführende Systeme nicht unbedingt als notwendig erachtet werden.

3.4.4 Entwicklungsstand der UIS-Realisierungen

Für die Gruppe der übergreifenden UIS- und KIS-Ansätze wurde der Stand der Systemrealisierungen ausgewertet. Die Aufteilung auf die verschiedenen Realisierungsstufen ist in der folgenden Abbildung dargestellt.

Abb.3.6: Realisierungsstand übergreifender UIS

Wichtigstes Ergebnis ist, daß erst etwa ein Viertel bis ein Fünftel der Systeme im vollen Einsatz sind und damit auch nur aus einer relativ kleinen Gruppe überhaupt Erfahrungen vorliegen, welche Probleme neben den in der Implementationsphase auftretenden typisch und häufig in der Einsatzphase anzutreffen sind. Über die Zuordnung zu dieser Gruppe entschied, ob das wesentliche Systemgerüst schon etabliert ist und sich im vollen Einsatz befindet. Die meisten dieser Systeme sind schon Mitte bis Ende der 80er Jahre konzipiert worden. Die Anfänge reichen bei einigen Beispielen bis zurück zum Ende der 70er Jahre. Viele Systeme haben offensichtlich eine relativ lange Implementationszeit bis zur vollen Einsatzfähigkeit durchlaufen.

Bei den weitaus meisten Systemen laufen Aufbau- und Einsatzphase parallel. Die Realisierung des Gesamtkonzepts vollzieht sich dabei in Teilschritten, fertiggestellte Systembestandteile werden direkt in den Echteinsatz gebracht. Diese den gängigen Empfehlungen folgende Vorgehensweise bei Systemaufbau hat den Vorteil, daß über den praktischen Einsatz der bereits realisierten Teilsysteme Erfahrungen gesammelt und Erfolge nachgewiesen werden können, so daß potentielle zukünftige Nutzer oder Skeptiker durch die Präsentation des praktischen Systemeinsatzes überzeugt werden. Bei einer Reihe von Beispielen dieser Gruppe existieren Teilsysteme bereits seit einigen Jahren, ein übergreifendes UIS-Konzept wurde aber erst in der jüngeren Vergangenheit eingeführt. Die Zuordnung besonders zu den beiden bisher genannten Gruppen fiel mitunter nicht leicht, da es - wie viele Kommunen anführen - ein „fertiges" System nicht geben kann, sondern Änderungen und Ergänzungen zu ständig wiederkehrenden Weiterentwicklungen führen.

Im Vergleich zu früheren Erfassungsständen der UIS-Übersicht ist die Gruppe derjenigen UIS, die sich in der Konzeptionsphase befinden, wesentlich kleiner geworden. Eine Reihe der Konzepte ist zwischenzeitlich in die Realisierungsphase eingetreten. Auch die Fälle, wo ein Konzept schon 89/90 erarbeitet wurde und die Systeme nur sehr zögerlich umgesetzt wurden, haben größere Entwicklungssprünge gemacht. Dort, wo die UIS-Betreiber bis zu den ersten Realisierungsschritten bereits relativ lange Vorlaufphasen benötigten, kann vermutet werden, daß diese Kommunen mit den gleichen Problemen zu kämpfen hatten, die schon die "UIS-Vorreiter" bewältigen mußten. Anscheinend konnte hier nicht auf deren Erfahrungen zurückgegriffen werden. In zwei Fällen wurden die bereits bestehenden Systeme nicht weiter fortgeführt, da sie an die neu entstandenen Anforderungen nicht mehr angepaßt werden konnten, so daß zwischenzeitlich weitgehend neue Konzeptionen erarbeitet werden mußten.

3.4.5 Mit UIS verbundene Zielvorstellungen

Von Seiten der Wissenschaft und UIS-Theoretiker sind immer wieder sehr umfangreiche Publikationen zu Erwartungen und Vorstellungen bezüglich dessen erschienen, was UIS im einzelnen leisten und welche Funktionen sie erfüllen sollen[2]. Auch die in Kapitel 1 dargestellte Definitionspalette enthält dazu Hinweise. Uns interessierte innerhalb unserer Untersuchung auch, welche Vorstellungen die einzelnen Kommunen selbst zu ihrem UIS entwickelt haben und welche Erwartungen mit dem Aufbau von UIS verknüpft sind. Zu diesem Zweck wurden sämtliche Zielaussagen der Kommunen zu ihrem jeweiligen UIS gesammelt und ausgewertet. Insgesamt lagen Aussagen aus gut 30 Kommunen vor. Eine Systematisierung der Zielaussagen gibt folgendes Bild:

<u>Informationsfunktion</u>

Als Zielgruppen wurden benannt: Verwaltung, Politik, Öffentlichkeit. Zielaussagen zur Informationsfunktion von UIS befaßten sich stichwortartig mit den Themen:

- Schaffung und Vervollständigung einer Informationsbasis,
- Dokumentations- und Auskunftssystem,
- Berichterstattung,
- Entscheidungsvorbereitung,

---

[2] vgl. dazu etwa FIEBIG et al. (1993); KGST (1991); KNAUER (1992); KREMERS (1993); LEE (1991); PIETSCH (1992b); SCHIMAK u. DENZER (1990)

- Informationsmanagement, strategisches Instrument zur Verknüpfung und Zusammenführung der Informationsbestände.

Die Informationsfunktion steht selbstverständlich ganz deutlich in allen Zielbeschreibungen der verschiedenen Kommunen im Vordergrund. Sie wird etwa bei der Hälfte der untersuchten Konzepte konkret benannt. Als Zielgruppen werden über alle Kommunen hinweg die Verwaltung selbst sowie die Öffentlichkeit, unterschieden in den politischen Bereich (Rat, Ausschüsse) und die Bürger, etwa gleichrangig angegeben. Es kommt in Einzelfällen aber durchaus vor, daß Kommunen ihr UIS nur für die Verwendung in der Verwaltung vorgesehen haben und die Öffenlichkeit bewußt ausschließen.

Für die Zielgruppe Verwaltung wird unter der Informationsfunktion die schnelle, zuverlässige und vollständige Bereitstellung der Information zur Erledigung der Verwaltungsaufgaben verstanden. Darüber hinaus werden aber auch qualitative Anforderungen an die bereitgestellte Information genannt, damit eine verbesserte Informationsbasis als Planungs- und Entscheidungsgrundlage zur Verfügung steht.

Die Schaffung und Vervollständigung der Informationsbasis ist erster Schritt und wird bei den Zielaussagen innerhalb dieses Komplexes am häufigsten genannt. Die Informationsbasis soll dann als Dokumentations- oder Auskunftssystem sowie der Berichterstattung dienen. Einige Kommunen erhoffen sich aber durch das UIS eine größere Bürgernähe und eine Verbesserung der Öffentlichkeitsarbeit. Für die politische Ebene steht die Schaffung einer Informationsbasis als Entscheidungsgrundlage noch mehr im Vordergrund.

Die sachgerechte Informationsaufbereitung und -aggregation zur Entscheidungsvorbereitung hingegen taucht in den Zielformulierungen schon weitaus seltener auf. Dies trifft für alle Zielgruppen zu. Kommunen erwarten hier offenbar wenig Unterstützung durch ihr System.

Noch seltener, geht man von den selbst gesteckten Zielen aus, erwartet man Unterstützung für ein verbessertes Informationsmanagement. Zwar sollen UIS mitunter dem Zusammenführen in der Verwaltung verstreut existierender Informationen dienen, ein strategisches Informationsmanagement, wie es etwa MARTINY und KLOTZ (1990) darstellen und vor allem für die Managementfunktionen der Führungsebene in der Verwaltung von Bedeutung ist, wird in den Zielvorstellungen kaum propagiert.

<u>Phasen der Problembearbeitung</u>

Es wurden in dieser Gruppe als Stichworte benannt:

- Zustandsbeschreibung,
- Bewertung der Umweltsituation,
- Konfliktermittlung,
- Verursacheridentifikation,
- Aufzeigen von Entwicklungstendenzen, Prognosen,
- Ableitung eines Handlungsbedarfs,
- Maßnahmenerarbeitung (Prioritätensetzung),
- Kontrolle.

Bei den Zielaussagen zu Problembearbeitungsphasen konnte festgestellt werden, daß die aufgelisteten Begriffe hier und da bei den einzelnen Beispielen genannt werden, jedoch wird bis auf ganz wenige Ausnahmen in keinem der Beispiele der gesamte Ablauf der Problembearbeitung im Zusammenhang für unterstützbar gehalten. Eindeutige Schwerpunkte sieht man in den ersten beiden Phasen der Problembearbeitung, der Zustandsbeschreibung und vor allem der Bewertung des Ist-Zustands.

Qualitative Aussagen

Dieser Gruppe kann eine folgende breitgefächerte Palette von Zielaussagen zugeordnet werden, die vorwiegend auf Veränderungen in der Verwaltung selbst abzielt:

- Steigerung der Arbeitsqualität,
- Harmonisierung der Arbeit,
- Entlastung von Routinetätigkeiten,
- Zeit- und Kostenersparnis,
- Vermeidung von Planungsfehlern,
- Beschleunigung der Vorgänge, Genehmigungs- und Planungsabläufe,
- Stärkung der Entscheidungs- und Rechtssicherheit,
- Nachvollziehbarkeit und Transparenz der Arbeit,
- Verbesserung der Präsentation in verständlicher und sachgerechter Form auf digitaler Kartenbasis,
- Erkennen und Aufzeigen von Wirkungszusammenhängen,
- Überwindung sektoralen Denkens und Arbeitens.

Die Aussagen beziehen sich auf qualitative Verbesserungen bei der Arbeit des einzelnen oder des gesamten Verwaltungsapparats. Die Liste gibt in etwa das Spektrum der Aussagen wieder, jede Kommune hat hier andere Gewichtungen, insgesamt betrachtet stehen aber alle Aussagen gleichrangig nebeneinander, eindeutige Gewichte gibt es hier nicht.

Gerade ein Vergleich dieser Gruppe mit den wissenschaftlich-theoretisch ausgestellten Zielaussagen macht deutlich, daß die kommunalen UIS-Betreiber viele der dort geäußerten Vorstellungen und Anforderungen für ihre eigenen Vorhaben übernommen haben, obwohl zwischenzeitlich ja auch Skepsis dahingehend geäußert wird, ob sich solche Effekte tatsächlich einstellen können (vgl. etwa BOCK u. KNAUER 1993). In den Thesen in Kapitel 4.2 und 4.3 werden diese Punkte noch ausführlich aufzugreifen sein.

Datenerfassung, -pflege, -haltung und -analyse

Hierunter fallen:

- rationelle und sichere Datenerfassung und -haltung,
- Ordnen und Auswerten von Massendaten,
- umfassende Sammlung von umweltrelevanten Daten unter einheitlichen Gesichtspunkten,
- Inkonsistenzen und Redundanzen aufspüren,
- Verknüpfung und Analyse einhergehender Primärdaten.

Dieser Themenkomplex wird in den Zielaussagen wesentlich häufiger angeschnitten als der zuvor genannte. Die Zielaussagen dieser Kategorie sind allerdings wenig UIS-spezifisch, sie dürften allgemein bei der Einführung von IuK-Techniken in der Verwaltung eine Rolle spielen[3]. Die Betonung liegt vor allem beim Aufbau eines Datenbestands umweltrelevanter Daten, der bei vielen Kommunen erst über UIS realisiert werden soll. Auch das „Umgehen" mit den zum Teil großen Datenbeständen, also Aufgaben des Datenmanagements, hat in den Zielaussagen ein deutliches Gewicht.

Der Punkt Verknüpfung und Analyse des Grunddatenbestands taucht dagegen wieder wesentlich seltener auf. Dieses Phänomen korrespondiert mit der schon unter „zielgruppenorientierter Informationsaufbereitung" festgestellten Tendenz.

---

[3] siehe dazu auch WEINBERGER (1992)

Kooperation, Integration, Verwaltungsorganisation

- Integration verschiedener Kommunalämter und anderer Stellen,
- Einführung einer ganzheitlichen und problemorientierten Organisationsform in der Gesamtverwaltung.

Sicherlich sind die aufgeführten Punkte für einige Kommunen von hohem Interesse, allerdings ist festzustellen, daß für die Untersuchungsgruppe, deren Ziel der Aufbau eines übergreifenden UIS ist, die Kooperation und Integration in den Zielaussagen eher nachlässig behandelt wird.

Auf die letzte der aufgelisteten Zielaussagen soll noch besonders hingewiesen werden. Sie stellt einen Sonderfall dar, weil sie nur in einem Fallbeispiel genannt wurde und mit ihrem Anspruch deutlich über Zielaussagen anderer hinausgeht. Hier soll das UIS offenbar nicht nur Einfluß auf die Organsiationsform der Verwaltung nehmen, was für sich betrachtet als Zielvorstellung schon recht selten formuliert wird, sondern sogar selbst als initiierende und antreibende Kraft für die Reorganisation der Verwaltung wirken.

Insgesamt bleibt festzuhalten, daß gerade den von den UIS-Theoretikern in den Vordergrund gestellten Ziele der Überwindung von Sektoralisierung sowie der Ermöglichung von fachübergreifenden Problemlösungsstrategien durch verbesserte Koordination und Integration schon in den kommunalen Zielaussagen verhältnismäßig wenig Aufmerksamkeit geschenkt wird. Vor allem die Auswirkungen von UIS auf die Verwaltungsorganisation und ihre Potentiale für die Neugestaltung von Koordinations- und Managementaufgaben scheinen wenig erkannt oder als kaum realisierbar eingeschätzt zu werden. Hier muß sich die Frage anschließen: Sind diese theoretisch aufgestellten Ziele zu hoch gesteckt und an den Bedürfnissen der UIS-Praxis vorbeiformuliert gewesen? Darauf wird das Thesenpapier in Kapitel 4.3 ebenfalls näher eingehen.

3.4.6 Strategien beim UIS-Aufbau

Ähnlich unterschiedlich wie Konzepte und Realisationen von UIS sind die Strategien und Wege, die UIS-Betreiber bei der Implementation der Systeme wählen. Es erschien uns wichtig, die unterschiedlichen Strategien zu identifizern und möglichst auch zu kategorisieren, damit in der späteren Forschungsphase der Intensivuntersuchungen (Ergebnisse vgl. Kap. 4.2 u. 4.3) die Erfolge und Umsetzungsprobleme der unterschiedlichen Strategielinien herausgearbeitet werden können. Für die gewählte Einteilung gilt wieder, daß die Zuordnung in die einzelnen Kategorien nicht immer eindeutig möglich war. Auch geht die Addition der Einzelkategorien über die Zahl der erhobenen Fälle hinaus, da sich Kommunen häufiger mehrerer der genannten Strategien nebeneinander bedienen und daher Doppelnennungen entstehen. Das Ergebnis der Auswertung unterschiedlicher Vorgehensweisen beim Systemaufbau ist in der folgenden Tabelle dargestellt.

UIS-Aufbau (oder Aufbau von Teilsystemen) im Rahmen von Forschungs-, Pilot- oder Modellprojekten	16
Einkauf fertiger Lösungen	3
Einschaltung externer Gutachter zur Konzepterstellung und Implementationsbetreuung	4
Eigenentwicklung mit interner Analyse und Konzepterstellung	26
Keine Angaben oder pragmatisches Vorgehen	4

Tab. 3.1: Implementationsstrategien

UIS-Aufbau aufgrund von Forschungs-, Pilot- oder Modellprojekten

Bei einer überraschend hohen Zahl, insgesamt gut einem Viertel der untersuchten Beispiele, entstanden oder entstehen die UIS oder Teilbausteine der UIS im Rahmen speziell geförderter Projekte. In der heute vorzufindenden kommunalen UIS-Landschaft sind also zu einem nicht unerheblichen Teil Konzepte vorzufinden, die dazu bestimmt sind, mögliche Lösungsansätze für andere Kommunen aufzuzeigen. Interessant ist dabei, daß die externen Geldgeber sehr unterschiedliche Ansätze fördern. Auch dies scheint ein Beleg dafür zu sein, daß bis heute noch eine Phase der Orientierung und Suche nach dem "idealen" Konzept anhält. Bei einigen der Pilotansätze auf der Ebene der Landkreise besteht das Ziel darin, von der Länderseite geförderte einheitliche Systeme zu entwickeln. Die Typologie dieser Systemansätze ist eindeutig der Kategorie der vollzugsorientierten Fachkataster zuzuordnen, die in einem übergeordneten UIS-Konzept zusammengefaßt sind.

Für die in den Forschungs-, Pilot- oder Modellprojekten geförderten Kommunen bedeutet die gewählte Strategie, daß man sich neben der externen Finanzierung auch vielfach auf externes Knowhow stützt, um das UIS umzusetzen. Allerdings findet bei der Entwicklung des UIS in der Regel eine intensive Zusammenarbeit zwischen der Kommune selbst und den externen Institutionen statt.

Die externen Wissenschaftler, Ingenieurbüros, Consultings oder Software-Häuser haben meist die Aufgabe, eine umfangreiche Bedarfs- und Anwendungsanalyse in der Kommunalverwaltung zu betreiben, um sie dann in ein Konzept für die Umsetzung einfließen zu lassen. In einigen Fällen findet auch die DV-mäßige Umsetzung der erstellten Konzepte durch externe Kooperationspartner statt.

Förderungen von UIS-Projekten wurden durchgeführt von:

BMFT-Forschungsprojekt	6
F + E - Vorhaben (Umweltbundesamt)	2
Projekte gefördert aus Landesmitteln	6
Dtsch. Bundesstiftung Umwelt, Bundesamt für Naturschutz	1
Teilprojekt über BMBau finanziert	1

Tab. 3.2: Projektförderer beim Aufbau von UIS

Einkauf fertiger Lösungen

In unserer Untersuchung konnten nur wenige Beispiele für dieses Vorgehen gefunden werden. Charakteristisch bei dieser Strategie ist, daß die Kommune bei der Ausschreibung zwar Vorgaben für die Inhalte und Funktionen ihres gewünschten Systems machen kann, die konkrete Umsetzung aber in der Regel von Software-Häusern durchgeführt wird und von der Kommune nur wenig beeinflußt werden kann. Stärker verbreitet ist ein solches Vorgehen noch bei der Realisierung von Teilkomponenten eines UIS wie Fachkatastern oder Modellen. In den untersuchten Beispielen nicht vorgefunden, aber aufgrund von Marktbetrachtungen festgestellt werden konnte eine weitere Variante dieser Implementationsstrategie. Es handelt sich dabei um von Software-Häusern für den UIS-Markt angebotene Komplettlösungen. Jedoch konnte uns bislang keine Kommune benannt werden, die eine solche angebotene Fertiglösung einsetzt. Hier bleibt abzuwarten, wie die weitere Entwicklung verläuft. Die Finanzierung erfolgt bei dieser Variante wie bei allen folgenden über die eigenen Haushaltsmittel.

Einschaltung externer Gutachter zur Konzepterstellung und Implementationsbetreuung

Eine eher kleine Gruppe von Kommunen, die eigenständig ihr UIS entwickeln, hat in der Phase der Konzeption und Implementation ähnlich wie bei Pilot- und Forschungsprojekten externes

Knowhow herangezogen. Diese Strategie scheint gerade in letzter Zeit zunehmend gewählt zu werden.

Ähnlich wie oben erwähnt, erbringen die externen Auftragnehmer aufgrund einer Anwendungs- und Bedarfsanalyse ein Grobkonzept, das von den Kommunen aber selbst finanziert und auch technisch umgesetzt wird. Erwähnenswert ist, daß in jüngster Zeit innerhalb dieser Gruppe einzelne Kommunen auch dazu übergegangen sind, externe Betreuer zur Überwindung der häufig in der Implementationsphase auftretenden Hürden und Widerstände einzuschalten.

Eigenentwicklung, interne Konzepterstellung

Die weitaus größte Gruppe der Kommunen erstellt oder erstellte ihr System überwiegend aus eigenen Kräften. Eine umfangreiche Daten- und Aufgabenanalyse und eine Erarbeitung von z.T. umfangreichen Konzepten ist mittlerweile gängige Praxis. Für diese mit eigenem Personal geleisteten Aufgaben werden z.T. eigene Organsationseinheiten wie etwa Lenkungsgruppen o.ä. gebildet (s.u.) Das Vorgehen bei Analyse, Konzepterstellung und Implementation entspricht in der Regel dem oben beschriebenen von externen Gutachtern.

Keine Angaben oder pragmatische Ansätze

Die „pragmatischen" Ansätze beschreiten in der Regel den Weg, daß zunächst einzelne, aktuelle Frage- und Aufgabenstellungen unterstützende Module (Fachkataster o.ä.) aufgebaut werden (s.o) und diese dann sukzessive ergänzt und in Gesamtlösungen weiterentwickelt werden. Charakteristisch ist auch, daß bei diesem Weg auch ein kontinuierlicher Lernprozeß vollzogen wird, so daß für den Aufbau eines umfassenden Systems schon umfangreiche Erfahrungen aus den frühen Phasen bei der Errichtung kleiner Teilsysteme einfließen können. Bei der sukzessiven Umsetzung einzelner Teilkomponenten spielt auch eine wichtige Rolle, daß die aus Eigenmitteln zu erbringende Finanzierung in kleinen Schritten erfolgen kann. In einem Fall kam als weiterer Vorteil hinzu, daß mit den umgesetzten Teilsystemen auch Einnahmen (durch Datenverkauf) erwirtschaftet werden konnten, die dem weiteren Systemaufbau dann wieder zugute kamen.

3.4.7 Organisationsformen von UIS

Federführende und beteiligte Stellen:

Hinsichtlich der Federführung und Beteiligung beim Aufbau von Informationssystemen muß grundsätzlich zwischen den Kommunen unterschieden werden, die nach unserer Informationslage ein eigenständiges UIS betreiben, und denjenigen, wo Umweltinformationen im Rahmen eines umfassenden kommunalen Informationssystem (KIS, RIS) vorgehalten werden. Zunächst wird auf die erste Gruppe eingegangen:

Bei weitaus den meisten Kommunen, wo Angaben zu diesem Stichwort gefunden wurden, haben die mit Umweltaufgaben befaßten Ämter, Sachgebiete, Referate oder Stellen die Federführung für die UIS-Entwicklung. Wie in früheren Untersuchungen bereits dargestellt, ressortieren diese keineswegs immer in einem Umweltamt. Interessant ist, daß in drei Kommunen das Umweltressort nicht die alleinige Federführung hat, sondern in enger Kooperation mit der Vermessungsverwaltung diese Aufgabe ausübt, daß sich diese also in den betreffenden Fällen einer Fachaufgabe widmet. Erwähnenswert ist auch, daß in drei Beispielen andere nicht mit Umweltaufgaben betraute Verwaltungsteile wie z.B. das Planungsamt die Federführung beim UIS-Aufbau ausüben. Hier dürften aber wohl eher historisch erwachsene Erbhöfe eine Rolle spielen.

Untersucht man die Beteiligung anderer Stellen, Ämter u.ä. am UIS-Aufbau, so fällt auf, daß in einer Reihe von Kommunen -läßt man die Fälle, wo keine Angaben gefunden werden konnten, einmal beiseite- eine Kooperation mit anderen entweder nicht gesucht wurde oder nicht zustande kam (kann nicht unterschieden werden). Darauf wird in Kap. 4.3 noch näher einzugehen sein.

In einigen Fällen beschränkt sich die Zusammenarbeit auf die ebenfalls im Dezernat oder Referat ressortierenden Ämter. Häufiger tritt der Fall ein, daß neben den gerade genannten alle Ämter oder Stellen, die in irgendeiner Art und Weise mit Umweltaufgaben befaßt sind oder umweltrelevante Daten führen, miteinbezogen werden. Es sind also durchaus ressortübergreifende Zusammenarbeiten zu finden, in einigen Fällen sind zu diesem Zweck Arbeitsgruppen mit der Beteiligung mehrerer Ämter institutionalisiert worden. Vermessungsverwaltungen gehören häufiger zu den Kooperationspartnern, weil sie in der Regel federführend beim Aufbau digitaler Grunddatenbestände und der digitalen Kartographie sind. Relativ selten ist die Zusammenarbeit mit den Planungsämtern, da dort, wie ebenfalls in der Untersuchung festgestellt werden konnte, die digitale, DV-gestützte Aufgabenerledigung und Sachbearbeitung noch wenig verbreitet ist.

Vor allem bei Pilot- und Forschungsprojekten wird, wie erwähnt, häufiger eine Zusammenarbeit mit Externen wie Universitäten, Forschungsinstitutionen, Ingenieur- oder Consultingbüros betrieben. Relativ häufig werden diese auch in Form der Auftragsvergabe für die Erhebung und digitale Aufbereitung der Daten beteiligt. Wiederum relativ selten ist ein Engagement in überregionalen und interkommunalen Arbeitsgemeinschaften zu finden.

Für den Aufbau umfassender kommunaler Informationssysteme findet man in den meisten Fällen Organisationsformen, die den Empfehlungen der KGSt (1994) für die raumbezogene Informationsverarbeitung sehr nahe kommen. Hier haben sich ämterübergreifende Arbeits- oder Lenkungsgruppen etabliert. Die Initiative oder Federführung solcher Gruppen geht sehr oft von den Hauptämtern oder den Vermessungsverwaltungen aus.

Datenmanagement

Zunächst muß die Einschränkung gemacht werden, daß auch zum Datenmanagement nur bei gut der Hälfte der untersuchten Beispiele Angaben gefunden werden konnten und daher verallgemeinerungsfähige Aussagen mit Vorsicht getroffen werden müssen.

Nur in wenigen Fällen wird das UIS (noch) mit einer zentralen Datenhaltung betrieben, ca. 3/4 der vorgefundenen Angaben bevorzugen heute eine dezentrale Lösung. Bei zentraler Datenhaltung werden allerdings durchweg die Daten dezentral erfaßt und auch fortgeführt. Es gibt verschiedentlich auch den Ansatz, daß zentral ein Umweltdatenbestand geführt wird, der aus dezentralen Fachdatenbeständen aufgebaut und aufbereitet wird und zentral allen Interessierten zur Verfügung steht. In fünf Fällen ist ein Metainformationssystem geplant oder umgesetzt, das Überblick und Verfügbarkeit der (meist dezentralen Datenbestände) gewährleisten und fördern soll.

3.4.8 DV-Technik und Module von UIS

Hardware und Betriebssysteme

Die in den Fallbeispielen eingesetzten oder geplanten Technologien und Betriebssysteme gliedern sich wie folgt auf:

Plattformen		Betriebssysteme	
Großrechner	14	Großrechnersysteme (Dinos/Primos, MVS, BS2000, VMS)	12
Workstations	32	Unix-Derivate	31
PC (IBM-kompatibel)	31	MS-DOS	31
Terminals	4		

Tab. 3.3: Hardware und Betriebssysteme von UIS

Die gegenüber der Untersuchungsgesamtheit erhöhte Zahl aufgeführter Systeme ist damit zu erklären, daß in mehreren Kommunen verschiedene Rechnertechnologien nebeneinander oder in Kombination existieren.

Augenfällig am aktuellen Hardwarebestand ist, daß Workstations und PC-Geräte in etwa gleicher Häufigkeit vorzufinden sind, reine Großrechnerlösungen und Terminals jedoch in der Anwendung anscheinend immer mehr zurückgehen. Reine Workstationnetze sind aber ebenfalls noch selten. Es scheinen sich immer mehr Client-Server-Architekturen durchzusetzen, wobei Großrechner oder Workstations als Server dienen und PCs als Front-End-Geräte im Netz genutzt werden, auf denen dann auch DOS-Standardanwendungen gefahren werden können. In größeren Kommunen werden verschiedentlich Drei-Ebenen-Architekturen aufgebaut. Dabei fungiert der Großrechner als Host auf der sogenannten Gesamtebene, Workstations bilden als Abteilungs- oder Amtsrechner die Bereichsebene und die Arbeitsplatzebene ist mit PC-Lösungen versehen. In kleineren Kommunen werden auch häufiger Einzelplatzlösungen realisiert.

Bei UNIX-Derivaten, die teilweise auch auf der Großrechnerebene gefahren werden können, und DOS für PCs liegen eindeutig die Schwerpunkte auf der Betriebssystemseite. Reine Großrechner-Betriebssysteme werden entsprechend der Entwicklung auf der Hardware-Ebene relativ wenig eingesetzt.

Anwendungs-Software

- Graphische Datenverarbeitung und Datenbanken

Zunächst soll wiederum mit einer Graphik (s. Abb. 3.7) ein Überblick über die in unserer Untersuchung im UIS-Bereich eingesetzten Softwaresysteme gewonnen werden.

Ähnlich wie schon bei der Hardware ist als eine der wichtigsten Feststellungen auch hier aufzuführen, daß in vielen Kommunen mehrere Programme entweder im Graphikbereich oder auf der Datenbankseite oder bei beiden gleichzeitig nebeneinander existieren. Die häufig von den Kommunen beklagten Probleme gerade aufgrund dieser Situation werden später noch aufzugreifen sein (vgl. Kap.4.3). Überraschend war für uns die Feststellung, daß eine graphische DV-Unterstützung verbreiteter ist als erwartet. Bei etwa 4/5 aller untersuchten UIS-Konzepte ist schon oder wird die graphische Datenverarbeitung integraler Bestandteil des UIS sein. Rein auf Datenbanktechnologie beruhende UIS werden nur (noch) bei rund einem Sechstel eingesetzt (werden). In der folgenden Graphik sind die eingesetzten Produkte zur graphischen Datenverarbeitung weiter aufgeschlüsselt. Die drei häufigsten Produkte sind einzeln aufgeführt. Bemerkenswert ist der hohe Anteil der Programme (SICAD, ALK-GIAP, andere CAD-Programme), die, von den Vermessungsverwaltungen bevorzugt, der reinen digitalen Kartographie dienen. Programme mit echten GIS-Eigenschaften haben zwar etwa den gleichen Verbreitungsgrad, sie sind aber neben dem am häufigsten eingesetzten Arc/Info auf eine Reihe weiterer Produkte verteilt. Programme mit GIS-Technologie und Programme mit eher kartographischen Eigenschaften stehen daher auch häufig nebeneinander in den Verwaltungen.

Datenbankseitig ist die eingesetzte Produktpalette weniger breit gestreut. Auch hier kristallisieren sich Marktführer heraus. Reine Großrechner-Software ist entsprechend dem schon zuvor skizzierten Trend nicht (mehr) stark vertreten. Reine DOS-Software wird ebenfalls nur selten eingesetzt.

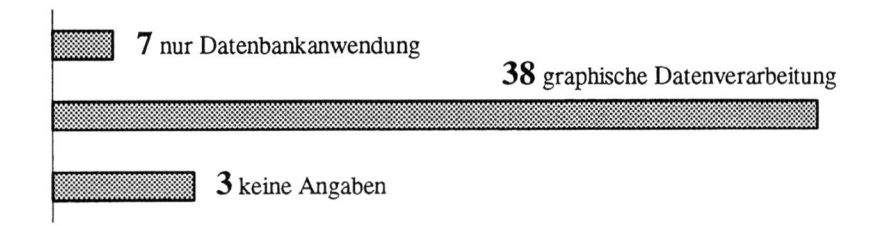

- 7 nur Datenbankanwendung
- 38 graphische Datenverarbeitung
- 3 keine Angaben

Eingesetzte Datenbanksoftware

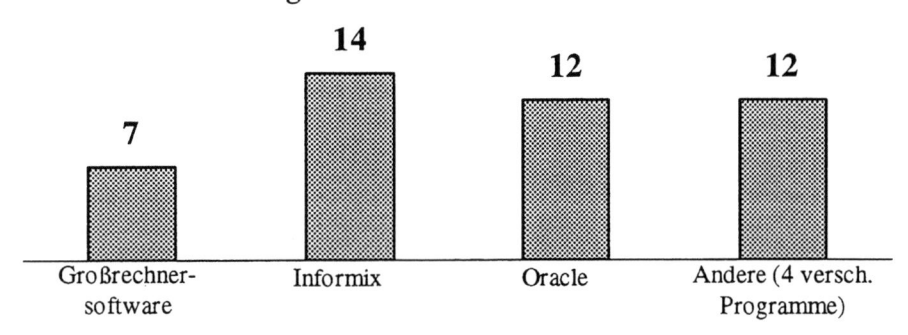

Großrechnersoftware	Informix	Oracle	Andere (4 versch. Programme)
7	14	12	12

Graphische Datenverarbeitung
Unterteilung nach Programmen

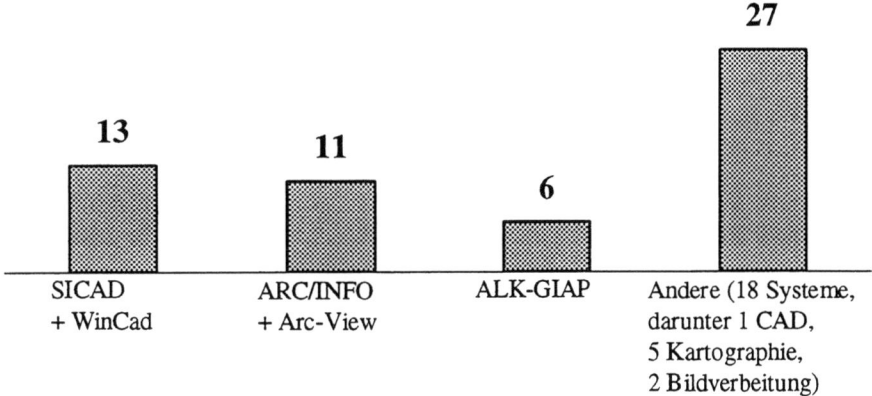

SICAD + WinCad	ARC/INFO + Arc-View	ALK-GIAP	Andere (18 Systeme, darunter 1 CAD, 5 Kartographie, 2 Bildverbeitung)
13	11	6	27

Abb. 3.7: Softwareausstattung

- Bürokommunikation

In vielen Kommunen ist heute eine interne Vernetzung der am UIS beteiligten Stellen oder zu anderen Ämtern der Verwaltung vorhanden. Dementsprechend haben gut die Hälfte der Befragten Angaben über die Nutzung dieser Netzwerke zum Einsatz als Bürokommunikationssystem (BKS) gemacht. Spezielle BKS-Software wird bei etwa einem Viertel der Kommunen eingesetzt oder ist geplant, bei den anderen wird Bürokommunikation mit Standardsoftware betrieben.

- Integration von Methoden- und Modellbausteinen in UIS

In der folgenden Tabelle sind in den Kommunen im Einsatz befindliche oder geplante Prognose- und Simulationsmodelle sowie die gegebenenfalls in UIS integrierte Methodenbausteine zur Umweltbewertung aufgeführt.

Modelle und Methodenbausteine haben entgegen unseren Erwartungen mittlerweile als integraler Bestandteil in UIS Eingang gefunden, etwa die Hälfte der ausgewerteten Beispiele hat solche Bausteine im Einsatz oder baut sie auf. Die aufgelisteten Modelltypen waren vielfach zunächst bei einigen wenigen Kommunen installiert, die entweder zu den UIS-Vorreitern gehören oder als Forschungs- und Pilotprojekte zum Teil sogar an der Entwicklung von Modell- oder Methodenbausteinen beteiligt waren. Der Erfahrungsaustausch[4] scheint hier bereits für eine weitere Verbreitung gesorgt zu haben.

Lärmmodell: Lärmimmissionen, - berechnungen, Schallausbreitung	13
Modellrechnungen zur Luftreinhaltung: Schadstoffverteilung, -immissionen, ausbreitung (2 nur Verkehrsemissionen)	7
Klimamodelle: Kaltluftproduktion, -abflüsse	1
Grundwassermodell / Hydrogeologisches Modell	6
Versickerungsmodell, Bestimmung der Nitratgehalte im Sickerwasser	2
Verkehrsmodellberechnungen	1
Altlastenbewertungsmodell (Erstbewertung, z. T. auch für Sanierung, Überwachung)	4
Bodenbewertungsmodell	2
Entscheidungsunterstützung/ Expertensystem für die UVP	3
UVP-Wissensdatenbanken	1
Umweltqualitätskarte Dortmund (allgemeine Umweltbewertung)	1
Methodendatenbank (Interpolation, Analyse, Verschneidung, Bewertung)	2
Energie: Methodenbausteine für die Auswertung energiepolitischer Fragestellungen, Bilanzierungen (z.B. CO_2),	2
Methodenbausteine für Umweltauskünfte	1
Statistisches Berechnungsprogramm	2

Tab. 3.4: Verwendung von Modell- und Methodenbausteinen in UIS

Allerdings sind nur bei einer vergleichweise geringen Anzahl mehrere der aufgelisteten Programme vorhanden, meist sind spezifische kommunale Umweltprobleme für den Einsatz bestimmter Methoden oder Modelle verantwortlich. Eine Ausnahme bildet der Bereich Lärm, da sich viele Kommunen aktuell der Aufgabe „Aufstellung von Schallimmissions- und Schallminderungsplänen" widmen. Diese Aufgabe ist ohne EDV-Unterstützung nicht zu bewältigen, so daß die Kommunen entweder solche Arbeiten an externe Ingenieurbüros vergeben oder eigene Software einkaufen müssen.

Computerunterstützte Umweltbewertungsverfahren als integriertes UIS-Modul sind neue, interessante Ansätze, die bei einigen wenigen Kommunen aufgebaut werden, sich aber noch in der Phase der Pilotanwendung befinden.

---

[4] vgl. hierzu FIEBIG et al. (1990a)

3.4.9 Anwendungsbereiche von UIS

Die unten angeführte Tabelle gibt einen Überblick zu den vorgesehenen oder praktizierten Anwendungbereichen von UIS bei den untersuchten Gebietskörperschaften:

Übergreifende UIS decken mehr oder minder das gesamte Spektrum der in den Kommunen in der Regel medial gegliederten Aufgabenbereiche ab.

Der Bereich Altlasten, der schon seit Jahren eine hohe Bearbeitungspriorität und entsprechende Kapazitäten in den Kommunen aufweist, wurde auffällig häufig benannt. Gegenüber den meisten anderen Anwendungsbereichen fallen die Nennungen für die freiwilligen Aufgabenbereiche Bodenschutz und Klimaschutz naturgemäß geringer aus. Beratung und Schulung sehen nur wenige Kommunen als Aufgabe an, die von UIS unterstützt werden kann.

Abfall	25
Altlasten	38
Bodenschutz	18
Gewässerschutz	
Grundwasserschutz (planungsorientiert)	24
Grundwasserschutz (Vollzugsaufgaben), insgesamt	19
davon VAwS / Lagerbehälterkontrolle	17
davon Überwachung Kleinkläranlagen	6
davon Trinkwasserüberwachung	4
Oberflächengewässerschutz (planungsorientiert)	22
Oberflächengewässerschutz (Vollzugsaufgaben), insg.	18
davon Abwasser- und Indirekteinleiterkontrolle	15
davon Gewässernutzungen, Wasserrechte	4
Immissionsschutz / Luftreinhaltung	25
Klimaschutz	15
Lärmschutz, Lärmminderungsplanung	24
Arten- und Biotopschutz	30
Landschafts- und Freiraumplanung	25
UVP	22
Beitrag zur Bauleit- und Stadtentwicklungsplanung	17
Beratung / Schulung	9

Tab. 3.5: Anwendungsbereiche von UIS

Häufig taucht die Frage auf, ob UIS im allgemeinen heute stärker planungs- oder vollzugsorientiert sind. Für den Bereich Gewässerschutz wurde hier daher einmal differenziert dargestellt, daß Fachaufgaben, die dem vollzugsorientierten Verwaltungshandeln zuzuordnen sind, keineswegs häufiger durch UIS und in dem speziellen Fall durch entsprechende Fachkataster innerhalb des UIS unterstützt werden oder werden sollen als vorsorgende, planerischen Aufgaben. Letztere haben wir hinter den Angaben Grundwasser- oder Oberflächengewässerschutz in den kommunalen Konzepten vermutet. Anhand unseres

Datenmaterials kann also gezeigt werden, daß UIS heute durchaus im allgemeinen Trend weit über die reine Unterstützung des Vollzugs ordnungsbehördlicher Aufgaben hinaus gehen.

Bemerkenswert hohe Bedeutung besitzen UIS offenbar für das Instrument der UVP in den Kommunen. Diese scheint ein zentrales Gewicht für die Kommunen im Bereich der vorsorgenden Umweltplanung zu bekommen. Einige der Beispiele haben dazu eigene kommunale UVP-Verfahren installiert, wobei die UIS dann bei der Bearbeitung von Stellungnahmen oder Ersteinschätzungen herangezogen werden (vgl. auch Kap. 6). Aber auch ohne UVP-Verfahren sollen über UIS Umweltbelange stärker in die Bauleit- und Stadtentwicklungsplanung eingebracht werden. Gerade dieses Anwendungsfeld, das eine hohe Aktualität besonders in den neuen Bundesländern besitzt, wird bei einer Reihe von Kommunen sehr stark betont. Beinahe regelmäßig taucht diese Fachaufgabe in der Aufgabenplaette der übergreifenden kommunalen Informationssystem-Ansätze auf.

3.4.10 Datenbereiche- Inhalte von UIS

Im folgenden Abschnitt werden die digitalen Datenbestände (vorhandene und geplante) der Kommunen hinsichtlich folgender Fragestellungen ausgewertet:

- Welche digitalen Datenbestände werden in den Kommunen schwerpunktmäßig aufgebaut?
- Wie umfassend sind die heute in den Kommunen vorliegenden digitalen Datenbestände, wie sind die Datenbestände strukturiert?
- Datenarten: Wie sieht das Verhältnis zwischen Grundlagendaten und aggregierten, planungsrelevanten Daten aus? Gibt es Orientierungsdaten im System?
- In welchen Aufgabenfeldern finden diese Datenbestände Verwendung (Handlungsbezug der Umweltinformation)?
- Datenerhebung: Wo werden die vorliegenden digitalen Datenbestände produziert, gibt es Konzepte zur fortlaufenden Datenerhebung (Monitoring-Konzepte)?

In die Auswertung wurden nicht alle oben genannten Kommunen mit einbezogen, sondern nur diejenigen, die einen Datenkatalog führen oder uns umfangreiche Auflistungen ihrer (digitalen) Datenbestände haben zukommen lassen. Bezüglich der Erfassungs- und Verwendungsfelder der Daten wurden bei den Kommunen, die nicht durch Interviews vor Ort vertiefend untersucht wurden, aus den schriftlichen Unterlagen - vor allem aus Organigrammen bzw. Aufgabenbeschreibungen - Rückschlüsse zum Datenkatalog gezogen. Die Auswertung beschränkte sich auf das Schwerpunktthema „Gewässerschutz/Bodenschutz" des Forschungsvorhabens. Eine Systematisierung vorhandener und geplanter Datenbestände ist im Anhang beigefügt. Generell lassen die Datenkataloge folgendes erkennen:

Boden

Grundlagen/Bestandsdaten

Datenbestände über Boden und seine Belastungen liegen nicht nur in den Kommunen, die ihr UIS im Rahmen eines Forschungsprojekts aufgebaut haben oder aufbauen, in recht breitem Umfange vor, obwohl Bodenschutz nicht zu den kommunalen Pflichtaufgaben zu rechnen ist. Flächendeckende bodenkundliche Grundlagen sind in diesem Zusammenhang ebenfalls häufig in Form von Bodenkarten integriert worden, die jedoch i.d.R. nur in kleinen Maßstäben (1:50.000 und kleiner) vorgehalten werden mit der entsprechenden geringen Aussagekraft für Detailfragen. In einigen Bundesländern (bspw. NRW, SH) können diese Daten als digitale Daten von den jeweiligen Landesämtern bereits bezogen werden. Wenige Kommunen haben den sehr aufwendigen Weg gewählt, die analogen Karten der Reichsbodenschätzung im Maßstab 1: 5.000 (DGK5 Boden) digital zu erfassen, um so detailliertere Grundlagendaten zu erhalten. Eigene Stadtbodenkartierungen in digitaler Form liegen selten vor, z.T. für

Ausschnitte des jeweiligen Stadtgebiets. Eine für vertiefende Fragestellungen wichtige, aufgesplittete Erfassung von bodenkundlichen Kenndaten wie pH-Wert, Textur, Humus- und Steingehalt, nutzbare Feldkapazität, Wasserhaushalt des Bodens etc. über die Angaben in den offiziellen Bodenkarten hinaus in Form detaillierter Merkmalstabellen oder in Form von Einzellayern kann nur mit vergleichsweise großem Aufwand erfolgen und wurde daher nur in Pilotprojekten oder in Verbindung mit dem Aufbau eines eigenen Bodeninformationssystems innerhalb des UIS realisiert (Bsp. UVF mit über 80 verschiedenen Attributen). Auch geologische Grundlagen finden sich selten in den UIS.

Umfangreiche Informationsbestände zur stofflichen Bodenbelastung werden in einigen Kommunen in Form von Bodenbelastungskatastern innerhalb der UIS aufgebaut. Ein deutlicher regionaler Schwerpunkt für kommunale Bodenbelastungskataster liegt in Nordrhein-Westfalen. Hier findet die z.T. erhobene Forderung Bestätigung[5], daß sich von Länderseite initiierte und koordinierte Untersuchungsprogramme[6] in kommunale Monitoringaktivitäten niederschlagen sollen. Allerdings handelt es sich dabei durchweg um einmalige Erfassungen, Zeitreihen liegen auf diesem Gebiet bislang nicht vor. Über solche landesweiten Empfehlungen wie in NRW hinausgehend bestehen hinsichtlich der erhobenen Parameter sehr starke Unterschiede. In den verschiedenen örtlichen Meßprogrammen schlagen sich vermutlich die spezifischen lokalen Besonderheiten im Belastungsspektrum nieder, allerdings dürften auch finanzielle Gründe wegen der unterschiedlich aufwendigen Analyseverfahren eine Rolle spielen und tagespolitische Moden („Stoff des Monats") Auswirkungen auf die Untersuchungspalette haben. Nur in Einzelfällen werden daher Daten zu Pflanzenschutzmittelrückständen erhoben, der Wirkungspfad Boden-Pflanze z.B. durch Schwermetallanreicherungsanalyse berücksichtigt, Klärschlammausbringungsflächen und Überschwemmungsbereiche auf PCB, PAK oder Organochlorverbindungen hin untersucht oder radioaktive Belastungen der Böden betrachtet. Bisher relativ gering verbreitet ist eine Darstellung der räumlichen Verbreitung der Meßwerte in Kartenform, da die Kataster in den meisten Fällen über reine Datenbankanwendungen umgesetzt wurden. Z.T. liegen die Ursachen dafür aber auch in fehlenden Interpolationsprogrammen, in fehlenden flächendeckenden Erhebungen oder in einer mangelnden Erhebungsdichte. Werden Bodenbelastungskataster in Kommunen aufgebaut, so enthalten diese i.d.R. dann auch erfaßte Angaben zu den Meßstellen und detaillierte Bodenkenndaten für diese Meßpunkte.

Orientierungsdaten wie Grenz- oder Richtwerte (Holland-Liste, Klokewerte, LÖBF-Liste) sind laut Angaben der UIS-Betreiber nur in einem Fall im System verfügbar. Anscheinend sind die Sachbearbeiter im Bereich Bodenschutz hier noch weitgehend auf die Verwendung analoger Unterlagen angewiesen.

Verursacherdaten

Wie schon im Kapitel zu den Anwendungsbereichen festgestellt wurde, sind zum Themenkomplex Altlasten, Altablagerungen, Altstandorte die umfangreichsten Datenbestände aufgebaut worden. Nahezu in allen Kommunen liegen dazu digitale Daten vor, häufig in Form von eigenständigen oder UIS-integrierten Altlastenkatastern. Z.T. enthalten solche Kataster auch Orientierungsdaten zur Gefährdungsabschätzung, in einigen Beispielen kann sogar über Tools innerhalb des Katasters eine automationsgestützte Ersteinschätzung der Gefährdung oder gar ein Untersuchungs- oder Sanierungsbedarf abgeleitet werden. Diese Tools werden allerdings in ihrer Anwendungseignung von den örtlichen Experten mitunter auch kritisch

---

[5] vgl. FIEBIG (1992, 159f)

[6] Im Zuge des beim Bodenschutzzentrum NW im Aufbau befindlichen landesweiten Bodenkatasters wurden enge Kooperationen mit den Kommunen geschlossen, um die vor Ort von den Kommunen durchgeführten Erhebungen nach einem landeseinheitlichen Verfahren zu regeln. Die LÖBF hatte bereits schon vorher Empfehlungen zu Belastungserhebungen herausgegeben.

eingeschätzt (vgl. Kap. 4.3). Der Ausbau- und Erfassungsstand im Themenkomplex Altlasten wurde ebenfalls, wie schon bei den stofflichen Bodenbelastungen, erheblich durch Vorgaben der Landesbehörden gefördert (z.B. Informationssystem Altlasten - ISAL in NRW). Eine Darstellung der räumliche Abgrenzung der Flächen über GIS-Komponenten wird nur teilweise in den Katastern geführt. Die Kataster wiederum unterscheiden sich teilweise sehr stark hinsichtlich der erfaßten Kriterien und Parameter.

Flächendeckende Angaben zur Bodennutzung als potentieller Verursacher für Bodenbelastungen liegen bislang auch eher selten in UIS vor. Solche Angaben werden in den Kommunen bodenbezogen geführt, die größere UIS-Teilsysteme in Form von Bodeninformationssystemen aufbauen. Zunehmend häufiger werden allerdings Versiegelungsdaten in die UIS integriert, die oftmals über Fernerkundung oder Luftbildinterpretation gewonnen werden.

Aggregierte Daten

Durch Aggregation von Grundlagendaten (für Planungszwecke aufbereitete Daten) zum Thema Boden/Bodenschutz findet man in den UIS relativ selten. Nur in über Forschungsprojekte realisierten UIS, wie z.B. in Berlin oder Neuss, oder wenn Daten über die Erstellung von Bodenschutzkonzepten wie in Dortmund oder Kiel gewonnen wurden, stehen solche digitalen Daten in Kartenform im System zur Verfügung. Die Aggregations- und Bewertungsregeln, die der Entstehung solcher Karten zugrunde liegen, werden allerdings oft nicht über das System, sondern nur über ergänzende analoge Berichtsbände den Nutzern zugänglich gemacht, so daß hier leicht die Gefahr mangelnder Transparenz und Nachvollziehbarkeit im System entstehen kann. Bei den aggregierten Bodenkarten kann eine Kategorisierung hinsichtlich des Aggregationsgrades der Sachaussagen vorgenommen werden:

- Um einzelne Aspekte des Bodenschutzes herauszustellen, werden durch Aggregation aus Grundlagendaten weiterführende Aussagen zu spezifischen Bodeneigenschaften generiert. Beispiele sind die potentielle Nitratauswaschungsgefährdung oder das potentielle Blei- und Cadmium-Filtervermögen. Auch die Versickerungseignung wäre hier zu nennen, die gerade bei stadtplanerischen Verfahren gerne zunehmend genutzt wird (vgl. UIS Hannover, Kap. 3.5.2).

- Eine höhere Aggregationsebene stellen UIS-Daten oder Karten dar, die bewertende Aussagen zur Schutzwürdigkeit oder Empfindlichkeit von Böden enthalten, wobei spezielle Empfindlichkeitskriterien wie z.B. Erosionsgefährdung oder Schutzwürdigkeitskriterien wie z.B. „Naturnahe Böden" differenziert werden können.

- Einen Schritt weiter geht die Ausweisung von Bodenschutzvorranggebieten, die dann direkt planerisch umsetzbare Aussagen oder Maßnahmenempfehlungen enthalten. Beispiele finden sich etwa in Dortmund und Kiel.

Grundwasser

Hydrogeologische Grundlagen

Grundlagendaten im Bereich Grundwasser, die i.d.R. in größerem Umfang in den unteren Wasserbehörden, den Verwaltungen der Wasserversorgungseinrichtungen und/oder landesweit bei den jeweiligen Landesbehörden in langjährigen Reihen vorliegen, werden nach und nach auch in kommunale UIS integriert. Am häufigsten findet man Daten zu der Verbreitung der Grundwasserleiter und zu den Grundwasserständen / Grundwasserflurabständen, die für die Nutzung zahlreicher Fragestellungen auch aus anderen Fachgebieten (Bodenschutz, Altlasten, Biotopschutz etc.) interessant sind. Mitunter werden auch sehr umfangreiche, die Eigenschaften der Grundwasserleiter beschreibende Daten im UIS geführt wie etwa Angaben zur Grundwasserfließrichtung, Mächtigkeit und Transmissivität. Recht verbreitet sind digitale Erfassungen dieser Datenbereiche in Form von Bohrstellen-, Pegel- oder Grundwassermeßstellenkatastern. Physikalisch-chemische Angaben zum Grundwasser, die bei einigen dieser

Meßstellen erhoben werden, finden sich dann ebenfalls in solchen Grundwasserkatastern wieder. Auch Brunnenkataster, die verschiedentlich aufgebaut werden, enthalten i.d.R. solche Angaben. Immer stärker in den Vordergrund tritt ein teilweise auch von der Länderebene initiiertes, konsequentes Grundwasserqualitätsmonitoring, daß sich dann in dem Aufbau sogenannter Grundwasserqualitäts- bzw. Grundwassergütekatastern niederschlägt. Die Meßnetze der Landesbehörden sind naturgemäß für kommunale Fragestellungen zu grobmaschig, so daß die Kommunen durchweg über eigene Meßstellennetze verfügen. Zu erwähnen sind in diesem Zusammenhang insbesondere die Meßstellen zur Überwachung von Altlasten und Grundwasserverschmutzungen. Ähnlich wie schon für die Bodenbelastungskataster festgestellt, werden auch die Grundwasserkataster meist über Datenbanktechnik realisiert, eine geographische Komponente zur Generierung digitaler Karten ist oft nicht vorhanden, ebensowenig geeignete DV-gestützte Interpolations- oder Simulationsverfahren zur Ermittlung räumlicher Verteilungen von Belastungen. Fehlende räumliche Darstellungsmöglichkeiten haben aber ihre Ursache auch des öfteren in der unzureichenden Dichte der Meßnetze, die eine sinnvolle Interpolation der Meßwerte nicht gestattet. Analog zur Erfassung von stofflichen Bodenbelastungen findet man auch bei Grundwasseruntersuchungen eine sehr breite Palette von Untersuchungskriterien und -parametern, die von Ort zu Ort sehr verschieden sein können. Die Gründe dürften oben schon genannt worden sein. Ähnlich scheint zudem die Situation bezüglich der Integration von Orientierungsdaten in die Systeme zu sein, nur in zwei Fällen ist vorgesehen, die Werte der Trinkwasserverordnung mit anzubieten.

Weitere Grundlageninformationen zum Thema Grundwasser findet man in einigen UIS in Form von Dateien oder eigenständigen Katastern zu Wasserrechten bzw. Grundwassernutzungen mit Angaben zu Grundwasserentnahmen, Versickerungen/Einleitungen u.ä.

Das Grundwasser betreffende fachliche Schutzvorgaben wie etwa Wasserschutzgebiete zum Trinkwasserschutz oder Vorranggebiete Grundwasserschutz zur langfristigen Sicherung der Trinkwasserversorgung[7] werden bislang nur vergleichsweise selten als digitale Informationen in den UIS vorgehalten.

<u>Verursacherdaten</u>

Von Gesetzgeberseite sind im Sinne der Gefahrenabwehr im Grundwasserbereich Überwachungsverfahren installiert worden, die eine Verschmutzung des Grundwassers vermeiden oder zumindest frühzeitig bemerkbar machen sollen[8]. Der Vollzug dieser Verordnungen wird heute bei den meisten Kommunen durch EDV-Instrumente unterstützt, meist sind eigene Lagerbehälterdateien oder -kataster aufgebaut worden, die nur zögerlich in UIS integriert werden, da ihre sehr stark aufgabenbezogenen Informationen selten für andere Aufgabengebiete interessant sind. Daher werden für diese Fachaufgaben auch besonders häufig Insellösungen auf PC eingesetzt, verbreitet sind hier oft kommerzielle Softwareprodukte. Großrechneranwendungen, wie sie von einigen Kommunen in Zusammenarbeit mit Regionalen Rechenzentren entwickelt wurden, sind nicht besonders verbreitet. Wenn diese Kataster oder Dateien über freie Suchfunktionen verfügen, ist ihr Einsatz neben der Überwachungstätigkeit auch für das Störfallmanagement (Quellensuche etc.) möglich. Da neben der Behälterüberwachung im Bereich des ordnungsbehördlichen Umweltschutzes noch bei zahlreichen weiteren Aufgaben betriebsbezogenen Daten anfallen (s. auch u.), werden mancherorts umfangreiche Betriebsstätten-Dateien oder Kataster angelegt, die dann zentral verwaltet für alle relevanten Fachaufgaben und Fachkataster erreichbar sind.

Altlasten als potentielle Verursacher von Grundwasserbelastungen sind oben bereits angesprochen worden.

---

[7] keine gesetzlich verankerte Schutzkategorie

[8] vgl. die verschiedenen Länderverordnungen zum Lagern, Abfüllen und Umschlagen wassergefährdender Stoffe.

Aggregierte Daten

Noch geringer verbreitet als zum Thema Boden sind aggregierte Daten zum Grundwasser in den digitalen Datenbeständen von UIS. Nur in den sehr umfangreichen UIS-Ansätzen in Berlin und beim Umlandverband Frankfurt wird eine Aufbereitung der Grundlagendaten zu weiterführenden planungsbezogenen Aussagen durch Aggregation betrieben. Auf diese Weise werden Aussagen zur Empfindlichkeit und zum Gefährdungspotential der Grundwasservorkommen generiert, um einerseits bei Planungsvorhaben bessere Voraussagen hinsichtlich der Auswirkungen auf das Grundwasser geben zu können und andererseits aktuelle Grundwassergefährdungen aufgrund bestehender Nutzungen in ihrem ursächlichen Zusammenhang aufzuzeigen und dadurch bessere Argumentationen für geplante Sanierungs- und Verbesserungsmaßnahmen zu erlangen. Auf diese Weise wird auch konsequent der Verschmutzungspfad Boden - Grundwasser in die Betrachtung einbezogen. Es wird beispielsweise die Verschmutzungsempfindlichkeit des Grundwassers über Verknüpfung von Daten zu potentiellen Sickerzeiten (kf-Wert, Flurabstand) errechnet. Darauf aufbauend wird ein stoffspezifisches, standortbezogenes Grundwassergefärdungspotential unter Einbeziehung weiterer Parameter ermittelt. Ähnlich wird das Gefährdungspotential des Grundwassers durch Altlasten über die Verknüpfung der Verschmutzungsempfindlichkeit des Grundwassers und des Belastungspotentials durch die Altlasten ermittelt. In einem weiteren Schritt wird das Konfliktpotential durch Verschneidung mit empfindlichen Grundwassernutzungen (Brunnen, Wasserschutzgebiete, Voranggebiete Grundwasserschutz) im Sinne der ökologischen Risikoanalyse ermittelt.

Oberflächengewässer

Grundlagen/Bestandsdaten

Oberflächengewässer werden als Themenbereich in etwa gleichem Umfang in UIS geführt wie Grundwasser. Was schon in den Ausführungen über die Anwendungsbereiche gezeigt wurde, bestätigt sich auch bezüglich der vorgehaltenen Daten. Die digitalen Grundlagendaten umfassen als gewässerkundliche Informationen zunächst einmal das Gewässernetz und mitunter die jeweiligen Einzugsgebietsgrenzen (wenn GIS vorhanden sind). Seltener schon werden hydrologische Meßdaten geführt, auch werden diese in den seltensten Fällen von den zuständigen Landesbehörden bezogen, die ja in der Regel langjährige Meßreihen vorliegen haben.

Werden Oberflächengewässer in UIS geführt, so geschieht dies durchweg in Verbindung mit der Erfassung und Überwachung der Gewässergüte. Entsprechend häufig sind denn auch Datenbestände vorzufinden, die zum einen Lage und Beschreibung der zu Gewässergüteuntersuchungen genutzten Meßstellen betreffen, zum anderen wie schon bei den Schadstoffüberwachungen im Grundwasser- und Bodenbereich die konkreten Meßergebnisse. Hier besteht ein wesentlich einheitlicheres Bild bezüglich der gemessenen Parameter, da sich für Oberflächengewässer-Gütebestimmung Quasistandards eingebürgert haben. So wird die biologische Gewässergüte in allen Kommunen über den Saprobienindex bestimmt, die chemisch-physikalische Gewässergüte wird nur bei einigen Kommunen über verschiedene Einzel- oder Summenparameter erfaßt (BSB5, CSB, pH-Wert, TOC, DOC). Inwieweit Orientierungsdaten zu den einzelnen Meßverfahren in den Systemen geführt werden, konnten wir nicht ermitteln. Vergleichsweise selten sind in UIS bislang auch gewässerphysiographische Beschreibungen oder gar Bewertungen zu den Fließgewässern wie Bettform, Sedimentbeschaffenheit, Ufergestaltung, Bewuchs etc. zu finden. Gewässergütebetrachtungen werden in der Regel schon seit geraumer Zeit durchgeführt, so daß Angaben zur Gewässergüte der örtlichen Fließgewässer häufig als Zeitreihen vorliegen und z.T. auch als solche im UIS geführt werden. Ein in Verbindung mit periodischem Berichtswesen realisiertes Monitoring der Gewässergüte wurde verschiedentlich darauf aufbauend realisiert.

Verursacherdaten

Bezüglich der Verursacherseite von Gewässerverschmutzungen und -belastungen sind ähnlich wie schon beim Grundwasserschutz digitale Datenbestände vor allem im Bereich des Vollzugs der Umweltgesetze entstanden. Dazu sind in den unteren Wasserbehörden in vielen Städten oder Landkreisen Einleiterkataster aufgebaut worden. Insbesondere die Indirekteinleiterkataster stehen im Vordergrund. Dort werden sowohl Betriebsdaten als auch Meßwerte der Abwasseranalysen geführt[9]. Daten zu diffusen Stoffeinträgen fehlen vollkommen. Weniger verbreitet sind Kataster zu den Wasserrechten oder Dateien der Gewässerbenutzungen. Allen ist gemeinsam, daß sie so gut wie nie mit einer geographischen Komponente realisiert sind. Selten vorzufinden ist eine Integration der Kataster in den UIS.

Dieses nicht untypische Beispiel fehlender Integration von Datenbeständen ist gerade bei Aufgaben des Oberflächengewässerschutzes verwunderlich, wo ja häufig verschiedene Ämter oder gar verschiedene Dezernate zusammenarbeiten und dadurch ein gesteigerter Bedarf nach Daten- und Informationsaustausch existiert, der durch UIS nicht gedeckt werden kann, so daß vielfach dann noch auf konventionelle Arbeits- und Kommunikationstechniken zurückgegriffen wird[10].

Aggregierte Daten

Aggregierte und bewertete Daten werden für Oberflächengewässer häufig in UIS geführt, denn die oben genannten Kriterien Gewässergüte und Gewässerstruktur sind aufgrund einer Aggregation vieler Einzelparameter entstanden und werden in der Regel in vergleichenden Wertskalen angegeben. Die Bewertung von Qualität und Zustand des Oberflächengewässers und seiner Aue kann dann direkt als Entscheidungsgrundlage in der Planung dienen, wenn Prioritäten des Fließgewässerschutzes festgelegt oder über die Dringlichkeit von Sanierungsmaßnahmen entschieden werden muß.

Wenig verbreitet sind planungsrelevante Schutzvorgaben wie Überschwemmungsbereiche oder Hochwasserschutzgebiete als digitale Datenbestände.

Auswertung

In allen untersuchten Themenfeldern liegt für die UIS ein deutlicher Schwerpunkt bei der Erhebung und Führung von fachlichen Grundlagendaten und beschreibenden Daten zur Ist-Situation (Belastungsdaten). Durch Aggregation aufbereitete und bewertete Daten, die in der Umweltplanung gefordert und benötigt werden, sind vergleichsweise selten digital geführt in UIS zu finden. Als Ursachen kann vermutet werden, daß analoge und digitale Methoden zur Datenaufbereitung in den zuständigen Verwaltungsteilen noch zu wenig bekannt sind oder benutzt werden. Als weiteres Problem dürfte eine Rolle spielen, daß selten allgemein akzeptierte Bewertungsmaßstäbe vorliegen, wie sie regionalisierte Umweltqualitätsziele darstellen könnten. Entsprechend selten sind solche Orientierungsdaten in UIS integriert, lediglich offizielle Grenzwerte oder quasistandardisierte Richtwerte werden geführt.

Grundlagen-, Belastungs- und Orientierungsdaten werden gerade im Gewässer- und Bodenschutzsektor häufig in Katasterform zusammen verwaltet, die eng auf die fachlichen Bedürfnisse der jeweiligen Aufgabengebiete zugeschnitten sind. Die dort vorhandenen Daten können jedoch für andere Aufgabenstellungen wie etwa Planungszwecke kaum genutzt werden, weil entweder die Fachkataster in UIS nicht eingebunden sind, die Fachkataster für Nichtfachleute kaum ohne weiteres bedienbar sind oder die nötigen Erklärungskomponenten

---

[9] Bsp. sind die sehr umfangreichen Indirekteinleiterkataster des Umlandverbands Frankfurt und der Landeshauptstadt Hannover, vgl. Kapitel 3.5 und ILLIC u. LAHNSTEIN (1986) sowie GROß u. MÖNNINGHOFF (1994).

[10] vgl. dazu Darstellung der Fallbeispiele in Kapitel 3.5

zu den Fachdaten fehlen. Selten ist noch, daß Fachdaten über Extraktionen und Aufbereitung für andere Aufgaben zur Verfügung gestellt werden.

Bezüglich der Verursacherseite läßt sich feststellen, daß in UIS häufig nur die nach den gesetzlichen Vorgaben zu erfassenden und zu kontrollierenden potentiellen Verursacher erfaßt werden. Dies läßt sich mit zwei Problembereichen erklären, denen sich die heutige Umweltschutzpraxis gegenübergestellt sieht:

- Verursacherdaten, die sich auf privatwirtschaftliche Betriebe beziehen, werden - wenn überhaupt - im Rahmen der Gewerbeaufsicht erfaßt und unterliegen dem Datenschutz. Die kommunalen Umweltverwaltungen haben auf der einen Seite in der Regel keinen Zugang zu den dort geführten Daten und sind auf der anderen Seite auch nicht mit den erforderlichen Kompetenzen zur Veranlassung einer betriebsbezogenen Emissionsminderungsplanung ausgestattet.

- Vielfach sind die konkreten Wirkungszusammenhänge zwischen vorhandenen Emittenten und gemessenen Immissionsbelastungen, also die Wirkungspfade, nur unzureichend bekannt. So konnte etwa in einem Fallbeispiel bei Stichproben kein eindeutiger Zusammenhang zwischen den Daten des dort geführten Emissionskataster zum Straßenverkehr, der daraus errechneten Schadstoffbelastung des Bodens und den tatsächlich gemessenen Belastungswerten ermittelt werden.

Informationssystemen, selbst denjenigen, die für sich einen umfassenden medienübergreifenden Ansatz reklamieren, scheint oft eine wirkliche gesamthafte Betrachtungsweise im Schadstoffsektor zu fehlen. Die noch jungen Erfassungen der Schadstoffsituationen erlauben noch nicht eine Beurteilung langfristiger Entwicklungen. Zwar werden u.U. Schadstofffrachten medienbezogen bilanziert und vereinzelt können langfristigere Betrachtungen etwa im Bereich Oberflächengewässer z.T. auch auf Verbesserungen der Schadstoffsituation hinweisen, der Übergang von Schadstoffmengen zwischen den einzelnen Umweltmedien wird aber in aller Regel nicht betrachtet. Abhilfe können hier nur gesamtsystemare Monitoringansätze bieten, die über die Bilanzierung von Stoffflüssen die Wanderungspfade besser berücksichtigen und aufzeigen. Solche Modelle haben bislang in UIS keinen Eingang gefunden, Ansätze hat es im Ökologischen Forschungsprogramm Hannover gegeben (vgl. Kap. 3.5.2), sie sind dort aber nicht weiter verfolgt worden.

Die weitaus meisten Datenbestände in den Kommunalverwaltungen liegen zum heutigen Zeitpunkt noch analog vor. Es wird also noch eine gewaltige Aufgabe für die Kommunen darin bestehen, flächendeckende und die Umweltmedien abdeckende digitale Datenbestände aufzubauen.

Am meisten ausdifferenzierte und umfassende digitale Datenbestände sind in den Verwaltungen entstanden, die ihr UIS im Rahmen größerer Pilot- oder Forschungsprojekte aufgebaut haben (Hannover, Berlin) oder wie der Umlandverband Frankfurt in langjähriger Entwicklungsarbeit auch über die nötigen finanziellen und personellen Ressourcen verfügten. Hier sind UIS mit einem Umfang an digitalen Datenbeständen entstanden, der in dieser Form von kleineren Kommunen, die ihr UIS über laufende Haushaltsmittel finanzieren, sicherlich nicht leistbar sein wird. Die momentan bei UIS vorhandenen inhaltliche Disparitäten werden sich daher wohl in Zukunft noch verfestigen.

3.4.11 Datengrundlagen kommunaler UIS

Um festzustellen, welche Basisdaten in UIS Verwendung finden, werden die diesbezüglichen Aussagen der Kommunen in den Datenblättern ausgewertet. Da die Angaben zumeist von den Umweltverwaltungen - also den Anwendern - gemacht wurden und keine gezielte Befragung der Vermessungsverwaltungen stattgefunden hat, wird hier sicherlich kein vollständiges Bild über die in den Kommunen tatsächlich vorhandenen Grunddatenbestände gegeben werden können. Hier spielt auch eine Rolle, daß zum einen in manchen Fällen zwischen den genannten Verwaltungsstellen nur eine unzureichende Kooperation besteht, und zum anderen im Anwendungsfall UIS noch bezüglich der Grundlagendaten mit „Improvisationen" gearbeitet wird, solange in den Vermessungsverwaltungen die digitalen Datenbestände noch aufgebaut werden.

Als Basisdaten (auch Grund- oder Geometriedaten genannt) werden in kommunalen UIS sehr unterschiedliche Datentypen verwendet. So zum Beispiel:

- Liegenschafts- bzw. Flurkarten (ALK)/ Stadtgrundkarten,
- nachdigitalisierte Karten der Vermessung (insbesondere Flurkarten),
- Objektkoordinaten (Rechts- und Hochwerte des Gauß-Krüger-Systems, z.B. als Flächenschwerpunkte),
- Gescannte DGK 5 oder Topographische Karten (Rasterdaten), selten auch vektoriell,
- Stadtkarten (1:2.500 - 1:20.000),
- ATKIS-Daten,
- Baublockkarten und kleinräumige Gliederung der Statistik,
- Koordinatenraster/Minutenfelder,
- Verkehrswege- und Gewässernetzkarten,
- Luftbilder (vor allem in den neuen Bundesländern),
- Höhenmodelle (DGM/DHM)
- und einige andere.

Insbesondere die datenbankorientierten UIS und die vielen Fachkataster greifen dagegen auf verschiedene Verschlüsselungsmöglichkeiten zurück, deren Rückführung auf geodätische Koordinaten mitunter problematisch sein kann. Beispiele sind:

- Adressen,
- ALB-Schlüssel,
- Kataster- und Objektschlüssel (z.B. nach OSKA ALK),
- eigenentwickelte Datenstrukturen und Schlüssel.

Auch die oben bereits erwähnten Koordinatenraster und Baublöcke können über Numerierungen „datenbankfähig" gemacht werden. Ebenso können Objektkoordinaten in Datenbanken abgelegt werden. Für alle anderen Ansätze ist die Verwendung eines GIS notwendig.

Teilweise werden auch Daten als Grundlage bzw. Raumbezug genutzt, die eigentlich den Fachdaten angehören, wie etwa Realnutzungskarten (meist aus Luftbildern entwickelt, im Raum des UVF soll sogar die Realnutzungskarte die Basis für ATKIS werden) oder Flächennutzungspläne.

Ein Bild über den Entwicklungsstand und die am häufigsten genutzten Grundlagendaten gibt die folgende Abbildung 3.8 wieder:

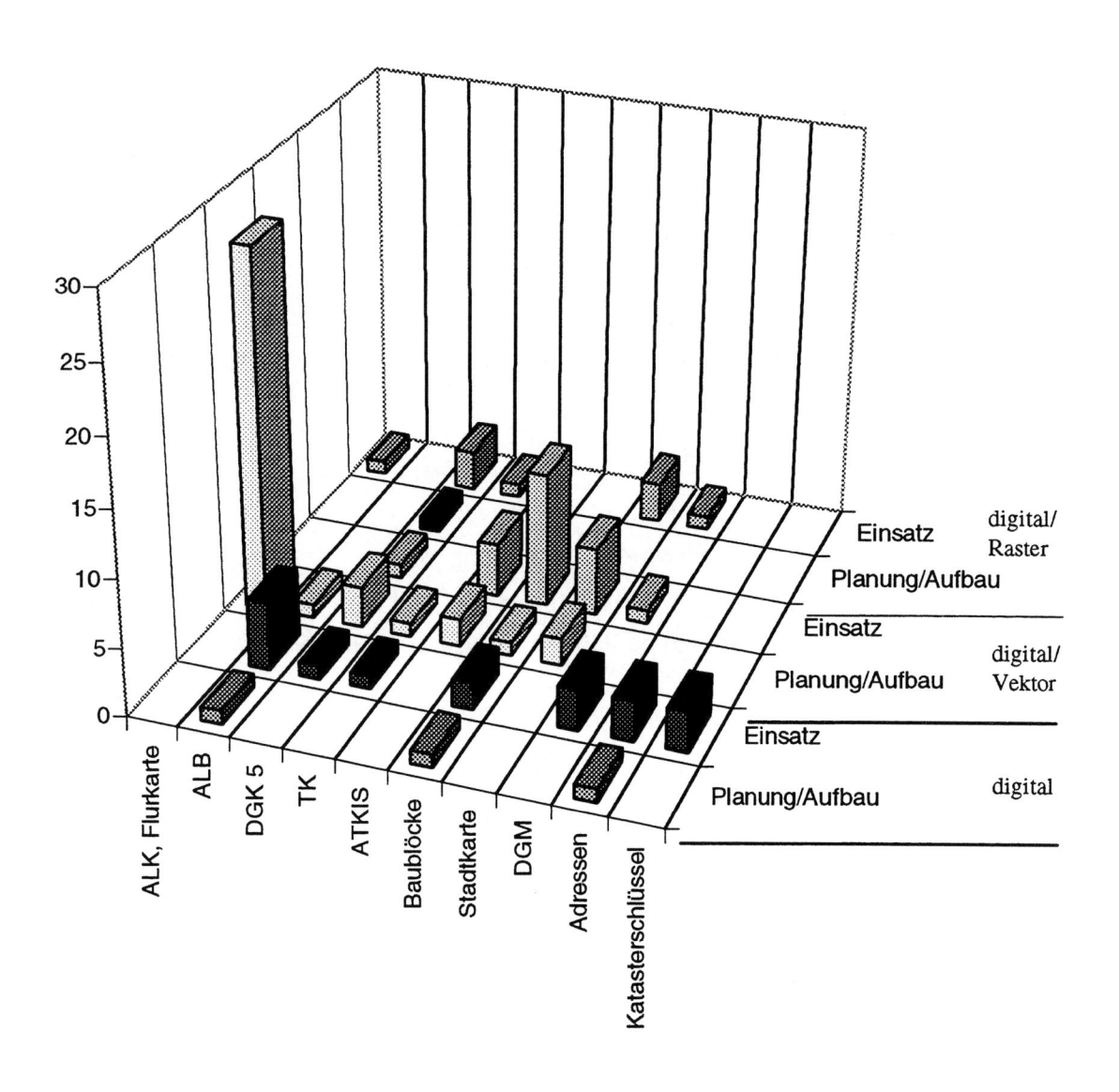

Abb. 3.8: Datengrundlagen kommunaler UIS

Grunddaten der Vermessungsverwaltungen

Die Verfügbarkeit von Grunddaten für kommunale UIS ist (bzw. sollte sein) gekennzeichnet durch die MERKIS-Konzeption[11]. Nach dieser Empfehlung, die der Städtetag 1988 formuliert hat, sollen unter ausschließlicher Verantwortung der Vermessungsverwaltungen drei sogenannte Raumbezugsebenen auf Basis des Gauß-Krüger Koordinatensystems aufgebaut werden:

1. Grundstufe - RBE 1 (bzw. 500): im Maßstab 1:500 - 1:1.000,

2. Erste Folgestufe - RBE 2 (bzw. 5.000): im Maßstab 1:2500 - 1:5000,

3. Zweite Folgestufe - RBE 3 (bzw. 10.000): im Maßstab 1:10.000 - 1:20.000.

Gedacht war ursprünglich an rein vektororientierte Karten, was vor dem Hintergrund der damaligen Rechnertechnologie zu sehen ist. Von dieser Idee wird heute vor allem bei der RBE 2 vielfach abgewichen (s.u.).

---

[11] MERKIS = Maßstaborientierte einheitliche Raumbezugsbasis für kommunale Informationssysteme (DEUTSCHER STÄDTETAG 1988

Die Kommunen realisieren dieses Konzept heute in unterschiedlicher Form. Fast überall wird die ALK aufgebaut, welche die RBE 1 darstellt. Für die UIS sind diese Daten aber oftmals noch nicht verfügbar, da bisher selten mehr als ein Drittel des jeweiligen Gebiets der Kommunen erfaßt wurde.

Die vorgesehene Generalisierung zur Errichtung der beiden Folgestufen wird aufgrund fehlender Algorithmen praktisch nicht durchgeführt. Lediglich in Jena wurden Versuche in dieser Richtung unternommen. Als RBE 2 wird daher vielfach die DGK5 in gescannter Form verwendet. Es handelt sich hier also „nur" um Rasterdaten, die kaum Analysen erlauben, sondern nur als Präsentationshintergrund benutzt werden können. In einigen wenigen Fällen (z.B. Hamburg, Kiel, Köln) werden aus der DGK5 Vektordatenbestände abgeleitet.

Die RBE 3 wird oftmals als nur grundrißähnliche Stadtkarte aufgebaut. Die Verwendung von ATKIS-Daten zum Aufbau der RBE 3 ist fast ausschließlich bei Landkreisen vorzufinden.

Obwohl im MERKIS-Konzept der Umweltschutz offiziell hohe Priorität genoß, ist die Eignung und daher auch die Verwendung dieser, zumeist von den Vermessungsverwaltungen erstellten Grundlagendaten verhältnismäßig gering. Insbesondere der Maßstabsbereich 5.000-10.000 wird kaum unterstützt, ist aber für UIS der wichtigste. Weitere Gründe sind in Kap. 5 (Leitfaden, Basisdaten) aufgeführt.

Andere Grunddaten

Neben den Grunddaten der Vermessung werden in UIS oftmals noch andere Daten verwendet. Insbesondere werden die Daten der statistischen Ämter, also die kleinräumige Gliederung und Baublockkarten, übernommen. Darüber hinaus liegen häufig sogenannte Stadtkarten vor, die eine grundrißähnliche Darstellung im Sinne eines Stadtplans enthalten. Und schließlich gibt es teilweise sogar eigene Digitalisierungen der Liegenschafts- oder Flurkarten. All diese Initiativen sind darauf zurückzuführen, daß die Daten der Vermessung oft zu lange auf sich warten lassen (ALK, ATKIS) bzw. zu umfangreich, komplex, genau (zu wenig aggregiert) und teuer sind (vgl.Kap. 5, Basisdaten).

In vielen Fällen wurden die Umweltdaten allerdings einfach von den analogen Vorlagen abdigitalisiert und haben somit einen kaum nachvollziehbaren Raumbezug. Obwohl die Umweltkarten oft auf dem Hintergrund der DGK5, TK25 oder einer Stadtkarte gezeichnet sind, können diese nicht mehr als Raumbezug gelten, weil die Digitalisierungen in der Regel nicht aneinander angepaßt wurden. Das heißt, daß Karten, die von der gleichen Vorlage abdigitalisiert wurden, meist geometrisch inkonsistent sind.

Das Problem der räumlichen Inkonsistenz liegt aber nicht unbedingt in seiner Existenz, sondern in den technischen Möglichkeiten der Geoinformationssysteme. So sind bei Verschneidungen und Flächenbilanzen die Fehler oft höher als die absoluten Werte der Flächen. So etwas führt immer dann zu Problemen, wenn diese Hintergründe bei der Ausgabe und Interpretation der Daten nicht angegeben bzw. berücksichtigt werden. Um dem einen Riegel vorzuschieben, erlauben die Vermessungsverwaltungen keine „unsachgemäße Nutzung" ihrer Daten mehr.

3.5 Darstellung der Fallbeispiele

Das folgende Kapitel enthält die Ergebnisdarstellung der Hauptuntersuchung, die in den unter Kap. 1.2 genannten Kommunalverwaltungen durchgeführt worden ist. Dabei fließen in die Darstellung der Fallbeispiele nicht nur Auswertungsergebnisse der verschiedenen vor Ort geführten Interviews und Gespräche mit ein, sondern es konnte auch von Fall zu Fall unterschiedlich auf zum Teil umfangreiche Veröffentlichungen, Sekundärliteratur oder hausinterne Papiere zurückgegriffen werden. Eine Liste der geführten Interviews enthält das Literatur- und Quellenverzeichnis (Kap. 10). Die Untersuchungsphase in den Kommunen erstreckte sich etwa vom Oktober 1993 bis in den Sommer 1994. Die Darstellungen der kommunalen Fallbeispielen geben somit den damaligen Sachstand wieder. Die rasanten Entwicklungen im UIS-Bereich führen dazu, daß vermutlich manche Aussage mittlerweile schon wieder veraltet sein dürften. Wir haben versucht, in den Fällen, wo massive Veränderungen innerhalb der Systeme zu erwarten waren, diese durch ergänzende Telefoninterviews in die Studie noch mit einzubeziehen.

Die Kriterien für die Auswahl der Fallbeispiele waren:
- Einbeziehung verschiedener Entwicklungsstadien,
- Einbeziehung länderspezifischer Rahmenbedingungen,
- Berücksichtigung der Verwaltungsstruktur in unterschiedlichen Gebietskörperschaften,
- Berücksichtigung möglichst verschiedener Konzeptionen, Herangehensweisen und Aufgabenschwerpunkte der UIS.

Für die Durchführung von Expertengesprächen vor Ort wurden ausgewählt:
- Bielefeld als Vorreiter auf dem Gebiet Informationssysteme für Altlasten und Wasserwirtschaft,
- Hamm als Kooperationspartner des UVP-Fördervereins,
- Herne, wo ein UIS über ein von der Landesregierung gefördertes Pilotprojekt entsteht,
- Münster, wo ein Reorganisations- und Ausbauprozeß für das bestehende Informationssystem mit Hilfe externer Moderatoren gestaltet worden ist,
- Würzburg, wo ein Informationssystem auf PC-Basis in Eigenentwicklung entstanden ist,
- Wuppertal, wo ein UIS unter Einbindung in ein integriertes Bürokommunikationssystem entwickelt wird.

Für die Intensivuntersuchung wurden ausgewählt:
- der Umlandverband Frankfurt (UVF), der als Vorreiter schon seit mehreren Jahren auf Erfahrungen mit einem UIS zurückblickt,
- Dortmund, das ebenfalls als Vorreiter gilt und zu Beginn der Untersuchung über diverse Teilbausteine verfügte, die zu einem Gesamtsystem zusammengefügt werden,
- Hannover, das im Rahmen eines vom BMFT geförderten Pilotprojekts „Ökologisches Forschungsprogramm Hannover" ein UIS erstellt hat.

Wie oben schon erläutert, wurden in den Expertengesprächen vor Ort im gegebenen Zeitrahmen vor allem die Systembetreiber interviewt. In den Verwaltungen, in denen Intensivuntersuchung über mehrere Tage durchgeführt wurden, konnte das Problemfeld detaillierter und differenzierter über ergänzende Anwenderinterviews erschlossen werden. Mit Hilfe eines auf die verschiedenen Interviewtengruppen spezifizierten Interviewleitfadens wurden die Ansätze, Vorgehensweisen und Probleme bei der Erstellung und Nutzung untersucht. Zum Verlauf der Gespräche muß hier noch angemerkt werden, daß die Gruppe der Systembetreiber in den Interviews sehr unterschiedlich auf die Fragen reagierte. Es war deutlich zu spüren, daß mit den Antworten z.T. eine gewisse Strategie verfolgt wurde, mit der die jeweiligen UIS offenbar in „ein bestimmtes Licht gerückt" werden sollten. Es wurde versucht, in der vorliegenden Auswertung diese strukturellen Probleme der Interviewtechnik aufzufangen, in dem möglichst viele der vorgefundenen Antworten anhand weiteren Recherchematerials überprüft und entsprechend verifiziert wurden. Es ist trotz dieser Bemühungen nicht auszuschließen, daß die Darstellung der Fallbeispiele eine gewisse „Einfärbung" der jeweiligen kommunalen Sichtweise auch weiterhin beinhaltet.

3.5.1 Dortmund

Anlaß, Ziele und Entwicklung

Das Umweltinformationssystem in Dortmund ist unter dem Begriff UDO mittlerweile auch über die Grenzen der Stadt hinaus bekannt geworden. UDO selbst ist dabei als Arbeitstitel für Bestand, Organisation und Fachwissen über Umwelt in digitaler *und* analoger Form zu sehen. Der Anspruch an das UIS in Dortmund zielt daher nach HÖING (1992) auch - im Gegensatz zu vielen anderen kommunalen UIS - auf die Unterstützung übergreifender Aufgaben wie

- Analyse des Naturhaushalts,
- Bewertung von Umweltzuständen und Entwicklungspotentialen,
- Umweltverträglichkeitsprüfungen von Planungen und Projekten und
- Vorhalten eines umfassenden Dokumentationssystems.

Bereits bei der Gründung des Umweltamts 1986 wurde der Aufbau eines UIS - damals fachlicher Zeitgeist - als Aufgabe dieses neuen Amts in einem Ratsbeschluß festgeschrieben. Es war von vornherein klar, daß das nicht innerhalb des laufenden Betriebs geleistet werden könne. Von Anfang an legte der Initiator ein starkes Gewicht auf die geographische Datenverarbeitung. Als erstes wurden konzeptionelle Überlegungen in Zusammenarbeit mit der Universität Dortmund entwickelt (BAUMEWERD-AHLMANN 1987). Die Priorität für geographische Datenverarbeitung ergab sich aus der Struktur der Aufgaben (von ordnungsbehördlichen bis analytischen und UVP), wegen der Fülle der Daten und weil der Raumbezug über Zahlen und Tabellen nicht deutlich zu machen ist. Danach entwickelte man weitere Ansprüche, nicht nur Beziehungen sehen zu können, sondern auch Modellrechnungen durchzuführen. Dafür gab es ein Projekt bei der Abt. Raumplanung der Universität Dortmund (SONNTAG 1990, KLEINSCHMIDT et al. 1993). Einen weiteren Schritt in diese Richtung stellen die Planungen zur rechnerunterstützten Umweltgüteplanung und der damit verbundenen Entwicklung eines "Handbuches zur Umweltbewertung" dar (SCHEMEL et al. 1990). Derzeit wird dieses Handbuch mit Hilfe von Arc/Info in dem Projekt „UQUADO - Digitale Umweltqualitätskarte Dortmund" DV-technisch umgesetzt.

Das Hauptamt konnte im laufenden Betrieb diese Anforderungen nicht erfüllen. Aus diesem Grund einigte man sich darauf, einen Informatiker am Umweltamt einzustellen. So konnte das Umweltamt eine Betreuung des UIS und GIS gewährleisten und die Beschaffung der Geoinformationssoftware Arc/Info 1991 durchsetzen. Diese Entscheidung war seinerzeit sehr umstritten, weil einerseits - praktisch zeitgleich - am Vermessungsamt der ALK-GIAP für den Aufbau der ALK beschafft wurde und andererseits das Hauptamt mit dem selbst entwickelten Programm PLANUM bereits über ein einfaches Graphik- und Kartographieprogramm verfügte.

Hauptzielgruppe von UDO sind die Sachbearbeiter im Umweltamt. Eine Bereitstellung von Rohdaten für Führungspersonen ist nicht geplant. Für die Öffentlichkeitsarbeit ist die Erstellung eines "Umweltjournals" geplant, das mit den Daten aus UDO als Loseblattsammlung zur Information von Bürgern und besonders Politikern dienen soll.

Wie auch in Bielefeld hatten Umweltskandale einen erheblichen Einfluß auf das Fortkommen des UIS. Zu nennen ist hier in erster Linie der Altlastenskandal Dortmund-Dorstfeld Mitte der 80er Jahre. Aber auch andere Unfälle, wie der jüngste Dioxinskandal der Firma Hoesch (1994), haben das UIS in die öffentliche Diskussion gebracht, das Image des Umweltamts aufgebessert und zur Beschaffung zusätzlicher Geräte geführt.

Vorgehen bei Aufbau und Implementation

Die technischen Voraussetzungen (Großrechner beim Hauptamt) waren 1986 bereits gegeben, und es wurde überprüft, welche Fachverfahren bereits im Einsatz waren. Dann galt es, noch viele grundsätzliche Schwierigkeiten bei den Entscheidungsträgern zu überwinden. Natürlich gab es Kompetenzrangeleien. Es war sehr schwierig klarzumachen, daß das Umweltamt einen eigenen Weg brauchte, aber die Kompetenz der anderen nicht berühren wollte. Schließlich aber ist es gelungen, dies nachzuweisen.

Beim Vermessungsamt gibt es ganz andere Vorgaben und Zielrichtungen (z.B. ALK - nur zur Daten*erfassung*). Diesen kartographisch orientierten Systemen fehlen bzw. fehlten aber oft wichtige Funktionen im analytischen Bereich. Das Hauptamt auf der anderen Seite sprach sich gegen Insellösungen aus, und Arc/Info wurde zunächst als eine solche angesehen. Es ist dann durch gar nicht einmal fachlich ableitbare Umstände zu Situationen gekommen, bei denen das Umweltamt Nutznießer war. Z.B. konnte man sich den Wettstreit der Systeme (IBM contra Digital) zunutze machen. IBM setzte seinerzeit alles daran, daß Geoinformationssysteme auf der RS6000 endlich liefen. Inzwischen wird allgemein erkannt, daß sich über Schnittstellen auch andere Systeme einbinden lassen.

Ein weiteres Problem lag in der "immanenten Unschärfe der Ökologie". Das Anspruchsniveau des Vermessungsamts an die Präzision der Daten war sehr hoch. Die Verortung in z.B. einer Gewässergütekarte ist aber nicht vergleichbar mit der eines Grenzsteins. Luftgütezonen mit einem ALK/GIAP abzubilden, ist einfach nicht ganz zweckmäßig. Es war allerdings sehr schwierig klarzustellen, daß eine solche Arbeitsweise genauso präzise und richtig ist, ohne die andere in Zweifel zu ziehen. Das Vermessungsamt sah möglicherweise in dem UIS eine konkurrierende Entwicklung zum Projekt ALK, denn die Visualisierung von Arc/Info war für die Führungsebene beeindruckend.

Externe Fördermittel wie in einigen anderen Kommunen gibt es in Dortmund nicht. Es wurden nur Forschungsgelder für inhaltliche Fragen beantragt, jedoch nie für die technische Ausstattung. Man war bestrebt, nicht eine Kapazität zu suggerieren, die in Wirklichkeit gar nicht vorhanden ist. Auf diesem Weg konnten die negativen Erfahrungen in anderen Dortmunder Verwaltungsbereichen vermieden werden (Abfallwirtschaftssystem). Es wurde also der nach Aussagen der Initiatoren mühselige und manchmal ermüdende Weg gegangen, immer wieder Anforderungen im normalen Geschäftsgang zu stellen, wobei jeweils die Effekte plausibel dargestellt werden mußten. So gab es auch viele Rückschläge (vor allem bei der allgemeinen PC-Ausstattung), denn nach wie vor führt das Hauptamt die Beschaffung durch. So kam man langsam, aber solide, zu einer Ausstattung. Unter der Not der angespannten Haushaltssituation hat das Umweltamt - aufgrund des UIS-Einsatzes - offeriert, eine halbe Stelle für konventionelle Zeichenarbeiten einzusparen.

Hard- und Software

Zentrum des UIS in Dortmund ist eine IBM-Workstation RS 6000, auf der das Geographische Informationssystem mit Arc/Info betrieben wird. Neben dieser Workstation wird Arc/Info seit Mitte 1994 auch von weiteren Arbeitsplätzen über X-Terminals bzw. PC X-Clients betrieben. Außerdem besteht ein PC-Netz (Token Ring) mit zur Zeit 15 Geräten (Stand 10/1993), auf denen "normale" Anwendersoftware (Textverarbeitung, Tabellenkalkulation, Datenbanksoftware) eingesetzt wird. 1994 sollten weitere 23 PCs, einige ArcView-Lizenzen, sowie eine Bürokommunikationssoftware beschafft werden. Daneben wird der IBM-Großrechner des Hauptamts, der mit dem Umweltamt über eine Glasfaserleitung verbunden ist, als Schwerpunkt der Datenhaltung genutzt. Als Ausgabegeräte sind beim Umweltamt nur Bildschirme und Arbeitsplatzdrucker verfügbar. Großformatige Stift-, Elektrostat- und Tintenstrahlplotter sind über das Stadtnetz beim Haupt- bzw. Vermessungsamt ansprechbar. Für die Dateneingabe steht ein Digitalisiertisch zur Verfügung. Außerdem kann ein A3-Scanner des Hauptamts genutzt werden. Die technische Ausstattung für UDO ist somit als relativ gering einzustufen. Dennoch ist der Hardwareausbau soweit vorangeschritten, daß alle anfallenden Daten des Amts gespeichert werden können.

Die Stadtverwaltung ist untereinander vernetzt. Ein Zugang nach bzw. von außen ist aus Datenschutzgründen nicht vorgesehen. Ein Datex-P Anschluß besteht zwar, befindet sich aber nicht am Umweltamt und wird im Rahmen des UIS auch kaum genutzt. Ein direkter Anschluß an die Immissionsüberwachung der Landesanstalt für Immissionschutz (LIS, jetzt Landesumweltamt - LUA) ist gescheitert, die Daten kommen auf Diskette und werden eingelesen. Bodendaten kommen vom Geologischen Landesamt und werden für planerische Zwecke aufbereitet. Es gibt vertragliche Vereinbarungen mit den entsprechenden Dienststellen.

Projektorganisation

Neben der geographischen Komponente besteht das UIS in Dortmund aus folgenden weiteren Bausteinen, die allerdings in der Regel nicht direkt miteinander kommunizieren:
- UDOKAT = Datenbank (DB2-Großrechneranwendung) über vorhandene Daten am Umweltamt (Metainformationssystem)
- LARS = Literaturrecherchen (Full Text Retrieval, neuerdings relational)
- UDOLIT = Literaturdatenbank
- UBERAT = Umweltberatung
- AkatDO = Abfallinformationssystem / Abfallkataster
- HPFF = Grundwassermodell
- PLANUM = Informationssystem für Planung und Umwelt am Hauptamt (wird noch als Schnittstelle zum ALK/GIAP genutzt)

Mit der Anschaffung von Arc/Info, Ingres und der Workstation hat das Umweltamt einen Lösungsprozeß von der Zentralisierung auf dem Großrechner des Hauptamts begonnen. Das bedeutet aber auch, daß das Hauptamt kaum noch technische Unterstützung bieten kann. Ausgelöst durch die allgemeinen Dezentralisierungsbestrebungen wurde 1993 die Einrichtung eines Arbeitskreises Raumbezogene Datenverarbeitung angestoßen. Das Hauptamt sorgt für den organisatorischen Rahmen und übt eine Moderatorenrolle gegenüber dem Rechnungsprüfungsamt, der Kämmerei und dem Personalrat aus (die Einführung von technikunterstützter Informationsverarbeitung ist mitbestimmungspflichtig). Für das GIS werden Regeln definiert, die von allen eingehalten werden sollen. Zum Untersuchungszeitpunkt wurde von dem Arbeitskreis gerade ein Rahmenkonzept für die übergreifende Verwaltung räumlicher Daten mit dem Ziel einer Ratsvorlage erarbeitet. Die KGSt-Studie zum Aufbau kommunaler Informationssysteme (KGST 1991) leitet dabei die Gedanken. Weitere Ziele der AG sind vor allem die Vermeidung von Doppelerhebungen bzw. des Abspeicherns gleicher Daten unter verschiedenen Begriffen, die Koordination von Datenerfassung und Prioritätenfindung. Fernziel ist der Aufbau eines übergeordneten RIS durch Integration der Fachinformationssysteme (also auch des UIS) als Fachschalen.

Zunächst wurde das UIS innerhalb der Abteilung „generelle Umweltplanung" (60/2) betrieben. Es galt anfänglich als Experimentierfeld. Mittlerweile hat das UIS einerseits eine deutlich stärkere Praxisreife erreicht und andererseits wurde das Problem der Zentrierung auf eine Abteilung und nur einen Systemadministrator erkannt. Deshalb wurde die Gruppe UIS aus der Abteilung 60/2 nach 60/1 (Verwaltung und Personal) übergeben, was die Aufgabe des UIS als Service für das gesamte Amt deutlich macht. Außerdem wurden ein PC-Administrator und eine technische Zeichnerin als Arc/Info-Spezialistin eingestellt. Eine weitergehende Aufstockung dieses Servicepersonals scheint z.Zt. nicht möglich, ist aber auch nicht mehr so dringend nötig, weil erwartet wird, daß mit Einführung der X-Stations auch die „normalen" Anwender technisch versierter werden.

Systemanforderungen können von den Fachämtern gestellt werden. Das Hauptamt ist aber weiterhin zuständig für die Bewertung und entscheidet letztendlich über Auswahl von Hard- und Software (bei Standardprodukten). Die Auswahl bei Spezialanwendungen liegt bei den Fachämtern (z.B. für DTP, GIS), wobei die Betreuung sichergestellt sowie der Datenaustausch gewährleistet werden muß.

Für konkrete Projekte erfolgt eine interne Schulung, für das GIS und die PC-Software wird in der Regel eine externe Schulung durchgeführt.

Karten für das Planungsamt werden von Fremdfirmen oder im Vermessungsamt erzeugt. Im Umweltamt war dieses ursprünglich genauso geplant, was aber an der Variantenvielfalt der angeforderten Karten gescheitert ist.

Die Weiterentwicklung geschieht auf Anforderung der Sachbearbeiter und wird dann in ein Jahresarbeitsprogramm aufgenommen. Die letztendliche Entscheidung über durchzuführende Projekte wird vom Amtsleiter gefällt. Die Entwicklung erfolgt in mehrere Richtungen:
- Technikausbau nach finanziellen Möglichkeiten,
- Verfeinerung der Datenerhebung,
- Ablösung der alten Datenbankprogramme,
- Ausbau des Systems zur leichteren Nutzbarkeit (Interpretation der Daten ohne Hilfe von Fachleuten),
- Integration der verschiedenen Datenspeicher in Richtung relationale Datenbank, da Anbindung hierarchischer Strukturen ohne Programmierung nicht möglich ist, sowie
- Verbindung der Daten mit der Workstation, so daß sie als Einheit erscheinen.

Datenmanagement

Statt Top-Down arbeitet UDO Bottom-Up. Das bedeutet, UDO muß sich an alle anderen Systeme anpassen, weil diese zumeist schon vorher existierten. Die Daten werden nicht "mundgerecht" serviert und müssen praktisch immer vom Betreiber aufbereitet werden. Es gibt keine Datenerhebung extra für UDO, sondern nur eine Übernahme und Aufbereitung der Daten, die bei der täglichen Arbeit anfallen. Grundsatz ist es - aus negativen Anfangserfahrungen heraus - Datenbereiche nur zu erschließen, wenn dahinter eine Sachgruppe sitzt, die die Daten braucht. Die Sachbereiche sind an die UIS-Gruppe herangetreten und haben ihren Bedarf artikuliert. Bei den Teilsystemen, die im Bereich der Vollzugsaufgaben eingesetzt werden, findet eine ständige Nutzung statt.

Es existieren keine vorbereiteten Masken für konkrete Fragestellungen. Die Daten werden fallweise zusammengeführt und ausgewertet. Bei komplexen Auswertungen ist ein Sachbearbeiter in der Regel überfordert (Einsatz von Standardabfragesprachen wie SQL, QMF), vor allem wenn aufgrund des Umfangs der Daten eine Beurteilung der Ausgabe auf Fehlerfreiheit nicht gewährleistet ist. Ein Abfragewunsch wird daher üblicherweise dem Betreiber vorgetragen und bei regelmäßiger Auswertung erfolgt der Einbau in ein Menü, bei einmaliger Abfrage nur die Bereitstellung der Daten.

Der jeweilige Erfasser ist allein zuständig für die Pflege der Daten. Die Zugangskontrolle wird softwaremäßig in Stufen sichergestellt. Die Zugangskontrolle zum System und zu Einzelfunktionen und die Eingabe neuer Daten erfolgt über Anwendungen mit Plausibilitätskontrollen. Für die Ausgabe sind fertige Views definiert, bei denen Felder wie z.B. personenbezogene Daten ausgespart werden können. Die Zuständigkeit der Einrichtung von Zugriffsrechten (auf Daten des Großrechners) liegt beim Hauptamt. Die Art der Rechte bestimmt aber immer das Fachamt. "Private" Datenbestände, die nur ein Sachbearbeiter für seine Arbeit braucht, liegen z.T. auf den einzelnen PCs und sind weder geschützt noch allgemein bekannt. Es ist geplant, daß diese auf Fachamtsservern gelagert und von dort regelmäßig ans Hauptamt übertragen werden.

Die Fachdaten von breiterem Interesse liegen auch heute noch fast alle auf dem Großrechner. In Zukunft sollen aber viele Daten auf der "Workstation-Ebene" (AIX RISC Rechner) abgelegt werden. Das Hauptamt will zwar noch die Übersicht behalten, wird aber mehr in die Rolle eines Verwalters gedrängt. Es soll in Zukunft jeder Anwender seinen Datenbestand besser dokumentieren.

Der Datenaustausch (geographischer) digitaler Daten läuft über den Systemadministrator. Es hat auch schon Datenabgabe aus Arc/Info an externe Stellen gegeben, diese scheitert aber im allgemeinen an der mangelnden Verfügbarkeit von Arc/Info-Systemen z.B. in Planungsbüros. Dort werden in der Regel andere Systeme verwendet, bei denen es Probleme gibt, Arc/Info-Daten zu importieren. Ein Austausch über die DXF-Schnittstelle wurde zwar gemacht, führte aber zu unbefriedigenden Ergebnissen. Dennoch werden inzwischen auch externe Datenerhebungen immer von einer EDV-gerechten Aufarbeitung abhängig gemacht.

Eine Gebührenordnung ist vorhanden. Daten aus Fremdquellen sind in der Regel nicht kostenlos verfügbar und die Datenherausgabe erfolgt ebenfalls nicht kostenlos. Es fehlen allerdings Kalkulationsgrundlagen. Der Wert der Leistung wird durch ermittelbare Plotter- und Arbeitskosten nicht dargestellt, da Vorlaufkosten in diese Kalkulation nicht einfließen (Hard- und Software). Dadurch sind die Angebote derzeit sehr preisgünstig.

Effekte, Erfolge und Probleme der Systemnutzung

Nach Aussagen der Betreiber sorgen die Anwender im Vollzugsbereich aus eigenem Interesse für eine optimale Datenpflege, da sie natürlich auf gute Daten angewiesen sind. Dort wird jedoch nicht mit geographischen Daten gearbeitet. Der Einsatz von UDO im Bereich Umweltplanung ist in der Praxis eher gering (nur Einzelprojekte wie z.B. die digitale Umweltqualitätskarte). Hier sind bereits erhebliche konzeptionelle Arbeiten gelaufen, die technische Umsetzung gestaltet sich jedoch schwieriger als erwartet.

Auch die Bearbeitung der in Dortmund als Verfahren installierten kommunalen UVP erfolgt noch sehr konventionell: Allerdings sieht man bei einzelnen Arbeitsschritten wie etwa der Erstellung des Gebietsbriefs oder insgesamt für die Ablaufunterstützung der UVP (Terminüberwachung, Beteiligungsverfahren, ...) Möglichkeiten des Technikeinsatzes (vgl. dazu Kap. 6). Erwartet wird eine Beschleunigung der Arbeitsvorgänge.

Das Ziel, einen besseren Grundstock an Daten (Wasser, Bodenschutz, Flächennutzungskartierung ...) aufzubauen und eine Verfügbarkeit der vorhandenen Daten für andere zu gewährleisten, wurde weitgehend erreicht. Mittlerweile werden auch alle aktuellen und neuen Erhebungen oder Grundlagenuntersuchungen digital aufbereitet.

Die Anwenderarbeit ohne Hilfe durch die Systembetreuer ist noch nicht gewährleistet. Bsp.: Die Abhängigkeiten zwischen den ca. 30 Tabellen des Einleiterkatasters sind vom Anwender nicht mehr überschaubar. Eine feste Programmierung ist aufgrund wechselnder Verknüpfungen nicht möglich. Datentransfer bleibt weiterhin notwendig wegen der verschiedenen vorhandenen Systeme, so daß verteilte Datenbanken nur theoretisch möglich sind, nicht zuletzt aber an der Finanzierung scheitern.

Nach Aussagen der Betreiber hat UDO die tägliche Arbeit stark vereinfacht. Insbesondere für das Teilsystem "Vorgangsverwaltung", das aus den Anforderungen im Aufgabenfeld "Beteiligung an Bauleitplanverfahren" erwachsen ist (dort sind ca. 1000 Anträge p.a. zu bearbeiten), konnte eine Systematisierung und Lückenlosigkeit erreicht werden. Eine Aufweitung der fachlichen Sicht ist dagegen nicht beobachtbar. Die Arbeitsweise wird nicht prinzipiell geändert, sondern eine Entlastung von stupiden Arbeitsgängen findet statt. Der Verwaltungsaufwand wird geringer, da die Beantragung der Daten für den jeweiligen Sachbearbeiter nur noch einmal notwendig ist. Eine einmalige Genehmigung bedeutet ständigen Zugang.

Vorlagen für Ausschüsse oder Ratssitzungen werden durch die Datenlage untermauert, wobei die gute Qualität des Materials wichtig ist. Anfragen von außen, vor allem aus der Politik, können in kürzester Zeit und umfassend beantwortet werde (z.B. beim Dioxinskandal), was nach Aussagen der Betreiber ein Gefühl der Sicherheit gibt. Für die Ordnungsbehörden können die vielfältigsten Statistiken aufbereitet werden. Außerdem ist die Problembeschreibung mit den Visualisierungsmöglichkeiten wesentlich besser zu transportieren. Bsp.: Die Auswertung der Luftgüteuntersuchung nach Bioindikatoren wurde über eine Schnittstelle zum Vermessungsamt geschickt und dort in größerer Zahl gedruckt. Ein Unikat hätte sicher niemals die sich anschließende "umweltpolitische Debatte ersten Ranges" auslösen können.

Einen direkten Effekt für die Umwelt kann man aber nach Aussagen der Befragten nicht erkennen, denn die Entscheidungen hängen letztlich nicht vom GIS ab. Mit Hilfe des GIS allerdings ist - nach diesen Informationen - ein Einfluß in der Bewußtseinsbildung der Entscheidungsträger möglich. Man kann jetzt Zusammenhänge offenbaren und Abhängigkeiten aufzeigen, die mit konventioneller Technik nicht zusammengebracht werden können. So wird die Schwelle höher, gegen die Umwelt zu entscheiden.

Darüber hinaus erwähnten einige Nutzer eine deutliche Akzeptanzsteigerung und Sensibilisierung bei den Kollegen anderer Ämter (z.B. Planungsamt bei Bauleitplan-UVP) für Umweltfragen, was dazu geführt haben soll, daß Umweltbelange wesentlich früher im Planungsprozeß berücksichtigt werden.

Gerade in jüngster Zeit behindern jedoch finanzielle Probleme das Fortkommen der räumlichen Datenverarbeitung in Dortmund. Betroffen ist in erster Linie das Hauptamt, so daß eine Unterstützung der Arbeiten in den Fachämtern von dieser Seite mehr und mehr zurückgeht. Darüber hinaus ist durch den Aufbau eines Standortinformationssystems durch den Bereich Wirtschaftsförderung eine weitere konkurrierende Entwicklung entstanden.

Beispielanwendungen und -einsätze

Beispielanwendungen, bei denen UDO zum Einsatz kam, sind
- Ökologisch-räumliche Gesamtplanung Deusen mit Ausgleichsmaßnahmen (incl. Kläranlage Deusen),
- Standortuntersuchung Müllverbrennungsanlage,
- Versiegelungskarte,
- Baumschutzsatzung,
- allgemeine Bodenbelastungsanalyse für das Stadtgebiet,
- Digitaler Landschaftsplan,
- Stadtbiotopkartierung,
- Indirekteinleiterkataster,
- Umsetzung der Kleinkläranlagenverordnung,
- Gewässergütekarte mit verschiedenen Schadstoffbelastungen und Saprobienindex und
- Dioxin-Störfall (Hoesch).

<u>Bodenkataster:</u>

Bei der Gruppe Landschaftsplanung im Umweltamt wird u.a. ein Bodenkataster mit GIS-Einsatz entwickelt, das z.B. auch der Überprüfung der Schwermetallbelastung von landwirtschaftlichen Flächen auf städtischen Liegenschaften dienen soll. Für diese Aufgabe wird die Bodenkarte des Geologischen Landesamts herangezogen, die digital vorliegt. Allerdings konnte diese nicht unmittelbar benutzt werden, sondern mußte erst aufbereitet werden und eine neue Datenstruktur bekommen. Die Probleme lagen sowohl auf der inhaltlichen (z.B. enthielt die analoge Bodenkarte Bodentypen, die in der digitalen Karte fehlten) wie auch technischen Ebene (PIA-Format). Aus der Bodenkarte wurden dann Selektionen nach Bodenwerten vorgenommen und mit den städtischen Flächen verschnitten.

Bei diesem Anwendungsbeispiel wie auch beim folgenden wird als Vorteil angeführt, jetzt viel leichter Varianten der Darstellung oder Skalierung ausprobieren zu können (z.B. Einteilung der Böden in Güteklassen, Einteilung in Versiegelungsstufen).

Versiegelungskarte:

Eine Versiegelungskarte für das Stadtgebiet ist innerhalb des Projekts "Bodenschutzmaßnahmenkarte der Stadt Dortmund" entstanden, das mit GIS-Unterstützung auf Grundlage der in UDO vorliegenden digitalen Daten von einem externen Gutachter bearbeitet wird. Die Versiegelung ist dabei auf der Basis der Vorgabe des Kommunalverbands Ruhrgebiet (KVR) abgeleitet worden. Nach Informationen des Betreibers müßten aber die Eingangsdaten (Realnutzungskartierung des KVR) dringend aktualisiert und die Daten vor Ort überprüft werden.

Fließgewässeruntersuchungen:

Im Rahmen eines umfassenden Projekts zur Untersuchung der Dortmunder Fließgewässer wurden die biologische Gewässergüte, chemisch-physikalische Parameter im Gewässer und Sediment und der ökomorphologische Gewässerzustand erfaßt. Die Daten werden in diesem Rahmen zusammengeführt und ausgewertet, um dann Ursachenanalysen zu betreiben. Langfristig soll über Wasserschutzkonzepte eine Verbesserung der Gewässer insgesamt erreicht werden. Zunächst werden Daten graphisch umgesetzt und dann auch einfache Auswertungen vorgenommen. In einer späteren Phase sollen dann Daten aus anderen Verfahren (Einleiterkataster) noch mit in der Ursachenanalyse verwendet werden. Damit sollen Möglichkeiten und Potentiale aufgezeigt werden, um mit minimalem Aufwand qualitative Verbesserungen herbeizuführen. Der Vorteil des GIS-Einsatzes dabei ist, daß Belastungen räumlich festgemacht und Ursachenbeziehungen räumlich fixiert werden können. Für eine spätere Erfolgskontrolle muß noch ein geeignetes Instrumentarium entwickelt werden.

Daneben hat das Tiefbauamt eine Fließgewässerkarte herausgegeben, die aber kartographisch (Segment für Segment und ohne eine Topologie dahinter) digitalisiert wurde. Diese Struktur mußte transformiert werden. Belastungsinformationen wurden anschließend darübergelegt. Dabei handelt es sich aber um Punktinformationen, die jetzt so interpretiert werden müssen, daß man Streckenaussagen bekommt. Die Ebene der Sachinformation wird vom Umweltamt zugeliefert.

Grundwassersituation und Beschaffenheit im nordöstlichen Stadtgebiet

Im Grundwasserbereich wird (mit Unterstützung von zwei Diplomanden der Informatik) ein Brunnenkataster erarbeitet. Bisher liegen sehr viele analoge Informationen zu einzelnen Brunnen oder Grundwassermeßstellen (> 2000) vor. Damit sollen später regionale Auswertungen vorgenommen werden.

Zusammenfassende Informationen zur Grundwassersituation im gesamten Stadtgebiet lagen bislang ebenfalls nicht vor. Erste Schritte zur Änderung dieser Situation wurden durch das Projekt „Erfassung der hydrogeologischen Situation und Grundwasserbeschaffenheit im nördlichen Stadtbereich" eingeleitet. Im Rahmen von Gutachten sind viele Detailinformationen erhoben (Grundwassergleichen, Grundwasserhöhen usw.) und teilweise auch analytische Untersuchungen durchgeführt worden. Damit verbunden war die Beschaffung eines Grundwassermodells. Die hydrologischen Verhältnisse sind im Nordosten der Stadt schwieriger und interessanter als in anderen Bereichen, also will man seine Kenntnisse verbessern, damit man dort entsprechende Maßnahmen einleiten kann. Das Ganze soll im Sinne einer dauerhaften Beprobung und in Verbindung mit dem Brunnenkataster und dem Grundwassermodell weiter fortgeführt werden. Auch in Verbindung mit den Fließgewässeruntersuchungen könnten sich Synergieeffekte ergeben.

Standortfindung Müllverbrennungsanlage

Bei der Standortfeinanalyse für eine Müllverbrennungsanlage ist die Verwaltung selber mit Unterstützung durch die Datengrundlagen von UDO gutachterlich tätig geworden. Für die vergleichende Untersuchung der sieben möglichen Standorte wurden sämtliche verfügbaren Informationsgrundlagen herangezogen und ausgewertet. Schwerpunkt dieser Arbeiten war der Bereich Lufthygiene, wo man mit GIS-gestützen Ausbreitungsberechnugen gearbeitet hat.

3.5.2 Hannover

Anlaß, Ziele und Entwicklung

Der Aufbau eines Umweltinformationssystems in Hannover begann im Rahmen des Ökologisches Forschungsprogramms Hannover (ÖFH, 1987 - 92). Zunächst als übergreifendes System für die Stadtplanung projektiert, mußte es sich jedoch gleich bei Beginn des Projekts durch die Einrichtung des Amts für Umweltschutz (AfU) auf veränderte Anforderungen und Rahmenbedingungen einstellen. Nach Abschluß des ÖFH in 1992 begann eine zweite große Veränderungsphase hin zu einem stärker vollzugsorientierten System als Service für die Fachabteilungen. Das UIS wird unter dem Namen HEINS (HANNOVER Environmental Information System) geführt, der heute als Oberbegriff für die Gesamtheit von Aktivitäten und Programmen am Amt für Umweltschutz zu sehen ist.

Das UIS in Hannover setzt sich demnach heute aus den folgenden Komponenten zusammen:
- Geographisches Informationssystem (z. Zt. SPANS, EZS-I),
- Expertensystem (VERUM - Verfahrensunterstützung UVP, EXCEPT Bewertungssystem),
- Metadatenbank (KURD - Katalog umweltrelevanter Daten) und
- datenbankbasierte Vollzugsverfahren wie VAWS-Behälterüberwachung, Verdachtsflächenkataster (VFK), Betriebsstättendatei (BSD) und andere.

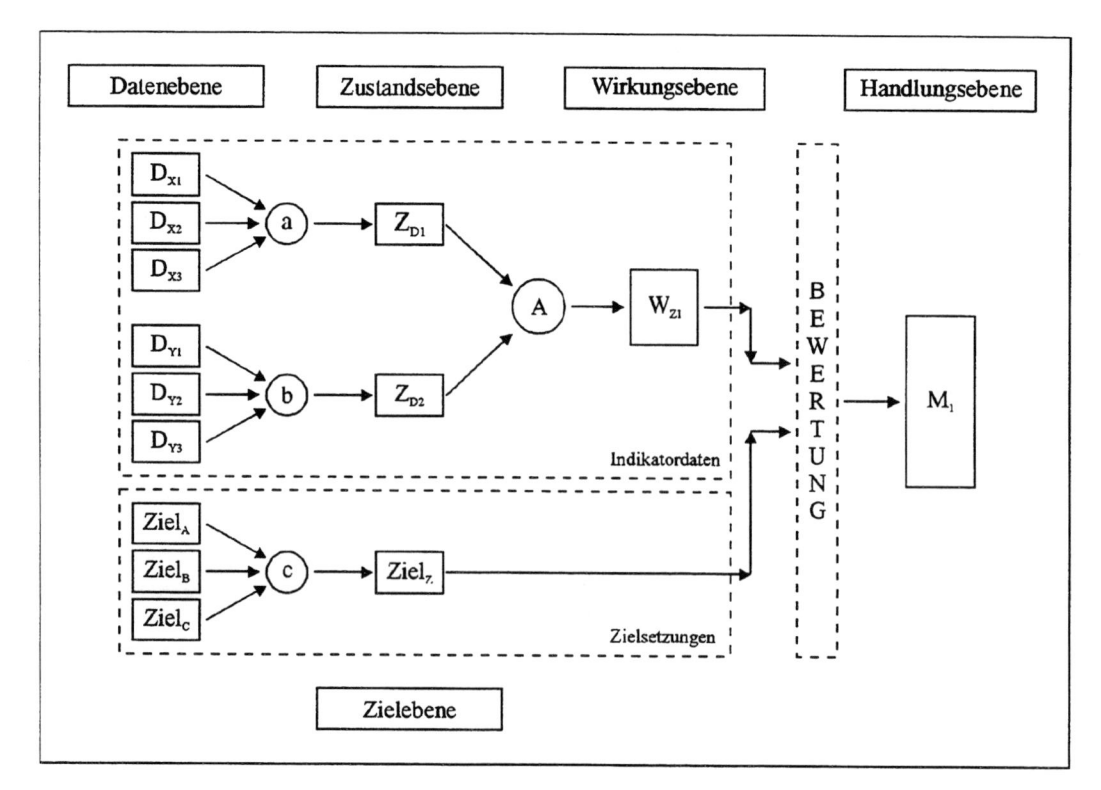

Abb. 3.9 Methodisches Grundgerüst ÖFH (Quelle: LHH 1992b)

Das geplante UIS des ÖFH sah eine Vernetzung (physikalisch und inhaltlich) aller mit räumlichen Informationen arbeitenden Stellen unter dem Schwerpunkt Umwelt(schutz) vor (vgl. Abb. 3.10). Ziel war unter anderem der Aufbau eines Mustersystems, das auch von anderen Kommunen - zumindest teilweise - übernommen werden könnte, um die Städte methodisch und instrumentell in die Lage zu versetzen, eine aktive und vorausschauende Umweltplanung zu betreiben. Besonders weitgehend waren also seinerzeit Überlegungen, Umweltplanung und Bewertung als Ausgangspunkt für Handlungsempfehlungen mit einem UIS abzubilden (siehe Abb. 3.9). Es ging darum, ökosystemare Zusammenhänge zu analysieren, sie mit Hilfe eines Umweltinformationssystems zu instrumentalisieren und in den Verwaltungsvollzug einzubringen (LHH 1992b).

Das nach Abschluß des ÖFH vorhandene System erfüllte jedoch nach einhelliger Einschätzung der Systembetreiber und Anwender nicht die veränderten, aktuellen Anforderungen (vgl. auch LHH 1992b). Einerseits hatte sich gezeigt, daß UIS immer individuell auf der Grundlage der vorhandenen Möglichkeiten und Ziele einer Kommune aufgebaut werden müssen (vgl. auch LHH 1994b). Andererseits haben sich die Anforderungen vor allem in jüngster Zeit deutlich verändert. Zu Beginn des ÖFH wurden - im Gegensatz zur Situation heute - praktisch keine Anforderungen von Seiten der Sachbearbeiter im Umweltamt formuliert, weil die UIS-Techniken bis dato nahezu unbekannt waren.

Ziel war also zunächst der Aufbau eines planungsorientierten Systems, das als ein Segment unter anderen bei der Erledigung von Planungsaufgaben gedacht war. Heute dagegen sollen mit HEINS alle Aufgaben des Amts für Umweltschutz möglichst wirkungsvoll unterstützt werden. Das bedeutet unter anderem, daß jeder Arbeitsplatz mit entsprechender Technik ausgestattet werden muß; eine Tatsache, die im ursprünglichen Konzept nicht vorgesehen war. Außerdem ist eine möglichst einheitliche Oberfläche an allen „normalen" Arbeitsplätzen anzubieten, die die jeweils notwendigen Techniken und Programme präsentiert bzw. die nicht benötigten verbirgt.

Erfolge bei der Integration des Systems in den Verwaltungsalltag sind nach Aussagen der Betreiber vor allem im Anschluß an eine umfangreiche, extern moderierte Anforderungserhebung (1994) und entsprechende Anpassung des Systems sowie bei überschaubaren Einzelprojekten zu verzeichnen (s.u.).

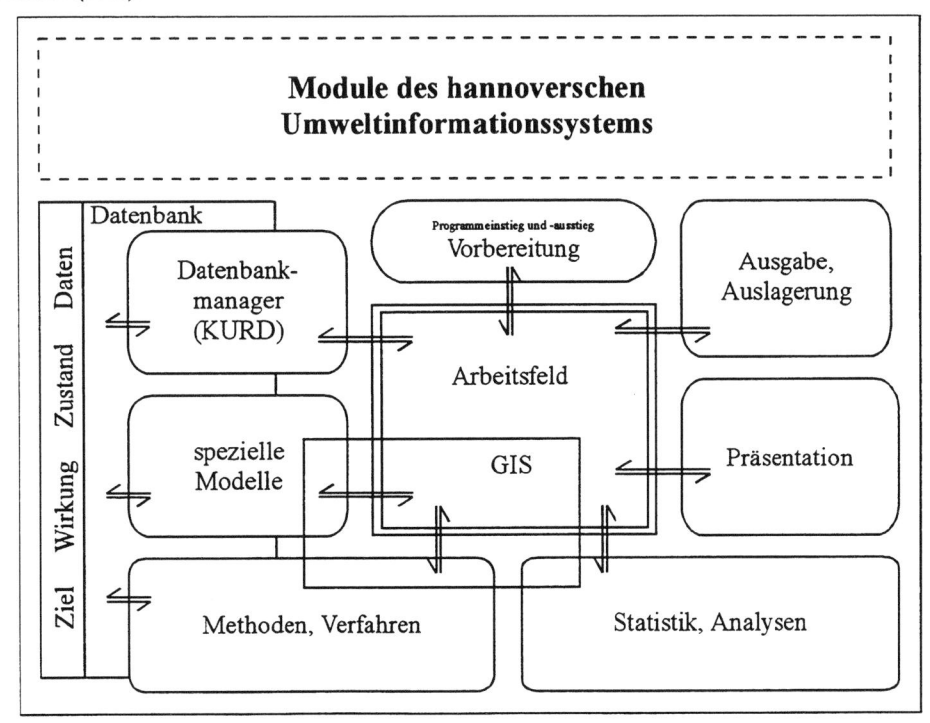

Abb. 3.10 Bausteine des UIS Hannover (Quelle: LHH 1992b)

Vorgehen bei Aufbau und Implementation

Obwohl, wie oben erwähnt, nach Abschluß der Arbeiten zum ÖFH noch kein einsatzfähiges UIS errichtet worden war, bildete dieses Projekt dennoch die Basis für weitere Entwicklungen. Insbesondere die im Rahmen des ÖFH erhobenen Daten stellen noch heute eine wichtige Grundlage dar. Auch die Technikausstattung profitierte vom ÖFH.

Dennoch lag auch in den Folgejahren ein Schwerpunkt der Arbeit darin, die technische Ausstattung auf- bzw. auszubauen. Wichtig bei dem bisher Erreichten ist nach Aussagen der Betreiber die Tatsache, daß ein eigener Haushaltstopf für das Umweltamt erkämpft werden konnte. Das Amt finanziert die Hardware über Leasingverträge, daher sind die Systeme nach 3-5 Jahren abgeschrieben und die Investition kann auf mehrere Jahre verteilt werden. Dieser Punkt ist haushaltsorganisatorisch sehr günstig. Durch den Kauf der immer neusten Technik im Rahmen der Leasingverträge entstehen aber nach Aussagen der Betreiber auch Inkompatibilitäten.

Für den Überwachungsbereich wurden bereits 1990 Fertigsoftwareprodukte verschiedener Anbieter (überwiegend im Bereich technischer Umweltschutz; ausschließlich PC- und meistens Einzelplatz-Lösungen) getestet, wobei sich herausstellte, daß die Produkte entweder ungeeignet oder unfertig waren, z.T. sogar erst in Kooperation mit dem Amt für Umweltschutz entstehen sollten. Ergebnis war nach Aussagen des PC-Systemverwalters die Feststellung, daß fertige Programmsysteme für Spezialaufgaben nicht die flexiblen Anforderungen, die von den Umweltüberwachungsbehörden gefordert werden, erfüllen bzw. nur mit einem unverhältnismäßig hohem finanziellen Aufwand durch die Softwarehäuser realisiert werden können. Daher wurden einige Eigenentwicklungen (z.T. im Zusammenarbeit mit der zentralen EDV-Abteilung) zumeist mit Informix angestrengt. Informix hat sich jedoch nach Aussagen des Administrators aufgrund mangelnder Benutzerfreundlichkeit und fehlender Schnittstellen (insbesondere zu GIS) als untauglich erwiesen und so erfolgt heute die Umstellung auf MS-Access und Oracle.

Bei der Einführung des Systems in den Verwaltungsalltag ist man sehr behutsam vorgegangen. Das System sollte niemandem aufgezwungen werden. Man hofft statt dessen auf den Schneeballeffekt, daß also potentielle Anwender bei Kollegen sehen, was mit dem System machbar ist. Daneben wurden jeder Stelle im Amt nach Beendigung des ÖFH die Ergebnisse dargestellt, um damit aufzuzeigen, welche Informationsebenen vorhanden und welche Möglichkeiten dadurch gegeben sind. Daraufhin entstand nach Aussagen der Betreiber vorübergehend eine rege Nachfrage.

Dennoch wirkten die Hemmnisse, die durch die Projektorganisation im ÖFH entstanden waren, noch lange Zeit nach. Aufgrund fehlender Anforderungen aus den Fachabteilungen (s.o.) wurden diese im Rahmen des Forschungsprojekts definiert und umgesetzt. Bei der Präsentation mußte dann oftmals festgestellt werden, daß das System für die Fachaufgaben ungeeignet war.

Einen breiten Durchbruch erreichte das System nach Aussagen der Betreiber erst nach der Durchführung moderierter Workshops. Jetzt sollen durch Abstimmung mit den einzelnen Stellen Prioritäten festgelegt und Zeitpläne aufgestellt werden. Bei der Prioritätensetzung wird wohl die Gewichtung nach dem größten Rationalisierungseffekt für die tägliche Arbeit erfolgen. Diese so erstellte Konzeption soll eingebettet werden in das, was bisher schon aufgebaut wurde. Momentan wissen zwar viele, daß das UIS existiert, und daß dort viele Informationen vorhanden sind, die sie gerne nutzen würden. Sie wissen aber (noch) nicht, wie sie ihre Daten aus dem System bekommen. Dieser späte Durchbruch ist nicht zuletzt durch die allgemeine Verbreitung von Computertechniken in den letzten Jahren zu erklären. Benutzerfreundliche Oberflächen und Standardprogramme wie Textverarbeitung und Tabellenkalkulation haben die Hemmschwelle bezüglich DV-Einsatz sinken lassen.

Der Schwerpunkt der Anwendungen wird nach Einschätzung der Betreiber in Zukunft bei Datenbankanwendungen liegen. Es wurde aber erkannt, daß bei Daten, die von mehreren Stellen gleichzeitig genutzt werden sollen, eine straffe Organisation der Zuständigkeiten nötig ist.

Hard- und Software

Die Ausstattung mit EDV im Amt für Umweltschutz ist hoch. Insgesamt existieren 60 PC-Arbeitsplätze (286, überwiegend 386SX und 486DX). 37 der PCs sind miteinander vernetzt (TCP/IP NFS, Token Ring). Fileserver ist eine IBM RS6000 mit DOS-Partition, wo die Windows-Anwendungen und eine zentrale Ablage zu finden sind.

Auf den PCs werden Standardprogramme wie Textverarbeitung, Tabellenkalkulation und Präsentationsgraphik, sowie teilweise die Datenbank MS-Access eingesetzt. Demnächst soll auch ein Visualisierungstool (vermutlich SPANS Map) auf einigen PCs installiert werden. Damit könnten dann alle Daten des GIS auch am Arbeitsplatz abgefragt, dargestellt und ausgewertet werden. Für das GIS selbst wird die IBM-Workstation RS6000 eingesetzt. Als Software werden SPANS und EZS-GTI verwendet. Ersteres war ein Kompromiß im Rahmen der Anforderungen des Umweltamts (ursprünglich sollte Arc/Info angeschafft werden), letzteres dagegen eine Notwendigkeit aufgrund der Verwendung dieses Systems in anderen Ämtern (vor allem im Stadtvermessungsamt). Derzeit wird allerdings über die Einführung (bzw. Umstellung) eines stadtweit einheitlichen Systems (SICAD-open) diskutiert.

Neben den Hauptkomponenten GIS, Expertensystem, Verfahrensunterstützung (Datenbanken) und Metadatenbank sind im Rahmen des ÖFH verschiedene Modell- und Prognoseprogramme entwickelt worden. Dabei handelt es sich einerseits um alleinstehende Bausteine in FORTRAN oder C (z.B. Grundwassersimulationsmodell) oder festgelegte Verarbeitungsschritte (Makros) im GIS (z.B. Temperaturfeldmodell). Die Programme des ÖFH zeichnen sich jedoch nicht durch eine nachhaltige Nutzung aus. Als Grund wird die Tatsache benannt, daß diese Programme erst zu Projektende übergeben wurden und keine Zeit mehr für eine Integration und einen Test blieb. Diese Arbeitsschritte waren für eine zweite Phase des Projekts vorgesehen, die jedoch nicht bewilligt wurde. Mittlerweile wurden teilweise neuere, geeignetere Modelle beschafft (z.B. NOISE für Schallberechnungen, Luftschadstoffausbreitungsmodell des Instituts für Meteorologie der Universität Hannover u.a.).

EXCEPT basiert auf der Standardarchitektur eines Expertensystems (PUPPE 1991), erweitert diese jedoch um neue Komponenten. Umfangreiche Beschreibungen des Systems und seiner Entwicklung finden sich in CZORNY et al. (1994), PIETSCH (1991), LHH (1993), WEILAND (1991), KAMIETH u. CZORNY (1994) und IBM (1991b).

Am Amt für Umweltschutz wurden im Rahmen des Projekts EXCEPT Wissensbasen für Ersteinschätzungen im Bereich Bauleitplanung entwickelt. Auch die TU Hamburg-Harburg entwickelt Wissensbasen für diesen Bereich. Beide müssen noch zusammengeführt werden. Ein Grundgerüst wird übertragbar sein, aber nach Aussagen der bisherigen Nutzer muß jeder Anwender nach der Anerkennung der gewählten Indikatoren gefragt, und es muß immer ortsspezifisch modelliert werden. Der Aufwand ist also immer sehr groß, wenn man keine einfache „Knopfdruck-UVP" haben will.

Eine Verknüpfung von GIS und EXCEPT ist nach Aussagen der Nutzer in Ansätzen realisiert. Man erstellt im GIS eine Schnittmenge zwischen den verschiedenen Informationsebenen und exportiert für jedes Polygon die Attribute nach EXCEPT, führt die Bewertung dort durch, exportiert dann für jede Fläche die Bewertung wieder ins GIS und stellt diese dort dar. Dieses Procedere ist aber langwierig und nicht besonders komfortabel.

VERUM (Verfahrensunterstützung Umweltverträglichkeitsprüfung) soll die Arbeit der UVP-Leitstelle des Amts für Umweltschutz vom Anfang bis zum Ende unterstützen; also von der Eingabe von Einzelinformationen (Organisation, Beteiligte am Verfahren, Stellungnahmen,

Terminkontrolle usw.) bis hin zum Ausdruck des Endberichts bzw. der Stellungnahme. Eingehen sollen auch Ergebnisse von EXCEPT. VERUM ist daher als Werkzeug zu verstehen (ohne Daten), das die Arbeit insgesamt unterstützen und erleichtern soll. Dadurch soll dann die Arbeitsqualität gesteigert werden, z.B. indem man auf Grundsatz- oder Muster-UVPs zurückgreift, die in VERUM enthalten sind. Des weiteren soll es zur Vereinheitlichung der Terminologie dienen. Das System soll Begriffe enthalten, die von Fachleuten definiert worden sind (Glossar, Sammlung von Fachbegriffen und Definitionen). In späteren Phasen sollen ganze Datenbanken wie z.B. Gesetzessammlungen integriert werden.

Ziel ist auch, daß das Programm für andere Kommunen, Genehmigungsbehörden und Büros nutzbar wird. Dann müssen allerdings die Masken entsprechend angepaßt werden. Die Hürde der Einarbeitung wird als gering eingeschätzt. Die Nutzer sehen vielmehr ein Problem darin, wie bisher benutzte Software eingebunden werden kann (Textverarbeitung, Datenbank).

Die Entwicklung von EXCEPT und VERUM lief als Gemeinschaftsprojekt in Kooperation mit der Stadt Düsseldorf und der Firma IBM (IBM 1991).

KURD: Im Rahmen des ÖFH wurde dem Thema Datenübersicht von Anfang an ein hoher Stellenwert beigemessen. Diesen Überblick soll der Katalog UmweltRelevanter Daten (KURD) ermöglichen. Integriert sind Informationen über Datensätze aus verschiedenen Abteilungen und Fachämtern. Folgende Fragen sind u.a. beantwortbar:
- Wo sind Informationen zu finden?
- Wer ist für Bearbeitung und Fortführung zuständig?
- Für welchen Raum gelten die Daten?
- Nach welchem Verfahren wurden sie erstellt?

Neue Informationen sollen zentral an einer Stelle eingetragen werden. Aktuelle Versionen werden den Nutzern in regelmäßigen Abständen zur Verfügung gestellt. Obwohl KURD sogar schon - als vereinfachte PC-Version - von einigen Gutachtern für die Datenrecherche beschafft und eingesetzt wurde, konnte die erwartete Intensität seiner Nutzung leider nicht erreicht werden. Schuld daran ist nicht zuletzt eine mangelnde Benutzerfreundlichkeit. Insbesondere der Einsatz in den anderen Fachämtern ist nach Aussagen der Betreiber nach Beendigung des ÖFH stark zurückgegangen. An eine programmtechnische Weiterentwicklung ist derzeit nicht gedacht. Es hat sich auch gezeigt, daß die Motivation, Daten in KURD einzutragen, mit der eigenen Kenntnis über das wo und wie relevanter Daten sinkt. Eine Dokumentation zu Struktur und Aufbau von KURD findet sich in LHH (1994a).

Projektorganisation

Nachdem zunächst ein umfassendes, ämterübergreifendes System mit zentraler Ausrichtung geschaffen werden sollte, wird nun eine dezentrale Strategie verfolgt. Auch die anfangs vorherrschende Knopfdruckmentalität (auf Knopfdruck abrufbare Anwendungen) ist für reale Anwendungen zu starr.

Ursprünglich sollte das System (im Rahmen des ÖFH) bei einer Stabsstelle aufgebaut werden. Diese wurde bei Projektbeginn in das neu gegründete Umweltamt teilintegriert. Die Folge war, daß einerseits das Ziel eines dezentralen UIS mit mehreren Terminals in unterschiedlichen Ämtern umformuliert und andererseits jedweder Informationsaustausch neu geregelt werden mußte. Dabei sollte ein Transfer nicht nur zwischen den Fachämtern der Stadt, sondern auch mit externen Institutionen wie Landesämtern, den Stadtwerken, Umweltverbänden sowie Ingenieur- und Planungsbüros ermöglicht werden.

Mittlerweile gibt es eine Stelle "Umweltinformation". Sie besteht aus insgesamt 4 Mitarbeitern für die Betreuung, Koordination und Weiterentwicklung des UIS sowie die Datenausgabe. Die gesamte Technik des UIS inklusive der Peripherie befindet sich im Hause (Digitalisiertisch, Farbrasterplotter usw.). Eine komplette Vernetzung im Amt und mit dem Stadtvermessungsamt, dem Stadtentwicklungsamt und dem Grünflächenamt ist mittlerweile realisiert, jedoch gibt es nach Aussagen der Betreiber keine Anwendungen bei anderen Ämtern, die das Umweltamt nutzen könnte. Verbindungen nach außen (z.B. Landesämter, UBA, Internet) werden aus Schutzgründen von der zentralen EDV nicht geknüpft.

Daten- und Informationsmanagement

HEINS ist mit einer dezentralen Datenbanktechnik gelöst worden, weil eine zentrale Lösung nach Aussagen der Betreiber aus Kosten-Nutzen-Gründen Nachteile hatte. Jeder, der im Netz hängt, hat eigene Datenbankfunktionen. Ein Zugriff auf die Standardprogramme ist von jedem vernetzten PC aus möglich. Ein Zugriff vom PC auf Informix ist auch möglich. Jeder Benutzer kann sich prinzipiell auf jedem Rechner einloggen. Seine Dateien soll bzw. muß er auf seinem Home-Verzeichnis des Servers ablegen. Die Pflege und Fortführung der Daten - insbesondere der Datenbanken im Vollzugsbereich - unterliegt der jeweils zuständigen Fachabteilung bzw. dem Sachbearbeiter.

Die Vorstellung über ein Datenmanagement für die PC-Ebene (SPANS-Map, s. Technik) geht in die Richtung, einmal pro Woche die Daten im ASCII-Format auf dem Server zu aktualisieren und diese als Grundlage für die Visualisierungstools zu benutzen. Grundlage soll eine sogenannte Raumbezugseinheit werden.

Im Rahmen des ÖFH sollte eine Stadtgrundkarte (1:5.000) als RBE 5000 (Raumbezugsebene nach MERKIS-Konzept) erzeugt werden. Die Fertigstellung verzögerte sich jedoch deutlich, so daß sich fast alle Teilprojekte mit eigenen Digitalisierungen behalfen. Ein einheitlicher Raumbezug der Umweltdaten ist daher nicht gewährleistet. Es bestehen z.T. Versätze von bis zu 40 Metern. Als schnelle Lösung wurde daher eine Digitalisierung der Stadtkarte 1:20.000 über einen Scanvorgang und nachfolgender Raster-Vektor-Transformation am Institut für Kartographie der Universität Hannover durchgeführt. Die Grundkarte selbst wird als RBE 5000/1 durch Digitalisierung der Stadtkarte 1:1000 mit wenigen ausgewählten topographischen Elementen erstellt (WEGENER 1992). Ob eine Verdichtung auf 1:1000 - also ALK Ebene - technisch, inhaltlich und finanziell möglich ist, kann nicht abschließend beurteilt werden. Die Schätzungen des Vermessungsamts bezüglich des finanziellen Aufwands für die Erstellung einer vollständigen Stadtgrundkarte RBE 1000 beliefen sich jedenfalls schon 1992 auf über 10 Millionen DM.

Mail funktioniert nur auf der UNIX-Ebene, weil es keinen DOS-Netzserver gibt. Dieser Art elektronischer Kommunikation stehen viele der Befragten allerdings auch eher kritisch gegenüber, weil der direkte Austausch im Gespräch nach wie vor als der effektivste angesehen wird. File Transfer funktioniert nicht direkt, sondern nur über die Ablage der Datei auf dem Server.

Eine Gebührenordnung für die Herausgabe von Daten existiert seit kurzem. Arbeiten werden nach Stundensatz (ca. 120.-DM/h) und Plots nach festen Sätzen in Abhängigkeit der Größe und Farbigkeit abgerechnet. Mündliche Auskünfte und Einsichtnahmen dagegen werden unentgeltlich erteilt.

Effekte, Erfolge und Probleme der Systemnutzung

Im Rahmen des ÖFH wurden vom Amt für Umweltschutz viele Dinge auch in anderen Ämtern angeschoben (auch finanziell), die sonst noch gar nicht vorhanden wären, so - nach Aussagen der Betreiber im Umweltamt - auch die gesamten Daten und die Technik (incl. zwei graphische Arbeitsplätze) im Vermessungsamt. Die Stadtgrundkarte (1:5.000) hat seinerzeit ebenfalls das Umweltamt bezahlt. Sie bereitet jedoch momentan bei der Datenpflege angeblich mehr Arbeit als bei der Erstellung, weil der Änderungsaufwand enorm hoch ist (im Jahr 30.000 bis 40.000 Änderungen).

Die Erfahrung aus den Gremien ist, daß das UIS als fortschrittliches System akzeptiert wird und man mit den Ergebnissen (digital oder analog, vor allem Ergebnisse von Simulationsmodellen) großen Eindruck erzeugen kann. Es kommt keine grundsätzliche Kritik bezüglich der Richtigkeit mehr, wie das früher oft der Fall war. Auseinandersetzungen finden dann auf anderer Ebene statt.

Erfolge sind nach Aussagen der Betreiber hauptsächlich dann zu verbuchen, wenn, wie im Beispiel Versickerungseignungskarte, projektbezogen und in überschaubarem Rahmen gearbeitet wird. Immerhin wurden 1992 mit HEINS 36 Anfragen von Externen (z.B. Planungsbüros) mit 342 Einzelinformationen beantwortet. Führend waren Fragestellungen zu Rote-Liste-Arten, Biotopkartierung, Klimafunktion und Versickerungseignung (LHH 1992b).

Desweiteren können am Umweltamt mit den vorhandenen Modellen Analysen und Berechnungen im Sinne von Umweltmonitoring mit neuen Daten wiederholt werden. Früher dagegen wurden solche Projekte nach außen vergeben und das Ergebnis - ein Bericht oder Gutachten - war nur für einen Zeitpunkt gültig und weder mit anderen Gutachten vergleichbar, noch mit neuen Daten wiederholbar.

Die Einführung der DV-Technik führte zu einer Veränderung der Mitarbeiterstruktur. Reine Schreibkräfte gibt es beispielsweise heute nicht mehr. Die Arbeitsplätze wurden im Niveau angehoben und zu Mischarbeitsplätzen umstrukturiert. Laut Aussagen der Betreiber hat Hannover im Vergleich zu anderen Städten mit mehr als 500.000 Einwohnern das kleinste Amt, aber den größten Aufgabenzuschnitt und die höchste EDV-Ausstattung.

Probleme gibt es nach Aussagen des PC-Administrators durch das Fehlen von Personal für Weiterentwicklung, Wartung und Pflege von Programmen und Datensätzen. Eine Fortführung geschieht nur aus dem laufenden Betrieb. Daher kommt es vor allem bei Gesetzesänderungen zu Schwierigkeiten. Insgesamt ist ein Aufgabenzuwachs von 40-50% pro Jahr festzustellen, d.h. es erfolgt real eine Personaleinsparung. Die Grenze dessen, was durch EDV-Einsatz zusätzlich bewältigt werden kann, ist jetzt aber nach Aussagen der Betreiber und verschiedener Anwender erreicht. Man kann nicht immer alles bedenkenlos in den Rechner eingeben. Eine Nachprüfung vor Ort ist auch oft nötig.

Rationalisierungseffekte für die täglichen Arbeiten im Amt werden von einigen Anwendern nur begrenzt erwartet. Die schnellere und bessere Verfügbarkeit von Informationen wird angezweifelt, weil die Informationsbereitstellung auch ohne EDV sehr gut organisiert sein soll. Vorteile erwartet man sich vor allem bei der technischen Reproduktion der Information, also bei der Vereinfachung der Arbeitsabläufe. Informationsvorhaltung auf EDV bedingt aber auch, daß das System ständig mit neu hinzukommenden Informationen, z.B. von Externen, ergänzt werden muß. Es wird überlegt, Externen Verpflichtungen zur digitalen Aufbereitung von Ergebnissen aufzuerlegen. Eine Einbindung der Gutachterergebnisse ins UIS geschieht noch nicht. Datenaustausch zwischen Geoinformationssystemen wird erprobt und funktioniert zum Teil auch, aber es ist nicht Routine. Es ist auch in der Vergabe nicht festgeschrieben, daß und wie Ergebnisse für das UIS aufzubereiten sind.

Nach wie vor richtet sich nach Aussagen der Betreiber jede Umsetzung nach dem methodischen Grundgerüst aus dem ÖFH (Abb. 3.9). Die Realisierung hört aber bei der Wirkungsebene auf. Die Bewertung wird zum Teil durchgeführt, aber die Handlungsebene ist daraus nicht direkt ableitbar. Aktuelles Beispiel: Es gibt eine Bestandsaufnahme der Oberflächengewässer (Gewässergüte, Strukturgüte usw.). Daraus wurde ein Prioritätenkonzept für Renaturierungsmaßnahmen erstellt. Die systembedingte Standardisierung in der Zustands- und Wirkungsebene vermochte aber nicht sämtliche auftretenden Einzelfälle mit ihren spezifisch geeigneten Maßnahmen zu erfassen. Dieser Aufwand ist im Verhältnis zum Nutzen zu hoch. Hier ist das Urteil des Fachmanns vor Ort viel geeigneter.

Dieses Problem zeigte sich im übrigen an allen Stellen, wo das UIS im Rahmen des ÖFH versucht hatte, Fachanwendungen nachzubilden. Die Fachabteilungen waren im Entstehungsprozeß nicht beteiligt worden und hatten zur damaligen Zeit ihrerseits auch noch keinerlei Anforderungen formuliert. Als das System dann präsentiert wurde, stellten die Fachleute fest, daß die Realisierung bei weitem nicht ausreichte. Z.B. ist die Verwendung der im HEINS vorliegenden Informationen nach Aussagen einiger Mitarbeiter aus Gründen des zu kleinen Maßstabs und damit der für die B-Plan-Ebene zu ungenauen Angaben in einigen Bereichen problematisch. Mit diesen Informationen sind danach keine fachlich begründeten Aussagen möglich oder Forderungen aufstellbar.

Aus dieser Erfahrung wurde die Konsequenz gezogen, nicht mehr zentral alles vorzugeben, sondern auf den Anforderungen der Fachanwender aufbauend Serviceleistungen anzubieten. Im Gegensatz zu den Vorstellungen im Rahmen des ÖFH gehen diese Fachanforderungen nämlich nicht sehr weit. Meist gilt es nur, Routineaufgaben im Bereich Datenhaltung und Ausgabe zu erfüllen. Die Analyse dagegen wird auch in Zukunft vom Sachbearbeiter selbst durchgeführt, der in seiner Sachkenntnis und mit seinen Fachdaten dem UIS im Zweifel immer überlegen ist.

Heute besteht daher die Aufgabe der Betreiber darin, die Lücke zwischen den Ergebnissen des ÖFH und den aktuellen Anforderungen aus den Fachabteilungen zu schließen. Diese Lücke besteht vor allem in den Bereichen Genauigkeit und Fortführung. So besteht beispielsweise bis heute keine Datengrundlage im Maßstab 1:1.000. Für die ursprünglichen Planungsaufgaben war das kein Problem. Planungsdaten aber müßten hauptsächlich vom Planungsamt genutzt werden. Dort wird aber noch fast ausschließlich konventionell gearbeitet. Auch die Fortführung spielte im Rahmen des ÖFH keine Rolle, was sich als fatal herausstellte. Daten werden daher heute nur noch integriert, wenn eine Fortführung gesichert ist.

Ein weiteres Problem war neben den sich verändernden Anforderungen (s.o.) der häufige Wechsel von Aufgaben. Z.B. Aufgaben im Bereich Abfall oder Indirekteinleiterkataster wurden mittlerweile aus dem Amt für Umweltschutz auslagert und unterstehen somit nicht mehr der Zuständigkeit des UIS.

Insbesondere im Rahmen des ÖFH stand man außerdem in einige Fällen vor dem Problem, von der Entwicklung auf dem Markt überholt zu werden. Dies galt nach Aussagen der Betreiber vor allem für die geplante Benutzeroberfläche sowie einige der Modelle.

Eine einheitliche EDV-Strategie innerhalb des Umweltdezernats gibt es bisher nicht. Die anderen Ämter des Dezernats, vor allem die mit Vollzugs- und Überwachungsaufgaben, handeln nach Aussagen der UIS-Betreiber sehr eigenständig und beschaffen z.T. Technik und Programme, die mit denen des Umweltamts nicht zusammenpassen. Aufgrund ihrer Gebühreneinnahmen können sie ihre Position in EDV-Fragen besser durchsetzen.

Das Geld für Beschaffungen kommt aus einem zentralen Topf, und die Beschaffung erfolgt zentral. Das führt mitunter dazu, daß Dinge angeschafft werden, die ungeeignet sind. Ein Beispiel dafür ist das EZS-I im Umweltamt. Die Rücksichtnahme des Hauptamts auf die Anforderungen der Fachämter ist aber nach Aussagen der UIS-Betreiber mittlerweile deutlich gestiegen. In Hannover entscheidet allerdings letztlich bei der generellen EDV-Anschaffung eine auf Ratsebene angesiedelte EDV-Kommission.

Die Kommunikation zwischen den einzelnen Ämtern, insbesondere zwischen Vermessungs-, Planungs- und Umweltamt scheint in Hannover besonders schlecht zu funktionieren, was möglicherweise sogar auf den Einsatz des UIS beim Umweltamt zurückzuführen ist, der von vielen anderen Stellen neidvoll betrachtet wird. Folge davon ist unter anderem eine völlig heterogene und unabgestimmte Systemlandschaft. Neben den Systemen SPANS und EZS-GTI wird neuerdings auch noch SICAD - u.a. zum Aufbau der Kanaldatenbank beim Stadtentwässerungsamt - eingesetzt. Möglicherweise soll nun sogar stadtweit auf SICAD umgestiegen werden. Im Rahmen des ÖFH hatte das Amt für Umweltschutz mit insgesamt acht unterschiedlichen Geoinformationssystemen zu tun. Ähnliches gilt für die Datenbankseite, wo Informix, Ingres, Oracle, dBase, FoxPro und MS-Access eingesetzt werden. Ziel am Umweltamt ist daher, jetzt MS-Access mit direktem Zugriff (ODBC-Anbindung) auf Oracle-Datenbanken über SQL-Net einzusetzen. Die Umstellung der alten Informix-Datenbestände auf Oracle soll in 2 Jahren abgeschlossen sein.

Aufgrund der dezentralen Strategie, bei der die Arbeitsplätze nicht nur mit Terminals, sondern kompletten PCs mit eigenen, lokalen (Standard-)Programmen ausgestattet sind, kommt es zu der Situation, daß irgendwo Daten gehalten oder Subsysteme in irgendwelchen Fachabteilungen selbständig entstehen, ohne daß die Betreiber des UIS davon Kenntnis erhalten. Das Problem besteht anscheinend darin, daß keine Dienstanweisung existiert, wie bei einer Ergänzung des Systems zu verfahren ist (also z.B. Eintrag in KURD o.ä.).

Beispielanwendungen

<u>Bauleitplanung</u>

Die Belange des Umweltschutzes werden in Hannover vorwiegend durch ein fest installiertes kommunales UVP-Verfahren in die Bauleitplanung eingebracht. Die einzelnen Verfahrensschritte und Beteiligungsabfolgen sind in einer allgemeinen Dienstanweisung festgelegt (ADA 36/1, KONERDING et al. 1992). Demnach muß das Amt für Umweltschutz mindestens viermal zu den Auswirkungen der geplanten Bebauung auf die Umweltmedien Stellung beziehen.

Das UIS liefert bei allen Beteiligungsschritten im Amt für Umweltschutz die nötigen Grundlageninformationen. Die im UIS gespeicherten Informationen werden dazu aufbereitet und von den jeweiligen Sachbearbeitern in den Fachabteilungen beurteilt. Auf diese Weise werden im Jahr etwa 80-90 Bebauungspläne bearbeitet. Die einzelnen Beteiligungsschritte und die jeweilige UIS-Unterstützung gliedert sich wie folgt (vgl. LHH 1992a, B1ff):

1. Im Rahmen der UVP-Konferenz, bei der sich im frühen Stadium der Aufstellung eines Bebauungsplans alle beteiligten Ämter zusammensetzen, werden die Umweltbelange benannt, die im Rahmen von externen Gutachten oder hausinternen UVP-Stellungnahmen eventuell zu bearbeiten sind. Mit Hilfe des UIS wird dazu aus dem Katalog umweltrelevanter Daten eine Auswahl von Fachaussagen zusammengestellt, die im Rahmen der Sitzung durchgearbeitet werden.

2. Stellungnahme des Amts für Umweltschutz zur 1. Vorabstimmung: Auf Grundlage des Planungsentwurfs nimmt das Amt für Umweltschutz zu den Planungen Stellung. Die Stellungnahme setzt sich aus drei Einzelstellungnahmen der einzelnen Abteilungen zusammen:

Die Abteilung für Umweltüberwachung nimmt Stellung zu Fragen der Gewässerüberwachung und des Immissionsschutzes und gibt Hinweise auf vorkommende Altlasten. Die Naturschutzbehörde äußert sich zu Fragen des Arten- und Biotopschutzes und stellt Forderungen zu Ausgleichs- und Ersatzmaßnahmen. Die Stelle für Umweltplanung nimmt eine ökologische „Ersteinschätzung des Bebauungsplans" vor und beurteilt die Auswirkungen der Planungen auf die Umweltmedien Wasser, Boden und Luft. Das Vorgehen unter Einsatz des UIS umfaßt u.a. die wesentlichen Schritte einer UVP: Ökologische Bestandsaufnahme, Beurteilung des Ist-Zustands, Kennzeichnung von Wechselwirkungen, Kennzeichnen der Auswirkungen der geplanten Nutzungen, Bewertung des Eingriffs.

3. Stellungnahme des Amts für Umweltschutz zur 2. Vorabstimmung: Nachdem der Planungsentwurf unter Berücksichtigung der Stellungnahmen der Fachämter überarbeitet wurde, erfolgt eine 2. Vorabstimmung. Der Einsatz des UIS besteht hier in Abhängigkeit von der Veränderung der geplanten Nutzung in einer Überprüfung der Umweltauswirkungen.

4. Stellungnahme des Amts für Umweltschutz im Rahmen der Beteiligung der Träger öffentlicher Belange: Der Bebauungsplan liegt im Druck vor und wird neben den städtischen Fachämtern auch den Trägern öffentlicher Belange vorgelegt. Der Einsatz des UIS besteht hier in einer Kontrolle der letzten Umweltauflagen und Bewertung im Rahmen der Ökobilanz für die Stadt.

Die Anforderungen, die an das UIS in den einzelnen Schritten gestellt werden, sind vor allem: Aufbereitung und Visualisierung der Daten und Informationen für das Untersuchungsgebiet,

Verschneidung der Informationen - soweit möglich - zur Erstellung planungsrelevanter Aussagen, Ausgabe der Informationen in Form von Karten und Tabellen.

Für die Beurteilung werden z.T. Simulationsmodelle (Luftschadstoffausbreitungsmodelle und Grundwassersimulationsmodelle) verwendet, die Teilergebnisse zum Verfahren liefern. Diese Modelle sind noch nicht ablaufunterstützt im gesamten Verfahren integriert, so daß ihre Nutzung nur gesondert erfolgen kann. So wird etwa das Grundwassermodell zur Untersuchung der zu erwartenden Grundwasserabsenkung durch geplante Versiegelungen eingesetzt. Jedoch wird der Einsatz des Modells ohne entsprechendes Fachwissen als unmöglich eingestuft.

Bei den späteren Beteiligungsschritten liegt ein Schwerpunkt darin, Aussagen zur Versickerungseignung im Baugebiet zu machen. Die Versickerung wird heute standardmäßig als Ausgleichs- und Ersatzmaßnahme vom Amt für Umweltschutz gefordert. Dazu wird stets die Karte der Versickerungseignung aus HEINS herangezogen (meist analog). Effekte: Das Planungsamt hat die Fragen der Versickerungseignung früher als unnötige Aufgabe gesehen. Heute ist die Situation so, daß das Verständnis bei allen Beteiligten für diese Frage gewachsen ist und das Planungsamt in seinen Entwürfen die Versickerung sogar von vornherein vorsieht.

Ingesamt hat sich gezeigt, daß das UIS bei der Bearbeitung von Bebauungsplänen seine Grenze erreicht hat (LHH 1992a, B10), weil die zur Verfügung stehende Datendichte für viele Fragestellungen der UVP zu gering ist, hier sind die Anforderungen aus den einzelnen Fachabteilungen z.T. höher, so daß auf traditionelle Hilfsmittel zurückgegriffen wird.

Das UIS hat trotz dieser Grenzen bei der Bearbeitung der Bebauungspläne seinen Stellenwert gefunden, wenn es darum geht, Ersteinschätzungen vorzunehmen. Mit Hilfe dieser Ersteinschätzungen ist es - bei umweltrelevanten Auswirkungen - möglich, vertiefende Fragestellungen aufzuzeigen und weiteren Untersuchungsbedarf zu reklamieren. Mit der Nutzung des UIS ist damit ein Qualitätssprung in der B-Plan-Bearbeitung erreicht worden und bei Sicherstellung der Datenaufnahme und -fortführung kann langfristig eine Zeitersparnis erwartet werden (LHH 1992a, B11).

Die Bewertungsschritte sollen künftig standardisiert und dadurch transparenter gemacht werden. Dazu ist der Einsatz des speziell entwickelten UIS-Bausteins EXCEPT vorgesehen, der anhand von integriertem Expertenwissen (Wissensbasis zur Ersteinschätzung in der Bauleitplanung) die Bewertung abarbeitet und dokumentiert (KAMIETH u. CZORNY 1994). Das Produkt hat bislang einen Testeinsatz absolviert (s.u.) und soll demnächst im Routinebetrieb eingesetzt werden.

Bei größeren oder komplizierteren Bebauungsplänen wird die UVP nicht im Hause selbst erarbeitet, sondern als Gutachten nach außen vergeben. Die Gutachter fragen dazu sehr umfangreich Daten aus dem UIS ab. Ähnliche Erfahrungen hat man mit Gutachtern für Projekt-UVPs im Stadtgebiet gemacht.

Umfangreiche Tests des UIS sind insbesondere für das Gebiet des Kronsbergs im Rahmen der EXPO-Planungen durchgeführt worden. Bei der Durchführung der für die EXPO-Planungen in Hannover entwickelten Prozeß-UVP (KAMIETH 1991) wurden in sogenannten UVP-Konferenzen Arbeitsergebnisse, die wesentlich unter der Verwendung von UIS-Daten entstanden waren, einer Fachöffentlichkeit präsentiert. An dieser Stelle wurde offensichtlich, was das UIS geleistet hat und wo noch Defizite sind.

Bei der Erarbeitung der EXPO-Gutachten auf Ebene der Ersteinschätzung wurden vor allem Metainformationen des UIS genutzt (BLASIG 1991). Später, in der Wettbewerbsphase, waren Primärdaten zu den Umweltmedien (Boden, Biotope, Wasserhaushalt) wichtig. Das UIS lieferte thematische Karten, die den Wettbewerbsteilnehmern mit den Ausschreibungsunterlagen mitgegeben wurden. Im zweiten Wettbewerb wurden die UIS-Informationen für die ökologische Vorprüfung genutzt und damit der erste Preis überarbeitet. Für die Beurteilung der Wettbewerbsbeiträge wurden Wissensbasen für EXCEPT konzipiert und eingesetzt (LHH 1993a), so daß eine umfangreiche ökologische Überprüfung der Wettbewerbsbeiträge innerhalb eines sehr kurzen Zeitraumes erfolgen konnte. Daß die Entscheidungen schließlich aber doch auf einer anderen Ebene gefällt werden, beweist die Tatsache, daß einer der ökologisch bedenklichsten Beiträge letztendlich die Ausschreibung gewonnen hat.

Weitere UVP-Verfahren

Über die B-Plan-UVP hinaus werden - ebenfalls festgelegt durch die ADA 36/1 - im AfU Umweltverträglichkeitsprüfungen nach UVPG (Projekt-UVPs) und für Produkte oder Produktgruppen (Beschaffungs-UVPs) bearbeitet oder betreut. Die Koordination dieser UVP-Verfahren, insbesondere die Kontrolle der Stellungnahmen der einzelnen Fachabteilungen, liegt in den Händen der UVP-Leitstelle, die dazu das eigens entwickelte UIS-Modul VERUM (Verfahrensunterstützung Umweltverträglichkeitsprüfung) einsetzt.

Gewässer- und Bodenschutz

Die Zuständigkeit für die kommunalen Aufgaben im Bereich Gewässer- und Bodenschutz sind auf verschiedene Ämter/Verwaltungsstellen verteilt, die mit z.T. unabhängigen DV-Instrumenten arbeiten.

Im Amt für Umweltschutz werden in der Abteilung Umweltüberwachung, Stelle Gewässerüberwachung, z.T. die Aufgaben einer unteren Wasserbehörde wahrgenommen. Dazu zählen:

- Erlaubnis und Bewilligung von Gewässerbenutzungen (z.B. Abwassereinleitung, Entnahme, Aufstau, etc.);
- Überwachung der Gewässerunterhaltung, Gewässerausbau;
- Vorbeugender Gewässerschutz im Umgang mit wassergefährdenden Stoffen: Beratung der Betriebe, Kontrollen (Grundstücks-, Gewerbekontrollen), bei Verstößen Einleitung von Maßnahmen;
- Gewässerschau; Beurteilung der Fließgewässer im Stadtgebiet, gemeinsam mit der Naturschutzbehörde;
- Bearbeitung von (akuten) Oberflächengewässer- bzw. Grundwasserschadensfällen: in Zusammenarbeit mit dem Amt für Stadtentwässerung, der Berufsfeuerwehr und der (Wasser-) Polizei: Sachverhaltsaufklärung, Erarbeitung eines Vorgehenskonzept, evtl. Träger von Sanierungsarbeiten (wenn kein Verursacher feststellbar ist).

Die Stelle Altlasten in der Abteilung Umweltüberwachung ist zuständig für (LHH 1993b):

- Aufbau eines Altlasten- und Verdachtsflächenkatasters;
- Erfassung, Untersuchung, Bewertung (kann DV-unterstützt im UIS erfolgen) und evtl. Sanierung von Altlasten;
- Stellungnahmen zu Planverfahren (F-, B-Plan), Grundstücksgeschäften sowie Bearbeitung von Anfragen zu Gebäudeabbrüchen, Grundwasserabsenkungen, Leitungsbau u.ä. oder aus der Öffentlichkeit.

Die Abteilung für Naturschutz nimmt Aufgaben im Bereich Naturschutz und Gewässer wahr. Die Aufgaben des Naturschutzbeauftragten für Gewässer umfassen u.a.:

- Mitarbeit bei der Verbesserung der Unterhaltungsordnungen für die Gewässer,
- Ausweisung "ökologisch besonders wertvoller Gewässer", Übersicht Kleinfischfauna,
- Gewässergütekartierung im Rahmen des ÖFH (Entwicklung eines Gütebestimmungssystems, betreibt Wassergüte-Labor).

Die Abteilung für Umweltplanung ist mit allgemeinen planenden Aufgaben zum Schutz der Gewässer und zur Verbesserung der Gewässergüte beauftragt. Die Aufgabe des Bodenschutzes wird dort ebenfalls wahrgenommen.

Im Zuge des ÖFH sind für die genannten Aufgabenbereich umfangreiche Gewässerschutz-Informationen erstellt worden, die heute im UIS zur Verfügung stehen. Dazu zählen für die Aufgaben des Grundwasserschutzes:

- das Grundwassersimulationsmodell für Ausbreitungs- und Transportberechnungen,
- hydrogeologische Grundlagen wie Grundwasserhöhen und -flurabstände (Einzel- und Mittelwerte), Eigenschaften des Grundwasserleiters (wie Transmissivität und Mächtigkeit), Grundwasserfließrichtung,
- Karte der Grundwasserneubildungsrate nach Flächennutzung (auch mit Kanalisationseinfluß);
- Karte zur Beurteilung der Regenwasserversickerungseignung für das Stadtgebiet,
- Digitale Baugrundkarte 1 : 20.000 Ausgabe C.

Daneben enthält das UIS aus der Kooperation mit den Stadtwerken Untersuchungsergebnisse zu einer Reihe von Grundwasserparametern (s. u. und LHH 1992a, A6ff).

Für das Aufgabengebiet Oberflächengewässerschutz sind die Ergebnisse der flächendeckenden Untersuchung von 41 Fließgewässern (1987-1990 im Rahmen des ÖFH) mit biologisch-chemischer Gewässergüte, physiographischen Verhältnissen (Zustand des Gewässerbetts), Gewässerflora, Gewässerfauna als Karten im UIS enthalten.

Informationsbestände, die als digitale Daten im UIS für den Bereich Bodenschutz vorliegen, sind: Bodenübersichtskarte (Bodentypen), Bodenartenkarte auf Grundlage der Bodenschätzung sowie weitere thematische Karten wie Klima- und Wasserstufen (Grünland), Bodenausgangsgesteine, Leistungsfähigkeit des Bodens etc., Klassifizierte Bodenartenkarte, daneben aber auch eine Versiegelungskarte für das Stadtgebiet. Diese verschiedenen Grunddatenbestände bilden zusammen das Bodenkataster.

Für den Bereich Altlasten sind bereits im ÖFH Informationen zu Verdachtsflächen (Karte), Altablagerungen (Karte), CKW-belastete Flächen (Karte), sowie Angaben zu den auf kontaminationsverdächtigen Flächen vorkommenden Stoffen erstellt worden. Darauf aufbauend wird momentan ein Altlasten- und Verdachtsflächenkatasters erstellt, das ergänzt um die Ergebnisse der Depositonsmessungen während des ÖFH (s.u.) zu einem umfangreichen Bodenbelastungskataster ausgebaut werden soll.

Für die Überwachungstätigkeiten der Unteren Wasserbehörde ist eine Reihe von Datenbanken innerhalb des UIS aufgebaut worden. Heute existieren Datenbanken zu Grundwasserschadensfällen, betrieblichen Trinkwasserbrunnen, Betriebsbrunnen, Kleinkläranlagen, Sammelgruben, Trinkwasserbrunnen, Trinkwassernotbrunnen, Unfällen mit wassergefährdenden Stoffen, Ölunfällen und sonstigen Boden- und Grundwasserverunreinigungen, Oberflächengewässerverunreinigungen und Fischsterben. Für die Aufgabe VAwS-Behälterüberwachung wird momentan eine Datenbank entwickelt.

Ein Teil der Aufgaben im Gewässerschutz wird innerhalb des Umweltdezernats vom Stadtentwässerungsamt wahrgenommen. Das Stadtentwässerungsamt hat vorwiegend Aufgaben im Bereich Abwasserentsorgung, wie Planung, Ausbau, Verwaltung der öffentlichen Abwasseranlagen, Kontrolle von Abwassergrenzwerten, Indirekteinleiterkontrolle oder die Sanierung des Kanalnetzes (Sonderprogramm, 10 Jahre). Darüber hinaus übt das Stadtentwässerungsamt aber auch die Federführung bei der Entwicklung eines übergreifendes Planungskonzept mit dem Ziel der naturnahen Gestaltung aller Oberflächengewässer bis 2000 sowie deren Unterhaltung nach ökologischen Gesichtspunkten aus. Dazu wird eng mit dem Amt für Umweltschutz zusammengearbeitet. Ausgehend von der Bestandsaufnahme der Oberflächengewässer (Gewässergüte, Strukturgüte usw.) wurde ein Prioritätenkonzept für Renaturierungsmaßnahmen erstellt, wobei das Renaturierungskonzept für das Stadtentwässerungsamt mit SPANS im Amt für Umweltschutz umgesetzt wurde.

Im Stadtentwässerungsamt ist zudem ein Indirekteinleiterkataster im Aufbau. Es enthält momentan ca. 800 von 2-4000 geplanten Datensätzen relevanter Einleiter. Das Kataster soll letztlich auch die Ermittlung von Verursachern erleichtern, wird aber völlig unabhängig von dem UIS betrieben. Daneben befindet sich eine GIS-gestützte Kanaldatenbank im Aufbau, die allerdings keine Verbindung mit dem Indirekteinleiterkataster besitzt.

Die Stadtwerke schließlich haben neben den vielfältigen Aufgaben, die mit der Wasserversorgung verbunden sind, auch Überwachungsaufgaben im Grundwasserbereich bezüglich der Gewässergüte und Trinkwasserqualität (in Zusammenarbeit mit dem Gesundheitsamt). Die erhobenen Daten wurden dem UIS im Rahmen des ÖFH zur Verfügung gestellt.

Klima/Lufthygiene

Im Aufgabengebiet Lufthygiene wird aktuell eine Reihe von konzeptionellen Arbeiten erstellt, die sich schwerpunktmäßig mit der Immissionsminderung von Luftschadstoffen befassen. Bezüglich der Depositionen und Immissionen von Luftschadstoffen in der Stadt liegt gutes Datenmaterial vor (ständige LÜN-Stationen in der Stadt und Ergebnisse des ÖFH, überwiegend 1-km oder 2-km-Raster), das in HEINS zur Verfügung steht. Es fehlt momentan noch die Möglichkeit, von den Emissionen auf die Immissionen, also die Belastung der Bürger, zu schließen. Es ist geplant, zur Berechnung von Immissionen ein Schadstoffausbreitungsmodell einzusetzen, das sich noch in der Anpassungs- und Erprobungsphase befindet. In Testanwendungen konnte die mögliche Beeinträchtigung empfindlicher Nutzungstypen (hier Kindergarten) durch Luftschadstoffe mit dem Einsatz des Ausbreitungsmodells und gekoppelter Windfeldberechnung nachgewiesen werden. Ebenfalls im ÖFH sind Karten zur Luftgütesituation des gesamten städtischen Raums über die Auswertung zweier Flechtenkartierungen entstanden.

Im Bereich Stadtklima ist im Forschungsprogramm aufbauend auf früheren Studien eine umfangreiche Stadtklimaanalyse durchgeführt worden, aus der dann eine synthetische Klimafunktionskarte abgeleitet wurde. Diese Klimafunktionskarte findet vielfach Verwendung bei der Beurteilung stadtklimatischer Aspekte in der Bebauungsplanung, insbesondere in den UVPs.

3.5.3 Umlandverband Frankfurt

Anlaß, Ziele und Entwicklung

Der Umlandverband Frankfurt (UVF)[12] hat seit 1986 das Umweltinformationssystem UMWISS mit dem Ziel aufgebaut, vor allem im planerischen Bereich und im Bereich der Umweltvorsorge bessere Entscheidungsgrundlagen erarbeiten zu können (DU BOIS 1992).

Man will damit auf die unterschiedlichen Anforderungen reagieren, denen man sich als Verwaltung bei der Erarbeitung von Lösungen für Umweltfragen gegenübergestellt sieht (UVF 1992a):
- Anforderungen aus der Sicht der Öffentlichkeit und Politik, die mehr und mehr von der Verwaltung Aufklärung und Information zu dringenden Umweltfragen verlangen,
- Anforderungen aus rechtlicher Sicht aufgrund der steigenden Zahl von Erlassen und Verfügungen,
- Anforderungen aus fachspezifischer Sicht, die sich aus den neuen und vielschichtigen Umweltproblemen selbst ergeben und es erforderlich machen, daß über die Kenntnisse des jeweiligen aktuellen Allgemeinzustands von Umwelt und Natur hinaus auch Informationen

---

[12] Der Umlandverband Frankfurt ist eine Körperschaft des öffentlichen Rechts. Das Verbandsgebiet umfaßt eine Fläche von ca. 1500 qkm. In diesem Gebiet wohnen etwa 1,5 Mio. Menschen. Der Verband wurde 1974 per Landesgesetz gegründet vor allem mit dem Ziel, überörtliche Probleme zu lösen. Seither erfüllt er für seine 43 Städte und Gemeinden Planungs-, Trägerschafts- und Koordinationsaufgaben (DU BOIS 1992).

über die qualitativen, zukünftigen Veränderungen sowie Wirkungszusammenhänge gewonnen werden.

Bei der Erfüllung dieser Anforderungen sieht sich die Verwaltung vor konventionell kaum lösbare Aufgaben gestellt. Eine Erhöhung der Effizienz der Verwaltung unter Berücksichtigung der aktuellsten naturwissenschaftlichen Erkenntnisse wird nur über ein computergestütztes Informationssystem als Hilfsmittel für möglich gehalten.

Für die Struktur des UMWISS wurden folgende grundsätzlichen Anforderungen formuliert (UVF 1992a):
- Es muß entsprechend den sich ständig ändernden Anforderungen aus Praxis und Wissenschaft leicht erweiter- und veränderbar sein.
- Es muß bausteinweise (modular) aufgebaut sein.
- Die allgemeinen Aufbereitungs-, Verarbeitungs- und Darstellungsprogramme sowie die diversen Grundlagendaten (z.B. digitale Karte und Flächennutzungsplan, digitalisierte Boden- und geologische Karte) müssen für jeden Anwender verfügbar und flexibel einsetzbar sein.
- Es muß anwenderfreundlich sowie überschaubar sein.
- Die Datenpflege und Speicherung muß auf ein Minimum beschränkt bleiben.
- Ergebnisse müssen - soweit dies möglich ist - graphisch darstellbar sein.
- Fachliche EDV-Modelle müssen schnell und mit möglichst wenig Zusatzerhebungen für einzelne Anwendungen einsetzbar sein.

Aus diesen Überlegungen leitet sich die dreiteilige Grundstruktur des UIS ab, sie besteht aus:
- der Datenebene (Datenbank und Einzeldateien),
- der graphischen Datenverarbeitungsebene,
- der Methoden- und Modellebene (Rechenprogramme, Simulationsmodelle).

Das Konzept des UMWISS baut also von Beginn an auf graphische Datenverarbeitung, die über ein Geographisches Informationssystem verwirklicht wurde. Auch die vorgesehene Integration von Simulations- und Prognosemodellen ist heute weitgehend umgesetzt.

Das UMWISS ist konzipiert worden für die Unterstützung der Aufgaben der Abteilung Umweltschutz im Dezernat IV (Umweltdezernat) des UVF. Laut verwaltungsinterner Gliederung und Aufgabenteilung des UVF sind nicht alle Aufgabengebiete, die mit Umweltschutz befaßt sind, dieser Abteilung zugeordnet. So sind etwa die Abteilungen Abwasserbeseitigung/Abwasserüberwachung, Wasserbeschaffung, Energie, sowie Landschaftsplanung und Naturschutz auf verschiedene Dezernate verteilt und nicht in das UMWISS integriert. Die meisten dieser Abteilungen haben eigene DV-gestützte Informationssysteme aufgebaut, die aber mit dem UMWISS technisch in Verbindung stehen. So ist z.B. die ursprünglich im Aufgabenfeld Abwasserbeseitigung/-überwachung entwickelte Datenbank „Schadstoff-Kataster" (ILLIC u. LAHNSTEIN 1986) ständig ausgebaut worden und bildet heute zusammen mit den EDV-Instrumenten des Referats Wasserbeschaffung zusammen das „Umweltinformationssystem Wasserbeschaffung und Abwasser" (siehe im Detail Abschnitt „Gewässerschutz").

Gemäß der aktuellen Aufgabenstruktur der Abteilung Umweltschutz ist das UMWISS neben der oben skizzierten horizontalen Gliederung in DV-Ebenen zusätzlich vertikal in verschiedene Umweltbereiche gegliedert:
- Klimaschutz,
- Luftreinhaltung,
- Lärmschutz/Lärmminderung,
- Bodenschutz,
- Altlasten.

Mit einem Grundsatzbeschluß zur „Aufgabenwahrnehmung des Umlandverbandes Frankfurt auf dem Gebiet des Umweltschutzes" hat der Verbandstag[13] am 26.09.90 den gesetzlichen Auftrag „Abstimmung der überörtlichen Aufgaben des Umweltschutzes"[14] konkretisiert (UVF 1992b). Danach soll der Verband zukünftig u.a. einen Umweltvorsorgeatlas (UVA) erarbeiten. Hierzu wird laut Beschluß das bestehende Umweltinformationssystem UMWISS in Hinblick auf Erweiterung der Daten-, Methoden- und Modellbasis ausgebaut. Dabei soll auf die bereits bestehenden Datengrundlagen, Simulationsmodelle und technische Ausstattung aufgebaut werden.

Mit dem UVA wurden auch die ursprünglichen Zielsetzungen des UMWISS verändert: „Der UVA konzentriert sich auf Umweltbereiche mit unabwendbarem Handlungsbedarf und eindeutig erkannten Ursachenkomplexen und beschränkt sich auf Bereiche, in denen ansonsten keine verwaltungsrechtlichen Zuständigkeiten fachlicher oder örtlicher Art für die Bestimmung von Zielen eines vorsorgenden Umweltschutzes vorhanden sind" (UVF 1992b, 7).

Danach soll der UVA in anschaulicher Weise einen räumlich differenzierten Überblick über den Zustand der Umwelt vermitteln, aus heutiger Sicht die künftige Entwicklung der Umweltbedingungen abschätzen und überörtliche Handlungserfordernisse in den verschiedenen Umweltbereichen in Karten- und Textform verdeutlichen. Er soll darüber hinaus zum einen Informationsfunktionen für die Verbandsmitglieder (Administration, Politiker, Verbandsgemeinden) sowie für die Bürger übernehmen. Des weiteren soll er unterstützende Funktion für die Wahrnehmung der verschiedenen überörtlichen Umweltschutzaufgaben sowie Information und Unterstützung bei den übrigen Planungs-, Trägerschafts- und Beratungsaufgaben des Verbands haben. Insbesondere für Landschaftsplanung und Flächennutzungsplanung soll er fachliche Grundlagen für die Abwägung und Konkretisierung der Umweltbelange bereitstellen.

Vorgehen bei Aufbau und Implementation

Der UVF hat in den verschiedenen Fachdienststellen seiner Verwaltung EDV-Systeme schon sehr früh entwickelt. Historisch gesehen ist das UMWISS aus dem für die Aufgaben der Flächennutzungsplanung im Dezernat II (Planungsdezernat) aufgebauten Informations- und Planungssystem (IPS) heraus entwickelt worden, das bereits eine graphische Datenverarbeitungsebene enthielt (UVF o.J. a). Dort sind schon in der Mitte der 80er Jahre Dateien mit Umweltbezug entstanden, um umweltrelevante Informationen zur Verfügung zu haben, die bei der Flächennutzungsplanung z.B. für die Bewertung der Flächeneignung hinsichtlich bestimmter Nutzungen benötigt wurden.

In diesem Zusammenhang wurde sehr früh damit begonnen, ein Altlastenkataster aufzubauen, das neben der Verwendung für Fragen der Flächennutzungsplanung auch Aufgaben der Umweltvorsorge dienen sollte (STUCK 1986; 1989). Weitere zu dieser Zeit entstandene Karten waren:
- generalisierte geologische Karte des UVF,
- generalisierte Bodenkarte des UVF,
- Karte der Biotope, Natur- und Landschaftsschutzgebiete,
- Karte der Wasser- und Heilquellenschutzgebiete.

Die Abteilung Umweltschutz hat nach der entsprechenden personellen und technischen Ausstattung Dateien und Grundstrukturen des IPS übernommen und für die eigenen Zwecke weiter ausgebaut. Neben dem bereits erwähnten Bereich Altlasten konzentrierte man sich zunächst

---

[13] Der Verbandstag ist das Parlament des UVF und per Gesetz zuständig für die Überwachung der Verbandsverwaltung, für grundsätzliche Entscheidungen wie die Übernahme neuer Aufgaben, Haushalt und Verbandsumlage, Personal etc. (FÜRST et al. 1990)

[14] gemäß §3 Absatz 1 Nr. 7.1 UFG (Gesetz über den Umlandverband Frankfurt)

auf die Bereiche Lärmminderung, Luftreinhaltung und Bodenschutz. Aufbauend auf dem geographischen Informationssystem Arc/Info, der Realnutzungskarte und den anderen schon vorhandenen digitalen Grundlagenkarten wurde die Konzeption von UMWISS umgesetzt. Die vorwiegend mit dem GIS realisierten Fachanwendungen und Benutzeroberflächen wurden weitgehend im Hause selbst erstellt. Z..T. erfolgte dabei eine Unterstützung durch die mit den technischen Werkzeugen vertraute Gruppe IPS aus dem Planungsdezernat, die das dortige Informationssystem aufgebaut hat.

Simulations- und Prognosemodelle wurden in der Regel durch Einkauf oder Auftragsvergabe bei Softwarehäusern beschafft und in der Abteilung durch das eigene Personal in das UMWISS eingebunden (s.u.).

Zum Aufbau und zur Umsetzung des UVA hat sich der UVF externer Gutachter bedient. Zunächst wurde von der Abteilung Umweltschutz ein Grobkonzept erarbeitet, das in der Folge durch einen Gutachter in ein fachliches Feinkonzept mit Erläuterungen zu den notwendigen Voraussetzungen und einzuleitenden Arbeitsschritten konkretisiert wurde. Parallel dazu wurde ein DV-Konzept für die zur Umsetzung des UVA erforderlichen EDV-Maßnahmen erstellt. Auf Grundlage der in medialen Fachkonzepten entwickelten Vorschläge für das Kartenwerk des UVA wurde eine Prioritätenliste erarbeitet. In dieser wurden die Realisierungsstufen zunächst in „Grundlagen" oder „späterer Ausbaustufe", daneben in „Umwelt-Ist-Zustand" und „Prognose zukünftiger Umweltzustände" sowie zusätzlich noch in „flächendeckend für das Verbandsgebiet" respektive „schwerpunktmäßig für ausgewählte Teilräume" klassifiziert.

Zur Realisierung der in den Konzeptionen für den UVA aufgelisteten Zielsetzungen hat man auch weitgehend auf hauseigene personelle und technische Ressourcen gebaut. Die ersten Veröffentlichungen des UVA-Grundkartenwerks sind Ende 1993 erschienen (UVF 1993a).

Technik

UMWISS ist momentan auf fünf Workstations nach dem Client-Server-Prinzip unter dem Betriebssystem UNIX sowie auf zwei Personalcomputern implementiert. Alle Rechner sind innerhalb eines hausweiten Local Area Network (LAN) auf Basis TCP/IP vernetzt und haben Verbindung mit den Rechnern der Datenbank „Schadstoff-Kataster" in Abteilung Abwasserbeseitigung sowie weiteren Workstations des hausweiten GIS und diversen PCs. Desweiteren ist über Datex-P eine Verbindung zur Gefahrstoffdatenbank des Umweltbundesamts anwählbar. Der Einsatz von UNIX-Workstations und PCs unter MS-DOS und Windows erlaubt auch den Einsatz kostengünstiger Standardsoftware und die Einbindung von Modellen beider Architekturen in das UMWISS.

Für Plotausgaben kann auf einen Farbelektrostatplotter und einen Farblaserdrucker im Hause zugegriffen werden (ROSE 1994).

Das eigentliche UIS ist mit dem GIS-Softwarepaket Arc/Info umgesetzt worden. Die Produktion von Texten, Geschäftsgraphiken u.ä. erfolgt über Standardsoftware. In das UIS eingebunden sind folgende Simulations- und Prognosemodelle:
- BODVIEW zur menügesteuerten Auswertung von Bodenkennwerten wurde als Auftragsarbeit für den UVF programmiert.
- BODWISS zur Interpolation von Meßwerten der Bodenschwermetallbelastung wurde mit Hilfe von Diplomanden weitgehend in Eigenregie entwickelt.
- FEFLOW zur Berechnung von Grundwasserströmungen und Schadstoffeinträgen ist ein auf dem Markt angebotenes Produkt.
- SIWA zur Simulation des Bodenwasserhaushalts einschließlich Versickerung wurde als extern entwickeltes Modell an die Bedürfnisse des UVF angepaßt.
- KAMO/UVF zur Berechnung von Kaltluftproduktion und Kaltluftabflüssen wurde für den UVF programmiert.

- NOISE zur Berechnung von flächendeckenden Lärmimmissionen ist als kommerzielle Software ebenfalls auf dem Markt erhältlich.
- ARCNOISE als graphische Benutzeroberfläche zur Einbindung von NOISE in Arc/Info wurde selbst entwickelt.

Projektorganisation

In das UMWISS/UVA fließen die Arbeitsergebnisse aus den einzelnen Sachgebieten der Abteilung ein (s.o.), d.h. alle Sachbearbeiter arbeiten bei ihren jeweiligen Fachaufgaben für das und in dem System. Zum Teil handelt es sich um fortgeschrittene Anwender, die ihre Anwendungen weitgehend über die Makrosprache des Arc/Info zweckbezogen selbst programmieren.

Als Systemadministrator steht eine Person zur Verfügung, die den überwiegenden Anteil der Applikationen entwickelt und betreut. Zu diesen Applikationen gehören auch selbst entwickelte Benutzeroberflächen. Anwenderwünsche werden dabei durch die enge Zusammenarbeit zwischen Entwickler und Nutzer direkt umgesetzt. Systembetreuung und Entwicklung umfassen etwa die Hälfte der Aufgaben des Systemadministrators. Weitere Aufgaben bestehen im Datenmanagement (Datenpflege, Dokumenation), das etwa ein Viertel der Aufgaben umfaßt, und schließlich bestehen in steigendem Umfang Koordinationsaufgaben nach innen und außen. In allen initiierten Projekten, die Raumbezug haben, wird der Systemadministrator in der Phase der Projektplanung für koordinierende Fragen, die auch die Zusammenarbeit mit anderen Dezernaten betreffen, herangezogen.

Spezialentwicklungen, wie das Bodeninformationssystem oder Simulations- und Prognosemodelle, werden nach außen vergeben (s.o.). Die meisten Mitarbeiter haben externe Schulungen für das Programm Arc/Info erhalten. Durch den ständigen Einsatz der GIS-Technologie ist gewährleistet, daß die Anwender die Möglichkeit haben, sich weiter mit dem Programm auseinanderzusetzen und durch praktische Übung einzuarbeiten.

Daten- und Informationsmanagement

Nach dem DV-Konzept zur Umsetzung des UVA (UVF, FEY und PARTNER 1991) ist der gemeinsame Schwerpunkt der verschiedenen UVA-Aufgaben die Zuordnung von geometriebezogenen Sachdaten zu digitalen Grundinformationen bzw. -karten und deren Visualisierung in Form von thematischen Karten. Die DV-relevanten Aufgaben bestehen darin, Geometrie- und Sachdaten zu erfassen, zu verwalten, auszuwerten und zu bearbeiten sowie die Geometrie- und Sachdaten einander zuzuordnen. Die Daten werden entsprechend der oben skizzierten Projektorganisation bei den einzelnen Sachbearbeitern direkt erfaßt, bearbeitet und ausgewertet.

In Arc/Info werden sämtliche Geometrie- und Sachdaten der Abteilung Umweltschutz verwaltet. Es gibt allerdings kein globales Datenmodell für alle Umweltinformationsdaten. Die Daten werden projekt- oder medienweise jeweils für das entsprechende Sachgebiet gespeichert. Sie sind physikalisch bei den einzelnen Sachbearbeitern deponiert, um die Netzbelastung zu verringern, können aber auch von anderen Rechnern her erreicht werden. Auf diese Weise liegen die Sachdaten im direkten Zugriff der Geometriedaten. Alle Sach- und Geometriedaten, die medienübergreifend genutzt werden, sind zentral in einer Datenbibliothek (Library) abgelegt und stehen allen Nutzern zur Verfügung.

Das o.a. DV-Konzept ermittelt Mängel im Bereich der Sachdatenverwaltung und schlägt die Realisierung eines zentralen UVA-Sachdatenkatasters vor. Hierzu ist allerdings die Anschaffung eines relationalen Datenbank-Management-Systems (RDBMS) Voraussetzung, um dann ein Datenmodell erarbeiten zu können. Zum Untersuchungszeitpunkt war die Umstellung auf ein RDBMS noch nicht realisiert. Bislang ist für die Daten der Abteilung Umweltschutz kein Meta-Informationssystem aufgebaut worden. Die Daten der Abteilung Umweltschutz waren für externe Verwaltungsteile bisher nicht direkt zugreifbar, sie sollen erst nach einer Prüfung und Verabschiedung durch die politischen Gremien zur allgemeinen Verfügung freigegeben werden.

Die Erstellung und Pflege digitaler Grundlagenkarten ist im UVF Aufgabe der Abteilung „Digitale Karten" im Planungsdezernat. Im Rahmen der Anfang der 80er Jahre angestrebten digitalen Bearbeitung des Flächennutzungsplans beschritt man dort den Weg, eine einheitliche digitale Kartengrundlage für das gesamte Verbandsgebiet zu erstellen, da eine solche zu diesem Zeitpunkt von der Landesvermessungsverwaltung nicht geliefert werden konnte (LÜTZOW 1988). Zu diesem Zweck ist dort mit Hilfe von Luftbildauswertungen ein digitales Grundkartenwerk im Maßstab 1:10.000 erstellt worden, das neben der aktuellen Realnutzung heute auch Zusatzinformationen über nichtluftsichtbare Merkmale enthält. Die geometrische Grundlage dieses Kartenwerks wird alle vier Jahre über eigene Befliegungen erneuert. Die früher verwendeten Ortho-Photos werden heute durch stereoskopische Luftbilder im Maßstab 1:6.500 ersetzt.

Die digitale Grundkarte enthält als eigene und damit seperat verwendbare Layer auch politische Grenzen (Verband, Kreise, Kommunen und Ortsteile) sowie Höhenlinien. Im Planungsdezernat steht auch das digitales Raumbezugssystem LOKSYS mit Straßennetz und Hausnummernplan zur Verfügung.

Weitere digitale Karten mit umweltbezogenen Inhalten wie Hochwasserrückhalteanlagen, Überschwemmungsgebiete, Aufschüttungen und Abgrabungen, Siedlungsflächentypisierung, Reserveflächenkataster, digitalisierte Bebauungspläne usw. stehen als Grundlagendaten ebenfalls im Planungsdezernat zur Verfügung und finden im UMWISS/UVA z.T. auch Anwendung. Alle digitalen Grundlagendaten des Planungsdezernats wurden früher auf einem zentralen Großrechner geführt und waren von den Graphikterminals der Abteilung Umweltschutz aus zugreifbar. Auch bei der heute installierten Client-Server-Umgebung liegen die Daten zentral auf einem Datenserver und können von allen Arc/Info-Anwendern genutzt werden. Ein nach einheitlichen Regeln aufgestellter Datenkatalog ist in Bearbeitung und wird in Kürze allen Anwendern zur Verfügung gestellt.

Effekte, Erfolge und Probleme der Systemnutzung

Das UMWISS / der UVA wird in der Regel aufgrund der sehr starken fachlichen Spezialisierung der einzelnen Sachgebiete primär in Form der jeweiligen fachlichen Subsysteme genutzt. Auch die Abteilungsleitung und der Dezernent nutzen das System für ihre speziellen Führungsaufgaben. Die Funktion der Öffentlichkeitsinformation wird aktuell durch den UVA erfüllt.

Mit dem UVA liefert der Verband Planungs- und Entscheidungsgrundlagen auch an die Verbandsmitglieder. Bei speziellen Informationsveranstaltungen sollen die Akzeptanz örtlicher Planer und Entscheidungsträger gewonnen sowie die Inhalte und Methoden des UVA in die Gemeinden transportiert werden.

Teilweise konnte erreicht werden, daß die erst kürzlich fertiggestellten Karten in der örtlichen Bebauungsplanung Berücksichtigung fanden. Ein wesentlicher Vorteil des UVA sieht man darin, daß auf diesem Weg den Verbandsgemeinden ein methodischer Leitfaden zur Bearbeitung der Umweltaufgaben auf kommunaler Ebene zur Verfügung gestellt wird und die im UVA erarbeiteten Grundlagen für die örtlichen Verhältnisse durch einen verfeinerten Maßstab differenziert werden können. Im Prinzip können die Verbandsmitglieder die beim UVF vorhandenen Daten auch digital erhalten, nur fehlen dort in der Regel die erforderlichen technischen und fachlichen Voraussetzungen zur digitalen Weiterverarbeitung.

Mit einem Verbandsmitglied, das ein eigenes Informationssystem auf GIS-Basis aufbaut, steht man momentan in Abstimmungsgesprächen über eine Kooperation, die fachlich-inhaltliche und EDV-technische Fragen klären soll. Dabei sind vor allem Schnittstellen-Probleme zu klären.

Aber auch Fragen hinsichtlich der verwendeten Methodik behindern in diesem Fall den konkreten Datenaustausch und verursachen bislang redundante Datenhaltung und Doppelerfassungen.

Zum Datenaustausch mit der Landesebene fehlt in der Regel bei den dortigen Behörden noch eine funktionsfähige Technik. Außerdem hat man die Erfahrung gemacht, daß die ebenfalls fehlenden standardisierten Datenschnittstellen im GIS-Bereich den Datenaustausch massiv behindern.

Bei der Datenfreigabe an Dritte besteht eine deutliche Skepsis hinsichtlich der sach- und fachgerechten Nutzung der Daten. So befürchtet man, daß Daten aus ihrem Zusammenhang gerissen und „falsch" bewertet werden (vor allem wenn Verbandsgemeinden die Daten z.B. an Ingenieurbüros weitergeben). Aus diesem Grund werden Daten, wie beim UVA geschehen, nur entsprechend aufbereitet und mit den erforderlichen Hintergrundinformationen zur Erfassungs- und Auswertungsmethodik sowie mit Interpretationshilfen ausgegeben. Es liegt mittlerweile auch eine Dienstanweisung für die Datenabgabe an Dritte vor (UVF o.J. b).

Erst im Zuge des UVA-Aufbaus erfolgte für das Verbandsgebiet eine flächendeckende Erhebung und Aufbereitung von umweltrelevanten Bestandsdaten in ausreichender Qualität, die dann in Form flächendeckender Karten als Planungshilfen dienen sollen und laut Beschlußlage bei Planungen zu berücksichtigen sind. Darin wird aktuell die besondere hausinterne Rolle des UVA gesehen.

Für die eigenen Aufgaben der Abteilung wird diese solide Grundlagenbasis ebenfalls als sehr bedeutend eingeschätzt, da darauf aufbauend fundierte Stellungnahmen und Ersteinschätzungen z.B. bei UVPs möglich sind. Für besonders wichtig halten die Mitarbeiter die Möglichkeit, nun für einen Ausschnitt des Verbandsgebiets alle relevanten Informationen aktuell und schnell zusammenstellen, überlagern und anschließend flexibel als Karten ausgeben zu können.

Einen wichtigen zukünftigen Schritt zur Verbesserung der Grundlagendaten sieht man entsprechend der Zielsetzungen des UVA in der Ermittlung und Bewertung von Konfliktbereichen. Letztendlich ist man bestrebt, Umweltschutz über Umweltqualitätsziele (UQZ) im Flächennutzungsplan festschreiben zu lassen.

Einen enormen Beitrag liefert das UIS zur Bewältigung der täglichen Arbeit. So ist es gelungen, einen hohen Output bei geringer Personaldecke zu erreichen. Die EDV bietet überhaupt erst die Möglichkeit, die riesigen Datenmengen des Verbandsgebiets zu bewältigen, wie es z.B. die Erarbeitung einer Bodenversiegelungskarte erforderlich macht. Eine Studie wies nach, daß Versiegelungstypen für das gesamte Verbandsgebiet nur mit Hilfe der EDV über Luftbildauswertung ermittelt werden können.

Die heutige effektive Arbeit mit dem System bedurfte einer erheblichen Vorlaufzeit. Vor allem die Erhebung der Grundlagendaten erforderte hohen Zeitaufwand. Auch die Reaktionszeiten konnten durch den Technikeinsatz deutlich verringert werden. Stellungnahmen zum neu aufgelegten Regionalen Raumordnungsplan des Regierungspräsidenten Darmstadt konnten innerhalb kurzer Zeit erarbeitet werden. Es erfolgte dabei eine sehr detaillierte Beurteilung möglicher Beeinträchtigungen von Böden durch die geplanten einzelnen Bauvorhaben und Planausweisungen.

Deutlich positive Auswirkung hat der aufgebaute Grunddatenbestand auch für den Modelleinsatz. Beispiel dafür ist der Klimabereich, wo Modelle eingesetzt werden, die die nun zur Verfügung stehenden Grundlagendaten mit einbeziehen. Von daher können heute Projekte ohne großen Aufwand realisiert werden, die ohne jahrelangen Datenbestandsaufbau gar nicht durchführbar wären.

Als Effekt der Einführung des UVA wurde verzeichnet, daß der Stellenwert des Umweltschutzes im Handeln der Gesamtverwaltung erhöht werden konnte. Mittlerweile ist gewährleistet, daß die Abteilung Umweltschutz bei allen Planungsvorhaben um Stellungnahme gebeten wird und so die Umweltbelange als Abwägungsmaterial eingebracht werden können. Beispielsweise werden bei der Beurteilung von potentiellen Baugebieten im Verbandsgebiet auch Belange des Klimaschutzes jetzt stärker berücksichtigt.

Bei der Implementation des digitalen Umweltinformationssystems begegnete man aber auch den generellen Akzeptanz-Problemen bei der Einführung von neuen Konzepten. Es wurde von erheblichen Widerständen berichtet, die zu überwinden waren und auch jetzt teilweise noch Probleme bereiten. Es mußte vor allem erst einmal eine Einsicht erreicht werden, daß Umweltschutzbelange gleichberechtigt neben anderen als Abwägungsgegenstand stehen. Einhergehend mit dieser „Einmischung" des Umweltschutzes wurden in der Aufbauphase Phänomene wie Angst vor Kompetenzverlust oder Mehrarbeit sowie Konkurrenz zwischen Abteilungen beobachtet, die zunächst ebenso zu Widerständen führten.

Als Ursache solcher Phänomene wird unter anderem die gegebene Verwaltungstruktur mit ihrer strikten Trennung der Aufgabenbereiche gesehen. Man glaubt, daß aus diesem Grund auch fachübergreifende Analysen und Auswertungen kaum stattfinden und die Abteilungen ihre Entwicklungen isoliert und unkoordiniert betreiben.

In der Vergangenheit hat sich als Problem herausgestellt, daß der Umweltschutz zwar mit seinen Bedürfnissen einen stärkeren verwaltungsinternen Datenaustausch anschiebt, zunächst aber in der Phase des Systemaufbaus eher als Datennachfrager auftritt, wenn er die im Planungsdezernat geführten Grundlagenkarten verwendet. Die Bereitstellung der Daten des Umweltinformationssystems, so die Betreiber, kann nur einhergehen mit der ausreichenden Dokumentation der Erhebungsmethode, des Präzisierungsgrades und Vorgaben zur Auswertung der Daten (Meta-Datenbank), um möglichen Fehlinterpretationen vorzubeugen. Daran wird momentan gearbeitet.

Von einigen Interviewten wird die geringe Benutzerfreundlichkeit und hohe Komplexität der verwendeten Software für das GIS bemängelt, die bei weniger versierten Nutzern eine starke Abhängigkeit vom Systemadministrator zur Folge hat. Vor allem das Zusammenspiel der einzelnen Komponenten, die Abfrage von Daten aus anderen Bereichen oder spezielle Auswertungen oder Darstellungsarten sind für die weniger versierten Nutzer ohne die Unterstützung des Betreuers nicht möglich. Man erkennt auch, daß aus diesem Grund die enormen Potentiale des Systems zu wenig ausgeschöpft werden. Diese Feststellungen gelten für die Nutzergruppe, die aufgrund ihrer Tätigkeitsmerkmale nur gelegentlich Informationen aus dem System direkt abfragt und daher nicht ständig mit dem GIS arbeitet. In den Arbeitsfeldern, wo schwerpunktmäßig Auswertungen innerhalb des UIS vorgenommen werden (z.B. Bodenschutz), werden die eigens dafür konzipierten Subsysteme ausschließlich von besonders geschultem Fachpersonal direkt bedient. Insgesamt hat die Erfahrung gezeigt, daß der flexible Einsatz solcher komplexer Systeme immer ein hohes Maß an Einarbeitung erforderlich macht, was nicht neben dem Alltagsgeschäft bewältigt werden kann.

In letzter Zeit macht sich häufiger hinderlich bemerkbar, daß die Kapazität des Betreuers ausgelastet ist und personelle Erweiterungen aufgrund der Finanzlage zur Zeit nicht möglich sind. Auch bezüglich des Datenmanagements kann das personengebundene Wissen Probleme verursachen, da nur der Systemadministrator einen Überblick über die Organisation und Verfügbarkeit des kompletten Datenbestands besitzt. Man ist bemüht, hier durch einen verstärkten Informationsfluß und/oder Dokumentation Abhilfe zu schaffen.

Ein Outsourcing gewisser Teilaufgaben vor allem im Entwicklungsbereich ist zwar fallweise durchgeführt worden, wird aber aber insgesamt wegen möglicher Einschränkungen in der Flexibiliät der Systemhandhabung eher skeptisch beurteilt.

Wie oben dargestellt, wird im Zusammenhang mit UMWISS / UVA ein intensiver Einsatz von Simulationsmodellen betrieben. Mit Hilfe dieser Modelle ist man nun in der Lage, Aufgaben zu bewältigen und Verfahren zu nutzen, die ohne Rechnerunterstützung nicht bzw. nur ineffektiv oder mit hohem Personalaufwand durchführbar wären. Als Beispiel werden Lärm-, Bodenschwermetall- und Versickerungskarten genannt. Allerdings wird der Modelleinsatz auch stets kritisch bezüglich seiner Effizienz geprüft. So wird etwa das vorhandene Gauss-Luftschadstoffausbreitungsmodell aus mehreren Gründen nicht mehr benutzt. Zum einen ist die Fragestellung, die damit bearbeitet werden sollte, nicht mehr aktuell. Zum anderen ist der Modelleinsatz z.B. für die Aufgabe „Stellungnahme für Straßen-UVP" im Verhältnis Nutzen zu Aufwand hinsichtlich der Bereitstellung der benötigten Information viel zu groß.

Beispielanwendungen und -einsätze

Bodenschutz

Von den in den Zielsetzungen des UVA für die Aufgabe Bodenschutz anvisierten Teilzielen wurde bisher realisiert:

- Bodenkataster und Bodenschwermetallkarte (UVF 1993b): Die Ergebnisse von Bodenanalysen an den Meßpunkten werden in Abhängigkeit von Bodentyp, -form und Nutzung dargestellt. Die Meßergebnisse werden mit einem selbst programmierten Interpolationsmodell zu flächendeckenden Aussagen umgerechnet. Dabei wird eine Kombination von GIS und Fortran-Programmen eingesetzt.

- Bodeninformationssystem (BIS): Das BIS baut auf der digitalen Bodenkarte des UVF auf, die 300 Bodentypen enthält. Diese Karte dient als geometrische Grundlage, daran angehängt werden die sogenannten Bodenkennwert-Tabellen, die weitergehende Bodeneigenschaften und Standorteigenschaften, physikalisch/chemische Eigenschaften der Böden, Horizontbeschreibungen etc. enthalten. Gleichzeitig wurde in einer Auftragsarbeit eine Visualisierungsoberfläche für Bodenkarte und -kennwerte auf der Arc/Info-Basis programmiert. In diesem Softwareprodukt ist auch die Möglichkeit zur Erzeugung von Standardoutputs über Report-Muster enthalten, womit themenbezogene DIN-A3-Karten z.B. für die Verwendung in UVPs, Stellungnahmen usw. erstellt werden können.

- Die dritte realisierte Anwendung ist ein Simulationsmodell, das die Versickerungsleistung von Böden berechnet (UVF 1994a). Dabei wird über die Simulation von Klima- und Bodenwasserhaushaltsdaten die jährliche Versickerung in Abhängigkeit von Bodeneigenschaften, die den Kennwerttabellen entnommen werden, sowie einer Nutzungsdifferenzierung bestimmt. In diesem Zusammenhang befindet sich unter anderem auch eine Versiegelungskarte im Aufbau.

Angedacht ist eine Anbindung von Grundwassersimulationsmodellen, um auch Stofftransporte zu simulieren, die dann Aussagen zu Verlagerungs-/Stoffaustragsgefährdungen flächendeckend ermöglichen. Als erster Schritt soll dazu in naher Zukunft auch eine Berechnung der Versickerung in bebauten Bereichen durchgeführt werden.

In weiteren Schritten soll die Erarbeitung von Konflikt- und Risikokarten erfolgen, aus denen dann eine Karte mit „Bodenschutz- und Belastungsgebieten" abgeleitet werden kann. Für die Verwirklichung vorsorgenden Umweltschutzes nach o.a. Konzeption lassen sich dann auf der so geschaffenen Basis langfristige Umweltqualitätsziele für unterschiedliche Teilräume und Nutzungen im Verbandsgebiet aufstellen.

Altlasten

Schon seit Mitte der 80er Jahre ist ein Altablagerungskataster mit über 1800 Standorten und ca. 50 beschreibenden Kriterien pro Standort aufgebaut worden, das methodisch in wesentlichen Punkten mit dem Verdachtsflächenkataster des Landes übereinstimmt. Das Kataster enthält auch digitale Flächenabgrenzungen, die als Karte dargestellt werden können (STUCK 1986; 1989). Es steht auch dem Planungsdezernat zur Verfügung und kann dort mit anderen kartographischen Informationen verknüpft und verschnitten werden, was in der verbindlichen Bauleitplanung zur Überprüfung und Darstellung notwendiger Nutzungsbeschränkungen systematisch Anwendung gefunden hat.

In das Kataster sind Programme zur beprobungslosen Erstbewertung der Altablagerungen integriert, die eine Gefährdungsabschätzung sämtlicher denkbarer Kontaminationswege ermöglicht. Ein weiteres Ergebnis des Programmlaufs ist eine Einstufung der Flächen in Dringlichkeitsstufen für gezielte Zusatzerfassungen und Untersuchungen.

Die Altlastenkarte wurde im Graphiksystem zudem zur Herstellung diverser Konfliktkarten herangezogen, um über Verschneidungstechniken mögliche Konflikte mit der Realnutzung oder geplanten Flächennutzungen wie etwa Wasserschutzgebieten, Kleingartenanlagen, landwirtschaftlichen Nutzflächen und Wohngebieten zu identifizieren und so Hinweise für die Bauleitplanung zu gewinnen.

Man hält es jedoch für erforderlich, die bereits entwickelten Konfliktkarten um fachlich abgesicherte Methoden und Modelle für ein Bewertungssystem zur abschätzenden Risikoanalyse zu ergänzen und hinsichtlich ihrer Eignung zu überprüfen. Besonders wichtig ist diese Zielsetzung in Hinblick auf die geplante verstärkte Ermittlung von Konflikten zwischen dem Schutzgut Trinkwasser/Grundwasser und den Altlasten (vgl. auch Abschnitt „Grundwasserschutz").

In einer weiteren Ausbaustufe werden auch Altstandortdaten in das Kataster integriert, die weitgehend per Datenaustausch von der Hessischen Landesanstalt für Umweltschutz (HLfU) übernommen und per Akten- und Datenrecherche lokalisiert werden, so daß flächendeckende Karten erzeugt werden können.

Gewässerschutz

Abwasserbeseitigung / Abwasserüberwachung:

Für die umfangreichen Überwachungs-, Planungs- und Beratungsaufgaben im Bereich Abwasser[15] ist schon seit Anfang bis Mitte der 80er Jahre ein eigenständiges Informationssystem, die Datenbank „Schadstoff-Kataster" konzipiert, aufgebaut und im Laufe der Jahre ständig weiterentwickelt worden[16]. Das DV-Instrument unterstützt im Prinzip die gesamte Aufgabenpalette der Abteilungen, wobei aufgabenspezifische Module und Zugangsberechtigungen die jeweiligen Nutzer individuell bedienen. Zu den einzelnen Aufgaben zählen:

- Überwachungsaufgaben im gesamten Abwasserpfad, d.h. Überwachung der Indirekteinleiter, Überwachung des Kanalsystems zur Eingrenzung bestimmter Schadstoffeinleitungen und Überwachung der Kläranlagen auf der Zu- und Ablaufseite[17],
- regelmäßige chemisch/biologische und physikalische Fließgewässeruntersuchungen im Verbandsgebiet ober- und unterhalb der Kläranlageneinläufe und an bestimmten ausgewählten Stellen,

---

[15] Die Abteilungen „Abwasserbeseitigung" sowie „Abwasserüberwachung / Zentrallabor" sind ebenfalls dem Dez. IV „Umweltschutz" zugeordnet.

[16] vgl. auch ILLIC, LAHNSTEIN 1986; ILLIC, LAHNSTEIN 1991 sowie UVF/BMFT 1989

[17] Die Entwicklung und Erfolge der Indirekteinleiter-Überwachung beim UVF zeigt RAUTENBERG (1993) auf.

- monatliche Überprüfung der Klärschlämme aus den Verbandskläranlagen sowie Bodenuntersuchungen im Rahmen der landwirtschaflichen Klärschlammverwertung nach der Klärschlammverordnung.

Zur Zeit werden etwa 2700 Betriebe überwacht, die Größenordnung der Probenahmen jährlich beläuft sich auf bis zu 7000 Stück mit ca. 200.000 Meßdaten. Die Analyse der Proben erfolgt im verbandseigenen Labor.

Es wurden alle Arbeitsgänge von der Terminplanung über die Beprobung, Analyse, Auswertung bis hin zur Erstellung von Gebührenbescheiden integriert. Über ein seperates Modul „Laborinformationssystem" ist die Analyseseite direkt mit dem „Schadstoff-Kataster" verbunden. Zur Bearbeitung von Gebühren- und Mahnbescheiden ist die Hauptfinanzverwaltung über eine Schnittstelle an das System angebunden. Daneben gibt es umfangreiche Analysemöglichkeiten über freie Selektion in der Datenbank, wie z.B. die Berechnung von Schadstofffrachten. Verfügbar ist auch ein weiteres Softwarepaket, womit Ergebnisse in vielfältiger Form als Graphik oder Statistik dargestellt werden können. Außerdem ist eine direkte Kommunikationsmöglichkeit für die Verbandsgemeinden mit dem Kataster geschaffen worden (wurde nur von Bad Homburg genutzt), die aus Datenschutzgründen einer Sondergenehmigung durch die Landesregierung bedurfte.

Im System enthalten sind sowohl Grenzwerte der verschiedenen kommunalen Abwassersatzungen als auch sonstige fachspezifische Grenz- und Richtwerte. Ein seperater Programmbaustein gibt Grenzwertüberschreitungen an, berechnet Verschmutzungs- und Schädlichkeitszuschläge und legt aufgrund der Meßwerte den Beprobungsturnus fest. Die Sachbearbeiter für die verschiedenen Objekttypen Kläranlagen, Betriebe, landwirtschaftliche Flächen oder Gewässer prüfen dann in Kenntnis des Umfelds die Ergebnisse und verfassen einen auf den Daten aufbauenden Untersuchungsbericht.

Der Routinebetrieb des Überwachungsbereichs stellt eine zeitkritische Verarbeitung dar, die gegenüber Ausfällen mit größtmöglichen hard- und softwaremäßigen Sicherheitsvorkehrungen geschützt wird.

Nach der Einführung des Katasters konnten Vollzugsdefizite abgebaut werden, die durch die immense Zahl zu überwachender Anlagen und zu analysierender Proben entstanden waren und weiterführende Auswertungen unmöglich machten. Auch die gesamte Termin- und Einsatzplanung konnte nach Systemeinführung verbessert werden. Eine lückenlose Bearbeitung aller zu untersuchenden Fälle wird durch die Konzeption des Systems ebenfalls gewährleistet.

Als weiterer wichtiger Vorteil der DV-Unterstützung wird angeführt, daß man nun eher die gewonnenen Meßwerte flächendeckend z.B. in Form von Bilanzen der Grenzwertüberschreitungen dokumentieren kann und damit gegenüber Betrieben sowie Fach- und Genehmigungsbehörden eine wesentlich höhere Argumentationskraft gewinnt, so daß auf diesem Weg Druck und Reaktionen bei den Verantwortlichen erzeugt werden können.

Die Analysemöglichkeiten des Systems werden auch bei der Erstellung von Berichten wie z.B. zur Abwasserbeseitigung (UVF 1988), zur Gewässergüte (UVF 1993c) oder zur Klärschlammsituation (UVF 1991) genutzt. Ziel dabei ist, die derzeitige Situation transparenter zu machen und in ihrer Gesamtheit für das Verbandsgebiet zu dokumentieren, um damit Planungen zu beeinflussen.

Aber auch Ursachenanalysen zur Optimierung von Maßnahmenplanungen oder zum Störfallmanagement von Kläranlagen werden durchgeführt. So gibt etwa die Klärschlammkontrolle als Spiegelbild des Einzugsgebiets Rückkopplungseffekte auf die zielgerichtete Indirekteinleiterkontrolle. Informationen zur Gewässergüte, zu den Indirekteinleitern und Kläranlagen flossen in einen sogenannten „Generellen Abwasserplan" ein, der die angestrebten Qualität und die Nutzung der Gewässer aufzeigt.

Wasserbeschaffung / Grundwasserschutz:

Die Abteilung Wasserbeschaffung[18] war in der Vergangenheit überwiegend konzeptionell-planerisch für die Verbandskommunen auf dem Gebiet Wasserstatistiken, Wasserbilanzen[19], statistische Auswertung zur Ermittlung von Wasserbedarfsprognosen usw. tätig. Zur Prognose kann mittlerweile auf seit Mitte der 70er Jahre vorliegende Zeitreihen verwiesen werden. In weiteren Auswertungsschritten wird eine Verbindung zur Flächennutzungsplanung und Siedlungsentwicklung hergestellt. Seit einigen Jahren sind Aufgaben der Grundwasserüberwachung und des Grundwasserschutzes hinzu gekommen, da im Verdichtungsraum Rhein-Main zunehmend Probleme der Belastung der Grundwasservorkommen aufgrund anthropogener Einflüsse zu verzeichnen sind, so daß heute von einer großflächigen Grundbelastung gesprochen werden muß.

Durch die Abschätzung möglicher Gefährdungen, die auf das Grundwasserdargebot wirken, soll letztendlich die Abschätzung der Nutzungsmöglichkeiten für dieses Dargebot erfolgen, um für die Verbandskommunen und für abgegrenzte Versorgungsräume die zukünftige Menge der Eigengewinnung und die Notwendigkeit für einen Zusatzbezug zu prognostizieren.

Im Bereich der Wasserstatistiken und -bilanzen wird mit handelsüblicher PC-Datenbanksoftware gearbeitet, so daß in der Regel ein problemloser Datenaustausch mit den Verbandskommunen und Wasserversorgungsunternehmen, aber auch mit Ingenieurbüros, die dienstleistend tätig sind, möglich ist.

Für die Überwachung der Grundwasserqualität mußte zunächst eine umfangreiche Datensammlung aufgebaut werden, da zwar Einzelinformationen über gewisse Schadensfälle vorlagen, es aber keine flächendeckenden Übersichten zur Grundwassersituation im Verbandsgebiet gab. Nur südlich des Mains in den dort großflächig anstehenden Grundwasserleitern wurde schon lange ein relativ ausgedehntes Grundwasserüberwachungsnetz betrieben.

Zur DV-Unterstützung der Grundwasserüberwachung wird die Software der oben beschriebenen Datenbank „Schadstoff-Kataster" eingesetzt, die jedoch auf die spezifischen Bedürfnisse der Fachaufgabe angepaßt wurde. So stehen unter anderem Erfassungs- und Auswertungsmasken in der für die Nutzer gewohnten dBase/EXCEL-Umgebung zur Verfügung, die Daten werden nach Validierung dann allerdings in die Adabas-Datenbank auf VAX-Plattform übertragen.

Auf diese Weise ist ein Meßstellenkataster aufgebaut worden, in dem die im Rahmen der Grundwasserüberwachung beprobten Brunnen und Meßstellen mit ihren Stammdaten (Eigentümer, Bauart, Durchmesser usw.) sowie weiteren Angaben z.B. zur Hydrogeologie wie etwa Grundwasserstände oder Fließrichtungen enthalten sind. Die Analyseergebnisse der Beprobung werden mit einem Meßwerteerfassungsprogramm an die Meßstellen in der Datenbank gekoppelt. Auswertungen mit Hilfe der Datenbank können zum einen auf die Meßstellen und zum anderen rein auf die Untersuchungsparameter bezogen durchgeführt werden. Für eine sinnvolle Auswertung bezüglich der Belastungssituation zeigte sich, daß die punktuelle, an die Meßstelle geknüpfte Betrachtung unzureichend ist und flächenhafte Aussagen benötigt werden. Über die Verwendung von Rechts-Hoch-Werten ist jedoch die geographische Verortung gegeben, so daß die Meßstellen auch im GIS zusammen mit den im Hause vorliegenden Grunddaten wie Realnutzungskarte, Flächennutzungsplan oder Bodenkarte dargestellt werden können. Über Kopplung mit einem Grundwassermodell soll dann der hydrochemische Ist-Zustand aus den Analysedaten flächendeckend aufbereitet werden, was voraussichtlich aufgrund der Modellrestriktionen jedoch nur für die Bereiche der sandig-kiesigen Grundwasserleiter möglich

---

[18] Die Abteilung ressortiert im Dez. I „Verwaltung"

[19] Verbrauch und verfügbares Grundwasserdargebot - Eigengewinnung, Brunnen/Quellen, Art der Gewinnung, Wasserbezug -

sein wird. Zum Untersuchungszeitpunkt befand sich das Vorhaben noch in der konzeptionellen Phase.

Ziel ist es, durch die Überwachungstätigkeit in Verbindung mit dem Ausbreitungsmodell frühzeitig Belastung von Gewinnungsanlagen zu erkennen, so daß Hilfestellung bei Planung von Abwehr- und Sanierungsmaßnahmen gegeben werden kann. Darüber hinaus plant man, auch die Wirkung verschiedener Abwehrmaßnahmen zu simulieren.

Realisiert ist darüber hinaus eine Potentialbetrachtung zukünftiger potentieller Grundwasserverschmutzungen, die mit Hilfe eines Ingenieurbüros erarbeitet wurde (UVF u. BJÖRNSEN BERATENDE INGENIEURE GMBH 1993). Dabei wird zunächst die Standortcharakteristik über eine Aggregation verschiedener Grundlagendaten ermittelt, wobei man auf verschiedene digitale Datenbestände des UVF zurückgreifen konnte. Eingeflossen sind u.a. Bodentypen, Nutzungen, Bodenkennwertkarten (z.B. für Rückhaltevermögen), eine eigene Auswertung der Grundwasserneubildung (für diese Zwecke entwickelte Methodik, stark näherungsweise arbeitend), horizontale und vertikale Verlagerungsfähigkeit im Boden (Transportmodell im Boden). Über die Standortcharakteristik werden somit geogen bedingte Empfindlichkeiten gegenüber Schadstoffeinträgen bewertet.

In einem zweiten Schritt wird die sogenannte Stoffcharakteristik bestimmt, die nutzungsbezogen die verschmutzungsrelevanten Schadstoffgruppen mit ihren Stoffeigenschaften beschreibt. Als potentiell gefährdende Nutzungen wurden neben der Bodenbewirtschaftung auch weitere Nutzungsarten wie Verkehr (Straßen, Bahnlinien), Gewerbegebiete, Altlasten (aus dem Altlastenkataster), die Hauptsammler der Abwasserbeseitigung oder stark belastete Oberflächengewässer erfaßt. Viele dieser Daten liegen z. T. ebenfalls schon digital beim Verband vor.

Im abschließenden Schritt werden die vorgenannten Kriterien dann noch in eine Gesamtbewertung aggregiert, die eine Gesamtgefährdungsbetrachtung ermöglicht. Für bestimmte Wasserwerke, Brunnen oder Einzugsgebiete kann die vorhandene Vorbelastung und die mögliche zukünftige Belastung angegeben werden, so daß auf diesem Weg der Handlungsbedarf deutlich gemacht und Prioritäten gesetzt werden können.

Gerade den kleineren Verbandskommunen kann mit diesen Informationen Hilfestellung und Aufklärung gegeben werden. Auf dieser Basis können Handlungs- und Sanierungskonzepte zusammen mit den Kommunen und Versorgungsunternehmen entwickelt werden.

Klimaschutz

Fragen des Klimaschutzes im Verbandsgebiet haben in jüngster Vergangenheit in der öffentlichen Diskussion verstärkte Aufmerksamkeit erlangt. Es ist hier eine Sensibilität entstanden, die vor allem bei Neuplanungen von Baugebieten die Beachtung von Klimaschutzbelangen erforderlich macht. Für den UVA hatte daher gerade dieses Gebiet höchste Realisierungspriorität. In den vergangenen zwei Jahren sind für den UVA realisiert worden:

- Ein eigenes Klimameßnetz zur Erstellung von Ist-Darstellungen der Klimadaten zu den Wind-, Niederschlags-, Luftfeuchte- und Temperaturverhältnissen wurde aufgebaut.

- Es wurde eine Klimatopkarte entwickelt, die auch bioklimatische Aspekte wiedergibt und das Verbandsgebiet in Wärmeinseln und Kaltluftentstehungsflächen unterschiedlicher Produktivität unterteilt. Die Realisierung dieser Karte konnte über die Interpretation von Ergebnissen durchgeführter Thermalbefliegungen erfolgen.

- Mit Hilfe des Simulationsmodells KAMO/UVF wurden Karten zu Kaltluft-Produktion, zu den Kaltluft-Abflüssen und zur Kaltluft-Akkumulationen erzeugt (UVF 1993d), die auch die Fließrichtungen der Kaltluft wiedergeben. Außerdem kann auf der Grundlage der Karten die Reichweite der Kaltluft in die Bebauung hinein abgeschätzt werden.

- Auf diesen drei Grundlagen aufbauend und ergänzt durch zahlreiche Immissionsmessungen der HLfU sowie ergänzender, im Auftrag des UVF durchgeführter Profil-Meßfahrten im Sommer 1993, ist aktuell eine Klimafunktionskarte entstanden, die auch lufthygienische Verhältnisse berücksichtigt (s.u.), Ausgleichs- und Wirkungsräume hervorhebt und regional bedeutsame Luftaustauschsysteme nachweist (UVF 1994b). Mit diesem Kartenwerk ist ein Planungsinstrument geschaffen worden, daß mit seiner Aussagegenauigkeit bis hinunter auf die Ebene der verbindlichen Bauleitplanung in den Kommunen genutzt werden kann.

- Mit Hilfe der vorliegenden Klimatopkarte, der Untersuchungsergebnisse der Kaltluftmodellierung sowie den Resultaten aus der Klimafunktionskarte sollen in Zukunft auch raumspezifische Umwelt- und Klimaqualitätsziele für das Verbandsgebiet definiert werden.

Luftreinhaltung

Im UMWISS liegen zum Themenkomplex Luftreinhaltung ausgewählte Emissions- und Immissionskarten für die Flächen des Belastungsgebietes Rhein/Main sowie Immissionsdaten für den Vordertaunus und einen Teil des Landkreises Offenbach vor. Ein flächendeckendes Emissionskataster zur Erfassung der Gebäudeheizungsemissionen wurde kürzlich veröffentlicht (Schadstoffkomponenten: CO, CO_2, SO_2, NO_x und Staub).

Für die Zukunft ist geplant, die vorhandenen Daten mit einer Ist-Darstellung überörtlich bedeutsamer Emissionsquellen (Industrie/Gewerbe und Verkehr) sowie Emissions- und Immissionsverhältnisse in Katasterform zu erweitern und Wirkungsanalysen durchzuführen. Zur Zeit wird eine Flechtenkartierung erarbeitet. Sachlich soll im Kataster der Schwerpunkt auf Immissionsdarstellungen von Stoffen und Stoffkombinationen gelegt werden, die im Luftreinhalteplan für das Belastungsgebiet zu gering gewichtet worden waren. Als erster Schritt auf diesem Weg ist eine Ozon-Studie erarbeitet worden (UVF 1993e). Zusätzlich wurden im Sommer 1994 zwei Ozon-Bioindikatorstationen (Tabak und Buschbohnen) aufgebaut, die ebenfalls der Wirkungsanalyse dienen sollen.

Räumlich soll im Kataster der Schwerpunkt auf Gebieten liegen, über die bisher keine Immissionswerte vorliegen, in denen Belastungen aber vermutet werden. In der Folge soll es dann möglich sein, überörtlich bedeutsame Immissionskonflikte und Problembereiche über eine Defizitanalyse zu identifizieren.

Lärmschutz

Innerhalb des UVA wird angestrebt, ein flächendeckendes und vollständiges Lärmkataster für das Verbandsgebiet zu erarbeiten. Als erster Schritt bei der Ermittlung überörtlich bedeutsamer Lärmquellen und Lärmbelastungszonen wurden zwischenzeitlich Straßenlärmemissionskarten auf der Grundlage der RLS-90[20] für die überörtlichen, klassifizierten Straßen getrennt nach Belastung am Tage und in der Nacht mit dem verbandseigenen Lärmmodell NOISE berechnet.

In weiteren Schritten sollen die ermittelten Emissionen in Lärm-Immissionskarten umgesetzt und mit lärmempfindlichen Nutzungstypen verschnitten werden, um Konfliktbereiche identifizieren und Handlungsempfehlungen fallbezogen für die Verbandskommunen erarbeiten zu können. Die meisten der benötigten Grundlagendaten für diese Berechnungen liegen bereits als digitale Daten im Verband vor. Neben der angestrebten flächendeckenden Immissionsberechnung werden schon jetzt für ausgewählte, kleinräumige Bereiche mit betroffener sensibler Nutzung Schallimmissionen mit Hilfe des Modells errechnet. Solche Berechnungen werden als Service angeboten, den die Verbandskommunen bei der Aufstellung ihrer Lärmminderungspläne wahrnehmen können. Der Schwerpunkt wird vor allem auf Gebiete gelegt, wo aufgrund hoher Verkehrsbelastung, immissionsempfindlicher Nutzungstruktur und hohen Siedlungsdrucks künftig mit besonderen Immissionskonflikten gerechnet werden muß. Allerdings gab es

---

[20] RLS-90 = Richtlinie für den Lärmschutz an Straßen, berechnet wird der Emissionsmittelungspegel

zum Untersuchungszeitpunkt bei dem eingesetzten Modell noch Performanceprobleme. Das zur Isolinienberechnung, die an die Aufpunktberechnung der Immissionen anschließt, verwendete Arc/Info-Modul produzierte teilweise Fehler in den Berechnungsroutinen.

Zukünftig sollen - soweit wie möglich - Emissionskarten zum Schienenverkehrs-, Gewerbe-, Freizeit- und Fluglärm ergänzt werden. Schienenverkehrsbezogene Grundlagendaten wurden bereits in das System integriert, konnten allerdings von den Verkehrsunternehmen nur in analoger Form bezogen werden und bedurften eines enormen Validierungsaufwands.

Umweltverträglichkeitsprüfung

Ein UVP-Verfahren für die Bauleitplanung ähnlich das der Städte Dortmund oder Hannover ist beim UVF nicht institutionalisiert. Die Umweltbelange werden im Rahmen des Beteiligungsverfahrens in die Bauleitplanung eingebracht. Dazu erarbeitet die Abt. Umweltschutz zentrale Stellungnahmen, wobei die einzelnen Sachbearbeiter unter Verwendung der jeweiligen Fachinformationen des UMWISS ihre Beiträge und Karten mit GIS-Unterstützung liefern. Auch bei UVP-pflichtigen Vorhaben nach UVPG fragen die beauftragten Fachgutachter häufig Daten aus dem UIS bzw. UVA ab, jedoch ist eine Verwendung digitaler Daten noch wenig verbreitet.

Darüber hinaus befindet sich im Planungsdezernat ein Reserveflächenkataster für Siedlungsflächen im Aufbau. Mit Hilfe des GIS wird ein Siedlungsflächenpotential ermittelt, wobei in einer Art Ersteinschätzung neben einigen anderen Restriktionen auch ökologische „Ausschlußkriterien" unter Verwendung von Daten aus dem UMWISS in die Erstellung sogenannter „Negativkarten" eingeflossen sind.

3.5.4 Bielefeld

Anlaß, Ziele und Entwicklungen

Als Auslöser für den Aufbau eines Umweltinformationssystems in Bielefeld ist der Altlastenskandal Brake genannt worden (STADT BIELEFELD 1990). Hauptziel war es daher, ein System zu schaffen, das einen ähnlichen Skandal für die Zukunft möglichst sicher auszuschließen vermochte. Grundlage für den Aufbau bildete ein Beschluß des Stadtrats. Aufgrund des Aufbaus durch das Wasserschutzamt liegt der Schwerpunkt von USCHI (Umweltschutz-Informationssystem der Stadt Bielefeld) im Bereich Grund- und Trinkwasserüberwachung. Ursprünglich sollten aber alle umweltrelevanten Daten in das System integriert werden. USCHI sollte die informationstechnischen Grundlagen für eine Aufhebung des "sektoralen Denkens als Grundlage umweltbezogenen Handelns" schaffen (STADT BIELEFELD 1990).

Es sollte ein System geschaffen werden, das Informationen für alle zugänglich und einsehbar macht, einschließlich für Bürger und Politiker. Es gab anfänglich sogar Überlegungen, daß möglicherweise ein Terminal in der Bürgerberatung stehen sollte, das jeder nutzen kann. Diese Idee wurde jedoch nie realisiert. Obwohl mittlerweile die Nachfrage nach Umweltdaten aufgrund des Umweltinformationsgesetzes (UIG) zunimmt, wird diese Idee auch heute nicht weiter verfolgt. Das System wird als zu komplex betrachtet, als daß ein „normaler" Bürger sich damit zurechtfinden kann. Die Auskunft wird daher über die Sachbearbeiter abgewickelt.

Mittlerweile wurde erkannt, daß USCHI in seiner bisherigen Form nicht mehr zeitgemäß ist. Deshalb findet eine Nutzung nur noch eingeschränkt statt. Aus diesem Grund gibt es neuerdings konkrete Bestrebungen, ein umfangreiches Informationssystem für die Gesamtverwaltung aufzubauen. Der Teil UIS wird dabei ebenfalls völlig neu aufgebaut werden; die Daten aus USCHI sollen aber übernommen werden (STADT BIELEFELD 1991). Punkte, die zur Weiterentwicklung vorgesehen waren, wie z.B. die Optimierung von Verwaltungsverfahren oder die Integration in das räumliche Informationssystem RISY des Vermessungsamts, sollen nun mit dem neuen System verwirklicht werden.

Neben den konkreten Neuentwicklungen beim Wasserschutzamt gibt es auch für stadtweite IuK-Technik ein neues Konzept. In diesem Zusammenhang wurde von der Firma Mummert & Partner 1994 ein Gutachten erstellt. Enthalten sind jedoch nur allgemeine Hinweise zur Neuorganisation der IuK-Technik[21]. Die Empfehlungen dieses Gutachtens werden nun weitgehend umgesetzt, wenn auch mit deutlichen Kürzungen im finanziellen Bereich (Investitionprogramm). Eine Lenkungsgruppe wurde mittlerweile eingerichtet, das Wasserschutzamt ist jedoch nicht beteiligt. Spezielle Empfehlungen zur Organisation raumbezogener Datenverarbeitung oder eines Umweltinformationssystems sind nicht enthalten.

Das neue System des Wasserschutzamts ist - wie auch schon das alte USCHI - in erster Linie eine Datenbankapplikation. Aus der Erfahrung mit dem alten USCHI heraus ist das vordergründige Ziel diesmal die konkrete Unterstützung der Sachbearbeitung (Vollzugsunterstützung). Eine Notwendigkeit analytischer Funktionalität im Sinne eines GIS wird (vorerst) nicht gesehen. Solche raumbezogene Datenverarbeitung wird beim Vermessungs-, Planungs- und Tiefbauamt sowie in der Abteilung Landschaftsplanung durchgeführt. Erst wenn die Datenbestände weitgehend vollständig sind und die Fortführung automatisiert ist, so daß die Sachbearbeiter im Arbeitsablauf davon gar nichts mehr mitbekommen, soll wieder über weitergehende planungsorientierte Aufgaben nachgedacht werden.

Bis Mitte 1995 soll das neue System alle Funktionen des alten USCHI ersetzen und sämtliche alten Datenbestände übernommen haben.

Aufgrund der für die Untersuchung wichtigen Erfahrungen mit dem alten System (USCHI) wird der Schwerpunkt der folgenden Beschreibungen auf eben dieses System gelegt.

Vorgehen bei Aufbau und Implementation

Zunächst wurde eine Projektgruppe unter Beteiligung des Haupt-, Gesundheits-, Vermessungs-, Planungs-, Garten- und Stadtreinigungsamtes sowie einiger anderer gebildet. Diese Gruppe erstellte einen Anforderungskatalog bzw. ein Pflichtenheft, nach dem das System ausgeschrieben wurde. Vorgaben waren (STADT BIELEFELD 1990):
- die Möglichkeit zum Einsatz in der gesamten Verwaltung,
- transparente Datenstruktur,
- einfachster Zugriff.

Die Firma Mc Donell Douglas ist dann mit einem sehr günstigen Angebot eingestiegen. Es erfolgte also externe Programmierung, aber im Anschluß keine weitere Betreuung. Eine spezielle Bestandserfassung wurde seinerzeit nicht durchgeführt, weil praktisch noch keine zu integrierende Technologie vorhanden war. Die Unterstützung durch die jeweilige Amtsleitung war sehr verschieden. Derzeit ist eine gute Unterstützung vorhanden, so daß damit gerechnet werden kann, daß eine Finanzierung weiterer Aktivitäten - im Rahmen des derzeit eingeschränkten finanziellen Spielraums - möglich wird.

Obwohl wie dargestellt ein Altlastenskandal Auslöser für den UIS-Aufbau war, stand dennoch von Anfang an der Planungsaspekt sehr im Vordergrund, also das Zusammenführen von umweltrelevanten Daten in einem System für Planungszwecke und ein System zur Dokumentation von Erkenntnissen umweltrelevanter Art. USCHI war damit weder vollzugs- noch aufgabenorientiert. In der Umsetzung ging man pragmatischer vor, so daß auch die Zielrichtung Planungsunterstützung nicht konsequent verfolgt wurde. Nach Aussagen des Systembetreuers ist diese Vorgehensweise vermutlich auch ein Grund für die bereits angedeutete geringe Nutzung.

---

[21] z.B. Empfehlung zur sofortigen Abkehr vom Großrechnerkonzept und Aufbau einer Client/Server-Struktur; DV-Investitionsprogramm, Veränderung der Organisationsstruktur im Sinne neuer Steuerungsmodelle, Einrichtung einer TuI-Strategiegruppe etc.

Bei dem neuen System soll daher mehr von unten nach oben aufgebaut werden. Eine Erleichterung des Verwaltungsvollzugs steht im Zentrum der Überlegungen. Erst danach soll überlegt werden, welche theoretischen Modelle (in Richtung Umweltplanung) darübergebaut werden können.

Quasi als Konsequenz der Erfahrungen mit USCHI wurden folgende Punkte bei dem neuen System berücksichtigt:

- Von der Zentralrechnerlösung wurde abgerückt, hin zu einer Netzwerklösung mit Client-Server-Architektur, bestehend aus einem Workstation-Server (IBM RS6000) und PC- Clients. Der Datenaustausch mit dem Server funktioniert über SQL, innerhalb des Benutzertools über DDE.

- Ein neues komplexeres Datenmodell - realisiert mit einem relationalen Datenbankprogramm (Informix) - wurde aufgebaut. Die Systementscheidung wurde letztlich vom Hauptamt getroffen, die Fachämter waren aber beteiligt.

- Als Benutzer-Frontends wurde eine objektorientierte Applikation von einem externen Dienstleister entwickelt (Nutzung der IS-Engine/Enfin Entwicklungstools). Es handelt sich um ein modular aufgebautes, offenes Datenbank-Tool, das komplett den AKD-Empfehlungen entspricht und daher auch auf andere Kommunen übertragbar sein sollte. Aufgrund des modularen Aufbaus und der objektorientierten Programmierweise sollte eine Anpassung an die jeweiligen Gegebenheiten relativ einfach umsetzbar sein. Und so wird die Programmierfirma das Produkt weiter vermarkten.

- Die Sachbearbeitungsunterstützung wurde deutlich verbessert. Standardprogramme wie Textverarbeitung, statistische Auswertungen, Wiedervorlagefunktionen und Statusüberwachung sind direkt angebunden.

Das System wurde zunächst anhand des Indirekteinleiterkatasters (entstanden als funktionale Weiterentwicklung des alten USCHI) getestet. Obwohl die Mitarbeiter mittlerweile schon geschult wurden, war das System im Frühjahr 1995 noch nicht im konkreten Einsatz. Grund hierfür waren Schwierigkeiten bei der Altdatenübernahme.

Parallel werden auf der gleichen Basis Systeme zur Bearbeitung eines Altlastenkatasters, Kleineinleiterkatasters, der Gewässerbenutzung und der Meßstellenverwaltung entwickelt.

Der Datenaustausch mit den geographischen Systemen anderer Ämter (ALK-GIAP) soll über die Führung der ALK-Daten unter Informix verwirklicht werden.

Die Pflicht zur koordinativen Verortung sämtlicher Objekte wurde aufgeweicht, weil sie angeblich den Aufbau der Datenbestände gebremst hat. Punkte (z.B. Meßstellen) werden demnach zwar weiterhin mit Rechts- und Hochwert geführt, flächenförmige Objekte dagegen dürfen auch über eine Schlüsselverknüpfung verortet werden.

Die Freiheiten der Fachämter bezüglich der einzusetzenden Software sind sehr groß. Nur wenn raumbezogene Grunddaten erhoben werden, muß der ALK/GIAP verwendet werden.

Hard- und Software

Das Programm USCHI wurde speziell für Bielefeld von der Firma Mc Donell Douglas erstellt und ist eine reine Datenbankanwendung. Raumbezogene (kartographische) Darstellungen sind nur in Form einfacher thematischer Karten möglich (STADT BIELEFELD 1991). Hoffnungen der Entwicklerfirma, daß sich das System auf andere Kommunen übertragen ließe, erfüllten sich nicht. Die prinzipielle Entscheidung zugunsten eines relationalen Datenbanksystems hat sich jedoch als weitsichtig und erfolgreich herausgestellt.

Die Hardware wurde ebenfalls von Mc Donell Douglas geliefert. Es handelt sich um einen Host Rechner mit 24 Terminals (Mc Donell Douglas M9000). Auch das Bibliothekswesen bei der Stadt Bielefeld wurde auf einem baugleichen System abgewickelt (VENEMA 1988). Leider ist das System aber geschlossen, kaum erweiterbar und mittlerweile technisch völlig veraltet (4 MB RAM, 500 MB Plattenspeicher). Sogar PCs erreichen diese Leistung heutzutage spielend. Das Betriebssystem (Reality) ist ebenfalls wenig verbreitet, und daher kann kaum jemand damit umgehen.

Eine Kommunikation zwischen der M9000 und dem IBM-Großrechner des Rechenzentrums ist über Terminalemulation oder im Stapelverarbeitungsmodus möglich. Auf diese Weise können theoretisch auch die zentral angebotenen Verfahren des Finanzwesens und Liegenschaftskatasters und die graphische Datenverarbeitung genutzt werden (STADT BIELEFELD 1990). Trend ist jetzt allerdings, Emulationen mit PC-Terminals zu fahren, auf der M9000 nur noch die Daten zu halten und alle anderen Programme (Wiedervorlageroutinen, Textverarbeitung etc.) auf PCs auszulagern.

Das neue System arbeitet dagegen - wie oben beschrieben - als Client-Server Applikation mit einem Workstation-Server unter UNIX und PC-Clients unter Windows for Workgroups.

Projektorganisation

USCHI war ursprünglich als übergreifendes UIS angedacht, stellt aber in der Realität eher ein umfangreiches, datenbankorientiertes Wasserschutzsystem (incl. diverser Fachkataster wie Kleineinleiter, Altlasten, sowie diverse Adressen-, Meßstellen- und Verfahrenstabellen) dar. Das neue USCHI (s.o.) wird als Teilbaustein in ein großes Verwaltungsinformationssystem integriert werden.

Eine Integration von anderen Fachsystemen oder auch nur der Aufbau neuer Fachkataster (z.B. Baum- oder Biotopkataster) ist mit der alten Hard- und Software unmöglich oder zumindest wenig sinnvoll.

Für die Systembetreuung gab es zunächst nur eine ABM-Kraft, die neben dem Aufbau und der Koordination von USCHI (incl. Schulungen) auch noch weitere Fachaufgaben (Wasserrechte) übernehmen sollte, was sich aber sehr schnell als nicht durchführbar herausstellte. Zwischenzeitlich gab es darüber hinaus drei Erfassungskräfte auf ABM-Basis, von denen noch eine übrig geblieben ist.

Die systemseitige Betreuung (Operating) leistet das Rechenzentrum. Für das neue System ist in erster Linie der Systembetreuer des Fachamts zuständig.

Daten- und Informationsmanagement

Fachdatenbestände existieren überwiegend für den Wasserbereich, z.B. zu Grundwassermeßstellen, Gewässergütemessungen, wasserrechtlichen Verfahren, Indirekteinleiter und Grundstücksentwässerungsanlagen, aber auch über Altlasten, Geologie, Gewerbebetriebe, Immissionen, Klima, Sonderabfall und andere. Alle Punkte oder Flächen werden als Datenbank-Objekte abgelegt, denen Informationsblöcke zugeordnet sein können. Eine solche Zuordnung besteht aus einem Feld für freien Text und einem Feld für Meßwerte. In den Textfeldern sind z.B. Kurzfassungen und Schlußfolgerungen von Gutachten über die Objekte oder auch Beschreibungen von Sanierungsmaßnahmen gespeichert, die jeweils einige Stichworte enthalten, die als Suchkriterien genutzt werden können. Auf interpretierende und bewertende Aussagen wird jedoch weitgehend verzichtet, weil hier das Problem der Zuverlässigkeit und Zeitgebundenheit besteht. Für damalige Überlegungen besonders vorbildlich ist die Realisierung des Raumbezugs über Rechts- und Hochwert (Gauß-Krüger-Koordinaten), die Liegenschaftsbezeichnung (Gemarkung, Flur, Flurstück), einen Ordnungsbegriff und eine Adresse (Straße, Hausnummer) der Objekte.

Bei anderen Ämtern wird viel mit gescannten Grundkarten (DGK5) als Basis gearbeitet, so z.B. bei der Aufstellung des Flächennutzungsplans oder beim Zielkonzept Naturschutz. ALK-Daten liegen erst zu einem geringen Teil vor (Abschluß für 2001 geplant) und ATKIS-Daten werden gar nicht verwendet.

Weitere Fachinformationssysteme sind das Netzinformationssystem (NIPS) der Stadtwerke, eine Straßendatenbank, automatisierte Liegenschaftskarte und -buch, ein Grundwasser-Auskunftssystem (GRAUSI) des StAWA, ein Lärmberechnungsprogramm (Insellösung) und andere. Einen Überblick über die vorhandenen Datenbestände gibt es in Form eines Datenkataloges in Papierform.

Zur Umsetzung der Datenschutzanforderungen sind vier Benutzergruppen mit unterschiedlichen Zugriffsrechten eingerichtet worden.

Die Datenorganisation des neuen Systems soll so aussehen, daß die Geometriedaten zunächst zentral beim Hauptamt gehalten werden, später aber evtl. direkt beim Vermessungsamt abgeholt werden können (Ziel = dezentrale Datenhaltung). Die Aufgabe des Hauptamts ist das Netzmanagement (incl. Hardwarebeschaffung und Verlegung der Leitungen) und Hilfe beim Datenbankmanagement. Früher wurden auch viele Programmierarbeiten übernommen, doch das geht zurück. Statt dessen sollen die Fachämter möglichst eigene Leute mit EDV-Kenntnissen haben, die dann auch die jeweiligen Fach-Server betreiben. Nach wie vor gibt es jedoch an manchen Stellen Tendenzen, am alten Zentralismusgedanken festzuhalten.

Peripheriegeräte (vor allem Ausgabegeräte) sollen dort aufgestellt werden, wo sie am meisten genutzt werden (also nicht beim Hauptamt, sondern wahrscheinlich beim Vermessungsamt), aber von allen mitbenutzt werden dürfen. Es liegt zwar eine Empfehlung für UNIX vor, sie wird aber nicht immer durchsetzbar sein.

Das Thema Aggregationsformen wurde zwar bereits angedacht, aber ohne Ergebnis diskutiert. Es wird als Problem angesehen, hochaggregierte Daten ständig im System vorzuhalten, da die Aggregationsregeln aufgrund sich verändernder Werthaltungen oder Fragestellungen zu stark variieren.

Eine Vernetzung besteht derzeit weder intern noch extern. Der Datenaustausch, z.B. zu PCs, zu Systemen anderer Ämter oder auch an Büros, läuft ausschließlich über Bänder. Eine vermehrte Nachfrage nach Umweltdaten aufgrund der EG-Richtlinie zum freien Zugang zu Umweltinformation wurde kaum festgestellt. In diesen Fällen erfolgt eine Anonymisierung der Daten.

Die Zuständigkeit für die technische Betreuung liegt beim Hauptamt. Alles was aber mit der Software und den Daten zusammenhängt (Inhalte, Strukturen, Schulung etc.), liegt in der Zuständigkeit des Wasserschutzamts. Verantwortlich für die Validität der jeweiligen Daten sind die Fachämter. Eine Abgabe von Daten dieser Stellen an das USCHI findet jedoch kaum statt.

Objektvollauskünfte können von allen Mitarbeitern abgefragt werden. Spezialabfragen mit der Abfragesprache (SQL-ähnlich) führt jedoch nur der Systembetreuer durch.

Eine Schnittstelle, die als reine Softwareschnittstelle ganz gut funktioniert (z.B. zur Übertragung an die graphische Auswertestation des Vermessungsamts, ALK/GIAP), wurde mitgeliefert. Der Datenaustausch erfolgt über Magnetbänder.

Wünsche nach Verbesserung und besserer Unterstützung kommen teilweise auch von den Anwendern, im Regelfall aber vom Systembetreuer.

Effekte, Erfolge und Probleme der Systemnutzung

Durch den Einsatz des USCHI wurde es erstmalig möglich, eine effektive Verwaltung der vielen Meßwerte zu gewährleisten. 1991 existierten bereits 18.800 Objekte mit 92.000 Zuordnungen und 526.000 Meßwerten (STADT BIELEFELD 1991). Somit hat USCHI dazu beigetragen, daß - zumindest für den Gewässerbereich - in Bielefeld eine solide Datengrundlage vorliegt, die auch von dem neuen System (s.o.) genutzt werden soll.

Das Datenmodell ist jedoch starr und kann nicht an die real vorhandenen Daten angepaßt werden. Statt dessen muß man umgekehrt vorgehen. Kaum möglich ist z.B. die Realisierung eines Baum-, Grünflächen- oder Biotopkatasters. Auch Auswertefunktionen auf der Maskenebene sind eingeschränkt. Es fehlen dort numerische Funktionen, die u.a. für Abfragen nach Grenzwertüberschreitungen wichtig sind, oder die Möglichkeit, mit Teildatenbeständen weiter zu arbeiten und statistische Auswertungen durchzuführen (STADT BIELEFELD 1990).

Wesentliche Erfolge konnte USCHI auf dem Gebiet der Grundwassersanierung erbringen. Screening, Ursachenforschung, Eingrenzung, Sanierung und Sanierungsüberwachung können weitgehend systemunterstützt ablaufen. Nach Aussagen des Systembetreibers wären die Aufgaben der Grundwassersanierung ohne das System kaum oder nur mit erheblichem Aufwand an Handarbeit möglich gewesen (auch nicht mit einem reinen Arbeitsplatzsystem).

Das Arbeiten mit USCHI hat in Einzelfällen - vor allem durch die Nutzung der Wiedervorlageroutinen (z.B. bei der Grundstücksentwässerung) - eine Zeiteinsparung bis zum Faktor 10 gebracht (STADT BIELEFELD 1991). Die Nutzer waren so in der Lage, mit der anfallenden Datenflut (z.B. 5400 Grundwasser-Meßstellen) fertig zu werden.

Die Landschaftsplanung hat sich nach Einführung des Systems sehr bei der Beteiligung zurückgehalten. Die Abfallwirtschaft betreibt mittlerweile ein eigenes System für das Abfallbegleitscheinverfahren. Ursprünglich war eine Schnittstelle zu USCHI vorgesehen, die dann aber mangels Interesse nicht umgesetzt worden ist. Für gelegentliche Anfragen bezüglich der Aufgabe Deponieüberwachung wurde USCHI eingesetzt. Derzeit existiert lediglich noch eine Kooperation mit dem Gesundheitsamt, von dem aus Daten geliefert werden. Auch hier handelt es sich mittlerweile jedoch mehr oder weniger um eine Einbahnstraße.

Zunächst wurde mit Deckfolien für räumliche Auswertungen gearbeitet, mittlerweile kann man mit dem ALK-GIAP arbeiten. Dieses Verfahren ist jedoch nicht operationell durchführbar, weil man auf die Ergebnisse oft länger als 4 Wochen warten muß.

Ein Einfluß von USCHI auf die Verwaltungsorganisation läßt sich nicht feststellen. Umgekehrt waren es nicht zuletzt verwaltungsorganisatorische Restriktionen, die dazu führten, daß USCHI nahezu ausschließlich am Wasserschutzamt zum Einsatz kam.

Der Ansatz, in einer ämterübergreifenden Arbeitsgruppe gemeinsam Ziele und Aufgaben zu definieren, hat in Bielefeld nicht zu dem gewünschten Ergebnis eines übergreifenden UIS geführt. Schuld daran waren sicherlich einerseits die technischen Unzulänglichkeiten des Produkts, andererseits aber wohl auch ein gewisses Desinteresse der übrigen Verwaltungseinheiten. Die Zeit war Mitte der 80er Jahre in Bielefeld offensichtlich noch nicht reif.

Das System war und ist technisch unzureichend, obwohl es damals Stand der Technik war. Die Benutzerführung und die Oberfläche sind für "normale" Sachbearbeiter kaum zumutbar und die Performance läßt ebenfalls zu wünschen übrig. All dies war aber Mitte der 80er Jahre die übliche Situation.

Vor allem die Hardwareseite war Ursache der Sackgasse. Die M9000 ist kein offenes System. Man kann z.B. keine Fremdanbieteranwendungen installieren, man kann das Programm nicht irgendwo im Netz auf einem Server laufen lassen und eine Anbindung an RISY, also die direkte Anbindung der Sachdaten an die Geometrie, ist nicht lösbar. Textverarbeitung läßt sich auch nur über Filetranfer anbinden (vom Host- auf den Arbeitsplatzrechner).

Nach Aussagen des Systembetreibers kann begrenztes Wissen über die Möglichkeiten der EDV und über vorliegende Informationen auch ein Grund zur Zurückhaltung sein. Darüber hinaus haben Berichte der örtlichen Presse (Umweltinformationen für Verwaltung und Politik "auf Knopfdruck)" die Erwartungen sehr hochgeschraubt.

Beispielanwendungen und -einsätze

Private Grundstücksentwässerungsanlagen:

Um die Umweltgefährdungen, die von einer schlecht gewarteten, zu selten entleerten oder baufälligen Grundstücksentwässerungsanlage ausgehen, langfristig auszuschließen, hat der Rat der Stadt Bielefeld 1988 eine entsprechende Verordnung beschlossen. 1990 waren bereits 3000 solcher Kleinkläranlagen erfaßt, die jährlich überwacht werden müssen. USCHI unterstützt diese Arbeit u.a. durch Wiedervorlagefunktionen, so daß der Personaleinsatz für diese Aufgabe gering bleibt und sich die Verwaltung auch mit anderen Problemen beschäftigen konnte (STADT BIELEFELD 1990).

Indirekteinleiterüberwachung:

Auch für diesen Bereich konnte USCHI vollzugsunterstützend wirksam werden und ein drohendes Vollzugsdefizit nach Verabschiedung des neuen Wasserrechts vermindern. Es wurde ein Verfahren entwickelt, das die Bereiche Probenahmeauftragserstellung und -überwachung, Datenerfassung, -verwaltung und -auswertung, Rechnungserstellung und Zahlungsüberwachung beinhaltet. Die Meßdatenerfassung erfolgt im Labor und die Daten werden über Direktleitung an das USCHI übergeben. USCHI wird dann für die Datenbankfunktionen und für statistische Auswertungen (Business-Graphiken, Zeitreihen, Ganglinien etc.) eingesetzt (STADT BIELEFELD 1990, 1991).

3.5.5 Hamm

Anlaß, Ziele und Entwicklung

Seit 1987 betreibt das Vermessungs- und Katasteramt der Stadt Hamm interaktive graphische Datenverarbeitung.

In diesem Zusammenhang wurde auch damit begonnen, Dateien mit umweltrelevanten Daten aufzubauen und diese aufzubereiten. Zu diesem Zeitpunkt existierte in Hamm noch kein Umweltamt, so daß die umweltrelevanten Themen auf Datenträger umgesetzt und in den verschiedenen mit Umweltaufgaben betrauten Abteilungen der Verwaltung als Einzellösungen angeboten wurden. Schon bald wurde erkannt, daß mit den verschiedenen zunächst voneinander unabhängigen, aber zentral verwalteten Dateien die Grundlage für ein UIS entstanden war.

Mit Einführung des UVP-Gesetzes (UVPG) wurde das UIS zur gemeinsamen Dokumentation entsprechend gegliedert. Es wurde von einer "Umweltkonferenz" (ämterübergreifender Arbeitskreis) begleitet.

Das Umweltamt wurde 1989 gegründet. Man konnte zu diesem Zeitpunkt die bereits entstandene Basis nutzen und weiter darauf aufbauen. Die Schaffung einer breit angelegten Basis von Umweltgrundlagendaten stand dabei zunächst im Vordergrund. Man formulierte als Zielsetzung für das UIS: "Die Einführung des Gesetzes zur Umweltverträglichkeitsprüfung (UVPG), die EG-Richtlinie über den freien Zugang zu Informationen über die Umwelt und andere gesetzlich vorgeschriebene Verwaltungsverfahren (z.B. Bauleitplanung, Altlastenbearbeitung, Landschaftsplanung) machen es in den Augen der neu geschaffenen Umweltverwaltung notwendig, für eine weitere ökologisch verträgliche Entwicklung umweltrelevante Grundlagendaten bereitzustellen. Insbesondere unter dem Aspekt der koordinierten Planung ist ein Rückgriff auf einheitliche Daten notwendig" (SEYDICH et al. 1994).

Daher wurde angestrebt, "die ADV zur Integration der gesamten in der Verwaltung anfallenden umweltrelevanten Daten nach zentral koordinierter Vorgehensweise unter Herstellung eines einheitlichen Raumbezuges in einem "Umweltinformationssystem" (UIS) zu nutzen" (SEYDICH 1990).

Angestrebtes Einsatzfeld des UIS war von Beginn an die gesamte Aufgabenpalette des Umweltamts. Sie umfaßt die gesamte Bandbreite von Ordnungs- und Überwachungsaufgaben der unteren Fachbehörden, insbesondere aber den Bereich der generellen (vorsorgenden) Umweltplanung, der konkreten Maßnahmenplanung und auch der Öffentlichkeitsarbeit und Information.

Entsprechende Zielformulierungen für den Einsatz der EDV im Umweltamt liegen vor (STADT HAMM 1992). Das UIS dient danach:

- als Grundlage für die kommunale Umweltplanung,
- der rationellen Erledigung von Pflichtaufgaben (Klärschlammabfuhr, Indirekteinleiterüberwachung, Landschaftsplanerstellung, Jagd- und Fischereischeinbearbeitung, Altlastenbearbeitung usw.),
- als Auskunftssystem bei Anfragen Interner (anderer Stadtämter) sowie Externer (Ingenieurbüros, Bürger, Gutachter etc.) z.B. im Bereich der Altlasteninformation, bei asbesthaltigen Speicheröfen, als grundlegende Umweltinformation, bei Investitionsvorhaben, Umweltverträglichkeitsuntersuchungen, Planfeststellungsverfahren,
- als Handwerkszeug und Informationspool (Biotopkataster, Pflanzenzeigerwertdatei, Klimadateien, Flechten-, Obstwiesen- und Kopfbaumkartierung, Stadtbiotope, Fließgewässer, Renaturierung usw.).

Das UIS soll vor allem in folgenden Aufgabenbereichen eingesetzt werden (SEYDICH 1990):
- Durchführung der UVP,
- generelle Umweltplanung, Erarbeitung von Umweltqualitätsstandards,
- Umweltschutzkonzepte (Boden, Altlasten, Abfall, Gewässer, Grundwasser, Biotope, Lärm, Luft, usw.),
- Erstellen von Karten,
- Erstellen von Umweltberichten,
- Umweltinformation/ -beratung; einerseits verwaltungsintern, andererseits gegenüber dem Bürger,
- Sachbearbeitung (Stellungnahmen, eigene Vorhaben usw.),
- Grundlage für Einzelplanungen, Gutachten usw.,
- Schnellübersichten.

Für die Zukunft ist ein weiteres Einsatzfeld angedacht, bei dem es vor allem um die Verknüpfung der Grundlagendaten zu einer vielseitigen Auswertung gehen soll. Im einzelnen ist vorgesehen:
- Verschneiden der Daten der Sachdateien untereinander,
- Einsatz von Prognosemodellen,
- Überlagerung der Daten aus den Sachdateien mit Daten aus modellhaften Berechnungen,
- Integration von Umweltqualitätszielen und Umweltstandards, anderer flächenunabhängiger und/oder verfahrenbezogener Daten (Anträge, Genehmigungen usw.),
- Darstellung der Ergebnisse in verständlicher Form für die Sachbearbeiter und Entscheidungsträger (SEYDICH 1990).

Vorgehen bei Aufbau und Implementation

Das Vermessungs- und Katasteramt erhielt 1988 den Auftrag, in der Stadtverwaltung eine Bedarfsfeststellung für Geoinformationssysteme im Sinne des MERKIS-Konzepts durchzuführen. Hamm folgte diesem Konzept, indem die Verantwortung für den Aufbau und die Fortführung von MERKIS vorrangig dem Fachamt übertragen wurde, das die Aufgabe "Herstellung und Fortführung der Grundlagenkarten" wahrnimmt, in diesem Fall also dem Vermessungs- und

Katasteramt. Diese Bedarfsfeststellung sollte nicht durch theoretische Überlegungen erfolgen, sondern durch praktische Produktionsergebnisse.

Das Vermessungs- und Katasteramt verfolgte über die eigene Intention der Umstellung der Katasterkarte auf digitale Haltung hinaus das Ziel, die graphische Datenverarbeitung als Dienstleistung anzubieten und die aufgebaute Technik anderen nutzbar zu machen. Es wurde versucht, den anderen Ämtern den Nutzen der Technik (SICAD) nahezubringen. Philosophie war zunächst, eine zentrale Aufstellung und Nutzung der Geräte für graphische DV beim Vermessungs- und Katasteramt zu schaffen. Die Kleinanwender wurden motiviert, ihre Anwendungen beim Vermessungs- und Katasteramt aufbauen bzw. abfragen zu lassen. Nur die Großanwender sollten ihre kartographischen Arbeiten selbst ausführen. So bekam z.B. das Tiefbauamt einen CAD-Arbeitsplatz.

In der Aufbauphase wurde sehr viel Wert auf eine umfangreiche Überzeugungsarbeit gelegt. Zu diesem Zweck wurden vom Vermessungs- und Katasteramt und ab 1989 gemeinschaftlich mit dem Umweltamt laufend Präsentationen der Ergebnisse durchgeführt, nicht zuletzt, um möglichen Widerständen in der Verwaltung und den Entscheidungsgremien entgegenzuwirken. Insbesondere der Ratsausschuß für Informationstechnologie konnte über diesen Weg der Präsentation umweltrelevanter Ergebnisse immer wieder für die finanzielle Förderung des Gesamtvorhabens gewonnen werden.

Ein ähnliches Vorgehen wurde gewählt, um die einzelnen Fachämter zur Mitarbeit bei der Realisierung des Systems zu bewegen. Für alle Amtsleiter wurde ein Grundsatzreferat gehalten, in dem aufgezeigt wurde, was mit der DV-Technik möglich ist und welches die Potentiale des Vermessungs- und Katasteramts als "Zentrum für graphische Datenverarbeitung" dabei sind. Im Vordergrund stand, den Fachämtern die Vorteile graphischer Präsentationsmöglichkeiten nahezubringen.

Auch innerhalb der Umweltverwaltung wurde mit einer solchen Implementationsstrategie gearbeitet. Anhand der praktischen Demonstration von Beispielen wurde den Sachbearbeitern die Funktionsweise und das Potential des UIS erläutert. Ziel ist, daß Sachbearbeiter selbst in der Lage sein sollen, Dateien innerhalb des UIS aufzubauen, daß die Arbeit mit dem UIS also zum "Selbstläufer" wird. Zunächst steht der amtsinterne UIS-Koordinator den unerfahrenen Nutzern mit umfangreicher Hilfestellung zur Seite.

Gleichzeitig wird das Prinzip verfolgt, daß die Arbeit mit dem UIS nicht Mehraufwand mit sich bringt, sondern zur Zeit- und Kostenersparnis beiträgt. Man ist bestrebt, daß jeder Sachbearbeiter bei seiner Arbeit mit bedenkt, ob etwas aus seinem Arbeitsbereich für das UIS interessant ist und wie es in das UIS eingebaut werden kann. Das UIS soll in die tägliche Arbeit einfließen, d.h. die Sachbearbeiter müssen sich bei der Erledigung ihrer Aufgaben automatisch fragen, ob eine Abfrage im UIS sinnvoll ist.

Innerhalb des Vermessungs- und Katasteramts gab es wenig Probleme, die Arbeit mit einem Informationssystem durchzusetzen, da bereits an der ALK gearbeitet wurde, so daß bei vielen Mitarbeitern Vorwissen bestand.

Hard- und Software

Das Vermessungs- und Katasteramt ist voll automatisiert, d.h. jeder Mitarbeiter hat einen Rechnerarbeitsplatz. Zum Zeitpunkt der Untersuchung standen zudem 5 SICAD-Arbeitsplätze zur Verfügung. Geplant war eine Aufstockung auf 6-7.

Im Zuge der Weiterentwicklung der technikunterstützten Informationsverarbeitung (TuI) wurde in der Vergangenheit der Weg zur mittleren Datentechnik beschritten. Im Vermessungs- und Katasteramt sowie zur Zeit noch im Umweltamt sind MX-Maschinen installiert. Es besteht mittels Bildschirmemulation eine Verbindung zwischen den Ämtern.

Zur Zeit geht ein neuer Trend dahin, die mittlere Datentechnik als Server einzusetzen und dem einzelnen Sachbearbeiter PC-Clients als Endgeräte zur Verfügung zu stellen. Der vorhandene Anschluß an den Siemens-Großrechner des Rechenzentrums Münster besteht zwar weiterhin, wird aber für UIS-Aufgaben nicht mehr genutzt. Betriebssystemseitig bewegt man sich damit weg von BS2000 hin zu UNIX und DOS bzw. Windows. Für die interaktive Graphik wird momentan SICAD eingesetzt, jedoch ist geplant, möglichst bald auf SICAD Open umzustellen.

In der Sachdatenverwaltung werden Informix-Datenbanken benutzt. Die auf relationalen Datenbanken basierenden UIS-Anwendungen werden durch den Einsatz kommerziell vertriebener Spezialprogramme für die Erledigung ordnungsbehördlicher Aufgaben ergänzt. Im einzelnen sind im Umweltamt vorhanden oder geplant:

- ASPE Artenschutzprogramm (schon 3 Jahre als 4GL Lösung in Betrieb, wird auf die neue PC-Version umgestellt),
- Programm zur Indirekteinleiterüberwachung als Informix-Lösung, 1994 wurde ein kommerzielles Programm erworben,
- Programm zur Überwachung wassergefährdender Stoffe (erworben, aber noch nicht im täglichen Einsatz),
- Programm zum Abfallbegleitscheinverfahren (erworben, aber noch nicht im täglichen Einsatz),
- Programm zur Überwachung von Kleinkläranlagen (erworben, aber noch nicht im täglichen Einsatz),
- Gewerbeabfallkataster (erworben, aber noch nicht im täglichen Einsatz),
- sowie eine Informations-/Beratungssoftware (STADT HAMM 1992).

Zur Ausgabe thematischer Karten stehen neben der Offsetdruckerei zwei Stiftplotter und ein Elektrostat für Ausgaben in geringerer Stückzahl zur Verfügung. Die Daten werden in der Regel im Format DIN A3 mit Legende und Erläuterung für das ganze Stadtgebiet graphisch ausgegeben (meist Topographische Karte als Hintergrund) und sind in jeder Broschüre einsetzbar. Die innerbehördlich verwendeten Arbeitskarten sind allerdings in größeren Maßstäben gehalten.

Projektorganisation

Das UIS ist, wie oben beschrieben, im Vermessungs- und Katasteramt als Anwendung der interaktiven graphischen Datenverarbeitung entstanden. Der Aufbau wurde zunächst von einem ämterübergreifenden Arbeitskreis begleitet. Die Federführung des UIS wird gemeinschaftlich von Umweltamt und Vermessungs- und Katasteramt wahrgenommen. Das Vermessungs- und Katasteramt hat organisatorisch die Lenkungs- und Koordinationsfunktion im Sinne von MERKIS für interaktive Graphik und Wahrung des Raumbezugs.

Das Vermessungs- und Katasteramt war von Beginn an nicht nur auf Anwendungen im Umweltbereich konzentriert, sondern es wurden stets weitere Einsatzfelder für die graphische Datenverarbeitung in der Stadtverwaltung gesucht. Heute ist das UIS daher ein Teil eines umfassenden Kommunalen Raum-Informationssystems (KRIS). Die Neuaufnahme von Umweltinformationen macht noch etwa 30% aus. Der Schwerpunkt liegt derzeit auf der Pflege, Fortführung und Anwendung der Daten. Begleitet wird diese Entwicklung daher heute auch teilweise durch die "Stadtentwicklungskonferenz".

Das UIS ist entsprechend dem oben beschriebenen Spektrum ihm zugeordneter Aufgabenstellungen als umfassendes, medienübergreifendes UIS konzipiert. Entscheidend ist, daß die an verschiedenen Stellen der Verwaltung vorhandenen Daten mit Umweltbezug nach zentral koodinierter Vorgehensweise mit einheitlichem Raumbezug in das UIS der Stadt Hamm integriert werden. Die Integration der im Umweltamt neben dem UIS existierenden oder geplanten vollzugsorientierten Standardprogramme (s.o.) ist gewährleistet, da möglichst in allen Programmen der Raumbezug angestrebt wird.

Die Aufgabenteilung zwischen Umweltamt sowie Vermessungs- und Katasteramt hinsichtlich der Datenbearbeitung (s.u.) sieht für das Umweltamt z. Zt. noch keine graphisch-interaktiven Arbeitsplätze vor. Jedoch sind für andere Ämter Benutzungskapazitäten an den CAD-Systemen im Vermessungs- und Katasteramt reserviert. Wenn häufiger graphische Auswertungen anfallen, werden die Mitarbeiter der Fachämter ermuntert, diese Arbeitsplätze zu nutzen und sich so in das System einzuarbeiten.

Im Vermessungs- und Katasteramt sind hauptverantwortlich zwei Mitarbeiter mit den Koordinations- und Pflegearbeiten am Informationssystem betraut. Bei entsprechender Nachfragesituation kann aber auch bedarfsweise weiteres Personal für die Bearbeitung von Anfragen eingesetzt werden. Im Prinzip sind alle Mitarbeiter im Amt in der Lage, am Informationssystem zu arbeiten. Die Mitarbeiter erhielten Schulungen bei Siemens und haben dann ihr Wissen in verwaltungsinternen Schulungen weitergegeben.

Im Umweltamt ist eine halbe Mitarbeiterstelle für die Aufgabe der UIS-Koordination sowie für die allgemeine ADV-Koordination sowie Betreuung der Mitarbeiter zuständig. Wie bereits oben dargestellt, wird die Strategie verfolgt, die Mitarbeiter im Amt durch geeignetes Heranführen an das System verbunden mit einer intensiven Betreuungsphase zu einer selbständigen Arbeit mit dem System zu bewegen.

Daten- und Informationsmanagement

Das Grundprinzip der graphischen Datenverarbeitung (von UIS und KRIS gemeinsam) in Hamm ist, daß allen innerhalb und außerhalb der Stadtverwaltung im Prinzip die Daten zur Verfügung stehen, d.h. Leserechte für jeden bestehen. Das Vermessungs- und Katasteramt fungiert hierbei als Datenvermittlungsstelle. Die Fortführung der Dateien obliegt dem jeweiligen Fachamt, das die Daten erhebt. Auch die Arbeit mit den Dateien, also konkrete Auswertungen, können nur von dem Fachamt vorgenommen werden, dem die Dateien "gehören".

Die Dateien werden von den jeweiligen Ämter eigenverantwortlich in Abstimmung mit dem Vermessungs- und Katasteramt und dem Umweltamt entwickelt und verwaltet. Beim Straßenbaumkataster zeichnet beispielsweise das Grünflächenamt für die Fortführung der baumrelevanten Daten verantwortlich. Die Daten werden immer flächendeckend erhoben. Erfassungsmaßstab ist in der Regel 1:5.000, für die Darstellung und Dokumentation wird 1:25.000 verwendet.

Die geometrischen Daten, wie z.B. die Lagekoordinate oder bei der Straßendatenbank der Linienzug des jeweiligen Straßenabschnitts (s.u.) werden vom Vermessungs- und Katasteramt vergeben. Die Daten sind auch als Sachdaten in den entsprechenden Informix-Datenbanken des jeweiligen Fachamts abgelegt.

Die Sachdaten sind Eigentum des Fachamts, die zugehörigen Geometriedaten und der Raumbezug gehören jedoch dem Vermessungs- und Katasteramt. Die Informix-Datenbank gehört also jeweils beiden Ämtern und jeder ist berechtigt, die Daten für seinen Bereich fortzuführen. D.h. wenn es Flächenveränderungen gibt, teilt das Fachamt dies dem Vermessungs- und Katasteramt mit, welches dann die Graphik fortführt.

Dem UVP-Gesetz folgend ist das UIS in 9 Umweltbereiche unterteilt. In die verschiedenen Bereiche sind jeweils themenbezogen Dateien, Karten und Einzeluntersuchungen eingeordnet. Es handelt sich um die Bereiche: Bevölkerung, Klima und Lufthygiene, Lärm/elektromagnetische Abstrahlung, Boden/Geologie, Oberflächengewässer/Grundwasser/Abwasser, Biotop- und Artenschutz, Landschafts- und Ortsbild, Kulturgüter, Raumnutzung/-funktion /freiraumorientierte Erholung. Zu allen Bereichen liegt sehr umfangreiches Datenmaterial auch in digitalisierter Form vor.

Neben den durch die Stadtämter selbst oder im Auftrag erhobenen Daten und Karten werden auch in großem Umfang Ergebnisse von Untersuchungen anderer staatlicher und privater Stellen einbezogen (z.B. Naturschutzverbände, Landesbehörden, Universitäten usw.).

Die Inhalte des UIS werden durch eine Übersichtsdatei beschrieben (Datenkatalog). Hier sind die Namen und die Autorenschaft zu den einzelnen Dateien ausgewiesen. Die Übersichtsdatei beinhaltet auch die Namen der Sachbearbeiter, die beim Fachamt für die Fortführung verantwortlich sind und den Zeitraum, in dem die Fortführung der Daten zu erfolgen hat. Der Katalog wird ca. zweimal im Jahr komplett aktualisiert und der Zuwachs beträgt ca. 80 Karten pro Jahr.

Wie oben dargestellt, wird den in den Sachgebieten erhobenen Sachdaten durch das Vermessungs- und Katasteramt ein eindeutiger Raumbezug zugewiesen. Als Koordinatensystem wird das Gauß-Krüger-System zugrunde gelegt. Das UIS beinhaltet 4 Basisdateien, Kennziffern in den Fachdateien werden mit diesen Raumbezugsdateien im PC verschnitten, um so graphische Präsentationen der Fachinhalte zu ermöglichen. Folgende Basisdateien werden geführt:
- Datei der Flurstückskoordinaten des Liegenschaftskatasters,
- Gebäudekataster (Straße, Hausnummer),
- kleinräumige Gliederung,
- Linienzüge von Straßen (abschnittsweise).

Aufgeteilt sind die Grundlagendaten zusätzlich in 9 Lagestati. Alle Dateien werden in 3 Grundmaßstäben verwaltet: 1:1.000, 1:5.000, 1:25.000.

An der Nutzung von ATKIS-Daten besteht augenblicklich kein Interesse. Die ALK wird über komplette Neuvermessung und gerechnete Koordinaten aufgebaut. Die Fertigstellung ist für 1996 geplant.

Zum Zeitpunkt der Untersuchung gab es noch keine Vernetzung zwischen dem Vermessungs- und Katasteramt und anderen Ämtern. Eine Anbindung des Umweltamts wird aber im Zuge einer geplanten verwaltungsweiten Vernetzung über LAN angestrebt. Der Datenaustausch mit der Datenzentrale in Münster beschränkt sich auf Vermessungs- und Katasterdaten.

Bei der Datenabgabe an Dritte fungiert das Vermessungs- und Katasteramt als die Organisationseinheit, die für die Bereitstellung der Daten zuständig ist. Für die Abgabe der Daten werden Gebühren erhoben. Es können drei Arten der Gebührenerhebung angewendet werden:
- Stundensatz: Die Vermessungsämter in NRW haben eine Gebührenordnung, nach der für Leistungen, die durch die Gebührenordnung nicht direkt abgedeckt sind, der Stundensatz gilt;
- Änderung der Honorarklasse bei Auftragsvergabe der Stadtverwaltung an Dritte;
- Honorarordung für Architekten- und Ingenieure (HOAI): Für die Phase 2 einer UVP (Bereitstellung und Interpretation der Daten zur Ist-Situation) sind 30% des Gesamtvolumens vorgesehen. Für die Abgabe von Daten an Ingenieurbüros zur Bearbeitung einer UVP fordert das Vermessungs- und Katasteramt die Hälfte der Honorarzone, also 15% des Gesamtvolumens.

Die Bearbeitung einer Anfrage dauert je nach Größenordnung in der Regel bis zu einer Woche. An andere Ämter der Stadt Hamm werden die Daten kostenfrei abgegeben.

Effekte, Erfolge und Probleme der Systemnutzung

Im Laufe der Zeit ist in Hamm ein sehr umfangreicher Bestand von Umweltdaten aufgebaut worden. Die ersten Jahre lassen sich charakterisieren als Phase sehr umfangreicher Datensammlung und -aufbereitung. Heute ist diese Phase abgeschlossen, der Bestand ist laut Angaben der Befragten weitgehend vollständig, z.Zt. fehlt nur eine Versiegelungskarte. Man ist momentan dabei, vorhandene Lücken im Datenbestand zu erkennen und bislang wenig erforschte Bereiche zu verdichten. Dem Umweltamt sollte der EDV-Einsatz auch bei der Bewältigung der existierenden Datenfülle Unterstützung bieten.

Den Betreibern des UIS in Hamm war von Anfang an bewußt, welcher Stellenwert - auch von der Kostenseite her - der Erfassung, Aufbereitung und Auswertung von Daten beizumessen ist. Man rechnete anfangs für den Gesamtaufbau des UIS mit einer Größenordnung von 200-300 Arbeitsjahren, davon waren 1989, also zur Gründung des Umweltamts, bereits etwa 30-40 Jahre erbracht.

Die meisten Daten sind bei der praktischen Arbeit entstanden und erfaßt worden. Zur Überwindung personeller Engpässe bei der Datenerfassung hat man zusätzlich weitere Strategien verfolgt. So wurden etwa Fremddaten über Diplomarbeiten, Praktikantenstellen, Zusammenarbeit mit Naturschutzgruppen usw. erhoben und in das UIS integriert.

Zum Teil werden auch im Rahmen von periodischen Schwerpunktsetzungen Daten gezielt für bestimmte Aufgabenstellungen erhoben, wobei die tägliche Arbeit dann zurückgestellt wird. In Einzelfällen werden Untersuchungen nach außen vergeben (z.B. Flechtenkartierung), deren Ergebnisse wiederum in das UIS einfließen. Darüber hinaus steht ein Etat von 10.000 DM für Sonderfortführungen zur Verfügung, mit dem dann gezielt Kartierungen zur Vervollständigung des UIS durchgeführt werden können.

Es werden in der Regel nur Daten in das UIS integriert, die auch fortgeführt werden. Besteht für einen einmal aufgebauten Datenbestand keine Nachfrage, dann wird dieser nicht mehr fortgeführt. Daneben bestehen - je nach Konzeption der Daten - auch statische Datenbestände.

Von Seiten der UIS-Betreiber wurde betont, daß in der Phase des Aufbaus der Datenbestände viele Redundanzen bei der Datenhaltung erkannt und eliminiert werden konnten.

Die Daten des UIS Hamm werden besonders von externen Ingenieurbüros zur Bearbeitung von Gutachten im Stadtgebiet, vor allem für UVPs, herangezogen. Ca. 20 - 30 Büros kommen regelmäßig und kaufen Daten. Insgesamt werden ca. 30 Anfragen pro Jahr bearbeitet, zumeist handelt es sich allerdings um Anfragen aus der Verwaltung selbst.

Graphische Daten (Geometriedaten) werden nicht digital abgegeben. Es werden nur die Plots, bzw. die Vergrößerung der Plots auf 1:25.000 (jeweils der Ausschnitt des Untersuchungsraumes) und auf Anfrage Datenbankauszüge (auch digital) herausgegeben. Für dieses Vorgehen gibt laut Angaben der Systembetreiber es drei Gründe:
- Es besteht (noch) kein Bedarf an digitalen Daten.
- Die Ausgabe von (fertigen) Plots geht schneller als eine Selektion digitaler Daten.
- Die Systeme (von AutoCAD bis Arc/Info) sind nicht voll SICAD kompatibel, und die damit einhergehenden Schnittstellenprobleme führen zu einem ineffizient hohen Arbeitsaufwand bei digitaler Bearbeitung.

Der digitale Austausch ist noch nicht Stand der Technik. Selbst bei Großprojekten werden keine digitalen Daten abgefragt.

Anfragen von Bürgern aufgrund des Umweltinformationsgesetzes hat es bisher kaum gegeben. Die Auskunftserteilung soll aber in diesen Fällen vom Fachamt erfolgen, während das Vermessungs- und Katasteramt die Grundlagendaten zur Verfügung stellen wird. Die genaue Aufgabenteilung wurde zum Untersuchungszeitpunkt gerade per Aufstellung eines Aufgabengliederungsplans festgelegt.

Vereinzelt werden Daten aber von Umweltverbänden nachgefragt. Dabei ist wie oben beschrieben, ein z.T. intensiver wechselseitiger Austausch entstanden, so daß in manchen Fällen die Verbände auch direkt an den Inhalten des UIS mitarbeiten.

Neben der schon beschriebenen sehr umfangreichen Zusammenarbeit mit Externen bei der Datenerfassung sind durch die gemeinsame Arbeit am UIS intensive Kooperationen der Ämter entstanden, die mit umweltrelevanten Themen befaßt sind. Laut Aussage der Befragten wird diese Kooperation vom Prinzip gegenseitiger Befruchtung getragen, so daß z.B. eine gemeinsame Abstimmung über Umfang und Inhalt von Dateien stattfinden kann. Als Ursache für diese gute Kooperation wird angeführt, daß die beteiligten Ämter allesamt einen deutlichen Nutzen durch den Systemeinsatz für die eigene Arbeit erreicht haben.

Auf die im UIS vorhandene Datengrundlage aufbauend, ist in Hamm entsprechend der Zielsetzungen eine umfangreiche Umweltberichterstattung durch das Umweltamt entstanden. Es werden der Öffentlichkeit die im UIS vorhandenen Informationen neben den periodisch erscheinenden und themenbezogenen aufgebauten Umweltberichten auch über Kurzinformationen in der Presse und im lokalen Rundfunk zugänglich gemacht.

Die umfangreiche Datensammlung wird im Bereich vorsorgender Umweltplanung aktuell für weiterführende Planungsverfahren eingesetzt (Bsp. siehe unten). Dabei werden Überlagerungstechniken bislang noch ohne EDV-Unterstützung angewendet, allerdings sollen nach der Umstellung auf SICAD Open dann auch diese Methoden digital durchführbar sein.

In einigen Anwendungsgebieten, so z.B. im Bereich Gewässergüte, sind die Dateien so aufgebaut, daß eine Auswertung von Zeitreihen zur Ermittlung von Tendenzen möglich ist.

Die Befragten in der Umweltverwaltung sehen als Folge der UIS-Nutzung heute erhebliche Zeitvorteile bei ihrer eigenen Arbeit. Der zeitliche Gewinn ist vor allem bei der Suche nach Daten und Informationen gegeben, da "man heute alles auf einen Blick hat". Als weiterer Vorteil der gebündelt vorliegenden Information für die Qualität der Arbeit wird angeführt, daß auf diese Art und Weise einzelne Aspekte nicht mehr so schnell vergessen werden können wie früher. Bei Auswertungen und Planungen werden heute alle Aspekte berücksichtigt.

Man sieht das UIS heute auch als "Handwerkszeug" an, um den Mangel an Personal zumindest teilweise auszugleichen, die EDV wird also zur Entlastung der Mitarbeiter genutzt.

In Hamm konnten mit dem UIS nachweislich Kosten eingespart werden. So wurden etwa bei Auftragsvergabe an Planungsbüros durch Änderung der Honorarklasse aufgrund der aus dem UIS gelieferten Daten bis zu 300.000 DM pro Jahr gespart. Intern erreichte man Einsparungen auf dem Weg, daß nunmehr leichter der Überblick und Zugriff auf bereits vorhandene Daten und Gutachten erfolgen kann und damit Doppelarbeiten vermieden werden.

Hinzu kommen direkte Einnahmen durch die oben erwähnten Gebührenerhebungen beim Verkauf von Daten an Dritte. Da das Vermessungs- und Katasteramt ab März '94 im Zuge einer Verwaltungsreform zudem als Profit-Center nach Tilburger Modell mit voller Ressourcenverantwortung und Unabhängigkeit agieren kann, hat es die Möglichkeit, 80% der Einnahmen (Verm. Außendienst, Graphiken, Karten) zu reinvestieren. Auf diesem Weg tragen sich die beiden Auswerter-Stellen durch die Gebührenerhebung selbst.

Beipielanwendungen und -einsätze

Das UIS findet in der Umweltverwaltung breite Anwendung. Aufgrund personeller Restriktionen werden jedoch Arbeitsschwerpunkte meist für die Dauer eines Jahres je nach aktueller Notwendigkeit gesetzt. So wurden beispielsweise im Untersuchungsjahr schwerpunktmäßig folgende Aufgaben bearbeitet:

- gezielter Aufbau von Dateien zur Beurteilung des Klimas in Hamm,
- Trittsteinbiotopkartierungen im Hinblick auf die Landschaftsplanung,
- auswertungsorientierte Verschneidung und Anwendung der Daten des UIS.

Man war dabei stets bestrebt, von der Datenerhebung bis zu der Programmierung von Auswerteroutinen komplette Durchgänge umzusetzen.

Aus den verschiedenen Ansätzen, bei denen das UIS als Instrument im Bereich der vorsorgenden Umweltplanung u.a. mit der Zielrichtung Schadstoffreduzierung eingesetzt wurde, seien hier folgende hervorgehoben:

Umweltverträglichkeitsprüfung (UVP):

Im Stadtgebiet von Hamm ist in den vergangenen Jahren eine Reihe gesetzlich vorgeschriebener, aber auch freiwilliger, UVPs durchgeführt worden. Zur einheitlichen Handhabung von freiwilligen, kommunalen UVP liegt zwar ein vom Umweltamt mit externer Unterstützung (WESSELMANN 1993) erarbeitetes Konzept vor, jedoch war dieses zum Zeitpunkt der Untersuchung noch nicht vom Rat der Stadt verabschiedet. Es hat sich mittlerweile durchgesetzt, daß bei den von externen Ingenieurbüros durchgeführten UVPs das UIS intensiv für die Bereitstellung der umweltrelevanten Daten genutzt wird. Die zur Verfügung gestellte Datenbasis beinhaltet vor allem Daten zur aktuellen Umweltsituation (Bestandsdaten), so daß die Kommune hier bereits einen Teil des üblicherweise von den Ingenieurbüros bearbeiteten Leistungsbilds erfüllt.

Klima/Lufthygiene:

Eine konzeptionelle Aufarbeitung des Bereichs der klimatischen und lufthygienischen Verhältnisse im Stadtgebiet stellt momentan einen Arbeitsschwerpunkt im Bereich systematischer Umweltplanung dar (STADT HAMM 1993a). Man beschreitet hier den Weg, die im UIS vorliegenden Grundlagendaten wie z.B. Daten der Wettererfassung, der Bioindikation, der Meßanalytik und ggf. der Infrarotluftbildauswertung durch Überlagerungsmethoden (bislang analog) zu aggregieren und so neue, verdichtete und wertende Aussagen über Flächeneigenschaften hinsichtlich Frischluftversorgung und Lufthygiene zu generieren. Die Ergebnisse dieser Planaussagen sollen in einem weiteren Schritt als Grundlagen in das ebenfalls aktuell erarbeitete Freiraumentwicklungskonzept für das Stadtgebiet einfließen.

Gewässerschutz:

Die Verbesserung der Gewässerökologie der städtischen Fließgewässer ist eine Schwerpunktaufgabe der Unteren Wasserbehörde im Umweltamt. Dazu werden im UIS Daten der kontinuierlich stattfindenden Untersuchungen zur Gewässergüte inklusive der chemischen Begleitanalytik (Pestizidbelastungen eingeschlossen) geführt. Mit dieser Datenbasis war die Auswertung von Entwicklungstendenzen der Gewässergüte möglich, die zunächst in einen Gewässergütebericht einflossen. Unter Verwendung weiterer im UIS vorhandener Datenbestände, zu denen auch Daten aus anderen Ämtern wie die im Rahmen des Abwasserbeseitigungskonzepts im Tiefbauamt erhobenen gehören, wurde im folgenden ein Maßnahmenkatalog zur ökologischen Verbesserung und Renaturierung von Fließgewässern erarbeitet. Auf UIS-Basis wurde bei dieser Fachaufgabe über die Beschreibung und Bewertung des aktuellen Umweltzustands hinaus also ein konkreter Maßnahmenkatalog erstellt, der u.a. auf eine Verringerung der Schadstoffeinträge abzielt.

Umweltqualitätsziele / Umweltqualitätsstandards (UQZ/UQS)

März 1993 wurde das vom Umweltamt erarbeitete Grobkonzept von Umweltqualitätszielen für die Stadt Hamm (STADT HAMM 1993) vom Rat verabschiedet. Die Gliederung der UQZ korrespondiert mit der Gliederung des UIS. Der räumliche und zeitliche Aspekt ist bei dem Grobkonzept nicht berücksichtigt worden. Die in diesem ersten Schritt als relativ leicht akzeptierbar formulierten Ziele sind schon in vielen Punkten durch das UIS gestützt und dokumentiert worden. Die weitergehende Stufe soll die Einführung von konkreten Umweltqualitätsstandards sein. An der Aufstellung dieser Standards mit zeitlichen und räumlichen Aussagen wird momentan gearbeitet, wozu die Daten des UIS als unentbehrliche Quelle dienen sollen. Anschließend werden die Ergebnisse als qualitative Daten wieder in das UIS eingebracht.

Für weitere vertiefende Schritte soll durch die Überlagerung von Umweltstandards/Zielaussagen (wird momentan erarbeitet) mit dem aktuellen Zustand (im UIS vorhanden), wie schon bei Fließgewässern praktiziert, auch für andere Umweltgüter eine wichtige Grundlage für die Maßnahmenerarbeitung geschaffen werden.

3.5.6 Herne

Anlaß, Ziele und Entwicklungen

Die mit Datenverarbeitung befaßten Stellen in der Stadtverwaltung Herne waren schon Mitte der 80er Jahre an der beginnenden Diskussion um die koordinierte Erarbeitung eines kommunalen Informationssystems zu Umweltfragen beteiligt, die gerade in Nordrhein-Westfalen, verursacht durch ähnliche Initiativen wie z.B. der Aufbau des "Daten- und Informationssystems (DIM)" beim Ministerium für Umwelt, Raumordnung und Landwirtschaft (MURL) sowie das Modellprojekt "Umweltkataster" des Landkreistags, intensiv geführt wurde.

Im Kontext dieser Diskussionen stellte sich die Stadt Herne 1988 die Aufgabe, modellhaft über die Förderung durch das Land Nordrhein-Westfalen ein UIS für kreisfreie Städte des Landes aufzubauen und einzuführen. Das UIS sollte den Namen "Geographisches Umweltinformationssystem" (GU-INFO) tragen.

Bis zu diesem Zeitpunkt wurden in Herne kommunale Umweltschutzaufgaben noch dezentral in verschiedenen Ämter bearbeitet, überwiegend im Ordnungsamt. Ein Umweltamt wurde 1988 gegründet.

Zur Intention des GU-INFO wurde in den damaligen Begründungen aufgeführt:

- Im Zuge der Neuorganisation des Verwaltungsbereichs für Umweltschutzaufgaben sollte auch eine Verbesserung der Ablauforganisation mit einer gezielten Steuerung der Informationswirtschaft angestrebt werden. Für den Umweltbereich und die übrige Verwaltung sollte das Geographische Umweltinformationssystem dieses Informationsmanagement leisten.

- Aufgrund der besonderen geographischen und strukurellen Gegebenheiten der Stadt Herne wie etwa die höchste Besiedelungsdichte aller kreisfreien Städte in Nordrhein-Westfalen und der damit verbundenen verschärften Umweltsituation war ein erheblicher Planungs- und Entscheidungsdruck entstanden, der durch das GU-INFO zumindest in Teilbereichen abgebaut werden sollte.

Das GU-INFO sollte (STADT HERNE 1994):
- die umfassende Sammlung und Präsentation aller umweltrelevanten Daten der Stadt Herne gewährleisten,
- zur Unterstützung des Verwaltungsvollzugs aufgebaut werden,
- das Wissen über ökologische Zusammenhänge stärken, dieses abrufbar und präsentierbar gestalten,
- Funktionen zur Vorbereitung politischer Entscheidungen und zur Information des Bürgers erfüllen.

Als Modellprojekt stand von vornherein die Zielsetzung der Übertragbarkeit und Verwertbarkeit auch für andere Anwenderstädte im Vordergrund.

Das GU-INFO war darüber hinaus mit folgenden Maximen konzipiert :
- Es sollte über die Erstellung von alphanumerischen Umweltkatastern als Datenbank hinaus eine geographische Komponente fester Bestandteil des Informationssystems bilden und daher ein geographischer Bezug als verbindliches Element bei allen alphanumerischen Daten gewährleistet sein.
- Vorhandene Ressourcen in der Verwaltung sollten so weit wie möglich genutzt werden, d.h. auch, daß die vorhandenen Hardwarekonzeptionen zu berücksichtigen waren.

- Einzelkataster als Fachdateien für Aufgaben des Verwaltungsvollzugs sollten als sogenannte Verwaltungsverfahren seperat aufgebaut werden. Die in diesen oder in bereits früher entstandenen Dateien enthaltenen Daten sollten in Form sekundärer Datennutzung durch Selektion aus diesen Verwaltungsverfahren und Bündelung in ein spezifisches Datenbanksystem dem Informationssystem zufließen.

Dieses schon im DIM praktizierte Modell sekundärer Datennutzung baut auf folgende Prinzipien auf (STADT HERNE 1994):
- Keine Datenerfassung nur für das Informationssystem,
- weitgehende Nutzung vorhandener Datenbestände und Pflege durch den Verwaltungsvollzug,
- klare Trennung zwischen Informationssystem und Verwaltungsverfahren.

Das Informationssystem soll Querschnittsfunktionen für die gesamte Verwaltung gebündelt anbieten, da die Belange des Umweltschutzes in allen und für alle Fachbereiche Bedeutung haben.

Als sogenannte Fachbereiche des GU-INFO waren vorgesehen: Boden, Wasser (Grundwasser, Oberflächenwasser), Luft, Natur und Landschaft, Verkehr sowie Ver- und Entsorgung. Zur sekundären Datennutzung stehen darüber hinaus allgemeine Strukturdaten (STADT HERNE 1993) und Aussagen zur Realnutzung zur Verfügung. Jeder Fachbereich beinhaltet Fachdatenbanken und fachbezogene Geometrien, die selbst thematischer Gegenstand sein können oder nur als Hintergrund und ergänzende Information verfügbar gehalten werden.

Vorgehen bei Aufbau und Implementation

Auf Grundlage der thematischen Ansätze des Modellprojekts Umweltkataster des Landkreistags NRW und der methodischen Vorgehensweise des DIM wurde im Mai 1988 im Rahmen der Zukunftsinitiative Montan-Region (ZIM) ein Antrag auf Förderung beim Aufbau des GU-INFO gestellt (STADT HERNE 1994). Im Jahre 1989 erhielt die Stadt den Bewilligungsbescheid, der UIS-Aufbau wurde fortan als Modellprojekt des Landes NRW gefördert und umgesetzt. Wesentlich dabei war, daß nicht nur eine finanzielle Förderung durch das Land stattgefunden hat (es wurde ein Startkapital von 4,5 Mio. DM bewilligt), sondern auch eine umfangreiche Beratung und Betreuung durch fachkundiges Personal des MURL gewährleistet wurde. Entsprechend der Rahmenbedingungen des Förderbescheids entstand auch eine enge Kooperation mit dem Landkreis Wesel, wo parallel ebenfalls über Projektförderung durch das Land modellhaft ein UIS für die Kreisebene entwickelt wurde, das jedoch als reine Datenbankanwendung konzipiert war.

Da Herne zudem Mitglied der gemeinsamen kommunalen Datenverarbeitungszentrale Ruhr (GKD-Ruhr) der Städte Bochum, Herne und der Stadtwerke Bochum ist, wurde von dieser Seite ebenfalls Entwicklungsunterstützung - primär allerdings - für die Verwaltungsverfahren geboten. Schon vor Entstehung des GU-INFO wurden von der GKD-Ruhr DV-gestütze Verwaltungsverfahren entwickelt und in Herne eingesetzt, jedoch keine für Umweltschutzaufgaben. Darüber hinaus konnte die Stadt Herne ihre Mitarbeit in der Arbeitsgemeinschaft Kommunale Datenverarbeitung (AKD) dazu nutzen, Verfahren zu übernehmen und auf die lokalen Bedürfnisse anzupassen, die bei anderen ebenfalls der AKD angehörenden Rechenzentren entwickelt wurden. Entwicklungskooperation wird von den Betreibern des UIS auch in der Anwendergemeinschaft des ALK-GIAP-Programms betrieben.

Die Initiative zum Aufbau des GU-INFO ging vom Amt für Stadtentwicklung, Stadtforschung und Statistik aus, das auch früher schon eine Pilotfunktion im Bereich DV-Einsatz/Entwicklung neuer Verwaltungsverfahren inne hatte. Im Vorfeld der Antragsstellung wurde innerhalb der Stadtverwaltung ausgehend vom Amt für Stadtentwicklung eine Voruntersuchung für Bedarf und mögliche Einsatzfelder eines solchen Informationssystems durchgeführt.

Um aber letztendlich die Frage klären zu können, ob ein solches Informationssystem, das gleichermaßen alphanumerische und graphische Daten verknüpft, auf dem Stand der Technik und mit den verfügbaren Werkzeugen überhaupt aufgebaut werden kann, wurde die IBM Deutschland GmbH mit der Durchführung einer Machbarkeitsstudie (Vorstudie) beauftragt, die 1989 abgeschlossen wurde (STADT HERNE 1994).

In dieser Studie wurden zunächst die DV-technischen und organisatorischen Rahmenbedingungen in Herne zum Projektbeginn sowie die entsprechenden erforderlichen Voraussetzungen zur Realisierung aufgezeigt. Insbesondere wurde auch der Personal- und Kostenaufwand ermittelt, der für eine Realisierung des Projekts im ursprünglich angesetzten Zeitrahmen 1989-1991 erforderlich war.

Im Detail wurde zunächst eine Analyse des Ist-Zustands beim Amt für Umweltschutz, dem Tiefbauamt und dem Grünflächenamt durchgeführt. Es wurden die vorhandenen und geplanten ADV-Verfahren sowie die vorhandenen und geplanten technischen Anlagen aufgelistet, eine fachliche Problemanalyse vorgenommen und die fachlichen Anforderungen sowie Aufgabenkurzbeschreibungen der jeweiligen Fachkataster abgeleitet. Daraus ergab sich dann der Datenbedarf aus Anwendersicht. Ebenso wurden die Anforderungen der Anwender an die Funktionen und insbesondere an die graphischen Darstellungsmöglichkeiten des Informationssystems erfaßt.

Im nächsten Schritt wurde dann das logische Datenmodell aufgestellt, für dessen Aufbau 15 Personenmonate veranschlagt wurden. Im Anschluß wurden Vorschläge zum Aufbau und zur Umsetzung des funktionalen Modells entwickelt, als Schätzwert wurde ein Aufwand von 17 Personenjahren für die Umsetzung ermittelt.

In die Voruntersuchung wurden aber nicht nur die alphanumerischen Verfahren einbezogen, sondern auch die Schnittstellen zu anderen Systemen wie die DVS-Schnittstelle zum Datenaustausch mit den Landesbehörden oder die Schnittstelle zur ALK-Datenbank.

Aus den Ergebnissen der Vorstudie wurde dann für die beteiligten Ämter und die Projektleitung folgende weitere Schritte abgeleitet:
- Aufbau einer seperaten Projektorganisation,
- Festlegung eines Zeit- und Maßnahmenplans für die Entwicklung der alphanumerischen Verfahren, für die Integration in ein Informationssystem und für den Aufbau einer gemeinsamen Raumbezugsbasis für alle geographischen Anwendungen,
- Vorüberlegungen zur Verknüpfung von alphanumerischen und graphischen Anwendungen.

Zunächst wurde damit begonnen, die alphanumerische Komponente inklusive der Verwaltungsverfahren und das integrierende Informationssystem mit Hilfe des relationalen Datenbanksystems DB2, das bei der GKD-Ruhr installiert ist, aufzubauen. Um diese Entwicklung zeitgleich vorantreiben zu können, wurde ebenfalls ein Auftrag an die IBM Deutschland GmbH vergeben.

In der ersten Phase wurde das System in fünf Fachbereichen aufgebaut, um so zunächst die grundlegende Programmlogik exemplarisch für die gesamte spätere Entwicklung darzustellen. In diesem Schritt wurden auch die zentralen Funktionen der Benutzeroberflächen, Menüsteuerung, Eingabe- und Abfragemasken sowie die Ausgabeformate entwickelt. Das von IBM prototypisch entwickelte System wurde mit eigenem Personal ausgebaut und durch weitere Verfahren ergänzt. Auch heute noch werden bei der Entwicklung neuer Verfahren die späteren Anwender intensiv in die Entwicklung eingebunden, indem über eine Aufgabenanlayse der logische Datenbankaufbau und die gewünschten Funktionen und Abfragen ermittelt werden.

Zur Entwicklung und Einbindung der geographischen Komponente wurden 1990 zwei Projektteams gebildet, von denen eines am Vermessungs- und Katasteramt angesiedelt und mit der Grundlagendatenbeschaffung, also der Erstellung der digitalen Kataster-Flur-Karte, beschäftigt ist. Seit 1991 wird außerdem von Mitarbeitern des Geographischen Umweltinformationssystems beim Amt für Stadtentwicklung, Stadtforschung und Statistik an der Integration von Fachdatenbanken und geographischen Verfahren gearbeitet, die in jüngster Zeit realisiert werden konnten.

Hard- und Software

GU-INFO arbeitet mit alphanumerischen und graphischen Arbeitsplätzen. Dabei werden PCs, Workstations und ein Server eingesetzt, die zu Zwecken des Datentransfers, der Datenhaltung und Systempflege miteinander vernetzt sind. Entsprechend ihrer Ansprüche an die Arbeitsplatzausstattung sind die für alphanumerische und geographische Komponenten betriebenen Rechner in unterschiedlichen Netzwerken verbunden, wobei die Netzwerktopologien Token Ring und Ethernet eingesetzt werden.

Die alphanumerische Komponente arbeitet über einen Gateway-PC auf dem Großrechner der GKD-Ruhr. Es werden PCs über Terminalemulationen als Frontendgeräte benutzt, um diese Geräte auch für andere Aufgaben wie Textverarbeitung etc. verwenden zu können.

Auf dem IBM-Host des Rechenzentrums wurden ältere Verwaltungsverfahren in IMS-Datenbanken umgesetzt. Die in den letzten Jahren entwickelten Verfahren wurden über DB2-Datenbanken verwirklicht, die auch als zentrale Datenbank für das Informationssystem dient. Zur Übernahme von Daten aus den in IMS geführten Verfahren wurde ein eigenes Transferprogramm entwickelt. Die für den Endnutzer vorgegebenen standardisierten Abfragen sind in QMF/SQL programmiert.

Im graphischen Bereich werden zur Verarbeitung der dort anfallenden großen Datenmengen Workstations als Arbeitsplatzrechner eingesetzt. Die Workstations sind durch das Ethernet verbunden. Jede Workstation hat eine eigene Festplatte, auf denen sich die jeweiligen Anwenderprogramme befinden, die Arbeitsdaten dieser Programme werden aus Gründen größerer Datensicherheit und geringeren Aufwands für die Systemverwaltung zentral auf einem als Server fungierenden Rechner gehalten. Der Server ist ein auf UNIX basierendes RISC-System.

Als Betriebssystem wird auf den Workstations ULTRIX eingesetzt. Als Datenbank steht Ingres auf den Workstations und dem Server zur Verfügung. Für die graphischen Anwendungen wird das Programmpaket ALK-GIAP der Firma AED Graphics benutzt. Neben den von der Firma angebotenen Standardanwendungen stehen den Fachämtern auch eigene Entwicklungen zur Verfügung.

Zur Integration der alphanumerischen und geographischen Komponente wurde ein Ingres-to-DB2-Gateway eingesetzt, so daß man heute in der Lage ist, Ingres-Applikationen gegen DB2-Datenbanken laufen zu lassen.

Zur Ausgabe für Tabellen und Texte stehen über das Netzwerk gemeinsam nutzbare Matrix- und Laserdrucker zur Verfügung. Graphiken, Pläne und Karten können in unterschiedlicher Größe bis DIN A0 auf Farbplottern (Rasterplotter, Stifteplotter) ausgegeben werden. Auch diese sind zentral im Netzwerk eingebunden und von jedem Arbeitsplatz aus zu aktivieren.

Im Vermessungs- und Katasteramt wird ein eigenes Netzwerk betrieben, das mit dem GU-Info im Stadtentwicklungsamt verbunden ist. Das Tiefbauamt ist über eine Glasfaserstrecke an das GU-Info angeschlossen. Das Amt für Umweltschutz sollte 1995 über eine Laserstrecke in das GU-Info-Netzwerk integriert werden. Die Verbindung weiterer Ämter war zum Untersuchungszeitpunkt in der Planungsphase.

Projektorganisation

Das GU-INFO ist von einer zentral beim Amt für Stadtentwicklung, Stadtforschung und Statistik installierten Projektgruppe mit Hilfe externer Kooperation aufgebaut worden. Die Projektgruppe erfüllt heute die Aufgabe der Weiterentwicklung und des Ausbaus des Systems, hinzu kommen Systempflege und Betreuung der Anwender.

Die Projektgruppe besteht aktuell aus 12 Mitarbeitern. Sie steht den Anwendern und Interessierten für Einzelgespräche, Schulungen, Präsentationen und dem First-Level-Support zur Verfügung. Alle Stellen sind hauptamtlich der Arbeit am GU-INFO zugeordnet, die Gruppe besteht aus Mitarbeitern verschiedener Ämter. Räumlich und organisatorisch ist sie nach wie vor dem Amt für Stadtentwicklung, Stadtforschung und Statistik angegliedert, sie ist als Projektgruppe quer zu den üblichen Verwaltungshierachien organisiert. Es wird sehr viel Wert auf die Aus- und Fortbildung von Mitarbeitern gelegt.

Neben der GU-INFO-Gruppe gibt es eine ADV-Abteilung im Hauptamt der Stadtverwaltung, die auch an der Entwicklung des alphanumerischen Teils und beim Aufbau der Netze beteiligt war. Ihr waren insbesondere Aufgaben wie Definition der Schnittstellen sowie Koordination der alphanumerischen Anwendungsentwicklung mit der GKD-Ruhr übertragen worden.

Entsprechend der oben skizzierten Maxime ist das GU-INFO für zwei unterschiedliche Anwendungsrichtungen konzipiert. Zum einen sollen durch automatisierte Verwaltungsverfahren Vollzugsaufgaben vor allem in den mit Umweltschutz- und Planungsaufgaben befaßten Ämtern unterstützt werden.

Aus den in diesen Verwaltungsverfahren erhobenen Fachdaten werden Daten von übergeordnetem Interesse in ein zentrales Informationssystem gespeist und stehen dort der Fachöffentlichkeit zur Verfügung. Aufgrund systemseitiger Entscheidungen ist das GU-INFO in eine alphanumerische und eine geographische Komponente aufgeteilt. Seit jüngstem ist die Integration dieser getrennt geführten Komponenten möglich (STADT HERNE 1994).

Das alphanumerische Informationssystem basiert auf standardisierten Abfragemöglichkeiten (Queries). Es handelt sich aber um Basisabfragen für die verschiedenen Fachbereiche, die eine Vielzahl von spezifischen Modifikationen der aktuellen Fragestellung sowohl räumlich und zeitlich als auch inhaltlich bietet. Die standardisierten Abfragen bieten z.T. die Möglichkeit, Daten aus verschiedenen Fachbereichen zu verknüpfen.

Bei allen Eingabe-, Abfrage- und Ausgabemenüs des GU-INFO wurde Wert auf eine einheitliche und benutzerfreundliche Oberfläche gelegt.

Das ursprünglich anvisierte Ziel, daß Endnutzer die Abfragen selbständig erstellen, wurde im Projektverlauf verworfen, da man Probleme dabei sah, das nötige Know-how anwenderseitig gewährleisten zu können, um die Abfragen auch nach ökonomischen Gesichtspunkten ausreichend effektiv gestalten zu können. Die Abfragen werden deshalb von Mitarbeitern der GU-INFO-Gruppe programmiert und nach verschiedenen Tests als geprüfte Abfragen in den Dialog eingebunden. Will der Endnutzer neue, nicht standardisierte Abfragen im System durchführen, wendet er sich an die GU-INFO-Gruppe, die eine solche Abfrage für ihn durchführt. Entsteht ein ständiger Bedarf nach dieser neuen Abfrage, wird sie nach zuvor genanntem Muster eingebunden.

Die Auswahlmenüs im Informationssystem sind mit benutzerspezifischen Berechtigungen variabel gestaltet. Das heißt, dem jeweiligen Endnutzer stehen nur Abfragen zur Verfügung, für die er zugelassen ist. Die Vergabe der Berechtigungen wird mit Erfordernissen des Datenschutzes begründet.

Für alle Daten gilt, daß eine räumliche Zuordnung entweder über die Koordinate im Gauß-Krüger-System, über Gemarkung/Flur/Flurstück oder über Straßenschlüssel und Hausnummer möglich ist. Eine Verknüpfung dieser Ordnungskriterien ist auch möglich.

Daten- und Informationsmanagement

Gemäß der oben skizzierten Philosophie des Informationssystems bestimmen die Fachämter Aufbau und Inhalt der Fachverfahren.

Für das Informationssystem wurde das Modell der sekundären Datennutzung übernommen. Nach diesem Modell werden einem zentralen und gemeinsam nutzbaren, übergreifenden Informationssystem Daten aus den Vollzugsverfahren zur Verfügung gestellt.

Die Daten werden entsprechend diesem Modell von den Fachämtern dezentral erfaßt, gepflegt und fortgeführt, die Speicherung erfolgt aber zentral, da alle Verwaltungsverfahren im alphanumerischen Bereich als Datenbankenanwendungen auf dem Großrechner der GKD-Ruhr installiert sind.

Das Fachamt hat folglich die Hoheit über die Daten, es entscheidet auch darüber, an wen und in welcher Form die Daten weitergegeben werden. Es trägt demnach auch die Verantwortung in Datenschutzfragen und ist darüber hinaus für die Gewährleistung der Validität zuständig.

Im Graphikbereich stehen dem Planungsamt, dem Amt für Umweltschutz und dem Tiefbauamt eigene Geräte zur Verfügung. Da eine Graphiknetzwerkanbindung zum Untersuchungszeitpunkt nur zum Tiefbauamt und zum Vermessungs- und Katasteramt realisiert ist, laufen alle übrigen Grafikanwendungen zentral im Amt für Stadtentwicklung in der GU-INFO-Gruppe. Mitarbeiter aus den Fachämtern sind zur Nutzung der geographischen Komponente zeitweise in die GU-INFO-Gruppe integriert.

Zentrales Element der geographischen Komponente ist der Datenbankserver für geographische Daten, auf dem momentan alle Raumbezugsdaten sowie die geographischen Daten der Fachanwendungen abgelegt sind. Für die Integration der alphanumerischen und geographischen Komponente wird ein Multiservermodell eingesetzt, das beide Datenbankserver (alphanumerische Datenbank DB2 in der GKD-Ruhr und geographische Datenbank auf dem Server in der GU-INFO-Gruppe) und ihre Netzwerke verbindet.

Zur Zeit wird daran gearbeitet, die Dateneingabe in manchen Fachbereichen durch Möglichkeiten des Datenträgeraustauschs zu vereinfachen. Beispielsweise werden externe Analyselabors mit GU-INFO-Erfassungssoftware ausgestattet.

Die Kataster-Flur-Karte soll zukünftig die zentrale Raumbezugsebene darstellen. Allerdings sind zur Zeit erst 35 % des Stadtgebiets digitalisiert. Zudem besteht aktuell noch keine Zugriffsmöglichkeit aus GU-INFO auf die Datenbestände. Daher werden als Datengrundlagen die DGK-5 sowie die Stadtpläne 1:10.000 und 1:20.000 im Rasterformat vorgehalten. ATKIS-Daten des Landes liegen zwar flächendeckend für das Stadtgebiet im Maßstab 1:25.000 vor, werden aber nur beschränkt eingesetzt, da die grobe Struktur allenfalls als Übersichtskartenwerk genutzt werden kann.

Effekte, Erfolge und Probleme der Systemnutzung

Die Fachverantwortung für auszuwertende Datenbestände liegt wie dargestellt bei den Fachämtern. Durch Verwendung und Bereitstellung von Fachdaten aus den Vollzugsverfahren für ein gemeinsames übergreifendes Informationssystem erhofft man, die Datenpflege durch die Fachämter und damit die Integrität und Aktualität der Daten gewährleisten zu können.

Vor große Schwierigkeiten, die vor allem auf zu geringe personelle Kapazitäten zurückzuführen sind, sieht man sich in den Fachämtern zur Zeit bei der Datenerfassung gestellt. Da zum Aufbau der Kataster zunächst in erheblichem Umfang die analog vorliegenden Informationen sortiert, bezüglich ihrer Verwendbarkeit beurteilt und hinsichtlich Plausibilität geprüft, diese Arbeiten aber neben den Alltagsgeschäften und ohne die Erweiterung des Personalbestands durchgeführt werden müssen, ist hier eine erhebliche zusätzliche Belastung der Mitarbeiter entstanden.

In Herne wurde von den Initiatoren die Erfahrung gemacht, daß Endnutzer nur mühsam zum Umstieg von analoger auf digitale Arbeitsweise oder dem Wechsel von einer Software auf die andere zu überzeugen sind. Dieses Phänomen wurde im allgemeinen unterschätzt (FALCK 1992). Abwehrhaltung und Widerstände der Nutzer konnten erst durch langwierige Überzeugungsarbeit und Schulungen durch die GU-INFO-Gruppe ausgeräumt werden. Präsentationen und Berichte für Entscheidungsträger in Ausschüssen oder Betriebsräten, "Hausmessen" für Dezernenten und Amtsleiter gehörten zur Strategie, die Leistungen und Ergebnisse zu verkaufen und so dem Erfolgs- und Legitimationsdruck und den Widerständen im Haus zu begegnen.

Der Informationsfluß zwischen verschiedenen Bereichen der Verwaltung wurde nach Aussagen der Betreiber erheblich gefördert. Allerdings wird auch festgestellt, daß man hier noch weit hinter den Möglichkeiten und Erfordernissen eines effektiven Informationssystems zurücksteht, da die Kooperation und Information quer durch die Verwaltung noch nicht im nötigen Umfang realisiert wird. Als Ursache wird angeführt, daß die Datenfreigabe durch die Fachämter, die mit einer "Transparentmachung" der eigenen Datenbestände und somit dem Verlust der "Herrschaftsfunktion" über die Daten einhergeht, noch nicht abgeschlossen ist und auch in den nächsten Jahren ein ständiger Konfliktfall sein wird.

Da die Entwicklungen am GU-INFO weder an den etablierten Hierarchien in der Verwaltung noch an gewachsenen Aufgabenfeldern orientiert waren, entstanden in der Verwaltung zunächst Verunsicherungen, weil Information plötzlich allseitig verfügbar war. Es war zu beobachten, daß Machtstrukturen, die auf der Exklusivität von Information beruhten, zögerlich aufbrachen.

Allerdings wird auch bekräftigt, daß das GU-INFO mittlerweile bei der Entscheidungsvorbereitung - und hier vor allem bei Verwaltungsentscheidungen - wesentliche Unterstützung bieten konnte.

Wie dargestellt, hat Herne im Zuge des GU-INFO-Aufbaus in größerem Umfang Kooperationen zu fachlichen und DV-technischen Fragestellungen initiiert oder sich an bestehenden beteiligt. Diese Kooperationen werden von den UIS-Betreibern als außerordentlich wichtig für die Weiterentwicklung des Systems angesehen. Erfolgreiche Diskussionen haben die Kooperationen vor allem zum Thema Schnittstellen und dabei vor allem für die Standardisierung von Inhalten sowie der Definition von Datenformaten gebracht. Kooperationen mit dem Ziel einer gemeinsamen Programmentwicklung haben sich oft als sehr schwerfällig und ineffektiv herausgestellt.

Bei diesen Kooperationen auf vertikaler und horizontaler Ebene begegnete man außerdem immer wieder dem Problem, daß fachlich gesicherte Standards und Normen für Umweltthemen kaum vorhanden sind (FALCK 1992). Vor allem deshalb werten die Betreiber die getroffenen Vereinbarungen auf lokaler Ebene als wichtigen Erfolg. Auch bei der Diskussion und Entwicklung der Fachanwendungen mit den Fachämtern erwies sich dieses Problem als sehr hinderlich.

Das GU-INFO ist wie beschrieben u.a. mit der Maxime aufgebaut worden, den Verwaltungsvollzug zu effektivieren, indem Verwaltungsverfahren automationsunterstützt abgewickelt werden. Da sich die einzelnen Fachanwendungen im Umweltbereich erst seit kurzem im Einsatz oder teilweise noch in der Entwicklung befinden, liegen bislang keine Angaben über tatsächlich erreichte Effektivitätsgewinne vor.

Die Einführung der Informationstechnologie durch das GU-INFO in verschiedenen Aufgabengebieten der Stadtverwaltung erforderte eine Veränderung in der Ablauforganisation dieser Einheiten mit mehr DV-technischer Logik. Hier traten in den verschiedenen Ämtern z.T. erhebliche Probleme auf, da es oft schwer fiel, sich die eigenen Arbeitsabläufe bewußt zu machen. Zudem bestand ein Problem darin, daß geringe DV-technische Grundkenntnisse bei der Analyse und Strukturierung des täglichen Verwaltungsvollzugs ein nicht unerhebliches Hindernis darstellten. Man strebte daher eine Optimierung der Arbeitsabläufe an, indem ein Kompromiß zwischen den technischen Anforderungen und den "menschlichen Bedürfnissen" gesucht wurde. Dieser Prozeß ist im technischen Bereich wie auch im Umweltbereich bis heute nicht abgeschlossen.

Deutliche Effekte wurden aber bereits in Hinblick auf stärkere Systematisierung der Arbeitsorganisation der einzelnen Sachbearbeiter beobachtet. Für den einzelnen brachte die Anwendung der DV-Technik auch eine Verbesserung in der Auffindbarkeit und Verfügbarkeit der benötigten Informationen.

Mit Hilfe des GU-INFO können heute auch Einnahmen der Stadtverwaltung verbucht werden. Zum einen werden diese durch den Verkauf einzelner Komponenten an andere Städte erreicht, zum anderen werden Daten und Plots als Verwaltungsleistung angesehen und verkauft. Auch bei der Datenfreigabe im Zuge des Gesetzes zum freien Zugang zu Umweltinformationen wird eine Aufwandsentschädigung aufgrund einer Gebührenordnung erhoben. Des weiteren erzielt man interne Einsparungen dadurch, daß mit Hilfe des Systems Planungsaufgaben einfacher im Amt gelöst werden können und nicht mehr an externe Büros vergeben werden müssen.

Durch die starke Bindung an die GKD-Ruhr waren die UIS-Betreiber des öfteren in die Situation versetzt, sich in Fragen der Hard- und Softwareausstattung mit den eigenen fachlichen Anforderungen gegen die Vorstellungen des Rechenzentrums durchsetzen zu müssen. Größere Meinungsverschiedenheiten gab es vor allem im Bereich der geographischen Datenverarbeitung. Implementationshürden konnten mit den oben beschriebenen Strategien überwunden werden, weil der Systemaufbau maßgeblich von einem engagierten Amtsleiter getragen und vom Dezernenten und Oberstadtdirektor voll unterstützt wurde.

Technische Probleme waren in der Anfangszeit vor allem durch die Entfernungen zwischen den auf das gesamte Stadtgebiet verteilten Ämtern gegeben, die an das GU-INFO angeschlossen werden sollten.

Beispielanwendungen und -einsätze

GU-INFO ist so konzipiert, daß zunächst die einzelnen Fachaufgaben des Umweltamts separat und voneinander unabhängig durch die sogenannten Verfahren unterstützt werden sollen. Bislang wurden im GU-INFO verwirklicht oder sollen in naher Zukunft verwirklicht werden:
- Bodenkataster,
- Grundwasserkataster,
- teilweise aus beiden abgeleitet werden soll ein Altlastenkataster,
- Biotopkataster,
- Sonderabfallkataster (ehemals Begleitscheinverfahren),
- Kataster hausmüllähnlicher Gewerbeabfälle,
- Kataster zur Genehmigung und Überwachung der Indirekteinleiterverordnung,
- Kataster zur Genehmigung und Überwachung von Anlagen zum Lagern, Abfüllen, Herstellen und Behandeln von wassergefährdenden Stoffen und
- Kataster zur Bearbeitung von Wasserrechten.

Für das darauf aufbauende Informationssystem wurde im alphanumerischen Teil neben den Bereichen Allgemeines (Informationen zu Straßen- und Straßenschlüsselverzeichnisse sowie zum kleinräumigen Gliederungssystem der Stadt sowie zur Bevölkerung) Daten von allgemeinem Interesse aus den folgenden Bereichen extrahiert:
- Grundwasser,
- Boden und
- Natur und Landschaft (Biotopkataster).

Im geographischen Teil werden über die Programmkomponenten des ALK-GIAP und durch Eigenentwicklungen, die auf dem ALK-GIAP basieren, umweltrelevante Daten zur graphischen Darstellung als Fachanwendungen umgesetzt. Bis heute sind realisiert:

- Über die Fachschale Orts- und Planungsrecht der Flächennutzungsplan, verschiedene Bebauungspläne sowie der Landschaftsplan,
- Fachschalen Kanal, Biotop, Oberflächengewässer, Immissionsbelastung, Realnutzung, Kleinräumige Gebietsgliederung, Regionale Flächenentwicklung, Altlasten.

Um direkte Ansätze des GU-INFO im Problemfeld der Schadstoffreduzierung genauer zu betrachten, bieten sich die auf die Umweltgüter Wasser, Boden und Luft bezogenen Anwendungen an.

Anwendungen Wasser:

Im alphanumerischen Teil liegen die Aufgaben des UIS im Nachweis erfaßter Grundwasserproben aus Pegeln, Quellen, Brunnen mit Informationsmöglichkeiten zu den Meßstellen, zu Meßergebnissen und fachübergreifenden Zusammenhängen, die derzeit in der Verknüpfung mit den Bereichen Sonderabfall und Biotop bestehen und zukünftig die Bereiche Boden und Altlasten berücksichtigen sollen.

Es sind Abfragemöglichkeiten über Gebietsauswahlen, Abfragezeiträume, Meßstellenarten, Grundwasserstockwerke und Analyseergebnisse stoffbezogen mit Angabe von Grenzwertüberschreitungen gegeben. Je nach Untersuchungsstoff können Vergleichswerte aus Gesetzesverordnungen und Empfehlungen herangezogen werden.

In der Darstellung der Oberflächengewässer in der entsprechenden Fachschale wurde eine Kartierung des Umweltamts umgesetzt. Neben verschiedenen Angaben zur Art des Wasserlaufs (Schmutzwasserläufe, Reinwasserläufe), die mit der spezifischen Charakteristik der Gewässerläufe in der Region zusammenhängt, umfaßt die Karte auch Einleiterstellen.

Anwendungen Boden:

Das Bodenkataster befindet sich zur Zeit in der Entwicklung und umfaßt bislang Informationen zu Bodenprobenstellen, Meßergebnissen, Grundwasserständen sowie früheren und aktuellen Nutzungen. Zusammen mit dem Grundwasserkataster dient diese Anwendung auch der Altlastenüberwachung. Das Bodenkataster wird in enger Abstimmung mit dem jetzt in das Landesumweltamt integrierten Bodenschutzzentrum NRW und dem dort aufgebauten landesweiten Bodeninformationssystem BIS entstehen. Die in dieser Zusammenarbeit festgelegten Dateistrukturen und Schnittstellen sollen später einmal einen vertikalen Datenaustausch ermöglichen.

Anwendung Immissionsschutz:

Die Fachschale Immissionsbelastung entstand für die Erstellung eines Berichts über die Luftqualität im Stadtgebiet. Sie dient dazu, die auf Datenträger gelieferten Meßdaten der ehemaligen Landesanstalt für Immissionschutz (LIS, jetzt ins Landesumweltamt integriert) in Kartenform umzusetzen. Die Karte wird im Abstand eines Jahres aktualisiert. Sie soll u.a. als Bewertungsgrundlage in den sogenannten Gebietsbriefen des Umweltamts bei Stellungnahmen für Flächennutzungsplanänderungen oder bei Aufstellung von Bebauungsplänen dienen.

3.5.7 Münster

Das Fallbeispiel Münster stellt gegenüber den anderen Fallbeispielen der Studie eine gewisse Besonderheit dar, da sich das UIS zum Untersuchungszeitpunkt noch in der Konzeptionsphase befunden hat. Dennoch erschien es den Autoren lohnend, aus folgenden Gründen das Münsteraner Modell in die Untersuchung mit einzubiehen:

- Es war im Sinne der Untersuchung interessant nachzuvollziehen, welche Implementationsstrategien ein im Aufbau von UIS erfahrener Systeminitiator (Herr Du Bois aufgrund seiner vorangegangenen Tätigkeit bei UVF) beim Neuaufbau eines Systems (hier bei der Stadt Münster) wählt.

- Die konsequente Einbindung eines externen Consulting-Unternehmens zur Unterstützung bei der Bestandsanalyse und Bedarfserfassung, der entsprechenden Konzeption des UIS und bei der Herstellung der Kommunikation innerhalb und außerhalb des Umweltamts ist auf kommunaler Ebene einmalig. Welche Auswirkungen und Effekte dies auf die verschiedenen Aspekte bei Konzeptionierung und Aufbau eines UIS hat, stellt für die Untersuchung eine wertvolle Erkenntnis dar.

Anlaß, Ziele und Entwicklung

Die Entwicklung eines UIS in Münster begann am 1.1.1993 - mit dem Amtsantritt von Herrn Du Bois als Amtsleiter - von vorne. Die Aufgaben des Umweltamts wurden bis Anfang 1993 durch verschiedene EDV-Kataster unterstützt, die jedoch einen erheblichen Verbesserungsbedarf aufwiesen und die Anforderungen der Mitarbeiter nur unzureichend erfüllten (DU BOIS 1995). Sie deckten weder den fachlichen Informationsbedarf ab noch entsprachen sie den DV-technischen Qualitätsanforderungen einer integrierten, redundanzfreien Datenverwaltung.

Die Ausgangssituation wurde darüber hinaus wie folgt beschrieben:
- wenig DV - Know-how im Amt,
- geringe EDV-Ausstattung (Siemens MX300 mit 12 alpha-Terminals, wenige Einzel-PCs),
- vorhandene Daten unterstützten nicht die Arbeit (Datenfriedhöfe),
- keine GIS-, sondern nur wenige Datenbank-Anwendungen,
- Grundlagendaten vom Vermessungsamt waren - abgesehen vom ALK - kaum zeitnah zu erwarten.

Zusätzlich ergab sich ein Handlungsbedarf zur Überarbeitung der DV-Konzeption durch die Zuordnung neuer Aufgaben zum Umweltamt (Untere Abfallwirtschaftsbehörde, Umweltplan, UVP, Lärmminderungsplanung), die bislang noch gar nicht oder nur z.T. DV-unterstützt waren. Von dieser Situation ausgehend, wurde eine Studie bei einem Consulting-Unternehmen in Auftrag gegeben, um ein Konzept zum Aufbau eines UIS zu entwerfen. Diese Studie ist mittlerweile abgeschlossen und die Ergebnisse wurden veröffentlicht (STADT MÜNSTER 1994). Insbesondere sollte zunächst in einer Bestandsaufnahme der Ist-Zustand der Datenverarbeitung (qualitativer und quantitativer Datenbedarf, Defizite, Effektivität etc.) unter den Zielkomplexen Vollzugsunterstützung, Planungsunterstützung und Vorgangsbearbeitung analysiert und gleichzeitig die DV-relevanten Entwicklungsfaktoren für die Arbeit des Umweltamts aufgezeigt werden (Soll-Konzept). Neben den fachlichen Anforderungen aus dem Umweltamt waren zusätzlich die Anforderungen anderer wesentlich beteiligter Ämter zu berücksichtigen (Hauptamt, Vermessungs- und Katasteramt, s.u.).

Als Zielgruppe des UIS wurde primär die Sachbearbeitung in der Verwaltung selbst definiert und weniger Führungsebene, Politik oder Öffentlichkeit. Grund dafür ist u.a. die Erfahrung, daß die Politik mitunter eher als Bremse wirkt, da mit UIS die Umweltbelastungen besser greifbar und transparenter werden, so daß Handlungszwänge entstehen.

Folgende Schwerpunkte sollen verstärkt angegangen werden:
- Indirekteinleiterkontrolle (TRIAS-Produkt),
- Abfall (TRIAS-Produkt),
- Luftschadstoff- und Lärmmodell und -kataster mit Datenaufbereitung,
- Gewässerökologie (Pen-Top des Instituts für Geographie der Universität Münster),
- Kleinkläranlagensanierung,
- Umweltplan (neue Aufgabe),
- Aktivitätenkarte (Aktionsfelder der Kontrolleure der Umweltordnungsbehörden),
- Kommunale UVP (neue Aufgabe).

Im Vordergrund steht die Realisierungsfähigkeit der Teilsysteme, um möglichst schnell greifbare Anwendungen vorweisen zu können. Insbesondere wird Wert auf die Verknüpfung von Vollzug und Planung gelegt. Ein Einsatzfeld, in dem beide Bereiche zusammen kommen, ist die Erstellung eines sogenannten Umweltplans. Der Umweltplan soll Vorgaben für die Bauleitplanung und Schwerpunkte für Umweltvollzugstätigkeiten entwickeln. Im Bereich Umweltplanung wird in Münster noch an einem Bodenschutzplan gearbeitet, der dann auch eine geeignete Aufgabe für EDV-Unterstützung, insbesondere mit GIS-Unterstützung, darstellt.

Außerdem sollte eine Richtlinie für kommunale UVP erstellt werden. Es war jedoch noch unklar, inwieweit dort eine EDV-Unterstützung erfolgen soll. Weiterhin ist denkbar, daß der Einsatz von Pen-Tops bei Kontrollaufgaben im Bereich Abfall sowie bei Aufgaben im Bereich Öl- und Giftalarm ausgeweitet werden soll. Darüber hinaus soll ein Bürokommunikationssystem zur Vollzugsunterstützung eingeführt werden.

Vorgehen bei Aufbau und Implementation

Zuerst wurde unter Moderation des Consulting-Unternehmens ein Workshop zu folgenden Themen veranstaltet:

- Aufgabensammlung,
- Bestandsaufnahme vorhandener Potentiale,
- erwarteter Nutzen (und Probleme).

Als "Hausaufgabe" mußten alle Mitarbeiter zunächst ihren Aufgabenbereich klar strukturieren und definieren. Besonders die Darstellung des vom System erwarteten Nutzens wurde als hilfreiches Mittel angesehen, um bei den Teilnehmern des Workshops in Sachen Überzeugung weiter zu kommen, weil sie selbst definieren mußten, welchen Nutzen - qualitativ und quantitativ - von der EDV-Technik erwartet wird.

Danach wurden Vertreter der anderen Ämter eingeladen; die Ergebnisse wurden vorgestellt und es wurde beraten, wie jeweils das Umweltamt unterstützt werden kann.

Anschließend wurde mittels strukturierter Formblätter, die die Mitarbeiter ausgefüllt haben, der Organisations- und CIA-Grad (Computer-Integrated-Administration) ermittelt, was über Feedback-Runden abgesichert wurde (quasi interne Workshops). Zur Evaluierung des Organisationsgrads wurden die Kriterien Funktionalität, Termineinhaltung, Informationsqualität und -aktualität sowie Effizienz berücksichtigt. Der CIA-Grad gibt an, in welchem Maße derzeit oder zukünftig die verschiedenen Aufgabenbereiche DV-mäßig unterstützt werden. Die Analyse ergab Defizite in der DV-Unterstützung für die verschiedenen Aufgabenbereiche. Schwerwiegend war besonders das bereits vorhandene Vollzugsdefizit in den meisten Bereichen, das Ergebnis einer unzureichenden bzw. fehlenden vorgangs- und verfahrensorientierten DV-Unterstützung sowie der fehlenden flächendeckenden Ausstattung mit Bildschirmarbeitsplätzen war (DU BOIS 1995). Im Aufgabenbereich Umweltplanung wird Bedarf vor allem im Bereich der graphischen Datenverarbeitung inclusive effizienter Verfahren zur Erfassung, Analyse und Visualisierung von umweltrelevanten Sachdaten gesehen.

Vor allem die Unterstützung und Anleitung des Moderators war wohl ein Garant für den Erfolg dieses Vorgehens. So konnte erreicht werden, daß selbst weniger EDV-kundige Mitarbeiter die Aufgabenstrukturierung und Nutzendefinition recht gut erledigen konnten.

Auf diesen Erfahrungen basierend und mit allen Ämtern abgestimmt, wurde vollständig durch die Mitarbeiter des Umweltamts in Eigenregie ein Grobkonzept erstellt (STADT MÜNSTER 1994). Vom Hauptamt wurden Rahmenbedingungen für die Investitionen vorgegeben. Das Grobkonzept besteht aus einem strategischen Teil und einem konzeptionellen Teil. Der strategische Teil zeigt die Möglichkeiten einer verbesserten EDV-Unterstützung für die einzelnen Aufgabengebiete und Tätigkeiten auf und gibt eine Abschätzung der potentiellen Effektivierung. Im konzeptionellen Teil wurde, in Abstimmung mit der KDN[22]-Leitungsgruppe Köln (Pflichtenheft), ein First-Cut-Datenmodell erstellt, das auch veröffentlicht werden soll, um es anderen leichter zu machen (KOCK 1995). Mittlerweile konnten auch bereits für einzelne Aufgabenpakete Partner gefunden werden, die anhand des Anforderungskatalogs die Programmierarbeit übernehmen. Jeder, der in Zukunft vom Umweltamt Aufträge beziehen will, wird sich an die erarbeiteten Vorgaben halten müssen.

Weiterhin ungeklärt sind aber noch folgende Punkte:
- Datenabgabe, Gebührenordnung,
- Dokumentation,
- Metadatenbank (wird aber als wichtiger Baustein betrachtet).

Hard- und Software

Grundlage des neuen UIS in Münster bildeten das Geo-Informationssystem Arc/Info und das relationale Datenbanksystem Informix, jeweils auf Workstation-Ebene unter dem Betriebssystem UNIX. Mit UNIX als Systemplattform ist eine weitgehend offene Architektur möglich, so daß die für erforderlich gehaltene problemlose Einbindung der DV-Konzeption des Umweltamts in die Stadtverwaltung gewährleistet ist.

In Ergänzung zur bisherigen Ausstattung wurden Workstations und zwei X-Terminals sowie Arc/Info angeschafft, außerdem einige PCs, die die Siemens-Terminals ersetzen. Diese werden über Glasfaserleitungen verkabelt und im Netzverbund betrieben. Auf ihnen sollen dann Client-Programme zur Vollzugsunterstützung laufen. Im Stadthaus soll ein zentraler Rechner (Siemens MX500) für die Speicherung von Datenbanktabellen genutzt werden. Für Softwareanschaffungen wurde die Empfehlung ausgesprochen, Standardprodukte zu kaufen, da erstens Anpassungen und Schulungen einfacher werden und zweitens auch der Anbieter eher in der Lage ist, zusätzliche Wünsche zu verwirklichen und zu vermarkten. Die Evaluierung der Softwarepakete für den Umweltvollzug ist durchgeführt worden.

Im Vermessungs- und Katasteramt wird als GIS das System SICAD benutzt. Nachdem lange Zeit die Anschaffung von SICAD und das Arbeiten mit dem Großrechner für alle Ämter gefordert wurde, gibt es jetzt einen neuen Trend: SICAD wird zwar nach wie vor als führendes GIS betrachtet, es ist den anderen Ämtern jedoch gestattet, auch andere Software zu beschaffen, solange sie eine Schnittstelle zu SICAD hat. So wurde beispielsweise vom Stadtplanungsamt das Produkt GeoMAP der Firma GeoPRO beschafft. Am Umweltamt wurde 1994 Arc/Info angeschafft. Die Funktionalität von SICAD für Umweltfragestellungen wird nicht als ausreichend betrachtet. Ausschlaggebend für diese Systementscheidung waren sicher auch die positiven Erfahrungen, die Herr Du Bois während seiner Tätigkeit beim Umlandverband Frankfurt (bis 1992) gesammelt hat.

Projektorganisation

Das UIS Münster wird in der Aufbauphase als System zunächst auf das Umweltamt beschränkt sein. Ein Datenaustausch mit anderen Ämtern soll aber (beidseitig) über Schnittstellen erfolgen; zunächst via Datenträger, in Zukunft online. Parallel zum UIS befindet sich in Münster bereits seit 1993 das KORIS (Kommunales Raumbezogenes Informationssystem) beim Amt 62 (Vermessung) im Aufbau.

Das UIS soll die zwei wesentlichen Aufgabenbereiche Sonderbehördliche Umweltschutzaufgaben und Vorsorgende Umweltplanung unterstützen. Das Gesamtsystem setzt sich aus einer Reihe von Bausteinen zusammen (vgl. Abb. 3.11) und ist so konzipiert, das es schrittweise entwickelt werden kann. Die Komponenten können bis zu einem gewissen Stadium getrennt voneinander entwickelt und dann in das Gesamtgefüge eingepaßt werden.

---

[22] KDN = Kommunale Datenzentralen in NRW

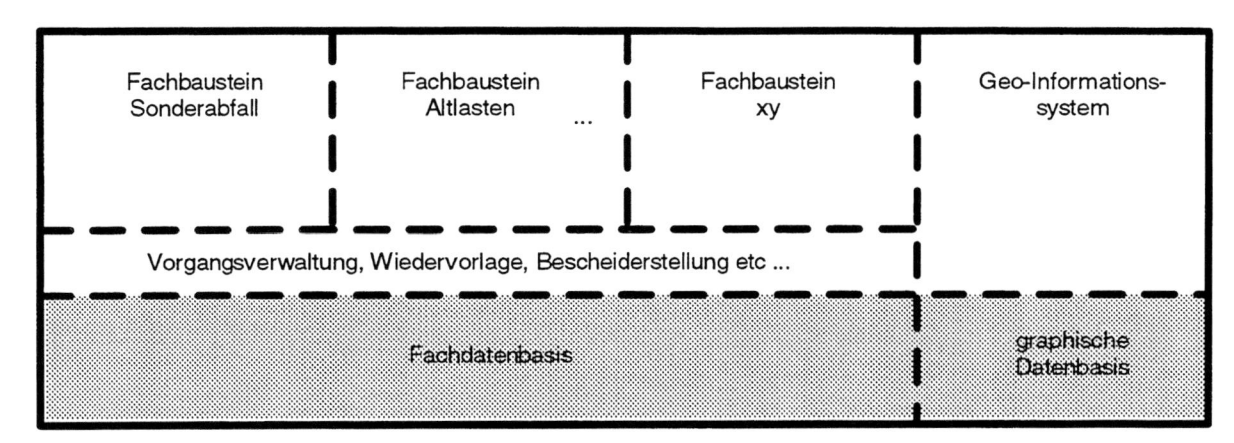

Abb. 3.11: Aufbau des UIS Münster (Quelle: KOCK 1995)

Zur Verwirklichung wird es nach Aussagen der Initiatoren wichtig sein, daß in jeder Abteilung ein bis zwei Leute vorhanden sind, die Interesse an der Sache haben und die Systembetreuung und -fortführung als fortgeschrittene Nutzer mit übernehmen können.

Daten- und Informationsmanagement

Ziel ist die Schaffung einer "amtsweiten Datenbasis in Form eines integrierten Umweltkatasters" (STADT MÜNSTER 1994). Auf dieser Datenbasis arbeiten die unterschiedlichen auf die Vollzugsaufgaben zugeschnittenen DV-Anwendungen. Zentraler Bestandteil einer solchen Datenbasis wird eine Betriebsdatei mit Informationen über Betriebsstätten und Anlagen sein, die als Rückgrat des Umweltvollzugs die verschiedenen Komponenten vernetzten soll. Die DV-Anwendungen sollen vorgangs- und verfahrensorientiert für folgende Aufgabenbereiche arbeiten: Sonderabfall, Indirekt- und Direkteinleiterkontrolle, Anlagen an Gewässern, Kleinkläranlagen, Altlasten, Gewässerökologie und -unterhaltung, VAwS-Anlagen, Wasserschutzgebiete, Immissionsschutz. Die Anwendungen sollen möglichst viele Arbeitsschritte automatisieren, um effektiver, zeitnäher und qualitativ besser arbeiten zu können. Weiterhin sollen die Sachdaten des Verwaltungsvollzugs einen Raumbezug erhalten, um eine graphisch-digitale Darstellung und Datenverarbeitung zu gewährleisten, mit der die Ausführungsqualität der Aufgaben z.B. bei Stellungnahmen, aber auch eine Koordinierung und Steuerung von Maßnahmen durch Visualisierung von Risiko- und Gefahrenbereichen erreicht werden soll. Eine Integration der Fachbausteine Umweltvollzug in das GIS ist daher vorgesehen.

Für den Bereich der Umweltplanung spielt die Erstellung und Analyse von thematischen Karten eine wesentliche Rolle. Dabei geht es um eine möglichst exakte Wiedergabe der Umweltsituation in den betreffenden Räumen. Dies bedeutet ein hohes Maß an Aktualität und Verfügbarkeit der geeigneten thematischen Karten, die über die digitalen Datengrundlagen im GIS erstellt werden können. Darüber hinaus sollen auch neue Informationen erzeugt werden, die mit analoger Kartographie nicht zugänglich sind (z.B. Lärmimmissionspläne). Dazu ist die erforderliche Einbindung von Simulationsmodellen ins GIS bereits angedacht.

In der ersten Phase der Einführung liegt im GIS-Bereich ein Schwerpunkt auf der Übertragung und Sichtung schon vorhandener graphischer Grundlagendaten. So sind insbesondere Daten des Vermessungs- und Katasteramts (ALK, Flächennutzungsplan, Digitales Höhenmodell) von Interesse. Diese sollen mittels einer geeigneten Schnittstelle in das GIS des Umweltamts übernommen werden.

Effekte, Erfolge und Probleme der Systemnutzung

Zur Systemnutzung kann noch nicht viel gesagt werden, da sich das System erst ganz am Anfang der Realisierungsphase befindet. Dennoch konnten bereits Datenredundanzen - vor allem im Rahmen des Umweltplans - festgestellt werden. Nach Abstimmung mit allen fachrelevanten Ämtern sollen diese zukünftig vermieden werden.

3.5.8 Wuppertal

Anlaß, Ziele und Entwicklung

In Wuppertal sind in der zweiten Hälfte der 80er Jahre im Rahmen der vielerorts geführten Diskussion zum Thema Umweltinformationssysteme ebenfalls Überlegungen zum Aufbau eines geeigneten Systems angestellt worden. Man reagierte damit auf die durch neue Bundes- und Landesgesetze, Verordnungen und Verwaltungsvorschriften gestiegenen Anforderungen im kommunalen Umweltschutz, die die Verwaltungen vor die Aufgabe stellten,

- „als Planungsträger Belange des Umweltschutzes mit anderen öffentlichen und privaten Belangen gerecht gegeneinander und miteinander abzuwägen und
- als Ordnungsbehörde umweltrelevante Gesetze und Verordnungen in die Praxis umzusetzen und zu vollziehen" (STADT WUPPERTAL 1992).

Damit einhergehend sah man sich einem Anstieg der Informationsdichte sowie einer Vielzahl von zu berücksichtigenden Faktoren gegenübergestellt und erhoffte, mit dem Instrument eines DV-gestützten UIS die Problemlösung und den Schlüssel zum einfachen Umgang mit umweltrelevanten Daten zu finden.

Das Umweltinformationssystem Wuppertal (UMWIS) sollte aktuelle und flächendeckende Grundlagen sowie planungsrelevante Kenngrößen für die unterschiedlichen Umweltbereiche bereitstellen, um Vollzug und Planung gleichermaßen zu unterstützen. Folgende Teilaufgaben stehen im Vordergrund (KOHLHAS 1990):

- Gesetzesvollzug,
- Dokumentation von Umweltdaten,
- Erarbeitung von planungsrelevanten Kenngrößen für die UVP,
- Berichterstattung und Präsentation,
- Informationsdienst Umwelt,
- Verwaltungsrationalisierung.

Vorgehen bei Aufbau und Implementation

Parallel zu den konzeptionellen Überlegungen zum Aufbau eines UIS wurde bei den für Datenverarbeitung zuständigen Ämtern der Stadt Wuppertal ein Konzept zur „Technikunterstützten Informationsverarbeitung" (TuI) entwickelt. Zur gemeinsamen Umsetzung beider Konzeptionen wurde dann das Pilotprojekt „Bürokommunikation und Umweltinformationssystem" im Amt für Umweltschutz[23] ins Leben gerufen. Die Ziele des Projekts waren:

- Verbesserung der Dienstleistungsfunktion der Verwaltung,
- Beitrag zum Aufbau eines UIS für die Stadt Wuppertal,
- Minderung des Vollzugsdefizits im Umweltbereich,
- qualitative und quantitative Arbeitsverbesserung durch Technikeinsatz.

Damit lagen die Prioritäten dieses Projekts deutlich in der Vollzugsunterstützung. Die Sachbearbeiterfunktionen sollten mit Hilfe moderner Datenbankanwendungen unterstützt und gleichzeitig in eine funktionsgerechte und anwenderfreundliche Oberfläche eines Bürokommunikationssystems (BKS) integriert werden.

---

[23] Im Zuge einer 1994 durchgeführten Verwaltungsreform in Wuppertal sind mittlerweile die Ämter als Organisationseinheiten aufgelöst worden (KAISER et al. 1994). Das Amt für Umweltschutz wurde zusammen mit dem ehemaligen Garten- und Friedhofsamt im neugegründeten Ressort „Natur- und Freiraum" zusammengefaßt. Dennoch wird hier die alte, zum Zeitpunkt der Untersuchung existente Bezeichnung „Amt für Umweltschutz" beibehalten.

Die damit einhergehende Technisierung von Vollzugsaufgaben sollte gewährleisten, daß Daten, die später in ein Umweltkataster einfließen sollten, einer laufenden Prüfung und Aktualisierung unterliegen.

Unter Federführung des Hauptamts wurde im Vorfeld des Projekts eine Organisations- und Kommunikationsanalyse durchgeführt. Neben den Kommunikationsbeziehungen innerhalb und außerhalb des Amts für Umweltschutz wurden insbesondere die verschiedenen Aufgaben in Hinblick auf eine mögliche Technikunterstützung untersucht. Zur organisatorischen, technischen und inhaltlichen Begleitung des Projekts wurde eine Projektgruppe mit Beteiligung der Firma SNI gegründet. Aus der Stadtverwaltung sind verschiedene Abteilungen des Hauptamts, das Amt für Umweltschutz, das Chemische Untersuchungsinstitut sowie das Vermessungs- und Katasteramt (Graphische Datenverarbeitung) am Projekt beteiligt worden. Zu Beginn des Projekts wurde ein fachliches Grobkonzept erarbeitet, in dem die Arbeitsschwerpunkte der Technikunterstützung festgelegt wurden. In einem Feinkonzept erfolgte anschließend die Analyse des Ablaufs der Vorgänge mit Erstellung eines DV-Konzepts. Darin enthalten ist die Definition von Datenbanktabellen, Textbausteinen und Formularen mit Beschreibung der Funktionalität der einzelnen DV-Anwendungen. Unter Berücksichtigung der Organisationsuntersuchung und der fachlichen Anforderungen der Mitarbeiter wurde dann ein Konzept für die Ausstattung mit Hard- und Software erarbeitet.

Dem Realisierungsschritt folgte eine Einarbeitung der Mitarbeiter in das BKS und die Verfahren. Die Herangehensweise wurde beispielhaft von der Firma SNI erprobt und realisiert. Alle weiteren Anwendungen wurden in eigener Regie im Amt für Umweltschutz erstellt.

Aus den in der Projektvorbereitung definierten Verfahren wurden zunächst Anwendungen für die im folgenden genannten Bereiche realisiert. Dabei wurden die Aufgabenbereiche ausgewählt, die in der Konzeptionsphase innerhalb der Verwaltung eine hohe Priorität besaßen bzw. sich aufgrund hoher Fallzahlen für eine Technikunterstützung anboten:

- Abfallwirtschaft,
- Informationsdienst Umwelt,
- betrieblicher Umweltschutz,
- Boden/Altlasten,
- Gewässerschutz,
- Energieplanung,
- Artenschutz,
- Umweltordnungswesen,
- thematische Kartographie.

Zum Untersuchungszeitpunkt war geplant, die Zusammenarbeit mit anderen datenverwaltenden Ämtern zu verstärken, um so zukünftig die Einbeziehung weiterer umweltrelevanter Daten in das UIS zu erreichen. Als Voraussetzung wurde eine Verbesserung der automatisierten Datenführung bei den Fachämtern genannt. Zur Koordinierung der umweltrelevanten Datenverarbeitung in den verschiedenen Ämtern sollte die Arbeitsgruppe UMWIS erweitert werden. Daneben sollte die Erweiterung der Arbeitsgruppe auch zum Aufbau des bisher nur ungenügend realisierten Umweltkatasters beitragen, um dann die Bereitstellung umweltrelevanter Informationen für alle Verwaltungsstellen besser gewährleisten zu können.

Hard- und Software

Im Amt für Umweltschutz sind ca. 85 % der Mitarbeiter mit einem Terminal (ca. 60) ausgestattet. Als Server dient eine amtseigene MX-500 mit dem Betriebssystem SINIX, deren Kapazität zu Beginn der Untersuchung voll ausgelastet war. Eine Anbindung aller Arbeitsplätze, die für eine volle Funktionalität des BKS als Grundvoraussetzung angesehen wurde, konnte mit der vorhandenen Architektur nicht mehr umgesetzt werden. Im Zuge einer Erweiterung der

Serverkapazitäten wurden neben den Terminals für Sachbearbeiter mit technischen bzw. speziellen Anwendungen PCs als Clients am zentralen SINIX-Rechner angeschlossen. Der MX-500-Rechner ist über ein Glaserfaser-LAN an den Großrechner (BS2000) des Rechenzentrums angeschlossen. Damit stehen grundsätzlich alle dort installierten Anwendungen zur Verfügung. An fünf Terminals des Amts für Umweltschutz werden Großrechneranwendungen emuliert. Gleichzeitig wurde eine Verbindung mit dem interaktiven graphischen Arbeitsplatz im Vermessungs- und Katasteramt geschaffen; auch das Chemische Untersuchungsinstitut kann über das LAN erreicht werden. Die Außenstelle des Amts für Umweltschutz, in der das Veterinärwesen und die Lebensmittelüberwachung untergebracht sind, ist über Modem mit dem Amt verbunden. Jede Etage im Amt für Umweltschutz verfügt über einen Drucker.

Die wesentlichen Büroanwendungen wie Textverarbeitung, Tabellenkalkulation, Businessgraphik, elektronische Post, Wiedervorlage usw. sind in dem Bürokommunikationssystem OCIS enthalten. Die Umweltanwendungen sind mit der Datenbank Informix umgesetzt, die über selbst programmierte Routinen in das BKS eingebunden ist.

Im Vermessungs- und Katasteramt wurde die graphische Datenverarbeitung mit SICAD zum Untersuchungszeitpunkt noch ausschließlich auf der BS2000 des Rechenzentrums unter SINIX betrieben.

Um insbesondere Aufgaben mit auswertendem und analytischem Charakter sowie die thematische Kartographie, graphische Darstellungen, Modellrechnungen und Prognosen besser und vor allem im Hause selbst zu ermöglichen, konnte im Amt für Umweltschutz auch eine eigene Workstation mit LAN-Anschluß und entsprechender Peripherie installiert werden. Als Software für die graphische Datenverarbeitung wird SICAD Open eingesetzt. Für die Berechnung von Lärmimmissionen ist das Simulationsprogramm NOISE angeschafft worden.

Projektorganisation

Das ursprüngliche Konzept sah vor, daß sich das UIS aus folgenden Teilen zusammensetzt:
- einem Umweltkataster, das Umweltdaten katastermäßig zusammenführt und anderen Verwaltungsteilen zur Verfügung stellt,
- den Routinen und Programmen, die Aufgaben im Verwaltungsvollzug unterstützen,
- speziellen Untersuchungsprogrammen im Umweltschutz.

Das Umweltkataster soll aus Daten aufgebaut werden, die in den Vollzugsverfahren anfallen. Durch das oben angeführte Pilotprojekt ist bislang eine Schwerpunktsetzung auf die Verwirklichung der Vollzugsunterstützung sowie ihrer Einbindung in ein BKS gelegt und die Bereitstellung für das Umweltkataster noch unzureichend gelöst worden. Die in diesem und dem folgenden Kapitel skizzierte Darstellung gibt daher vor allem den Realisierungsstand bezüglich der Vollzugsunterstützung wieder.

Das System ist aufgabenbezogen organisiert. Die Verwaltungsstruktur mit ihrer Gliederung in Sachbearbeiter, Sachgebiete, Abteilungen und Ämter wird mit Hilfe des Gruppenkonzepts unter SINIX direkt abgebildet. Teilweise wird jedoch von einer strengen Hierarchisierung abgewichen und auch themenbezogene Gruppen gebildet. Dazu wird die Möglichkeit genutzt, einen Benutzer mehreren Gruppen zuzuordnen. Dieses Prinzip ermöglicht auch, daß beispielsweise ein Abteilungsleiter auf alle Archive und Dateien seiner Abteilung zugreifen kann. Über die Gruppenzugehörigkeit bekommen die Mitarbeiter Zugang zu den für sie zugelassenen Programmen und Dateien (Dokumente, Textbausteine und Datenbanken). Auch die Programmmenüs sind entsprechend der jeweiligen Gruppenzugehörigkeit verschieden aufgebaut.

Im UIS geführte Daten mußten früher im Vermessungs- und Katasteramt über SICAD als Karten ausgegeben werden. Dazu wurden die aufbereiteten Daten aus den Datenbanken per Filetransfer an das Vermessungs- und Katasteramt geliefert und dort weiterverarbeitet. Die Lieferzeit einer Karte betrug je nach Arbeitsbelastung des dortigen Personals mehrere Monate.

Mittlerweile hat in Wuppertal eine umfangreiche Reorganisation der Verwaltung stattgefunden (KAISER et al. 1994). Die wichtigste Veränderung für das UIS im Zuge des Verwaltungsumbaus bestand darin, daß für die Raumbezogene Informationsverarbeitung (RIV) eine neue Organisationsform eingeführt worden ist. Es wurde ein Managementteam gebildet, das gegenüber der alten Organisationsform einen stärkeren Anwendungsbezug besitzt, weil es weniger im Sinne einer Lenkungsgruppe zusammengesetzt worden ist, sondern direkt die Fachleute aus den Ressorts einbezieht. Die einzelnen Anwender in den Abteilungen (Bauämter, Planungsämter) werden als Kunden betrachtet, die von diesem Managementteam betreut werden.

Damit einher geht eine stärkere Dezentralisierung der RIV. Die einzelnen Ressorts haben jetzt volle Eigenverantwortlichkeit in jeglicher Richtung, treffen also selber die Entscheidung in Bezug auf Haushaltmittel, Beschaffung, Systemeinsatz usw.. Daher konnte auch im Amt für Umweltschutz direkt die Möglichkeit einer digitalen Kartographie geschaffen werden.

Für die Projektleitung, Steuerung und Umsetzung stand im Amt für Umweltschutz eine Personalstelle zur Verfügung. Die ebenfalls durch diese Stelle in der Anfangszeit zu leistende Systemadministration und Betreuung der Nutzer wird seit zwei Jahren von einer zusätzlichen Arbeitskraft übernommen. Die Programmierung der Anwendungen erfolgt zum überwiegenden Teil ebenfalls durch diese beiden Mitarbeiter, die Anwendungen werden in solchen Fällen in enger Zusammenarbeit mit den jeweiligen Benutzern entwickelt. Allerdings werden interessierte Mitarbeiter ebenfalls in der Datenbankabfragesprache SQL geschult, so daß sie eigenständig ihre Dateien aufbauen und Eingabemasken sowie Routineabfragen programmieren können. Alle Mitarbeiter werden für das BKS geschult.

Daten- und Informationsmanagement

Zum Untersuchungszeitpunkt wurden die Sachdaten des Amts für Umweltschutz alle in einer zentralen Informix-Datenbank auf der MX-500 geführt. Die Geometriedaten sind mittlerweile auf der als Server dienenden graphischen Workstation abgelegt. Aus der Zeit, wo noch kein Amt für Umweltschutz bestand und Umweltschutzaufgaben zum Großteil in einer Abteilung des Amts für Stadtentwicklung bearbeitet wurden, sind noch Daten auf dem Großrechner im Rechenzentrum gelagert.

Die Dateistruktur von Vollzugsunterstützung und BKS, die auch die jeweiligen Gruppenzugehörigkeiten abbildet, ist als zentrales Archiv angeordnet. Damit wird einerseits für jede Gruppe eine weitgehend gemeinsame Nutzung erlaubt, andererseits ist jedes Archiv für Gruppenfremde gesperrt.

Die Datenerfassung erfolgt im Sinne des automationsgestützten Verwaltungsvollzugs weitgehend als Routineprozedur im täglichen Arbeitsablauf. Eine Vereinfachung bei der Datenerfassung betreibt das Amt für Umweltschutz durch die Strategie, Aufträge an Externe mit der Auflage zu vergeben, daß Ergebnisse in digitaler Form als ASCII-Daten zu liefern sind.

Ein Metainformationssystem oder eine einfache Übersicht über die beim Amt für Umweltschutz oder anderen Verwaltungsstellen geführten Daten ist in Wuppertal nicht vorhanden.

Alle Sachdaten werden unter der Voraussetzung eines einheitlichen Raumbezugs gespeichert. Als Raumbezug wird in Wuppertal neben dem Gauß-Krüger-System ein netzorientiertes Raumbezugssystem verwendet, in dem das Stadtgebiet in Baublöcke, Segmente und andere räumliche Gliederungen eingeteilt ist. Diesem Raumbezugssystem werden alle Daten zugeordnet, die einen Bezug zum Haus, zur Straße oder zum Baublock haben.

Das Vermessungs- und Katasteramt realisiert entsprechend der MERKIS-Konzeption die Einrichtung von drei Raumbezugsebenen (RBE). Vorgesehen ist, die Basisgeometriedaten der RBE 5.000 und RBE 10.000 bei Vorliegen einer geeigneten Methodenbasis aus der RBE 500 abzuleiten (JEROSCH 1993). In der Stadtverwaltung werden die für das Stadtgebiet von Wuppertal fertig vorliegenden ATKIS-Blätter nicht eingesetzt.

Diese Grunddatenbestände werden im UIS direkt genutzt. Beispielsweise setzt ins UIS integrierte Lärmberechnungsprogramm NOISE auf das digitale Stadtgrundkartenwerk auf.

Effekte, Erfolge und Probleme der Systemnutzung

Als Nutzergruppe des realisierten Systems der Vollzugsunterstützung und Bürokommunikation sind vor allem die Mitarbeiter der Umweltverwaltung angesprochen. Eine Nutzung des Systems durch externe Verwaltungsteile, Politik oder Öffentlichkeit findet bislang nicht statt. Jedoch dient das Modul „Informationsdienst Umwelt" den Verwaltungsmitarbeitern als Auskunftsdienst für Anfragen von Ansprechpartnern, Ausschußmitgliedern, Behörden und als Auskunftssystem für die Bereiche „Abfall- und Umweltberatung" und „Umwelttelefon".

In einer im Abschlußbericht des Pilotprojekts erfolgten Bewertung in Hinblick auf die gesetzten Ziele resümieren die Systembetreiber (STADT WUPPERTAL 1992):

Die beispielhafte Einführung technikunterstützter Informationsverarbeitung ist bei allen ausgestatteten Arbeitsplätzen im Verwaltungsvollzug voll in die Arbeitsabläufe integriert worden und aus heutiger Sicht „nicht mehr weg zu denken". Qualitative und quantitative Arbeitsverbesserungen haben auch zu einer Minderung des Vollzugsdefizits im Umweltbereich beigetragen. Die Erleichterungen im Arbeitsprozeß, vor allem im Bereich Dokumentenerstellung und Weitergabe von Vorgängen, haben teilweise zu einer Beschleunigung der Vorgangsbearbeitung um den Faktor 20 geführt. Diese Effektivitätsgewinne setzen sich zusammen aus einer Rationalisierung der Arbeitsvorgänge, einer Erschließung bisher nicht leistbarer Aufgaben und einer Mehrfachnutzung von Daten und Dokumenten.

In einigen Anwendungsfeldern, für die eine Datenbank entwickelt wurde, kam es allerdings vor allem in der Anfangsphase zu Anlauf- und Umstellungsproblemen, die vor allem im Bereich der Datenerfassung anzusiedeln waren. In diesen Bereichen erwartet man deutliche Arbeitsverbesserungen nach einer Phase von zwei Jahren.

Erkennbare Arbeitsverbesserungen konnten für die Aufgabengebiete Umweltordnungswesen, Abfallbegleitscheinverfahren und Sonderabfallkataster, Kontrolle der Lagerung wassergefährdender Stoffe (VAwS), Indirekteinleiter, Wasserrechte und potentielle Altstandorte erreicht werden. Über diese Entlastung von Mitarbeitern bei Routinearbeiten konnte halbwegs die gestiegene Aufgabenfülle in den genannten Bereichen aufgefangen werden.

Hinsichtlich der Datenerfassung ist gerade im Vollzugsbereich die Notwendigkeit der Aktualität der Daten für die Funktionsfähigkeit des UIS erkannt worden. Man betreibt daher einen sehr hohen Aufwand für die Aktualisierung der Daten.

Die Betreiber stellen für den Einsatz technikunterstützter Informationsverarbeitung einen wirtschaftlichen Gewinn fest und beziffern diesen nach Abzug der Investitionskosten auf rund 50. - 100.000 DM/Jahr. Des weiteren glaubt man, daß die im Pilotprojekt entwickelte Herangehensweise auch auf andere Verwaltungsbereiche übertragbar ist.

In dem Pilotprojekt konnte auch nachgewiesen werden, daß die für das Umweltkataster notwendigen Daten im Verwaltungsvollzug durch die Sachbearbeitung in den einzelnen Umweltbereichen erzeugt und fortgeschrieben werden können. Schon heute bilden daher für das Umweltkataster folgende Bereiche aufgrund der als notwendig erachteten räumlichen und zeitlichen Aggregation die zentrale Grundlage:
- Sonderabfälle,
- Ergebnisse des Bodenmeßprogramms,
- das Informationssystem Gewässer,
- das Grundwasserkataster,
- der Wärmeatlas Wuppertal.

Ungeklärt ist zur Zeit noch, ob ein solches Umweltkataster als zentrales Kataster auf dem BS2000-Rechner oder als dezentrale Lösung gekoppelt an die Verwaltungsverfahren in den einzelnen Ämtern realisiert werden soll.

Wuppertaler Erfahrungen zeigen auch, daß für umfassende kommunale Datenmodelle mit verteilten Datenbanken neben einheitlichen räumlichen und sachlichen Bezugsgrößen auch eine vorausschauende Netzplanung erforderlich ist. Daneben zeigte sich aber auch, daß aufgrund fehlender einheitlicher Strategien der Gesamtverwaltung bei EDV-Fragen Hindernisse für Kommunikation und Datenaustausch auftraten.

Betreffend der organisatorischen Rahmenbedingungen wurden in Wuppertal gute Erfahrungen mit der begleitenden Projektgruppe gemacht, die sicherstellte, daß umgehend für anfallende Probleme Lösungsmöglichkeiten gesucht wurden. Koordinationsprobleme traten teilweise mit externen Hardwarefirmen auf.

Beispielanwendungen und -einsätze

Die Konzentration auf BKS und Datenbankanwendungen brachte wie dargestellt mit sich, daß zunächst vor allem Vollzugsaufgaben unterstützt wurden. Allerdings zeigt sich in letzter Zeit auch, daß diese Techniken zunehmend Eingang in den Bereich der Umweltplanung finden.

Beispielsweise wird das System bei der Zusammenstellung planungsrelevanter Daten für die UVP genutzt. Da die Daten aber auf verschiedenen Systemen und in verschiedenen Datenbanken gespeichert sind, ist das Auffinden und Übertragen für den Sachbearbeiter im Amt recht umständlich.

Einige Anwendungsbeispiele, die über den Rahmen gesetzlich vorgeschriebener Pflichtaufgaben hinausgehen und mit der Zielsetzung der Vermeidung oder Minderung von Schadstoffeinträgen verbunden sind, sollen im folgenden kurz dargestellt werden:

Anwendung Fließgewässer

Im Bereich Fließgewässerschutz besteht in der Stadt Wuppertal das Problem, daß man aktuell prüfen muß, wo aus ökologischer Sicht überhaupt noch Regenwasser aus der vorhandenen Trennkanalisation in die Bäche eingeleitet werden kann.

Unter anderem zu diesem Zweck wurde in einer Zusammenarbeit von Unterer Wasserbehörde, Unterer Landschaftsbehörde, dem Tiefbauamt (Aufstellung des Generalentwässerungsplans) und dem Wupperverband ein Gewässerinformationssystem aufgebaut, aus dem Angaben über Ausbauzustand, Gewässergüte, Biotope und Einleitungen entnommen werden können. Beim Vermessungs- und Katasteramt liegen dazu auch geographische Daten vor.

Bei den Untersuchungen im Rahmen des Systemaufbaus konnte u.a. festgestellt werden, daß in Wuppertal beinahe doppelt so viele Bäche vorhanden sein müssen (teilweise verbaut, verschüttet, kanalisiert), als bislang bekannt waren. Die Datei soll die Planung für Unterschutzstellung und Sanierung der Bäche unterstützen und darüber hinaus für die Aufgabenbereiche Gewässerunterhaltung, Öl- und Giftalarm, Biotoppflege und Landschaftsplanung genutzt werden. Darüber hinaus strebt man ein kontinuierliches Gewässergütemonitoring an, die dort gewonnenen Daten sollen ebenfalls in das System einfließen. Eine Einbindung in das Verfahren zur „Wasserrechtlichen Genehmigung" der Unteren Wasserbehörde ist in Vorbereitung.

Anwendung Grundwasser:

Aufbauend auf der im Amt für Umweltschutz geführten Brunnendatei (zur Trinkwasseranalyse und Brunnenüberwachung) sollen alle in der Verwaltung geführten grundwasserrelevanten Informationen in ein Kataster zusammengeführt werden. Auch das Brunnenkataster der Unteren Wasserbehörde, das zur Zeit schon bei der Altlastenüberwachung und der UVP benutzt wird, soll integriert werden.

Weitere Daten werden aus dem Gesundheitsamt und dem Chemischen Untersuchungsinstitut übernommen. Vor allem bei letzterem hat das Vorhaben der Integration in eine zentrale Datenbank mit einheitlichem Datenmodell einer erheblichen Systematisierung und Aufbereitung der im Hause vorliegenden Daten bedurft.

Anwendung Bodenschutz:

Im Bereich Bodenschutz ist bislang der Aufbau eines Informationssystems für die laufende Berichterstattung aus den Projekten „Bodenmeßprogramm" und „Untersuchung von Kinderspielplätzen" sowie der Aufbau einer Altlastendatei realisiert.

In der Datenbank "Bodenmeßprogramm" sind die Untersuchungsergebnisse von ca. 450 Probennahmestellen abgelegt (Bodenmeßprogramm der LÖBF, allerdings Meßpunktauswahl nicht nach dort empfohlenem Raster, sondern dichter und nach Nutzungstypen). Es sind vor allem die Belastungszahlen mit Schwermetallen wie Blei, Cadmium usw. erfaßt, aber auch polycyclische aromatische Kohlenwasserstoffe (PAK). Zum Untersuchungszeitpunkt lief noch die Beprobung von Waldböden und eine Kleingartenuntersuchung.

Zur Prioritätensetzung für die Untersuchung der Kinderspielplätze wurde mit Hilfe des Vermessungs- und Katasteramts zunächst die digital vorhandene Karte "Altablagerungen" und eine im Planungsamt geführte Karte der Kinderspielplätze miteinander verschnitten. Zum Aufbau der Fachdatenbank konnten teilweise Strukturen und Daten aus der Datenbank des Planungsamts übernommen werden. Mit der nun erstellten Datenbank sind zahlreiche Analysemöglichkeiten gegeben, z.B. die schnelle Selektion von Spielplätzen, die einen bestimmten Schwellenwert überschreiten. Mit Hilfe dieser Datenbank werden dann ebenfalls Prioritätenbestimmungen für die Sanierungsplanung vorgenommen.

Im Bereich Altlasten ist u.a. die Erfassung von Standort, Eigentumsverhältnissen, Flächennutzung, behördlichen Auflagen, Bearbeitungsstand, Inhalt und zusammenfassender Bewertung geplant. Die Datei soll auch bei der Gefährdungsabschätzung und Sanierung Anwendung finden. Die Aufnahme der bestehenden und kritischen Gewerbestandorte in Hinblick auf mögliche Schadstoffkontaminationen soll ebenfalls erfolgen.

Mit der Einführung der graphischen Datenverarbeitung konnten zwischenzeitlich die dargestellten Bausteine Gewässerinformationssystem, Altlasteninformationssystem und Brunnenkataster erheblich ausgebaut und verbessert werden, so daß heute auch räumliche Analysen in Bezug auf Belastungssituationen möglich sind. Die Mitarbeiter in den Sachgebieten können dabei direkt über ihren eigenen PC auf die räumlichen Daten zugreifen.

3.5.9 Würzburg

Anlaß, Ziele und Entwicklung

1982 begann die digitale Arbeit in Würzburg mit einem PC. Aufgabe war damals das Erstellen einer Lärmkarte. Mitte der 80er Jahre gab es dann ein großes Projekt „Ökologische Stadtplanung" mit umfangreichen Datenerhebungen und dem Aufbau des KIS (Kommunales Informations-System). Man orientierte sich an dem ökologischen Planungsinstrument und Umweltatlas Berlin. Zeitweilig arbeiteten 20-60 Personen (überwiegend studentische Hilfskräfte, Praktikanten und Diplomanden der Universität Würzburg) an dem Projekt.

Im Rahmen dieses Projekts wurde das KIS programmiert, welches zum einen die Datensammlung erleichtern und systematisieren, zum anderen durch einfachen Datenzugriff ein Umfeld schaffen sollte, in dem alle an Planungen beteiligten Planer, Berater und Betroffenen miteinander nach akzeptablen Lösungswegen suchen können (SCHMITT 1990). KIS kam beim Planungsamt, bei der Statistik und nach der Gründung des Umweltamts natürlich auch dort zum Einsatz. Einsatzschwerpunkte lagen im Bereich Stadtplanung, Umweltvorsorge und Umweltverträglichkeitsprüfung (SCHMITT 1992). Diese Arbeiten wurden jedoch lange Zeit weder verwendet, noch honoriert oder unterstützt. Außerdem war das KIS stark vom persönlichen (Programmier-)Engagement des Systembetreuers abhängig.

Trotz einiger Skepsis von Seiten der UIS-Betreiber gegenüber dem zu erwartenden Nutzen wurde 1988 ein Umweltbericht herausgegeben (STADT WÜRZBURG 1988), bei dem das KIS intensiv eingesetzt wurde, wie viele Abbildungen, Graphiken und Karten beweisen. Die Skepsis erwies sich aber als berechtigt, denn es blieb der einzige Umweltbericht in Würzburg.

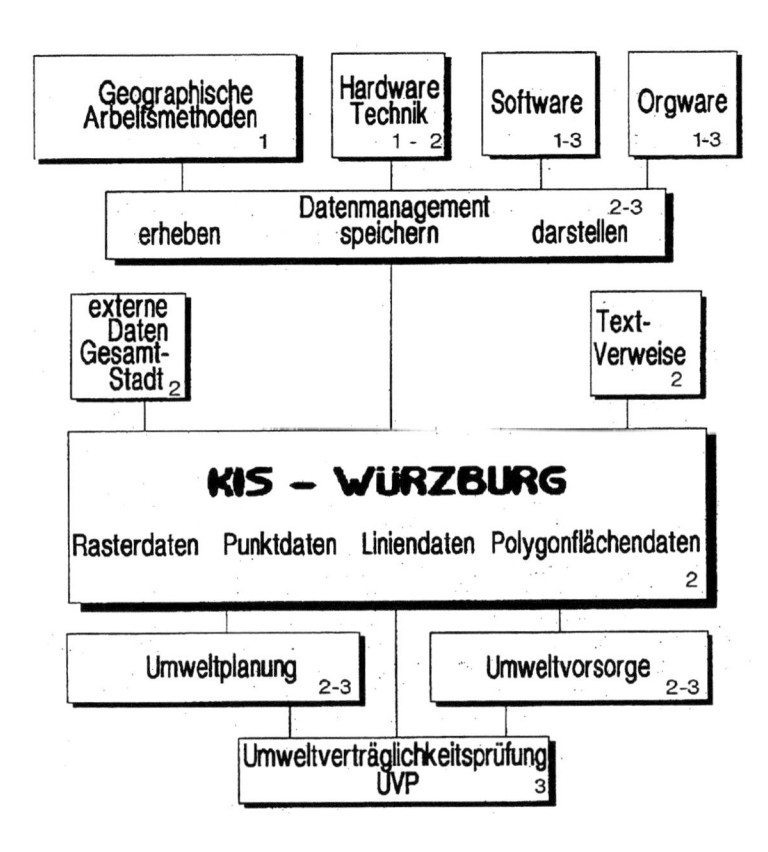

Abb. 3.12 Aufbau des Kommunalen Informationssystems Würzburg (Quelle: SCHMITT 1990)

Zusätzlich gab es Ideen, das KIS als Bürgerinformationssystem für die Öffentlichkeitsarbeit einzusetzen. Es war daran gedacht, ein KIS-Terminal in der Umweltstation aufzustellen, bzw. noch weitergehend, z.B. in Sanierungsgebieten sogenannte Infobüros einzurichten und mit den betroffenen Bürgern (mit KIS) die Planungen durchzuführen. Diese Pläne fanden aber keine Unterstützung. So ging die Nutzung immer mehr zurück, insbesondere nach 1990, als der Systembetreuer keine Zeit mehr hatte, für KIS zu werben und es weiter zu entwickeln. Einzig die Zeitungen haben immer wieder gerne auf die Ergebniskarten des KIS zurückgegriffen.

Seit 1994 sind jedoch wieder verstärkte Aktivitäten zum Aufbau von digitalen raumbezogenen Informationssystemen zu beobachten. Zum einen wurde über ein neues Projekt "Lärmminderungsplanung" (nach §44 Bundesimmissionsschutzgesetz) das Programm IMMI (Fa. Wölfel, Hochberg) beschafft. Zum anderen wurde das Programm KUNIS der Anstalt für kommunale Datenverarbeitung in Bayern (AKDB) eingeführt. Eine wirkliche Wende wird aber erst durch die Umsetzung des Projekts „Einführung der graphischen Datenverarbeitung bei der Stadt Würzburg" (SCHMITT 1995) eingeleitet.

Treibende Kraft für die neuen Entwicklungen sind vor allem die Stadtwerke, die ein umfangreiches Netzinformationssystem aufbauen wollen. Mit der Konzeptionierung und Systemauswahl haben die Stadtwerke die Firma Alldata Consulting beauftragt. Parallel wurde von der

AKDB ein Sollkonzept zur Einführung eines GIS (incl. Vernetzungskonzept MAN[24]) bei der Stadt Würzburg entwickelt (STADT WÜRZBURG u. AKDB 1995). Insbesondere auf die Beteiligung der Betroffenen sowie die Ermittlung der Kommunikationsbeziehungen wurde bei der Erstellung dieses Konzepts großer Wert gelegt. Bei der Formulierung der wichtigsten Ziele wird auch auf die Notwendigkeit neuer Organisations- und Steuerungsmodelle für die Verwaltung im Sinne der KGSt (1993)[25] hingewiesen.

Ende 1994 wurde eine Koordinierungsgruppe mit Vertretern von Haupt-, Vermessungs- und Umweltamt sowie der Kämmerei und den Stadtwerken gegründet. Auf direkte Anordnung des Oberbürgermeisters sollte noch 1995 mit konkreten Schritten zum Aufbau eines raumbezogenen Informationssystems begonnen werden. Die bisherige Linie des Hauptamts, bei der Technik ganz auf den PC zu setzen (s.u.), wird damit nicht länger einzuhalten sein und so ist auch schon die Beschaffung von HP-Workstations geplant. Für das RIS ist folgende Aufteilung geplant:

- Stadtgrundkarte (ALK): Sie wird vom Vermessungsamt zu 90% aus Rasterdaten (Raster-Vektor-Transformation und anschließende Objektbildung) erhoben und sollte bis Ende 1995 fertiggestellt sein,
- Alphanumerische Daten: Hauptamt,
- Thematische Karten: Umweltamt.

Für 1995 und 1996 ist prioritär der Aufbau der digitalen Stadtgrundkarte aus der sogenannten „Punktwolke" des staatlichen Vermessungsamts geplant. Dies wird überwiegend mit CAD-Applikationsprogrammen (GeoGrat, AKAD-Geo) geschehen. Vorteil dieser Systeme gegenüber einem GIS ist die einfache Bedienung und die günstige (z.T. schon vorhandene) Hardware. Erst etwa 1998 soll der Umstieg auf ein GIS (vermutlich SMALLWORLD) erfolgen. Zu diesem Zeitpunkt wollen auch die Stadtwerke ihre Netzinformationssysteme fertiggestellt haben. Bis dahin erfolgt ein Datenaustausch nur über Datenbankschnittstellen (Informix, Oracle). Die Objektbildung und Attributierung wird möglicherweise ebenfalls erst im GIS erfolgen. Die Möglichkeiten von CAD-Applikationen sind hier stark eingeschränkt.

Ein mögliches neues übergreifendes UIS auf der Basis des RIS ist allerdings nicht geplant. Das Umweltamt wird zwar mit relativ hoher Priorität bei der Vernetzung bedacht und auch die Übernahme der alten Daten ist geplant, Umweltplanung und vorsorgender Umweltschutz ist jedoch kein vorrangiges Arbeitsfeld. Planungen werden in erster Linie bei Planungsamt durchgeführt und das Umweltamt wird in Zukunft nahezu ausschließlich im Vollzugsbereich tätig sein. Aus diesem Grund ist im Sinne der vorliegenden Untersuchung das alte UIS der Stadt Würzburg von größerem Interesse und wird daher im folgenden näher untersucht.

Vorgehen bei Aufbau und Implementation

Der Bedarf für ein kommunales UIS wurde aus den Vorgaben des Bundesbaugesetzes abgeleitet. Dort wurde für die Bauleitplanung die Berücksichtigung einer breiten Palette vom Umweltbelangen sowie eine Darstellung der voraussichtlichen Auswirkungen in einer Bürgerbeteiligung gefordert. Derartiges läßt sich nach SCHMITT (1990) mit der derzeitigen Personalstärke konventionell nicht mehr bewältigen. Außerdem erhöhe sich die Effektivität der Arbeiten und das Ansehen der Verwaltung durch den DV-Einsatz. Eine konkrete Bedarfserfassung bei den einzelnen Sachbearbeitern fand jedoch nicht statt.

Auch eine Bestandsaufnahme wurde zunächst nicht durchgeführt. 1984 konnte man allerdings auch noch davon ausgehen, daß für den Bereich, den das KIS abdecken sollte, weder DV-Geräte im Einsatz noch digitale Datensätze vorhanden waren. Im Rahmen des Forschungspro-

---

[24] MAN: Metropolitan Area Network

[25] KGSt 1993: Das Neue Steuerungsmodell - Begründung, Konturen, Umsetzung. Bericht 5/1993

jekts „Einsatz des Kommunalen Informationssystems (KIS) bei der Umweltverträglichkeitsprüfung (UVP)" wurde dann 1989 eine umfangreiche Datensichtung in allen Teilen der Stadtverwaltung Würzburg durchgeführt. Darauf aufbauend wurde ein Anforderungskatalog „Wichtige Stadtökologische Grundlagendaten" für eine Behebung der Datendefizite zur Bearbeitung der UVP erstellt. Im Rahmen dieses Forschungsprojekts wurde auch ein „Organisationskonzept zur ämterübergreifenden Anwendung und Fortschreibung der KIS-Daten zur UVP" (es werden sogar Austauschformate festgelegt) und ein Schulungskonzept für KIS-Anwender erstellt und durchgeführt (PROJEKTGRUPPE UVP o.J.). Die Entwicklung des Organisationskonzepts wurde einem externen Gutachter übertragen.

Finanziert wurde das Projekt „Ökologische Stadtplanung" seinerzeit vom Planungsamt (ein Umweltamt gab es noch nicht) mit ca. 40.000.- DM und das Projekt „Einsatz des Kommunalen Informationssystems (KIS) bei der Umweltverträglichkeitsprüfung (UVP)" vom Bundesbauministerium mit ca. 280.000 DM.

Hard- und Software

Das KIS wurde zunächst auf Atari-Rechnern (ST 520, 1040 und Mega ST) programmiert. Ziel war es, mit kostengünstiger Technik und benutzerfreundlichen Oberflächen die weite Verbreitung des Systems zu unterstützen, also einer möglichst großen Zahl von Sachbearbeitern das System anbieten zu können. Auch eine Übertragbarkeit auf andere (kleine) Kommunen stand hinter dieser Philosophie. Die Programme sind in GFA-Basic geschrieben, ergänzt durch Assembler- und C-Routinen. Erleichtert wurde die Programmierung dadurch, daß im Atari-Betriebssystem TOS bereits viele Graphikroutinen und eine benutzerfreundliche Oberfläche vorhanden waren. IBM-kompatible PCs erreichten diesen Stand erst Jahre später.

Trotz der immer weiter zurückgehenden Nutzung des Systems konnte noch eine Portierung auf IBM-PC unter Windows 3.1 und eine Übertragung der Daten in Standarddatenbanken durchgeführt werden, was aber keinen großen Effekt mehr hatte und häufig nicht einmal bekannt ist. Die Programmierer des KIS arbeiten heute - mit einer Ausnahme - in privaten Büros.

Das KIS wurde von Anfang an als hybrides System aufgebaut. Die Erfassung, Verwaltung, gemeinsame Darstellung und Ausgabe von Raster- und Vektordaten (Flächen, Linien und Punkte) plus Textbausteine und Verweise ist möglich. Dem heutigen Verständnis eines hybriden Systems mit gemeinsamer Analyse der verschiedenen Datentypen wird das KIS allerdings nicht mehr gerecht. Insbesondere einige wichtige GIS-Funktionalitäten sind nicht vollständig implementiert. Dennoch lassen sich folgende Anwendungen mit KIS durchführen (SCHMITT 1990):

- Auswahl von Daten nach vorgegebenen Kriterien,
- Klassifizierung von Daten,
- Raum- und/oder Zeitbezüge zwischen Meßdaten herstellen,
- Modellrechnungen und Prognosen,
- raumbezogene Text-, Bild- und Querverweise.

Das Hauptamt der Stadt Würzburg setzt heute völlig auf IBM-PCs. 1991 wurde Windows eingeführt (damals auf 386 SX, 4MB; heute 486, 8MB, 100MB Festplatten). Grund dafür ist die Tatsache, daß das DTP-Programm Calamus von Atari auf Windows NT portiert wurde und man so alle Formblätter übernehmen konnte. Außerdem liegen am Hauptamt offensichtlich keine Erfahrungen mit anderen Betriebssystemen (UNIX, OS/2 etc.) vor. Natürlich ist diese Haltung ein Bremsfaktor und kann nicht bestehen bleiben, denn spätestens mit dem oben angesprochenen Aufbau des neuen RIS ist der Einsatz von UNIX-Workstations zwingend notwendig.

Projektorganisation

Zur Zeit der Entwicklung des KIS gab es bei der Stadtverwaltung keine dezentrale EDV. Lediglich der Großrechner wurde für einige Aufgaben genutzt. Das KIS war daher Vorreiter bzw. Keimzelle sowohl für ein allgemeines Kommunales Informationssystem, als auch für die Einführung von Rechnerarbeitsplätzen überhaupt. Die Hoffnung, mit dem KIS zunächst projektbezogen die Umweltbelange abdecken zu können, um dann die Entwicklung eines übergreifenden Informationssystems anstoßen zu können, ging jedoch zunächst nicht in Erfüllung. Das KIS blieb eine Insellösung auf Einzelplatzrechnern.

So steht auch bisher ganz klar das Thema Umweltschutz im Mittelpunkt des KIS. Im Rahmen des Projekts Stadtökologie wurde erstmals eine umfassende Bestandsaufnahme der Würzburger Umweltsituation durchgeführt. Themenschwerpunkte waren Baumkataster, Biotopkartierung, Boden, Altlasten, Flächenbilanzen, Lärm- und Verkehrsbelastung, Stadtklima und Lufthygiene, Wasser, Statistik und EDV. Neue Datenerhebungsmethoden wurden entwickelt und neue Techniken eingesetzt (z.B. erstmaliger Einsatz der Satellitenbildauswertung für die Analyse des Stadtklimas).

Datenmanagement

Ziel war eine zentrale Datensammlung, aber verteilte Verantwortlichkeit (z.B. bei Fortführungsarbeiten). Jeder Sachbearbeiter sollte „seine" Daten selbst pflegen, fortschreiben und den Datenschutz gewährleisten. Zum Datentransport waren zunächst Disketten vorgesehen (SCHMITT 1992). Dabei ist es bis heute geblieben. Eine Vernetzung wird auch nur dann als sinnvoll angesehen, wenn viele Leute schreibend auf Daten zugreifen müssen. Ansonsten stehen die Kosten und Probleme in keinem Verhältnis zum Nutzen. Die Vorstellung ist daher, ca. alle 6 Wochen eine CD-ROM mit allen Daten der Stadt zu bespielen und den Nachfragenden auszuhändigen. Es wären dann alle Daten vorhanden und es gäbe eine hohe Datensicherheit, da immer viele relativ aktuelle komplette Sammlungen im Umlauf sind.

Besonders interessant ist die Tatsache, daß KIS-Daten bei Fortführung automatisch das Veränderungsdatum angehängt bekommen und neu gespeichert werden. Eine Zeitreihenuntersuchung soll so ermöglicht werden.

Auch über das Problem der Flächenunschärfe wurde nachgedacht. Vielfach werden daher Daten in der „ehrlicheren" Rasterform abgelegt, weil Umweltdaten oft in unterschiedlichen Genauigkeitsstufen und inhomogen über den Raum verteilt vorliegen, so daß räumliche Abgrenzungen dann ungenau oder sogar unmöglich sind (SCHMITT 1990).

Es war auch angedacht, den Planungsbüros digitale Daten an die Hand zu geben und entsprechend digitale Daten zurückzubekommen, vor allem aber eine längerfristige Kooperation in diesem Bereich anzustreben. Von Politik und Verwaltungsspitze wurden aber bisher nach Aussagen des Administrators nur Einzelprojekte mit bunten Karten als Ergebnis verlangt.

Es gibt kein übergreifendes Netzwerk. Lediglich 5 Schreibarbeitsplätze sind versuchsweise vernetzt. Es besteht eine Verbindung zum Großrechner der AKDB, wo Rechenarbeit in den Bereichen Steuern, Haushalt, Statistik und KFZ-Zulassung durchgeführt werden. Für die Nutzung bestehen 5-Jahres-Verträge, was die Einführung mittlerer Rechentechnik (Workstations) bei der Stadt behindert.

Leider konnte vor allem das städtische Vermessungsamt die Entwicklungen am Planungs- bzw. Umweltamt nicht unterstützen. Ein Antrag auf Beschaffung von graphischen Arbeitsplätzen liegt dort seit 11 Jahren in der Schublade. Auch vom Staatlichen Vermessungsamt und der Flurbereinigungsbehörde - beide sind in Bayern Landesbehörden und zuständig auch für die Maßstabsebenen 1:1.000 bis 1:25.000 - gibt es bisher kaum digitale Daten. Ein DGM liegt beispielsweise nur im 50m-Raster vor, was für kommunale Zwecke (insbes. Lärmkarten) zu ungenau ist. Bei den Grunddaten gab es in den letzten vier Jahren keine Weiterentwicklung. Lediglich bei der Flurbereinigung ist ein vager Fortschritt zu beobachten, denn hier werden seit neuestem teilweise Umweltverträglichkeitsprüfungen zur Flurbereinigung (digital) durchgeführt (STARK 1993).

Ein weiteres Problem ist die Tatsache, daß die Stadt die Daten vom Land kaufen muß. Die Kosten für genauere Daten würden bei 5-10 DM pro Einwohner liegen, wie ein Voranschlag für ein Projekt mit den Städten Karlstadt, Schwabach und Ingolstadt zeigt. Ein Bezug von Umweltdaten scheint dagegen problemloser. So werden seit 1989 die Daten der Luftüberwachungsstellen des Bayerischen Landesamts für Umweltschutz über BTX abgerufen und in das KIS eingespeist.

Die einzigen graphischen Arbeitsplätze (Autocad) stehen heute beim Hochbauamt bzw. den Stadtwerken (für Kanalnetzinformationen). Insgesamt gibt es ca. 100 PCs (überwiegend für Textverarbeitung) bei der gesamten Stadtverwaltung Würzburg.

Effekte, Erfolge und Probleme der Systemnutzung

Das Projekt KIS in seiner ursprünglichen Idee und Umsetzung wird von dem Systembetreuer als gescheitert betrachtet und in der Tat ist es nur zu einer vorübergehenden Nutzung gekommen. Als Gründe für das Scheitern werden genannt:

- fehlende Unterstützung durch die Verwaltungsspitze,
- keine ausreichende Einrichtung von Rechnerarbeitsplätzen,
- keine Motivation, keine Honorierung, statt dessen Bürokratisierung der Verwaltung,
- Angst vor Aufdeckung von Handlungsdefiziten,
- Ressorteifersüchteleien,
- Angst vor "Durchtunnelung" der Dienstwege -so wurde angeblich auch das Interesse einiger Stadtratsabgeordneter am KIS von der Verwaltungsspitze so weit wie möglich unterbunden,
- kein ämterübergreifendes EDV-Konzept,
- kein Fortführungskonzept, keine neuen Datenerhebungen,
- zu wenig Vollzugsunterstützung mit KIS (die alltägliche Arbeit geht auch ohne KIS),
- eine einzige Person als Soft- und Hardware-Supporter war zu wenig; personelle Abhängigkeit,
- fehlende Grunddatenbestände,
- allgemein zurückgehendes Interesse an dem Thema Umwelt, insbesondere nach dem Ende der Landesgartenschau 1990 und noch stärker seit etwa 1991/92 mit dem Anwachsen der Probleme der deutschen Einheit und der Finanzkrise der Kommunen,
- der Arbeitsaufwand, die Daten ins KIS einzugeben, schien den meisten potentiellen Nutzern größer als der zu erwartende Nutzen,
- Abhängigkeit von der AKDB (Bürokratisierung),
- das Verhältnis laufende Datenerhebung zu periodischem Nutzen war zu ungünstig,
- kaum Interesse, die Daten aufzubereiten und herauszugeben,
- der Aufhänger - z.B. ein Umweltskandal wie in Bielefeld oder Dortmund - fehlt.

Das KIS lief also zunächst gut an und wurde dann Schritt für Schritt zurückgefahren. Der Einsatz von EDV heute (fast jeder Mitarbeiter hat einen Rechner am Arbeitsplatz, auch wenn dieser nur noch für Textverarbeitung genutzt wird) ist aber immer noch auf den KIS-Einsatz zurückzuführen. Außerdem kann heute z.B. bei dem oben angesprochenen neuen Projekt auf den damaligen Erfahrungen aufgebaut werden.

Ein weiterer entscheidender Grund für das Scheitern des KIS sind nach Aussagen des Systembetreibers die überkommenen Organisationsformen. Erforderlich sind Arbeitsbedingungen mit mehr Entscheidungsfreiheiten, mehr Motivation und weniger Bürokratie. Sinnvoll wäre auch eine Haushaltssouveränität der einzelnen Ämter oder sogar der Eigenbetrieb bzw. die Privatisierung. Beides ist jedoch - zumindest in Bayern - kein Thema und wird von der Verwaltungsspitze strikt abgelehnt. Einzig die Privatisierung des Kanalwesens ist in Würzburg in der Diskussion.

Ein Denken in übergreifenden Strukturen, wie es durch ein UIS gefördert würde, ist nach Aussagen des Betreibers kaum vorhanden und wird nicht unterstützt. Im Gegenteil ist eine zunehmende Bürokratisierung festzustellen. Ein Lösungsansatz sieht man in der jüngst in Umlandgemeinden eingeführten Position eines "City-Managers", der die Aufgabe hat, Themen an der Bürokratie vorbei an den Bürger heranzutragen.

Vermutlich hat auch der umfassende Anspruch des KIS (neben Umweltthemen konnten auch Dinge wie Wahlverhalten, Kindergartenplanung, Wanderungsbewegungen etc. untersucht werden), der in den Zuständigkeitsbereich anderer Ämter reicht, zu Widerständen geführt.

Beispielanwendungen und -einsätze

Kommunale UVP in Würzburg

Ende der 80er Jahre gab es ein großes Projekt zum Thema kommunale UVP (s.o.), an dem alle mit der Thematik Planen und Bauen befaßten Fachdienststellen und die Stadtwerke beteiligt waren. Das KIS und die Daten des Stadtökologieprogramms kamen zum Einsatz. Es war vorgesehen, daß die UVP dezentral vom jeweils planenden oder bauenden Fachamt durchzuführen sei. Dafür sollte alles relevante Material zur Verfügung gestellt werden und vor allem die Checklisten zur UVP und UEP sowie das KIS eingesetzt werden. Wurden alle verfügbaren und notwendigen Informationen berücksichtigt, zeichnet das Umweltamt ab und zeigt ggf. Defizite auf. Das KIS sollte vor allem also als Datengrundlage verwendet werden. Die Checklisten sind allerdings ebenfalls DV-technisch aufbereitet und in das KIS integriert worden. Bewertungshilfen, Bewertungslisten und Orientierungsdaten können während der Bearbeitung eingeblendet werden. Das System wurde an 7 Beispielen in der Bauleitplanung erfolgreich getestet (PROJEKTGRUPPE UVP 1989). Dennoch entschied der Stadtrat gegen eine Institutionalisierung des UVP-Verfahrens.

Baulückenkataster:

Das Baulückenkataster kann bei der Suche nach geeigneten Bauplätzen mit bestimmten Anforderungen besonders gut eingesetzt werden, weil das KIS für jedes Grundstück die entsprechenden Daten zur Verfügung stellen kann (SCHMITT 1992).

Baumschadenkataster:

Grundlage des Baumschadenkataster bildet eine CIR-Befliegung aus dem Jahr 1983 und die zugehörige flächendeckende Vegetationsschädigungskartierung. Alle erkennbaren Einzelbäume und Baumgruppen wurden erfaßt, numeriert und bewertet. Die Bewertung wurde im Gelände überprüft. Damit war die Grundlage für eine Zustandsbeschreibung geschaffen. Besonders interessant wäre nun eine Beobachtung der Situation in bestimmten Zeitintervallen (Monitoring). Bis heute ist es jedoch zu keiner neuen Datenerhebung gekommen.

Flächenbilanz:

Im Flächennutzungsplan ist nur der Planungswille dargestellt, nicht jedoch die Realität. Durch die Auswertung der schon erwähnten CIR-Luftbilder hinsichtlich des Versiegelungsgrads konnte u.a. ermittelt werden, daß die unversiegelte Fläche in Würzburg um ca. 17% größer war als die in der Flächennutzungsplanung ausgewiesene (SCHMITT 1992).

Lärm- und Emissionskataster Verkehr

Das Lärm- und Emissionskataster beruht auf Verkehrszählungsdaten und Kurzzeit-Schallmessungen. An den erfaßten Straßen wohnen ca. 54.000 Bürger. Für ca. 27.000 wurde ein Schallpegel über dem Grenzwert der Lärmvorsorge festgestellt. Einige wenige lagen sogar über dem Lärmsanierungsgrenzwert. Aufgrund dieser Berechnungen konnte die Problematik der Grenzwerte herausgestellt werden, da die deutlichen Ergebnisse die Gefahr bergen, wegen finanziell bedingter, geringer Realisierungschancen erforderliche Sanierungsmaßnahmen gar nicht beachtet zu werden. Mit KIS-Unterstützung konnte aber dennoch ein verbessertes Lärmschutzkonzept (Maßnahmenkatalog) entwickelt werden.

Weitere Anwendungsbeispiele sind der Aufbau eines Bodenkatasters, eines Emissionskatasters (Luftschadstoffe) und einer Grünflächenbewertung.

3.6 Dokumentation der Untersuchung in einer Meta-Datenbank

Die Untersuchungsergebnisse wurden zunächst in stark strukturierten Texten (Datenblättern) abgelegt, weil aufgrund der starken Heterogenität der einzelnen Ansätze die Systematisierung schwerfiel und statistische Auswertungen von vornherein als nicht sinnvoll erschienen.

Es hat sich im Laufe der Zeit jedoch herausgestellt, daß die Bearbeiter des Forschungsvorhabens in nennenswertem Umfang von Kommunen um Auskünfte gebeten worden sind. Diese bezogen sich v.a. darauf, welche andere Kommune bereits Erfahrungen mit bestimmter Software hat, bestimmte Fachkataster aufgebaut hat, bestimmte Modelle einsetzt u.ä. Auf Tagungen und Arbeitskreissitzungen wurde häufiger angemerkt, daß hier eine Auskunftsstelle fehle. Solche Dienste sind mit der für das engere Projektziel noch hinreichenden Textdokumentation nur mit erhöhtem Aufwand zu beantworten.

Mit einer Datenbank können Abfragen leichter durchgeführt werden. Daher wurde eine Struktur entwickelt, die eine Dokumentation als Datenbank zuläßt. Abbildung 3.13 zeigt das Entity-Relationship-Modell einer solchen Meta-Datenbank. Die Umsetzung wurde über eine Programmierung mit der Datenbanksoftware FOXPRO vorgenommen. Schließlich wurden die oben angeführten Datenblätter in die Datenbank übertragen. Die Datenbank ist als Diskettenversion auf Anfrage bei den Verfassern erhältlich.

Zukünftig sollen einige Informationen auch über den WorldWideWeb-Server des Instituts öffentlich zugänglich gemacht werden, so daß Interessierte selbst Abfragen durchführen können. Die konkrete Realisierung dieses Services konnte im laufenden Vorhaben nicht mehr geleistet werden.

Der Umfang der Nachfrage nach Metainformationen über Informationssysteme ist für die Bearbeiter des Vorhabens überraschend hoch, so daß sich eine weitere Verfolgung des Themas auch im Hinblick auf die seit zwei Jahren verfügbare Technik WorldWideWeb anbietet.

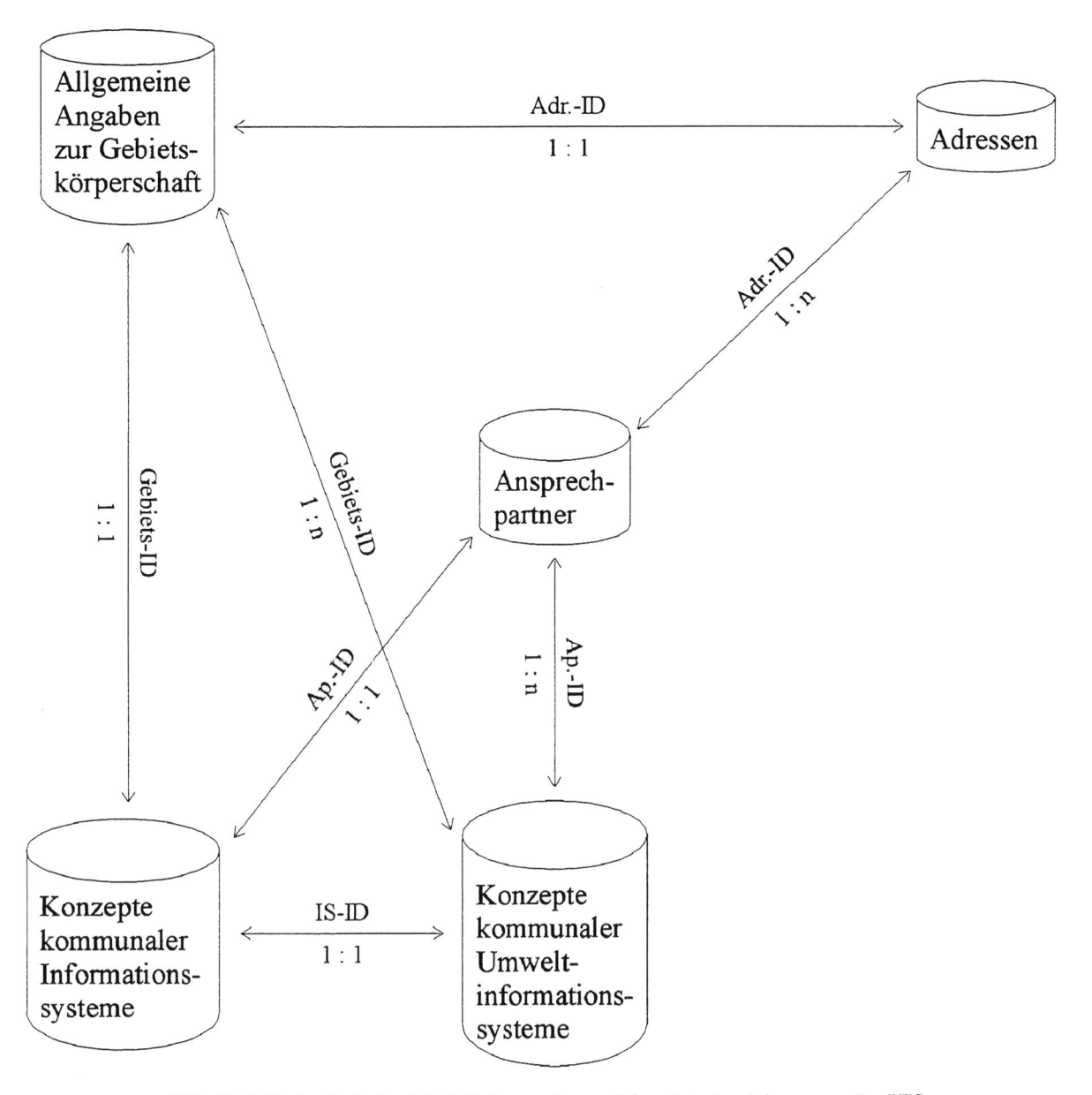

Abb. 3.13 Entity Relation Modell der geplanten Metadatenbank kommunaler UIS

4. Zusammenfassende Auswertung

4.1 Ziele und Aufbau der Auswertung

Ziel der übergreifenden Auswertung ist es, im Sinne der Forschungsfragen die Untersuchungsergebnisse hinsichtlich des Beitrags der UIS zur Schadstoffreduzierung und Umweltvorsorge, aber auch die auftretenden Probleme bei Konzeptionierung, Aufbau und Einsatz der Systeme, auf den Punkt zu bringen. Nachdem zunächst auf der Basis von Veröffentlichungen wissenschaftlicher Art und Erfahrungsberichten der ersten Pilotprojekte (UVF, Berlin u.a.) Arbeitshypothesen entwickelt wurden, die zur Entstehung der Fragenkataloge für die Interviews vor Ort geführt haben, wurde als Auswertung der Hauptuntersuchung bei den verschiedenen Fallbeispielen ein Thesenpapier entwickelt. Die Aussagen des Thesenpapiers beschreiben demnach Erfolge und Probleme, die tatsächlich in der Praxis anzutreffen sind. Einschränkend muß jedoch gesagt werden, daß die Aussagen wenn auch zum Teil allgemein, in ihrer Mehrzahl jedoch nur für bestimmte Kommunen gelten. Das bedeutet also: *die Thesen können, müssen aber nicht allgemein gültig sein!*

Das Thesenpapier wurde in einem Workshop mit Experten aus der Praxis und UIS-Theoretikern in Hannover am 28.9.1994 (s. Kap. 7) diskutiert und daraufhin überarbeitet. Eine weitere Überarbeitung erfolgte auf der Basis der Erkenntnisse aus der Praxissimulation (Kapitel 6).

Aufgrund der in der Untersuchung vorgefundenen Situation der UIS wurde zunächst eine grobe Unterteilung des Thesenpapiers in die Bereiche a) Beitrag von UIS zur Schadstoffreduzierung und Umweltvorsorge und b) Probleme bei Konzeptionierung, Aufbau und Einsatz von UIS vorgenommen. Punkt a) bescheibt die Erfolge im Sinne der geschilderten Zielvorstellungen (Abb. 3.1), während Punkt b) die aufgetretenen Probleme (Abb. 3.2) darstellt.

Aufgrund der Ergebnisse der Vorarbeiten und den Erfahrungen der Interviews vor Ort konzentrierte sich die Arbeit schließlich auf folgende Themenkomplexe:

1. Daten
   Unter das Thema Daten fallen alle Punkte, die mit den Daten selbst, also ihrer Vollständigkeit, Qualität, Eignung etc. zu tun haben.

2. Daten- und Informationsmanagement
   Diskussionspunkte zum Thema Datenmanagement sind die Integration verteilter Datenbestände, Datenzugriff, Koordinierung von Erfassungs- und Fortführungsarbeiten, Verarbeitung großer Datenmengen, aber auch Probleme des Fehlens von Datenübersichten (Metainformationssysteme) und Datenmodellen.

3. Methoden
   Themenbereiche des Punkts Methoden sind der Einsatz moderner Arbeitsmethoden (Modelle, Simulationen und GIS - Operationen (Verschneiden, Puffern ...)) und die Entstehung von Druck hinsichtlich Standardisierungen, aber auch Probleme der Beeinflussung von Methoden durch vorhandene Technik und Daten sowie eine Verhinderung der kritischen Reflektion von Ergebnissen, die aus dem Computer kommen.

4. Arbeitssituation und Motivation / Individuelle Probleme
   Der Komplex Arbeitssituation und Motivation behandelt den Einfluß der UIS auf die spezielle Situation der einzelnen Sachbearbeiter; so z.B. die Hoffnung auf Schaffung von mehr Freiräumen für inhaltliche Arbeiten, aber auch persönliche Hemmschwellen gegenüber der Einarbeitung und Nutzung von UIS, sowie die Angst vor Überwachung, Kompetenzverlust und Vereinsamung und die allgemeine Arbeitsüberlastung in den Umweltverwaltungen.

5. Kooperation und Kommunikation (binnenadministrativ und politikbezogen)
Kooperations- und Kommunikationsthemen sind die Akzeptanz und Berücksichtigung der Ergebnisse der Umweltverwaltung in Verwaltung, Politik und Öffentlichkeit, Kooperationsnotwendigkeit und -bereitschaft aller Ämter mit Aufgaben raumbezogener Datenverarbeitung, Datenaggregation, Angst vor Fehlinterpretationen und Schwierigkeiten beim interkommunalen Austausch von Programmen und Konzepten.

6. Verwaltungshandeln
Unter dem Punkt Verwaltungshandeln werden Möglichkeiten der Beschleunigung von Verwaltungsverfahren und Ergebnisproduktion, Systematisierungen, Lückenlosigkeit und Prioritätenfindung, aber auch Probleme wie Legitimationsdruck, Erhebung von Gebühren für die Datenabgabe oder die „Gefahr" des unerwünschten Aufdeckens von Handlungsdefiziten aufgezeigt.

7. Verwaltungsorganisation
Unter dem Thema Verwaltungsorganisation werden die Punkte ökonomischer Nutzen, Führungsinformation, EDV-Strategie, Außenvernetzung, bürokratische Beschaffungshürden und Vernetzung versus Verwaltungshierarchie behandelt.

8. Konzeption
Bereits bei der Konzeption können Probleme bzw. Versäumnisse entstehen, die im nachhinein kaum gutzumachen sind. Dies gilt insbesondere für die Beteiligung aller Betroffenen am Entstehungsprozeß, die Definition von inhaltlichen Schnittstellen bzw. die Entwicklung eines Datenmodells, die mögliche Abhängigkeit von einzelnen Personen (Systemadministrator) oder Herstellern, fehlende Schulungskonzepte oder fehlende Unterstützung durch die Amtsspitze.

9. Technik
Technische Probleme treten in der Aufbau- und Einsatzphase von UIS auf und werden vor allem von den DV-Experten leicht unterschätzt. Zu nennen sind an dieser Stelle das allseits bekannte Schnittstellenproblem für räumliche Daten, mangelnde Verläßlichkeit der Systeme (häufige Systemabstürze) und mangelnde Benutzerfreundlichkeit von Software. Behandelt wird unter diesem Punkt auch die Frage der Abwägung zwischen dem Einsatz von Standardprogrammen und der Neuentwicklung mittels Firmenkooperationen oder in Eigenregie.

10. Externe Restriktionen
Externe Restriktionen sind die allgemeine Finanzkrise, die gesunkene Priorität des Umweltschutzes, die Trägheit von Verwaltungsapparaten oder auch die mangelnde Interdisziplinarität in der Ausbildung an den Hochschulen (und somit letztlich der Sachbearbeiter).

Zu den Punkten 1 bis 6 wurden auf der einen Seite positive Bemerkungen (Erfolge) von den Interviewpartnern gemacht, auf der anderen Seite aber auch über Probleme berichtet. Positive Einflüsse der Einführung von UIS durch ihre vernetzten Strukturen auf die Verwaltungsorganisation selbst, also etwa in Richtung Demokratisierung, sind zwar theoretisch denkbar, wurden jedoch nirgends angetroffen.

Die Punkte 7 bis 10 sind nur auf der Problemseite anzutreffen. Hier werden Problemfelder angesprochen, die über die Wirkungsbereiche von UIS hinausgehen und in direkt von den Betreibern beeinflußbare Faktoren wie Konzeption und Technik sowie wenig steuerbare Restriktionen der Verwaltungsorganisation und dem weiteren Umfeld aufgeteilt werden. Viele der Punkte sind eng miteinander verzahnt. Eine Trennung in Einzelthesen war daher nicht immer einfach. Aus diesem Grund wurden in den Erläuterungen zu den Thesen Querverweise angebracht. Verweise im Kapitel 4.2 „Beitrag zur Schadstoffreduzierung und Umweltvorsorge" auf das Kapitel 4.3 „Probleme bei der Konzeptionierung ..." sind mit einem „P" vor der Thesennummer kenntlich gemacht, umgekehrt wurde ein „B" benutzt.

4.2 Beitrag von UIS zur Schadstoffreduzierung und Umweltvorsorge

Kapitel Nr.	Überschrift These	Erläuterung
1.	**Daten**	
1.1	**Datenbestand** UIS koordinieren die Datenerfassung, erleichtern die Vervollständigung und tragen zur Schaffung einer soliden, flächendeckenden Datengrundlage zum Ist-Zustand bei.	Während der ersten Phase eines UIS-Einsatzes werden in relativ großem Umfang Daten zusammengetragen, aufbereitet und/oder neu erhoben, denn ohne Daten ist die beste Technik wertlos. Darauf aufbauend konnten vielerorts Datenlücken erkannt und geschlossen werden. Der erste Effekt eines UIS ist damit üblicherweise die Schaffung eines soliden Datenbestands zur Zustandsbeschreibung. Auf diese Weise wird einerseits eine gute Ausgangsposition für ein zukünftiges Umweltmonitoring geschaffen. Voraussetzung dafür ist allerdings, daß die Daten auch entsprechend fortgeführt werden (vgl. P 1.3).
2.	**Daten- und Informationsmanagement**	
2.1	**Datenintegration und Metainformation** Über ein UIS können verschiedene Datenbestände integriert werden und ein Zugriff auf diese Daten kann - etwa durch den Einsatz von Metainformationssystemen - vereinfacht bzw. überhaupt erst ermöglicht werden.	Voraussetzung für die Erledigung übergreifender Aufgaben ist eine effiziente und übersichtliche Datenverwaltung. Wichtige Aufgabe von UIS ist daher, möglichst alle benötigten bzw. vorhandenen Daten in geeigneter Weise zu verwalten und zur internen wie externen Verwendung zur Verfügung zu stellen. Metainformationssysteme bzw. Sekundärnachweise (Datenkataloge in analoger und/oder digitaler Form) leisten hier bei einigen Kommunen eine wichtige Arbeit. Bisher als „Herrschaftswissen" betrachtete Daten und Informationen werden somit allgemein zugänglich, selbst wenn sich die jeweiligen Zuständigkeiten nicht ändern. Die Informationsbasis für die Aufgabenwahrnehmung der mit Umweltschutz befaßten Stellen in der Verwaltung wird somit entscheidend verbessert. Einige Sachbearbeiter schilderten den Effekt, daß der Einsatz eines UIS eine übersichtlichere und systematischere Aufbereitung erzwingt und damit eine leichtere und schnellere Auffindbarkeit von Daten gewährleistet. Nachdem ein benötigter Datensatz gefunden wurde, kann darauf - entsprechende Zugriffsrechte vorausgesetzt - direkt zugegriffen werden. Damit verbessert sich auch die Zuverlässigkeit der Verfügbarkeit (Daten) gegenüber analoger Arbeitsweise (Karten). Außerdem konnte die Integration der unterschiedlichsten umweltrelevanten Daten beobachtet werden. Im Gegensatz zu anderen raumbezogenen Informationssystemen muß das UIS auch inhaltlich heterogene Datenbestände (unterschiedliche Genauigkeiten und Maßstäbe, Unschärfe) verwalten und zusammenführen können.

Kapitel Nr.	Überschrift / These	Erläuterung
2.2	**Redundanzvermeidung** UIS helfen, Redundanzen bei der Datenerfassung und -speicherung aufzuspüren und zu vermeiden.	Neben der unter 1.1 beschriebenen Möglichkeit, Datenlücken aufzudecken, konnten mittels eines UIS teilweise auch Redundanzen, also mehrfach geführte Daten, geortet werden. Das UIS bietet somit die Grundlage für eine Koordination der Datenerfassung und -verwaltung und leistet damit einen Beitrag zur Vermeidung von Doppelarbeiten. Ressourcen können gespart und Kooperationen verbessert werden.
2.3	**Massenverarbeitung** Ein UIS kann auch mit (nahezu beliebig) großen Datenmengen umgehen.	Die Datenbanktechnologie als Baustein eines UIS erlaubt eine relativ problemlose Verarbeitung auch großer und größter Datenmengen. Dies gilt vor allem für die Bereiche Fachkataster und Sachdaten. Es wurde allgemein bestätigt, daß Aufbau und Führung von Indirekteinleiter-, Altlasten-, Baum- und anderen Kataster ohne UIS, also mit Akten- oder Karteikastenverwaltung, nicht denkbar wäre. Das UIS hebt damit die Arbeiten auch auf ein qualitativ neues Niveau, indem z.B. Überwachungsaufgaben konsequent durchgeführt werden können. An dieser Stelle hat das UIS sogar einen direkten Einfluß auf die Schadstoffreduzierung. Aber auch die großräumige Auswertung über Ortsteile oder die gesamte Kommune, sowie die Überlagerung und Verschneidung flächendeckender Daten wurde mittels UIS durchgeführt. Auf diese Weise ist z.B. in mehreren Fallbeispielen eine Versiegelungskarte oder sogar eine Versickerungseignungskarte produziert worden, was bei gegebenem Personalstamm in Handarbeit unmöglich gewesen wäre. Über solche Auswertungen lassen sich Einflüsse von Eingriffen auch auf entferntere Bereiche herausarbeiten, schutzwürdige Flächen erkennen oder flächenhaft Umweltqualitäten feststellen und Ziele ableiten. Damit kann das UIS auch einen Beitrag zur Umweltvorsorge leisten.
2.4	**Datenabfrage** UIS, die datenbank- und GIS-unterstützt arbeiten, ermöglichen sowohl attributive wie auch räumliche Datenrecherchen.	Durch den Einsatz von Datenbanken und Geoinformationssystemen eröffnen sich neue Möglichkeiten der Datenabfrage. Attributive Abfragen über große Datensätze (etwa: bei welchen Kleineinleitern wurde ein Richtwert überschritten?) als auch räumliche Einschränkungen oder Erweiterungen dieser Abfragen (etwa: bei welchen dieser Einleiter innerhalb eines definierten Teilgebietes gab es Überschreitungen?) stellen neben den GIS-typischen Analysefunktionen eine ganz neue Qualität der Möglichkeiten der Informationsrecherche dar.
3	**Methoden**	
3.1	**Einsatz aufwendiger Methoden** UIS erlauben die Gewinnung qualitativ besserer Entscheidungsgrundlagen, weil Methoden eingesetzt werden können, die ohne Rechnereinsatz nicht oder nur mit erhebli-	Eine qualitative Verbesserung erfährt das Verwaltungshandeln durch den UIS-Einsatz, wenn er dazu beiträgt, daß neue Methoden in der täglichen Arbeit eingesetzt werden können. Die Anwender betonten diese qualitative Steigerung in den eigenen Arbeitsergebnissen auf breiter Linie. Man sieht sich heute in die Lage versetzt, durch seine Arbeit bessere und fundiertere Argumente für

Kapitel Nr.	Überschrift These	Erläuterung
	chem Aufwand durchführbar sind.	den Entscheidungsprozeß zu liefern. Am verbreitetsten sind bislang Methoden, die zur Bewertung des Ist-Zustands inklusive der Konfliktermittlung eingesetzt werden. Die Qualitätssteigerung wird oft dadurch erreicht, daß vorhandene Grundlageninformationen zu neuen verdichteten Informationen zusammengeführt und verbunden werden können. Mehrfach wurde angeführt, daß der Rechnereinsatz im Bereich Umweltbewertungen deutliche Fortschritte gebracht hat. Einige Kommunen arbeiten hier an einer Standardisierung der rechnergestützten Bewertung, allerdings steht man dort noch in den Anfängen. GIS-Techniken, die die Möglichkeit der Überlagerung, Verschneidung und Pufferung von Grunddaten bieten, sind noch nicht überall verbreitet. Gerade auf diesem Feld scheint noch Entwicklungsbedarf zu bestehen. Der Einsatz von Verschneidungs- und Überlagerungstechniken wurde vor allem in der vorsorgenden Umweltplanung im Arbeitsschritt Umweltbewertung vorgefunden, wo diese Methoden gerade bei der UVP zum bewährten Handwerkszeug gehören. Die Konfliktermittlung durch Einbeziehung empfindlicher Nutzungen wurde allerdings nur ab und an vorgenommen. Ein interessanter Ansatz zur Ermittlung von Gefährdungspotentialen des Grundwassers durch Schadstoffeinträge konnte ebenfalls gefunden werden. Der Einsatz dieser Methoden ist dann oft mit medien- und sektorübergreifenden Ansätzen verbunden. Zu den mit Techniknunterstützung angewendeten neuen Methoden zählt auch die Ermittlung von Tendenzen, allerdings steht man auch hier noch am Anfang, weil Daten vielfach erst in relativ kurzen Zeitreihen vorliegen. Wenig genutzt werden von den UIS-Anwendern bislang noch die Möglichkeiten, mit UIS einfach und schnell Varianten bzw. Alternativen durchzuspielen.
3.2	Einsatz neuer Methoden	Gerade für den Bereich des vorsorgenden Umweltschutzes ist es essentiell, zukünftige Umweltzustände zu prognostizieren, damit geeignete Maßnahmen zur Vermeidung von Schadstoffbelastungen ergriffen werden können. Daher wird momentan relativ viel Aufwand für die Implementation von Modellen betrieben. Allerdings ist die Sinnhaftigkeit des Modelleinsatzes in puncto Aufwand-Nutzen-Relation in der Praxis noch heftig in der Diskussion. Auch von wissenschaftlicher Seite her wird in Frage gestellt, ob die Anwendung von Simulationsmodellen für solch schwer definierbare und komplexe Systeme wie Ökosysteme überhaupt zulässig ist, da die Validität der Modelle ungenügend und die exakten Definitionen der Systeme nicht zu gelingen scheinen. Modellanwendungen werden in der Praxis vor allem eingesetzt zur Berechnung von Ausbreitungen vorhandener Belastungsquellen (Grundwassersimulationsmodelle, Luftschadstoff- und Lärmausbreitungsmodelle). Die Zielsetzung bei diesen Anwendungen ist eher reaktiv, man will diese bestehenden Belastungen begrenzen oder sanieren. Teilweise finden sich diese
	Mit UIS können neue Methoden zur Prognose zukünftiger Umweltzustände eingesetzt werden. Hier zeigt sich, daß die Anwendung von Simulationsmodellen vermehrt gefordert und in UIS zunehmend integriert wird. Ziel ist die Gewinnung von Handlungsmaßstäben.	

Kapitel Nr.	Überschrift / These	Erläuterung
		Modellanwendungen aber auch in der vorsorgenden Planung, oft z.B. in der Verbindung mit UVP. Dort sollen sie helfen, Konfliktsituationen von vornherein zu vermeiden. In einigen Fällen wurden die bereits benannten Modelltypen auch zum Nachweis von Belastungsquellen herangezogen. Kaltluftabflußmodelle und Grundwasserneubildungsmodelle werden ansatzweise genutzt, um eine fundiertere Bewertung des Umweltzustands zu ermöglichen. Damit können einerseits bessere Argumente zur Vermeidung von Umwelteingriffen gewonnen und andererseits aktuelle Problemschwerpunkte herausgearbeitet werden. Große Fortschritte haben die Kommunen gemacht, die Modell- und GIS-Technologie koppeln konnten, weil ein direkter Austausch möglich ist und die Simulationsergebnisse im GIS weiterverwendet werden können.
3.3	Standardisierungsdruck UIS erzeugen durch den Wunsch nach mehr Datenaustausch zwischen Kommunen oder Behördenebenen einen Druck auf mehr Standardisierung (technisch, logisch und inhaltlich).	Ein bei der Untersuchung deutlich feststellbarer Trend besteht darin, daß kommunale UIS-Betreiber aufgrund knapper finanzieller und zeitlicher Ressourcen zunehmend die Kooperation mit anderen Kommunen oder Landesbehörden suchen, um vor allem einen Austausch oder die Übernahme von Daten zu ermöglichen. Sie begegnen dabei regelmäßig Schnittstellenproblemen (vgl. P 2.2), die auch im Bereich unterschiedlicher Methoden, Begriffsverständnisse und Definitionen ihre Ursachen haben und in den verschiedenen Umweltfachrichtungen sehr verbreitet sind. Es konnte aber auch beobachtet werden, daß UIS-Betreiber aufgrund dieser Problemlage hin zu einer stärkeren Standardisierung drängen, die in einzelnen Fällen zumindest schon zu regionalen Übereinkünften geführt hat. Wenn UIS auf diesem Feld Fortschritte erzielen können - und hier liegt sicherlich ein weiter und steiniger Weg vor den Initiatoren -, können vor allem kleinere Kommunen davon profitieren, die fertige Lösungen brauchen. Ansonsten besteht die Gefahr, daß sich Herstellerstandards durchsetzen, die nicht immer befriedigende und fachlich gesicherte Ergebnisse produzieren (vgl. P 3.1). Die Problematik hat der Rat der Sachverständigen für Umweltfragen in seinem jüngsten Gutachen aufgegriffen und dort die Standardisierung von Indikatorensystemen gefordert.
4.	Arbeitssituation und Motivation	
4.1	Freiräume durch Entlastung UIS entlasten, insbesondere wenn sie Komponenten zur Unterstützung von Arbeitsprozessen enthalten, den einzelnen Sachbearbeiter von Routinetätigkeiten.	UIS können dazu beitragen, das für Umweltverwaltungen typische Phänomen „Streß" durch Erweiterung der Handlungskapazitäten aufzufangen. Durch die Beschleunigung und Systematisierung von Routinearbeiten werden teilweise Freiräume für inhaltliche Arbeiten bei den Sachbearbeitern geschaffen. Es besteht allerdings eine Abhängigkeit von der jeweiligen Aufgabenstruktur, also von der Frage, ob sich ein signifikanter Teil der Arbeiten des einzelnen automati-

Kapitel Nr.	Überschrift / These	Erläuterung
		sieren läßt und ob er das System so häufig nutzt, daß die Zeiteinsparung nicht durch Bedienungsschwierigkeiten zunichte gemacht wird. Die Freiräume können für inhaltliche Arbeiten oder zur besseren Recherche bei z.B. Genehmigungsverfahren genutzt werden. Häufig wird die freiwerdende Zeit jedoch durch die zunehmende Aufgabenfülle kompensiert (P 4.1).
5.	Kooperation und Kommunikation	
5.1	- binnenadministrativ	
5.1.1	Verwaltungsinterne Akzeptanzverbesserung UIS erhöhen und verbessern die Akzeptanz und Berücksichtigung von Umweltbelangen in ämterübergreifenden Verwaltungsverfahren.	Es wurde festgestellt, daß die übersichtliche Darstellung der Ergebnisse und faktische Untermauerung der Argumente der Umweltverwaltung, die durch den UIS-Einsatz möglich wird, dazu führen kann, daß Umweltbelange wesentlich früher in ämterübergreifende Planungsprozesse (Bauleitplanung) einbezogen werden und sich der Stellenwert des Umweltschutzes wesentlich erhöht. In mehreren Kommunen sind detaillierte Beteiligungsverfahren installiert worden. Dieser Punkt ist von entscheidender Bedeutung, denn die Berücksichtigung der Umweltbelange geschieht entweder auf der Grundlage von freiwilligen Aufgaben oder von Abwägungen. Eine Integration muß daher anschaulich, einsichtig und möglichst einfach sein. Die politische Akzeptanz ist aber in der Regel weiterhin recht gering und tritt häufig erst im Anschluß an grobe Fehlplanungen auf. Ergebnisse müssen in diesem Zusammenhang in erster Linie politisch akzeptabel sein und nicht aus Sicht der Umwelt optimal.
5.1.2	Kooperationsnotwendigkeit Räumliche Datenverarbeitung zwingt zu Kooperation (intern & extern) und verbessert Zusammenarbeit und Verständnis. Jedoch ist ihre Wirkung auf eine Überwindung der Sektoralisierung und zur Förderung eines Denkens in übergreifenden Strukturen anzuzweifeln.	Das UIS schiebt offensichtlich mit seinen Bedürfnissen nach raumbezogenen Daten einen stärkeren verwaltungsinternen Datenaustausch an. Häufig führt dies zur Bildung ämterübergreifender Arbeitsgruppen der mit räumlicher Datenverarbeitung befaßten Dienststellen. Hier können technische und inhaltliche Barrieren beim Datenaustausch ausgeräumt werden. Beispiele belegen, daß die Erfassung oft nach Absprachen durch geringe Änderungen so erfolgt, daß mehrere Stellen sie nutzen können. Ob dieser Datenaustausch allerdings auch zu einem Abbau der Sektoralisierung und nicht nur zu einer qualitativen Verbesserung der Arbeit des einzelnen führt, bleibt zumindest fraglich. Allein das Verwenden von mehr Daten reicht nicht aus, es müssen auch gegenseitige Einflüsse der Umweltmedien untersucht werden, was aber in der Regel nicht die Aufgabe des Sachbearbeiters ist. Teilweise ist sogar eine zunehmende Bürokratisierung festzustellen.

Kapitel Nr.	Überschrift These	Erläuterung
5.2	**- politikbezogen**	
5.2.1	**Einflußvergrößerung im Entscheidungsprozeß** Die Verwaltung sieht ihren Einfluß auf den politischen Entscheidungsprozeß durch UIS gestärkt. Vor allem die verbesserte Datenlage, die besseren Darstellungs- und Berichterstattungsmöglichkeiten sowie die Fähigkeit zur fundierteren Argumentation sollen diesen Einfluß bewirken.	Die Beeinflussung von Ausschüssen und Gremien durch eine gute graphische Präsentation wurde allenthalben festgestellt. Zusammenhänge konnten offenbar und Abhängigkeiten aufgezeigt werden, die mit konventioneller Technik nicht hätten zusammengebracht werden können. Ein Bild (eine Karte) sagt eben mehr als 1000 Worte (oder Tabellen). Eine direkte Einmündung in politische Entscheidungen und Maßnahmen ist nur in Einzelfällen nachweisbar. Politische Entscheidungen hängen in den seltensten Fällen nur von den Fakten des UIS ab. Trotzdem läßt sich sagen, daß die Schwelle, gegen die Umwelt zu entscheiden, durch ein UIS angehoben werden kann, vor allem wenn auch der Öffentlichkeit die Ergebnisse anschließend zur Verfügung stehen, was nach dem Umweltinformationsgesetz (UIG) gewährleistet sein sollte. Einige UIS sind allerdings von vornherein nur für den internen Gebrauch konzipiert. Ziel ist hier die Unterstützung der Aufgabenwahrnehmung durch die Verwaltung.
5.2.2	**Bügerinformation und -beteiligung** UIS sind teilweise mit dem Ziel aufgebaut worden, die Information der Öffentlichkeit zu verbessern. Das Ziel wird bislang indirekt erreicht.	Die Funktion der Bürgerinformation erfolgt über das traditionelle Medium des Umweltberichts, wobei UIS als Datenlieferanten bereits ganz erheblich unterstützend wirken, wie hochwertige Umweltatlanten, -berichte und -journale aus verschiedenen Kommunen beweisen. Auch die Presse greift im allgemeinen gerne auf die Ergebnisse der UIS zurück. Das Berichtswesen wird demnach durch UIS schon intensiv unterstützt und zeigt vielerorts auch eine Wirkung auf politische Prioritätensetzung. Das Potential von UIS für eine individuelle Bürgerinformation durch öffentliche Auskunftssysteme oder gar für eine verbesserte, frühzeitige Beteiligung der Öffentlichkeit am Planungsprozeß wird jedoch in keiner Weise ausgeschöpft. Diesbezügliche Ideen wurden, wenn es sie überhaupt gab, nie weiterverfolgt und realisiert, weil sie mit Aufwand verbunden und nicht vorgeschrieben sind und weil sich die Entscheidungsträger nicht gerne „in die Karten" sehen lassen. Verwaltung ist noch zu sehr Selbstzweck. Lediglich in der Literatur und sehr vereinzelt in neueren veröffentlichten Konzepten wird diesen Ansätzen nachgegangen.
6.	**Verwaltungshandeln**	
6.1	**Steigerung der Effektivität** Durch UIS kann die Effektivität der Umweltverwaltung gesteigert werden. Sie ist dadurch bei gleichbleibender	Mehrfach wurde in den Gesprächen vor Ort darauf hingewiesen, daß in den Umweltverwaltungen ein akuter Mangel an Personal herrscht bzw. zukünftig mit Stelleneinsparungen zu rechnen ist. Durch den Technikeinsatz und den Aufbau von UIS hoffte man, die Aufgabenfülle dennoch bewältigen zu können.

Kapitel	Überschrift	
Nr.	These	Erläuterung
	oder verminderter Personaldecke weiterhin in der Lage, die besonders im Umweltschutz zu verzeichnende Steigerung der Aufgabenfülle (vor allem ordnungsbehördlicher Aufgaben) aufzufangen und Kapazitäten für den Bereich der vorsorgenden Umweltplanung freizumachen.	Die Untersuchung bietet zu diesem Punkt keine quantitativen Ergebnisse. Allerdings kann festgestellt werden, daß gerade auf dem Gebiet der ordnungsbehördlichen Aufgaben der Technikeinsatz in Form von automatisierten Verwaltungsverfahren oder dem Aufbau von Fachkatastern enorm zugenommen hat. Bei vielen UIS werden heute Entwicklungsprioritäten für diese Komponenten gesetzt. Auf die in den vergangenen Jahren ständig steigende Aufgabenfülle scheint die Verwaltung neben der in der Vergangenheit erfolgten Personalaufstockung eben durch den Technikeinsatz zu reagieren. Vielfach konnten in den Untersuchungsbeispielen enorme Erhöhungen der bearbeiteten Fälle und Vorgänge aufgezeigt werden. Mit relativ kleinen Abteilungen, und dies trifft nicht nur für den Vollzugsbereich zu, konnte ein hoher Output produziert werden. Bemerkenswert ist in diesem Zusammenhang auch, daß in allen untersuchten Verwaltungen, die ein UIS im Einsatz haben, Abteilungen oder Stellen für die vorsorgende Umweltplanung (weiterhin) existieren, die andernorts aktuell zurückgefahren oder ganz abgebaut werden. Hier liegt der Schluß nahe, daß der Technikeinsatz zumindest teilweise zur Schaffung oder Bewahrung dieser Kapazitäten beigetragen hat.
6.2	Steigerung der Arbeitsproduktivität Die Effektivitätssteigerung durch UIS ist in erster Linie zurückzuführen auf eine Erhöhung der Produktivität des einzelnen Sachbearbeiters. Dies drückt sich in einer Beschleunigung der Vorgangsbearbeitung aus, die auf eine Automatisierung der Informationsbereitstellung oder sogar kompletter Arbeitsroutinen zurückzuführen ist.	Der Beschleunigungsaspekt durch Produktivitätssteigerung tritt heute im Kontext des ständigen Erfolgs- und Legitimationszwangs beim UIS-Aufbau immer mehr in den Vordergrund. Die Beschleunigung der Arbeit des einzelnen durch den Technikeinsatz beläuft sich je nach Sachbereich und Aufgabenstellung laut Aussagen der Befragten - falls überhaupt meßbar - in einer Dimension zwischen Verdoppelung und der Steigerung um den Faktor 20. Im ordnungsbehördlichen Aufgabenbereich sind diese Zahlen auf Automatisierung der Verfahren zurückzuführen, wo der gesamte Arbeitsprozeß von der Koordination der Kontrollarbeiten bis hin zur (teil-) automatischen Erstellung von Bescheiden unterstützt wird. Verweilzeiten können dadurch stark begrenzt werden. Im Bereich der Umweltplanung wird in einigen Kommunen an der Ablaufunterstützung des kommunalen UVP-Verfahrens gearbeitet. Beschleunigungen werden dort in der Terminüberwachung, im Beteiligungsverfahren und in der Produktion der Ergebnisdarstellungen erwartet. Eine Beschleunigung war bislang durch die bereits mehrfach erwähnte schnellere Verfügbarkeit der relevanten Gebietsinformationen gegeben. Die Erwartungen an die Technikunterstützung sind sehr hoch, weil gerade für die kommunale UVP ein starker Legitimationsdruck besteht und Verfahren beschleunigt sowie Kosten gespart werden sollen.

Kapitel Nr.	Überschrift These	Erläuterung
6.3	**Verbesserung der Reaktionsfähigkeit** Eine Effektivitätssteigerung durch den UIS-Einsatz ist auch in den verbesserten Reaktionszeiten der Umweltverwaltung zu sehen. Wichtig ist dies zum einen in Hinblick auf Begrenzung von Schadstoffeinträgen bei Störfällen, zum anderen ermöglicht die schnelle Informationsbereitstellung ein besseres Reagieren im Sinne der Umweltvorsorge insgesamt.	Tritt die Beschleunigung bei der Bearbeitung von Routineaufgaben in den Vordergrund, so ist der Aspekt einer verbesserten Reaktionsfähigkeit in den Bereichen mit wenig standardisierten Arbeitsabläufen (Anfragen aus dem politischen Raum, Störfälle) wichtig. Besonders hervorgehoben wird die Möglichkeit zur schnellen und fundierten Reaktion bei Anfragen, wenn Stellungnahmen binnen kurzem erstellt werden müssen, wie es durch die neuen Beschleunigungsgesetze nötig ist. Die Vorteile sieht man in der flexiblen, themenbezogenen und schnellen Erzeugung von Karten als Hilfsmittel, um die Darstellung des Sachverhalts zu verdeutlichen, sowie darin, die relevanten Informationen schnell abfragen und zur fallspezifischen Bearbeitung der Fragestellung (z.B. durch Überlagerungstechniken in einem GIS) auswerten zu können. Die Verbesserung der Reaktionszeiten bei Störfällen konnte vereinzelt mit UIS-Unterstützung ebenfalls erreicht werden. Hier lagen die Vorteile vor allem in einer schnelleren Lokalisierbarkeit der Belastungsquelle oder in der verbesserten Möglichkeit, empfindliche Nutzungsbereiche im Umfeld der Belastungsquelle zu selektieren und entsprechende Vorkehr- und Sicherungsmaßnahmen einzuleiten.
6.4	**Systematisierung und Lückenlosigkeit** UIS systematisieren das Vorgehen bei der täglichen Arbeit in der Umweltverwaltung mit dem Effekt einer Lückenlosigkeit in allen Teilschritten. Eine umfassende Berücksichtigung aller Umweltaspekte gerade bei übergreifenden Ansätzen wird so erst möglich.	Eine in der Befragung immer wiederkehrende Aussage betraf die Auswirkung der UIS-Einführung auf eine stärkere Systematisierung der täglichen Arbeit. Ein Informationssystem scheint erforderlich zu machen, die eigene Arbeitsweise stärker zu ordnen und zu kontrollieren, so daß Lücken und Nachlässigkeiten stärker deutlich werden, wenn das System sie nicht sogar direkt aufzeigt. Eine beinahe vollständige Lückenlosigkeit wird im Verwaltungsvollzug erreicht, wenn die automatisierten Verwaltungsverfahren auch Wiedervorlagefunktion besitzen, so daß keine Fälle mehr vergessen werden können. Für den Bereich der Planung erwartet man mehr Sicherheit, Überschaubarkeit und eine Qualitätsverbesserung. Durch die Vereinfachung des Datenzugriffs bei einer lückenlosen, gebündelten Datengrundlage sollen Vorfälle (z.B. Altlastenskandale) vermieden werden. Man ist davon überzeugt, daß heute bei einer Auswertung respektive Planung alle Aspekte berücksichtigt werden, was früher nicht gewährleistet war.
6.5	**Aufzeigen von Problemfeldern und Handlungsdefiziten** Wenn mit Hilfe von UIS durch lückenloses Zusammentragen und Bündeln der Informationsgrundlagen der aktuelle Umweltzustand beschrieben wird und Komponenten einer Umweltbewertung integriert sind, kann UIS das Aufzeigen von Problemfeldern und Handlungsdefiziten ermöglichen.	Bei den untersuchten Kommunen sind mittlerweile die ersten Anfänge zur Identifizierung der Problemschwerpunkte gemacht worden. Am weitesten sind diejenigen, die über das UIS eine flächendeckende Bestandsaufnahme der Umweltsituation verwirklicht haben und wo sich eine Auswertung der Bestandsdaten mit Bewertung der aktuellen Umweltsituation anschloß (gezieltes Umweltmonitoring). Die Bewertung erfolgt anhand häufig verwendeter Bewertungsmaßstäbe. Eine Einbindung von regionalisierten Umweltqualitätszielkonzepten in das UIS ist noch in keiner Kommune voll umgesetzt worden. Die Aufdeckung von Problem- oder Belastungsschwerpunkten mit Hilfe des UIS kann für die verschiedenen Schutzgüter weiter differenziert werden:

Kapitel Nr.	Überschrift / These	Erläuterung
		• Bodenbelastungen: An diesem Schwerpunkt wird in den meisten Untersuchungsstädten gearbeitet. Teilweise konnten über UIS/GIS die Analyseergebnisse von Belastungsstichproben zu einem räumlichen Verteilungsmuster ausdifferenziert und mit Hilfe von Verschneidungstechniken von der Grundbelastung getrennt werden. Das Aufzeigen von Nutzungskonflikten schloß sich in der Regel als nächster Schritt an.
		• Gewässerbelastungen: Für Oberflächengewässer findet man verschiedentlich den Ansatz, Problemschwerpunkte durch die Verknüpfung von vorgefundenen Belastungen mit potentiellen, im System bekannten Verursachern (Einleiterkataster) einzugrenzen. Grundwasserbelastungen werden bei einigen Beispielen ähnlich der Bodenbelastung über ein Monitoring erfaßt und in UIS ausgewertet. Für das schwierige Problem der Ursachenfindung sind auch schon erste technikunterstützte Ansätze gefunden worden.
		• Lufthygienische Belastungen: Hier werden in der Regel von den Kommunen keine eigenen Erhebungen durchgeführt, z.T. wird das Schutzgut in UIS durch Übernahme von Meßdaten der zuständigen Landesämter integriert.
6.6	Prioritätensetzung und Maßnahmenmanagement

Letztlich können UIS auch die Prioritätensetzung beim Ressourceneinsatz unterstützen. Eine Steigerung der Effizienz in der Maßnahmenplanung ist unter der momentan herrschenden Restriktion knapper Finanzen für die Aufrechterhaltung von Aktivitäten zur Umweltvorsorge unabdingbar. In Ansätzen ist heute ein Beitrag von UIS zu einem verbesserten Maßnahmenmanagement erkennbar. | Wenn es gelingt, über den Systemeinsatz Problemfelder zu identifizieren und durch eine Bewertung zu gewichten, ist ein wichtiger Schritt getan, um eine effiziente Maßnahmenplanung mit Prioritätensetzungen einzuleiten. Es konnte dafür eine Reihe von Beispielen gefunden werden. Bei Gewässerbelastungen z.B. konzentriert man sich auf Maßnahmen, wo die Belastungsursache eindeutig herausgefunden wurde und eine Beseitigung einen hohen Wirkungsgrad erzielen kann. Die Über Selektionskriterien können die erfolgversprechendsten Ansatzstellen gefunden werden. Systeme tragen hier also zur Entscheidungsvorbereitung bei.
In der Sanierungsplanung (Altlasten, Kanäle) sind heute entscheidungsunterstützende Systeme als Bestandteile des UIS (Expertensysteme) in mehreren Orten im Einsatz (z.T. von der Länderseite vorgeschrieben). Allerdings sind nicht nur positive Erfahrungen bei der Anwenderseite zu finden (näheres dazu in P 3.2).
Prioritätensetzungen aufgrund der Auswertung von Grunddatenbeständen ist auch im Vollzugsbereich weit verbreitet und eingespielt. Dabei geht es um eine gezielte Steuerung der Überwachungstätigkeiten, die die knappen Ressourcen auf die wichtigsten Problempunkte konzentrieren können. |
| 6.7 | Einsparungen und Einnahmen

Umweltinformationssysteme können durch die Beschleunigung der Datenrecherchen und Effektivierung der Datenhaltung und Archivierung zu Kosteneinsparungen füh- | Durch Rationalisierungseffekte von UIS bei Datenerhebung, -übernahme, -verarbeitung, -speicherung und -ausgabe können Kosten eingespart werden. Dieser Effekt konnte jedoch bei keiner der untersuchten Kommunen quantifiziert werden. Einfacher ist der ökonomische Nutzen durch Rückfluß bei vielen Kommunen das Problem der ungeklärten Gebührenrückfluß nachzuweisen. Während bei vielen Kommunen das Problem der ungeklärten Gebührenfrage (vgl. P 6.2) die Einnahmen mindert, konnte in Einzelfällen ein Rückfluß bis zu mehreren |

Kapitel	Überschrift	Erläuterung
Nr.	These	
	ren und erbringen mancherorts sogar schon erhebliche Einnahmen durch Datenabgabe und Verkauf von Programmteilen (Rückfluß).	Hunderttausend DM nachgewiesen werden. Mit den Einnahmen konnten neue Geräte beschafft und Mitarbeiter beschäftigt werden, so daß das System fast schon zum Selbstläufer wurde.
6.8	Veränderung der Personalstruktur Durch die Beschleunigung von Verwaltungsverfahren und Automatisierung von Routinearbeiten kann ein Umbau der Personalstruktur vor allem durch den Wegfall von Stellen für Schreib- und Zeichenarbeiten erreicht werden. Zumeist wird dies aber durch die Zunahme der Aufgabenfülle kompensiert. Tatsächlich ist daher insgesamt eine Anhebung des Niveaus von Arbeitsplätzen festzustellen.	Unter der Not der allgemein angespannten Haushaltssituation werden UIS vielerorts auch als Instrument zur Personaleinsparung, oder wenigstens zur Gewährleistung der Aufgabenerfüllung bei ständig wachsender Arbeitsbelastung betrachtet. Tatsächlich hat der Einsatz von UIS überall zum Wegfall oder zur Reduzierung von Personal im Schreib- und Zeichendienst geführt. Zum Teil werden Mischarbeitsplätze eingerichtet, zum Teil wird umgeschult (z.B. vom technischen Zeichner zum CAD-Spezialisten) und zum Teil werden Arbeitsplätze im Niveau angehoben und neu besetzt. Allgemein führt der UIS-Einsatz dazu, daß höher qualifiziertes Personal beschäftigt wird.

Resümee:

Die Einführung eines Umweltinformationssystems kann zur Schadstoffreduzierung und Umweltvorsorge beitragen und hat außerdem einen ökonomischen Nutzen. In der Praxis bietet sich auch gar keine Alternative. Frage ist daher nicht mehr das „Ob", sondern das „Wie".

4.3 Probleme bei Konzeptionierung, Aufbau und Einsatz von UIS

Kapitel Nr.	Überschrift These	Erläuterung
1.	Daten	
1.1	Fehlen und schlechte Eignung von Daten Digitale Umwelt- und Basisdaten liegen häufig nicht in ausreichendem Maße vor oder sind ungeeignet. Problematisch sind auch Daten, die nicht flächendeckend vorliegen oder solche, die keinen festen Raumbezug haben.	Umweltinformationssysteme benötigen durch die Analyse- und Präsentationsanforderungen eine umfangreiche Datengrundlage. Diese wird zu einem hohen Prozentsatz von anderen Teilen der Verwaltung (z.B. Vermessungsamt, Statistik, Meldeamt, Tiefbauamt, Planungsamt ...) erstellt und geliefert. Trotz der mittlerweile gewaltig angewachsenen Datenflut fehlen oftmals gerade die für konkrete Projekte benötigten Daten, weil vielfach nicht flächendeckend erhoben wird. Dies gilt zur Zeit auch noch für die Daten der ALK. Die ALK wird zwar von den Umweltverwaltungen allgemein als gute Basisdatei angesehen, zumal ihr Aufbau Pflichtaufgabe ist. Mit einer Fertigstellung ist in vielen Kommunen allerdings erst in 5 bis 10 Jahren zu rechnen. Darüber hinaus stehen die Gebühren für Vermessungsdaten teilweise in keinem Verhältnis zu ihrem Nutzen für die Umweltverwaltungen. Folge dieser Situation ist, daß mancherorts dazu übergegangen wurde, Grunddaten mit geringerer Genauigkeit selbständig zu erfassen bzw. von Büros erfassen zu lassen. Probleme bei Überlagerungen von Daten mit verschiedenen Grundlagen sind damit vorprogrammiert, ganz abgesehen von dem volkswirtschaftlichen Schaden der Doppelerhebung. Als Basiskonzept für den Aufbau von UIS kann bzw. soll das MERKIS-Konzept des Städtetags Verwendung finden. Dort treten jedoch Schwächen vor allem im Bereich der für UIS besonders wichtigen Maßstabsebene 1:5000 (RBE 2) auf. Eine ausführlichere Behandlung der Probleme mit den Basisdaten und dem MERKIS-Konzept enthält Kapitel 5 (Leitfaden, Raumbezug). Auch Daten der Statistik, des Meldewesens, der Verkehrsplanung oder auch der Landesbehörden sind häufig unbrauchbar. Meistens ist der Grund ein fehlender bzw. ungeeigneter Raumbezug oder eine ungeeignete Aggregationsstufe. Das gleiche gilt für Daten aus Fachkatastern. Hier wird bemängelt, daß die Datenerhebung nicht weitsichtig genug erfolgt und lediglich an den Bedürfnissen des Fachamts bzw. der Fachabteilung orientiert ist.
1.2	Hoher Erfassungsaufwand UIS führen in der Aufbauphase zu erheblicher Mehrarbeit vor allem im Bereich der Datenerfassung, -aufbereitung und -eingabe. Dieser Aufwand kann bei den oft dünnen	Durch den Technikeinsatz kommt es zunächst allgemein zu einem Mehraufwand. Neben dem Einarbeitungsaufwand müssen auch noch die Daten digital aufbereitet werden. Dieser Schritt wird von vielen Kommunen unterschätzt. Digitale Daten liegen daher oftmals nur in geringem Umfang vor. Dies ist ein Grund, warum sich UIS noch nicht auf breiter Basis durchsetzen konnten. Es kann gar nicht oft genug darauf hingewiesen werden: Der mit Abstand teuerste Bestandteil raum-

Kapitel Nr.	Überschrift / These	Erläuterung
		bezogener Informationssysteme (also auch UIS) sind die Daten, nicht die Software oder Hardware! Je besser die Technik ist, desto höher wird auch die Erwartung an die Qualität der Ausgaben, zumindest was die graphische Präsentation betrifft. Die Leistungsfähigkeit eines UIS ist jedoch abhängig von den Daten, die in der Einführungsphase naturgemäß fehlen. Politik und Verwaltungsspitze wollen (und müssen) aber schnelle Erfolge nachweisen können. Es wird daher teilweise die Einschätzung geäußert, daß es heute schwieriger ist, mit der notwendigen Ruhe ein UIS aufzubauen, als noch vor einigen Jahren.
	Personaldecken und der ständig zunehmenden Aufgabenfülle nicht nebenher geleistet werden. Datenerhebung ist heute kaum einfacher als vor 10 Jahren und wird häufig zeitlich und finanziell unterschätzt. Der Erwartungsdruck ist jedoch gestiegen.	
1.3	Ungenügende Datenqualität	In der Umweltplanung wird nach wie vor überwiegend projektorientiert gearbeitet. Das bedeutet, daß Daten oft nur einmalig erfaßt, zusammengestellt und genutzt werden. Eine Fortführung findet nicht statt. Damit werden die Daten aber schon nach kurzer Zeit wertlos. Eine spätere Verwendung z.B. für Monitoringzwecke ist schwierig. Der Fortführungsaufwand ist allerdings sehr hoch und wird häufig unterschätzt, wobei die eigentliche Fortführung nicht das Hauptproblem ist, sondern die Aufrechterhaltung der Objektstruktur. Ein Objekt muß z.B. über einen Historiennachweis rekonstruierbar sein. Dies ist nicht gewährleistet. Die recht starre Datenstruktur der Grunddaten (ALK) verhindert zudem ein Zurückschreiben der fachlich ergänzten Daten und damit die automatische Fortführung bzw. Berücksichtigung von Änderungen anderer Geometrien, die die Ergänzungen betreffen. Neben der Fortführungsproblematik schränken weitere vernachlässigte Qualitätskriterien die Verwendung von Daten ein. Oft fehlen Dokumentation und Legende, es ist kein Zeitbezug angegeben und keine Information über das Meßverfahren, es gab keine Plausibilitätskontrolle bei der Erfassung usw. Aber selbst wenn diese Punkte berücksichtigt würden, stieße man auf das Problem, daß die aktuelle Generation von Geoinformationssystemen keine Informationen über Datenqualität speichern, übergeben und darstellen kann. Unsinnigste Verschneidungen können technisch problemlos durchgeführt werden. Wie wichtig eine Kenntnis über die Qualitätsmerkmale ist, wird klar, wenn man sich vor Augen führt, daß ein ganzes Informationssystem wertlos ist, wenn es eine falsche Information enthält und man nicht weiß, welche es ist. Ergebnisse von Überlagerungen und Verschneidungen werden sinnlos oder falsch!
	Daten, die nicht bei der täglichen Arbeit anfallen, werden meist nicht fortgeführt, und Daten, die nicht gepflegt und fortgeführt werden oder keiner Plausibilitäts- und Konsistenzkontrolle unterzogen wurden, sind wertlos.	
1.4	Die immanente Unschärfe von Umweltdaten	Im Gegensatz zu den meisten raumbezogenen Daten etwa zu Liegenschaften oder Ver- und Entsorgungsnetzen sind Umweltdaten fast nie räumlich exakt eingrenzbar (vgl. Kap. 3.3). Durch die technischen Erfordernisse derzeitiger GIS-Software-Produkte werden jedoch vielfach unscharfen Daten scharfe Grenzen gegeben. Die technischen Möglichkeiten von GIS verführen nun wiederum dazu, mit diesen Daten weitere Analyseschritte durchzuführen, ohne die Fortpflanzung der Fehler bzw. Unsicherheiten zu berücksichtigen. Die Unsicherheit von Ergebnissen liegt am Ende häufig höher als die eigentliche Aussage (Flächengröße +/- doppelte Größe der Fläche).
	Das Problem der Datenunschärfe wird nach wie vor in der Praxis ignoriert. Bei ungenügender Berücksichtigung können dadurch Analyseergebnisse stark verfälscht werden und so alle mit dem UIS generierten Aussagen diskreditieren.	

Kapitel Nr.	Überschrift These	Erläuterung
		Bei der Arbeit mit Umweltdaten ist daher besondere Sorgfalt geboten und die Ergebnisse sind entsprechend zu interpretieren. Bei kommentarloser Weitergabe von (technisch z.T. einfach zu erstellenden) GIS-Analyseergebnissen kann es zu Mißverständnissen kommen - insbesondere wenn der Empfänger durch z.B. Ortskenntnis die Informationen rasch als falsch identifizieren kann -, so daß auf diesem Weg das UIS letztlich in Mißkredit gerät.
2.	Daten- und Informationsmanagement	
2.1	Übersicht (Metainformationssysteme) Als Instrumente für die schnelle Information über Umweltdaten und zur Unterstützung fach- und sektorübergreifender Nachfrage können Metainformationssysteme oder Umweltdatenkataloge eingesetzt werden. Fehlt eine solche Übersicht, kann vermutet werden, daß eines der wesentlichen Potentiale von UIS nicht ausgeschöpft wird.	Fehlt eine Übersicht über vorhandene Daten, so werden diese Daten im allgemeinen, außer an der Stelle, an der sie geführt werden, auch nicht verwendet. Die positiven Effekte Abbau von Sektoralisierung und Aufdeckung von Redundanzen und Lücken (vgl. B 2.2 und 6.4) können nicht eintreten. Während bei kleinen Kommunen eine Übersicht für den einzelnen Sachbearbeiter durch Erfahrungswerte und Mundpropaganda manchmal möglich ist, haben bei größeren Kommunen höchstens die Systemadministratoren einen Überblick, welche Daten wo vorhanden sind. Solch ein personengebundenes Wissen wird allgemein als großes Manko angesehen.
2.2	Datenmodell (technisch) Der Datenaustausch zwischen unterschiedlichen GIS-Software-Produkten ist nach wie vor nicht befriedigend gelöst (Schnittstellenproblem).	Nach wie vor passen vielerorts Daten nicht zusammen. Neben inhaltlichen Fragen (s.u.) führen schon technische Randbedingungen teilweise zu Inkompatibilitäten. Die allgemeinen Systemschnittstellen (z.B. DXF) erlauben häufig nur die Übertragung der Geometriedaten. Bei weitergehenden Konzepten (z.B. spezielle Konverter oder auch die EDBS) gibt es Probleme bei der Implementation der Ausgangsdaten in das Modell des jeweils fremden Systems. Verschiedene Konzepte sind daher kaum 1:1 übertragbar (z.B. layerorientierte vs. objektbezogene Modelle). Vgl. auch P 9.1.
2.3	Datenmodell (inhaltlich) Datenaustausch scheitert häufig nicht nur an technischen, sondern auch an logischen und inhaltlichen Problemen. Ein einheitliches Datenmodell ist deshalb für Umweltinformationssysteme sehr wichtig. Für die Datenerfassung müssen klare Absprachen existieren und dokumentiert sein.	Probleme inhaltlicher Art beginnen beim verwendeten Vokabular und enden beim Raumbezug. Inkompatible Raumbezüge können Gauß-Krüger-Koordinaten auf der einen und Adressenschlüssel oder die kleinräumige Gliederung der Statistik auf der anderen Seite sein. Eine Verknüpfung solcher Daten ist kaum möglich. Diese Probleme können so schwerwiegend sein, daß es manchmal einfacher ist, Daten neu zu erheben, als sie umzuformen. Klare Absprachen im Sinne eines Datenmodells müssen daher in einer ämterübergreifenden Kooperation erfolgen und dokumentiert werden. Den Systemadministratoren kommt dann die Kontrollaufgabe zu, damit die Eingabedisziplin im Sinne des Modells eingehalten wird.
2.4	Vertikaler Datenaustausch Ein Datenaustausch mit Umweltinformationssystemen der	Die Daten der Länderinformationssysteme haben eine andere Maßstabsebene und ein höheres Aggregationsniveau. Gemeinsame Aufgaben gibt es kaum. Es werden allerdings Fachdaten der Landesämter (z.B. geologische Karten, Biotop- und Luftüberwachungsdaten) übernommen. Ein

Kapitel Nr.	Überschrift These	Erläuterung
	Landesebene ist für die Kommunen uninteressant, weil die dort geführten Daten in der Regel in einem zu hohen Aggregationsgrad vorliegen.	Datenaustausch mit der Bundesebene wird kaum realisiert und ist für Kommunen durchweg wenig interessant. Lediglich Recherchen in den Datenbanken des UBA sind in Einzelfällen durchgeführt worden.
2.5	Horizontaler Datenaustausch Auch auf horizontaler Ebene zwischen Ämtern derselben Kommune oder Nachbarkommunen ist der Datenaustausch nicht ohne weiteres gewährleistet.	Sowohl technische (Einsatz unterschiedlicher Software) als auch organisatorische Gründe sorgen bisher für Behinderungen im innerkommunalen Datenaustausch wie auch im Austausch mit anderen Kommunen. Allerdings wird darauf verwiesen, daß Konzepte der regionalen Vernetzung über Regionalkonferenzen o.ä. den Datenaustausch zwischen Gemeinden begünstigen. Entsprechende praktische Erfahrungen liegen vor allem aus Räumen mit Kommunen ähnlicher Struktur vor (Ruhrgebiet).
2.6	Datenschutz vs. Vernetzung Eine externe Vernetzung wird vor allem aus Datenschutzgründen verhindert.	Eine Netzinfrastruktur wurde innerhalb der Ämter oder auch verwaltungsübergreifend vorgefunden. Weitergehende Vernetzungen mit Landesämtern, dem Umweltbundesamt, Versorgungsunternehmen oder gar mit dem Internet werden aber aus Datenschutz- und Sicherheitsgründen durchweg abgelehnt. Der direkte Zugang für den Bürger über DatexJ oder einen privaten Internetanschluß ist daher nicht möglich. Aber auch für die Verwaltung entstehen Nachteile, weil ein Datenaustausch mit externen Partnern und Gutachtern nur über den mühsamen Weg der Versendung von Datenträgern, oder gar über die Versendung von Berichten und Karten in Papierform, funktioniert. Manchmal werden solche Plots sogar wieder als Digitalisiervorlage verwendet. Verschiedentlich wurde sogar die Vermutung geäußert, daß der Datenschutz, vor allem von den zentralen EDV-Ämtern, nur vorgeschoben wird, um sich keine zusätzliche Arbeit aufzuhalsen.
3.	Methoden	
3.1	Methodenstreit und Beeinflussung der Ergebnisse durch Daten und Programme In der Regel ist Software mit einer bestimmten Methode der Problembearbeitung verknüpft. Diese kann zu Problemen führen, wenn Fremdsoftware eingekauft werden soll oder wenn die vorhandenen Programme trotz mangelnder Datengrundlagen eingesetzt werden.	Das Problem der mit der Software verbundenen Methodik führt dazu, daß Ergebnisse deutlich differieren können und nicht mehr vergleichbar sind. So gibt es beispielsweise weder auf Landes- und Kommunalebene noch auf wissenschaftlicher Ebene eine einheitliche Auffassung, was ein Biotopkataster beinhalten soll. Da aber andererseits keine einheitlichen methodischen Standards vorliegen (vgl. B 3.3), sind die Kommunen gezwungen, erst ausführliche Marktanalysen zu betreiben, für die dann auch der nötige Fachverstand vorhanden sein muß, um das für die Aufgaben geeignete Produkt zu finden und sich nicht durch Herstellerangaben täuschen zu lassen. Das Problem ist besonders im Bereich der Modelle gegeben. Allerdings können auch unterschiedliche Anschauungen bezüglich der richtigen Methode dazu führen, daß in einem Haus in verschiedenen Abteilungen unterschiedliche Programme mit der gleichen Aufgabenstellung installiert werden. Ein zweites Problem besteht darin, daß die vorhandene Technik (nicht nur bei Standardsoftware), dazu verführen kann, Ergebnisse zu produzieren, für die die Datenlage unzureichend ist. Dieses Problem ist eher theoretischer Art und existiert bei analoger Arbeitsweise ebenso. In der Untersu-

Kapitel Nr.	Überschrift / These	Erläuterung
		chung konnten jedenfalls so gut wie keine Hinweise dazu gefunden werden. Beide Probleme können bei UIS von Bedeutung sein, weil Computerergebnisse eine möglicherweise nicht vorhandene Exaktheit und Richtigkeit suggerieren, die dann auch nicht mehr kritisch hinterfragt wird (Beispiel: Ermittlung von Verlärmungszonen über (lineare) Pufferung mit GIS). Grundsätzlich gilt: Nicht die Technik, sondern die Methode übt Einfluß auf das Ergebnis aus. Schließlich wird bisher überwiegend mit Techniken gearbeitet, die auch analog möglich (Überlagerung, Pufferung), aber ungleich aufwendiger sind. Eine geringe Änderung der Regeln jedoch kann das Ergebnis sofort maßgeblich beeinflussen.
3.2	**Technikgläubigkeit vs. Kritikfähigkeit** Es besteht die Gefahr, daß bei Externen der Eindruck entsteht, der Rechner könne den Sachverstand ersetzen und die inhaltliche Auseinandersetzung mit dem Problem ersparen. Dies betrifft vor allem Expertensysteme, die allerdings bisher kaum eingesetzt werden.	Daß Computerergebnisse stets hinterfragt werden müssen, wird z.T., besonders bei Nichtfachleuten, zu wenig gesehen. Technikgläubigkeit ist als Phänomen bekannt. Bunte Karten können die inhaltliche Auseinandersetzung mit einem Thema behindern. Dies wird gefährlich, wenn man glaubt, ohne den nötigen Sachverstand mit reiner Technikunterstützung auszukommen. Expertensysteme, die direkt zur Entscheidungsvorbereitung eingesetzt werden, bergen diese Gefahr besonders in sich. Diese sind allerdings in den Fallbeispielen nur stellenweise im Einsatz, vor allem (z.T. durch Vorgaben der Landesbehörden bestimmt) im Bereich der Altlastenbewertung. Hier wird von den Fachleuten z.T. erhebliche Skepsis bezüglich der allgemeinen Verwendbarkeit dieser Systeme geäußert, da die Entscheidungsprozesse mit ihren komplexen Abwägungsschritten und allen im Einzelfall plötzlich entscheidend werdenden Argumenten nicht in einem EDV-System abbildbar seien. Erfahrungen einer Kommune beim Aufbau eines eigenen Expertensystems zur Umweltbewertung zeigen denn auch, daß die dort enthaltenen Wissensbasen einer ständigen, der aktuellen Aufgabenstellung angepaßten Überarbeitung bedürfen. Die Diskussion ist offen, denn Befürworter heben den Nutzen der Transparentmachung von Entscheidungen hervor.
4.	**Arbeitssituation und Motivation (Individuelle Probleme)**	
4.1	**Überlastung der Sachbearbeiter** Die Zunahme der Aufgabenfülle und -menge in den Umweltverwaltungen bei gleichbleibender oder sogar abnehmender Personaldecke führt zu einer Überlastung der Mitarbeiter. Aus diesem Grund können wesentliche Voraussetzungen für das Funktionieren eines UIS wie Datenerfassung, Fortbildung, Schulungen, Einarbeitung in neue Systeme, sowie Wartung und Weiterentwicklung nicht	Neben den Problemen der Einarbeitung und Gewöhnung führt auch die Überlastung der Mitarbeiter zu einer verminderten Bereitschaft, sich mit dem System zu beschäftigen, wenn nicht innerhalb kürzester Zeit signifikante Zeiteinsparungen zu erwarten sind. Eine Zunahme der Aufgabenfülle um das Doppelte in wenigen Jahren bei gleichbleibender Personaldecke ist keine Seltenheit. Dieser Zuwachs kann ab einem gewissen Umfang auch durch die Automatisierung von Routinetätigkeiten (vgl. B 6.2) nicht mehr aufgefangen werden. Die Folgen sind fatal: • Schulungsangebote werden nicht angenommen, weil im Anschluß doppelte Arbeit geleistet werden muß, um die liegengebliebenen Fälle aufzuholen.

Kapitel Nr.	Überschrift These	Erläuterung
		ausreichend erfüllt werden.
		• Personal für Weiterentwicklung, Wartung und Pflege von Programmen und Datensätzen fehlt. Eine Fortführung erfolgt nur aus dem laufenden Betrieb. Probleme stellen sich vor allem bei Gesetzesänderungen ein. • Die Zeit, eine Umstellung auf digitale Technik anzugehen, fehlt. • Es entstehen Datenfriedhöfe, weil keine Zeit für eine sinnvolle Aufbereitung, Dokumentation und Integration in ein Metainformationssystem vorhanden ist, so daß die Daten von anderen Sachbearbeitern oder auch für andere Projekte nicht mehr nutzbar sind. • Daten werden „blind", d.h. ohne Überprüfung vor Ort, in den Rechner eingegeben.
4.2	Einarbeitung und Gewöhnung Die allgemeine Vorbildung der Sachbearbeiter in den Bereichen EDV, GIS und DB-Technologie ist kaum ausreichend. Trotz oft hoher Motivation der Mitarbeiter ist eine überhastete Einführung oder eine häufige Umstellung aufgrund der schnellen Hard- und Softwareinnovationszyklen mit Problemen behaftet.	Die Motivation der Mitarbeiter der Umweltämter ist im allgemeinen hoch, denn einerseits ist die Identifikation mit der Arbeit besonders groß und andererseits arbeitet hier überwiegend relativ junges Personal, das oft eine hohe Motivation mitbringt. Dennoch ist es ganz selbstverständlich, daß der eine schneller Zugang zu dem System findet als der andere (Generationenproblem). Zwangsmöglichkeiten gibt es jedoch kaum. Man ist auf die Aufgeschlossenheit der Sachbearbeiter angewiesen. Deshalb hat sich auch eine langsame Einführung, die eine ausgiebige Gewöhnungs- und Überzeugungsphase vorsieht und zunächst auf freiwilliger Basis erfolgt, bewährt. Hemmschwellen bestehen zwar vereinzelt grundsätzlich, hängen aber in der Regel von der Benutzerfreundlichkeit ab (vgl. 9.3). Vor allem die Schwelle, sich erstmalig mit einem System zu beschäftigen und/oder an einer Schulung teilzunehmen, ist schwierig zu überwinden, wenn gleichzeitig andere Arbeit liegen bleiben muß. Die Nutzung des UIS wird teilweise als „Kür" angesehen, die nur erfolgen kann, wenn Zeit übrig ist. Darüber hinaus muß die Arbeit bei jeder Veränderung der Hard- oder Software umgestellt werden. Auch dies führt zu Ablehnung oder zum Einsatz von „technischem Altlasten". Prinzipielle Ablehnung gegenüber der Einführung von EDV-Technologie ist in den letzten Jahren deutlich zurückgegangen.
4.3	Kompetenzverlust und Überwachung Es herrscht teilweise die Angst vor, durch das UIS Kompetenzen zu verlieren. Dies führt unter anderem zu einer Zurückhaltung von Daten, weil diese als „Herrschaftswissen" betrachtet werden. Außerdem besteht eine gewisse Angst vor der Möglichkeit einer Überwachung der Arbeit.	Die Angst vor Kompetenzverlust und Überwachung liegt eher unterschwellig vor und mündet in einer rational kaum erklärbaren Skepsis gegenüber dem UIS. Aussagen zu diesem Problembereich liegen daher auch nur sehr vereinzelt vor. Besonders die Angst vor dem „Big Brother - UIS" tritt nicht offen zu Tage, sondern wird nur indirekt durch die Systemadministratoren beobachtet, wenn Mitarbeiter die Potentiale des UIS nicht nutzen. Es ist jedoch kaum zu trennen, ob diese Zurückhaltung von der Angst vor Kompetenzverlust oder Überwachung herrührt oder andere Gründe hat (z.B. Bequemlichkeit, Überlastung ...). Jedenfalls zeigt sich, daß diese Ängste nur über eine intensive Beteiligung der Betroffenen am Entstehungs- und Entwicklungsprozeß ausgeräumt werden können (vgl. 8.3).

Kapitel	Überschrift	
Nr.	These	Erläuterung
4.4	**Vereinsamung** Direkte elektronische Kommunikation macht nur Sinn, wenn sie - z.B. aufgrund räumlicher Entfernung von Ämtern oder Abteilungen - anders nicht vernünftig zu bewerkstelligen ist. Es besteht die Gefahr der Vereinsamung, die sich nicht zuletzt negativ auf die Arbeit auswirkt.	Die direkte Kommunikation ist immer noch wichtig. Bei direkter Konversation in Besprechungen, aber auch schon bei eher zufälligen Treffen am Postfach oder in den Pausen entstehen Ideen, die über elektronischen Austausch kaum entwickelt werden können. Unter einer "Vereinsamung" leidet nicht zuletzt die Bearbeitung. Elektronische Kommunikation macht daher nur Sinn und wird auch genutzt, wenn z.B. Texte, Tabellen oder Graphiken ausgetauscht werden und so der langsame Umlaufdienst umgangen werden kann. Für informelle Absprachen bedarf es aber nach wie vor des persönlichen Gesprächs. Dienste wie mail und talk setzen sich daher kaum oder nur sehr langsam durch, was allerdings auch mit persönlichen Hemmschwellen zu tun hat (vgl. 4.2).
5.	**Kooperation und Kommunikation**	
5.1	**Aggregation**	
5.1.1	**Nutzergerechte Aufbereitung und Führungsinformation** Datenaggregation ist eine wichtige, aber z.T. ungelöste Frage. Eine auf die verschiedenen Nutzergruppen ausgerichtete spezifische Datenaufbereitung mit Hilfe der Technik ist als Systembestandteil selten verwirklicht.	Es gilt grundsätzlich zwischen Generalisierung und Aufbereitung im Sinne von Bewertungen zu unterscheiden. Ziel ist allerdings in beiden Fällen die nutzerorientierte, aktuelle Informationsbereitstellung. Eine Umsetzung in technische Verfahren ist je nach Nutzergruppe sehr unterschiedlich weit entwickelt. Die Datenaufbereitung für die gezielte Information der Nutzergruppe Politik und Öffentlichkeit findet, wie bereits dargestellt, meist auf konventionellem Wege fallbezogen oder über periodisches Berichtswesen statt. Bei keiner der untersuchten Kommunen wurde eine direkte technikgestützte Information der Führungsebene vorgefunden. Sie erfolgt auch weiterhin auf konventionellem Wege durch die Sachbearbeiter. Es liegt bislang jedenfalls keine einhellige Meinung darüber vor, wie Konzepte für eine führungsorientierte Aufbereitung der Information aussehen sollen. Man sieht hier die Komplexität der Problemlagen als wichtigsten Hinderungsgrund für eine Automatisierung an, die Fachkompetenz der Sachbearbeiter kann nicht durch den Computer ersetzt werden. Vereinzelt sind Ansätze gemacht worden, für alle Fachämter inklusive deren Führungsebene einen zentralen, aufbereiteten Datenpool als Informationsbasis vorzuhalten. Eine Beurteilung der Nutzbarkeit dieser Datenbestände konnte noch nicht erfolgen, da diese Systeme noch in den Kinderschuhen stecken. Auch die Entwicklung von technischen Möglichkeiten der automatischen Generalisierung steckt erst in den Kinderschuhen. Ob es überhaupt jemals operationell einsetzbare Verfahren geben wird, ist strittig.

Kapitel Nr.	Überschrift / These	Erläuterung
5.1.2	**Angst vor Fehlinterpretation von Rohdaten** Die Abgabe von Rohdaten wird - aufgrund möglicher Fehlinterpretationen - von vielen Sachbearbeitern als ein Problem gesehen und daher unterbunden.	Häufig tritt das Problem auf, daß man bei der Weitergabe von Rohdaten, und darunter wären auch die Ergebnisse computergestützter Datenaggregationen zu fassen, Fehlinterpretationen befürchtet. Daher wird dem Wunsch fachfremder Abteilungen nach innerkommunalem Datenaustausch mit Skepsis begegnet. Man hält es für erforderlich, den Kontext der Daten zu bewahren und präferiert daher den konventionellen, bürokratischen Weg einer Datenweitergabe in Verbindung mit den entsprechenden Fachinterpretationen. Es gibt allerdings Ansätze, die diese Problematik auffangen wollen. Einer Fehlinterpretation von Rohdaten durch Fachfremde soll die Dokumentation und Beschreibung in Metainformationssystemen vorbeugen. Dort soll neben der reinen Beschreibung der Daten auch der Gültigkeitsbereich und die Erhebungsmethode abgelegt werden. Von dem Problem der Angst vor Fehlinterpretationen können UIS-Betreiber auch betroffen werden, wenn sich externe datenführende Stellen vor allem auf Landesebene, von denen man gerne Daten beziehen würde, der Datenausgabe aus besagtem Grunde sperren.
5.2	**Programmaustausch / Anwendergemeinschaften** Der Austausch von Programmen oder ganzen UIS-Konzepten zwischen Kommunen hat sich bislang als nicht praktikabel erwiesen. Nur Teilbausteine konnten übertragen werden.	In der Untersuchung wurde, wie bereits gezeigt, eine Vielzahl sehr unterschiedlicher Realisierungen von UIS vorgefunden. In jeder der untersuchten Städte wurden die Systeme neu konzipiert und aufgebaut, keine hat eine komplette Systemlösung von anderen übernommen oder an andere weitergegeben. Lediglich der Austausch von Teilbausteinen für Spezialaufgaben aus dem Vollzugsbereich ist in Ansätzen realisiert, auf diesem Sektor verbreiten sich neuerdings Standardprodukte von Softwarehäusern, oder, wie in Bayern für den Fall, von der Landesebene unterstützte Entwicklungen. Ein größeres Interesse in Richtung gemeinsamer Nutzung findet sich auch bei Realisierungen von Metainformationssystemen. Als Ursache für die beschränkten Möglichkeiten des Programm- und Systemaustauschs wurde die Heterogenität der Organisation, Struktur und Aufgabenpalette der Kommunalverwaltungen im Umweltbereich genannt. Im einzelnen wurde angeführt, daß jede Kommune - andere technische Voraussetzungen, - eigene Satzungsteile, - andere Zuständigkeiten (z.B. Behälterüberwachung in Süddeutschland bei den Gewerbeaufsichtsämtern), - andere Möglichkeiten und Organisationsstrukturen (bestimmt durch die Größe der Kommunen), - und aufgrund der jeweiligen Länderzugehörigkeit andere Gesetze und Ausführungsbestimmungen hat. Hinzu kommen Aussagen, die eine mangelnde Kooperation zum Austausch von Programmen und

Kapitel Nr.	Überschrift These	Erläuterung
		Systeme in der Vergangenheit auch auf das Unabhängigkeitsstreben der Kreise und Städte zurückführen. Dies führte dahin, daß „jeder glaubte, den Stein des Weisen gefunden zu haben". Mit den genannten Problemen haben auch die Aktivitäten zur gemeinsamen Programmentwicklung in Anwendergemeinschaften zu kämpfen. Die Entwicklung dort wird z.T. als schwerfällig und unflexibel bezeichnet, da die Programme recht umständlich und zeitaufwendig an die speziellen Bedürfnisse jeder Mitgliedskommune angepaßt werden müssen oder Interessenskonflikte aufgrund zu starker struktureller Unterschiede der Mitglieder die Arbeit behindern. Viele Kommunen drängen mittlerweile aber auf eine stärkere Kooperation, weil die herrschende Finanznot Eigenentwicklungen bremst und den Austausch von fertigen Lösungen fördern kann. Die beschriebene Situation gilt für die neuen Bundesländer nur eingeschränkt, ein Austausch zumindest innerhalb jeweils eines Bundeslands scheint hier aufgrund ähnlicher Aufgaben- und Organisationsstrukturen leichter möglich. Außerdem wirkt sich aus, daß Politik primär reaktiv, an Problemen orientiert arbeitet und daß es eine Normierung in der Bearbeitung von Umweltthemen aus den oben genannten Gründen nicht geben kann. Da man aus diesem Grund beim Aufbau von UIS vielfach eher problembezogen als systematisch vorgehen muß, entstehen mitunter Insellösungen.
6.	Verwaltungshandeln	
6.1	Aufdecken von Handlungsdefiziten Die Aufdeckung von Umweltproblemen durch UIS wird verschiedentlich nicht als Erfolg, sondern als Problem begriffen. Besonders wenn es gelingt, mit UIS Handlungsdefizite aufzuzeigen und Umweltbelastungen transparenter zu machen, entstehen Widerstände.	Die induzierten Handlungszwänge werden von Teilen der Verwaltung und manchmal von der politischen Seite abgelehnt, weil sie Einmischung, Mehrarbeit und Ärger bedeuten. Ähnlich ist die Reaktion, wenn das UIS als Instrument benutzt wird, um die Belange des Umweltschutzes überhaupt stärker in das Verwaltungshandeln einzubringen. Dieses Phänomen wurde nur in wenigen Kommunen deutlich benannt. Es ist in den globalen Problemkreis einzuordnen, in dem Umweltschutz heute steht (vgl. P.10.1). Gerade vor dem Hintergrund, daß Umweltschutz heute an Stellenwert verliert und ihm die Rolle des Entwicklungsbremsers zugeordnet wird, ist damit zu rechnen, daß sich solche Probleme noch verschärfen. Die Belange des Umweltschutzes durchzusetzen, wird wohl trotz der zu verzeichnenden Erfolge ein Dauerthema bleiben. Für UIS können diese Widerstände auch zu einem Existenzproblem wachsen, wenn die ablehnende Seite Einfluß auf die Weiterentwicklung ausüben kann. Als Reaktionsform der Umweltverwaltungen konnte gefunden werden, daß für das UIS als Zielgruppe nur die (Umwelt-)Verwaltungsmitarbeiter vorgesehen und Politik und Öffentlichkeit ausgeschlossen werden. Eine zweite Konsequenz besteht darin, daß Daten nur veröffentlicht werden, wenn sie „durch die Politik gelaufen sind". Das neue Umweltinformationsgesetz (UIG) stützt diese Entwicklung noch, da nicht „abgeschlossene" Schriftstücke und Datenträger nicht herausgegeben

Kapitel Nr.	Überschrift These	Erläuterung
		werden dürfen. Als weiterer Ansatz wurde vereinzelt vorgeschlagen, das UIS aus der Verwaltung auszugliedern und extern zu betreiben. Mit einem solchen Schritt würden allerdings viele neue Probleme vom politischen Widerstand über datenschutzrechtliche Fragen bis hin zur Kommunikationsferne entstehen.
6.2	Gebührenerhebung Fehlende Gebührenordnungen behindern mancherorts die Datenabgabe. Es sind aber auch Gegner zu finden, die Gebührenordnungen als hinderlich ablehnen.	Der freie Zugang zur Umweltinformation (UIG) wirft hinsichtlich seiner Umsetzung noch zahlreiche Fragen auf. Die Aufbereitung der Daten wird als Problem gesehen, aber vor allem werden Gebührenordnungen heiß diskutiert. Eine vermehrte Nachfrage nach Umweltdaten ist auch seit Verabschiedung der EG-Richtlinie kaum zu beobachten. Jedoch sind für den Fall, daß ein steigender Bedarf auftritt, vielerorts noch Fragen der Organisation, der Aufbereitung und letztlich auch der Kostenpflichtigkeit ungeklärt. Zwar existieren meistens Gebührenordnungen, die auch bei der regen Datennachfrage durch Planungs- und Ingenieurbüros herangezogen werden, aber es herrscht die Ansicht, daß die zugrundeliegenden Kalkulationen die echten Leistungen nicht abdecken, da z.B. Vorlaufkosten in diese Berechnungen nicht einfließen (Hard- und Software). Es besteht Regelungsbedarf, da teilweise auch eine Datenausgabe wegen fehlender Gebührensätze abgelehnt wurde. Das Problem wird sich verschärfen, wenn im Zuge der Modernisierungsbestrebungen in den Verwaltungen auch hausinterner Datenaustausch, z.B. durch Gutschriften, abgerechnet wird. Gegner einer Gebührenerhebung führen an, daß unter Umständen aus Kostengründen veraltete Daten genutzt werden und so eine Abrechnung für die Verbreitung und Nutzung des Systems sehr hinderlich wird.
6.3	Legitimationsdruck, Nutzennachweis UIS stehen unter einem ständigen Erfolgs- und Legitimationsdruck. Auf der anderen Seite sind die Nutzeneffekte der UIS für die administrativen und politischen Entscheidungsträger nicht unmittelbar erkenn- und vermittelbar.	Der ökonomische Nutzen von UIS ist nur schwer quantitativ nachweisbar. Es fehlt insbesondere an einer Kalkulationsgrundlage für die Leistung „Umweltinformation" insgesamt, so daß eine Kosten-Nutzen-Rechnung erschwert ist. Z.T. ergibt sich daraus die Konsequenz einer ungenügenden bis fehlenden Unterstützung der Entscheidungsträger beim Systemaufbau. Als Lösungsansatz wird ins Spiel gebracht, ein Negativ-Szenario zu zeichnen und nachzuweisen, daß ohne UIS die Arbeiten an der Basis unvertretbar verteuern würden. Beinahe allen der befragten Systembetreiber war anzumerken (wenn sie nicht sogar direkt diesen Punkt ansprachen), daß sie beim Aufbau und der Fortführung des UIS unter einem enormen Erfolgs- und Legitimationsdruck stehen. Bei den Entscheidungsträgern sind offenbar ständige Zweifel über den Systemnutzen vorhanden. Gründe dürften darin zu finden sein, daß zum einen durchaus das Produkt Umweltinformation nicht unkritisch gesehen wird, und zum anderen durchaus vorhandene Erfolge (vgl. B 6.2 und 6.3) z. B. durch die Beschleunigung der Vorgangsbearbeitung nur ungenügend nachgewiesen werden können oder anerkannt werden. Betriebswirtschaftliche Vorteile können nicht dargestellt werden, weil für eine Untersuchung das methodische Rüstzeug

Kapitel Nr.	Überschrift These	Erläuterung
		fehlt. Zur Monetarisierung von Umweltinformationen fehlen z.Zt. anerkannte Bewertungsmaßstäbe. Z.T. sind solche Untersuchungen auch problematisch zu sehen, da angegeben werden müßte, wo genau eingespart wird und wieviel Geld nun übrig ist.
7.	Verwaltungsorganisation	
7.1	EDV-Strategie Fehlt eine einheitliche Linie in der EDV-Strategie für die gesamte Verwaltung, entstehen Inkompatibilitäten und Schnittstellenprobleme, die hinderlich für die Kommunikation und den Datenaustausch sind.	Das Schnittstellenproblem ist, wie bereits angeführt, bei vielen Fallbeispielen als erheblich einzustufen. So existieren mancherorts in den mit Umweltschutz befaßten Dienststellen mehrere Rechnerplattformen mit unterschiedlichen Betriebssystemen, inkompatiblen Datenbankprogrammen oder GIS nebeneinander. Die Arbeit an Schnittstellen verschlingt Kapazitäten, Lösungen werden nur mühsam gefunden. Die Befragten beklagen, daß einheitliche EDV-Strategien fehlen. Dieses Problem tritt besonders dann auf, wenn einzelne Ämter aufgrund von mehr Eigenständigkeit, wie heute zunehmend der Fall, unabgestimmt handeln. Die einmal geschaffenen technischen (und auch organisatorischen) Gegebenheiten, dies hat sich auch gezeigt, lassen sich aber nur noch schwer beeinflussen. Allerdings darf eine EDV-Strategie nicht auf starren Vorgaben aufbauen (vgl. 7.2).
7.2	Systemvorgaben Einheitliche Systemvorgaben führen zu (schlechten) Kompromißlösungen, mit denen am Ende niemand etwas anfangen kann. Die speziellen Bedürfnisse der Fachämter bleiben auf der Strecke.	Über die untersuchten Fallbeispiele hinaus konnte festgestellt werden, daß Haupt- und Vermessungsämter mit starken EDV-Abteilungen die UIS-Entwicklung maßgeblich bestimmen. Dabei wird aus der Sicht der Schnittstellenproblematik durchaus verständliche Linie vertreten, daß keine Insellösungen entstehen sollen und einheitliche Produkte für die gesamte Verwaltung durchgedrückt werden. Daraus kann sich z.B. als Konsequenz ergeben, daß als geographische Komponente für UIS aus der Sicht der fachlichen Anforderungen wenig geeignete Produkte angeschafft werden. Nur zögerlich wird erkannt, daß es kein System geben kann, das jeden Bedarf optimal erfüllt. Wie schon in 7.1 anklang, wird daher vielfach eine EDV-Strategie gefordert, die sich viel stärker dem Thema der Integration und damit der Lösung von Schnittstellenproblemen widmet. Das Fachamt sollte seine EDV-Anforderungen selbst formulieren können und mit diesen dann auch bei der Anschaffung beteiligt werden.
7.3	Bürokratische Beschaffungshürden Die schnellen Hard- und Softwareinnovationszyklen stellen ein Beschaffungsproblem dar. Zudem wird die Beschaffung von Technologie durch haushaltstechnische Hürden behindert, verzögert und verteuert.	Im Sinne der Benutzerfreundlichkeit müßte immer die neueste Technik verfügbar sein, was aber einerseits finanziell nicht durchzuhalten ist und andererseits eine ständige neue Einarbeitung bedeutet (vgl. 4.2). Eine Umstellung auf neue Technologie ist in Verwaltungen besonders schwierig, weil erhebliche Probleme haushaltstechnischer Art auftreten. Die Ausgaben müssen über die Jahre gleichmäßig verteilt. Konsequenz ist eine lange Bindung an bereits veraltete Geräte. Einen Ausweg stellt die Möglichkeit des Leasens von Geräten dar. Eine Reihe weiterer bürokratischer Hürden wurde angeführt, wobei auch stets die Beschaffung

Kapitel Nr.	Überschrift / These	Erläuterung
		über die Hauptämter als Hindernis angegeben wurde (vgl. auch 7.2). Andererseits ist das Hauptamt bei der Beschaffung immer involviert, da die Einführung von technikunterstützter Informationsverarbeitung mitbestimmungspflichtig ist. Bei Einrichtung eines Rechnerarbeitsplatzes muß zudem aus Arbeitsschutzgründen für ein Vielfaches der Kosten spezielles Mobiliar angeschafft werden. Die Leitlinien zur Hardwareausschreibung stammen oft noch aus den 70er Jahren. Es deutet sich an, daß bei Kommunen, in denen die Umweltämter bereits in gewissem Umfang eine Eigenbudgetierung betreiben und sogar auf Einnahmen verweisen können, diese Hürden leichter zu überwinden sind.
7.4	Konkurrenz zu anderen Systemen und Kompetenzgerangel Der UIS-Aufbau gerät im Verwaltungsumfeld oft in eine Konkurrenzsituation mit anderen Ämtern, wenn weitere Informationssysteme geplant sind oder an anderer Stelle bereits eine geographische Datenverarbeitung existiert.	Die relativ jungen Entwicklungen der UIS geraten häufig, besonders wenn sie geographische Komponenten enthalten, in eine Konkurrenzsituation zu anderen, gleichzeitig entstehenden Projekten, besonders dann, wenn eigene z.B. für Visualisierungszwecke geeignete Software angeschafft werden soll. Fehlt, wie oben schon erwähnt, eine verwaltungsweite EDV-Strategie, entstehen zwangsläufig Kompetenzrangeleien, in denen es zum einen um fachlich-sachliche Zuständigkeiten geht (besonders bei graphischer DV), in denen aber auch taktische Kalküle bei der Sicherung von Besitzständen eine Rolle spielen. Dann müssen in langwierigen Verhandlungen erst einmal Zuständigkeiten für digitale Datenbestände und -erhebungen geregelt werden. Die Folgen sind mitunter Reibungsverluste und Widerstände, die dann wiederum die erfolgreiche Systemimplementation behindern. Es sind aber auch erfolgreiche Zusammenarbeiten zu finden. Für die Umweltverwaltung ist notwendig, den anderen Fachämtern die eigenen Anforderungen und Arbeitsweisen klarzumachen, ohne deren Kompetenzen in Zweifel zu ziehen. So kann auch dieses Problem durch frühzeitige Absprachen und/oder mit Hilfe der Kompetenzregelung durch die Verwaltungsführung gelöst werden. (vgl. 8.5).
7.5	Hierarchie vs. Vernetzung (Durchtunnelung) Es hat sich in der Untersuchung verschiedentlich bestätigt, daß UIS aufgrund ihrer Eigenschaft, quer zur Verwaltungshierarchie zu liegen und damit Dienstwege quasi zu durchtunneln, auf Widerstand stoßen.	Laut Aussagen von Befragten ist das größte Problem bei der Einführung von Informationssystemen das der Verwaltungsorganisation mit ihren hierarchischen und sektoralisierten Strukturen und bürokratischen Dienstwegen. Der für UIS essentiell notwendigen ämterübergreifenden Zusammenarbeit und vor allem dem Datenaustausch stehen mancherorts erhebliche Barrieren im Wege. Eine effektive Systemnutzung wird dadurch entschieden behindert, im Extremfall führt dies sogar zu einer Aufgabe des Systems. Eine Kooperation und die Information quer durch die Verwaltung wurde und wird nicht in der notwendigen Art und Weise realisiert. Der Umweltschutz und damit das UIS sind jedoch auf innerkommunalen Datenaustausch angewiesen. Die Erfahrungen der Praktiker zeigen, daß hier zunächst „verwaltungsinterne Kämpfchen" geführt oder Beschaffungshürden gemeistert werden müssen, so daß ein gewünschter Datenaustausch ständig Unruhe bringt und Geduld verlangt. Davon ist aber nicht nur der Datenaustausch betroffen, sondern vielfach auch die mit UIS insge-

Kapitel Nr.	Überschrift / These	Erläuterung
		samt verbundene Hoffnung auf Überwindung der Sektoralisierung durch Kooperation und Kommunikation. Ein Austausch findet auf dem kleinen Dienstwege zwar statt, offiziell gelten aber die althergebrachten Beteiligungsverfahren und Aufgabenteilungen. Dies erschwert nach wie vor in vielen Fällen eine übergreifende Analyse und Auswertung. Ein auf UIS basierendes ämterübergreifendes Management von Umweltschutzaufgaben ist so gut wie nicht vorhanden. Wie oben dargestellt, konnten in manchen Kommunen die UIS eine verstärkte Kooperation initiieren. Um aber wirkliche Fortschritte zu erreichen, wird von Befragten eine Demokratisierung der Verwaltung, sowie mehr Eigenverantwortlichkeit, Motivation und Honorierung von effektiver Arbeit gefordert (Vergleich: Erfolg von privaten, kommerziellen und wissenschaftlichen Netzen).
8.	Konzeption	
8.1	Mangelnder praktischer Nutzen Es besteht die Gefahr, daß Systeme scheitern, wenn die Effektivität bei Systemaufbau nicht ausreichend betont wird. Es wird mittlerweile erkannt, daß für die erfolgreiche Einführung und für den nachhaltigen Fortbestand von UIS entscheidend ist, daß Schwerpunkte in den Bereichen gesetzt werden müssen, wo der Nutzen des Systems am größten und für alle Beteiligten, also Anwender und Entscheidungsträger, unmittelbar erkennbar ist.	Zur Überwindung von Legitimationsproblemen und Widerständen einzelner potentieller Anwender muß man dazu über, den vom System zu erwartenden Nutzen deutlicher darzustellen. Dabei muß erkennbar sein, welchen quantitativen und qualitativen Nutzen und welche wirkliche Arbeitserleichterung von der Anwendung der EDV-Technik zu erwarten ist. Das ist in der Vergangenheit vielfach vernachlässigt worden. Eine veränderte Schwerpunktsetzung ist aber auch im Zuge dieser Entwicklung als Tendenz erkennbar. In der UIS-Praxis setzt sich mehr und mehr die Absicht durch, zuerst den Verwaltungsvollzug sinnvoll zu erleichtern und so effektiv wie möglich zu gestalten. Erst danach kann überlegt werden, was an theoretischen Modellen (in Richtung Umweltplanung) aufsetzbar ist. So hofft man u.a. zu vermeiden, daß der Systemeinsatz sich totläuft, weil das Verhältnis von laufender Datenerhebung zu periodischem Nutzen und damit die gesamte Effizienz der Systeme zu ungünstig wird.
8.2	Ausstattung und Schulungskonzepte Die Durchsetzung und nachhaltige Nutzung von UIS kann gefährdet werden, wenn eine gleichmäßige und gute Ausstattung aller Interessierten in den verschiedenen Abteilungen mit EDV und entsprechende Schulungsmöglichkeiten nicht gewährleistet sind. Herstellerschulungen sind jedoch den Bedürfnissen zu wenig angepaßt.	Wie erwähnt, ist der Widerstand gegen Technikeinführung in den letzten Jahren erheblich zurückgegangen. Daher wird es für wichtig gehalten, eine ausreichende Ausstattung mit Rechnerarbeitsplätzen zu gewährleisten, da sonst bei Sachbearbeitern, die nicht an das System angeschlossen werden, Neid, Mißgunst und Desinteresse entsteht. Dabei sollten alle Abteilungen gleichermaßen berücksichtigt werden. Auch eine schleppende Beschaffung oder technisch unzureichende Geräte fördern Demotivation und Unzufriedenheit. In diesem Zusammenhang wird die Meinung vertreten, daß eine digitale Bearbeitung nur Sinn macht, wenn so viele Geräte vorhanden sind, daß man nicht mehr zeitlich auf andere angewiesen ist. Neben der Technikausstattung ist die Gewährleistung ausreichender Schulungsmöglichkeiten eine wichtige Voraussetzung. Dem steht jedoch das Problem der leeren Kassen entgegen, so daß auch Forderungen erhoben werden, vom Gießkannenprinzip weg zu kommen und gezielt einzelne Projekte zu unterstützen. Herstellerschulungen werden vielfach als wenig sinnvoll eingeschätzt, weil auf der einen Seite In-

Kapitel Nr.	Überschrift / These	Erläuterung
		halte geschult werden, die ein „normaler" Sachbearbeiter gar nicht braucht, auf der anderen Seite aber Dinge fehlen, die unbedingt benötigt werden. Vor allem die Teilnahme ganz ohne Vorkenntnisse ist erfahrungsgemäß wenig hilfreich. Einige Kommunen sind aus diesem Grund dazu übergegangen, vermehrt hausinterne Schulungen durchzuführen.
8.3	Beteiligung von „Betroffenen" Wird keine frühzeitige Einbeziehung der potentiellen Anwender (Sachbearbeiter, Abteilungen und Ämter) durchgeführt, besteht die Gefahr, daß deren Bedürfnisse nicht ausreichend berücksichtigt werden und das UIS am Bedarf vorbei entwickelt wird.	Für den Systemaufbau, aber auch bei jeder weiteren Fortentwicklung wird heute erkannt, daß durch eine intensive Kommunikation und Abstimmung zwischen Systeminitiator, Systemhersteller und den vorgesehenen Systemanwendern frühzeitig der konkrete Bedarf ermittelt und dann umgesetzt wird. Es hat wenig Sinn, Systeme quasi von „außen" den Anwendern überzustülpen. Außerdem ist das Interesse an und die Identifikation mit dem System um so niedriger, je geringer die Beteiligung am Entstehungsprozeß war. All dies führt zu den bereits genannten Widerständen respektive zu ungeeigneten Lösungen. Dieser Prozeß führt vor allem zu erfolgreichen Umsetzungen, wenn er interaktiv über den gesamten Implementationszeitraum abläuft. Ein solches Vorgehen ist besonders dann wichtig, wenn externe Firmen an der Entstehung des Systems beteiligt sind. Dabei müssen unterschiedliche Auffassungen, Vorstellungen und Begrifflichkeiten zusammengebracht werden. Als geeignete Methode der Beteiligung werden dazu heute Workshops mit allen Betroffenen angesehen.
8.4	Personelle Abhängigkeiten Die vorgefundenen UIS-Konzepte weisen oft eine ungenügende Berücksichtigung der Personalkapazitäten für die Systemadministration auf. Dadurch entstehen Personenabhängigkeiten, die die Arbeit mit den Systemen stark behindern.	UIS/GIS stellen sehr hohe fachliche Anforderungen an das Personal, die nur durch einen Vollzeit-Job erfüllt werden können. Ohne eigene EDV-Spezialisten kommt man nicht aus, da ansonsten Abhängigkeiten von anderen Ämtern oder Herstellern entstehen, was für eine effektive Arbeit und eine breite Durchsetzung des Systems hinderlich ist. Allerdings bestehen Probleme, geeignetes Fachpersonal zu halten, da die Bezahlung manchmal nicht attraktiv genug ist (nach BAT). In den meisten untersuchten Beispielen trat das Problem auf, daß zwar eigenes Personal vorhanden war, aber nicht in ausreichendem Umfang (oft nur eine Person). Man ist zwar bemüht, die Kapazitäten zu erweitern, jedoch gelingt das nur mühsam, da zum einen die Finanzlage der Kommunen eine Rolle spielt und zum anderen die Probleme von den Entscheidungsträgern nicht erkannt werden. Für eine effektive Systemnutzung entstehen so erhebliche Schwierigkeiten, wenn die betreffende Person ausfällt (Krankheit, Urlaub, Kündigung) oder überlastet ist. Kommunen suchen Auswege, indem in den Fachabteilungen interessierte Mitarbeiter geschult werden und die Systembetreuung und -fortführung als fortgeschrittene Nutzer mit übernehmen. Eine saubere Dokumentation insbesondere über das Datenmodell z.B. in einem Metainformationssystem wird ebenfalls für wichtig gehalten.

Kapitel Nr.	Überschrift These	Erläuterung
8.5	Unterstützung durch Amtsleitung

Viele der genannten Probleme zeigen, daß ein UIS-Aufbau nur gelingen kann, wenn die institutionell-organisatorischen Barrieren mehr berücksichtigt werden und die Verwaltungsführung durch Steuerung und Engagement die Durchsetzbarkeit des UIS-Konzepts gewährleistet. Initiativen auf Sachbearbeiterebene, die nicht von der Amtsleitung getragen oder unterstützt werden, sind zum Scheitern verurteilt. | Die in den zuvor genannten Thesen aufgeführten Probleme hatten in den Kommunen das geringste Gewicht, wo entweder die Amtsleiter/Dezernenten die Systeme mit voller Unterstützung getragen haben oder selber die Initiatoren waren. Die Anforderungen an die Führungsebene zur Steuerung und Durchsetzung der Systeme sollen daher zusammenfassend benannt werden:
- geeignete Strategien zur Systemimplementation entwickeln,
- organisatorische Voraussetzungen und Regelungsinstrumentarien zur Integration der Systeme im Amt und in der Gesamtverwaltung schaffen,
- UIS-Interessen gegenüber Konkurrenten und Hauptämtern/EDV-Abteilungen durchsetzen,
- finanzielle und personelle Kapazitäten bereitstellen,
- Motivation und Mitarbeit der Sachbearbeiter in den verschiedenen Abteilungen fördern. |
| 8.6 | Flexibilität und Nachhaltigkeit

Die Implementationsstrategien bei der Einführung von UIS üben entscheidenden Einfluß darauf aus, welche Probleme der Flexibilität sowie der Nachhaltigkeit bezüglich der Nutzung, der Finanzierung und des Supports in der Folge zu erwarten sind. | Es hat sich gezeigt, daß technische und personelle Ausstattungen, die aufgrund von größeren Forschungs- oder Pilotprojekten existieren, nur mit Mühe langfristig finanziell gesichert werden können, so daß nach Auslaufen der Projekte eine nachhaltige Nutzung gefährdet ist.
Wird bei der Systemimplementation eine enge Firmenkooperationen geschlossen, die nur auf die einmalige Entwicklung von Programmsystemen ausgerichtet ist, besteht die Gefahr, daß eine Weiterentwicklung im Sinne des technischen Fortschritts und sich verändernder politischer Vorgaben nicht gewährleistet ist. Nur eine längerfristige Zusammenarbeit kann den notwendigen Support und die Weiterentwicklung gewährleisten. Dafür sind entsprechende Ressourcen vorzusehen. |
| 8.7 | Standard- oder Spezialsoftware

Der Entwicklung von Standardprogrammen auf dem freien Markt kann die Verwaltung nicht folgen. Eigenentwicklungen oder die Eigenentwicklung von Programmaufsätzen haben dagegen Vorteile bei Fachanwendungen, die die individuellen Bedürfnisse der einzelnen Kommune besser bedienen. Über Entwicklungen oder Anpassungen in Kooperation mit Firmen liegen unterschiedliche Erfahrungen vor. | Bei der Anschaffung von Software steht die Verwaltung allgemein vor den drei Alternativen:
- Beschaffung von kommerziellen Programmen,
- Eigenentwicklungen,
- Firmenkooperationen.

Wie unter 9.3 erwähnt, bietet sich für die Standardausstattung der Arbeitsplätze mit Textverarbeitung, Tabellenkalkulation und Graphikprogrammen die Beschaffung von marktgängigen Standardprodukten an. Der rasanten Entwicklung in diesem Bereich können Eigenentwicklungen nicht folgen. Dies gilt mittlerweile auch für GIS, Simulationsmodelle und Datenbanksysteme.
Schwieriger wird die Situation bei der Auswahl der Technik für spezielle Anwendungen wie z.B. Fachkataster. Das Programm muß den individuellen Anforderungen der jeweiligen Kommune genügen. Auf dem Markt verfügbare Programme müssen in diesen Fällen oft aufwendig angepaßt werden oder sind gänzlich ungeeignet. Darüber hinaus muß nahezu jede notwendig gewordene Änderung, z.B. aufgrund sich verändernder gesetzlicher oder politischer Rahmenbedingungen in Eigenregie nachprogrammiert werden, was nur bei vorliegendem Source-Code möglich ist.
Für Eigenentwicklungen ist allerdings ein großes internes Know-how-Potential erforderlich mit |

Kapitel Nr.	Überschrift These	Erläuterung
		der Gefahr personeller Abhängigkeiten (vgl. 8.4). Vorteil ist aber eine größere Nähe zum Anwender und höhere Flexibilität bezüglich Veränderungen und Weiterentwicklungen. Als Alternative bieten sich Entwicklungen im Rahmen von Anwendergemeinschaften (zur Problematik dabei vgl. 5.2), oder Firmenkooperationen an. Letztere erfordern entweder einen hohen finanziellen Aufwand (bei Spezialanfertigungen), oder es entsteht das bereits beschriebene Problem, daß Entwicklungen oder Änderungen von der Firma nur bei ausreichender Nachfrage durchgeführt werden können. Häufig wurde zudem die Erfahrung gemacht, daß die Größe des Partners in umgekehrtem Verhältnis zur Leistungsfähigkeit steht.
9.	Technik	
9.1	Datenaustausch und Standardisierung, Schnittstellenproblem Datenaustausch und Vergleichbarkeit von Ergebnissen leidet - intern wie extern - unter technischen und inhaltlichen Problemen.	Trotz internationaler Bemühungen (EDBS, SDTS, SAIF, ÖNorm ...) gibt es nach wie vor keine standardisierte Schnittstelle zum Austausch räumlicher Daten. Bisher wurden Standards durch die Marktführer im GIS- und CAD-Bereich (ESRI, IBM, Intergraph, Autodesk) definiert. Dieser Ansatz ist jedoch eher hinderlich, weil er sich auf rein technische Probleme konzentriert. Außerdem ist das Ergebnis die Notwendigkeit von (n-1) Schnittstellen, nämlich von jedem System zu jedem anderen System; n = Anzahl der Systeme. Der Austausch mit Büros, anderen Kommunen oder dem Land scheitert häufig an deren mangelnder bzw. andersartiger (CAD-) Ausstattung. Es ist sogar manchmal schwierig, Digitalisierarbeiten zu vergeben, wenn kein Ingenieurbüro in der Umgebung über die entsprechende Technik verfügt. Die Forderung nach einer DV-gerechten Aufbereitung von Projektergebnissen bei der Vergabe von Arbeiten wird daher nur vereinzelt erhoben. Im allgemeinen werden die Projekte konventionell bearbeitet, und die Ergebnisse sind später nicht mehr verwendbar bzw. zugreifbar. Ein erster Schritt, nämlich die Übergabe von Daten und Karten aus dem UIS, sei es in analoger oder digitaler Form, zur weiteren Bearbeitung findet allerdings schon häufig statt. Es besteht insgesamt die berechtigte Hoffnung, daß sich die hier beschriebene Situation durch den technischen Fortschritt relativ schnell verbessert.
9.2	Verläßlichkeit Technische Probleme beim Aufbau und Einsatz von UIS werden oft unterschätzt, haben aber fatale Auswirkungen auf die Akzeptanz unter den vorgesehenen Nutzern.	Die Einschätzung, daß technische Probleme grundsätzlich mit genügend Geld (Personal, Technik, Zeit) in den Griff zu bekommen sind, ist zwar prinzipiell richtig, aber dennoch gefährlich. Nichts ist nämlich abschreckender als eine Technik, die nicht funktioniert. Häufige Systemabstürze können das System derartig in Mißkredit bringen, daß es nicht genutzt wird. Und wenn dann auch noch die Unterstützung fehlt, weil der Systemadministrator überlastet oder im Urlaub ist (vgl. 8.4), ist die Rückkehr zur konventionellen Arbeitsweise vorprogrammiert. Aber auch softwaretechnische Probleme wie niedrige Performance, inflexible Datenmodelle und -strukturen, fehlende Austauschmöglichkeiten mit anderen Programmen (geschlossene Systeme),

Kapitel Nr.	Überschrift These	Erläuterung
		technische Unzulänglichkeiten und mangelnde Benutzerführung (vgl. 9.3) wirken sich sehr negativ aus.
9.3	Interne Akzeptanz, Benutzerfreundlichkeit Die Benutzerfreundlichkeit ist ein entscheidender Punkt bei der Akzeptanz der Systeme und wird immer noch häufig zu gering gewichtet. Das bezieht sich sowohl auf Programmoberflächen als auch auf Ausgabemöglichkeiten.	Systemteile, die einfach zu erlernen und effektiv im Einsatz sind, setzen sich am schnellsten durch. Darüber hinaus hat auch interne Werbung einen Einfluß. Funktionierende Beispielanwendungen, z.B. beim Kollegen nebenan, animieren zur Nachahmung. Der wichtigste Punkt ist jedoch die Benutzerfreundlichkeit. Den Systembetreuern kommt daher die Aufgabe zu, den einzelnen Sachbearbeitern Werkzeuge (Tools) zur Verfügung zu stellen, mit denen sie einfach und zügig eine Unterstützung ihrer Arbeit erreichen. Bei Standards wie Textverarbeitung oder Tabellenkalkulation hat sich die durchgängige Einführung einfach bedienbarer und weit verbreiteter Programme bewährt, weil man sich untereinander besser austauschen kann. Bei Geoinformationssystemen und Datenbanken war die Situation lange Zeit schwieriger. Die Programme waren so komplex, daß eine Einarbeitung zu schwierig und ein zügiges Arbeiten nur möglich war, wenn man mit dem System nahezu täglich gearbeitet wurde. Eine Verbesserung der Situation verspricht man sich nun von speziellen Abfragemodulen, die auch von jedem PC aus betrieben werden können (z.B. Arc-View, SPANS Map u.a.). Die bisherige Kommandooberfläche für GIS oder auch die Notwendigkeit, SQL beherrschen zu müssen, um mit einer Datenbank arbeiten zu können, waren jedenfalls wesentliche Hindernisse bei der Durchsetzung von UIS auf breiter Front Ein weiterer Punkt im Rahmen der Benutzerfreundlichkeit ist die Verfügbarkeit von Peripherie. Vielfach wird der Wunsch geäußert, Ergebnisse, die man auf dem Bildschirm hat, auch schnell zu Papier bringen zu können. Wenn erst auf eine Datei geschrieben werden muß, die dann bei der Dienststelle, die über die entsprechende Peripherie verfügt, wochenlang auf den Ausdruck wartet, wird dieser Weg meist gar nicht erst beschritten. Kommunen, die aus welchen Gründen auch immer dazu gezwungen sind, die Technik an wenigen Punkten zu konzentrieren, müssen also dafür Sorge tragen, daß wenigstens ein schneller und einfacher Zugriff aus dem Netz möglich ist.
10.	Externe Restriktionen	
10.1	Finanznot und politische Bedeutung Die allgemeine Finanznot der Kommunen bedeutet Rückschläge von UIS im Bereich Umweltplanung, da es sich hier oftmals um freiwillige Aufgaben handelt. Die Situation für UIS verschärft sich zusätzlich durch die gesunkene politische Bedeutung des Themas Umweltschutz. Eine Folge dieser Finanzprobleme ist der Trend zur	In den 80er Jahren hatte der Umweltschutz einen allgemein sehr hohen Stellenwert in der Bevölkerung und Politik. Dies führte teilweise sogar dazu, daß allgemeine kommunale Informationssysteme nur unter dem Stichwort UIS aufgebaut werden konnten. Schließlich ist der Begriff Umwelt ziemlich unbestimmt, und letztlich haben fast alle räumlichen Daten eine gewisse Umweltrelevanz. Nichtsdestoweniger stand der Umweltschutz häufig im Zentrum der Bemühungen. Diese Situation hat sich insbesondere seit 1991/92 geändert. Probleme wie deutsche Einheit und Wirtschaftskrise/Arbeitslosigkeit sind mehr und mehr in den Vordergrund gerückt. Allge-

Kapitel Nr.	Überschrift These	Erläuterung
	Abkehr von übergreifenden UIS und statt dessen zur Einführung von (unabhängigen) Teilbausteinen, vor allem im Vollzugsbereich.	meine Informationssysteme konnten dieser Situation zum Teil begegnen, indem nun unter der offiziellen Zielrichtung Wirtschaftsförderung weitergearbeitet wurde. Auch von diesen Arbeiten profitieren letztlich die UIS, aber die Schwerpunkte haben sich eben deutlich verlagert. Nicht mehr übergreifende und integrative Konzepte werden gefördert, sondern Teilbausteine, die den gesetzlichen Vorgaben entsprechen oder für Bautätigkeiten wichtig sind. In diesem Zusammenhang ist das Entstehen von z.B. Altlastenkatastern in einer großen Anzahl von Kommunen zu sehen. Natürlich haben diese Teilbausteine ebenfalls einen positiven Effekt im Sinne einer Schadstoffreduzierung, aber die notwendigen Ansätze einer übergreifenden, vorsorgeorientierten Betrachtung von Zusammenhängen gehen verloren.
10.2	Trägheit der Verwaltung Gesellschaftsveränderungen erreichen die Verwaltung immer erst sehr viel später.	Der Aufbau von UIS, also die Einführung neuer Techniken und Konzepte, leidet unter dem allgemeinen Problem der Trägheit großer Verwaltungsapparate. Jedoch gibt es vor allem in Nordrhein-Westfalen neuerdings ernstzunehmende Ansätze, den Ämtern mehr Eigenverantwortung und größere Unabhängigkeit zuzugestehen, bis hin zur Privatisierung ganzer Abteilungen und Aufgabenbereiche. Ob auch die UIS von dieser Entwicklung in Richtung „Lean Administration" profitieren werden, kann noch nicht abschließend beantwortet werden.
10.3	Spezialisierung der Wissenschaften Die Sektoralisierung und Spezialisierung der Wissenschaften hat zu Verständigungsschwierigkeiten geführt.	Auch zum Problem der fehlenden Interdisziplinarität in der Ausbildung wurde schon viel veröffentlicht und diskutiert. Eine Folge ist, daß schon das Vokabular der mit räumlicher Datenverarbeitung Beschäftigten differiert. Erste Aufgabe von ämterübergreifenden Arbeitsgruppen zu diesem Thema ist daher oft, sich erst einmal über Begrifflichkeiten und Definitionen zu verständigen. UIS sind von dieser Entwicklung besonders stark betroffen, denn besonders im Umweltamt herrscht eine Vielfalt von Disziplinen unter den Mitarbeitern.
10.4	Fehlende gesetzliche Vorgaben Der Verwaltung fehlen Vorgaben aus Gesetzen oder Richtlinien zur Einführung von UIS.	Weder in gesetzlichen Grundlagen noch in Verwaltungsvorschriften sind Aussagen zur Verwendung von EDV zu finden. Auch das neue UIG unterstützt den Aufbau von Informationssystemen wenig, denn es fordert nur, daß Informationen, die vorhanden sind, freigegeben werden. Sind Daten nicht vorhanden, brauchen sie nicht erhoben werden.

5. Leitfaden für den Aufbau und Einsatz kommunaler Umweltinformationssysteme

5.1 Vorbemerkungen

Ableitend aus den bisher dargestellten Erkenntnissen und Ergebnissen unserer Untersuchung wird im folgenden versucht, einen Leitfaden mit empfehlendem Charakter zu entwickeln, der kommunalen Entscheidungsträgern und Initiatoren zum einen während der Konzeptionierung und Aufbauphase ihres UIS Hilfestellung und Orientierung bieten soll, zum anderen aber auch die Nutzung bereits existierender oder im Aufbau befindlicher UIS optimieren kann.

In den Leitfaden sind die Erfahrungen der UIS-Praktiker unserer Fallstudien (vgl. Kap. 3 und 4), die Simulation von UIS-Anwendungen (vgl. Kap. 6), die Diskussionsergebnisse eines UIS-Workshops am Institut sowie die wesentlichen Aussagen der Fachliteratur zur Themenstellung eingeflossen. Der Leitfaden gliedert sich in zwei Hauptteile:

- Die *inhaltlichen Anforderungen* konzentrieren sich auf das zentrale Anliegen der Untersuchung, nämlich die Potentiale von UIS stärker als bisher dem vorsorgenden Umweltschutz zugänglich zu machen.
- Die *Verfahrensanforderungen* zum Aufbau von UIS sind zwar z.T. von allgemeiner Gültigkeit für jegliche kommunale EDV-Projekte. Sie werden hier aber dennoch UIS-spezifisch ausgeführt, da die Praxis bisheriger UIS-Entwicklungen gerade auf diesem Feld eine Reihe von Defiziten aufgezeigt hat.

5.1.1 Berücksichtigung der Aufgaben einer Kommune

Wie bereits verschiedentlich festgestellt wurde, können UIS-Konzepte nicht übertragbar sein (vgl. z.B. LHH 1994b). Die Umweltamtsleiterkonferenz der Kommunen über 500.000 Einwohner hat sogar festgestellt, daß häufig nicht einmal Programme austauschbar sind. Grund sind unterschiedliche Aufgaben, Gesetze, Verordnungen, Satzungen, Ausführungsbestimmungen, politische Vorgaben, Problemschwerpunkte, Strukturen sowie finanzielle und technische Voraussetzungen. OTTO-ZIMMERMANN, DU BOIS (1992, 20) führen dazu aus: „Jede Behörde setzt über die fachlichen Notwendigkeiten hinaus ihre eigenen politischen Schwerpunkte; in jeder Verwaltung sind die technischen, finanziellen und personellen Rahmenbedingungen (...) verschieden; in jeder Kommune prägen sich die Umweltprobleme in unterschiedlicher Deutlichkeit und mit unterschiedlichen Handlungserfordernissen heraus. Die Gewichtung der Ziele einer jeden Umweltverwaltung ergeben demnach erst den Stellenwert einzelner Aufgabenfelder und hierin die Bedeutung einzelner Datenfelder." Zudem ist noch zu bedenken, daß sich politische Schwerpunktsetzungen häufig im Laufe der Zeit verschieben. Zum Teil kommt noch ein Konkurrenzdenken der Kommunen untereinander hinzu, so daß im Extremfall von einem Amt Methoden eines anderen Amtes derselben Kommune abgelehnt werden. Aufgrund der aktuellen Finanzkrise hat sich diese Situation jedoch merklich entschärft. Die Kommunen sind mehr und mehr zur Kooperation gezwungen.

Diese hier dargestellte Situation unterschiedlicher Voraussetzungen erschwert in erheblichem Maße die Entwicklung *allgemein gültiger* Empfehlungen für den Aufbau kommunaler UIS.

5.1.2 Berücksichtigung der Möglichkeiten einer Kommune

Im Gegensatz zu den Empfehlungen der KGSt (KGST 1991 und 1994) soll versucht werden, die unterschiedlichen Voraussetzungen in den verschiedenen Kommunen stärker zu berücksichtigen und die Strategien darauf abzustellen, auch wenn derartige Empfehlungen aufgrund der genannten Schwierigkeiten immer auf einem allgemeinen, abstrakten Niveau bleiben müssen. Außerdem sollen stärker Probleme der Alltagspraxis Berücksichtigung finden als in den Idealvorstellungen der KGSt-Studie zur raumbezogenen Informationsverarbeitung (KGST 1994). Wer hier aber ein Patentrezept oder eine Checkliste erwartet, muß enttäuscht werden.

Die gesamten Hinweise im Leitfaden werden soweit wie möglich entsprechend der nachfolgenden Unterteilung für die von der Größe einer Kommune abhängigen, spezifischen Rahmenbedingungen differenziert:

1. Große Kommunen (über etwa 500.000 Einwohner): UIS werden (zumeist) am Umweltamt mehr oder weniger autonom konzipiert, entwickelt und eingesetzt. Eine Einbettung in übergreifende RIS-Konzepte kam bisher kaum zustande, weil zum einen RIS-Konzepte sich noch weitgehend in der Planungsphase befinden und zum anderen Konkurrenzdenken unter den Ämtern bzw. Dezernaten im Wege stand. Dem Umweltamt steht ausreichend Personal (incl. Administration) und technische Ausstattung für Datenein- und -ausgabe sowie Analyse zur Verfügung. Lediglich bei großen Projekten muß auf Peripherie anderer Ämter zurückgegriffen werden. Ämterübergreifende Absprachen wurden bisher oftmals vernachlässigt.

2. Mittlere Kommunen (Kreisfreie Städte unter etwa 500.000 Einwohner und Landkreise): UIS entstehen nicht durch das Umweltamt allein, sondern teilweise auch unter der Federführung oder Anleitung durch Vermessungs- oder Hauptämter (REMKE et al. 1994). Sie fungieren als Integrationsinstrument bisheriger Insellösungen von Fachsystemen und auch zunehmend unter dem Dach eines RIS bzw. allgemeinen KIS. Es besteht im Gegensatz zu 1.) eine gewisse Überschaubarkeit von Aufgaben und Akteuren. Technische Ausstattung beschränkt sich zumeist auf PC-Arbeitsplätze, z.T. auch Graphik-Workstations. Ein- und Ausgabegeräte werden häufig von zentralen Ämtern vorgehalten.

3. Kleine Kommunen (kreisangehörige Kommunen): Kommunen, die in der Regel trotz sinkender Hard- und Softwarepreise nicht in der Lage sind, eigene UIS zu betreiben. Es fehlt insbesondere entsprechend ausgebildetes Personal. Vorhandenes Personal muß große Bereiche abdecken, so daß UIS nur eine Aufgabe von vielen wäre. Notwendig sind hier Zusammenschlüsse mit Nachbarkommunen oder auf Kreisebene.

5.2 Inhaltliche Anforderungen

5.2.1 Das UIS für einen vorsorgenden Umweltschutz - Zielsetzung

Anforderung:

> Vorsorgeorientierte UIS sollen medienübergreifend und medienintegrierend angelegt sein.

Umweltvorsorge wird in der kommunalen Aufgabenwahrnehmung heute noch primär durch den Vollzug der Umweltgesetze wie WHG, BImSchG, AbfG usw. betrieben. Die Exekutive hat sich dieser Aufgabenwahrnehmung folgend nach den Umweltmedien sektoralisiert und entsprechend medial ausgerichtete Aufbauorganisationen gewählt. Wie HAPPE et al. (1995, 28ff) nachweisen, beschränkt sich der Informationsbedarf dieser Organisationseinheiten dabei vor allem auf den jeweils zu bearbeitenden, engen Umweltaspekt. In der kommunalen Praxis definieren sich UIS daher vielfach als rein additive Sammlung einzelner aufgabenbezogener Fachkataster oder -dateien. Dieser Trend nimmt in letzter Zeit sogar noch zu.

Es ist in der Vergangenheit aber auch vielfach darauf hingewiesen worden, daß die so geartete Aufgabenwahrnehmung dem Vorsorgeprinzip, das über die Gefahrenabwehr hinaus das Entstehen von Umweltbelastungen unterhalb der Gefahrenschwelle zu verhindern oder einzuschränken sucht, wenig gerecht wird (vgl. Kap. 1.3.2). Vorsorgender Umweltschutz, der darauf angelegt ist, diese Schwachstellen sektoralen Handelns zu schließen und die reale Komplexität der Umwelt mit ihren zahlreichen Vernetzungen und Querbezügen zu berücksichtigen, bedarf einer medienübergreifenden Sicht. Nur auf diesem Weg sind Verursacherzusammenhänge tatsächlich aufzudecken und kann eine medienübergreifende Ursachenanalyse erfolgreich sein. UIS aber, die dem Vorsorgeprinzip Rechnung tragen, müssen daher wieder die Intention haben, solche komplexeren, umfassenderen Sicht- und Handlungsweisen zu unterstützen.

Im kommunalen Umweltschutz findet man Ansätze zum medienübergreifenden Vorgehen vor allem im Bereich der Umweltplanung. Während sich der ordnungsrechtliche Umweltschutz auf die Einhaltung und eventuelle Durchsetzung von Standards und Normen mit ordnungsrechtlichen Mitteln beschränkt, zielt der planerische Umwelschutz darauf ab, „durch optimale Nutzungsordnungen Umweltbedingungen zu schaffen, die durch eine weitestgehende Unterschreitung vorgeschriebener Grenzwerte charakterisiert sind" (KARPE 1979, 27, zit. in FREY 1990, 21). Die Umweltplanung ist primär auf eine vorausschauende, in die Zukunft gerichtete Daseinsvorsorge ausgerichtet. Vor allem in größeren Kommunen sind Ressorts zur „integrierten Umweltplanung" gebildet worden, um übergreifende Problemzusammenhänge zu berücksichtigen, d.h. alle ökologischen Teilplanungen zu einer querschnittsorientierten, die intermedialen Wechselwirkungen aufzeigenden Planung zusammenzufassen. Vorsorgeorientierte UIS müssen vor allem in diesen Bereichen Unterstützung bieten.

Anforderung:

> UIS sollen die Informationsgrundlagen im Planungsprozeß liefern (Informationsfunktion).

Die Wirkungsfelder kommunaler Umweltplanung stellen „die höchsten Anforderungen an die Informationsverarbeitung, da keine selektive Informationsberücksichtigung stattfinden soll und die Daten in umfassender Weise miteinander verknüpft werden müssen" (ERBGUTH 1984, 180). Zur „informellen Absicherung" (KUHLEN 1983, 19) der planerische Entscheidung muß die Umweltplanung Bezüge innerhalb der sektoralen Umweltbetrachtung und darüber hinaus herstellen, um so „querschnittsorientierte" Umweltinformationen, aber auch Informationen aller anderen Handlungsbereiche zu berücksichtigen.

UIS sollen daher den Umweltplaner umfassend im Problembearbeitungsprozeß von der Zustandbeschreibung über die Bewertung der aktuellen Situation, der Konfliktermittlung bis hin zur Ableitung des Handlungbedarfs unterstützen. Voraussetzung dafür ist zunächst die Schaffung und Vervollständigung einer Informationsbasis. Bislang fehlt es aber noch vielerorts an umfassenden und in UIS integrierten Bestandsaufnahmen und Bilanzierungen des Umweltzustands sowie an Aussagen über Zusammenhänge von Ursache oder Wirkung. Dies ist jedoch nicht den Kommunen allein anzurechnen, da die Bestandsaufnahmen zum Teil sehr aufwendig sind. Hier ist an Bund und Länder die Forderung nach Maßnahmen zur Verbesserung der Informationsgrundlagen zu stellen, z.B. durch Unterstützung eines einheitlichen Umweltberichtssystems mit Standardmerkmalen, Erweiterung der Umweltstatistik und der kommunalen UIS (FIEBIG 1992, 159).

Erst eine solchen Informationsbasis versetzt den Sachbearbeiter in der Umweltplanung in die Lage, den administrativen und politischen Entscheidungsträgern mit Unterstützung des UIS die zu ihren Entscheidungen nötigen Informationen bereitstellen. Kommunen haben dies erkannt und reagieren z.B. mit der Schaffung eines Aufgabenbereichs „Umweltinformation", der die Erarbeitung von Vorlagen für den und die Beantwortung von Anfragen aus dem politischen Bereich unterstützt (LHH 1992b, 19).

Anforderung:

> Voraussetzung für die Unterstützung der kommunalen Umweltplanung ist, daß UIS die benötigten Datengrundlagen und methodischen Instrumente zur Verfügung stellen (Datenintegration, Methodenintegration).

Die Datenintegration ist als vordringliches Ziel eines vorsorgeorientierten und medienübergreifenden UIS anzusehen. Die traditionell in den sektoralisierten Fachverwaltungen existierenden Daten- und Informationsbestände können erst über eine konsequente Integration in ein kommunizierendes Gesamtsystem auch der Umweltplanung nutzbar gemacht werden. Wie FÖCKER (1991, 327) aufzeigt, bestehen zwar in vielen Fachverwaltungen operative Datenbanken mit umweltrelevanten Teilaspekten, aber die konsequente Integration steckt überwiegend - auch gedanklich - noch in den Anfängen. Datenverfügbarkeit für die Umweltplanung bedeutet aber nicht nur die physikalische Zugänglichkeit von (Fach-)Datenbeständen, sondern es muß eine bedarfsgerechte Aufbereitung der Daten gewährleistet sein. Fachbezogene „Rohdaten" sind i.d.R. nicht ohne weiteres interpretier- und damit für weiterführende Planungszwecke nutzbar.

Kommunale Umweltplanung, die eine umfassende Betrachtung der Umwelt und ihrer Problme zur Aufgabe hat, erfordert theoretisch eine Vielzahl von Daten. Allerdings besteht nicht nur in der Praxis, sondern auch in Wissenschaft und Forschung noch weitgehend Uneinigkeit darüber, welche Daten ein vorsorgeorientiertes UIS konkret enthalten muß. Auch die Frage, welche Daten mindestens vorgehalten werden sollten, läßt sich allgemeingültig nicht beantworten[1].

Welche einzelnen Daten tatsächlich für die jeweilige Aufgabenstellung erforderlich sind und mit welcher Priorität und/oder in welcher Reihenfolge zu erheben sind, muß daher jeweils im Kontext der spezifischen örtlichen Gegebenheiten geklärt werden (vgl. Kap. 5.3.3).

Auch die Integration des methodischen Instrumentariums der Umweltplanung ist für ein vorsorgeorientiertes UIS zu fordern. Die Komplexität des Betrachtungsgegenstands Umwelt macht es erforderlich, dem Planer für die Beschreibung von Umweltzuständen und möglichen (Aus)wirkungen ein vielfätiges und dem heutigen Wissensstand adäquates Methodenrepertoire bereitzustellen. DV-gestützte Planungsmethoden werden vor allem zur Datenanalyse benötigt. Die verwendeten Methoden bestimmen aber auch letztlich die zu erfassenden bzw. zu integrierenden Daten und damit weitgehend die Inhalte eines UIS, ein Aspekt, dem bislang nur wenig Beachtung geschenkt wurde.

Empfehlung:

> UIS mit medienübergreifendem Charakter sollten die Problemwahrnehmung stärken, um so der Koordination und Steuerung des umweltpolitischen Handelns zu dienen (Koordinationsfunktion).

Der Handlungsbezug von Umweltinformation ist in der Umweltplanung von essentieller Bedeutung, denn es ist Ziel und Zweck der Planung, Umweltprobleme und ihre Verursacher zu identifizieren und über die Steuerung von Vermeidungs- oder Minderungsmaßnahmen eine Problemlösung herbeizuführen. Es ist unstritig, daß die Handlungsebene selber nicht Bestandteil eines UIS sein kann (vgl. LHH 1992b). Wohl aber wird von verschiedener Seite gefordert, daß Umweltinformationen letztendlich dazu dienen müssen, einen konkreten Handlungsbedarf abzuleiten, um so zu gezielter Maßnahmenerarbeitung zu gelangen. Umweltinformation ist

---

[1] Größere Forschungsansätze wie z.B. in Hannover sind an diesem Punkt einer Problemlösung nicht näher gekommen (kein Konsens über minimalen Datenkranz, vgl. LHH 1992b, 34f) oder haben wie in Berlin Lösungen für Umweltausschnitte gefunden.

problembezogen zu erzeugen, zu vermitteln und zu nutzen, reine Datensammlungen erzeugen Datenfriedhöfe und sind kontraproduktiv.

Oft ist es jedoch noch so, daß die Führungskräfte in den Verwaltungen erst allmählich die Möglichkeiten erkennen, die ihnen das moderne Informationsmanagement für die Erfüllung ihrer Kontrollfunktion und informellen Anforderungen bieten kann (vgl. auch Kap. 4.3). Es bedarf folglich eines relativ offenen Informations- und Kommunikationsnetzes.

Die für ein modernes Maßnahmenmanagement notwendigen Koordinationsanstrengungen und die Auseinandersetzung mit querschnittsorientierten Konzepten können über die Kommunikations- und Informationsmöglichkeiten von UIS gestützt werden, um so der starken Zersplitterung der Problemverarbeitungskompetenzen und der verbreiteten Praxis sektoraler Aufgabenwahrnehmung (MARTINSEN u. FÜRST 1987, 18) entgegen zu wirken.

PIETSCH (1992a, 196) fordert von einem UIS für die koordinierende Umweltplanung, daß es auch Möglichkeiten bietet, fortgeschrittene Management- und Koordinationskonzepte zu unterstützen, z.B. in den Bereichen Erfolgskontrollen (bei UVP, Eingriffsregelung, Effizienz von (Sanierungs-)Maßnahmen), Defizitanalysen (Umweltbereiche / Einzelprobleme, die bisher, u.a. durch Wahrnehmungsmängel vernachlässigt worden sind), Budgetierung (finanzielle Schwerpunktsetzung), Sachgebietscontrolling (Formen des Ökocontrolling). Er räumt allerdings ein, daß dafür auf der kommunalen Ebene nur Vorstadien existieren.

Anforderung:

> Vorsorgeorientierte UIS sollen auch dazu genutzt werden, die Leistungsfunktionen der Umweltverwaltung in den Bereichen Öffentlichkeitsarbeit und Beratung zu unterstützen.

UIS können in diesem Aufgabenfeld eine wichtige Unterstützungsfunktion übernehmen, wenn die einmal aufgebauten Grundlageninformationen zu einer konsequenten Bürgerinformation genutzt werden. Durch Offenlegung von Information kann das vorhandene Umweltengagement der Bürger und Umweltschutzverbände aktiv in Durchsetzungsstrategien mit einbezogen werden. Bürgerinformation ist zur Legitimierung umweltpolitischer Ziele und politischer Maßnahmen bedeutsam, sie muß die Auswirkungen von Maßnahmen auf Umwelt und Mensch aufzeigen und so deren Akzeptanz fördern (FREY 1990, 55). Weitreichender sind Strategien (Bsp. UVF, Klimafunktionskarte), die aufbauend auf den im UIS geführten Informationen eine gezielte Bürgerberatung installieren (eigene Informations- und Beratungstellen, Maßnahmenempfehlungen auf freiwilliger Basis).

Verbreitet ist die Information der Bürger über aktuelle Umweltzustände mit Hilfe von Umweltberichten oder Umweltatlanten, deren Kartendarstellungen Visualisierungen der im UIS geführten Datenbestände darstellen. Es ist heute noch davon auszugehen, daß es keinen direkten Zugriff auf das UIS für den Bürger geben kann (Benutzerfreundlichkeit, Datenschutz). Neuere technische Entwicklungen werden aber bald neue Wege der Informationsweitergabe erschließen (Umweltatlanten auf CD).

Es ist zu fordern, daß entgegen dem landläufigen Trend ein UIS stets auch offen sein muß, d.h. dem Bürger müssen die den politischen Maßnahmen und Entscheidungen zugrunde liegenden Informationen zugänglich gemacht werden können. Unseres Erachtens reichen dazu die im Zuge der Umsetzung des Umweltinformationsgesetzes etablierten Organisationsverfahren zum freien Zugang zur Umweltinformation nicht aus, sondern es ist ein UIS-gestütztes Umweltberichtswesen auszubauen und zu stärken.

Darüber hinaus sollten heute noch wenig realisierte, auf UIS basierende Bürgerbeteiligungsmodelle erarbeitet werden, die z.B. Unterstützung etwa bei Scopingterminen innerhalb der UVP, in Prozessen der Technikfolgenabschätzung oder in Mediationsverfahren bieten können.

5.2.2 Daten und Methoden - Aufbau und Inhalte eines UIS

Anforderung:

> Umweltzustände und -(aus)wirkungen sollen als Betrachtungsgegenstand der Umweltplanung berücksichtigt und im System abgebildet werden.

Die Inhalte eines UIS, also die notwendigen Daten und Methoden, leiten sich aus dem Anspruch ab, Umweltzustände und -(aus)wirkungen gesamthaft zu erfassen.

Die Umweltplanung bedient sich dazu vielfach der Modellbildung, um mit Modellen der Wirklichkeit die Zusammenhänge in den anthropogen beeinflußten Ökosystemen in unserer Umwelt vereinfachend darzustellen. Man beschränkt sich auf eine „makroskopische Abbildung der Wirklichkeit" (KÜHLING u. WEGENER 1983, 51), wodurch der enorme Datenaufwand reduziert werden kann. Komplexitäts-Verarbeitung setzt Abbildungsmodelle voraus. Das gilt in besonderem Maße für die Umweltplanung, die bereichsübergreifende Zusammenhänge darstellen muß.

Zwar sind von wissenschaftlicher Seite in den vergangenen Jahren zahlreiche Anstrengungen bei der Modellentwicklung unternommen worden und insbesondere in der Ökosystemforschung umfangreiche und differenzierte Modellansätze v.a. für spezielle natürliche Ökosysteme entwickelt worden[2], jedoch bestehen Defizite vor allem bei der Verknüpfung dieser meist sektoral ausgerichteten Modelle sowie ihrer Anwendbarkeit im planungspraktischen Bereich. Darüber hinaus sind bislang kaum wissenschaftlich fundierte Kenntnisse über die komplexen Zusammenhänge und Abläufe zwischen und innerhalb der einzelnen Teile von natürlicher und geschaffener/sozialer Umwelt in urbanen Räumen vorhanden (LHH 1992b, 37).

Daher weisen BOCK et al. (1990, 10) mit Recht darauf hin, daß es nicht darum gehen kann, „ein quasi exaktes Modell der Außenwelt zu entwickeln. Es geht vielmehr darum, auf dem jetzigen Stand des Wissens - was sowohl die Datenlage als auch die Kenntnis über die Zusammenhänge und die Bewertungsmaßstäbe angeht - Beiträge zu einer ökologischen Planung zu liefern. Hierzu sind ökosystemare Ansätze meist nicht in der Lage. Dieser pragmatische Ansatz ist deshalb notwendig, um überhaupt regelnd und steuernd in Prozesse eingreifen zu können [also zu planen, d. Verf.], auch wenn Fehlinterpretationen und damit Fehlentscheidungen möglich sind."

Es wird für die kommunale Umweltplanung als geeigneter angesehen, die reale Umwelt über ein System von Schlüsselindikatoren zu beschreiben[3], die zum einen ggf. vorhandene regionalisierte Umweltqualitätsziele operationalisieren können und zum anderen damit auch die Datenerfassung und letztlich also die Inhalte des UIS bestimmen.

Anforderung:

> Prinzipielle Gliederung eines Umwelt-/Datenmodells in: Schutzgüter (Betroffene), Wirkungen, Verursacher.

Die Grundstruktur dieses Modells ist ein System, das die Umwelt aufteilt in Schutzgüter (natürliche Umwelt) auf der einen Seite und Verursacher (geschaffene und soziale Umwelt) auf der anderen Seite sowie ihre wechselseitigen Wirkbeziehungen. Denn das Ziel eines UIS in der Umweltplanung muß sein, „die Beziehungen zwischen Verursacher, Auswirkung und Betroffener planerisch handhabbar und die komplexen Beziehungsgefüge zwischen Mensch und Umwelt planerisch greifbar zu machen" (BOCK et al. 1990, 6).

---

[2] vgl. etwa ELLENBERG et al. (1986), HABER et al. (1990)

[3] vgl. auch die Forderungen des Rats von Sachverständigen für Umweltfragen

Ein solches planungsgerechtes Struktur- und Ordnungsprinzip von UIS sollte sich zunächst vor allem im Systemzugang niederschlagen, d.h. daß vor allem Thesauri darauf ausgerichtet sein sollten und der Systemnutzer so schon beim Einstieg direkt auf die Teile zugreifen kann, die seine jeweilige Fragestellung betreffen[4].

Kommunen sollten ihre Informationsbestände nach einem solchen einheitlichen Organisationsprinzip aufbauen und nutzbar machen. Dazu muß gewährleistet sein, daß eine Abstimmung des Erhebungs- und Auswertungskonzepts aller umweltdaten-führenden Stellen mit den UIS-Betreibern erfolgt. Insbesondere bei der Ausgestaltung vollzugsorientierter Fachkataster ist darauf zu achten, daß dort u.U. ein Datum zusätzlich erhoben wird, um diese auch für die Umweltplanung nutzbar zu machen. Eine solche Strukturierung kann zwar bei der Realisierung organisatorische und inneradministrative Probleme aufwerfen, dennoch ist für die Belange der Planung ein solcher Ordnungsrahmen unbedingt erforderlich.

Anzumerken bleibt, daß das UIS modular und offen aufgebaut werden sollte, damit es sukzessive durch den praktischen Einsatz und fortschreitenden Kenntnisstand fortentwickelt werden kann und beim Ausbau der Erfassungsstands der Umweltsituation (der oft abhängt von den stark wechselnden Tagesthematik) diesem Grundschema gefolgt wird. Darüber hinaus ist bei Hard- und Softwarelösungen auf die Einrichtung von Schnittstellen zur Einbindung externer Daten und Informationen zu achten (CZORNY et al. 1991, 31).

Anforderung:

> Umweltplanung erfordert Bewertungsmaßstäbe, die ein UIS ebenfalls liefern soll.

Planung hat einen wertenden Charakter, da die Erfassung der Umweltqualität als einer wertbehafteten Größe neben allgemein naturwissenschaftlich begründbaren Aussagen zum Wirkungsgefüge der Umwelt auch das Einbringen gesellschaftlicher Präferenzen und Wertmaßstäbe erfordert, ja die gesellschaftlichen Ziele und Wertvorstellungen im allgemeinen die Grenze für die Nutzung der natürlichen Ressourcen setzen. Deshalb ist zwischen einer objektiven und einer subjektiven Dimension oder einer Sach- und einer Wertebene zu unterscheiden. Idealerweise stellen die politischen Entscheidungsträger umweltpolitische Zielwerte auf, die dann als Wertmaßstäbe im Rahmen der Bewertungsverfahren von der planenden Verwaltung herangezogen werden können. Solche Zielsysteme stellen etwa die kommunalen Umweltqualitätsziel-Konzepte dar, die in einigen Kommunen aufgestellt wurden (vgl. AG UQZ 1995)[5].

Zielsysteme sind dabei Voraussetzung für die Anwendbarkeit von Bewertungsverfahren, da ein bestimmter Zustand der Umwelt im Hinblick auf eine Zielaussage als positiv, im Hinblick auf eine andere jedoch als negativ beurteilt werden kann. Durch das Zielsystem wird der Arbeitsbereich der anzuwendenden Bewertungsverfahren bestimmt. Die Aufgabe dieser Verfahren ist es, die Meßgrößen der Informationsbasis, welche den konkreten Zustand der Umwelt beschreiben, zu planerisch interpretierbaren und umsetzbaren, wertenden Zielaussagen zu verdichten. Die hierfür notwendige Verknüpfung von Sach-, Geometrie- und Orientierungsdaten setzt die Bereitstellung entsprechender Methoden und Verfahren voraus (BOCK et al. 1990, 7ff).

Wertmaßstäbe sind aber nicht in jedem Falle digitalisierbar, da es sich zumindest auf der Ebene der Zielsetzungen um Ergebnisse politischer Entscheidungs- und Abwägungsprozesse handelt (vgl. FÜRST et al. 1989, 9). Bei der Auswertung der Umweltdaten muß aber sichergestellt sein, daß auch solche Maßstäbe berücksichtigt werden, die nicht in automatisierbarer Form vorliegen.

---

[4] Beispiele für einen solchen Systemaufbau finden sich in BOCK et al. (1990) und OTTO-ZIMMERMANN u. DU BOIS (1992)

[5] Zur Erfordernis der Abbildung von Wertmaßstäben in Form von Orientierungsdaten in UIS wird unten noch detaillierter eingegangen.

Um Bewertungen mit Systemunterstützung durchzuführen und Wertmaßstäbe in die Planung einzubringen, sind strukturierte Bewertungsverfahren erforderlich, d.h. Wertmaßstäbe müssen in Form von Kriterien operationalisiert werden, die es ermöglichen, Umweltqualitäten dann über direkt meßbare Parameter abzubilden[6]. Das Zielsystem bestimmt folglich das Indikatorensystem und damit auch Daten und Methoden, die ein UIS zu liefern und zu unterstützen hat. In den folgenden Kapiteln ist darauf noch näher einzugehen.

Aufteilung der Daten-Ebene

Anforderung:

> Eine Aufteilung der Datenebene in Sachdaten - Geometriedaten - Orientierungsdaten ist erforderlich.

Umweltdaten entstammen unterschiedlichen Quellen, sind in der Regel eng an eine räumliche Zuordnung gebunden und weisen oft voneinander abweichende Strukturen auf (BOCK et al. 1990, 18). Eine prinzipielle Grobgliederung ist daher erforderlich. Um zudem die planungsmethodische Anforderung nach Trennung von Sach- und Wertebene zu gewährleisten, sollte eine Gliederung die Abgrenzung von Sachdaten, Geometriedaten und Orientierungsdaten berücksichtigen[7].

Sachdaten (oder Merkmale, fachbezogene Umweltdaten, Meß- und Erhebungsdaten) dienen der Beschreibung der Umwelt. Sie werden in der Umweltplanung überwiegend mit ihrer dazugehörenden räumliche Lage (Raumdaten oder Geographische Daten, Geometriedaten, raumbezogene Daten) dargestellt. Sachdaten werden über Weiservariablen (Pointer) als Attribute oder über Koodinatenangaben mit den Raumdaten verknüpft.

Die Verwaltung von Umweltdaten kann sehr komplex sein, weil sich sowohl Raumdaten als auch Sachdaten oftmals unabhängig voneinander und darüber hinaus abhängig von der Zeit ändern können. Das Management von Umweltdaten erfordert daher, daß Raumdaten und Sachdaten unabhängig voneinander verwaltet werden, d.h. Merkmale müssen zeitpunktbezogen verändert werden können, aber ihren gleichen räumlichen Bezug behalten oder umgekehrt (vgl. ASHDOWN u. SCHALLER 1990, 12ff; NLfB 1989, 5f).

a) Sachdaten

Sachdaten, also beschreibende Merkmale der Raumdaten (Attribute), bilden den größten Datenkomplex innerhalb eines UIS und bedürfen daher einer sorgfältigen Strukturierung. In bestehenden Systemen oder Konzepten werden sie meist nach Umweltmedien (z.B. Boden, Wasser, Luft) und/oder nach Aufgabenbereichen (z.B. Abfallbeseitigung, Gewässerschutz, Lärmminderung) strukturiert und in Einzelkatastern dargestellt (vgl. GAPPEL 1988, 13ff).

Eine Unterteilung in Einzelkataster birgt aber die Gefahr einer verengten Form der Umweltbetrachtung, bei der gerade medienübergreifende Wirkungszusammenhänge verloren gehen.

Das oben dargestellte Umweltmodell steht solchen eingeschränkten Betrachtungsweisen entgegen. Damit erlangt der Planer die ihn interessierenden Informationen über den Zustand und die Entwicklung der natürliche Umwelt / Schutzgüter (incl. des Menschen), d.h. Einschätzung jetziger und zukünftiger Qualität und Belastung, um planerische Entscheidungen über Sicherung, Entwicklung und Verbesserung der Lebensgrundlagen treffen zu können. Zwar wird dabei auch in der Regel eine mediale Betrachtungsweise der Umwelt eine Rolle spielen,

---

[6] vgl. dazu auch WEILAND (1994), die vor allem auf die strukturierte Bewertung in UVP-Verfahren eingeht.

[7] vgl. auch SCHMITT (1990, 28ff); PIETSCH (1986, 27ff); FÖCKER (1991, 329ff), die alle diesem prinzipiellen Gliederungsschema folgen, aber z.T. unterschiedliche Bezeichnungen für die verschiedenen Bereiche gewählt haben.

sie darf sich aber nicht in zu starre und voneinander unabhängige Gliederungschemata niederschlagen.

Empfehlung:

> Zur Erfüllung planerischer Belange ist eine Einteilung der Daten entsprechend der Aggregationsebene in Abhängigkeit von der Verarbeitungsstufe im planerischen Problemlösungsprozeß sinnvoll.

Nicht alle umweltbezogenen Fragestellungen benötigen die gleichen Informationsgrundlagen. Übergreifende Planungsaufgaben benötigen durch Aggregation aufbereitete und bewertete Daten. Treten im Planungsprozeß aber Detailfragen wie etwa die Beschaffenheit einer bestimmten Altlast oder die Luftbelastung an einer bestimmten Straßenkreuzung auf, erfordert dies i.d.R. auch den Durchgriff auf die Primärdaten. Häufig sind es unterschiedliche Nutzergruppen, die solch verschiedene Datentypen nachfragen. Um dem Nutzer die Navigation im System zu vereinfachen und ihm die regelmäßig oder häufig verwendeten Datengruppen leicht zugänglich zu machen, wird eine Einteilung nach Aggregationsebenen vorgeschlagen[8]. Danach sind zu unterscheiden:

Grundlagendaten oder Rohdaten: Die Grundlagen-Ebene beinhaltet die Sammlung von Rohdaten, die über Messungen, Erhebungen und Kartierungen (z.B. SO_2-Gehalt der Luft, Verkehrsmenge/Tag, Biotoptyp) gewonnen werden (z.T. aus den vorhandenen Fachkatastern übernommen werden können) und i.d.R. als Merkmale oder Parameter zur Beschreibung und/oder Quantifizierung der Umweltsituation dienen. Diese auch oft als Primärdaten bezeichneten Daten interessieren in der Umweltplanung in den meisten Fällen nur bei gelegentlich auftretenden Fragestellungen. Für diesen Fall ist jedoch notwendig, mindestens die folgenden Angaben über sie in einer Datei mit zu speichern: Erhebungsdatum, -uhrzeit; Dimension; Datengrundlage, Quelle; Erhebungsmethode, Meßmethode, Meßgenauigkeit, Aufbereitungsmethode. Erst damit ist eine korrekte Verwendung der Werte gewährleistet (PIETSCH 1986, 30; vgl. auch Kap.5.2.3).

Für die Verwendung von Grundlagendaten aus Fachkatastern in einem planungsorientierten UIS ist zudem zu klären, welche Meßwerte aus den Fachkatastern übernommen werden sollen oder ob bereits aufbereitete Daten zur Verfügung stehen, die direkt auf umweltplanerische Fragestellungen Bezug nehmen (z.B. Luftreinhaltung: IW1 und IW2 vs. Einzelmeßwerte).

Status-Quo-Ebene/Zustandsebene: Hierunter fallen alle Daten, die bereits aufgrund einer Aggregation von Rohdaten entstanden sind und in der Regel eine Bewertung der aktuellen Umweltsituation darstellen (z.B. Gewässergüte, Bodenzahlen, Schutzwürdigkeit von Biotopen). Daten dieser Ebene sind für den Planer von größerem Interesse, da sie Auskunft über aktuelle Umweltqualitäten und Belastungsintensitäten geben können. Hier wie auch auf der nächsten Datenebene ist wichtig, daß wiederum nicht nur die reinen Bewertungsergebnisse im System abgelegt sind, sondern für den Nutzer ebenfalls unmittelbar erkennbar ist, welche Bewertungsmethoden und -maßstäbe zu dem Ergebnis geführt haben (Nachvollziehbarkeit und Transparenz).

Konfliktebene/Wirkungsebene: In diese Kategorie sind Daten einzuordnen, die den höchsten Aggregationsgrad aufweisen. Sie sind aus der Verknüpfung von aktuelle Zustandsdaten der Schutzgüter mit gegebenen oder potentielle Belastungen (aus Prognosen) entstanden und geben dem Planer die Möglichkeit einer Konfliktbewertung bzw. Risiko- oder Gefährdungsabschätzung. Diese Synthese gelingt nur, wenn die Beziehungen zwischen Verursacher, Wirkung und Betroffenem aufgezeigt werden kann, und ist geeignet, die Ableitung und Begründung von planerischen Maßnahmen vorzubereiten (vgl. BOCK et al. 1990, 6f).

---

[8] Eine ähnliche Einteilung wird auch von LHH (1992b, 27ff) vorgenommen.

b) Geometrie- bzw. Basisdaten

Empfehlung:

> Als Raumbezugsbasis sollten die Grunddaten der Vermessungsverwaltungen (ALK, ATKIS) verwendet werden.

Bisher war die Verwendung eines Raumbezugs stark vom Einfluß der verschiedenen Ämter auf das UIS bzw. die räumliche Datenverwaltung einer Kommune insgesamt abhängig. Neben dem Gauß-Krüger-Koordinatenbezug bestehen daher vielfach noch Ansätze, einen Raumbezug über statistische Blöcke, Adressen, Katasterschlüssel (Schwerpunktkoordinaten von Flurstücken) u.a. zu realisieren. Insbesondere besteht, trotz der Empfehlungen des Städtetags für das MERKIS-Konzept (DEUTSCHER STÄDTETAG 1988), häufig keine gemeinsame Datenbasis, so daß es bei Überlagerungen und Verschneidungen zu Fehlern kommen muß.

Als Basisdaten sind daher die Daten der Vermessungsverwaltungen (ALK und ATKIS), organisiert nach dem MERKIS-Konzept, zu empfehlen. Insbesondere für UIS, die in ein ämterübergreifendes RIS eingebunden sind, ist die Verwendung einer gemeinsamen Raumbezugsbasis notwendig. Die Vorteile dieser Vorgehensweise wiegen die im folgenden dargestellten Probleme bei weitem auf. Dennoch sollte man sich der zu erwartenden Schwierigkeiten bei der Nutzung bewußt sein und sie in die Planungen mit einbeziehen:

- Hohe Kosten: Obwohl die Kostenordnung der digitalen Basisdaten so angelegt ist, daß eine Eigendigitalisierung teurer wäre, behindert sie eine weite Verbreitung von ALK und ATKIS. Oftmals ist jedoch weder die hohe Genauigkeit noch die gesamte Informationsvielfalt für die Problembearbeitung nötig, so daß eigene Digitalisierungen wieder finanziell interessant werden. Ergebnis sind die oben geschilderten Probleme bei Zusammenführung räumlich inkonsistenter Daten. Bundes- und Landesbehörden stehen ATKIS-Daten allerdings kostenfrei zur Verfügung. Kommunen haben in vielen Fällen nur eine Beteiligung an der Fortführung zu zahlen, nicht jedoch die Ersterfassung. Die Abrechnung erfolgt aber von Bundesland zu Bundesland unterschiedlich.

- Mangelnde Verfügbarkeit von ALK-Daten: Der Aufbau der ALK - vielfach auch als digitale Stadtgrundkarte bezeichnet - ist bis ins Jahr 2005 projektiert. Lediglich im Rahmen einiger Pilotprojekte (z.B. Kreis Viersen) liegen bereits flächendeckende Informationen vor. In den meisten Fällen wird also noch für einen längeren Übergangszeitraum eine Ersatzlösung zu finden sein, die aber die Integration nach und nach erhobener, neuer ALK-Daten ermöglichen sollte.

- Geringe Informationstiefe der ATKIS-Daten im DLM 25/1[9]: Während die geometrische Genauigkeit der ATKIS-Daten hohen Ansprüchen genügt (s.u.), bleibt die Informationstiefe noch hinter der TK 25 zurück. Dies erfordert praktisch in jedem Fall eine Erweiterung des Datenmodells (Objektschlüsselkatalogs) für Fachinhalte. Solcherart weiterentwickelte Daten sind jedoch nicht mehr fortführungsfähig.

- Fortführung: Automatische Fortführung über die EDBS ist nur für die Originaldatenbestände (im Sekundärnachweis) möglich. Aus fachlichen Gründen erweiterte Daten müssen manuell nachgeführt werden.

- Länderabhängigkeit der EDBS: Aufgrund unterschiedlicher Erfassungssysteme in den Bundesländern ergeben sich länderabhängige Spezifika in den ATKIS-Daten. GIS-Umsetzer müssen also jeweils für die Länder angepaßt werden - ein Grund für die derzeit noch sehr hohen Kosten dieser Umsetzer[10].

---

[9] Digitales Landschaftsmodell, Ausbaustufe 1

[10] Es ist zu bezweifeln, daß es eine solche Anpassung jemals kostengünstig geben wird, da die Software-Hersteller solche speziellen Bedürfnisse nur gegen entsprechendes Entgelt bedienen können.

- Keine Austauschmöglichkeit zwischen GIS-Produkten über die EDBS: Obwohl es sich bei EDBS um einen Formalismus handelt, können Daten zwischen verschiedenen GIS-Software-Produkten bisher nicht auf diese Weise ausgetauscht werden. Voraussetzung dazu wäre, daß die Systeme mit dem EDBS-Datenmodell arbeiten.
- Automatische Generalisierung: Die Umsetzung des MERKIS-Konzepts hat sich in Teilen als unrealistisch herausgestellt. Alle Kraft wird derzeit auf den Aufbau von ALK und ATKIS verwendet. Damit fehlen aber die für die Umweltplanung wichtigen Raumbezugsebenen 1:5.000 und 1:10.000. Die beim Entwurf des MERKIS-Konzepts bestehende Hoffnung, diese Ebenen durch automatische Generalisierungsverfahren aus der Ebene 1:1.000 (ALK) zu generieren, hat sich bisher nicht erfüllt. Die Umweltverwaltung wird daher vor der Aufgabe stehen, eine geeignete Bezugsbasis in diesem Maßstabsbereich - zumindest übergangsweise - eigenständig zu entwickeln und vorzuhalten. Dies muß aber in enger Kooperation mit den anderen raumdatenverarbeitenden Verwaltungsteilen geschehen, um die „räumliche Kompatibilität" zu gewährleisten und somit Verschneidungsfehler zu vermeiden.

Mit einer garantierten Lagegenauigkeit von 3 Metern (Erfassungsgrundlage ist die Deutsche Grundkarte 1:5.000) bieten ATKIS-Daten aber dennoch das Potential eines gemeinsamen Raumbezugs aller Fachdaten in den Maßstabsebenen 1:5.000 bis etwa 1:50.000. Ihre geringe Verbreitung in den Kommunen ist daher wohl eher mit der schwierigen Interpretierbarkeit aufgrund der komplexen Struktur zu begründen.

Die Verwendung von Adressen als Raumbezug, wie z.B. bei der Post, dem Einwohnerwesen und im Umweltordnungsbereich (z.B. für Lagerbehälter oder Kleineinleiter), ist problematisch. Die Verknüpfung mit koordinativ bekannten Raumdaten funktioniert nur über aufwendige und ungenaue Adressschlüssel. Häufig ist dies aber die einzige Möglichkeit, die angesprochenen Daten überhaupt zu nutzen. Genauer ist in jedem Fall die Mitführung von Koordinatenwerten in den entsprechenden Dateien bzw. Tabellen. Die Verwendung zu Analysezwecken im GIS ist dann ohne weiteres möglich.

Insgesamt hat die Datenübernahme für den Bereich Umweltplanung und Umweltvorsorge eine entscheidende Bedeutung. Statt Primärdatenerfassung, -verwaltung und -auswertung ist hier die Analyse und Aggregation fremder Daten notwendig. Ein einheitliches Datenmodell und eindeutige Beschreibungsvorschriften innerhalb der Kommune, aber auch mit anderen datenliefernden Organisationen wie z.B. Landesämtern wäre also sinnvoll, ist allerdings derzeit unrealistisch. Selbst bei Übernahme von EDBS-Daten werden häufig Nachfragen bei der datenerhebenden Stelle nötig sein. Sogar beim Austausch im Format ein und desselben Systems werden Probleme auftreten, wenn die Daten und Attribute nicht eindeutig beschrieben sind (vgl. hierzu Kap. 5.2.3, Metadaten).

c) Orientierungsdaten/Hintergrunddaten

Um die Bedeutung einzelner Meßwerte, den Grad ihres Einflusses auf die Umwelt und das Verhältnis einzelner Indikatoren zueinander einschätzen zu können, sind wie dargestellt Beurteilungen und Wertungen erforderlich.

Diese lassen sich ableiten aus: rechtlichen Grundlagen, technischen Verzeichnissen (Stand der Technik, DIN), Grenzwerten, Zielplanungen (LP, FNP, Abfallwirtschaftsplan) etc.. Meist sind sie nur in Papierform verfügbar und müssen dann in das UIS überführt werden, zunehmend stehen sie auch auf Datenträger zur Verfügung oder können in externen Umweltdatenbanken abgefragt werden (FÖCKER 1991, 335ff).

PIETSCH (1986, 31ff) fordert die Entwicklung einer umfassenden Orientierungsdatenbank für ein kommunales UIS, die neben "offiziellen" Grenz- und Richtwerten, auch (noch) unverbindliche Forderungen und Empfehlungen enthält. In Anlehnung an v.NOUHUYS u. SCHMITT

(1992,104) wird empfohlen, daß alle verbindlichen Werte und gesetzlichen Vorschriften als Orientierungsdaten in einem System erreichbar sein und darüber hinaus auch - wenn in einer Kommune aufgestellt - operationalisierte Umweltqualitätsziele in das System intergriert sein sollten.

Methoden

Anforderung:

> UIS müssen die gängigen digitalen Methoden der Umweltplanung nutzbar machen.

Zur Bearbeitung von Umweltfragen ist der Einsatz dv-gestützter Methoden erforderlich, die aufbauend auf dem vorhandenen Methodenwissen in den Fachabteilungen über Erhebung, Systematisierung und Auswertung der Daten sich die Möglichkeiten der digitalen Datenverarbeitung zunutze machen (vgl. NLfB 1989, 6ff). Eine wesentliche Funktion eines EDV-gestützen UIS besteht neben der Datenverwaltung darin, die Gewinnung planungsrelevanter Informationen aus erhobenen Grundlagendaten zu gewährleisten (KOEPPEL u. ARNOLD 1981, 107).

UIS sollten daher auch Methoden bereithalten, die dem Planer eine Arbeitsweise ermöglichen, die er ohne das System nicht oder nur mit großer Mühe anwenden könnte und ihm vor allem bisher mühsame Handarbeiten, wie z.B. das Überlagern mehrerer thematischer Karten, erleichtern. Gegenüber herkömmlichen analogen Methoden kommen hier die Vorteile der EDV nicht zuletzt wegen der begrenzten menschlichen Fähigkeit zur Informationsverarbeitung voll zur Geltung (CZORNY et al. 1991, 41). Methoden können für die verschiedenen Phasen des planerischen Problemlösungsprozesses sehr unterschiedlich aussehen, bzw. jeder Schritt erfordert andere Methoden.

Methoden im UIS sind also vor allem Methoden der Datenbearbeitung und Datenauswertung. HEINRICH (1994, 8f) unterteilt die Methoden der Datenbearbeitung in einfache, weitgehend fachunabhängige globale Routinen, wie sie die gängigen Datenbank- und GIS-Softwareprodukte enthalten, und anspruchsvollere Fachroutinen, die als eigenständige Programmodule in UIS eingebunden werden müssen (z.B. Simulations- und Prognosemodelle, Expertensysteme). In diesem Zusammenhang ist die Integrationsfähigkeit von UIS hinsichtlich einzubindender Methoden hervorzuheben, damit je nach dem Stand der Kenntnis und den wechselnden Anforderungen das UIS um neue Methoden aktualisiert und ergänzt werden kann.

Dieser Punkt ist besonders deshalb hervorzuheben, weil bislang fachliche Methoden häufig nicht als in der aktuellen Umgebung nutzbare EDV-Programme zur Verfügung stehen und auch noch ein erheblicher Forschungsbedarf dahingehend besteht, wie die EDV-technischen Möglichkeiten vor allem von GIS und die fachlich begründeten Arbeitsvorgänge optimal miteinander verknüpfbar sind (HEINRICH 1994, 18).

Wichtig für das Erreichen von Akzeptanz und Praxisnähe eines Methodeninstrumentariums in der Verwaltung ist vor allem, daß es durch Schulung und enge Kooperation mit dem zukünftigen Anwender in der Planung und mit den Fachleuten in den Fachressorts entwickelt wird.

Es bleibt anzumerken, daß die folgenden Ausführungen kein Methodenhandbuch darstellen können, sondern lediglich exemplarisch eine Auswahl von verbreitet vorzufindenden Methoden stichwortartig auflisten. Die Verwendung der einzelnen Methoden muß sich nach dem Kenntnisstand der Planer in der Verwaltung und der jeweiligen EDV-Ausstattung vor Ort richten. Oft ist es aber erforderlich, die im Planungsalltag verwendeten Methoden für die DV-Unterstützung weiterzuentwickeln bzw. zu optimieren. Wichtig ist dafür vor allem eine verstärkte Strukturierung der Arbeitsschritte in DV-technisch umsetzbare Verfahren.

a) Digitale Methoden der Auswertung und Analyse

Die hier beschriebenen planungsrelevanten Methoden und Techniken zur Gewinnung von Informationen aus Datensätzen werden auch als Standardfunktionen von kommerziellen GIS beschrieben (BILL u. GLEMSER 1992). Es wird unterteilt in[11]:

Selektion und Verknüpfung von Daten nach vorgegebenen Auswahlkriterien: Diese Methoden sind zur Hervorhebung bestimmter Merkmalsausprägungen sowohl in reinen Datenbankprogrammen anwendbar als auch in GIS. Eine besondere Form von Selektionen in GIS ist die Nachbarschaftsanalyse (s.u.). Es werden Auswahlkriterien vorgegeben, nach denen Daten aus einem Datenbestand ausgewählt werden (z.B. Grenzwertüberschreitungen). Diese Datensätze können gelistet oder als monothematische Karte dargestellt werden. Selektionen über Vergleichsoperatoren und logische Operatoren sind erweiterbar zur Verknüpfung unterschiedlicher Datensätze.

Räumliche Aggregation durch Verschneidung und Pufferung: Diese Methoden bedürfen des Einsatzes eines GIS. Bei der Verschneidung wird aus zwei sich überlagernden Raumstrukturen eine logische Schnittmenge in Form einer neuen Geometriestruktur gebildet, die wiederum als Ausgangsmenge einer erneuten Verschneidung oder - flächenmäßig bilanziert - als Sachinformation dienen kann. Sie ist wie auch die folgenden Methoden sowohl bei Flächen- als auch bei Linien- oder Punktdaten einsetzbar.

Methoden zur Analyse von Nachbarschaftsbeziehungen oder räumlicher Nähe nutzen die Raumbezüge von Objekten untereinander, d.h. man untersucht die Distanz von Objekten (Messen von Längen) oder bildet Randzonen (Puffer) um ausgewählte Punkte, in denen nach bestimmten Strukturen gesucht wird. Diese Funktionen sind vor allem dann wichtig, wenn Verursacher und Betroffene einer Belastung räumlich voneinander entfernt liegen.

Oft wird an dieser Stelle die Methode der Überlagerung angeführt, die aber eher den Darstellungsmethoden anzurechnen ist und keine spezielle Analysemethode darstellt. Wenn die Ausgangsdaten eine Verschneidung aus fachlicher Sicht nicht erlauben, kann u.U. eine graphische Überlagerung aus Darstellungsgründen gewählt werden (z.B. Baublockkarte und Luftbelastungsraster). Dadurch lassen sich Zusammenhänge andeuten, die räumliche Aufnahmeungenauigkeit wird trotzdem nicht verwischt.

Räumliche Interpolation: Die Regionalisierung von Daten, d.h. die Ableitung einer flächenhaften Aussage aus punktuellen Meßwerten, ist im gesamten Umweltbereich eine Aufgabe von grundlegender Bedeutung. Die Regionalisierung von Daten in Form von Isolinien ist in manchen Disziplinen seit langem eine Selbstverständlichkeit, die Methodiken können für die Umweltplanung übernommen werden.

Statistische Auswertungen wie Häufigkeiten, statistische Maßzahlen wie Mittelwert und Median, Korrelation, Regression: Analyse- und Auswertemethoden aus dem statistischen Bereich werden in der Umweltplanung relativ selten eingesetzt, gewinnen aber in UIS zunehmend an Bedeutung, damit die immer größer werdenden Datenmengen aus den jeweiligen Meßnetzen einer zielgerichteten Auswertung zugeführt werden können. Ihr Einsatzfeld liegt demnach auch mehr im Bereich der planungsbezogenen Datenaufbereitung innerhalb der Fachdisziplinen[12], sie sollten aber integraler Bestandteil eines UIS sein, um so eine breite Anwendung zu ermöglichen. Vor allem die statistischen Methoden der Trend- oder Zeitreihenanalysen sind bisher viel zu wenig in der Umweltplanung berücksichtigt worden, wo häufig eine zu starke Betonung von Zustandsbeschreibungen vorherrscht. Statistische Grundfunktionen sind heute häufig als Bestandteil der kommerziellen GIS-Software zu finden.

---

[11] vgl. auch v. NOUHUYS u. SCHMITT (1992, 117ff)

[12] Sie sind dort häufig auch schon, wie etwa in der Wasserwirtschaft, etabliert.

Werden umfangreichere Auswertungen gewünscht, ist jedoch eine spezielle Statistiksoftware notwendig.

b) Modellrechnungen und Prognosemethoden

Methoden für Modellrechnungen, z.B. Prognosen und Simulationen, bieten die Möglichkeit, komplexe Sachverhalte in der Umwelt unter definierten Bedingungen, d.h vereinfacht, zu beschreiben (KGSt 1991, 22). So können insbesondere Auswirkungen von Planungsvorhaben besser beurteilt werden. Teilweise können zeitaufwendige und teure Meßprogramme ersetzt werden. Am Markt vorhanden sind Modelle zu einzelnen Umweltbereichen, kaum bereichsübergreifende Modelle.

Jedoch gilt für die Prognosemethoden (ähnlich wie auch bei Wirkungsanalysen), daß sowohl der wissenschaftliche Kenntnisstand als auch die Datenlage vielfach noch unzureichend sind und es daher häufig wenig Sicherheit / Verläßlichkeit bezüglich der Prognoseaussagen und ihrer Zusammenhänge gibt (LHH 1992b, 40). Immer sind deshalb aber auch Fehlerberechnungen oder -abschätzungen anzugeben (v. NOUHUYS u. SCHMITT 1992, 118).

c) Bewertungsverfahren - Wertetransformation und Wertesynthese

Strukturierte Bewertungsverfahren für die Planungsunterstützung erfordern zum einen, daß mit Hilfe von Transformationsvorschriften der Übergang von der umweltzustandbeschreibenden Sachdimension in die planerisch relevante Wertdimension vollzogen wird. Zum anderen sind Aggregationsregeln erforderlich, um über eine Verknüpfung zu handlungsrelevanten Aussagen zu gelangen.

In der Regel wird man heute darauf angewiesen sein, die Transformations- und Aggregationsregeln in einem GIS oder einer Datenbank noch selber zu programmieren, um so den spezifischen örtlichen Werthaltungen, Zielvorstellungen und Methoden gerecht zu werden[13]. Allerdings werden mittlerweile dazu auch Unterstützungswerkzeuge auf dem Markt angeboten (z.B. EXCEPT der Firma IBM), mit denen örtliche „Wissensbasen" (Bewertungsregeln) aufgebaut werden[14]. Jedoch steht deren Nutzbarkeit für die Planung noch in Frage, da eine direkte Anbindung an ein GIS derzeit noch fehlt.

5.2.3 Daten- und Informationsmanagement

Datenmodell

Anforderung:

> Dem Datenmodell ist besondere Beachtung zu schenken. Die Daten müssen auch in Zukunft und auf neuen Hardwareplattformen und in neuen Softwaresystemen verwendet werden können.

Den mit Abstand größten Teil der Investitionssumme bei kommunalen UIS verschlingen Datenerfassung und -fortführung. Im Sinne des Investitionsschutzes ist daher dem technischen Datenmodell besondere Beachtung zu schenken. Sind die Daten den Problemen unangepaßt abgelegt oder in zukünftigen Systemen nicht mehr verwendbar, ist die *gesamte* Investition unnötig bzw. hinfällig. Preisgünstige Systeme mit sequentieller Datenspeicherung (Spaghettidaten), wie in CAD-Systemen üblich, erfüllen diese Anforderung nicht. Das System muß also das oben beschriebene Umwelt-Datenmodell abbilden können. Dieser Punkt soll hier

---

[13] vgl. Ökologisches Planungsinstrument Berlin, das einen eigenständigen Methodenbaustein mit formalen Aggregationsverfahren wie Bewertungsbaum, Bewertungsmatrix (Präferenzmatrix), Bewertungskubus enthält (BOCK et al. 1990).

[14] vgl. auch WEILAND (1994) sowie KAMIETH u. CZORNY (1994)

ausdrücklich betont werden, denn nicht die Hard- oder Software, sondern *die Datenerfassung und -pflege verschlingt den weitaus größten Teil der Investitionssumme.* Die Fachliteratur gibt hier ein Verhältnis von 1:5:25 an (GRÜNREICH 1992). Ähnlich wird auch die Nutzungsdauer dieser Komponenten eingeschätzt: Hardware 3-5 Jahre, Software 7-15 Jahre, Daten 25-70 Jahre (BILL u. FRITSCH 1991). Die Gültigkeitsdauer von Umweltdaten ist jedoch deutlich kürzer, Fortführungskonzepte und -möglichkeiten sind daher umso wichtiger.

Neben den Empfehlungen zum Aufbau eines Umweltmodells und der Verwendung eines einheitlichen Raumbezugs gelten einige technische Rahmenbedingungen. So ist darauf zu achten, daß auch auf technischer Ebene ein Datenaustausch zwischen allen Stellen, die räumliche Daten verarbeiten, gewährleistet ist. Eine Interpretation dieser Anforderung dahingehend, daß für alle Verwaltungsteile ein einziges System vorgeschrieben wird, würde jedoch zu einer Lösung führen, mit dem letztlich niemand zufrieden ist, weil keine der jeweiligen Fachaufgaben mit einem solchen System gut bearbeitet werden könnte. Vielmehr ist darauf zu achten, daß jeweils entsprechende Schnittstellen vorhanden sind, wobei sich CAD-Schnittstellen wie DXF als nicht ausreichend erwiesen haben, weil auf diese Weise weder Attributdaten noch Topologieinformationen übertragen werden können.

Metadaten (Datenrecherche, Datenübersicht, Datenbeschreibung)

Anforderung:

> Digitale Rohdaten sind schwer interpretierbar. Sie müssen beschrieben werden, damit ihre Inhalte deutlich werden und gezielte Suchen durchgeführt werden können.

Digitale Daten zeichnen sich dadurch aus, daß sie im Gegensatz zu Papierkarten sehr schwer interpretierbar sind, weil in der Regel sämtliche Beschreibungsdaten (Attributbeschreibungen, Kartenrandinformationen u.a.) und - abhängig vom eingesetzten System - auch Darstellungsanweisungen (kartographisches Modell) fehlen. Beim Arbeiten mit digitalen Daten entstehen somit, entgegen den Aussagen der KGSt (KGST 1994, 22), oft Fehler bzw. Fehlinterpretationen. Damit überhaupt ein Arbeiten mit solchen Daten möglich ist, muß dem Bearbeiter zumindest eine Datenbeschreibung vorliegen, die die in Kap. 5.2.2 genannten Angaben enthalten muß. Für einige Daten ist auch ein Veränderungsnachweis (Historie) wichtig (KGST 1994, 24). Entwicklungen, solche Metadaten den Geodaten direkt anzuhängen, stecken leider erst in den Kinderschuhen (USGS 1994), so daß man sich vorläufig noch mit normalen Textdateien oder Metadatenbanken behelfen muß.

Mit Metadatenbanken wie z.B. dem Umweltdatenkatalog (UDK) (NIEDERSÄCHSICHES UMWELTMINISTERIUM 1993a, 1993b) eröffnet sich zusätzlich die Möglichkeit strukturierter Suche nach Geo- bzw. Umweltdaten für Personen innerhalb wie außerhalb der Umweltverwaltung. Bisher werden solche Datenbanken jedoch nirgendwo konsequent eingesetzt. Größter Hinderungsgrund ist - neben dem bisherigen Fehlen geeigneter Datenbanksoftware - der Aufwand, die entsprechenden Daten einzutragen und fortzuführen, wenn ein entsprechender Zwang dazu (z.B. Durchführungsverordnung oder Erlaß) fehlt.

Während auf Länderebene mit dem UDK ein vielversprechender Ansatz in diese Richtung besteht, kann für die kommunale Ebene derzeit keine Empfehlung ausgesprochen werden, da bisher nicht untersucht wurde, ob der UDK auch für diesen Zweck geeignet wäre. Als erste Kommune will die Stadt Nürnberg den UDK übernehmen[15]. Lediglich große Kommunen werden den Aufwand betreiben können, eine eigene Metadatenbank zu entwickeln (z.B. Berlin, Hannover, Dortmund, München.).

---

[15] Schriftliche Mitteilung KÖPPEL vom 13.01.95

Datenmanagement und Vernetzung

Anforderung:

> Interne Vernetzung: Der Einsatz von Großrechnern ist nicht mehr notwendig. Statt dessen sollen Client-Server-Konzepte für Daten und Software mit Workstations und PCs verwendet werden.

Die in den 80er Jahren übliche Benutzung externer Großrechner für Datenspeicherung und z.T. auch Graphikanwendungen hat sich als problematisch aufgrund der Schwerfälligkeit der Rechenzentren erwiesen und ist heute auch nicht mehr notwendig. Vielmehr setzen sich zunehmend Client-Server Konzepte durch, wobei Software und Daten auf einem Amts- oder Abteilungsserver (meist UNIX-Workstations) vorgehalten werden. Normale Arbeitsplätze sollten mit handelsüblichen PCs ausgestattet werden. Die Sachbearbeiter haben somit ihr „eigenes" System, können aber auf alle notwendigen Programme und Datensätze zugreifen. Vorteilhaft ist auch eine einheitliche Benutzeroberfläche auf allen Arbeitsplätzen, die nur von erfahrenen Anwendern - in Absprache mit der Administration - auf ihre speziellen Bedürfnisse angepaßt werden kann.

Der Einsatz von Servern ist im Vergleich mit Einzel-PC-Arbeitsplätzen (Peer to peer Netzwerk) zu bevorzugen, denn auf diese Weise ist eine einheitliche Verwaltung der Daten möglich, was z.B. redundante Erhebung und Speicherung verhindern kann. Außerdem sind Konsistenzerhaltungsmechanismen einsetzbar. Allerdings ist bei Vernetzungskonzepten immer mit einem erhöhten Administrationsaufwand zu rechnen, so daß bei kleinen Kommunen überprüft werden muß, ob dieser leistbar ist und in einem vertretbaren Verhältnis zu den Vorteilen steht. Für große Kommunen werden sich dagegen komplexe Konzepte mit verteilten Datenbanken, Systemausfallschutz, Integritätskonzepten und Zugriffsverwaltung (Datenschutz) auszahlen. Wichtig in diesem Fall ist, daß „vor Ort" - also am Umweltamt - entsprechend ausgebildetes Personal vorhanden ist, das hausinternen Support („erste Hilfe" bei Problemen) und Schulung übernehmen kann. Konzepte mit Fachservern und einer weitgehend autonomen Systemadministration für diese lokalen (Client-Server-) Netze setzen sich mehr und mehr durch.

Die Führung eines Sekundärdatennachweises (KGST 1994, 42) innerhalb des UIS ist nur von Kommunen mit entsprechend großen Abteilungen leistbar. Ein solcher Nachweis hat den Vorteil, daß der Zugriff auf die Basisdaten einfacher und schneller vonstatten gehen kann, birgt aber die Gefahr, daß bei unsachgemäßer Handhabung Inkonsistenzen zum Originalbestand entstehen.

Empfehlung:

> Externe Vernetzung: Für die Umweltberichterstattung wie auch die Informationsrecherche wird die sogenannte Datenautobahn in Zukunft wertvolle Dienste übernehmen können.

Durch die zunehmende Vernetzung der einzelnen Datennetze selbst wie auch die dramatisch steigende Anzahl von Netzteilnehmern aus allen Bereichen (wissenschaftlich, kommerziell und privat) ergeben sich weitreichende Möglichkeiten der Informationsverbreitung, wie auch der Informationsbeschaffung. Neben fortgeschrittenen Konzepten in den USA (USGS 1995) gibt es auch in Deutschland und Österreich bereits einige Ansätze in dieser Richtung (SCHIMAK et al.1994). Berlin ist beispielsweise dazu übergegangen, seinen Umweltatlas (vgl. 2.1.5) auch in digitaler Form auf CD-ROM anzubieten. Zusätzlich bietet man diesen Service auch online an (BOCK u. v.NOUHUYS 1995). Dazu mußten zunächst vor allem Sicherheitsprobleme gelöst werden. Der große Vorteil eines solchen digitalen Angebots besteht in der Möglichkeit, die Daten in Textverarbeitungs-, Graphik- oder Tabellenkalkulationsprogrammen oder auch GIS weiterzuverwenden, ohne alles „abschreiben" zu müssen.

Zugänge zum Internet, oder auch nur zu DatexJ, sind zwar technisch einfach realisierbar und auch nicht mehr mit hohen Kosten verbunden, in den Kommunen aber sehr wenig verbreitet. Diese Situation sollte sich möglichst schnell ändern, damit einerseits die Bürger auf die Informationen der Umweltämter zugreifen (im Sinne des UIG) und andererseits die Mitarbeiter benötigte Information über das Netz schneller und einfacher beziehen können und schließlich auch die zuständigen Stellen einfacher kommunizieren und Daten austauschen können (z.B. über Email).

5.2.4 Anforderungen an Hard- und Software

Anforderung:

> Bei der Beschaffung von Hard- und Software ist vor allem auf Kompatibilität, Herstellerunabhängigkeit, Aufgabenerfüllung am jeweiligen Arbeitsplatz und Finanzierungsmöglichkeiten zu achten.

Bei der Beschaffung sind in der Regel drei Arten von Arbeitsplätzen zu unterscheiden (KGST 1994, 31):

1. Auskunftsplätze (PCs mit Standardprogrammen und Datenabfragetools),

2. Datenbearbeitungsplätze (Graphische Arbeitsplätze mit Programmen und Peripherie zur Datenerfassung und -fortführung der jeweiligen Fachdaten) und

3. Analyseplätze (Graphische Arbeitsplätze mit Programmen zur Zusammenführung und Analyse von Daten unterschiedlicher Fachabteilungen, z.B. für Umweltplanungen).

Allgemein gilt, daß der jeweilige Marktführer (im Hard- *und* Softwarebereich) nicht unbedingt auch das - nach objektiven Kriterien - beste bzw. jeweils das am besten geeignete System herstellt. Dennoch sollte die Verbreitung bei der Hard- und Softwareauswahl eine Rolle spielen, denn sowohl was den Erfahrungsaustausch mit anderen Anwendern, als auch die Kompatibilität betrifft, sind Vorteile zu erwarten. Darüber hinaus ist bei verbreiteten Systemen das Risiko einer Einstellung der Weiterentwicklung bzw. das Verschwinden der Herstellerfirma vom Markt geringer. Wichtig ist jedoch, sich vor Augen zu halten, daß nicht Hard- und Software den Großteil der Investition ausmachen, sondern die Daten (vgl. Kap. 5.2.3, Datenmodell). Eine Abhängigkeit von einem bestimmten Hersteller sollte auf jeden Fall vermieden werden. Von Programmen, die nur auf einer einzigen Plattform - womöglich noch vom selben Hersteller - lauffähig sind, muß dringend abgeraten werden. Auch hausinterne Vorgaben führen oft zu Problemen (vgl. Kap. 5.2.3, Datenmodell).

Bei der Finanzierung ist darauf zu achten, daß sich die Investition möglichst gut über die Jahre verteilen läßt. Geeignet sind daher ein allmählicher Aufbau der DV-Infrastuktur oder Leasing-Angebote. In ersterem Fall besteht allerdings die Gefahr von Inkompatibilitäten, weil die Programme der neueren Rechner manchmal auf den älteren nicht mehr oder nur noch sehr langsam laufen. Kompatibilität ist also unbedingt zu beachten, im Idealfall sogar die Austauschbarkeit von einzelnen Hardwarekomponenten. Dies wird aber häufig nicht möglich sein. Die Notwendigkeit der Verteilung der Investition auf die Jahre verliert allerdings durch die Einführung neuer Verwaltungsorganisationsformen (Finanzautonomie) zunehmend an Bedeutung. Strategische Entscheidungen werden somit in ihrer Umsetzung begünstigt.

Rechnersysteme und Peripherie

Anmerkung:

> Klare Empfehlungen oder auch nur Mindestleistungsdaten für Hardware können nicht ausgesprochen werden, weil die Entwicklung im diesem Markt zu schnellebig ist.

Bei der Hardwareauswahl sind die Empfehlungen aus Kap. 5.2.4 einzuhalten. Das bedeutet, es sind üblicherweise Workstations und PCs anzuschaffen. Natürlich muß dabei eine bereits vorhandene Systemumgebung berücksichtigt werden. Eine spezielle Empfehlung für einzelne Hersteller oder auch nur Leistungsdaten kann hier nicht gegeben werden, da die Anforderungen und die Leistungsfähigkeit ständig steigen. Grundsätzlich ist nur darauf zu achten, daß es sich um offene Systeme handelt, man also nicht auf einen bestimmten Hersteller beim Kauf sämtlicher Peripheriegeräte und Erweiterungen angewiesen ist. Ein Trend im PC-Bereich ist derzeit besonders schwer auszumachen, da sich der Markt in einer Umbruchphase befindet, die vor allem auf dem Ende der Windows 3.1-Ära sowie dem Angriff des Power-PC auf die Intel-Rechner beruht.

Als Peripheriegeräte kommen je nach finanziellen Gegebenheiten und den Möglichkeiten, vorhandene Peripherie anderer Verwaltungsstellen zu nutzen, folgende in Frage:

- Minimalanforderung: CD-ROM, kleiner Scanner, kleiner Farbdrucker (Tintenstrahl), Digitalisiertablett.
- Empfohlen: CD-ROM, DAT-Streamer, DIN-A0 Digitalisiertisch, kleiner Scanner, großer Farbdrucker (kein Stifteplotter), Modem oder ISDN-Karte bzw. Netzadapter.

Optional: Harddisk-Array, MO, CD-Schreiber, A0-Scanner ...

Anforderung:

> Als Betriebssystem sind UNIX, OS/2 oder Windows 95 vorzusehen.

Bei einem kompletten Neuaufbau eines Systems sollte bereits eines der moderneren Multitasking-Systeme verwendet werden, während bei Erweiterungen genau überlegt werden muß, ob sich eine Umstellung lohnt und den Mitarbeitern zuzumuten ist. Als Betriebssystem hat sich auf der Workstation-Ebene UNIX durchgesetzt. Im PC-Bereich findet derzeit eine Umstellung auf multitaskingfähige Systeme wie OS/2 oder Windows 95 statt. Die Nutzung verschiedener Systeme in einem Netz ist zwar vom Administrationsaufwand höher, aber prinzipiell technisch machbar.

Empfehlungen bezüglich der Hard- und Software zur Vernetzung sollen hier nicht gegeben werden. Sie hängt ohnehin stark von den Vorgaben der jeweiligen EDV- bzw. Hauptämter und den Kenntnissen der Systemadministratoren ab. Am häufigsten werden (Fast-)Ethernet oder Token Ring Netze verwendet. Auf der Softwareseite kommen Windows for Workgroups, Novell/Netware, NIS/NFS und viele andere in Betracht.

Datenbanken

Anforderung:

> Für Überwachungs- und Vollzugsaufgaben im UIS werden in erster Linie Datenbanken benötigt. Sie sollen nach dem Relationen-Prinzip arbeiten und über ausreichende Datenschutz- und Wiederherstellungsmöglichkeiten im Mehrbenutzerbetrieb verfügen.

Besonders wichtig ist, darauf zu achten, daß das Datenbankmanagement-System (DBMS) netzwerk- und multiuserfähig ist (vor allem bei größeren Projekten). Das bedeutet, es müssen zwar mehrere Benutzer (teilweise sogar gleichzeitig) auf zentrale Datenbanken zugreifen können, sie dürfen sich dabei jedoch nicht „in die Quere" kommen. Klare Zugriffsregelungen sowie Locking-Konzepte[16] sind nötig. Weitere Kritikpunkte sind die Möglichkeiten der Erhaltung der referentiellen Integrität[17] der Daten, die Fähigkeit zur Zwischenspeicherung aller Transaktionen[18] und die Performance bei großen Datenmengen. Außerdem müssen aufgabenspezifische Benutzeroberflächen programmiert werden können (KGST 1991).

Während bei großen und mittleren Kommunen dem Thema Datenbank erhöhte Aufmerksamkeit geschenkt werden muß, kommen kleine Kommunen oftmals bereits mit Standardprodukten auf PC-Ebene aus.

Die Einsatzmöglichkeiten objektorientierter Datenbanken sind derzeit noch nicht abschließend beurteilbar.

Geoinformationssysteme

Anforderung:

> Zur Bearbeitung raumbezogener Analysen und Planungen ist der Einsatz von Geoinformationssystemen notwendig. Die Auswahl soll sich an den zu bearbeitenden Aufgaben ausrichten und nicht durch Vorgaben von außen bestimmt werden. Wichtig sind dann vor allem Austauschmöglichkeiten über Schnittstellen.

Zum Thema Auswahl von Geoinformationssystemen werden immer wieder umfangreiche Studien in Auftrag gegeben, von denen aber leider nur die wenigsten veröffentlicht werden (z.B. STREIT 1992)[19]. An dieser Stelle sollen nur einige grundsätzliche Anhaltspunkte dargestellt werden. Ohnehin wird die Auswahl des GIS besonders stark von unterschiedlichen Voraussetzungen und Sachzwängen (Systemvorgaben) bestimmt. Eine Empfehlung für oder gegen ein bestimmtes Produkt kann nicht gegeben werden. Nach BARTLEME (1995) ist aber wichtig,

- daß die Komponenten eines GIS in ein logisches Gesamtkonzept passen,
- daß das Gesamtsystem offen gegenüber künftigen Entwicklungen und Veränderungen ist,
- daß es möglichst allgemeingültig ist und nicht zu sehr auf ein bestimmtes Problem oder ein bestimmtes Anwenderprogramm ausgerichtet ist,
- daß es einen kontinuierlichen Datenfluß von der Erfassung bis zur Auswertung ermöglicht (vertikale Integration)
- und daß es Querverbindungen zwischen einzelnen Themen und zu anderen Informationssystemen erlaubt (horizontale Integration).

---

[16] Wenn ein Benutzer mit einer Tabelle arbeitet, muß diese für andere Benutzer gesperrt werden. Fortschrittliche Programme erlauben bereits das Blockieren von einzelnen Datensätzen aus einer Tabelle, so daß die Tabelle trotzdem gleichzeitig bearbeitet werden kann, aber ohne daß Inkonsistenzen entstehen.

[17] Die Erhaltung der referentiellen Integrität sorgt dafür, daß z.B. keine Tabellen oder Werte (Spalten, Zeilen) gelöscht werden können, auf die von anderer Stelle aus verwiesen wird (z.B. durch eine Relation).

[18] Ein Datenbankprogramm sollte alle Transaktionen zwischenspeichern. Auch nach der Speicherung der letzten Arbeitsschritte durch den Benutzer (COMMIT) sollten Aktionen im Speicher bestehen bleiben, so daß aus dem veränderten Datenbestand durch eine umgekehrte Abfolge der Transaktionen wieder der alte Zustand hergestellt werden kann (ROLLBACK).

[19] Einen Überblick über den GIS-Markt und die Erwartungen der Nutzer für die Zukunft enthält BACKHAUS et al. (1994). Softwarevergleichsstudien werden alljährlich im GIS-European-Yearbook des Blackwell Verlags veröffentlicht. Eine Studie speziell bezogen auf den deutschen Markt erscheint 1995 im Harzer Verlag (BUHMANN u. WIESEL i.V.). Eine Studie über den GIS-Einsatz bei Kommunen wurde im Rahmen des GISDATA-Projekts der European Science Foundation (ESF) durchgeführt und in KGST (1994) veröffentlicht. Vergleichbare Informationen enthält auch FIEBIG et al. (1992a). In BÜSCHER (1993) wurden GIS-Kartierwerkzeuge hinsichtlich ihrer Einsatzmöglichkeiten bei Kommunen untersucht.

Der Schwerpunkt bei Geoinformationssystemen für Umweltplanungsaufgaben muß im Analysebereich liegen (vgl. Kap. 5.2.2, Digitale Methoden der Analyse und Auswertung), wohingegen die Datenerfassung weniger wichtig ist. Auf jeden Fall soll Raster- und Vektorverarbeitung möglich sein (hybride Systeme). Wichtig wären auch entsprechende Symbolbibliotheken, die aber nur bei Systemen mit speziellen Umwelt-Fachschalen anzutreffen sind. Wenigstens die Möglichkeit der eigenständigen Erstellung von Symbolen muß jedoch gegeben sein. Positiv zu beurteilen sind Programme, die objektbezogen (nicht zu verwechseln mit objektorientiert im informationstechnischen Sinne) arbeiten. Wie aus Standard-Graphikprogrammen bekannt, können hier Objekte gebildet, zusammengesetzt und wieder aufgeteilt werden, so daß das Hantieren mit den jeweiligen Elementen vereinfacht wird. Solch ein Objekt kann beispielsweise die Legende sein, deren automatische Erstellung das System im übrigen übernehmen können sollte.

Fortschrittliche Systeme leisten mittlerweile schon (eingeschränkte) Kontrollfunktionen. Insbesondere bei objektbezogenen Systemen erhält der Benutzer bereits bei der Erfassung entsprechende Warnungen, wenn Objekte falsch erfaßt werden (z.B. nicht geschlossene Grundrißfläche eines Gebäudes).

Nicht zu vernachlässigen ist auch die Ausgabefunktion (Einfachheit, Funktionsumfang, WYSIWYG[20]), denn hier stellen sich als erstes Erfolge oder Frustration ein. Natürlich ist das jeweils notwendige Ausgabeformat für den eingesetzten Plotter oder Drucker notwendiger Bestandteil. Darüber hinaus sollte aber auch eine (hybride!) Postscript-Ausgabe von Raster- und Vektordaten möglich sein.

Aus den beschriebenen Gründen sind weder reine Erfassungssysteme, wie sie in der Vermessungsverwaltung oft benutzt werden, noch Kartographieprogramme aus der Wirtschaftsgeographie und Statistik für die Bearbeitung von Umweltaufgaben geeignet. Wie bereits erwähnt, ist demnach eine einheitliche Lösung für die ganze Kommune mit Systemvorgaben durch die oben erwähnten Fachgebiete - entgegen den Forderungen der KGSt (KGST 1994) - in der Regel kein sinnvolles Konzept, weil keine der jeweiligen Fachaufgaben mit einem solchen System jeweils zufriedenstellend bearbeitet werden könnte.

Es müssen aber „ausreichend" Schnittstellen zu den anderen Systemen für den Datenaustausch vorhanden sein. Diese Schnittstellen dürfen sich nicht auf die Übertragung der Geometrie beschränken (DXF), sondern müssen die gesamte Topologie, Datenbeschreibung und die Sachattribute übertragen. Optimale Schnittstellen wurden allerdings bisher nicht entwickelt. Auch die EDBS mit ihrer Top-Down-Einteilung der Objekte stellt keine endgültig sinnvolle Lösung dar, weil die Rückübertragung von erweiterten Daten kaum möglich ist. Gegenüber reinen Geometrie-Schnittstellen wie z.B. DXF gibt es jedoch erhebliche Vorteile. Optimal allerdings wäre eine neutrale Datenbeschreibungssprache, die unabhängig von vorgegebenen Objektdefinitionen ist.

Fortgeschrittene Visualisierungsaufgaben wie etwa die Darstellung dynamischer Prozesse (zeitliche Änderungen im Sinne von Monitoring oder bewegter Abläufe wie z.B. Pendlerströme) oder dreidimensionaler Körper (wichtig z.B. in der Geologie oder Stadtplanung) befinden sich derzeit noch im Forschungsstadium.

Kleineren Kommunen kann unter Umständen empfohlen werden, die Datenverarbeitung mit GIS an externe Dienstleiter auszulagern, da oftmals kein eigenes qualifiziertes Personal für die komplexe GIS-Software zur Verfügung steht.

---

[20] WYSIWYG - What you see is what you get (oftmals aber eben leider nicht)

Werkzeuge zur schnellen Abfrage, Visualisierung und Ausgabe von Umweltdaten

Ein weiterer Punkt bei der Auswahl von GIS-Software (s.o.) ist die Benutzerfreundlichkeit. Hier haben kleine PC-basierte Systeme oftmals Vorteile gegenüber ihren Workstation-Konkurrenten. Dabei ist jedoch genau auf die Funktionalität und auf eventuelle Mengenbeschränkungen der Systeme zu achten. Auch die Datenstruktur ist bei diesen Systemen meist ungeeignet (vgl. Kap. 5.2.3). Oftmals ist es daher angebracht, ein größeres System zu erwerben und an den Sachbearbeitungsplätzen (Auskunftsplätzen, s.o.) nur Abfragesysteme, also GIS-Browser wie z.B. ArcView, SPANS Explorer, SICAD-View und andere vorzuhalten. Solche Visualisierungssysteme werden von Sachbearbeitern immer wieder gefordert. Dabei wird unter Visualisierung aber oft auch eine einfache Analyse (meist Überlagerung) verstanden.

Wichtig für die Akzeptanz und Nutzung der Systeme ist aber, die Mitarbeiter schnell in die Lage zu versetzen, auf einfache Art und Weise Abfragen und Ausdrucke erzeugen zu können. Ist für jede kleine Recherche und jede Ausgabe der Systembetreuer bzw. „GIS-Sachverständige" zu konsultieren, kann sich eine breite Nutzung der Umwelt- und Geodaten nicht durchsetzen. Dies bedeutet letztlich, daß jeder Sachbearbeiter, der mit raumbezogenen Daten arbeitet, einen entsprechenden Arbeitsplatzrechner (PC) mit einem der angesprochenen GIS-Browser und möglichst eine Ausgabeeinheit (z.B. Tintenstrahldrucker) zur direkten Verfügung haben muß.

Simulationsmodelle

Empfehlung:

> Simulationsmodelle sind zur Bearbeitung komplexer Fragestellungen hilfreich. Solche Aufgaben sollten - vor allem bei kleinen und mittleren Kommunen - ausgelagert werden.

Beim Einsatz von Modellen ist insbesondere auf den Datenaustausch mit dem GIS zu achten. Ohnehin ist die Grenze zwischen GIS-eigenen Modellierungsfunktionen und eigenständigen Modellen mit GIS-Funktionen fließend. Insbesondere Raster-Systeme bieten bereits fortgeschrittene Möglichkeiten von Allokations-, Diffusions- und Distanzanalysen. Solche Funktionen werden in erster Linie für Interpolationen von Meßwertfeldern, Berechnung von Einzugsgebieten, Ausbreitungsberechnungen etc. benötigt. Aber auch Vektorsysteme bieten - vor allem durch ihre Verschneidungs- und Pufferfunktionen - Modellierungsgrundlagen. Berechnungen für z.B. (vereinfachten) Niederschlagsabfluß, Erosionsgefährdung, Versickerungseignung, (lineare) Schallausbreitung sind möglich.

Solche Anwendungen eignen sich allerdings nur für große Kommunen, die in der Lage sind, entsprechend Personal zur Bedienung der Programme abzustellen. In der Regel werden diese Aufgaben ausgelagert. Bei Besitz derartiger Programme lassen sich allerdings Monitoringaufgaben einfacher durchführen, indem zu verschiedenen Zeitpunkten die Berechnung mit den jeweils aktuellen Daten wiederholt wird.

Probleme in diesem Bereich sind das Fehlen von Daten, Datenungenauigkeiten und -unschärfen, die zu Fehlinterpretationen führen können (vgl. Kap. 4.3). Oft werden Modelle nur zu näherungsweisen Berechnungen oder nur beschränkt auf kleine Pilotgebiete bzw. speziellen Fragestellungen eingesetzt, da der Aufwand der Dateneingabe für die Modellparameter häufig bei flächendeckenden Simulationen nicht geleistet werden kann. Keine Kommune wird auf den Gedanken kommen, beispielsweise für ein Lärmmodell sämtliche Gebäudehöhen und Fassadenbeschaffenheiten zu erfassen, wenn noch nicht einmal die Grunddaten der ALK vorhanden sind.

Für eine breitere Anwendung von Prognosebausteinen in der Verwaltung sollte darauf geachtet werden, daß diese für den Nutzer transparent gestaltet sein müssen, indem die Benutzerfreundlichkeit gewährleistet wird und in einer Dokumentation das sachlich richtige und sinnvolle Einsatzfeld mit den dazu erforderlichen Eingangsparametern dargestellt wird.

Expertensysteme

Anmerkung:

> Der Einsatz von Expertensystemen ist bisher über das Experimentierstadium in Wissenschaft und Pilotprojekten nicht hinausgekommen. Bisher ist der Aufwand bei der Bearbeitung von Aufgaben mit solchen Systemen zu groß.

Expertensysteme wurden von der Wissenschaft immer wieder gefordert und entwickelt (WRIGHT et al. 1993) und in einigen Pilotprojekten zur Bearbeitung von Umweltfragestellungen erprobt. Solche Systeme wirken entscheidungsunterstützend bei der Bewertung (z.B. EXCEPT) im räumlichen Planungsprozeß selbst (AVERDUNG 1993).

Einen Durchbruch solcher wissensbasierter Systeme im Planungsalltag hat es jedoch bisher nicht gegeben. Zu komplex und individuell verschieden scheinen die zu bearbeitenden Fragestellungen, so daß der Aufwand, das Expertensystem auf den zu bearbeitenden Fall auszurichten, im Verhältnis zum Nutzen zu groß ist. In diesem Zusammenhang wird von manchen potentiellen Nutzern angezweifelt, ob eine durch solche Expertensysteme initiierte Standardisierung von Bewertungsvorgängen überhaupt der realen Komplexität folgen kann, denn oft genug weicht der Einzelfall von der Norm ab und es sind dann ganz spezifische Kriterien zu berücksichtigen. Von daher ist die o.g. Entwicklung von „Wissensbasen" für entscheidungsunterstützende Systeme aufmerksam zu verfolgen und sorgsam auf ihre Verwendbarkeit hin zu überprüfen.

Ein wesentlicher Hinderungsgrund für den Einsatz von Expertensystemen bei räumlichen Planungen war das Fehlen einer Schnittstelle zu einem GIS. Erst neuere Ansätze, z.B. an der Universität Bonn, versuchen, solche regelbasierten Systeme bei räumlichen Planungen im GIS direkt einzusetzen (AVERDUNG 1993).

Fachkataster (Schalen)

Anforderung:

> Fachkataster müssen die weitere Verwendbarkeit ihrer Daten in anderen Systemen (z.B. GIS) gewährleisten.

Fachkataster sind Programme oder Makros zur Bearbeitung ganz spezieller Aufgaben (z.B. Baum-, Biotop-, Einleiter- oder Altlastenkataster). Sie sind teilweise als reine Datenbankapplikation, teilweise als sogenannte Fachschalen von Geoinformationssystemen realisiert. Bei der Auswahl solcher Programme muß die Datenaustauschbarkeit - insbesondere zum GIS - unbedingt beachtet werden. Es wäre schlicht Geldverschwendung, wenn die Daten der Kataster (oder auch der Modelle, s.o.) nicht weiter verwendet werden könnten. Für die Benutzerfreundlichkeit gilt das oben Gesagte.

Bürokommunikation und Standardprogramme

Anforderung:

> Standardprogramme kommen zumeist auf PCs zum Einsatz und erfreuen sich im allgemeinen großer Beliebtheit. Auf Kompatibilität, Netzwerkfähigkeit und Benutzerfreundlichkeit ist zu achten.

Programme zur Textverarbeitung, Tabellenkalkulation, Graphik usw. sind mittlerweile so günstig, daß man sie heute auf jedem PC findet. Natürlich ist darauf zu achten, möglichst weit verbreitete Programme mit einfachen, aber mächtigen Bedienungsfunktionen zu wählen. Gegebenenfalls ist auf Netzwerkfähigkeit zu achten, so daß keine Inkonsistenzen entstehen, wenn mehrere Personen gleichzeitig Texte, Tabellen oder Graphiken editieren. Die Bürokommunikation ist in einfacher Form heute meist Bestandteil des Betriebssystems. Filetransfer hat sich bewährt. Electronic Mail wird dagegen bei Behörden - im Gegensatz zum wissenschaftlichen Bereich - noch überwiegend abgelehnt (vgl. Kap. 5.2.3, Datenmanagement und Vernetzung).

5.3 Verfahrensanforderungen

5.3.1 Allgemeine Anforderungen

Allgemein betrachtet handelt es sich bei der Einführung von Umweltinformationssystemen um die Einführung einer Informations- und Kommunikationstechnik (IuK). Anhaltspunkte und Regeln für deren Einführung in die Verwaltungspraxis sind demnach zu berücksichtigen. Hierzu gibt es eine ganze Reihe von Veröffentlichungen (z.B. SCHUSTER 1994). Einige dieser allgemeinen Regeln finden sich entsprechend - jeweils auf die Umsetzung für ein UIS bezogen - auch im folgenden wieder. Dennoch gibt es eine Reihe von Besonderheiten, die in dieser Ausprägung für UIS einzigartig oder zumindest typisch sind (vgl. Kap. 3.3).

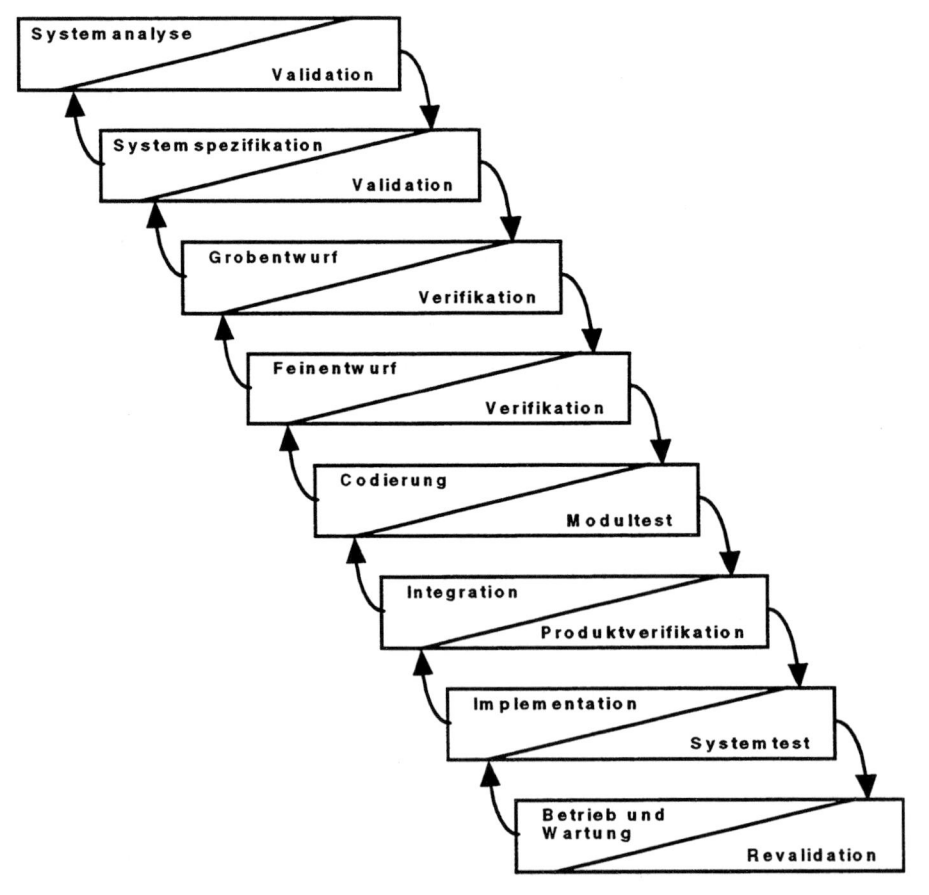

Abb. 5.1: Wasserfallmodell nach P.F. Elzer

Grundsätzlich soll die Führung eines UIS als Daueraufgabe und nicht als Projekt verstanden werden. Um aber Erfolge meßbar und kontrollierbar zu halten, sollte nach einem Phasenmodell (s. Abb. 5.1) vorgegangen werden, wobei einzelne Phasen als eingrenzbare Projekte behandelt werden. Dies wird als modularer Aufbau bezeichnet. Grundregel hier ist: „vom Einfachen zum Komplizierten". Das bedeutet, es sollte mit weniger komplexen Problemen und Aufgaben begonnen werden, wo sich leichter und schneller Erfolge einstellen. Das System bzw. das Konzept muß aber trotzdem so gestaltet werden, daß auch die komplexeren Dinge (später) bearbeitet werden können. Zum Thema Projektmanagement existiert ebenfalls eine Fülle von Literatur (z.B. ELZER 1994). Einige dieser allgemeinen Erkenntnisse werden in ihrer speziellen Ausprägung für UIS auch in den Anforderungsbeschreibungen in Kapitel 5.2 und 5.3 dargestellt.

Allgemein gilt, daß der Projektplanung ein hoher Stellenwert zukommt. Ein zu starres und detailliertes Planungsschema ist allerdings ebenfalls kontraproduktiv (ELZER 1994). Ein Konzept, das aus welchen Gründen auch immer letztlich nicht mehr verwirklicht wird, ist sinnlos. Die tatsächliche Realisierung muß daher immer im Vordergrund der Überlegungen stehen. Besonders im Bereich der Länder-UIS gibt es eine Reihe in diesem Sinne negativer Beispiele.

Technische Probleme im Detail können vorher getroffene Entwurfsentscheidungen hinfällig machen. Eine flexible Reaktionsfähigkeit auf derartige Probleme muß, wie die nach rückwärts gerichteten Pfeile des Wasserfallmodells (Abb. 5.1) andeuten, gewährleistet sein. Es gilt also, einen Kompromiß zwischen schnellen, nachweisbaren Erfolgen und einer nachhaltigen Nutzung zu finden.

5.3.2 Voruntersuchung

Empfehlung:

> Es hat sich als sinnvoll erwiesen, den geplanten Aufbau eines UIS im Rahmen einer Voruntersuchung zu überprüfen.

Diese Voruntersuchung sollte aus den mit Umweltvorsorge befaßten Abteilungen rsp. Ämtern heraus erfolgen und diese gesamthaft mit einbeziehen. Schon in diesem frühen Stadium ist es wichtig, daß die Führungsebene (Amtsleiter, ev. Dezernent) mit einbezogen und zu einem persönlichen Engagement bewegt werden kann. Nur auf diesem Weg ist auch in den späteren Phasen der Systemeinführung der nötige Rückhalt und die erforderliche Durchsetzungsfähigkeit der Konzepte gewährleistet.

Auch die KGSt (1994, 33) betont, daß die Einführung einer „Raumbezogenen Informationsverarbeitung", wozu UIS in der Regel gerechnet werden können, „zu den verwaltungspolitischen Gestaltungsaufgaben der Verwaltungsführung" gehört. Zur Umsetzung des Konzepts sind zentrale Steuerung und dezentrale Handlungsverantwortlichkeit gleichermaßen geboten. Die Verwaltungsführung sollte ein Organisations- und Personalmanagement schaffen, das diese Anforderungen erfüllt.

Es hat sich als zweckmäßig erwiesen, für solche Voruntersuchungen abteilungs- oder ämterübergreifende Arbeitsgemeinschaften zu bilden, die dann Ziele, Rahmen und Inhalte des zu entwickelnden UIS festlegen (vgl. PIETSCH 1992b, 218). Beteiligte können sein (je nach den örtlichen Aufgabenverteilungen in der Verwaltung):

- die Abteilung Umweltvorsorge,
- die für EDV und graphische DV zuständigen Einheiten (Hauptamt, Vermessungsamt),
- alle umweltrelevante Daten führenden Stellen,
- im Rahmen der informellen Verflechtung der Umweltplanung zu beteiligende Stellen (Planungsamt, Stadtentwicklung, Grünflächenamt, Untere Naturschutzbehörde etc.).

Es kann schon zu diesem Zeitpunkt zweckmäßig sein, externe Consulter oder Moderatoren mit hinzuzuziehen.

Eine besondere Situation für den UIS-Aufbau ist dann gegeben, wenn bereits in der Verwaltung Initiativen für eine umfassende, verwaltungsweite Einführung von Raumbezogener Informationsverarbeitung (RIV) existieren. Dann sind die UIS-Betreiber gehalten, ihre Vorstellungen und Anforderungen in die für die Entwicklung und Koordination des RIV-Konzepts institutionalisierten Gremien und Arbeitskreise einzubringen und mit übergeordneten und fachspezifischen Belangen anderer abzustimmen. Sinnvoll und erstrebenswert sind solche verwaltungsweiten Zusammenarbeiten, um schon vorhandenes Know how und die in anderen Verwaltungsbereichen gemachten Erfahrungen für den Aufbau des eigenen Systems nutzbar zu machen. Es ist jedoch dabei zu beachten, daß Vorgaben solcher RIV-Konzepte die eigenen Bedürfnisse zu sehr einengen können.

Die KGSt (1994, 36ff) fordert ausdrücklich die Mitarbeit des „Fachbereichs Umwelt" bei der RIV-Konzipierung, betont aber gleichzeitig, daß auch weiterhin alle Fachbereiche unter Berücksichtigung der Querschnittsaufgaben für RIV und unter Beachtung des Rahmens, der für die Gesamtverwaltung vereinbart wurde, für den Aufbau ihrer eigenen Informationssysteme mit Raumbezug selbst verantwortlich sein sollten.

Anforderung:

> Erster Schritt einer zielgerichteten Einführung eines UIS ist zu überdenken, wer als Zielgruppe des Systems in Frage kommt.

Es ist prinzipiell zu klären, ob für alle oder nur Teile der mit Umweltvorsorge befaßten Stellen der Systemeinsatz sinnvoll ist und ob weitere Stellen eingebunden werden sollen. Dazu ist es notwendig, bereits im Rahmen der Voruntersuchung die gegebenen Aufgaben, Organisation, Budget, Personal und Arbeitstechnik in die Überlegungen einzubeziehen. Ein sinnvoller Systemeinsatz ist dann gegeben, wenn für die Zielgruppe

- die Produktivität mit dem Technikeinsatz wachsen kann,
- Rationalisierungsgewinne erzielt werden können,
- eine bessere Steuerung und Systematisierung des Verwaltungshandelns erreicht werden kann,
- Technikeinsatz eine bessere Transparenz des Verwaltungshandelns bewirken kann,
- Arbeitsplätze durch die Technik attraktiver werden und damit ein Qualifizierungsschub erreicht werden kann.

In Kapitel 5.2 ist dargestellt worden, daß ein UIS in der vorsorgenden Umweltplanung als Zielgruppe, d.h. Informationsempfänger, sowohl die Verwaltung selbst mit ihrer Führungsebene als auch die Zielgruppen Politik und Öffentlichkeit bedienen sollte, um dem Grundgedanken eines partizipativen Planungsprozesses gerecht zu werden.

Anforderung:

> Es ist im Rahmen einer Voruntersuchung das Augenmerk auf die speziellen kommunalen Problem- und Handlungsschwerpunkte zu legen.

Gleich im ersten Schritt umfassende Lösungen anzustreben, kann eine effiziente Systemimplemenation verhindern, weil die Komplexität der dann zu bewältigenden Aufgaben eher lähmen wird. Erfolgversprechend sind eher Ansätze, die sich den lokalen Besonderheiten und Problemschwerpunkten widmen. Auf keinen Fall sollten diese außer acht gelassen werden.

Laut KGSt (1991, 14ff) lehrt die Erfahrung, „daß eine unzureichende Berücksichtigung kommunaler Ziele und Rahmenbedingungen seitens der Kommune zu einem unwirtschaftlichen Aufbau des UIS führt".

Empfehlung:

> Die Voruntersuchung sollte mit einem Beschluß zur Aufstellung des UIS abgeschlossen werden, damit durch den Rat (oder andere Gremien) die politische Legitimation geschaffen wird.

Wenn die Voruntersuchung zum Ergebnis gekommen ist, daß die Einführung und der Aufbau eines kommunalen UIS prinzipiell zweckmäßig und sinnvoll sind, sollten die kommunalpolitischen Gremien zu einem generellen Aufstellungsbeschluß gebracht werden, womit dann das weitere Aufstellungsverfahren eingeleitet wird. Ein förmlicher Auftrag kann insbesondere für die Gewährleistung einer effektiven Steuerung durch die Verwaltungsspitze sowie für eine konsequente, zielorientierte Mitarbeit der verschiedenen Dienststellen der Verwaltung förderlich sein.

5.3.3 Entwicklung eines Grobkonzepts

Anforderung:

> Vorgehensweise: Von der Ist-Aufnahme zum System- oder Rahmenkonzept

Bei solidem Vorgehen wird der Einführung neuer Formen und Systeme der technischen Unterstützung in der Verwaltung eine Ist-Aufnahme vorausgehen. Sie darf nicht allein den Einzelarbeitsplatz in seiner jetzigen und gewohnten arbeitsteiligen Funktion im Auge haben, sondern muß insgesamt aufgabenbezogen die wesentlichen Verwaltungsabläufe mit ihren Informations- und Kommunikationsbeziehungen durchleuchten und optimieren. Daraus entstehen Leitbilder sowie erste konkrete Sollvorstellungen für die zu erreichenden Ziele und die „Produktionswege", die zu ihnen führen. Diese Sollvorstellungen sind in einem System- oder Rahmenkonzept zusammenzuführen (WEINBERGER 1992, 5).

Bestandsaufnahme /Ist-Aufnahme

Empfehlung:

> Für eine gründliche Bestandsaufnahme sollten die erforderlichen personellen Kapazitäten bereitgestellt werden.

Es hat sich in vielen Kommunen als zweckmäßig erwiesen, externe Berater/Consulter mit der Entwicklung eines Grobkonzepts einschließlich einer umfangreichen Bestandsaufnahme zu betrauen. Es kann aufgrund dessen „neutraler" Position besser gelingen,

- Ressentiments und Widerständen zu begegnen,
- einen kooperativen Prozeß in Gang zu setzen,
- verschiedene Interessenlagen durch Moderation in die Konzepterstellung mit einfließen zu lassen und
- durch „Außensicht" die Aufnahme und Analyse besser zu strukturieren.

Sollte eine Durchführung der Bestandsaufnahme mit eigenem Personal erfolgen, wäre der Vorteil darin zu sehen, daß ein besseres Verständnis für kommunale Handlungsweisen und Abläufe mitgebracht wird. Es ist aber zu gewährleisten, daß ausreichend Personalkapazitäten mit entsprechender Ausbildung bereitgestellt werden, die auch Methoden des Projektmanagements beherrschen.

Untersuchungstechniken zur Bestandsaufnahme können sein: Fragebögen, Berichte, Tätigkeitserhebungen, Interviews, Beobachtungsmethoden, aktive Einbeziehung der Befragten z.B. mit Delphimethoden, moderierten Workshops u.ä., Auswertung ergänzender Materialien.

Eine umfassende Bestandsaufnahme bringt mit sich, daß auf diesem Weg bereits sehr frühzeitig alle von der Einführung der UIS betroffenen Mitarbeiter am Entwicklungsprozeß teilnehmen können, was zu einer hohen Akzeptanz bei allen späteren Nutzern beitragen kann.

Anforderung:

> Eine Bestandsaufnahme muß die vorhandenen Organisationstrukturen erfassen.

Gegenstand der Erhebung ist die gesamte Aufbau- und Ablauforganisation im Aufgabenfeld Umweltvorsorge, also neben der organisatorischen Gliederung und inhaltlichen Beschreibung der verschiedenen Aufgabenbereiche auch die fest installierten Verfahren (und ihre Verbindungen nach außen). Bei letzterem Punkt muß eine sinnvolle Bestandsaufnahme darauf reagieren, daß Planungsprozesse im Gegensatz zu Verfahren des Verwaltungsvollzugs in der Regel kaum einem starren Automatismus folgen[21] und damit kaum in engen Ablaufbeschreibungen darstellbar sind[22]. Ablauforganisatorisch am ehesten erfaßbar sind die bereits oben genannten und meist im Planungsprozeß - vor allem auch in der UVP[23] - durchgeführten Arbeitsschritte der

- Beobachtung und Beschreibung der Umwelt (ökologische Bestandsaufnahme),
- Zustandsbeurteilung,
- Prognose von Planungszuständen,
- Konfliktbeurteilung,
- Maßnahmenplanung incl. Untersuchung von Alternativen.

Anforderung:

> Als weiterer wichtiger Schritt in der Bestandsaufnahme soll eine Analyse der Informations- und Kommunikationswege durchgeführt werden.

Die Informations- und Kommunikationsanalyse ist im Aufgabenfeld Umweltplanung der wichtigste Schritt der Bestandsaufnahme, denn hier kommt es aus oben genannten Gründen darauf an, die wichtigsten am Planungsprozeß beteiligten Akteure und ihre Informations- und Kommunikationsbeziehungen untereinander zu identifizieren. Die Kommunikationsstruktur weicht aufgrund der in Organisationen bestehenden informellen Beziehungen von der formal vorgegebenen Organisationsstruktur oftmals ab (FREY 1990, 45).

Es ist entscheidend, die regelmäßig benutzten Informationsquellen und Kommunikationsstränge der Akteure herauszuarbeiten und zu versuchen, deren Art, Menge und Zeit einzuschätzen (wichtig für spätere Prioritätensetzungen). Wesentlich intensiver als im Verwaltungsvollzug ist, neben den vertikalen Beziehungen zur Verwaltungsspitze, zu übergeordneten Behörden und zur politischen Ebene das Augenmerk auf horizontale Beziehungen zu richten, da gerade diese für eine Querschnittsorientierung der Planung essentiell sind und zu einer Veränderung organisatorischen Denkens hin zu bereichsübergreifender Vernetzung, Information und Kommunikation beitragen können.

Empfehlung:

> Aus strategischen Gründen ist es für den Aufbau eines vorsorgeorientierten UIS i.d.R. zweckmäßig, auf die bereits in der Umweltverwaltung und auch außerhalb bestehende Datenverarbeitung (Hardware, Software, Daten) zurückzugreifen und diese in die Bestandsaufnahme mit einzubeziehen.

Viele für das UIS relevante Daten werden bereits an verschiedenen Stellen der Verwaltung erhoben und sind u.U. in die verschiedenen Fachinformationssysteme der Verwaltungsstellen

---

[21] FREY (1990, 48): „Da es sich bei Planungsaufgaben um schwach strukturierte Aufgaben handelt, sind sie noch weniger einfach zu automatisieren wie Vollzugsaufgaben".

[22] Eine gewisse Ausnahme können mancherorts Verfahren der kommunalen UVP sein.

[23] vgl. auch AG UVP-GÜTESICHERUNG (1992)

eingebunden (nicht nur im Bereich der Umweltverwaltung). Besonders im Bereich des Verwaltungsvollzugs existieren z.T. umfangreiche operative Datenbanken.

Ziel einer Bestandsaufnahme der vorhandenen DV und Datenressourcen muß sein, zu überprüfen, ob diese für die eigenen Anforderungen nutzbar gemacht werden können, damit auf diesem Weg eine Reduzierung der Investitionskosten für den UIS-Aufbau und der Kosten für die Pflege des Systems erreicht werden kann, insbesondere auch durch Know how-Transfer. Abstimmungen diesbezüglich sind vorzunehmen, um der Entstehung miteinander unverträglicher, inkompatibler oder redundanter Systeme vorzubeugen. Nur auf diesem Weg sind Insellösungen zu vermeiden und kann verhindert werden, daß in unterschiedlichen Fachbereichen raumbezogene Informationsbestände entstehen, die nicht mehr zusammengefaßt werden können[24].

Empfehlung:

> Realisierungsmöglichkeiten des UIS hinsichtlich finanzieller und personeller Ressourcen sollten schon in der Bestandsaufnahme überprüft werden.

Um die Realisierungsfähigkeit eines UIS-Konzepts von vornherein den Entscheidungsträgern deutlich zu machen, sollte eine Bestandsaufnahme auch mögliche Finanzierungswege aufzeigen.

Einfluß auf die Finanzierungsmöglichkeiten des UIS haben viele hier bereits angesprochene Untersuchungspunkte wie etwa das vorhandene technische und personelle Potential oder die schon vorhandenen Daten, auf die zurückgegriffen werden kann. Es sollten aber darüber hinaus in einer Bestandsaufnahme bereits weitere Finanzierungswege erkundet werden, wie sie sich etwa aus möglichen Kooperationen mit Externen wie Nachbarkommunen, Kommunalverbänden, Landesbehörden, Universitäten, Forschungsinstitutionen und Firmen ergeben können. Die KGSt (1991, 19) gibt eine recht vollständige Übersicht solcher im Prinzip in Frage kommender Kooperationspartner. Kooperation kann z.B. wichtig sein, um auf einen extern vorhandenen Erfahrungsschatz zurückzugreifen, sie kann Doppelarbeit vermeiden durch Entwicklungspartnerschaften bei gleichen Zielsetzungen. Ein Outsourcing von Teilaufgaben kann kostengünstiger sein, aber auch direkte Finanzhilfen wie Zuschüsse etc. können bei Kooperationen insbesondere mit der Landesverwaltung/-regierung oder bei Forschungsprojekten von Bedeutung sein. Solche Kooperationen gibt es im Rahmen von Anwendergemeinschaften (z.B. AKOSIC[25], AKD[26]) bereits seit längerem. Anwenderprogramme, die von solchen Gemeinschaften entwickelt wurden, haben sich jedoch nur in wenigen Fällen etablieren können und mußten meist auf die besonderen örtlichen Bedürfnisse hin angepaßt werden, so daß ein gründliche Prüfung der Effizienz solcher gemeinsamer Entwicklungen anzuraten ist.

Eine Bestandsaufnahme muß auch die Verwendungs- und Integrationsmöglichkeiten des vorhandenen Personalbestands ermitteln. Man muß insbesondere der Frage nachgehen, ob es in der Kommune Mitarbeiter gibt, die vertiefte Fachkenntnisse im Bereich Umwelt und/oder Informationstechnologie besitzen bzw. bereit sind, sich in diese Themengebiete einzuarbeiten.

---

[24] vgl auch KGSt (1994, 38) und die MERKIS-Empfehlungen

[25] Arbeitsgemeinschaft kommunaler SICAD-Anwender

[26] Arbeitsgemeinschaft kommunale Datenverarbeitung (vor allem nordrhein-westfälische kommunale DV-Zentralen, die über IBM-Großrechner verfügen)

Soll-Konzeption / Realisierungsplanung

Anforderung:

> Aufgrund der Ist-Aufnahme und -analyse und deren kritischer Bewertung sowie der sich an ein vorsorgeorientiertes UIS in der Umweltplanung ergebenden Anforderungen ist konkret zu entwickeln, welches Ziel die Technikunterstützung in welchem Zeitrahmen erreichen soll.

Die Forderung nach umfassender, aufgaben- und ablauforientierter Nutzung in einem integrierten Gesamtsystem scheint, wie oben dargestellt, gerade in der Umweltplanung äußerst schwierig zu erfüllen zu sein. Deshalb muß bewußt bleiben, daß die Soll-Konzeption gerade als Gesamtzielbestimmung nur als offenes Konzept denkbar ist, das sich in Teilschritten entwikkeln muß (vgl. WEINBERGER 1992, 71).

Ein System- oder Rahmenkonzept mit einer realitätsorientierten Zielbestimmung ist aber für eine sichere Entscheidung der kommunalen Gremien unabdingbar (ebenda). Möglich sollte auch die Entwicklung von Lösungsalternativen sein.

Die KGSt (1991, 20) führt dazu aus, daß die Zielbestimmung als ein Prozeß anzusehen ist, da verschiedene Ziele, wie z.B. Umweltleitziele oder vorsorgende Umweltqualitätsstandards, oft erst nach der gezielten Erhebung zusätzlicher Daten (in einem UIS) festgelegt werden können.

Strukturierung des Soll-Konzepts (fachlicher Grobentwurf)

Anforderung:

> Wichtigster Schritt bei der Umsetzungsplanung ist die Strukturierung von Verfahren.

Wie oben gezeigt (vgl. Kap. 5.2), sollte sich der Aufbau des Systems nach den fachlichen Anforderungen gestalten und anhand strukturierbarer Verfahren umgesetzt werden. Aufbauend auf den in der Bestandsaufnahme identifizierten Aufgaben mit ihren Informationsverflechtungen werden nun aufgabenbezogene Datenflußpläne erstellt, die eine Darstellung der logischzeitlichen Aufgabenzusammenhänge (Aufgabenablaufpläne) beinhalten. Neben dieser grobmaschigen Darstellung der Systemzusammenhänge sollte auch eine detaillierte tätigkeitsorientierte Darstellung von Arbeitsschritten erfolgen. Wichtig ist, daß die wesentlichen Datenflüsse im Vordergrund stehen und die Schnittstellen zu Nachbarsystemen aufgezeigt werden.

Zu bedenken ist auch, daß die Integration technikunterstützter Informationssysteme in das Verwaltungshandeln in der Regel eine Veränderung der Arbeitsweise und Arbeitsabläufe bewirkt (KGSt 1994, 42). Erforderlich ist eine konzeptionelle Umstellung der Arbeitsprozesse, damit durch organisatorische Maßnahmen die Potentiale der technischen Möglichkeiten umgesetzt und genutzt werden („Optimierung der Vorgangssteuerung, Geschäftsprozeßoptimierung"). Empfehlungen gehen dahin, neue unabhängig von der tradierten Aufgabenwahrnehmung zu schaffende fachübergreifende Organisitionsformen zu installieren.

⇨ Datenverarbeitung

Anforderung:

> Aufbauend auf den Daten- und Ablaufplänen sollen Vorschläge für die Ausgestaltung der Datenverarbeitung entwickelt werden.

Anforderungen an Hard- und Software müssen formuliert werden, dabei ist auf die vorhandene informationstechnische Infrastruktur in der örtlichen Verwaltung Rücksicht zu nehmen. Die Anforderungen müssen zielorientiert auf die angestrebten Einsatzgebiete und deren Bedürfnisse (inhaltlich und methodisch) hin formuliert und in einem Pflichtenheft zusammengefaßt werden.

Eine für alle Kommunalverwaltungen einheitliche und allgemein gültige Ausgestaltung der Technikunterstützung kann nicht empfohlen werden, weil sie sich an den örtlichen Bedürfnissen einer Verwaltung, den operationalen Zielen, den finanziellen Möglichkeiten und der heute dort bereits bestehenden informationstechnischen Infrastruktur orientieren muß (KGSt 1991, 28f).[27] Bei der Auswahl der Hard- und Software sollte schon aus allgemeinen betriebswirtschaftlichen Überlegungen eine mittel- bis langfristige Abhängigkeit von einem Hersteller ausgeschlossen werden. Insbesondere die Software sollte nicht Ein- und /oder Ausgabegeräte eines bestimmten Herstellers benötigen. Um die Anforderungen an die Technik festlegen zu können, muß in der Kommune ein Mindestmaß an informationstechnischen Kenntnissen vorhanden sein, sonst gerät man in Gefahr, fremdgesteuert zu werden oder die Möglichkeiten der Technikunterstützung nur unwirtschaftlich zu nutzen.

Auch die Notwendigkeit einer anwendungsgerechten Strukturierung des Systemzugangs und der Systemnutzung ist oben beschrieben worden. Von daher ist es notwendig, daß in einem Sollkonzept diese wesentlichen Aufgaben des Daten- und Informationsmanagements bereits beschrieben werden.

Dritter wichtiger Inhalt eines Soll-Konzepts bezüglich der DV ist eine Übersicht über und Strukturierung von vorhandenen und aufzubauenden digitalen (und analogen) Datenbeständen nach den Aufgaben bzw. Verfahren. Hier ist zu beachten, daß Planungsaufgaben, die i.d.R. fachbereichsübergreifend sind und unterschiedliche Umweltteilbereiche berühren (wie B-Plan, FNP, Landschaftsplanung), eher aufbereitete, aggregierte und zum Teil bewertete Informationen mit geographischem Bezug benötigen. Für Vollzugs- und Überwachungsaufgaben im wasser- und abfallrechtlichen Bereich wird eine Vielzahl von unbewerteten Rohdaten häufig auf Betriebsstätten bezogen benötigt (HAPPE et al. 1995, 72f).

Für kleine Kommunen kann es sinnvoll sein, zumindest die Datenverwaltung (in GIS und Datenbank) an externe Dienstleistungsunternehmen oder den Landkreis abzugeben und „nur" Abfrage- und eingeschränkte Analysemöglichkeiten auf PC-Arbeitsplätzen intern vorzuhalten.

Die Anwendung der DV erfordert genaue Vorgaben zur Aufbereitung und Systematisierung der Daten (BOCK et al. 1990, 168). Nachlässigkeiten können fatale Folgen haben, die sich oft erst später bemerkbar machen (insbesondere systematische Fehler) und dann nur mit großem Aufwand behoben werden können. Es ist deshalb unabdingbar, durch Plausibilitätskontrollen solche Fehler aufzuspüren und zu beseitigen. Auch dieser Arbeitsschritt ist mit seinen benötigten Zeitkontingenten zu berücksichtigen.

⇨ Zuständigkeiten / Organisatorische Umsetzungsstrategien

Empfehlung:

> Bereits in der Phase der Erstellung des Sollkonzepts sollten eventuelle organisatorische Anpassungen geplant werden.

Da Organisationsfragen zu den strategischen Führungsaufgaben gehören, muß die Verwaltungsführung unbedingt bei der Erarbeitung eines Sollkonzepts mit einbezogen werden. Sie ist gefordert, die organisatorische Rahmensetzung für das Gesamtprojekt vorzunehmen; insbesondere sind übergreifende Vorgaben zum Personaleinsatz erforderlich.

Es ist insbesondere festzulegen, welche Stellen die oben beschriebenen Kapazitäten aufbringen bzw. erhalten sollen und welche Stellen eventuell neu geschaffen werden müssen. Erfahrungen

---

[27] vgl. auch das KGSt-Gutachten zur Einführung von Technikunterstützter Informationsverarbeitung (TuI), (KGST 1990)

verschiedener Kommunalverwaltungen haben gezeigt, daß eine gesonderte Stelle oder Gruppe „Umweltinformation" zweckdienlich ist[28]. Die dort anzusiedelnden Aufgabenbereiche sind:

- Systembetreuung und -administration, Datenmanagement,
- Entwicklung: Applikations- und Anwendungsprogrammierung,
- Nutzerbetreuung: Anleitung, Schulung, Animation, Informationsmarketing,
- Koordination und Projektplanung bei allen anstehenden Projekten mit Raumbezug,
- Servicefunktion bezüglich der Informationsausgabe[29].

Je nach Größe der Kommune können die ersten zwei Aufgabenbereiche bei guter Kooperation auch teilweise vom Hauptamt geleistet werden. Zur engen Anbindung an die verschiedenen Abteilungen in der Umweltverwaltung sollte dort aber speziell ausgebildetes Personal vorhanden sein, das die Verbindung mit der Stelle Umweltinformation oder dem Hauptamt herstellt und für die unmittelbare Anwendungsbetreuung „vor Ort" zur Verfügung steht. Es sollte aber auch mittel- bis langfristig angestrebt werden, daß die Nutzergruppe direkt mit komplexeren Softwareprodukten wie GIS arbeitet, so daß auf diesem Weg die Systemspezialisten von Routinetätigkeiten entlastet werden.

Organisatorische Regelungen sind insbesondere auch bezüglich der Fragen der Datenerhebung und des Datenaustauschs zu treffen. Aufgabe der für das UIS zuständigen Stelle muß sein, den Datentransfer zu ermöglichen, insbesondere muß die Bereitstellung der Daten gewährleistet und koordiniert werden. Die Überprüfung der Aussagegenauigkeit und Validität der Daten muß durch die datenliefernde Stelle dokumentiert bzw. garantiert werden. Die Abstimmung der UIS-Betreiber mit der datenerhebenden Stelle darüber, wie die Daten aufzubereiten sind und welche Daten benötigt werden, ist in der Regel ein langwieriger Prozeß, da für jede Fragestellung unterschiedliche Informationen und Auswertungsmethoden benötigt werden, über die eine Verständigung hergestellt werden muß (vgl. LHH 1992b, 30f).

⇨ Zeitaufwandschätzung und Personalplanung

Anforderung:

> Ein fundiertes Sollkonzept muß eine Zeitaufwandsschätzung incl. Personalplanung enhalten.

Zeit- und Personalbedarf ist festzulegen für:

- Konzeptentwicklung,
- Systemaufbau incl. eventueller Programmiertätigkeiten,
- Systembetreuung und -pflege,
- Dateneingabe und -pflege,
- Schulungen.

PIETSCH (1992b, 219) betont, daß ohne gezielte Investitionen in Mitarbeiter/innen neue Lösungen von UIS zum Scheitern verurteilt sind. Nicht vernachlässigt werden dürfen der mit der Digitalisierung von Raum- und Umweltdaten verbundene Aufwand, die Heterogenität der Aufgaben, die Unterschiede zwischen gelegentlichen und ständigen Nutzern. Es kann und sollte nicht jeder alles tun.

Regelmäßig unterschätzt wird der mit der Einführung eines kommunalen UIS verbundene methodische Aufwand und Ressourcenbedarf sowie der Aufwand im Bereich der Datenerfassung. Oftmals müssen die Entwicklungs- und Erfassungsaufgaben neben den täglichen

---

[28] vgl. dazu die Aufbauorgansiationen in Berlin, Dortmund, Dresden, Hannover, Herne u.v.a. mehr.

[29] vgl. dazu auch REINERMANN (1991, 377ff.)

Fachaufgaben geleistet werden. Wie Erfahrungen verschiedener Kommunen gezeigt haben[30], ist auch der Arbeitsaufwand für eine kontinuierliche Aktualisierung und Fortschreibung von Daten angemessen zu berücksichtigen, da bereits durch die bloße Existenz eines DV-gestützen UIS die Ansprüche an die Aktualität der zu liefernden Planungsgrundlagen und Daten steigt. Hier sind bei einer Systemplanung die Verantwortlichen angehalten, die erforderlichen Kapazitäten bereitzustellen.

Auch der Bedarf für Schulung und Fortbildung ist in ausreichendem Maße zu berücksichtigen, insbesondere in Hinblick auf die heute oft üblichen technischen Innovationszyklen.

⇨ Realisierungsfolge und Terminplanung

Anforderung:

> Abgeleitet aus der Zeitaufwandschätzung sollen Realisierungsfolge und Terminplanung festgelegt werden.

Nach PIETSCH (1992b, 218f) wird die Festlegung von angemessenen Realisierungsphasen erst die erfolgreiche Einführung eines UIS gewährleisten. Auf der Basis der sachlichen und zeitlichen Prioritäten und der durch den Haushalt gegebenen Randbedingungen lassen sich Realisierungsstufen festlegen und terminieren. Der Einarbeitungs-, Erhebungs- und Erfassungsaufwand ist in ausreichendem Maße zu berücksichtigen. Ein UIS ist kein Zustand, sondern ein Prozeß. Auch ohne die konkrete Mächtigkeit und Komplexität eines spezifischen UIS bereits zu kennen, muß in der Regel von einer mehrjährigen Einrichtung ausgegangen werden. Bei schrittweiser UIS-Einführung können Erfahrungen aus dem Einsatz der ersten UIS-Bausteine für die nachfolgenden aufgearbeitet werden, so daß Tests, Systempflege und Entwicklungen teilweise parallel verlaufen. Die rasch aufeinander folgenden Generationen der Hard- und Softwareentwicklung sollten angemessen antizipiert werden. Bereits getätigte Investitionen, besonders in Ausbildung und in Software, sind angemessen zu sichern.

⇨ Finanzierungsbedarf

Anforderung:

> Um den Finanzierungsbedarf des Projekts zu umreißen, sollen ein Projektbudget festgelegt und eine Kosten- bzw. Wirtschaftlichkeitsrechnung angestellt werden.

Für eine erfolgreiche Konzeptumsetzung ist es unabdingbar, den Finanzierungsbedarf zu umreißen, den eine den Anforderungen der Umweltplanung gerecht werdende Systemlösung mit sich bringt. Es muß unterschieden werden in Aufbaukosten und laufende Kosten.

Den höchsten Aufwand bei der Einführung von RIV allgemein und damit auch bei UIS erfordern die Ersterfassung und die laufende Aktualisierung/Fortführung der raumbezogenen Daten. Die Inanspruchnahme und kooperative Fortführung der geographischen Daten durch die verschiedenen Fachbereiche erzeugt Aufwand. Soweit die Fachbereiche im Bereich RIV gegenseitig dienstleistend tätig werden, wird es - spätestens im Rahmen des Neuen Steuerungsmodells - notwendig werden, eine interne Kostenrechnung aufzubauen und die Nutzung über innerbetriebliche Verrechnung zuzurechnen. Gegenüber den Kosten für die Beschaffung von Hard- und Software und deren Betrieb besteht eine Kostenrelation von etwa 80% zu 20 % (KGST 1994, 44; vgl. auch Kap. 5.2.3, Datenmodell).

Die Finanzierung des Betriebs von UIS kann teilweise über Gebühren sichergestellt werden, sofern innerhalb der Verwaltung eine entsprechende Kostenrechnung besteht. Dazu sind ebenfalls strukturierte Kostenbereiche einzurichten.

---

[30] vgl. hier u.a. das Berliner Beispiel (BOCK et al. 1990, 168)

Darüber hinaus sollten die zu erwartenden Einnahmen aus Datenverkäufen an Dritte kalkuliert werden. Auch die Einschätzung von Rationalisierungsgewinnen (Notwendigkeit der Monetarisierung von Verwaltungsleistung) ist vorzunehmen, um die politischen und administrativen Entscheidungsträger für die vorgeschlagene Systemlösung zu gewinnen. BEHR (1994) gibt detaillierte Hinweise zur Unterteilung und Quantifizierung für Nutzenerhebungen.

⇨ Fachlicher Grobvorschlag

Anforderung:

> Die aufgrund der genannten Anforderungen zu entwickelnden Vorschläge für die Ausgestaltung des örtlichen UIS und der Aufbau- und Implementationsstrategie sollen in einem Konzept zusammengefaßt werden (fachlicher Grobvorschlag).

Dieses Konzept ist mit allen relevanten Stellen zu diskutieren. Die Ergebisse sollen in der Erstellung eines Berichts einmünden, der dann den politischen und administrativen Entscheidungsgremien präsentiert wird. Eine Beschlußfassung zur Umsetzung dieses Konzepts sollte angestrebt werden, damit die Freigabe von Folgephasen erreicht werden kann. Die KGSt (1991, 33) schlägt vor, insbesondere die organisatorischen Regelungen in einer Dienstanweisung detailliert festzuhalten.

5.3.4 Feinkonzept

Anforderung:

> Das Feinkonzept erfordert einen erhöhten Einsatz der Initiatoren.

Häufig entsteht nach Beendigung des Grobkonzepts eine kritische Phase, etwa weil eine vorgesehene Finanzierung überschritten wurde, weil von vornherein (z.B. aus politischen Gründen) weitere Schritte zu gering gewichtet wurden oder auch, weil noch keine konkreten Ergebnisse bzw. Erfolge vorzuweisen sind. Diese Situation muß durch erhöhten Einsatz der Initiatoren überwunden werden, denn erst in der Feinkonzeption entstehen konkrete Planungen, denen praktische Taten (Beschaffung, Installation, Test) folgen können.

Im Rahmen des Feinkonzepts sind konkrete Festlegungen bezüglich des Datenbedarfs und der Datenquellen zu treffen.

Anforderung:

> Wichtigster Bestandteil des Feinkonzepts ist die Systementscheidung (Hard- *und* Software).

Behandelt werden müssen die oben angesprochenen Komponenten unter Berücksichtigung der Erfordernisse zum Einsatz eines oder mehrerer Systeme (letztere Entscheidung ist natürlich besonders detailliert zu begründen) und der jeweils entstehenden Kosten. Diese müssen neben den reinen Anschaffungskosten auch die Installation bzw. Umstellung (mit Update der Daten) und Schulung enthalten, die zunächst gerne vergessen oder verschwiegen werden.

Empfehlung:

> Auch zur Entwicklung eines Feinkonzepts ist es sinnvoll, einen externen Gutachter einzuschalten.

Insbesondere bei der Systementscheidung können so mögliche Konflikte vermieden werden. Der Beteiligung der Betroffenen ist wiederum große Beachtung zu schenken. In dieser Phase muß versucht werden, eine Identifikation mit der Neuerung herzustellen. Die Implementation darf dann allerdings auch nicht mehr zu lange auf sich warten lassen, da das Interesse sonst wieder sinken wird.

Empfehlung:

> Die Konzeptphase sollte mit einem politischen Beschluß zur Umsetzung abgeschlossen werden.

Die in dem nun vorliegenden Konzept sehr konkret dargestellten Vorschläge zur Ausgestaltung des Systems mitsamt der Entscheidungen bezüglich der einzusetzenden Hard- und Software sollten wiederum den politischen Gremien zur Verabschiedung vorgelegt werden. Eine Beschlußfassung zur konkreten Umsetzung auch des Feinkonzepts sollte angestrebt werden, damit die notwendige Freigabe der Mittel für die nun anstehenden Pilot- und Einsatzphasen erfolgt.

5.3.5 Pilotphase

Der Test- bzw. Pilotphase wird erfahrungsgemäß immer zu wenig Beachtung geschenkt. Häufig wird hier auch in besonderem Maße ein Einsparungspotential gesehen. Die Folgen sind im allgemeinen fatal. Mangelhaft funktionierende Systeme finden keine Akzeptanz und gefährden letztlich das gesamte Projekt.

Erfahrungen im Management von Softwareprojekten belegen, daß die Testphase den größten Kostenblock innerhalb der Entwicklung einnimmt (ELZER 1994). Insbesondere besteht die Gefahr, daß gefundene Fehler aufgrund eines bereits verbrauchten Budgets nicht mehr behoben werden können. Das bedeutet, daß die Testphase frühzeitig beginnen und unbedingt in die Kostenkalkulation einbezogen werden muß. Eine weitere Grundregel der Pilotphase ist, daß Entwickler und Tester verschiedene Personen sein müssen.

Im Rahmen dieser Phase sollte ein (oder einige wenige) räumlich und zeitlich abgegrenztes Projekt durchgeführt werden, das z.B. später auch für Demonstrationszwecke im Rahmen der Schulung verwendet werden kann. Am Beginn der Pilotphase steht gegebenenfalls die Schulung der vorgesehenen Systemadministratoren, in der Regel extern.

5.3.6 Einsatzphase

Anforderung:

> Bereits vor bzw. während der Ausstattung der Sachbearbeiterarbeitsplätze muß die interne Werbung für die Neuerung und die Schulung des Personals erfolgen.

Solche Maßnahmen haben einen hohen Stellenwert für die erreichbare Akzeptanz und die effektive Nutzung der Systeme (KGST 1994, S.42). Die meisten dieser Schulungen werden intern gehalten, da dadurch die Sicherheit der Systembetreuer mit dem System wächst, den Sachbearbeitern ein Kollege als erste kompetente Anlaufstelle bei Problemen vorgestellt wird und externe Schulungen in der Regel mit erheblichen Kosten verbunden sind. Ein Beispiel für ein Schulungskonzept ist in KGST (1994) enthalten.

Die Ausstattung der Arbeitsplätze wird (in Behörden) schrittweise erfolgen, um den Investitionsaufwand besser über die Jahre verteilen zu können. Somit besteht die Möglichkeit, die neue Technik zunächst nur bei „Freiwilligen" zu installieren, wo eine hohe Akzeptanz zu erwarten ist. Wenn sich ein entsprechender Nutzen hier einstellt, wird die Hemmschwelle auch bei anderen sinken und sich das System nach dem Schneeballeffekt durchsetzen. Diese Entwicklung kann allerdings einige Zeit dauern. Grundsätzlich ist jedoch unbedingt eine Motivation der Mitarbeiter zu betreiben. Hier gilt:

- eine faire Erfolgschance einräumen,
- klare Kompetenzverteilungen treffen und
- jedem einzelnen das Gefühl der Wichtigkeit geben.

Besonderer Wert ist in der Einsatzphase auf die Präsentation der Ergebnisse zu legen. Dies weist den Nutzen des Systems gegenüber internen Skeptikern wie auch Politikern und der Verwaltungsspitze nach („tue Gutes und rede darüber").

Sicher werden auch während der Einsatzphase Probleme, Fehler und Defizite auftauchen. Auf entsprechende Systemänderungen sollte man von vornherein vorbereitet sein. Das bedeutet letztlich auch, daß eine Kooperation mit einer Herstellerfirma oder Hochschule auf lange Zeit ausgelegt sein muß.

5.3.7 Weiterentwicklung bzw. Neuaufbau

Anforderung:

> Es ist sinnvoll, von Zeit zu Zeit Funktionskontrollen durchzuführen und Verbesserungsvorschläge zu erarbeiten.

Auch bei erfolgreichen Systemen werden Defizite auftreten. Oft sind neue Anforderungen aufzunehmen oder Arbeitsabläufe zu optimieren. Dies zeigt die Bedeutung einer kontinuierlichen, intensiven Systembetreuung.

Die Lebenserwartung von Hardware beträgt nurmehr 2 - 5 Jahre. Aber auch Software wird, abgesehen von üblichen Updates im 6 - 18 Monats-Rhythmus, nach einer gewissen Zeit verfallen. In der Fachliteratur wird hier ein Zeitraum von etwa 10 Jahren angegeben. Bei den Daten ist die Situation differenzierter zu betrachten. Während Grunddaten (Geologie, Liegenschaften, ...) z.T. über sehr lange Zeiträume gültig sind, unterliegen viele Umweltdaten einer relativ raschen Änderung.

Für das UIS bedeutet dies, daß nach etwa 10 - 15 Jahren mit einem kompletten Neuaufbau des Systems aufgrund sich verändernder Softwarelandschaft und Organisationsstrukturen zu rechnen ist. Auch Datenmodelle können sich ändern (in der Vergangenheit weg von hierarchischen, hin zu relationalen Modellen und in der Zukunft möglicherweise zu objektorientierten). Auch durch Erkenntniszuwächse der Umweltwissenschaften entsteht ebenfalls mitunter Änderungsbedarf. Wichtig ist aber, daß die Daten auch in zukünftigen Systemen verwendbar sind, denn im Gegensatz zu Hard- und Software können sie nicht einfach durch neue ersetzt werden; einerseits sind die Kosten für komplette Neuerfassungen viel zu hoch, andererseits wird man die alten Daten zum Vergleich mit der aktuellen Situation in Zeitreihen benötigen.

6. GIS-Unterstützung für die kommunale UVP in Dortmund

6.1 Zielsetzung

Allgemeines Ziel:

Entwicklungsvorschläge zur Steigerung von Effektivität und Effizienz (vgl Kap. 5) ließen sich z.T. direkt aus den Thesen in Kapitel 4 ableiten. Zur Detaillierung und Untermauerung der Vorschläge wurde dann aber noch der praktische Einsatz von UIS bei einer konkreten kommunalen Aufgabenstellung in einer Praxissimulation am Institut nachvollzogen. Dabei sollte insbesondere das ausgewählte UIS auf seine Eignung hin untersucht sowie Verbesserungsvorschläge für die spezielle Aufgabenstellung als auch allgemein für die Anwendung des UIS abgeleitet werden.

Allgemeines Ziel der Praxissimulation war somit, vertieft zu untersuchen, wie mit Hilfe des vorhandenen UIS und weiterer verfügbarer IuK-Technik die Entscheidungsvorbereitung wirksam unterstützt und der Umweltvorsorge mehr Nachdruck verliehen werden kann. Denn zur weiteren Gewährleistung von politischem Rückhalt für die Systeme ist der Nachweis nötig, daß bessere Grundlagen zur Vermeidung und Reduzierung von Schadstoffbelastungen geliefert werden können.

Kommunale planerische Instrumente der Umweltvorsorge sind neben dem UIS selbst z.B. Umweltbilanzen, spezielle Konzepte (Bodenschutz, Abfall, Verkehr etc.), Landschaftsplanung und Umweltverträglichkeitsprüfung. Letztere bietet sich für die Praxissimulation an, weil sich die Kommunen aktuell damit auseinandersetzen, bei allen Intensivbeispielen die UVP zum Aufgabenspektrum gehört und zumindest teilweise eine Pflichtaufgabe darstellt (z.B. bei Kläranlagen, Stadtbahnbau).

Zentraler methodischer Baustein der UVP ist heute die ökologische Risikoanalyse. Diese ist besonders geeignet für GIS-Unterstützung, weil sie auf Klassenbildung, Verschneidung und Überlagerung beruht - alles Standardmethoden von gängiger GIS-Software.

Bei der Praxissimulation sollten ein oder zwei vorgefundene, bereits abgeschlossene Vorgänge nachvollzogen werden. Dabei sollte das vorgefundene methodische Gerüst verwendet werden, weil die Technik die Methode unterstützen und ggf. weiterentwickeln helfen, nicht jedoch bestimmen soll. Außerdem würde die Methodenentwicklung bzw. -übertragung den Rahmen des Vorhabens sprengen. Ebenso sollten die Daten, soweit vorhanden, aus dem untersuchten UIS entnommen werden. Sofern aufgrund der Methode wichtige Daten nicht vorhanden sind, deren Ermittlung durch die Kommune aber möglich erscheint, sollten diese Daten geschätzt (erfunden) werden. Dies erscheint zulässig, da es um eine methodische Fragestellung geht und nicht um die Überprüfung der konkreten Ergebnisse der UVP.

Konkretisierte Ziele:

Die Praxissimulation wurde in Zusammenarbeit mit der Stadtverwaltung Dortmund durchgeführt. Aufgabe war demnach, die Unterstützungsmöglichkeiten der Datenverarbeitung - im speziellen des GIS - für die Bearbeitung des Gebietsbriefs (s. Abb 6.1) innerhalb des kommunalen UVP-Verfahrens der Stadt Dortmund zu untersuchen. Dabei war vor allem die Frage zu klären, inwieweit sich die bisherige analoge Arbeitsweise in digitale Bearbeitung umsetzen läßt.

Die konkretisierten Fragestellungen, die mit den Einsatzmöglichkeiten von GIS und UIS bei der Bearbeitung von kommunalen UVP-Verfahren und sonstigen umweltbezogenen Stellungnahmen zur Bauleitplanung zusammenhängen, waren dabei im einzelnen:

- Können UIS zu einer Vereinheitlichung der Bewertungsverfahren im Sinne einer Standardisierung beitragen?
- Wie verändert sich das Ergebnis der UVS qualitativ, wenn man die Potentiale der Technik, insbesondere von GIS, ausreizt?
- Leistet die DV-Unterstützung einen Beitrag zu mehr Nachvollziehbarkeit und Transparenz des Bewertungsvorgangs oder ist sie kontraproduktiv?

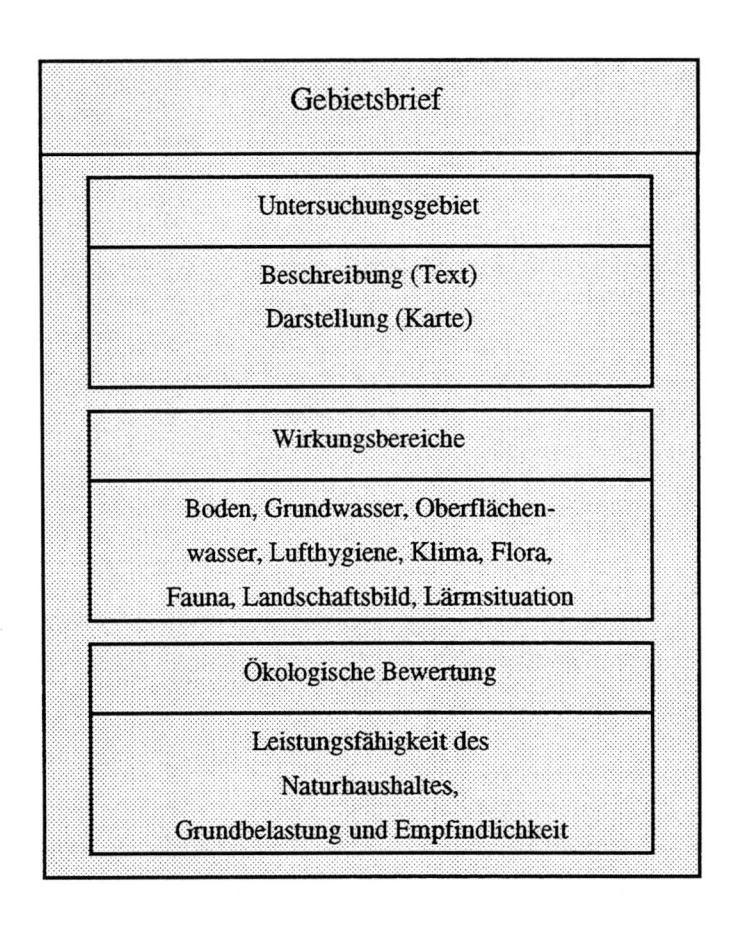

```
┌─────────────────────────────────────────┐
│              Gebietsbrief               │
├─────────────────────────────────────────┤
│  ┌───────────────────────────────────┐  │
│  │        Untersuchungsgebiet        │  │
│  ├───────────────────────────────────┤  │
│  │         Beschreibung (Text)       │  │
│  │         Darstellung (Karte)       │  │
│  └───────────────────────────────────┘  │
│                                         │
│  ┌───────────────────────────────────┐  │
│  │          Wirkungsbereiche         │  │
│  ├───────────────────────────────────┤  │
│  │   Boden, Grundwasser, Oberflächen-│  │
│  │   wasser, Lufthygiene, Klima, Flora,│ │
│  │   Fauna, Landschaftsbild, Lärmsituation│
│  └───────────────────────────────────┘  │
│                                         │
│  ┌───────────────────────────────────┐  │
│  │         Ökologische Bewertung     │  │
│  ├───────────────────────────────────┤  │
│  │      Leistungsfähigkeit des       │  │
│  │         Naturhaushaltes,          │  │
│  │  Grundbelastung und Empfindlichkeit│  │
│  └───────────────────────────────────┘  │
└─────────────────────────────────────────┘
```

Abb. 6.1: Inhalte des Gebietsbriefs (SCHEMEL et al. 1990, 2)

- Kann die Argumentation der Umweltverwaltung durch die Visualisierung von Konfliktbereichen und somit die Herstellung eines besseren Zusammenhangs zwischen Kartenmaterial und verbalargumentativer Beurteilung unterstützt werden?
- Welche praktischen Probleme können im Umgang mit digitalen Daten auftreten? Welche Daten eignen sich für den UVP-Einsatz, welche nicht und warum?
- Mit welchen Beschleunigungseffekten in der Bearbeitung kann gerechnet werden?
- Kann möglicherweise eine qualitativ bessere Bearbeitung durch Hinzunahme weiteren Datenmaterials erreicht werden bzw. welche Information, die typischerweise bei konventionellen UVS fehlt, kann UIS-unterstützt eingebracht werden?
- In welchem Verhältnis steht der technische Aufwand zum Ergebnis?
- Können die Daten sinnvoll in das UIS der Stadt reintegriert werden?
- Wo werden besondere Anforderungen an die horizontale Kommunikation deutlich?

Auf die kommunale UVP in Dortmund bezogen sollten

- die Nutzbarkeit der im Umweltinformationssystem Dortmund (UDO) vorhandenen Daten überprüft,
- Entwicklungsprioritäten aufgezeigt,

- das Automatisierungspotential durch GIS-Einsatz bei der UVP abgeschätzt,
- die Möglichkeiten der Nutzung von UDOKAT zur Datenbeschreibung untersucht,
- und Rahmenbedingungen für die Einführung der Technologie (Anforderungen an Organisation, Personal und technische Ausstattung) beschrieben werden.

In Abstimmungsgesprächen wurden als konkrete Zielsetzungen für die Umsetzung festgelegt:

- Visualisierung der vorhandenen Grundlagendaten, d.h. GIS-gestützte Erzeugung von Grundlagenkarten (Situationskarten) und
- Abbildung des Bewertungsvorgangs in das GIS und Darstellung der Bewertungsergebnisse der Ist-Situation (Bewertungskarten).

6.2 Vorgaben

6.2.1 Das UVP-Verfahren zur Bauleitplanung bei der Stadt Dortmund

Die Arbeitsschritte der kommunalen UVP sind eng an die Planungsschritte der Bauleitplanung nach Baugesetzbuch (BauGB) gekoppelt. Die Aussagen der UVP entwickeln sich parallel zur Planaufstellung und sollen damit die Rolle des „ökologischen Korrektivs" der Bauleitplanung übernehmen (NIEDERGETHMANN 1994, 89).

Ein komplexes Modell zur UVP wurde 1987 in einem gutachterlichen Vorschlag entwickelt, aus dem nach einer zweijährigen Probephase ein vereinfachtes Modell hervorgegangen ist (siehe Abb. 6.2). Dieses Modell wird heute routinemäßig sowohl in der Bauleitplanung als auch bei anderen städtebaulichen Planungen, wie z.B. Wettbewerben oder Rahmenplanungen für großflächige Siedlungsentwicklungen, angewendet (HÖING 1994).

Der Regelablauf der UVP erfolgt in drei Verfahrensschritten, die arbeitsteilig vom Planungsamt und Umweltamt durchgeführt werden.

1. Während der Vorüberlegungen zur Planaufstellung erarbeitet das Planungsamt den **Maßnahmenbrief**, in dem in einem standardisierten Formblatt die Planung beschrieben und begründet wird. Der Maßnahmenbrief stellt zusammen mit dem Gebietsbrief die Grundlage für die Ersteinschätzung dar.

2. Im **Gebietsbrief** wird auf Grundlage des vorhandenen Datenbestands des Umweltamts die Umweltsituation in Kartenform dargestellt. Das „Handbuch zur Umweltbewertung" (vgl. Kap. 6.2.2, SCHEMEL et al. 1990) soll die Erarbeitung des Gebietsbriefs unterstützen, d.h. zur Erleichterung der Bestandsaufnahme beitragen und die Ergebnisse nachvollziehbar machen. In der sogenannten **Ersteinschätzung** beurteilt das Umweltamt das Konfliktpotential des Vorhabens. Die Ersteinschätzung im gutachterlichen Vorschlag zum Ablauf der UVP von 1987 war lediglich als eine Grobanalyse voraussichtlicher Belastungsänderungen ohne vertiefende Beurteilung gedacht, die den weiteren Untersuchungsbedarf feststellen sollte. In dem derzeit praktizierten Verfahren beinhaltet sie eine Einschätzung der zu erwartenden Auswirkungen auf die Umwelt sowie Empfehlungen zu Vermeidungs-, Verminderungs- und Kompensationsmaßnahmen. Bei kleineren Bauvorhaben wird statt der Ersteinschätzung eine UVP-Stellungnahme erarbeitet, bei der die Auswirkungen des Bauvorhabens in Kurzform untersucht und Planungsempfehlungen gegeben werden. Die Ergebnisse der Ersteinschätzung werden in dem Erörterungstermin zwischen den beteiligten Ämtern eingebracht.

3. Durch diese ausführliche Beurteilung des Bauvorhabens schon in der Ersteinschätzung erübrigt sich das ursprünglich angedachte UVP-Fachgutachten während des Haupttests. Heute dient der **Haupttest** vor allem der Anpassung der Planung an die Vorgaben des Umweltamts (HÖING 1994, 20). Parallel zur Erarbeitung des Planentwurfs sowie zum Beteiligungsverfahrens werden im einzelnen die Empfehlungen der Ersteinschätzung mit

dem Planentwurf des Bebauungsplans abgewogen, Ausgleichs- und Ersatzmaßnahmen berechnet, landespflegerische Maßnahmen und deren rechtliche Festsetzungen bestimmt sowie der Grünordnungsplan erarbeitet.

Planverfahren **Regelablauf UVP**

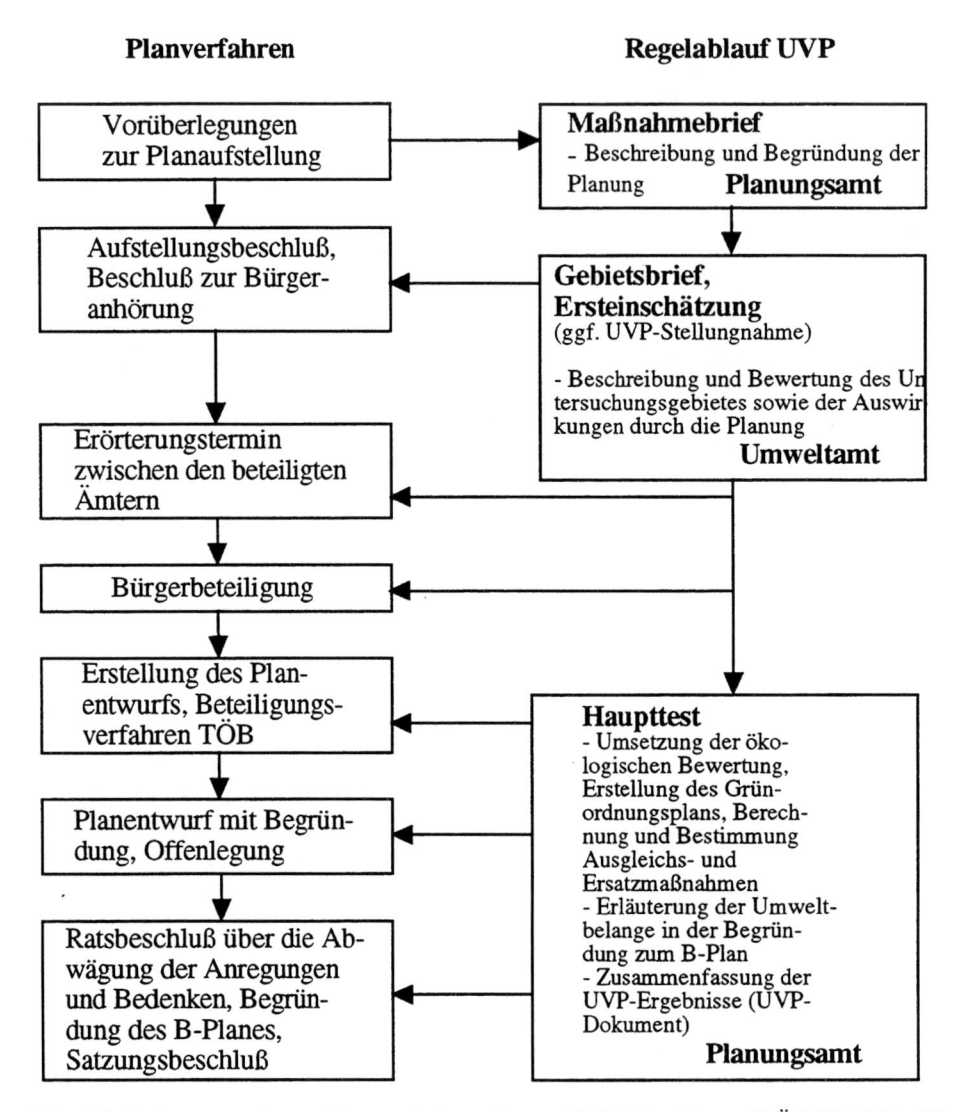

```
┌─────────────────────┐         ┌──────────────────────────┐
│ Vorüberlegungen     │────────▶│ Maßnahmebrief            │
│ zur Planaufstellung │         │ - Beschreibung und       │
└─────────┬───────────┘         │   Begründung der Planung │
          │                     │            Planungsamt   │
          ▼                     └──────────┬───────────────┘
┌─────────────────────┐                    ▼
│ Aufstellungsbeschluß,│        ┌──────────────────────────┐
│ Beschluß zur Bürger-│◀────────│ Gebietsbrief,            │
│ anhörung            │         │ Ersteinschätzung         │
└─────────┬───────────┘         │ (ggf. UVP-Stellungnahme) │
          │                     │ - Beschreibung und       │
          ▼                     │   Bewertung des Unter-   │
┌─────────────────────┐         │   suchungsgebietes sowie │
│ Erörterungstermin   │         │   der Auswirkungen durch │
│ zwischen den        │◀────────│   die Planung            │
│ beteiligten Ämtern  │         │              Umweltamt   │
└─────────┬───────────┘         └──────────┬───────────────┘
          ▼                                │
┌─────────────────────┐                    │
│ Bürgerbeteiligung   │◀───────────────────┘
└─────────┬───────────┘
          ▼
┌─────────────────────┐         ┌──────────────────────────┐
│ Erstellung des Plan-│         │ Haupttest                │
│ entwurfs, Beteili-  │◀────────│ - Umsetzung der öko-     │
│ gungsverfahren TÖB  │         │   logischen Bewertung,   │
└─────────┬───────────┘         │   Erstellung des Grün-   │
          ▼                     │   ordnungsplans, Berech- │
┌─────────────────────┐         │   nung und Bestimmung    │
│ Planentwurf mit Be- │◀────────│   Ausgleichs- und        │
│ gründung, Offenlegung│        │   Ersatzmaßnahmen        │
└─────────┬───────────┘         │ - Erläuterung der Umwelt-│
          ▼                     │   belange in der Begrün- │
┌─────────────────────┐         │   dung zum B-Plan        │
│ Ratsbeschluß über   │         │ - Zusammenfassung der    │
│ die Abwägung der    │◀────────│   UVP-Ergebnisse (UVP-   │
│ Anregungen und      │         │   Dokument)              │
│ Bedenken, Begrün-   │         │              Planungsamt │
│ dung des B-Planes,  │         └──────────────────────────┘
│ Satzungsbeschluß    │
└─────────────────────┘
```

Abb. 6.2: Bebauungsplanverfahren mit integriertem UVP-Verfahren (HÖING 1994, 22)

Die Zusammenfassung der UVP-Ergebnisse (Übersicht über Planmodifikationen, deren Begründung und Abwägung) wird nicht mehr mit Hilfe eines standardisierten Formblatts erstellt, sondern fließt als eigenständiger Bestandteil in die Begründungen zum Bebauungsplan ein.

6.2.2 Bewertungen nach dem „Handbuch zur Umweltbewertung"

Das „Handbuch zur Umweltbewertung" (SCHEMEL et al. 1990) dient der Beschreibung und Bewertung der aktuellen Umweltqualität in Dortmund. Es soll damit sowohl die Erarbeitung des Gebietsbriefs für die kommunale UVP, die allgemeine Entscheidungsfindung bei Umweltplanungen als auch die Entwicklung einer Umweltqualitätskarte unterstützen. Wesentliche Probleme der Umsetzung der kommunalen UVP waren bisher die oft heterogene Informationsbasis und die fehlenden Methoden zur systematischen und nachvollziehbaren Bewertung der Umweltsituation. Das Handbuch setzt bei diesen Problemen an und möchte Hilfestellungen geben, um Bewertungen einerseits hinreichend genau und transparent, andererseits aber auch praktikabel zu gestalten.

Das methodische Konzept ist durch drei Arbeitsschritte gekennzeichnet:

1. Das Stadtgebiet wird zunächst in homogene Raumeinheiten auf der Grundlage der Realnutzungskartierung des Kommunalverbandes Ruhrgebiet (KVR) gegliedert. Diese Raumeinheiten dienen als räumliche Bezugsbasis für den „Gebietsbrief" und für ein geographisches Umweltinformationssystem.

2. In einem nächsten Schritt erfolgt die Erstellung eines Umweltkriterien-Katalogs. Für jede Raumeinheit sind zwar alle Kriterien des Katalogs grundsätzlich abzufragen, jedoch soll eine Überprüfung der Relevanz den individuellen Strukturcharakter einzelner Raumeinheiten berücksichtigen. Die Kriterien werden einer beschreibenden Klassifizierung unterzogen, um sie für die spätere Entscheidungsvorbereitung anwendbar zu machen. Dies bedeutet, daß für jedes Kriterium eine Skala gebildet wird, innerhalb derer die möglichen Ausprägungen nach Klassen gruppiert werden.

3. Anschließend werden die Kriterienausprägungen mit einer Ordinalskala bewertet. Die Bewertungsstufen geben Auskunft über die Problematik der vorgefundenen Umweltsituation und lassen die wertende Stellungnahme des Entscheidungsträgers deutlich werden.

6.2.3 Technische Voraussetzungen

Die Bearbeitung am ILR erfolgte mit Arc/Info auf einer Sun-Sparc-2-Workstation. Für einige Test- und Visualisierungszwecke wurde ArcView eingesetzt. Für die Ausdrucke konnte ein Canon-CLC300-Farblaserdrucker des Regionalen Rechenzentrums für Niedersachsen (RRZN) genutzt werden.

Die Übernahme der Dortmunder Daten war - technisch betrachtet - problemlos, denn der geographische Teil des dortigen Umweltinformationssystem beruht ebenfalls auf der GIS-Software Arc/Info. Lediglich einige Basisdaten (z.B. das DGM) wurden von anderen Stellen übernommen.

Inhaltlich traten dagegen Probleme auf, da kaum Datenbeschreibungen vorlagen, so daß vielfach nicht ohne weiteres erkennbar war, was in verschiedenen Attributen enthalten war und welche Wertausprägungen gemeint waren. In Einzelfällen wurde dieses Problem noch erhöht, weil Attribute bzw. Werte teilweise nicht mit den Werten der zugehörigen analogen Kartenwerke übereinstimmten. Erläuterungen zu den Daten fanden sich in einer Textdatei, die vom UIS-Betreiber in Dortmund angefertigt werden mußte.

6.3 Vorgehensweise

6.3.1 Auswahl der Bewertungskriterien

Die Auswahl der in die Beurteilung einzubeziehenden Bewertungskriterien sollte eng an die bisher von den UVP-Sachbearbeitern in den Stellungnahmen vorgenommenen Bewertungen angelehnt sein. Es sollte gleichzeitig überprüft werden, ob sich für den Arbeitsschritt „Beurteilung der aktuellen Umweltqualität" innerhalb der Erstellung des Gebietsbriefs das flächendeckend für das gesamte Stadtgebiet erarbeitete „Handbuch zur Umweltbewertung" (SCHEMEL et al. 1990) bzw. dessen Überarbeitung („Konzept Umweltqualitätskarte", PLANUNGSGRUPPE ÖKOLOGIE UND UMWELT, i.V.) einsetzen läßt. Zu diesem Zweck wurden die jeweils benutzten Datengrundlagen und Bewertungskriterien erfaßt, gegenübergestellt und dann verglichen (vgl. Anhang). Anhand dieses Vergleichs und aufgrund der von den Sachbearbeitern in den Gesprächen wiedergegebenen Einschätzungen konnte festgestellt werden, daß

- die Bewertungskriterien in vielen Fällen übereinstimmen oder ähnliche benutzt werden,
- im Handbuch z.T. Bewertungskriterien vorgegeben sind, die im UVP-Verfahren nicht berücksichtigt werden können, weil die benötigte Datenbasis nicht vorhanden ist oder Erhebungen wegen des zusätzlichen hohen Aufwands im Rahmen der Ersteinschätzung nicht durchgeführt werden können,
- bei manchen Kriterien die vorhandene Datendichte für die z.T. erforderlichen parzellenscharfen Aussagen nicht ausreicht,
- Bewertungsregeln im Handbuch für eine DV-technische Umsetzung teilweise nicht eindeutig genug formuliert sind.

In weiteren Gesprächen wurde zusammen mit den Sachbearbeitern dann eine Auswahl der für eine sinnvolle Unterstützung zu verwendenden Bewertungskriterien getroffen, um auf diesem Weg die Methodik des Handbuchs an die Bedürfnisse und Möglichkeiten der UVP-Sachbearbeiter anzupassen.

Die Auflistung und Gegenüberstellung der Bewertungskriterien in der bisherigen verbal-argumentativen Bewertung und des Bewertungsverfahrens im „Handbuch zur Umweltbewertung" sowie die Auswahl der Bewertungskriterien für die GIS-Unterstützung gibt eine Tabelle im Anhang wieder.

6.3.2 Auswahl der Schutzgüter

Das theoretisch erarbeitete Bewertungsverfahren sollte anhand ausgewählter Schutzgüter exemplarisch auf dem GIS in Hannover umgesetzt werden. Die Auswahl der Schutzgüter richtete sich vor allem nach der Menge der aktuell zur Verfügung stehenden digitalen Daten, da umfangreiche eigene Digitalisierungen nicht durchgeführt werden konnten. Außerdem war für die Auswahl ausschlaggebend, welche Schutzgüter nach einer ersten Begutachtung des Untersuchungsgebietes vermutlich durch die geplante Bebauung am stärksten betroffen sein würden. Letzlich spielte der Aspekt der je nach Schutzgut unterschiedlich weitreichenden Auswirkungen des Vorhabens eine Rolle, so daß auch Fragen des geeigneten Darstellungsmaßstabs in die Simulation mit einbezogen wurden. Es wurden ausgewählt:

- das Schutzgut Boden mit der vermutlich auf den eng umgrenzten Bereich der geplanten Bebauung beschränkten Auswirkungszone,
- die Schutzgüter Flora und Fauna, bei denen auch regionale Vernetzungen, die über die eigentlichen Baugebietsflächen hinaus gehen, eine Rolle spielen,
- die Schutzgüter Klima und Lufthygiene, bei denen gerade auch überregionale Verflechtungen in die Betrachtung einbezogen werden müssen.

Aufgrund der zeitlichen Beschränkung konnten nur diese fünf Schutzgüter untersucht werden. Eine Gegenüberstellung der Bewertungskriterien für die Schutzgüter Mensch, Wasser, Landschaft sowie Kultur- und Sachgüter findet sich jedoch im Anhang.

6.3.3 Auswahl der Testgebiete

Als Testgebiete wurden zunächst die Bebauungspläne Scha 109 „Flautweg", Lü 130 „Gecks-Heide" und Hom 213 „Bozener Straße" (alles bereits abgeschlossene Verfahren) in Betracht gezogen. Aufgrund der geringen Fläche der Gebiete und der geringen Auflösung der Umweltdaten (damit geringere räumlicher Differenzierungsmöglichkeiten der zu ermittelnden Aussagen) sowie des Wunsches des Umweltamts, anhand eines laufenden Verfahrens die Unterstützungsmöglichkeiten von UIS und GIS zu überprüfen, konzentrierte sich die Arbeit dann auf das Gebiet „Berghofer Mark" im Süd-Osten von Dortmund.

In diesem Gebiet liegen gleich mehrere Anfragen des Planungsamts zur beabsichtigten Aufstellung von Bebauungsplänen (Wohnbebauung) vor. Ziel des Umweltamts ist nun, eine gesamthafte Bewertung der geplanten Bebauung für das ganze Gebiet durchzuführen, um somit eine langfristige und vorsorgende ökologische Planung für die „Berghofer Mark" zu garantieren.

Zunächst wurde um die Bebauungsplangebiete ein Kartenausschnitt gebildet, für den die Fachdaten selektiert und übergeben werden sollten. Die weiträumige Abgrenzung des Kartenausschnitts ist sachlich begründet, damit alle vermuteten Auswirkungen der Vorhaben, also auch die auf großräumige Zusammenhänge (z.B. Klima) dargestellt werden können. Die Übertragung der Bebauungsplangebiete in digitale Form erfolgte durch On-Screen-Digitizing mit ArcEdit auf der Basis der Realnutzungskarte und der Stadtkarte als Rasterhintergrund.

6.4 Durchführung: Betrachtung der Schutzgüter

6.4.1 Boden

Situationsdarstellung

Abgeleitet aus dem bisherigen Vorgehen in der Ersteinschätzung werden in der Bestandsaufnahme zunächst die im Untersuchungsgebiet vorkommenden Bodentypen mit ihrer Zusammensetzung und den verschiedenen Bodeneigenschaften in Kartenform dargestellt. Darüber hinaus werden in den Ersteinschätzungen regelmäßig die Schadstoffbelastung der Böden erfaßt und Altlastenstandorte gesondert hervorgehoben. Zur Schadstoffsituation liegen in Dortmund Einzeluntersuchungen für die städtischen landwirtschaftlichen Liegenschaften in Katasterform vor, jedoch wurden nur für wenige Flächen auffallend erhöhte Werte gefunden. Keine dieser Flächen liegt im Untersuchungsgebiet, so daß eine gesonderte Darstellung entfällt. Für die vermutlich erhöhte Schadstoffbelastung von Böden entlang vielbefahrener Straßen wird - da keine Meßwerte vorliegen - eine pauschal aufgrund von Erfahrungswerten angenommene belastete Zone von jeweils 100 m beiderseits dieser Straßen dargestellt. Mit aufgenommen wurden in die Bestandskarte ebenfalls die im Gebiet vorkommenden Altlasten, die als digitale Daten aus der Altlastenkarte übernommen wurden.

Eine zweite Bestandskarte stellt den Versiegelungsgrad, eingeteilt in fünf Versiegelungsstufen, dar. Diese wurden aus der digitalen Realnutzungskartierung des KVR mit dem dort verwendeten Versiegelungsschlüssel übernommen.

Bewertung

In den bisher erarbeiteten Ersteinschätzungen ist die Schutzwürdigkeit natürlich anstehender Böden mit ihren verschiedenen im Naturhaushalt wichtigen Funktionen gemäß den Empfehlungen der Bodenschutzkonzeption der Bundesregierung (BUNDESMINISTER DES INNERN

1985) stets hervorgehoben worden. Böden mit extremen oder seltenen Standortbedingungen wurden als besonders schützenswert dargestellt.

Das „Handbuch zur Umweltbewertung" stellt ebenfalls besondere Bodenstandorte in dem Kriterium „Bodeneigenschaften" heraus. Des weiteren werden Bodenbelastungen in Form von Schadstoffbelastungen und von Bodenversiegelung als Kriterien betrachtet und bewertet.

Aus der Anpassung beider Vorgehensweisen wurden als Bewertungkriterien gewählt[1]:

Seltene Bodeneigenschaften: Das Kriterium kennzeichnet die Verbreitung seltener bzw. extremer Bodenstandorte, wobei Nährstoffgehalt und Feuchtegrad als wesentliche Parameter herangezogen werden.

Danach ergeben sich fünf Wertstufen:

Stufe I	sehr hochwertig (Entwicklung besonders wertvoller Standorte möglich)
Stufe II	hochwertig (Ökologische Sonderstandorte mit hohem Anteil spezialisierter Arten)
Stufe III	mittelwertig (Entwicklungspotential für vielfältige Tier- und Pflanzenwelt)
Stufe IV	geringwertig (überwiegend für Ubiquisten)
Stufe V	sehr geringwertig (künstlich veränderte Böden)

Anmerkung: Die Ausgangsdaten der Bodenkarte enthalten für die Wertstufe V = sehr geringwertig (künstlich veränderte Böden) nur die Altlasten- und Abgrabungs-/Aufschüttungsflächen als seperate Darstellung, nicht jedoch die sonstigen infolge der Siedlungstätigkeit u.ä. veränderten Böden. Diese Angaben müßten durch eine gesonderte Erhebung der Bodennutzung und ihrer bodenverändernden Wirkungen (Bodennutzungskartierung) ausgeglichen werden. Eine solche Kartierung liegt in Dortmund (bislang) jedoch nicht vor und kann im Rahmen der Ersteinschätzung nicht durchgeführt werden. Eine näherungsweise Korrektur wird jedoch durch das folgende Kriterium erreicht.

Versiegelung: Die aus der Realnutzungskartierung abgeleitete Versiegelung kann als „Hilfskriterium" für die Beurteilung der Naturnähe von Böden herangezogen werden, für deren exakte Erfassung wie dargestellt eine eigene Kartierung erforderlich wäre. Die Wertstufen wurden analog zum „Handbuch zur Umweltbewertung" in fünf Stufen eingeteilt, jedoch weicht die vorgenommene Zuordnung der Versiegelungsgrade auf die Wertstufen von der Vorgaben ab, um eine der realen Verteilung der Versiegelung angepaßte Bewertung erreichen zu können. Es wird folgende Einteilung vorgenommen:

Wertstufe I	Kein oder sehr geringer Versiegelungsgrad, 0 - 20 % Versiegelung (vegetationsbedecktes Gebiet)
Wertstufe II	geringer Versiegelungsgrad, 21 - 40 % Versiegelung (überwiegend vegetationsbedecktes Gebiet oder offener besiedelungsfähiger Boden)
Wertstufe III	mäßiger Versiegelungsgrad , 41 - 60 % Versiegelung (Vegetation tritt gegenüber Bebauung zurück)
Wertstufe IV	hoher Versiegelungsgrad, 61 - 80 % Versiegelung (Bebauung dominiert, Vegetation nur stellenweise)
Wertstufe V	sehr hoher Versiegelungsgrad, 81 - 100 % Versiegelung (Vegetation nur in Fragmenten vorhanden)

---

[1] vgl. auch ähnliche Bewertungsschritte beim Ökologischen Planungsinstrument Naturhaushalt/Umwelt Berlin, BOCK et al. 1990

Es ist davon auszugehen, daß die Flächen mit keinem bzw. sehr geringem Versiegelungsgrad in der Regel noch weitgehend natürlich gewachsenen Boden enthalten. Hingegen deuten Bodennutzungen mit einem stärkeren Versiegelungsgrad darauf hin, daß der Boden auf solchen Flächen einer stärkeren Veränderung unterworfen war und damit nur noch eingeschränkt Bodenfunktionen wahrnehmen kann. Z.T. werden künstlich geschichtete Böden anstehen oder bei hohen Versiegelungsgraden ein offen anstehender Bodenköper nicht mehr vorhanden sein.

Qualität der Böden/Bodenfunktionen: Zur flächendeckenden Beurteilung der Qualität der Böden bzw. Bodenfunktionen ist eine Verknüpfung beider Kriterien notwendig, in der dem Kriterium „Versiegelung" zur Sicherung natürlich anstehender Böden ein stärkeres Gewicht beigemessen werden muß. Die Qualität der Böden/Bodenfunktionen wird in folgende Bewertungsstufen unterteilt:

Wertstufe I	sehr hohe Bodenqualität
Wertstufe II	hohe Bodenqualität
Wertstufe III	mittlere Bodenqualität (Natürlichkeit z.T. stark eingeschränkt)
Wertstufe IV	geringe Bodenqualität (kein natürlicher Boden vorhanden)

Die Einteilung in die Bewertungsstufen erfolgt anhand der Regeln, die folgende Verknüpfungsmatrix wiedergibt:

Bodeneigenschaften Versiegelung	I	II	III	IV	V
I	1	1	1	4	4
II	1	2	2	4	4
III	1	2	3	4	4
IV	1	2	3	4	4
V	4	4	4	4	4

Tab. 6.1: Bewertungsmatrix Qualität der Böden/Bodenfunktionen

Technische Realisierung

Datengrundlagen:

Die Daten der **Bodenkarte** 1:50.000 wurden ursprünglich von der Stadt Dortmund aus der digital vorliegenden Karte des Landes NRW, Blatt L4510 Dortmund, herausgegeben vom Geologischen Landesamt, übernommen. Probleme traten im Umweltamt durch die notwendige Transformation von dem GIS-System PIA nach Arc/Info auf. Sämtliche Attributdaten waren in einer Spalte enthalten. In mühsamer Kleinarbeit wurde dieses zusammengesetzte Attribut wieder in seine Bestandteile zerlegt, so daß der Benutzer nun wieder in der Lage ist, Bodentypen oder andere Bodeneigenschaften auch tatsächlich aus dem Datensatz zu extrahieren und weiter zu verarbeiten. Ein weiteres Problem bestand darin, daß die Attribute bzw. Attributwerte nicht exakt der Legende der analogen Bodenkarte entsprachen (insbesondere bei Zusatzinformationen wie Staunässe, Flurabstand etc.). Eine Interpretation dieser Daten war aber nur durch Vergleich mit der analogen Karte möglich. Die Legende der Original-Bodenkarte wurde als Textdatei (ASCII) mitgeliefert.

Die Verdachtsflächenkarte der **Altlasten und Altstandorte** war in 13 verschiedene Layer zerteilt, die jeweils die Flächen einer bestimmten Altlastenart enthielten. In unserem Falle interessierte jedoch nur, ob überhaupt eine Altlastenverdachtsfläche vorhanden ist. Aus diesem Grund wurden alle Layer zusammengefügt[2].

Situationskarte Boden/Altlasten:

Die Darstellung der Situation Boden/Altlasten sollte an die Bodenkarte des Geologischen Landesamts angelehnt werden. Die Farben wurden daher in Anlehnung an diese Karte und eines Farbtests ausgewählt. Die Zuweisung erfolgte über eine Lookup-Tabelle. Zusätzlich wurde die Bezeichnung des jeweiligen Bodentyps im Kartenbild dargestellt. Anschließend wurden die Altlastenverdachtsflächen in Rot und die Abgrabungs- und Aufschüttungsflächen der Realnutzungskarte in Rot-Violett über die Bodenkarte gezeichnet. Zuletzt wurden die Pufferflächen der vielbefahrenen Straßen in einer Schraffur auf das bisher Gezeichnete gelegt. Ergänzend wurden noch die Legende und der Rasterhintergrund eingeblendet. Der Legendentext konnte als ASCII-Datei übernommen werden, mußte aber für das von Arc/Info verlangte Keyfile-Format editiert und aus Platzgründen reduziert werden.

Situationskarte Versiegelung:

Die Darstellung des Versiegelungsgrads konnte einfach aus der Realnutzungskarte abgeleitet werden. Für die weitere Bearbeitung war es jedoch notwendig, diese Klassifizierung in fünf Stufen auch dauerhaft festzuschreiben. Deshalb wurde die Realnutzungskarte zunächst kopiert, um ein Attribut für die Klassifizierung ergänzt und dieses Attribut über Selektionen mit Werten gefüllt. Schließlich wurden alle Grenzen zwischen Flächen mit gleichen Klassenwerten automatisch entfernt.

Bewertungskarte Qualität der Böden/Bodenfunktionen:

Zur Bearbeitung der Bewertung mußte zunächst die Bodenkarte mit der Altlastenkarte verschnitten werde. Eine Verschneidung mit den Aufschüttungsflächen der Realnutzungskarte war nicht notwendig, da im ausgewählten Ausschnitt keine derartigen Flächen vorliegen. Aus diesem Ergebnis wurde eine Karte der Bodeneigenschaften gebildet (s.o.).

Über die oben dargestellte Bewertungsmatrix wurden nun die Bodeneigenschaften mit dem Versiegelungsgrad verknüpft und bewertet. Dazu wurden die Karten des Versiegelungsgrades und der Bodeneigenschaften miteinander verschnitten.

Graphische Darstellung der Arbeitsschritte:

Die nachfolgende Abbildung zeigt die Entwicklung der Ergebnisse aus den Datengrundlagen. Die Darstellung lehnt sich weitgehend an das Geolineus-Konzept der Geographic Designs Inc. an (Informationen im Internet unter: http://www.geodesigns.com/). Ziel einer solchen Darstellung ist, die Entstehung der Ergebnisse nachvollziehbar und reproduzierbar zu machen. Für die anderen Schutzgüter wurde der Arbeitsablauf analog aufbereitet, hier aber nicht mehr dargestellt.

---

[2] Zur Datengrundlage der Realnutzungskarte s. unter „Flora und Fauna". Datengrundlagen zur Ermittlung vielbefahrener Straßen s. Kap. 4.3.

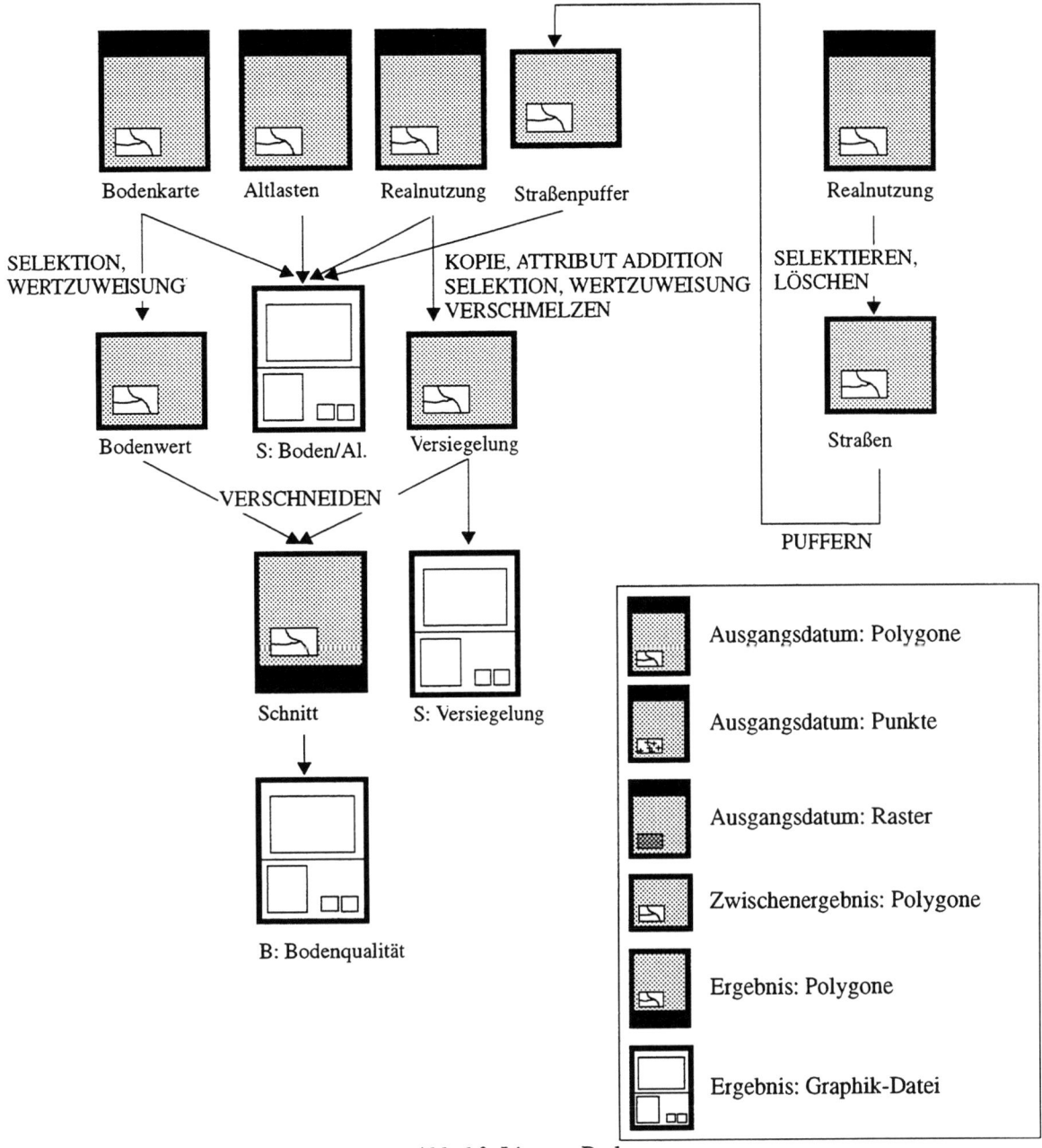

Abb.6.3: Lineage Boden

6.4.2 Flora und Fauna

Bestandsaufnahme

Da in Dortmund keine flächendeckende Biotoptypenkartierung vorliegt, werden zur Darstellung der aktuellen Nutzungsstruktur im Betrachtungsausschnitt die Nutzungstypen der Realnutzungskarte dargestellt.

Die den Betrachtungsausschnitt betreffenden Darstellungen des Landschaftsplans[3] werden in eine eigene Karte der Schutzgebietsausweisungen übernommen, die im Prinzip auch andere Schutzgebietsausweisungen wie Wasserschutzgebiete u.ä. enthalten kann (hier nicht ausgeführt).

---

[3] Der das Testgebiet betreffende Landschaftsplan Dortmund-Süd befindet sich noch im Aufstellungsverfahren, die Ausweisungen sind daher als Entwurf aufzufassen.

Für das Dortmunder Stadtgebiet liegen zwei Kartierungen zu den Lebensräumen von Flora und Fauna und den dort vorkommenden Arten vor, die regelmäßig für die Ersteinschätzung herangezogen werden und auch wertende Aussagen zur Funktionalität und Bedeutung der Biotope enthalten. Da die wertenden Aussagen der Kartierungen direkt übernommen werden, kann auf eine beschreibende Klassifizierung in der Bestandsaufnahme verzichtet werden. Die beiden Parameter sind:

1. Der **Bioökologische Gesamtwert** wurde flächendeckend für das gesamte Stadtgebiet aus der Zusammenschau des Bestands an Gefäßpflanzen, Amphibien, Reptilien, Kleinsäugern und Brutvögel über verschiedene Kriterien abgeleitet, die u.a. Artenzahl und Seltenheit berücksichtigen. Die Bestandserhebungen, Bewertungsverfahren und detaillierten Begründungen zur Schutzwürdigkeit sind im Bioökologischen Grundlagen- und Bewertungskatalog enthalten (BLANA et al. 1984a, 1984b, 1985, 1994). Die bewerteten Raumeinheiten mitsamt des Bioökologischen Gesamtwerts, eingeteilt nach den im „Handbuch zur Umweltbewertung" vorgeschlagenen Wertstufen, soll für die DV-gestütze Ersteinschätzung übernommen und in Kartenform dargestellt werden.

2. **Schutzwürdige Biotope**: Für den Geltungsbereich der Landschaftpläne werden von der Landesanstalt für Ökologie, Bodenordnung und Forsten (LÖBF) schutzwürdige Biotope erfaßt. In einer nach der LÖBF-Methode erfolgten Kartierung wurden darüber hinaus die Biotope des Innenbereichs erfaßt. Beide Kartierungen sind im Stadtbiotopkataster Dortmund zusammengefaßt. Neben der Beschreibung der Biotope liegen jeweils auch Aussagen zu den vorkommenden Arten und der Schutzwürdigkeit der Biotope vor, wobei die Biotope im Innenbereich in drei Wertstufen unterschieden werden. Die Abgrenzung der Biotopflächen und die wertende Einstufung wird für die DV-gestützte Erstellung des Gebietsbriefs übernommen.

Qualität für Flora und Fauna: Die beiden oben genannten Parameter werden für eine zusammenfassende, wertende Aussage zur Qualität der Lebensräume für Flora und Fauna miteinander verknüpft. Dieses Vorgehen entspricht im Prinzip den Anweisungen im „Handbuch zur Umweltbewertung" für das Kriterium „Lebensraumfunktion". Die Verknüpfung wird entsprechend nachfolgender Verknüpfungsregel durchgeführt. Dadurch entstehen fünf Wertstufen der Qualität von „sehr gering" bis „sehr hoch".

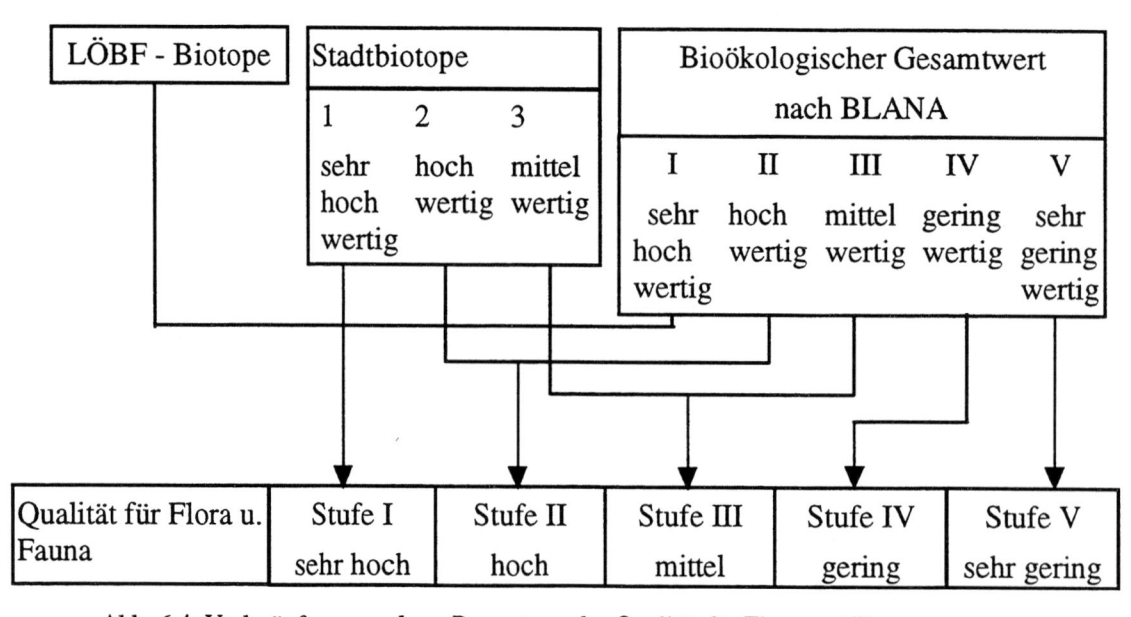

Abb. 6.4: Verknüpfungsregel zur Bewertung der Qualität für Flora und Fauna

Das Vorkommen schutzwürdiger LÖBF-Biotope führt generell zu einer Eingruppierung in die Bewertungsstufe I = „Sehr hoch". Die Einstufung in die Wertstufen für schutzwürdige Biotope im Innenbereich wird in der Gesamtbewertung entsprechend durch eine Einstufung mit sehr hoher, hoher oder mittlerer Qualität abgebildet. Die restlichen Flächen werden auf der Basis der Bioökologischen Wertstufen (BLANA) nach der Bewertungsregel im Handbuch mit sehr hoch bis sehr niedrig eingestuft.

Anmerkung: In den nach der bisherigen Arbeitsweise erstellten Ersteinschätzungen wurden für das Schutzgut Flora/Fauna verschiedentlich Kriterien oder Parameter verwendet (vgl. Tabelle im Anhang), die in der bisher dargestellten DV-Unterstützung nicht berücksichtigt sind. Durch diese Parameter - wie etwa „Spezielle Ausstattung mit Landschaftselementen bzw. Strukturelle Gliederung von Biotoptyen" oder „Vorkommen gefährderter Tier- und Pflanzenarten"- werden spezielle örtliche Erhebungen mit in die Bewertung einbezogen. Da aber solche Daten nur in Einzelfällen vorliegen und Berücksichtigung finden, treten bei einer Automatisierung Probleme auf.

Für eine DV-Unterstützung wäre aber denkbar, daß solche im Einzelfall vorliegenden Angaben durch manuelle Eingabe als weitere Attribute in die Bestandskarten ergänzt werden. Eine Werteinstufung müßte ebenso abgelegt werden. Als Raumbezugsbasis für diese Sachdaten eignet sich am ehesten die Realnutzungskarte, da sie die größte Flächendifferenzierung ermöglicht. Eine Automatisierung der zusammenfassenden Bewertung nach Handeingabe ist ebenfalls denkbar, in der Bewertungsregel wären dann diese spezifischen Biotopeigenschaften durch Aufwertung bzw. Abwertung um jeweils eine Wertstufe zu berücksichtigen. Technisch wäre dazu noch eine Verschneidung der Bewertungskarte mit der bewerteten Realnutzungskarte zu einer neuen zusammenfassenden Bewertungskarte erforderlich.

Technische Realisierung

Datengrundlagen:

Die **Realnutzungskarte** wurde vom KVR über eine Luftbildinterpretation im Maßstab 1: 6.000 für das gesamte Ruhrgebiet erhoben. Insgesamt werden etwa 280 Nutzungsarten unterschieden. Für Dortmund existiert die Kartierung in 10 Kartenblättern analog und digital. Sie wurde digital im Arc/Info-Format zur Verfügung gestellt. Testweise wurde hier die Generierung der Gebietsausschnitte aus dem flächendeckenden Bestand durchgeführt. Dies diente zur Untersuchung des Aufwands und der Automatisierungsfähigkeit sowie der Ermittlung möglicher Probleme.

Es zeigte sich, daß das Testgebiet über zwei Kartenblätter reichte. Dabei bestand zusätzlich das Problem, daß sich die Kartenblätter in nicht korrekter Weise geometrisch überlappten. Nach dem Ausschneiden des West- und Ostteils des Testgebiets mußte also zunächst der jeweilige Kartenrand manuell nachbearbeitet werden. Erst danach konnten beide Teile zusammenkopiert werden. Die Ausgangsdaten verfügten noch über weitere unterschiedliche Attribute, die vor dem Zusammenkopieren gelöscht werden mußten. Abschließend wurden alle Grenzen gleicher aneinandergrenzender Nutzungsart aufgehoben, damit der „Kartenrand" verschwindet. Dabei stellte sich heraus, daß einerseits eine ganze Reihe weiterer Flächen zusammengefaßt wurden, wo offensichtlich gleiche Nutzungen aneinander grenzten, andererseits an einigen wenigen Stellen auch „Unstetigkeiten" am Rand vorhanden waren, also nicht die gleiche Nutzungsart auf dem westlichen und östlichen Teil einer Fläche. Es zeigte sich überdies, daß die Attributwerte (Nutzungsart) der beiden zu verbindenen Kartenblätter nicht im gleichen Format eingegeben worden waren. Im nördlichen Blatt waren den Nummern des Nutzungsschlüssels Leerzeichen vorweggestellt und dafür die voranstehende Null bei Werten unter 100 weggelassen. Weil unter dieser Voraussetzung keine einheitliche Bearbeitung möglich war, mußten die Werte aufwendig homogenisiert werden.

Es zeigte sich also sehr deutlich, daß nur eine blattschnittfreie Speicherung der flächendeckenden Datengrundlagen eine homogene Basis garantieren können.

Im Datensatz des **Stadtbiotopkatasters** sind die Geometriedaten (räumliche Abgrenzung) mit einem Maßstab von 1:25.000 erfaßt, dazu kommen umfangreiche Sachdaten (Texte) in einer Datenbank, die als ASCII-Dateien mitgeliefert wurden. Die GIS-Daten enthielten nur die Wertigkeit der Stadtbiotope und die Bezeichnung der Flächen als Attribut. Letzteres diente zur Identifizierung der Textdokumentation der Biotope.

Für den **Landschaftsplan** Dortmund-Süd lag zum Bearbeitungszeitpunkt lediglich die Karte der Entwicklungsziele digital vor. Ab Sommer 1995 sollte auch die Festsetzungskarte zur Verfügung stehen (Digitalisierung durch externen Dienstleister). Für die Projektbearbeitung wurden aus Vereinfachungsgründen nur die geplanten Schutzgebiete erfaßt. Dabei konnte größtenteils die Geometrie aus der Karte der Entwicklungsziele übernommen werden. Alle überflüssigen Linien wurden entfernt und die wenigen fehlenden ergänzt. Dem neuen Layer wurde ein Attribut zum Schutzstatus (NSG, LSG, LB) angefügt. Naturdenkmale ohne Flächenausdehnung wurden in einem zusätzlichen Punktelayer abgelegt.

Die Karte der **Bioökologischen Wertstufen nach BLANA** lag nur analog im Maßstab 1:20.000 vor. Beim Digitalisieren wurde viel mit der Option SPLINE (funktionaler Ausgleich der Stützpunkte, der einer Linie das Aussehen einer Kurve verleiht) gearbeitet, um dem Layer das Aussehen der gerundeten Flächen der analogen Karte zu verleihen. Hier, wie auch bei der Klimafunktionskarte oder der Luftgütekarte, stellt sich in besonderer Weise die Frage nach der Sinnhaftigkeit GIS-technisch derzeit noch notwendiger eindeutiger Grenzen (vgl. auch Kap. 3.3).

Situationskarte Realnutzung (s. Anhang):

Aus Darstellungsgründen werden die etwa 280 Nutzungstypen der Realnutzungskarte zu Hauptnutzungsgruppen zusammengefaßt. Die Farbzuweisung erfolgte über eine Lookup-Tabelle.

Situationskarte Stadtbiotope und Bioökologische Wertstufen:

Da die Bioökologischen Wertstufen als Kontinuum vorliegen, wurden diese (in 5 Stufen nach Handbuch) vollfarbig dargestellt. Die Flächen der Stadtbiotope und LÖBF-Biotope wurden in einer nach Wertigkeit unterscheidbaren Schraffurdichte übergeblendet. Als Textinformation sind im Kartenbild die Biotopnummer zur Identifizierung der Beschreibung (s.u.) sowie der tatsächliche Bioökologische Gesamtwert nach BLANA angegeben. Letzteres wurde aufgrund der großen Klassenbreite der fünf Wertstufen als sinnvoll erachtet. Ausschlaggebend war die Tatsache, daß der Bioökologische Gesamtwert der Flächen um die Bachtäler im Untersuchungsgebiet knapp unterhalb der gewählten Wertstufengrenze liegt und Unterschiede zu weit geringerwertigen Flächen derselben Wertstufe verwischt wurden. Ein Problem an dieser Stelle ist auch die Zersplitterung einzelner Flächen. So besteht beispielsweise die Fläche der Bachtäler zwischen den geplanten Baugebieten aus zwei Teilen (die Bachtäler selbst und die südöstlich liegende kleinere Fläche auf der Kuppe). Der Wert von 283 gilt hier für beide Flächen zusammen, nicht jedoch für jeden einzelnen Teil, wie es hier den Anschein hat.

Neben der Legende ist auf dem Kartenrand noch eine textliche Erläuterung der Biotope dargestellt. Diese konnte den Textdateien der Stadtbiotopkataster-Datenbank entnommen werden, wobei die Angaben aus Platzgründen jedoch deutlich reduziert werden mußten.

Karte der Schutzgebiete:

Die analog übliche Darstellung der Schutzgebietsflächen nur durch farbige und gemusterte Umringlinien stellt den Betrachter vor Schwierigkeiten. Zum einen sind die in Arc/Info vorhandenen Liniensätze ungeeignet (vgl. 6.5.2), zum anderen die darzustellenden Flächen sehr groß und wenig kompakt, so daß es schwer fallen würde, innerhalb und außerhalb liegende Flächen zu identifizieren. Aus diesem Grund wurden die Schutzgebiete vollfarbig dargestellt.

Bewertungskarte Eignung/Qualität der Fläche für Flora und Fauna (s. Anhang):

Die Bewertung erfolgte auf der Basis obiger Verknüpfungsregel (Abb. 6.3). Dazu mußten zunächst die Ausgangsdaten verschnitten werden. Anschließend wurde der Verschneidung ein Attribut für das Bewertungsergebnis zugefügt, dann interaktiv die verschiedenen Ausgangswerte selektiert und die Wertstufe eingegeben. Schließlich wurden alle Polygone gleicher Wertstufe verschmolzen. Dargestellt wurden dann die so ermittelten Wertstufen in einer Rot-Grün-Reihung.

Testkarte: Bewertung mit Berücksichtigung der Flächen mit Schutzstatus nach Landschaftsplan:

Versuchsweise wurde für eine zusammenfassende Bewertung der Qualität für Flora und Fauna eine Verknüpfung auch mit dem Schutzstatus nach Landschaftsplan (als NSG, LSG, LB) vorgenommen. Flächen mit Schutzstatus erhielten dabei generell eine sehr hohe Werteinstufung. Das Ergebnis dieser Aggregation unterscheidet sich deutlich von der oben dargestellten Bewertung. Anhand dieses Beispiels wird erkennbar, wie entscheidend die Ergebnisse von Aggregationsverfahren, auf die Dritte besonders regelmäßig zurückgreifen (vgl. Kap. 6.5.3), durch die Definition und Transparenz der Bewertungsregeln beeinflußt und u.U. auch manipuliert werden können.

6.4.3 Klima und Lufthygiene

Bestandsaufnahme

In der Bestandskarte Klima wird analog der bisherigen Vorgehensweise bei der Ersteinschätzung die Aussage der in der Klimaanalyse Stadt Dortmund (KVR 1986) entstandenen Synthetischen Klimafunktionskarte dargestellt. Sie stellt die verschiedenen Klimatope des Stadtgebiets dar, ebenso die spezifischen Klimaeigenschaften der Klimatope, außerdem spezielle Klimafunktionen von Flächen sowie Luftaustauschbahnen und lufthygienische Belastungsräume.

Auch bezüglich der Lufthygiene kann in der Bestandsdarstellung der bisherigen Vorgehensweise in den Ersteinschätzungen und den Ausführungen im „Handbuch zur Umweltbewertung" gefolgt werden. Es wird die Karte der Luftgüte im Stadtgebiet, ermittelt anhand des Flechtenbewuchses, dargestellt.

Bewertung

Die Bestandsbewertung der Klimafunktion erfolgt direkt auf Grundlage der Klimafunktionskarte und folgt den Regeln, wie sie das „Handbuch zur Umweltbewertung" vorgibt. Das bewertete Kriterium ist die „Synthetische Klimafunktion" einer Fläche. Die Bewertung erfolgt über einen Hauptparameter (Klimatope) und über mehrere Ergänzungsparameter, die zu Auf- oder Abwertungen von Flächen führen können. Zu den einzelnen Parametern:

Klimatope: Bei den Klimatopen handelt es sich um klimaökologisch unterschiedlich wirksame Stadtstrukturen. Veränderungen an diesen Nutzungstrukturen beeinflussen in der Regel das klimaökologische Potential in der näheren Umgebung.

Spezifische Klimaeigenschaften: Die Bildung von nächtlichen Bodeninversionen und erhöhte Bodennebelgefahr in Niederungsbereichen führen zu einer Malus-Beurteilung.

Spezielle Klimafunktionen: Mikroklimatische Klimaausgleichsräume wie Park- und Grünflächen erhalten eine Bonus-Beurteilung. Bioklimatische Belastungsräume erhalten eine Malus-

Beurteilung. Starke Windfeldveränderungen mit erhöhten Turbulenzen erhalten ebenfalls eine Malus-Beurteilung.

Luftaustausch: Luftaustauschbahnen von regionaler Bedeutung und Luftleitbahnen werden mit einer Bonus-Beurteilung versehen, belastete Luftleitbahnen führen zu Malus-Beurteilung.

Lufthygiene: Gebiete mit erhöhter Schadstoff- und Abwärmebelastung, Aufheizung durch Flächenversiegelung, Windfeldveränderung etc. wie Gewerbe- und Industriegebiete oder Hauptverkehrsstraßen werden ebenfalls mit einem Malus beurteilt.

Qualität der Synthetischen Klimafunktion: Die zusammenfassende Bewertung der Synthetischen Klimafunktion sieht fünf Stufen unterschiedlicher bioklimatischer Wirksamkeit vor. Es wird eingeteilt in:

bioklimatisch sehr wertvolle Räume (Frischluftgebiete)	Wertstufe I
bioklimatisch wertvolle Räume (Regenerationsräume, Kaltluftproduzenten)	Wertstufe II
bioklimatisch insgesamt positive Räume (leichte Dämpfung aller Klimaelemente)	Wertstufe III
bioklimatisch belastete Räume (thermisch belastete Flächen)	Wertstufe IV
bioklimatisch hoch belastete Räume (thermisch hoch belastete Flächen)	Wertstufe V

Anmerkung: Die Klimaanalyse Dortmund enthält neben der Synthetischen Klimafunktionskarte auch eine Karte mit Planungshinweisen, die als wertende Aussagen einzustufen sind. Da diese aber in ihrem Selbstverständnis als Hinweise zu umfassenden stadtplanerischen Betrachtungen anzusehen sind, eignen sie sich nur bedingt für die Beurteilung einzelner Baugebiete im Rahmen der Ersteinschätzung. Da jedoch in den bisher erarbeiteten Ersteinschätzungen diese Planungshinweise stets auch in die Argumentation mit einbezogen worden sind, sollen diese den UVP-Sachbearbeitern auch zukünftig bei einer DV-gestützten Arbeitsweise als Informationsgrundlage zur Verfügung gestellt werden. Allerdings wurde in der Praxissimulation der Weg gewählt, eine gescannte Karte der Planungshinweise in das System einzubinden.

Luftgüte-Index: Die Karte der Luftgüte enthält bereits bewertende Aussagen, da über den Parameter Luftgüte-Index (LUGI) eine Zonierung des Stadtgebiets in unterschiedlich belastete Gebiete vorgenommen wird. Diese in Kartenform vorliegenden Wertaussagen können für die DV-gestützte Erarbeitung der Ersteinschätzung direkt herangezogen werden. Bestands- und Bewertungskarte sind für das Schutzgut Lufthygiene demnach zusammengefaßt.

Technische Realisierung

Datengrundlagen:

Die **Karten der Klimaanalyse der Stadt Dortmund** (Karte der Planungshinweise, Synthetische Klimafunktionskarte) lagen nur analog vor. Sie mußten vollständig neu digitalisiert werden. Dabei ergab sich das Problem, daß einige Elemente, wie z.B. die Pfeile für den Kaltluftabfluß, weder logisch noch technisch auf einfache Weise integriert werden konnten. Hinzu kommt, daß räumlich nicht abgrenzbare Phänomene wie etwa Kaltluftbahnen in derzeitigen GIS-Produkten kaum abbildbar sind. Bei der Erfassung wurden die Klimatope selbst und überlagernde Einflüsse (warme Kuppenzone, Niederungszonen ...) getrennt. Arc/Info erlaubt nur ein Kontinuum ohne überlagernde Diskreta pro Coverage. Lediglich mit der kleinsten gemeinsamen Geometrie, wie sie z.B. als Verschneidungsergebnis entsteht, wäre eine Speicherung in einem Coverage und unterschiedlichen Attributen möglich.

Die **Darstellung vielbefahrenen Straßen** wurde aus der Verkehrsmengenkarte und der Realnutzungskarte generiert. Dazu wurden diejenigen Straßenflächen aus der Realnutzungskarte selektiert, die in der Verkehrsmengenkarte dargestellt sind. Diese Straßenflächen wurden dann in Abschnitte entsprechend der Knoten der Verkehrsmengenkarte zerteilt. Diesen Abschnittsflächen wurde dann in einem neuen Attribut jeweils die durchschnittliche tägliche Verkehrmenge (DTV) gemittelt über beide Fahrbahnen und beide Abschnittsenden zugeordnet. Die

Straßen wurden für die weitere Bearbeitung (vgl. auch 6.4.1) gepuffert. Obwohl eine verkehrsmengenabhängige Pufferung einfach realisierbar wäre, wurde ein einheitlicher 100-m-Puffer berechnet, da die Verkehrsmengen im Testgebiet keine großen Differenzen aufwiesen.

Die **Karte der Luftgüte** der Stadt Dortmund wurde anhand des Flechtenbewuchses auf Bäumen erstellt. Sie lag sowohl digital als auch analog vor. Dabei wurde aber offensichtlich keine Interpolation mit den ins GIS übernommenen Meßpunkten (Bäumen) durchgeführt, sondern das Interpolationsergebnis, wie es in der analogen Karte dargestellt ist, digitalisiert. Während also die Flächen denen der analogen Karte entsprechen, weichen die Meßpunkte teilweise mehrere hundert Meter von ihrer „analogen Lage" ab. Die Darstellung der Situationskarte beruht aber auf den digitalen Daten und weist somit die beschriebenen Abweichungen auf. Als zusätzliches Problem tauchte das Fehlen des Luftgüte-Indexwertes als Attribut im Flächencover auf. Dieses bestand nur aus der Geometrie. Der Luftgüte-Indexwert mußte daher manuell nachgetragen werden.

Situationskarte Synthetische Klimafunktion (s.Anhang):

Die Darstellung der Situationskarte Synthetische Klimafunktion orientiert sich ebenfalls weitgehend an der analogen Vorgabe. Die analog dargestellten Symbole z.B. für Filterfunktion oder Luftleitbahnen konnten aus den o.g. Gründen allerdings nicht übernommen werden. Es handelt sich hier um Phänomene ohne eindeutige räumliche Begrenzungsmöglichkeiten, die nicht in Arc/Info verarbeitet werden können. Eine Darstellung wäre möglicherweise über Annotation oder Punktsymbole denkbar. Da diese Information jedoch keinen Einfluß auf die Bewertung hat, wurde auf ihre Darstellung verzichtet.

Bewertungskarte Synthetische Klimafunktion:

Zur Erstellung der Bewertungskarte mußte zunächst die gepufferte Karte der vielbefahrenen Straßen mit der Klimakarte verschnitten werden. Den verschiedenen Klimatopen wurde dann entsprechend dem Handbuch Wertstufen zugeordnet.

Befand sich die Fläche im Straßenpuffer, wurde entsprechend der Bewertungsregel die Wertstufe um eins herabgesetzt. Eine Berücksichtigung weiterer Ergänzungsparameter war nicht notwendig, da in sämtlichen Niederungsbereichen (Malus) des Testgebiets Luftaustauschfunktionen gegeben sind (Bonus), so daß sich Bonus und Malus aufheben.

Karte der Planungshinweise:

Wie erwähnt wurde die Karte der Planungshinweise als gescannte Rasterkarte dargestellt. Auf eine Bildbearbeitung zur Verbesserung der Wiedergabequalität wurde aus Zeitgründen verzichtet. Die Legende wurde ebenfalls als gescannte Rasterdatei der analogen Karte 1:1 übernommen und dargestellt.

Situationskarte Luftgüte:

Zur Darstellung der Luftgüte wurde zunächst der Flächenlayer (Interpolierte Luftgütewerte-Zonen) und darüber der Punktelayer der Meßstellen, jeweils in Anlehnung an die analoge Karte, dargestellt. Allerdings unterscheidet sich die räumliche Lage einiger Meßpunkte deutlich von der analogen Karte (s.o.).

6.5 Ergebnisse

Nachdem bereits in Kapitel 6.4 verschiedentlich Hinweise zu den speziellen Problemen und Erkenntnissen im jeweiligen Kontext dargestellt wurden, sollen im folgenden allgemeine Ergebnisse und die daraus ableitbaren Konsequenzen vorgestellt werden. Dabei wird beispielhaft auf die vorgenannten Abschnitte verwiesen.

Die hier getroffenen Aussagen basieren zum einen auf der Durchführung der Praxissimulation selbst, zum anderen wurden aber auch die zahlreichen Anregungen und Beiträge aus den Einzelgesprächen und insbesondere aus der Abschlußdiskussion, die im Anschluß an die Projektvorstellung mit Mitarbeitern des Umwelt- und Planungsamts in Dortmund stattfand, aufgegriffen.

6.5.1 Einschätzung des Automatisierungspotentials

Bei der Bearbeitung der UVP-Ersteinschätzungen bieten sich vielfältige Unterstützungsmöglichkeiten durch EDV (GIS). Es gibt jedoch keinen optimalen Weg, der hier empfohlen werden könnte. Statt dessen werden im folgenden Varianten vorgestellt, die vor dem Hintergrund der finanziellen Möglichkeiten und inhaltlichen Anforderungen diskutiert werden müssen.

Teilautomatisierung: Rasterkartenarchiv

Die einfachste Möglichkeit der Arbeitserleichterung stellt der Aufbau eines Rasterdatenarchivs dar. Sämtliche analogen Karten müßten gescannt und geokodiert werden. Ein einfaches Makro könnte dann dem Sachbearbeiter die Wahl eines Gebietsausschnitts und der auszugebenden Karten ermöglichen. Innerhalb kürzester Zeit könnten somit Situationskarten aller Thematiken erstellt werden. Lästige Recherche- und Kopierarbeiten wären „auf Knopfdruck" erledigt. Ein Beispiel für diese Vorgehensweise wurde in der Praxissimulation mit der gerasterten Karte der Planungshinweise aus der Klimaanalyse Dortmund erstellt.

Das Vorhalten eines solchen flächendeckenden Rasterkartenarchivs erfordert jedoch erheblichen Speicherplatz und stellt hohe Anforderungen an die Ausgabegeräte. Außerdem sind weitergehende Analysen nicht mehr möglich. Weder die Verknüpfung mit anderen Daten noch eine Variation der Darstellung (Visualisierung) wären realisierbar.

Teilautomatisierung: Raster- und Vektordatenarchiv

Eine weitergehende Möglichkeit stellt der Aufbau einer Raster- *und* Vektordatenbasis für GIS bzw. GIS-Browser (im Fall Dortmund Arc/Info und ArcView) dar. ArcView als Browser (Abfragewerkzeug) wird hier prioritär genannt, weil dessen vergleichsweise einfache Benutzeroberfläche eine Bedienung auch durch die UVP-Sachbearbeiter direkt erlaubt. Der große Vorteil dieser Herangehensweise liegt hier in den Möglichkeiten der Anpassung der Darstellungen und Abfragen an die jeweiligen Bedürfnisse der Nutzer.

Vorstellbar wäre also der Aufbau einer digitalen Vektor-Datenbasis durch Digitalisierung der analogen Karten und der Herstellung eines Raumbezugs der verschiedenen Datenbanken (z.B. Kleineinleiterkataster). Dieser Weg wird in Dortmund beschritten, ist aber lange noch nicht abgeschlossen. Sowohl die Erfassung wie auch die Fortführung im Vektorformat ist im Gegensatz zum Scannen sehr zeit- und kostenintensiv. Vektordaten bieten dafür den großen Vorteil, die Daten einerseits für Analysezwecke weiterverwenden und andererseits in beliebiger Weise darstellen zu können.

Weiterhin wäre vorstellbar, Analysen ähnlich wie in den Beispielen der Praxissimulation mit den jeweiligen Datensätzen des ganzen Stadtgebiets einmalig durchzuführen und abzuspeichern. Ein solches Prinzip wird in Dortmund beim Aufbau der digitalen Umweltqualitätskarte praktiziert (PLANUNGSGRUPPE ÖKOLOGIE UND UMWELT NORD i.V.). Die Sachbearbeiter könnten dann zusätzlich zu den Situationsdaten auch auf die Analysedaten zugreifen.

Ein solches Vorgehen verlangt allerdings, daß die Nutzer über die *Struktur der Daten* informiert sind. Wenn nicht bekannt ist, was sich genau in einzelnen Datensätzen befindet, welche Informationen die Attribute enthalten und was die Attributwerte bedeuten, dann ist kein sinnvolles Arbeiten mit den Daten möglich. Erforderlich wäre also eine detaillierte, aber dennoch leicht verständliche Beschreibung aller Datensätze, die jederzeit aktuell sein muß. Es werden also sowohl an die Systemadministration (Aufbau und Fortführung der Beschreibungen) als auch an die Nutzer (Kenntnisse über Geo-Datenstrukturen, Einarbeitung in ArcView) hohe Anforderungen gestellt.

Vollautomatisierung unter Arc/Info

Den durchgeführten Arbeiten lagen durchweg konventionelle GIS-Techniken wie Verschneidung, Pufferung, Selektion und Wertzuweisung, Darstellung über Lookup-Tables etc. zugrunde. Das Automatisierungspotential ist daher sehr hoch, denn sämtliche Schritte können in Makros und Info-Programmen festgeschrieben werden.

Es wäre demnach vorstellbar, daß der Sachbearbeiter nur noch den Gebietsausschnitt definiert und das Programm (GIS-Makro, Shell-Script, externes Programm oder Datenbank-Makro) sämtliche Situations- und Bewertungskarten automatisch erstellt. Das Programm könnte auf die flächendeckenden Ergebnisse wie in 6.5.1 (Teilautomatisierung) beschrieben zurückgreifen, oder die Verschneidungen, Pufferungen usw. jeweils mit den aktuellen Situationsdaten durchführen. Nur noch einige wenige textliche Erläuterungen wären zu ergänzen, wobei sogar hier noch z.B. über die Verwendung von Textbausteinen weiteres Automatisierungspotential vorhanden ist. Letztlich kommt also eine solchen Variante einer „Knopfdruck-UVP" sehr nahe.

Funktionieren könnte ein solches Verfahren nur, wenn *alle* notwendigen Datengrundlagen flächendeckend digital und in der vom Programm verlangten Art und Weise formatiert vorliegen. Dies ist auf absehbare Zeit nicht zu erwarten.

Darüber hinaus wären die Variationsmöglichkeiten durch den Sachbearbeiter unterbunden. Die Ergebnisse könnten keine Rücksicht auf lokale Besonderheiten nehmen. Die Praxissimulation hat aber gezeigt, daß Bewertungen durchaus vom Untersuchungsgebiet abhängig sein können. Zusätzliche Erhebungen oder Erkenntnisse durch Ortsbegehungen etwa könnten kaum integriert werden. Räumliche unscharfe Aussagen wie z.B. Luftleitbahnen könnten nur mit gewissen Einschränkungen dargestellt werden.

6.5.2 Probleme der Umsetzung (Datensituation)

Es soll an dieser Stelle bereits ausdrücklich darauf hingewiesen werden, daß die Datenlage am Umweltamt der Stadt Dortmund trotz der im folgenden aufgezeigten Schwierigkeiten als vergleichsweise hervorragend einzustufen ist. Die angesprochenen Probleme zeigen sich bei vielen anderen Kommunen deshalb nicht, weil dort häufig wenig bis gar keine digitalen, raumbezogenen Daten vorliegen.

Datengrundlagen (Fachdaten)

Als Ergebnis der Praxissimulation bezüglich der Datengrundlagen sind zwei Hauptprobleme festzuhalten:

1. <u>Fehlende Daten</u>: Wie bereits in Kapitel 6.4 ausgeführt, liegt ein erheblicher Teil der benötigten Fachdaten noch nicht digital und/oder nicht flächendeckend vor. Es werden also Verfahren entwickelt werden müssen, die eine interaktive Ergänzung oder konventionelle Berücksichtigung fehlender bzw. analoger Daten ermöglichen. Jede weitere digitale Erhebung vermindert allerdings die Notwendigkeit solcher „Kompromisse".

2. <u>Zum Teil mangelnde Datenqualität</u>: Sowohl die geometrische Genauigkeit als auch die technisch-inhaltliche Struktur der Daten (Datenmodell) ist mitunter nicht ausreichend und bedingt zum Teil erheblichen Nachbearbeitungsaufwand. Mit solchen Daten ist kein stadtweit gültiges Programm (vgl. 6.5.1) entwickelbar. Es wird daher empfohlen, die vorhandenen Datenbestände zu überprüfen und zu homogenisieren.

Raumbezug (Basisdaten) und Datengenauigkeit

Wozu geometrisch ungenaue Datengrundlagen führen, zeigt die Situationskarte Boden/Altlasten. So darf für die nordöstlich des Untersuchungsgebiets im Wald liegende Altlast angenommen werden, daß es sich um dieselbe Fläche handelt, die in der digitalen Bodenkarte 1:50.000 als Fläche „Aushub und Kippe" dargestellt ist. Beide sind jedoch nicht deckungsgleich und weichen in ihren Abgrenzungen erheblich voneinander ab. Wo nun die Fläche „wirklich" liegt, geht aus den Ausgangsdaten also nicht unmittelbar hervor. In der Praxissimulation wurde nun aus Sicht der Umweltvorsorge eine Worst-Case Entscheidung getroffen (beide Flächen wurden als belastet bewertet). Die Information kann damit nur als Hinweis betrachtet werden, diesen Bereich genauer zu untersuchen. Damit ist zwar immerhin ein erheblicher Fortschritt verbunden - ein Skandal wie in Dorstfeld kann verhindert werden - aber eine zusätzliche Beteiligung der Altlastenabteilung zur Absicherung der geometrischen Information wäre für das weitere Verfahren notwendig. Kann eine genaue Abgrenzung nicht ermittelt werden, müßte ein Sicherheitspuffer um die Flächen gelegt werden. Ähnliche Unsicherheiten können auch bei anderen Grundlagen auftreten (z.B. Biotope).

Grund für die hohen Abweichungen der verschiedenen Daten ist die Digitalisiergrundlage der Stadtkarte 1:10.000. Diese Karte ist allenfalls maßstabsähnlich, aber für flächenscharfe Aussagen ungeeignet.

Als Konsequenz wird daher empfohlen, die Datengrundlagen auf einer gemeinsamen Geometrie aufzubauen. Diese Grundgeometrie kann nur durch die Vermessungsverwaltung (ALK, ATKIS) mit einer definierten Genauigkeit geliefert werden. Allerdings besteht hier das Problem, daß insbesondere die ALK noch auf lange Sicht nicht flächendeckend verfügbar sein wird. ATKIS und ALK verfügen zudem über eine sehr komplexe Struktur, so daß eine Übernahme nicht unproblematisch sein wird. Das größere Problem stellt jedoch die ungelöste Fortführungsproblematik bei ergänzten Fachdaten dar. Zwar können die Originalbestände (Sekundärnachweis) automatisch aufdatiert werden, aber Fachdaten, die auf der Originalgeometrie beruhen, sind nicht fortführungsfähig (vgl. auch Kap. 5).

Trozdem gibt es keine Alternative zum Angleich der Fachgeometrien auf der Basis von ALK und ATKIS. Ein erster richtiger Schritt zur Verbesserung der Situation wird durch das Vorhaben erreicht werden, statt der Stadtkarte 1:10.000 nun die Deutsche Grundkarte 1:5.000 (DGK5) als Grundlage für die Umweltdaten zu verwenden.

Datenbeschreibung (Metadaten)

Wie bereits verschiedentlich angesprochen, stellte sich das Fehlen von Datenbeschreibungen als große Schwierigkeit bei der Benutzung der Daten heraus. Im täglichen Einsatz kann dies zu einem Hemmnis in der Akzeptanz bis hin zur Ablehnung führen. Für die Praxissimulation konnte dieses Manko - zumindest größtenteils - durch die Übermittlung einer Erklärungs-Datei durch den Systemadministrator beseitigt werden. Für den konkreten Einsatz ist es jedoch notwendig, daß diese Informationen nicht für jeden Einzelfall vom Administrator zusammengestellt werden, sondern direkt bei den Daten auffindbar sind.

In jüngster Zeit wird bei einigen kommunalen UIS versucht, dieses Problem über Umweltdatenkataloge (Metadatenbanken) und neue Datenmodelle (z.B. EDBS[4]) zu lösen. Auch Dortmund besitzt mit UDOKAT eine entsprechende Metadatenbank. UDOKAT ist jedoch eine DB2-Anwendung und somit nicht von PC-Arbeitsplätzen aus aufrufbar. Darüber hinaus bestünde auch hier wiederum Einarbeitungsbedarf, der die Akzeptanz sinken lassen wird. Es müßte daher zum einen ein leichter Zugang zu UDOKAT geschaffen und zum anderen die enthaltenen Informationen um Details ergänzt und ständig aktuell gehalten werden.

---

[4] EDBS = Einheitliche Datenbank-Schnittstelle

6.5.3 Einfluß der Technik auf Verfahren und Ergebnisse

Der Bewertungsvorgang

Wichtigste Veränderung einer DV-gestützen Erstellung des Gebietsbriefs gegenüber der herkömmlichen Arbeitsweise war die technikbedingte Notwendigkeit der Verwendung strukturierter Bewertungsverfahren. Dies bedeutet, daß Bewertungskriterien klar definiert sein müssen und die Ausprägung der Kriterien, die über die Untersuchungsparameter gemessen werden, in Bewertungsklassen zur Bildung von wertenden Aussagen überführt werden muß. Über Aggregationsregeln wurden die wertenden Aussagen zu den einzelnen Kriterien zu zusammenfassenden Bewertungen der Umweltqualität einzelner Schutzgüter verknüpft. Die Auswirkungen solcher Arbeitsweise sind zusammenfassend:

- Fest vorgegebene Bewertungsregeln, die für die gesamtstädtische Bearbeitung der UVP konzipiert sind und das Vorgehen damit standardisieren, sind häufig zu wenig flexibel, um spezifische örtliche Besonderheiten mit abzudecken. Diese konnten in den bisherigen Ersteinschätzungen von den Sachbearbeitern oft aufgrund ihrer Ortskenntnisse oder gesonderter Erhebungen eingebracht werden. Am deutlichsten trat dieses Problem bei der Karte der Qualität für Flora und Fauna zu tage, wo die nach dem vorgegebenen Verfahren erzeugte Bewertungskarte nicht mit der von den Sachbearbeitern getroffenen Beurteilung übereinstimmte.

- Neben den besonderen Ausprägungen einzelner Biotope (z.B. Bachläufe) waren es vor allem Biotopvernetzungen und die Bedeutung des gesamten Gebiets als zusammenhängendes Freiflächensystem, die unberücksichtigt blieben. Einerseits waren entsprechende Bewertungskriterien im automatisierten Verfahren nicht vorgesehen und andererseits lagen die für die Berücksichtigung dieser Kriterien erforderlichen Datengrundlagen nicht vor[5].

- Eine Standardisierung des Bewertungsverfahrens kollidiert mit der konventionellen Arbeitsweise auch dahingehend, daß die bislang mögliche unterschiedliche Einschätzung der jeweiligen Sachbearbeiter entfällt. Hinsichtlich der Forderungen nach mehr Nachvollziehbarkeit der Bewertung ist eine solche Auswirkung aber grundsätzlich positiv einzuschätzen.

Eine Lösung der aufgezeigten Probleme könnte zum einen dadurch erreicht werden, daß eine Nachbearbeitung interaktiv am Bildschirm zur Ergänzung oder Änderung einzelner Kriterien oder Bewertungen ermöglicht wird. Weiterhin wäre anzustreben, daß Bewertungsregeln in enger Zusammenarbeit mit den Sachbearbeitern entwickelt werden, so daß ein Konsens geschaffen wird, der dann auch als allgemein verbindlicher Standard akzeptiert und angewendet werden könnte. Hilfreich bei der Entwicklung solcher Bewertungsregeln wäre es, wenn - besonders hinsichtlich der anzuwendenden Bewertungsmaßstäbe - politisch beschlossene, regionalisierte Umweltqualitätsziele für das Stadtgebiet vorliegen würden. Die beabsichtigte Aufstellung eines solchen UQZ-Konzepts ist daher aus Sicht der UVP-Bearbeitung wünschenswert.

Als Vorteil von GIS-gestützter Arbeitsweise wird oft angeführt, daß eine Verknüpfung von Einzelinformationen (wie etwa die Wertstufen der Einzelkriterien) zu höher aggregierten Informationen (Gesamtbewertung) möglich wird. Die auf diese Art und Weise erzeugten Informationen werden von Seiten der Planer in der Regel gefordert, weil daraus direkt Restriktionen für die Planung ableitbar sind (Bsp. Tabuzonen, eingeschränkt überplanbare Flächen). Die Praxissimulation hat jedoch gezeigt, daß sich solche Aggregationen nicht ohne weiteres sauber erzeugen lassen. Dafür müssen vor allem zwei Gründe angeführt werden:

---

[5] Die Datengrundlagen können nur z.T. fallgebietsbezogen über Ortsbegehungen erhoben werden. Die Bedeutung von Flächen für die Biotopvernetzung oder für das städtische Freiraumsystem ist nur über eine stadtweite Erhebung bestimmbar.

1. Die in der Simulation gewählte, GIS-gestützte Arbeitsweise erfordert eine klare Abgrenzung von Flächen unterschiedlicher Wertigkeit. Diese Anforderung steht jedoch im Widerspruch zum Phänomen der Unschärfe von Umweltdaten, d.h. daß bestimmte Kriterien wie etwa Kaltluftbahnen nicht exakt abgrenzbar sind[6]. Aus Darstellungsgründen werden in GIS zwar Grenzlinien gezogen, jedoch muß die damit verbundene Unsicherheit erkennbar bleiben. Aus methodischer Sicht ist aber eine Weiterverarbeitung zur Aggregation solcher Abgrenzungen durch Verschneidung unzulässig.

2. Ein zweites Problem besteht in der zu geringen Datendichte. Viele Grundlagendaten liegen nur in kleinen Maßstäben (Bsp. Bodenkarte 1:50.000) oder für weit auseinanderliegende Meßpunkte vor, so daß flächenscharfe Aussagen nicht zulässig sind.

Beide Probleme können im Prinzip auch bei analoger Arbeitsweise auftreten, sie werden bei digitaler Arbeitsweise jedoch besonders evident. Aus den dargestellten Problemen muß die Konsequenz gezogen werden, daß die Ergebnisse als Hinweise und nicht als gesichertes Faktum zu interpretieren sind. Allgemein gilt jedoch die Aussage: Eine unsichere Aussage ist besser als gar keine und sorgt immerhin dafür, daß im Zweifelsfall das Ergebnis genauer untersucht oder vor Ort überprüft wird.

In der Abschlußdiskussion mit den Projektbeteiligten ist auch die Sinnhaftigkeit vollautomatisiert erzeugter Aggregationskarten angezweifelt worden. Es wurde als sinnvoller angesehen, wenn die Sachbearbeiter die Aggregationen aus den Karten der Einzelbewertungen deduktiv ableiten und Restriktionenkarten manuell erzeugen.

Offen blieb ebenfalls, ob zusätzlich erzeugte Konfliktkarten, die auf aggregierten Bewertungskarten aufbauen, zusätzlichen Informationsgewinn mit sich bringen. Konfliktkarten können im Verfahren nur in den Fällen erzeugt werden, wo die Planungsabsichten als Entwurf vorliegen und diese dann mit den Qualitätsbeurteilungen überlagert oder verschnitten werden. Eine Alternative würde hier in der Verwendung von Szenarien bestehen.

Konfliktkarten würden allerdings die Chance bieten, die durch die geplanten Bauvorhaben entstehenden Beeinträchtigungen wesentlich eindrücklicher zu vermitteln, als dies die Bestandsbewertungen mit textlicher Konflikteinschätzung ermöglichen. Im Prinzip besteht hier also noch Forschungs- und Entwicklungsbedarf, da geklärt werden müßte, welche prinzipiellen Auswirkungen von Bauvorhaben in einer Ersteinschätzung als relevant zu berücksichtigen wären (Auswahl von Wirkungskomplexen mit entsprechenden Bewertungsregeln) und wie diese dann durch die Möglichkeiten der GIS-Technik in ihrem Konfliktpotential automatisiert dargestellt werden könnten.

Visualisierung

Die Darstellung erfolgte aus Zeitgründen mit den in Arc/Info standardmäßig vorhandenen Symbolen (Shadesets, Linesets, Markersets). Für einen Echteinsatz ist allerdings die Erstellung spezieller Symbolsätze erforderlich. Zur Vorbereitung der Druckausgabe wurde ein Testausdruck des verwendeten Flächensymbolsatzes durchgeführt, denn die Farbwiedergabe des Druckers unterscheidet sich wesentlich von der Wiedergabe am Monitor. Auch die Farbausgabe verschiedener Drucker ist unterschiedlich, so daß die Farbauswahl nur anhand eines solchen Tests durchgeführt werden kann.

---

[6] Bei Umweltdaten besteht häufig das Problem, daß Sachverhalte kaum eindeutig räumlich begrenzt werden können. Nicht klare Grenzen wie in der Vermessung (z.B. Grundstücksgrenzen) sondern rationalskalierte Kontinua (z.B. Interpolationen von Schadstoffmeßwerten verschiedener Stationen oder Temperaturfelder aus Satellitenaufnahmen) oder Phänomene ohne scharfe Abgrenzungen (Kaltluftbahnen, Bodentypen, Biotope, ...) sind zu bearbeiten (vgl. Kap. 3.3).

Visualisierung von unscharfen Daten:

Wie oben beschrieben, ist die Darstellung von Daten mit fließenden Grenzen problematisch (vgl. auch Kap. 3.3). Im vorgestellten Beispiel wurde versucht, dieser Problematik zumindest insofern gerecht zu werden, als in diesen Fällen auf die Zeichnung der Flächenränder verzichtet wurde. Als Beispiel sei die Situationskarte Boden/Altlasten genannt. Die Bodentypen wurden nicht umrandet, um den fließenden Übergang zwischen Bodenarten zu verdeutlichen. Der Straßenpuffer wurde dagegen umrandet. Hier handelt es sich im Prinzip um eine eindeutig definierte Fläche (100-m-Puffer um exakt bekannte Straßenbegrenzungen). Im Sinne der inhaltlichen Aussage dieses Puffers (Schadstoff- und Schallausbreitung) handelt es sich jedoch ebenfalls um fließende Grenzen. Zur Verdeutlichung des optischen Unterschieds wurde hier aber die Umrandung beibehalten. Im Gegensatz dazu wurde sie in der Situationskarte Synthetische Klimafunktion nicht verwendet.

Bei den meisten der verwendeten Daten sowie bei den Bewertungsergebnissen handelt es nicht um flächenscharfe Aussagen. Lediglich etwa bei der Situationskarte Realnutzung liegen relativ klar definierte Grenzen vor. Völlig scharf wie etwa Grundstücksgrenzen oder Leitungstrassen sind sie allerdings nicht. Die Darstellung mit Umringen hat sich jedoch auch optisch als geeigneter im Sinne leichterer Interpretierbarkeit herausgestellt.

Visualisierungshintergrund:

Zur Orientierung wurde den Karten - in Ermangelung der DGK-5 - die Stadtkarte bzw. die TK-25 als Rasterhintergrund hinterlegt. Während die Stadtkarte bereits in digitaler Form (als geokodiertes TIFF-Bild) übernommen werden konnte, wurde die TK-25 gescannt und geokodiert. Die Genauigkeit liegt zwar nur im Bereich mehrerer Meter, ist aber für diesen Zweck ausreichend.

Es stellte sich heraus, daß sich keiner der Rasterhintergründe generell für alle Kartenausgaben eignet (subjektive, visuelle Bewertung des Ergebnisses). So wurden beide jeweils in Abhängigkeit des thematischen Vordergrunds verwendet[7]. Dabei gilt: Für kleinräumige Themen (z.B. Realnutzung) eignet sich die TK-25 besser, weil die Geometrien besser aufeinander passen. In der Stadtkarte sind beispielsweise die Straßen viel zu breit dargestellt. Für großräumige Themen (z.B. Luftgüte) eignet sich dagegen die Stadtkarte besser, weil sie vergleichweise weniger Inhalt hat und außerdem auch bei der analogen Karte als Hintergrund verwendet wird.

Weiterhin konnte festgestellt werden, daß bei allen Themen, die keine textlichen Bezeichnungen in der Karte führen, der Rasterhintergund in Vollschwarz (100%) dargestellt werden kann, während sich Texte in den Karten, die zum Vordergrundthema gehören, nur bei einer etwa 50%igen oder niedrigeren Grauschattierung vom Rasterhintergrund abheben.

Karteninhalt:

Einige der Karten sind nach Aussagen der Nutzer in Dortmund vom Inhalt her zu komplex (z.B. Situationskarte Boden/Altlasten). Im Sinne einfacher Interpretierbarkeit und Verhinderung von Informationsverlusten (z.B. überdecken die Verdachtsflächen im angesprochenen Beispiel die Bodentypen) wäre in einigen Fällen eine Aufsplittung in mehrere Karten angeraten.

Allerdings steht eine solche Vorgehensweise im Widerspruch zu Vorstellungen des Planungsamts. Die erstellte Kartenvielfalt ist dort nicht gefragt. Statt dessen wird eine knappe textliche Einschätzung, eventuell unterlegt mit einigen wenigen Bewertungs- bzw. Konfliktkarten, erwartet. Somit erfüllen die Situationskarten und teilweise auch die Bewertungskarten - entge-

---

[7] Obwohl nur als Test gedacht, kam also auch die gescannte TK-25 zum Einsatz. Dabei stellte sich heraus, daß der gescannte Ausschnitt den Kartenausschnitt nicht vollständig überdeckte. Da dies aber nur ein Randgebiet betraf, wurde aus Zeitgründen auf einen neuen Scan- und Geokodiervorgang verzichtet.

gen den ursprünglichen Bestrebungen - lediglich eine Unterstützungsfunktion der Sachbearbeitung am Umweltamt.

Arbeitsmaßstab:

Ein erhebliches Problem stellt der Arbeitsmaßstab dar. In dem vorgestellten Beispiel wurde in 1:15.000 gearbeitet. Mittelfristig wird sich bei der Erstellung des Gebietsbriefs in Dortmund die Arbeit in 1:5.000 - nicht zuletzt durch die neuerdings verfügbare DGK-5-Rastergrundlage - etablieren. Mit den benutzten Datengrundlagen ist eine Arbeit in größeren Maßstäben auch kaum möglich bzw. sinnvoll. Das Planungsamt arbeitet jedoch in 1:500 bis 1:1.000.

Ausgabequalität:

Nach wie vor bewirken qualitativ gute Ausgaben oft mehr als inhaltlich fundierte Texte. Auch bei dem vorgestellten Beispiel zeigten sich die Nutzer in Dortmund durch die Ausgabeform beeindruckt. Weniger der Weg als vielmehr das Ergebnis wurden diskutiert. Die Diskussion der Bewertungskarte Flora/Fauna beruhte in erster Linie auf der Tatsache, daß das Ergebnis nicht der Ortskenntnis der Sachbearbeiter entsprach und aus Umweltsicht zu negativ ausfiel.

In eine ähnliche Richtung geht auch die positive Einschätzung der 3-D-Darstellung des Gebiets. Diese Karte enthält inhaltlich keine zusätzlichen Informationen. Lediglich der räumliche Eindruck des Untersuchungsgebiets kommt als Information hinzu. Ob diese Zusatzinformation jedoch in einem vertretbaren Verhältnis zum Aufwand steht, muß bezweifelt werden.

Fazit: Teilautomatisierung mit Bildschirmarbeitsmöglichkeiten bringt Qualitäts- und Effektivitätssteigerung

Die Untersuchung hat verschiedene Möglichkeiten der DV-Unterstützung des Ersteinschätzungsverfahrens aufgezeigt. Obwohl die in 6.5.1 (Vollautomatisierung) als Idee entwickelte Vollautomatisierung aus den ebenfalls dort dargestellten Gründen nicht anzustreben ist, scheint dennoch eine Standardisierung der Bearbeitungsverfahren notwendig, um überhaupt Teilschritte automatisieren zu können. Nur wenn das Verfahren immer gleich oder zumindest ähnlich abläuft, ist eine Technikunterstützung sinnvoll. Verbunden damit ist eine Strukturierung der Bewertungsverfahren, die überdies den Vorteil der Nachvollziehbarkeit der Ergebnisse hätte. Über die Möglichkeiten zur Standardisierung konnte jedoch auch in der Abschlußdiskussion kein eindeutiges Einvernehmen gefunden werden.

Statt dessen entstand bei der Abschlußdiskussion in Dortmund die Idee, die entwickelten Karten als erweiterbare Vorschläge für die Bildschirmarbeit zu implementieren. Sinnvoll wäre demnach, vom Programm, wie beschrieben (Vollautomatisierung), eine Karte als Vorschlag produzieren und am Bildschrim anzeigen zu lassen. An dieser Stelle aber muß nun der Sachbearbeiter eingreifen können und z.B. Darstellungen verändern, neue Daten integrieren oder Zusatzinformationen abrufen können. Letzteres wäre etwa durch die Markierungsmöglichkeit von Flächen am Bildschirm gegeben, um dann für diese Flächen in einem Textfenster z.B. die Informationen aus den ASCII-Dateien der Biotopdatenbank angezeigt zu bekommen. Diese Informationen sind für die Beurteilung der Flächen mitunter sehr wichtig. Bei der Kartendarstellung besteht teilweise ein hoher Informationsverlust, weil in der Legende nur wenige Informationen Platz finden.

Eine solche DV-unterstützte Arbeitsweise am Arbeitsplatz ist nach Ansicht der Beteiligten die sinnvollste Alternative. Denn einerseits stehen zwar die Informationen quasi auf Knopfdruck zur Verfügung, andererseits bleibt die Möglichkeit erhalten, den Bewertungsvorgang unabhängig von den Systemvorgaben durchzuführen.

Während bei der Praxissimulation die Makros ausschließlich zur Kartenproduktion eingesetzt wurden, kann bei stärker im Vordergrund stehender Bildschirmarbeit zwar mit technischen

Problemen gerechnet werden (z.B. die Farbdefinitionen müßten für die Bildschirmdarstellung völlig andere sein als für die Druckausgabe), diese wären aber lösbar.

Trotz mancher Einschränkungen hat die Praxissimulation bei den Nutzern zu der Einschätzung geführt, daß eine solche graphische Aufbereitung der UVP-Ersteinschätzung auch bei anderen Stellen eine erhöhte Bereitschaft zur Berücksichtigung der Umweltbelange erreicht werden kann.

Vorteile gegenüber der konventionellen Bearbeitung werden vor allem erwartet in Form von:

- Qualitätsverbesserungen, weil alle relevanten Informationen im System zusammenhängend angeboten und somit Informationslücken vermieden werden können und weil bei Gewährleistung konsequenter Datenpflege stets auch die aktuellsten Daten zur Verfügung stehen. Die digital erzeugten Situations- und Bewertungskarten (mit Ausnahme der aggregierten Bewertung) wurden prinzipiell als sehr positiv und als erheblicher Fortschritt gegenüber der bisherigen Arbeitsweise eingeschätzt, da mit dieser Grundlage erheblich besser und schneller schutzgutbezogene Planungshinweise und -empfehlungen erarbeitet werden können, die auch flächenscharf sein können, wenn die Datengrundlage es erlaubt.

- Effektivitätsteigerungen, weil Zeitersparnisse durch Standardabläufe bei der Datenabfrage und vor allem bei Darstellung (Output) erreicht werden können. Müßte jedoch für jede Untersuchung der Aufwand betrieben werden, der in die vorgestellte Praxissimulation investiert wurde (ca. 20-25 Arbeitstage), stünde dies sicher in keinem angemessenen Verhältnis zum Ergebnis und verlangte überdies von dem Benutzer eine profunde Systemkenntnis. Sind die einzelnen Automationsroutinen aber einmal entwickelt, können im täglichen Einsatz deutliche Beschleunigungseffekte erwartet werden.

Ob sich dadurch aber letztlich Einspareffekte ergeben, muß bezweifelt werden, denn einerseits muß gewonnene Zeit in Aufbau und Fortführung der digitalen Daten gesteckt werden und andererseits werden sie voraussichtlich durch die gestiegenen Qualitätsansprüche hinsichtlich Inhalt und Präsentationsform kompensiert.

7. Literatur- und Quellenverzeichnis

Literatur

AED Graphics GmbH, 1991: Grobkonzept für das Leverkusener Umweltinformationssystem LUIS, Leverkusen.

AG UVP-Gütesicherung - Arbeitsgemeinschaft UVP-Gütesicherung, 1992: UVP-Gütesicherung - Qualitätskriterien zur Durchführung von Umweltverträglichkeitsprüfungen, Dortmund.

AG UQZ - Arbeitsgemeinschaft Umweltqualitätsziele, 1995: Aufstellung kommunaler Umweltqualitätsziele. Anforderungen und Empfehlungen zu Inhalten und Verfahrensweisen, Dortmund.

AKDB - Anstalt für kommunale Datenverarbeitung in Bayern, 1992: KUNIS-Kommunales Umwelt- und Naturschutz-Informationssystem. Einführung eines einheitlichen Umwelt-Informationssystems in Bayern, Regensburg.

ARGUMENT - Arbeitsgemeinschaft für Umweltforschung und Entwicklungsplanung e.V., 1991: Vorstudie zum Aufbau eines Natur- und Umweltinformationssystems Schleswig-Holstein (NUIS-SH); Fachliche und inhaltliche Anforderungen, Kiel.

Ashdown, M.; Schaller, J., 1990: Geographische Informationssysteme und ihre Anwendung in MAB-Projekten, Ökosystemforschung und Umweltbeobachtung, Bonn (MAB-Mitteilungen, 34).

Averdung, C., 1993: Lösungsmodell zur Unterstützung raumbezogener Planungen durch wissensbasierte Informationssverarbeitung, Bonn (Schriftenreihe des Instituts für Kartographie und Topographie der Rheinischen Friedrich-Wilhelms-Universität Bonn, 21).

Backhaus, K.; Reinkemeier, C.; Voeth, M., 1994: Nachfragestrukturen und -bedürfnisse im Markt für Geographische Informationssysteme. Ergebnisse einer empirischen Analyse, (Vermessung, Photogrammetrie, Kulturtechnik, 94-6).

Bartelme, N., 1995: Geoinformatik. Modelle, Strukturen, Funktionen, Berlin.

Baubehörde-Vermessungsamt Hamburg, o.J.a: Digitale Stadtgrundkarte -Broschüre-, Hamburg.

Baubehörde-Vermessungsamt Hamburg, o.J.b: Hamburg im Bild. Wir mischen die Karten neu. Digitale Stadtkarte DISK, -Broschüre-, Hamburg.

Baumewerd-Ahlmann, A., 1987: Umweltinformationssystem Dortmund: Problemanalyse/Anforderungsdefinition und Grobentwurf für den Bereich der Umweltverträglichkeitsprüfung; Diplomarbeit, Dortmund.

Bender, B.; Sparwasser, R., 1988: Umweltrecht. Eine Einführung in das öffentliche Recht des Umweltschutzes, Heidelberg.

Bickenbach, J., 1993: Geoinformationssysteme und kommunale Infrastruktur. In: Siemens Nixdorf Informationssysteme AG (Hrsg.): 3. Internationales Anwenderforum Duisburg, 3. und 4. März 1993: Geoinformationssysteme - Neue Perspektiven, 17-29, München.

Bill, R.; Fritsch, D., 1991: Grundlagen der Geo-Informationssysteme; Bd.1 Hardware, Software und Daten, Karlsruhe.

Bill, R.; Glemser, M., 1992: Softwarevergleichsstudie marktgängiger Geoinformationssysteme. In: Günther, O.; Schulz, K.-P.; Seggelke, J. (Hrsg.): Umweltanwendungen geographischer Informationssysteme, 24-35, Karlsruhe.

Blana, H.; Böcking, H.-W.; Büscher, D.; Gorki, H. F.; Hallmann, G.; Kretzschmar, E.; Münch, D., 1984a: Bioökologischer Grundlagen- und Bewertungskatalog für die Stadt Dortmund, Teil 1: Methodik der Datenerfassung und Landschaftsbewertung, Dortmund.

Blana, H.; Böcking, H.-W.; Büscher, D.; Gorki, H. F.; Hallmann, G.; Kretzschmar, E.; Münch, D., 1984b: Bioökologischer Grundlagen- und Bewertungskatalog für die Stadt Dortmund, Teil 2: Spezielle ökologische Grundlagen und Landschaftsbewertung für das Landschaftsplangebiet "Dortmund-Nord", Dortmund.

Blana, H.; Böcking, H.-W.; Büscher, D.; Gorki, H. F.; Hallmann, G.; Kretzschmar, E.; Münch, D., 1985: Bioökologischer Grundlagen- und Bewertungskatalog für die Stadt Dortmund, Teil 3: Spezielle ökologische Grundlagen und Landschaftsbewertung für das Landschaftsplangebiet "Dortmund-Mitte", Dortmund.

Blana, H.; Böcking, H.-W.; Büscher, D.; Gorki, H. F.; Hallmann, G.; Kretzschmar, E.; Münch, D., 1990: Bioökologischer Grundlagen- und Bewertungskatalog für die Stadt Dortmund, Teil 4: Spezielle ökologische Grundlagen und Landschaftsbewertung für das Landschaftsplangebiet "Dortmund-Süd", Dortmund.

Blasig, J., 1991: Ersteinschätzung der umweltrelevanten Auswirkungen der EXPO 2000 in Hannover. UVP-report (4): 182-184.

BMI - Bundesminister des Innern (Hrsg.), 1985: Bodenschutzkonzeption der Bundesregierung, Stuttgart.

Bock, M., 1989: Umweltatlas Berlin - Aufbau eines ökologischen Planungsinstrumentes. In: Schilcher, M.; Fritsch, D. (Hrsg.): Geo-Informationssysteme Anwendungen - Neue Entwicklungen, 191-208, Karlsruhe.

Bock, M., 1990: Ansätze und Methoden DV-gestützter Informationsverarbeitung im Rahmen von Umweltverträglichkeitsprüfungen. UVP-report (2): 43-47.

Bock, M., 1991: DV-gestütztes raumbezogenes Informationssystem als Grundlage der räumlichen Planung. In: PROTEGO, Umweltnetzwerk der Innovations-Zentrum Berlin Management GmbH: Fachtagung Umweltsoftware für die UVP, Tagungsband 1 u. 2, Berlin.

Bock, M., 1995: UIS Berlin. Verbreitung von Umweltinformationen über elektronische Medien. In: Kremers, H.; Pillmann, W. (Hrsg.): Raum und Zeit in Umweltinformationssystemen, 9th International Symposium on Computer Sciences for Environmental Protection CSEP 95, Teil II, 525-535. Marburg.

Bock, M.; Fahrenhorst, C.; Fellner, B.; Garz B.; Goedecke, M.; Krüger, C.; Storch, H.; Sydow, M., 1990: Ökologisches Planungsinstrument Berlin Naturhaushalt / Umwelt, Berlin.

Bock, M.; Knauer, P., 1993: Umweltinformationssysteme - Zeit zum Umdenken? Probleme und Erfahrungen eines praxisorientierten Ansatzes aus Berlin. In: Ossing, F. (Hrsg.): Umwelt-Informatik für Kommune und Betrieb, 125-144, Marburg.

Bock, M.; Nouhuys, J. v., 1995: UIS Berlin - Verbreitung von Umweltinformationen über elektronische Medien. In: Dollinger, Strobl J. (Hrsg.): Angewandte geographische Informationsverarbeitung VII, Beiträge zum GIS-Symposium 05.-07.Juli 1995, 33-38, Salzburg (Salzburger Geographische Materialien 22).

Buhmann, E.; Wiesel, J., i.V. : GIS-Report '95. Software-Daten-Fakten.

Büscher, H., 1993: Kartier- und GIS-Software. Eine Herstellerbefragung, Nürnberg (Statistische Nachrichten der Stadt Nürnberg, S 1/93).

Büscher, K.; Kirchhoff, Ch.; Streit, U.; Wiesmann, K., 1992: Vergleich der Nutzbarkeit und Auswahl von GIS für die Regionalisierung in der Hydrologie, Münster (Werkstattberichte Umweltinformatik - Agrarinformatik - Geoinformatik, 1).

Cummerwie, H.-G., 1991: Wuppertal realisiert MERKIS. In: Schilcher, M.: Geo-Informatik: Anwendungen, Erfahrungen, Tendenzen; Beiträge zum internationalen Anwenderforum 1991 Geo-Informationssysteme und Umweltinformatik, Duisburg 20. - 21.2.91/ Siemens Nixdorf AG, 313-320, Berlin, München.

Czorny, E.; Dresselhaus, W.; Haas, D.; Hamels, B.-P., 1994: EXCEPT: Symbiose aus Forschung, Anwendungsentwicklung und Anwendern. In: Hilty, L.M.; Jaeschke, A.; Page, B.; Schwabl, A.: Informatik für den Umweltschutz. 8. Symposium, Hamburg 1994. Band I, 133-143, Marburg.

Czorny, E.; Flörke, R.; Kanning, H., 1991: Umweltmodellbildung für ein kommunales Umweltinformationssystem - 4.Projekt am Institut für Landesplanung und Raumforschung der Universität Hannover, Hannover.

Der Bundesminister für Umwelt, Naturschutz und Reaktorsicherheit (Hrsg.), 1986: Leitlinien der Bundesregierung zur Umweltvorsorge durch Vermeidung und stufenweise Verminderung von Schadstoffen (Leitlinien Umweltvorsorge), (Bundestagsdrucksache, 6028).

Der Oberbürgermeister der Landeshaupstadt Dresden, 1992: Das Kommunikationssystem im Amt für Umweltschutz. In: Der Oberbürgermeister der Landeshauptstadt Dresden: Jahresbericht 1992 des Dezernates für Umwelt, 87-91, Dresden.

Deutscher Städtetag, 1988: Maßstabsorientierte Einheitliche Raumbezugsbasis für Kommunale Informations-Systeme (MERKIS), Köln.

Di Fabio, U., 1991: Entscheidungsprobleme der Risikoverwaltung. Natur und Recht 13 (8): 353-359.

Diening, A., 1989: DIM, Daten- und Informationssystem für den Minister für Umwelt, Raumordnung und Landwirtschaft des Landes NRW (MURL). In: IBM Deutschland GmbH: Hochschulkongreß 89 Informationsverarbeitung in Hochschule, Forschung und Industrie, 1-4, Berlin.

Dornier GmbH, 1993: Perspektiven für den Einsatz eine Geographischen Informationssystems in der kommunalen Umweltplanung, Friedrichshafen.

Du Bois, W., 1992: Umweltinformationssystem (UMWISS) des Umlandverbandes Frankfurt/M. (UVF). In: Du Bois, W.; Otto-Zimmermann, K. (Hrsg.): Umweltdaten in der kommunalen Praxis, 163-174, Taunusstein.

Du Bois, W., 1993: Stand und Entwicklungsperspektiven des Umweltinformationssystems Münster. Vortrag während des Arbeitskreistreffens Kommunale Umweltinformationssysteme, Neuss 30.09-01.10.93, Neuss.

Du Bois, W., 1995: Einführung: Alte Probleme - neue Strategien für die Einführung und Weiterentwicklung von kommunalen Umweltinformationssystemen. In: Kremers, H.; Pillmann, W. (Hrsg.): Raum und Zeit in Umweltinformationssystemen, 9th International Symposium on Computer Sciences for Environmental Protection CSEP 95, Teil II, 508-516. Marburg.

Ellenberg, H.; Mayer, R.; Schauermann, J. (Hrsg.), 1986: Ökosystemforschung - Ergebnisse des Solling-Projektes 1966-1986, Stuttgart.

Elzer, P.F., 1994: Management von Softwareprojekten, Braunschweig.

Engel, A. (Hrsg.), 1994: Umweltinformationssysteme in der öffentlichen Verwaltung, Heidelberg (Schriftenreihe Verwaltungsinformatik, 10).

Engel, A.; Troitzsch, K. G.; Weber, U., 1994: Konzept eines Umweltinformationssystems für den Landkreis Birkenfeld. In: Engel, A. (Hrsg.): Umweltinformationssysteme in der öffentlichen Verwaltung, 117-131, Heidelberg (Schriftenreihe Verwaltungsinformatik, 10).

Engelhardt, H., 1992: Aus der Rechtsprechung zum Immissionsschutzrecht. Natur und Recht 14 (3): 108-113.

Erat, S., 1991: Altlastenkataster Karlsruhe. In: Schilcher, M.: Geo-Informatik: Anwendungen, Erfahrungen, Tendenzen; Beiträge zum internationalen Anwenderforum 1991 Geo-Informationssysteme und Umweltinformatik, Duisburg 20. - 21.2.91/ Siemens Nixdorf AG, 535-539, Berlin, München.

Erbguth, W., 1984: Weiterentwicklung raumbezogener Umweltplanungen: Vorschläge aus rechts- und verwaltungswissenschaftlicher Sicht, Münster.

Erhardt, J., 1994: Europäische Initiative. iX Multiuser Multitasking Magazin 9.

Falck, P., 1992: Aufbau eines kommunalen Umweltinformationsystems unter besonderer Berücksichtigung des interkommunalen und vertikalen Datenaustausches. In: Fiebig, K.-H.; Bula, A.; Hinzen, A.: Kommunale Umweltinformationssysteme III - Beiträge von Landesinformationssystemen für kommunale Umweltinformationssysteme; Tagungsbericht Hannover 1991, 31-48, Berlin (difu-Materialien, 1).

Fedra, K.; Weigkricht, E., 1990: Environmental Information System Hannover: a modular design. Umweltinformationssystem Hannover: Entwicklung einer modularen Konzeption, Hannover.

Fiebig, K.-H., 1992: Kommunale Umweltberichterstattung in der Bundesrepublik Deutschland. In: Weidner, H.; Zieschank, R.; Knoepfel, P. (Hrsg.): Umwelt-Information: Berichterstattung und Informationssysteme in zwölf Ländern, 148-162, Berlin.

Fiebig, K.-H., Bula, A.; Hinzen, A., 1990a: Kommunale Umweltinformationssysteme - Zum Entwicklungs- und Erfahrungsstand, Berlin (difu-Materialien, 5).

Fiebig, K.-H.; Bula, A.; Hinzen, A., 1990b: Modellentwicklung im Bereich Boden und Grundwasser - Beispiele methodischer Bewertungsansätze im Rahmen des "Ökologischen Planungsinstruments Berlin" und erste Arbeitsergebnisse. In: Fiebig, K.-H., Bula, A.; Hinzen, A.: Kommunale Umweltinformationssysteme - Zum Entwicklungs- und Erfahrungsstand, 26-34, Berlin (difu-Materialien, 5).

Fiebig, K.-H.; Bula, A.; Hinzen, A., 1992a: Kommunale Umweltinformationssysteme III - Beiträge von Landesinformationssystemen für kommunale Umweltinformationssysteme; Tagungsbericht Hannover 1991, Berlin (difu-Materialien, 1).

Fiebig, K.-H.; Bula, A.; Hinzen, A., 1992b: Modellentwicklung eines kommunalen Umweltinformationssystems im Rahmen des Ökologischen Forschungsprogramms Hannover; Teilprojekt "Interkommunaler Informationsaustausch zum ÖFH", Berlin.

Fiebig, K.-II.; Bula, A.; Hinzen, A., 1993: Kommunale Umweltinformationssysteme IV. Erkenntnisse und Erfahrungen - Dokumentation der Ergebnisse des Difu-Beitrags zum "Ökologischen Forschungsprogramm Hannover", Berlin (difu-Materialien, 10).

Fischer, G.; Wagner, J., 1994: Hybride graphische Datenverarbeitung in einem kommunalen Umweltinformationssystem. In: Siemens Nixdorf Informationsysteme AG: SICAD-Umwelt-Anwendungen, SICAD-Sonderkurier Nr. 58, 119-122, Paderborn, München.

Föcker, E., 1991: Kommunale Umweltinformationssysteme (KUIS). In: Fiedler, K. P. (Hrsg.): Kommunales Umweltmanagement - Handbuch für praxisorientierte Umweltpolitik und Umweltverwaltung in Städten, Kreisen und Gemeinden, 321-363, Köln.

Frey, K., 1990: Kommunale Umweltinformationssysteme, München.

Führ, M.; Sailer, M., 1994: Bürgerbeteiligungsmodell im Rahmen des Ökom-Parks im Landkreis Birkenfeld. In: Engel, A. (Hrsg.): Umweltinformationssysteme in der öffentlichen Verwaltung, 132-140, Heidelberg (Schriftenreihe Verwaltungsinformatik, 10).

Fürst, D.; Kiemstedt, H.; Gustedt, E.; Ratzbor, G.; Scholles, F., 1989: Umweltqualitätsziele für die ökologische Planung - Forschungsbericht -, Hannover.

Fürst, D.; Klinger, W.; Knieling, J.; Mönnecke, M.; Zeck, H.; Czorny, E.; Höhn, M.; Kretzler, E., 1990: Planung und Gemeinde-Kooperation in Verdichtungsräumen. Regionalverbände im Vergleich, Hannover.

Fürst, D.; Martinsen, R., i.V.: Reaktionsweisen kommunaler Umweltschutzverwaltungen gegenüber wachsenden Anforderungen. Endbericht.

Gappel, J., 1988: Abschlußbericht zum Modellprojekt Umweltkataster, Düsseldorf.

Gappel, J., 1990: Das Verdachtsflächenkataster des Rhein-Sieg-Kreises als Einstieg in ein Umweltinformationssystem - Chancen und Probleme. In: Landschaftsverband Rheinland - Referat Umweltschutz/Landespflege: Kommunale Umweltinformationssysteme Tagungsbericht zum Werkstattgespräch am 7. November 1989 in Köln, 49-60, Köln.

Gappel, J., 1991: Computerunterstützte Altlastenbearbeitung beim Rhein-Sieg-Kreis. In: Schilcher, M.: Geo-Informatik: Anwendungen, Erfahrungen, Tendenzen; Beiträge zum internationalen Anwenderforum 1991 Geo-Informationssysteme und Umweltinformatik, Duisburg 20. - 21.2.91/ Siemens Nixdorf AG, 527-533, Berlin, München.

Gollan, B., 1994: Umweltinformationssysteme auf Landesebene - am Beispiel des Bodeninformationssystems des Landes Nordrhein-Westfalen. Informationstechnik und Technische Informatik 36 (4/5): 38-42.

Greve, K., 1993: Vorüberlegungen zur Konzeption des Hamburger Umwelt-Informations-Systems und der Integration von Elementen Geographischer Informationssysteme. Salzburger Geographische Materialien (20): 129-135.

Greve, K.; Häuslein, A., 1994: Metainformationen in Umweltinformationssystemen. In: Hilty, L.M.; Jaeschke, A.; Page, B.; Schwabl, A.: Informatik für den Umweltschutz. 8. Symposium, Hamburg 1994. Band I, 169-178, Marburg.

Greve, K., Maier, K. u. M. Schaper, 1995: Digitaler Umweltatlas Hamburg 1995. Eine Anforderungsanalyse. In: Kremers, H.; Pillmann, W. (Hrsg.): Raum und Zeit in Umweltinformationssystemen, 9th International Symposium on Computer Sciences for Environmental Protection CSEP 95, Teil II, 517-524. Marburg.

Groß, C.; Mönninghoff, H., 1994: Abwasser-Entgiftung. Erfahrungen mit konsequenter Indirekteinleiterüberwachung in Hannover. AKP - Fachzeitschrift für Alternative Kommunalpolitik (4): 55-58.

Grünreich, D., 1992: Aufbau von Geo-Informationssystemen im Umweltschutz mit Hilfe von AKTIS. In: Günther, O.; Schulz, K.-P.; Seggelke, J. (Hrsg.): Umweltanwendungen geographischer Informationssysteme, 3-14, Karlsruhe.

Haber, W.; Spandau, L.; Tobias, K., 1990: Ökosystemforschung Berchtesgarden. Schlußbericht. Forschungsbericht 101 04 040/04, UBA-FB 86-114, Berlin.

Häckl, G., 1992: Einführung eines landesweiten EDV-Systems zur Umweltüberwachung in Bayern. In: Fiebig, K.-H.; Bula, A.; Hinzen, A.: Kommunale Umweltinformationssysteme III - Beiträge von Landesinformationssystemen für kommunale Umweltinformationssysteme; Tagungsbericht Hannover 1991, 54-66, Berlin (difu-Materialien, 1).

Happe, M.; Grabe, C.; Kaschlun, W.; Mücke, D., 1995: Aufbau einer stadtökologischen Grundlageninformation in Düsseldorf. Forschungs- und Entwicklungsvorhaben der Landeshauptstadt Düsseldorf, Düsseldorf (Landeshauptstadt Düsseldorf. Beiträge zur Stadtplanung und Stadtentwicklung, 8).

Happe, M.; Mücke, D., 1994: Stadtökologisches Informationssystem. Bericht zum Aufbau einer Planungsdatendank in Düsseldorf. RaumPlanung. Mitteilungen des Informationskreises für Raumplanung e.V. (67): 269-277.

Hasselberger, R., 1994: Das Projekt Wiener Umweltinformationssystem (WUIS). In: Dollinger, Strobl, J. (Hrsg.): Angewandte geograpische Informationsverarbeitung VI; Beiträge zum GIS-Symposium 6.- 8. Juli 1994, 237-246, (Salzburger Geographische Materialien, 21).

Heinrich, R.D.; Niedersächsisches Landesamt für Bodenforschung, 1994: GIS in der Raumplanung, Hannover.

Henning, I., 1993: Von Sachdaten zu Führungsinformation - Das Umwelt-Führungs-Informationssystem Baden-Württemberg. In: Jaeschke, A.; Kämpke, T.; Page, B.; Radermacher, F.J. (Hrsg.): Informatik für den Umweltschutz. Proceedings, 7. Symposium Ulm 31.3.- 2.4.1993, Berlin.

Höing, W., 1990: Das Umweltinformationssystem Dortmund -UDO-. UVP-report (2): 50-52.

Höing, W., 1992: Das Umweltinformationssystem Dortmund. In: Du Bois, W.; Otto-Zimmermann, K. (Hrsg.): Umweltdaten in der kommunalen Praxis, 175-182, Taunusstein.

Höing, W.; 1994: UVP in der Bauleitplanung - Konkrete Beispiele für eine ökologische Stadtentwicklung Dortmund. LÖBF-Mitteilungen (2/94): 19-23.

Hollmann, J., 1992: Aufbau des Daten- und Informationssytems des MURL NW und Möglichkeiten des Informationsaustauschs mit anderen Verwaltungsebenen. In: Fiebig, K.-H.; Bula, A.; Hinzen, A.: Kommunale Umweltinformationssysteme III - Beiträge von Landesinformationssystemen für kommunale Umweltinformationssysteme; Tagungsbericht Hannover 1991, 11-30, Berlin (difu-Materialien, 1).

IBM GmbH, 1991a: Umwelt ist überall - Die Stadtverwaltung Düsseldorf baut sich ein umfassendes raumbezogenes Umweltinformationssystem auf. IBM Nachrichten 41 (306): 36-40.

IBM GmbH (Hrsg.), 1991b: Verfahrensunterstützung Umweltverträglichkeitsprüfung VERUM, Entscheidungsunterstützung EXCEPT; Projekt Überblick, .

Illic, P.; Lahnstein, G., 1986: Aufbau und Betrieb einer Datenbank "Schadstoff-Kataster" beim Umlandverband Frankfurt. Naturschutzarbeit in Mecklenburg 33 (12): 1208-1215.

Illic, P.; Lahnstein, G., 1991: Einführung einer Datenbank "Schadstoff-Kataster" beim Umlandverband Frankfurt als Instrument des Umweltschutzes.

INPLUS GmbH Informationsverarbeitung für Planung, Umwelt, Statistik, 1991: Integrierte Umweltüberwachung UMSYS.

Ireland, P., 1994: Chemnitz comes in from the cold. GIS Europe 3 (7): 21-23.

Jaeschke, A.; Kämpke, T.; Page, B.; Radermacher, F.J. (Hrsg.), 1993: Informatik für den Umweltschutz. Proceedings, 7. Symposium Ulm 31.3.- 2.4.1993, Berlin.

Jensen, S., 1994: GEOinformationsSystem UMwelt (GEOSUM) des Niedersächsischen Umweltministeriums - Integrationslösung für Fachsysteme. Geo-Informationssysteme 7 (5).

Jerosch, R., 1993: Der Aufbau einer maßstabsorientierten einheitlichen Raumbezugsbasis für kommunale Informationssysteme bei der Stadt Wuppertal, Wuppertal.

Jesorsky, C.; Nouhuys, J. v., 1991: Informationsbedarf zum gebietsbezogenen Umweltschutz im Rahmen der Prüfung von Raumordnungsplänen und raumbezogenen Fachplänen - Vorstudie, Berlin.

Junius, H.; Wegener, M., 1994: Geoinformationssysteme in den Kommunalverwaltungen Deutschlands. In: KGSt - Kommunale Gemeinschaftsstelle (Hrsg.): Raumbezogene Informationsverarbeitung in Kommunalverwaltungen, 63-76, Köln (KGSt-Bericht, 12/1994).

Kaiser, R.; Lenz, T.; Nebocar, I.; Bayer, H.., 1994: Reform an Haupt und Gliedern. AKP - Fachzeitschrift für Alternative Kommunal Politik , (5), 56-58.

Kamieth, H., 1991: Prozeß-UVP zur EXPO 2000 in Hannover. UVP-report (4): 178-179.

Kamieth, H.; Czorny, E., 1994: EXCEPT in der kommunalen Anwendung. Erfahrungsbericht zum Einsatz im Planungsprozeß EXPO 2000 in Hannover: Erstellung von Basiswissen; Vortrag. In: 4. Kongreß Umweltverträglichkeitsprüfung (UVP): IBM - Sonderveranstaltung Informationstechnologie in der Umweltverträglichkeitsprüfung, Freiburg.

Karpe, H.J. et al., 1979: Vorschläge zur besseren Einbindung des Umweltschutzes in den kommunalen Planungs- und Politikvollzug, Dortmund (INFU-Werkstattberichte, 2), zitiert in Frey 1990.

Kaufhold, G., 1993: Von der Bildung von Datenmodellen zum Informationsmanagement im Umweltinformationssystem Baden-Württemberg. In: Jaeschke, A.; Kämpke, T.; Page, B.; Radermacher, F.J. (Hrsg.): Informatik für den Umweltschutz. Proceedings, 7. Symposium Ulm 31.3.- 2.4.1993, 338-367, Berlin.

Keitel, A.; Müller, M., 1995: Die Integration von Sachdaten, Geodaten und Metadaten im Umweltinformationssystem Baden-Württemberg. In: Kremers, H.; Pillmann, W. (Hrsg.): Raum und Zeit in Umweltinformationssystemen, 9th International Symposium on Computer Sciences for Environmental Protection CSEP 95, Teil I, 400-407. Marburg.

KGSt - Kommunale Gemeinschaftsstelle (Hrsg.), 1990: Technikunterstützte Informationsverarbeitung (TUI) in Kommunalverwaltungen: Umfrage Herbst 1989, Köln (KGSt-Bericht, 1/1990).

KGSt - Kommunale Gemeinschaftsstelle (Hrsg.) 1991: Kommunale Umweltinformationssysteme - Empfehlungen zu ihrem schrittweisen Aufbau, Köln (KGSt-Bericht, 5/1991).

KGSt - Kommunale Gemeinschaftsstelle (Hrsg.), 1994: Raumbezogene Informationsverarbeitung in Kommunalverwaltungen, Köln (KGSt-Bericht, 12/1994).

Kienbaum, 1988: Vor- und Hauptuntersuchung für das Daten- und Informationssystem des Ministeriums für Umwelt, Raumordnung und Landwirtschaft des Landes Nordrhein-Westfalen (DIM), Düsseldorf.

Kirchhof, R.; Gappel, J., 1987: Modellprojekt Umweltkataster des Landkreistages Nordrhein-Westfalen. der landkreis (10): 481-483.

Klasa, I., 1994: DV-gestütztes Abfall- und Wertstoffkataster für den Kreis Birkenfeld als Einstieg in ein kommunales Informationssystem. In: Engel, A. (Hrsg.): Umweltinformationssysteme in der öffentlichen Verwaltung, 141-157, Heidelberg (Schriftenreihe Verwaltungsinformatik, 10).

Kleffner, U.; Ried, W. M., 1995: Programm-UVP in der Flächennutzungsplanung beim Stadtverband Saarbrücken. In: Stadtverband Saarbrücken - Umweltamt (Hrsg.): Strategische Umweltvorsorge in der Flächennutzungsplanung. Tagungsmappe. Fachtagung vom 30.-31.03.95 im Festsaal des Saarbrücker Schlosses, 25-52, Saarbrücken.

Kleinschmidt, V.; Junius, H.; Schauerte-Lüke, N., 1993: Rechnergestützte Umweltgüteplanung - ein Pilotprojekt. Natur und Landschaft 68 (1): 3-7.

Klingemann, J.; Schaarschmidt, A., 1991: Einführung der digitalen Stadtkarte bei der Landeshauptstadt Hannover, München/Hannover.

Kloepfer, M., 1993: Handeln unter Unsicherheit im Umweltstaat. In: Gethmann, C.F.; Kloepfer, M.: Handeln unter Risiko im Umweltstaat, 55-98, Berlin.

Knauer, P., 1990: Stand der flächenrepräsentativen Umweltbeobachtung an Ökosystemen des Bundesgebietes. In: Landesanstalt für Umweltschutz Baden-Württemberg Abt. 2 - Grundsatz, Ökologie: Methoden zur Wirkungserhebung in Wald-Dauerbeobachtungsflächen -Schwerpunkt Botanik-, Tagungsband zum Workshop vom 21. - 23.5.90 in Karlsruhe, 15-23, Karlsruhe (Beihefte zu den Veröffentlichungen für Naturschutz und Landschaftspflege in Baden-Württemberg, 64).

Knauer, P., 1992: Umweltinformationssyteme als Instrument der Umweltpolitik. In: Günther, O.; Schulz, K.-P.; Seggelke, J. (Hrsg.): Umweltanwendungen geographischer Informationssysteme, 169-179, Karlsruhe.

Kock, U., 1995: Aufbau des Umweltinformationssystems der Stadt Münster und dessen Implementierung mit Hilfe verschiedener Softwaretechniken. In: Kremers, H.; Pillmann, W. (Hrsg.): Raum und Zeit in Umweltinformationssystemen, 9th International Symposium on Computer Sciences for Environmental Protection CSEP 95, Teil II, 593-600. Marburg.

Koeppel, H.-W.; Arnold, F., 1981: Landschafts-Informationssystem, Bonn-Bad Godesberg (Schriftenreihe für Landschaftspflege und Naturschutz, 21).

Kohlhas, E., 1990: Erfahrungsbericht zum Stand des Umweltinformationssystems der Stadt Wuppertal. In: Landschaftsverband Rheinland - Referat Umweltschutz/Landespflege: Kommunale Umweltinformationssysteme Tagungsbericht zum Werkstattgespräch am 7. November 1989 in Köln, 61-67, Köln.

Kohm, J., 1993: Das Technosphäre- und Luft-Informationssystem als Instrument für die Entscheider in der Umweltschutzverwaltung. In: Jaeschke, A.; Kämpke, T.; Page, B.; Radermacher, F.J. (Hrsg.): Informatik für den Umweltschutz. Proceedings, 7. Symposium Ulm 31.3.- 2.4.1993, 369-391, Berlin.

Kolodziejcok, K.-G.; Recken, J., 1977: Naturschutz, Landschaftspflege und einschlägige Regelungen des Forstrechts. Ergänzbarer Kommentar, Berlin.

Konerding, R.; Wahle, H.; Will, G., 1992: Die kommunale UVP in Hannover, Hannover (Schriftenreihe kommunaler Umweltschutz, 2).

Kreis Wesel (Hrsg.), 1992: Umweltinformationssystem (UIS) des Kreises Wesel, Wesel.

Kremers, H., 1993: Object structure of the municipal enviroment. In: o.Hrsg.: Proceedings, GIS for Environment, Jagiellonian University, 1-12, Krakow.

Kuhlen, R., 1983: Informationsverarbeitung in Organisationen. Die Rekonstruktion der Notwendigkeit eines Informationsmanagements in öffentlichen Verwaltungen und privaten Unternehmungen. In: Kuhlen, R.: Koordination von Informationen. Die Bedeutung von Informations- und Kommunikationstechnologien in privaten und öffentlichen Verwaltungen. IX. Verwaltungsseminar Konstanz 5.-7.Mai 1983, 1-25, Konstanz.

Kühling, W., 1992: Notwendige Anmerkungen zum Entwurf der Allgemeinen Verwaltungsvorschrift zur Ausführung des Gesetzes über die Umweltverträglichkeitsvorschrift. UVP-report 6 (1): 2-6.

Kühling, W.; Peters, H.-J., 1994: Die Bewertung der Luftqualität bei Umweltverträglichkeitsprüfungen. Bewertungsmaßstäbe und Standards zur Konkretisierung einer wirksamen Umweltvorsorge, Opladen (Beiträge zur sozialwissenschaftlichen Forschung, 10).

Kühling, W.; Wegener, G., 1983: Umweltgüteplanung. Dortmund (Dortmunder Beiträge zur Raumplanung, 29).

Kutschera, P., 1994: Visualisierung von Umweltmeßdaten im WWW, Seibersdorf, Österreich.

KVR - Kommunalverband Ruhrgebiet (Hrsg.), 1986: Klimaanalyse Stadt Dortmund, Essen.

Landeshauptstadt Kiel (Hrsg.), 1990: Konzept zur Einführung eines Umweltinformationssystems für die Landeshauptstadt Kiel, Unveröffentl. Manuskript.

Landeshauptstadt München - Umweltschutzreferat (Hrsg.), 1994: UISM - Umweltinformationssystem München. Umweltdaten-Katalog, München.

Landkreis Osnabrück (Hrsg.), 1992: Das Kommunale Raumbezogene Informationssystem (KRIS) beim Landkreis Osnabrück -Phase I- Situationsbericht, Osnabrück.

Landkreis Osnabrück (Hrsg.), 1993a: Das Kommunale Raumbezogene Informationssystem (KRIS) beim Landkreis Osnabrück -Phase I- Lösungsvorschlag, Osnabrück.

Landkreis Osnabrück (Hrsg.), 1993a: Das Kommunale Raumbezogene Informationssytem (KRIS) beim Landkreis Osnabrück -Phase I- Fachkonzept, Osnabrück.

Landkreis Osnabrück (Hrsg.), 1993c: Das Kommunale Raumbezogene Informationssystem (KRIS) beim Landkreis Osnabrück. Projektbeschreibung, Osnabrück.

Lee, Y. H., 1991: Umweltpolitik und Umweltinformation in Ballungsräumen - Vergleichende Fallstudie der Umweltinformationssysteme in Berlin (West) und Seoul (Republik Korea), Baden-Baden.

Lenk, K., 1991: Führungsinformation: Was heute mit technischer Unterstützung möglich ist. In: Reinermann, H. (Hrsg.): Führung und Information, 16-29, Heidelberg.

Lessing, H.; Schmalz, R., 1994: Der Umwelt-Datenkatalog Niedersachsen. In: Engel, A. (Hrsg.): Umweltinformationssysteme in der öffentlichen Verwaltung, 79-88, Heidelberg (Schriftenreihe Verwaltungsinformatik, 10).

Lessing, H.; Schütz, T., 1994: Der Umwelt-Datenkatalog als Instrument zur Steuerung von Informationsflüssen. In: Hilty, L.M.; Jaeschke, A.; Page, B.; Schwabl, A.: Informatik für den Umweltschutz. 8. Symposium, Hamburg 1994. Band I, 159-168, Marburg.

Lessing, R., 1994: Zur Definition eines Umweltinformationssystems. Vortrag auf dem 2. Workshop des GI-Arbeitskreises "Integration von Umweltdaten"; 2.-4.02.1994 Schloß Dagstuhl, Unveröffentl. Manuskript.

LHH - Landeshauptstadt Hannover (Hrsg.), 1992a: Vorschläge zum Aufbau eines kommunalen Umweltinformationssystems, Hannover.

LHH - Landeshauptstadt Hannover (Hrsg.), 1992b: Modellentwicklung eines kommunalen Umweltinformationssystems im Rahmen des "Ökologischen Forschungsprogramms Hannover". Abschlußbericht, Hannover.

LHH - Landeshauptstadt Hannover (Hrsg.), 1993a: Umweltverträglichkeitsprüfung mit EXCEPT, Hannover.

LHH - Landeshauptstadt Hannover (Hrsg.), 1993b: Umweltbericht. Daten und Fakten 1992, Hannover (Schriftenreihe kommunaler Umweltschutz, 4).

LHH - Landeshauptstadt Hannover (Hsrg.), 1994a: KURD - Katalog UmweltRelevanter Daten, Hannover.

LHH - Landeshauptstadt Hannover (Hrsg.), 1994b: Aufbau eines kommunalen Umweltinformationssystems. Ergebnisse aus dem BMfT-Projekt 0716012 2A: Workshop "Integration von Umweltinformationssystemen", Hannover.

Lützow, G., 1988: Von der Realnutzungskartierung zum geographischen Informationssytem. In: Universität Karlsruhe (TH); Institut für Photogrammetrie und Fernerkundung (IPF): Seminar: Geo-Informationssysteme in der öffentlichen Verwaltung 29.2 - 4.3.1988, 68-81, Karlsruhe.

Mandl, P., 1994: Räumliche Entscheidungsunterstützung mit GIS: Nutzwertanalyse und Fuzzy-Entscheidungsmodellierung. In: Dollinger, Strobl, J. (Hrsg.): Angewandte geograpische Informationsverarbeitung VI; Beiträge zum GIS-Symposium 6.- 8. Juli 1994, 463-474, (Salzburger Geographische Materialien, 21).

Martinsen, R.; Fürst, D., 1987: Organisation des Kommunalen Umweltschutzes, Hannover (Beiträge zur räumlichen Planung, 17).

Martiny, L.; Klotz, M., 1990: Strategisches Informationsmanagement. Bedeutung und organisatorische Umsetzung, München (Handbuch der Informatik, 12.1).

Matthias, E., 1993: Neue Lösungen in der Stadtkartographie am Beispiel Hamburg. In: Deutsche Gesellschaft für Kartographie e.V., AK Kartographie und Geo-Informationsysteme (Hrsg.): Kartographie und Geo-Informationsysteme, 122-128, Bonn (Kartographische Schriften, 1).

Mayer-Föll, R., 1993: Das Umweltinformationssystem Baden-Württemberg. Zielsetzung und Stand der Realisierung. In: Jaeschke, A.; Kämpke, T.; Page, B.; Radermacher, F.J. (Hrsg.): Informatik für den Umweltschutz. Proceedings, 7. Symposium Ulm 31.3.- 2.4.1993, 313-337, Berlin.

McKinsey, 1988: Konzeption des ressortübergreifenden Umweltinformationssystems (UIS) im Rahmen des Landessystemkonzeptes Baden-Würtemberg, 12 Bände, Stuttgart.

MI-BW - Innenministerium Baden-Württemberg (Hrsg.), 1991: Umweltinformationssystem Baden-Württemberg, Stuttgart (Verwaltung 2000, 6).

Müller, M., 1992: Entwicklung des Räumlichen Informations- und Planungssystems (RIPS) als übergreifende Komponente des Umweltinformationssystems Baden-Württemberg. In: Günther, O.; Schulz, K.-P.; Seggelke, J. (Hrsg.): Umweltanwendungen geographischer Informationssysteme, 134-146, Karlsruhe.

Mummert + Partner - Unternehmensberatung, 1991: Vorstudie zum Aufbau eines Natur- und Umweltinformationssystems Schleswig-Holstein, Kiel.

MUN - Ministerium für Umwelt und Naturschutz des Landes Sachsen-Anhalt (Hrsg.), 1992: Konzeption des Ressortübergreifenden Umweltinformationssystems des Landes Sachsen-Anhalt, Magdeburg.

MUNR - Ministerium für Umwelt, Naturschutz und Raumordnung des Landes Brandenburg (Hrsg.), 1992: Machbarkeitsstudie Landesumweltinformationssystem Brandenburg, Potsdam.

MUNR - Ministerium für Umwelt, Naturschutz und Raumordnung des Landes Brandenburg (Hrsg.), 1993: Management geographischer Daten. Grundlagen - Perspektiven - Maßnahmen, Potsdam.

MURL - Ministerium für Umwelt, Raumordnung und Landwirtschaft Nordrhein-Westfalen (Hrsg.), 1992: Expertengespräch "Entwicklungsperspektiven des DIM" 30.04.1992. Ergebnisniederschrift, Düsseldorf.

Mutz, M., 1993: Der Aufbau eines kommunalen technischen Informationssystems. Der Städtetag (10): 695-698.

Niedergethmann, B., 1994: Beschleunigungsgesetze für die Bauleitplanung und die kommunale UVP. UVP-report (2): 89-90.

Niedersächsisches Umweltministerium (Hrsg.), 1991: NUMIS. Führungsinformationssystem. Feinkonzept für das Führungsinformationssystem des Niedersächsischen Umwelt-Informationssystem -Gesamtbericht-, Hannover.

Niedersächsisches Umweltministerium (Hrsg.), 1993a: Der Umwelt-Datenkatalog; Band 1: Grobkonzept und Fachliche Feinkonzepte, Hannover.

Niedersächsisches Umweltministerium (Hrsg.), 1993b: Der Umwelt-Datenkatalog Band 2: DV-technische Feinkonzepte, Hannover.

NLfB - Niedersächsisches Landesamt für Bodenforschung (Hrsg.), 1989: Arbeitsgruppe "Bodeninformationssytem der Sonderarbeitsgruppe "Informationsgrundlagen Bodenschutz" der Umweltminister-Konferenz. Vorschlag für ein länderübergreifendes Bodeninformationssystem, Hannover.

Nouhuys, J. v., 1992: Ökologisches Planungsinstrument Berlin. In: Du Bois, W.; Otto-Zimmermann, K. (Hrsg.): Umweltdaten in der kommunalen Praxis, 147-162, Taunusstein.

Nouhuys, J. v.; Schmitt, B., 1992: Hardware- und Implementierungskosten. In: Du Bois, W.; Otto-Zimmermann, K. (Hrsg.): Umweltdaten in der kommunalen Praxis, 121-124, Taunusstein.

ÖKOMPARK Projektierungs- und Marketing GmbH, 1994: Region Birkenfeld - Umweltwirtschaft für die Zukunft, Birkenfeld.

Otto-Zimmermann, K.; Du Bois, W., 1992: Aufgaben der kommunalen Umweltpflege und Stellenwert von Umweltdaten. In: Du Bois, W.; Otto-Zimmermann, K. (Hrsg.): Umweltdaten in der kommunalen Praxis, 13-23, Taunusstein.

Page, B., 1986: Studie über DV-Anwendungen in den Umweltbehörden des Bundes und der Länder. Umfrage bei Länderbehörden und Umweltbundesamt, Berlin (Texte - Umweltbundesamt, 35).

Page, B.; Häuslein, A., 1992: Gutachten zur Festlegung der Ziele und Aufgabenstellung des Hamburger Umweltinformationssystems HUIS -Auszug-, Hamburg.

Page, B.; Häuslein, A.; Greve, K., 1993: Das Hamburger Umweltinformationssystem HUIS -Aufgabenstellung und Konzeption-, Hamburg.

Peters, H.-J., 1994: Die UVP-Richtlinie der EG und die Umsetzung in das deutsche Recht. Gesamthafter Ansatz und Bewertung der Umweltauswirkungen, Münster (Veröffentlichungen des Provinzialinstituts für westfälische Landes- und Volksforschung des Landschaftsverbandes Westfalen-Lippe, 2).

Pietsch, J., 1986: System- und Methodenentwicklung kommunaler Umweltdatensysteme (KomUdats). TU Hamburg-Harburg "Stadtökologie", Statuspapier - Stand 12/86, Hamburg.

Pietsch, J., 1991: Rechnergestützte UVP am Beispiel des Forschungsvorhabens EXCEPT: Bewertung in Umweltverträglichkeitsprüfungen. In: PROTEGO, Umweltnetzwerk der Innovations-Zentrum Berlin Management GmbH: Fachtagung Umweltsoftware für die UVP, Tagungsband 1 u. 2, Berlin.

Pietsch, J., 1992a: Methoden und Instrumente. In: Du Bois, W.; Otto-Zimmermann, K. (Hrsg.): Umweltdaten in der kommunalen Praxis, 183-206, Taunusstein.

Pietsch, J., 1992b: Kommunale Umweltinformationssysteme. Eine Standortbestimmung. In: Du Bois, W.; Otto-Zimmermann, K. (Hrsg.): Umweltdaten in der kommunalen Praxis, 207-221, Taunusstein.

Planungsgruppe Ökologie und Umwelt Nord, i.V.: Umweltqualitätskarte Dortmund. Konzepte und Arbeitshilfen zur räumlichen Darstellung der Umweltsituation. Enwurf des Endberichts.

Projektgruppe UVP, o.J.: Fallstudie Würzburg: Einsatz des Kommunalen Informationssystems (KIS) bei der Umweltverträglichkeitsprüfung (UVP), Würzburg.

Projektgruppe UVP, 1989: Einsatz des Kommunalen Informationssystems Würzburg (KIS) bei der Umweltverträglichkeitsprüfung (UVP), 1. Zwischenbericht, Würzburg.

Puppe, F., 1991: Einführung in Expertensysteme, Berlin.

Rath, U., 1992: Kommunale Umweltverträglichkeitsprüfung. Verfahren, Methodik und Inhalt eines ökologischen Planungsinstruments, Dortmund.

Rautenberg, T., 1992: 10 Jahre Indirekteinleiter-Überwachung Umlandverband Frankfurt. In: Umlandverband Frankfurt (UVF): Überwachung der Indirekteinleiter; Vorträge der Tagung am 22.September 1992 zum 10jährigen Bestehen des UVF-Labors, 40-49, Frankfurt/M.

Rehbinder, E., 1988: Vorsorgeprinzip im Umweltrecht und präventive Umweltpolitik. In: Simonis, U.E. (Hrsg.): Präventive Umweltpolitik, 129-141, Frankfurt/M..

Reinermann, H., 1991: Gestaltung von Führungsinformationssystemen. In: Reinermann, H. (Hrsg.), 1991: Führung und Information, 353-389, Heidelberg.

Remke, A.; DuBois, W.; Wiesmann, K.; Börner, G., 1994: Kommunale Umweltinformationssysteme - Ergebnisse einer landesweiten Umfrage zum Stand der Entwicklung in Nordrhein-Westfalen. In: Streit, U.; Salzmann, G.; Tenbergen, B. (Hrsg.): Projektbezogene Anwendungen von Geoinformationssystemen in der Umweltplanung. Vorträge der 12. Sitzung des AK Informations- und Wissensverarbeitung. in der Umweltplanung beim Landschaftsverband Westfalen-Lippe, 14-31, Münster (Schriftenreihe des Westfälischen Amtes für Landes- und Baupflege. Beiträge zur Landespflege, 8).

Rose, H., 1994: Geographische Informationssyteme in der Planungspraxis: Möglichkeiten und Grenzen am Beispiel des Umweltinformationsystems UMWISS. In: Plönzke (Hrsg.): Auf dem Weg zur öffentlichen Hochleistungsverwaltung. Der Beitrag der Informationstechnologien, Congressband VIII, Hamburg.

Schemel, H.-J.; Langer, H.; Albert, G.; Baumann, J., 1990: Handbuch zur Umweltbewertung - Konzept und Arbeitshilfe für die kommunale Umweltplanung und Umweltverträglichkeitsprüfung, Dortmund (Dortmunder Beiträge zur Umweltplanung).

Schimak, G.; Denzer, R., 1990: Komplexe Inhalte eines Umweltinfomationssystems. In: Denzer, R.; Hagen, H.; Kutschke, K.-H. (Hrsg.): Visualisierung von Umweltdaten. Workshop Rostock, Nov. 1990; Informatik-Fachberichte 274, 9-21, Rostock.

Schimak, G.; Denzer, R.; Humer, H.; Knappisch, E., 1994: The Ozone Network for Austria - Technical Concept of a Distributed Environmental Information System. In: Hilty, L.M.; Jaeschke, A.; Page, B.; Schwabl, A.: Informatik für den Umweltschutz. 8. Symposium, Hamburg 1994. Band I, 89-96, Marburg.

Schmitt, B., 1990: Das Kommunale Informations-System KIS - ein geographisches Informationssystem auf der Basis von Personal-Computern, Würzburg (Würburger Geographische Arbeiten, 76).

Schmitt, B., 1992: Kommunales Informationssystem "KIS" Würzburg. In: Du Bois, W.; Otto-Zimmermann, K. (Hrsg.): Umweltdaten in der kommunalen Praxis, 125-146, Taunusstein.

Schmitt, B., 1995: Einführung der graphischen Datenverarbeitung in Würzburg, Würzburg.

Schuster, F. (Hrsg.), 1991: Informations- und Kommunikationshandbuch in der Kommunalen Praxis.

Schwab, H.; Kothmeier, R., 1990: Konzept zur Einführung, Finanzierung und Organisation eines umfassenden "Geographischen Informationssystems" am Beispiel Offenburg. 131 (7): 355-358.

Selke, W., 1993a: Kommunales Altlastenmanagement - eine umfassende Strategie gegen Altlasten für die Alltagspraxis. In: Arendt, F.; Annokllée, G. J.; Rosmann, R.; van der Brink, W. J.: Altlastensanierung '93, 65 - 74, Niederlande.

Selke, W., 1993b: BINE Projekt Info-Service: EDV-gestütztes Altlastenmanagement, Saarbrücken.

Selke, W.; Groh, H., 1993: Marktanalyse zur Kommunalen Altlastenpraxis, Saarbrücken.

SEMA GROUP, 1991: NUMIS Führungsinformationssystem; Feinkonzept für das Führungsinformationssystem des Niedersächsischen Umwelt-Informationssystems -Gesamtbericht.

SEMA GROUP, 1992: Fachliches Feinkonzept für den Prototypen 1.0 des Führungsinformationssystems im Niedersächsischen Umweltinformationssystem -VISION-UMWELT-, Hannover.

SEN.STADT.UM - Senatsverwaltung für Stadtentwicklung und Umweltschutz Berlin (Hrsg.), 1993: Umweltatlas Berlin, Berlin.

SEN.STADT.UM - Senatsverwaltung für Stadtentwicklung und Umweltschutz Berlin (Hrsg.), 1994: Umweltatlas Band 2. Erste gesamtberliner Ausgabe, Berlin.

Seydich, W., 1989: Aufbau eines universellen Geo-Informationssystems für die Gesamtverwaltung der Stadt Hamm. In: Schilcher, M.; Fritsch, D. (Hrsg.): Geo-Informationssysteme Anwendungen - Neue Entwicklungen, 165-168, Karlsruhe.

Seydich, W., 1990: Das ADV-verwaltete Umweltinformationssystem der Stadt Hamm als Basis für Umweltverträglichkeitsprüfungen. UVP-report (2): 55-57.

Seydich, W., 1991: Umweltinformationssystem (UIS) der Stadt Hamm: Basis für Umweltverträglichkeitsstudien (UVS) und Umweltverträglichkeitsprüfungen (UVP). In: Siemens Nixdorf Informationsysteme AG: SICAD-Umwelt-Anwendungen, SICAD-Sonderkurier Nr. 58, 101-108, Paderborn, München.

Seydich, W.; Spalding, H.-P.; Stöck, E., 1993: Hamm: Umweltinformationssystem der Stadt Hamm. Übersicht über Dateien, Karten und Einzeluntersuchungen, Hamm.

Skib, 1993: Notwendigkeit, Konzeption und Erfahrungen beim Aufbau eines kommunalen technischen Informationssystems, AM/FM-Konferenz Straßburg 1993, Straßburg.

Sonntag, B., 1990: Funktionsbezogene Umweltqualitätsziele am Beispiel der wasserwirtschaftlichen Planung. Dargestellt am Wassereinzugsgebiet des Dortmunder Nettebachs. Diplomarbeit am Fachbereich Raumplanung, Dortmund.

SSfUL - Sächsisches Staatsministerium für Umwelt und Landesentwicklung (Hrsg.), 1993: UIS Sachsen. Gesamtgutachten, Dresden.

Stadt Bielefeld (Hrsg.), 1990: Einsatz eines Umweltschutzinformationssystems in Bielefeld. Mitteilungen des Deutschen Städtetages 10: 489-483.

Stadt Bielefeld (Hrsg.), 1991: Stand und Weiterentwicklung des USCHI, Bielefeld.

Stadt Dortmund (Hrsg.), 1994: Umweltkatalog UDOKAT. Daten in Dortmund, Dortmund.

Stadt Essen (Hrsg.), 1989: UISE Umweltinformationssystem Essen - Analyse der Datengrundlagen, Essen.

Stadt Halle (Hrsg), 1993: Umweltbericht der Stadt Halle, Halle/Saale.

Stadt Hamm (Hrsg.), 1992: Systematische Umweltplanung; Darstellung ausgewählter Beispiele; Stellungnahme der Verwaltung, Hamm.

Stadt Hamm (Hrsg.), 1993a: Erläuterungen zur Karte der möglichen Frischluftschneisen der Stadt Hamm, Hamm.

Stadt Hamm (Hrsg.), 1993b: Umweltqualitätsziele für die Stadt Hamm - Beschlußvorlage für die Verwaltung, Hamm.

Stadt Herne (Hrsg.), 1993: Geographisches Umweltinformationssystem GU-INFO; Beschreibung der Abfragen im Bereich Allgemeines, Herne.

Stadt Herne (Hrsg.), 1994: GU-INFO. Geographisches Informationssystem der Stadt Herne. Pilotprojekt zur Entwicklung eines raumbezogenen Umweltinformationssystems für kreisfreie Städte, Herne.

Stadt Leverkusen (Hrsg.), 1992: Konzept zum Aufbau eines Umweltinformationssystems der Stadt Leverkusen, Leverkusen.

Stadt Münster (Hrsg.), 1994: DV-Grobkonzept sowie Entwurf eines Datenmodells für das Umweltamt, Münster (Werkstattberichte zum Umweltschutz, 1).

Stadt Neuss (Hrsg.), 1990: Der Umweltentwicklungsplan der Stadt Neuss. Anwendungsbezogene Analyse der Datenerhebung, Bewertung und Verknüpfung, Neuss.

Stadt Wuppertal (Hrsg.), 1992: Umweltschutz in Wuppertal; Abschlußbericht zum Pilotprojekt: Technikunterstützte Informationsverarbeitung und Bürokommunikation als Grundlage des Umweltinformationssystems in Wuppertal, Wuppertal.

Stadt Würzburg (Hrsg.), 1989: Umweltbericht 1988, Würzburg.

Stadt Würzburg, AKDB - Anstalt für kommunale Datenverarbeitung in Bayern, 1995: Organisationsberatung zur Einführung eines GIS bei der Stadt Würzburg. Sollkonzept, Würzburg.

Stadtverband Saarbrücken (Hrsg.), 1993: Kommunales Altlastenmanagement -Informationsmappe-, Saarbrücken.

Stadtverwaltung Dresden, Dezernat Umwelt, Amt für Umweltschutz (Hrsg.), 1993: Amtskommunikationssystem des Amtes für Umweltschutz Dresden. Sachstand Oktober 1993, Dresden.

Stark, A., 1993: Analyse von Planungsinformation der Ländlichen Neuordnung in einem hybriden Geo-Informationssystem. In: Siemens Nixdorf AG (Hrsg.): Arbeitskreis kommunaler SICAD-Anwender in Bayern, 111-120, München.

Stuck, B., 1986: Entwicklung von Umweltteilkarten und Anwendung im EDV-System des Umlandverbandes Frankfurt. In: Deutsches Institut für Urbanistik: Seminar kommunale Informationssysteme 1.- 5., Berlin.

Stuck, B., 1989: Altlastenkataster und computergestützte Umweltvorsorge beim Umlandverband Frankfurt. In: Kenne, H. et al.: Altlasten, 88-126, .

Türke, K., 1984: Zum Entwicklungsstand räumlicher Informationssysteme. Informationen zur Raumentwicklung (3/4): 195-206.

Umweltamt Hansestadt Greifswald (Hrsg.), 1993: Umweltbericht 1993 der Hansestadt Greifswald, Greifswald.

Umweltbehörde Hamburg (Hrsg.), 1992a: Aufgaben der Umweltbehörde - Broschüre -, Hamburg.

Umweltbehörde Hamburg (Hrsg.), 1992b: IUK-Rahmenplan. Nr. 0 Planungszeitraum 1994-96, Hamburg.

Umweltbehörde Hamburg (Hrsg.), 1994: Umweltatlas Hamburg 1994, Hamburg.

Umweltschutzamt Kiel (Hrsg.), 1995: Übersicht über digitale Datenbestände des Umweltschutzamtes, Kiel.

USGS - United States Geological Survey, 1994: FGDC - Federal Geographic Data Catalog - Metadata Standard, .

USGS - United States Geological Survey, 1995: National Spatial Data Clearinghouse. http://nsdi.usgs.gov/nsdi, .

UVF - Umlandverband Frankfurt (Hrsg.), o.J.a: Informations- und Planungssystem (IPS). Geographisches Informationssystem (GIS), Frankfurt/M.

UVF - Umlandverband Frankfurt (Hrsg.), 1987: Altlastenkataster und computergestützte Umweltvorsorge beim Umlandverband Frankfurt, Frankfurt/M.

UVF - Umlandverband Frankfurt (Hrsg.), 1988: Arbeitsbericht Nr.5 Fortschreibung 1988; Abwasserbeseitigung im Gebiet des Umlandverbandes Frankfurt; Stand Mai 1988, Frankfurt.

UVF - Umlandverband Frankfurt (Hrsg.), 1991: Klärschlammbericht 1990, Frankfurt/M..

UVF - Umlandverband Frankfurt (Hrsg.), 1992a: Umweltschutzbericht Umweltinformationssystem UMWISS. Daten - Methoden - Grafiken. 2. unveränderte Aufl. Frankfurt/M..

UVF - Umlandverband Frankfurt (Hrsg.), 1992b: Konzeption für den Umweltvorsorgeatlas. Kurzfassung, Frankfurt.

UVF - Umlandverband Frankfurt (Hrsg.), 1993a: Umweltvorsorge-Atlas, Frankfurt/M.

UVF - Umlandverband Frankfurt (Hrsg.), 1993b: Umweltschutzbericht Teil V Bodenschutz Bd. 2: Bodenkataster und Bodenschwermetallkarte des Umlandverbandes Frankfurt, Frankfurt.

UVF - Umlandverband Frankfurt (Hrsg.), 1993c: Bericht zur Gewässergüte 1992, Frankfurt.

UVF - Umlandverband Frankfurt (Hrsg.), 1993d: Umweltschutzbericht Teil VI Klimaschutz. Bd. 2: Kaltluftentstehungsgebiete und Kaltluftbahnen im UVF, Frankfurt/M..

UVF - Umlandverband Frankfurt (Hrsg.), 1993e: Umweltschutzbericht Teil III Luftreinhaltung. Bd.2: Ozonstudie, Frankfurt.

UVF - Umlandverband Frankfurt (Hrsg.), 1994a: Umweltschutzbericht Teil V Bodenschutz. Bd. 3: Berechnung der Versickerung im Verbandsgebiet; Entwurf, Frankfurt/M.

UVF - Umlandverband Frankfurt (Hrsg.), 1994b: Umweltschutzbericht Teil VI Klimaschutz. Band 3: Die Klimafunktionskarte, Frankfurt.

UVF - Umlandverband Frankfurt; Björnsen Beratende Ingenieure, 1993: Wasserschutzkonzept für das Gebiet des Umlandverbandes Frankfurt, Heft 1 - Zusammenfassung, unveröffentlicht.

UVF - Umlandverband Frankfurt; Fey und Partner, 1991: Konzept zur DV-gestützten Erstellung eines Umweltvorsorgeatlasses (UVA), Dortmund.

UVF/BMFT - Umlandverband Frankfurt; Bundesministerium für Forschung und Technologie (Hrsg.), 1989: Forschungsbericht "Weiterentwicklung der Datenbank Schadstoff-Kataster", Frankfurt.

Vogt, D., 1990: Der Umweltentwicklungsplan der Stadt Neuss. In: Landschaftsverband Rheinland - Referat Umweltschutz/Landespflege: Kommunale Umweltinformationssysteme Tagungsbericht zum Werkstattgespräch am 7. November 1989 in Köln, 68-76, Köln.

Wagner, J., 1991: Umweltinformationssystem der Stadt Bonn - Anforderungen, Konzeption und Einsatzstrategie. In: Schilcher, M.: Geo-Informatik: Anwendungen, Erfahrungen, Tendenzen; Beiträge zum internationalen Anwenderforum 1991 Geo-Informationssysteme und Umweltinformatik, Duisburg 20. - 21.2.91/ Siemens Nixdorf AG, 321-330, Berlin, München.

Wegener, B., 1992: Die digitale Karte als Basis eines künftigen Kommunalen Informationssystems in Hannover. In: Arnold, A. et al.: Festschrift für Günter Hake zum 70. Geburtstag, 123-134, Hannover (Wissenschaftliche Arbeiten der Fachrichtung Vermessungswesen der Universität Hannover, 180).

Weiland, U., 1994: Strukturierte Bewertung in der Bauleitplan-UVP, Hamm (UVP-Spezial, 9).

Weiland, U. (Hrsg.), 1991: Umweltbewertung mit EXCEPT. Darstellung aus ökologischer Sicht, Hamburg (IWSB Report, 195).

Weinberger, B., 1992: Informations- und Kommunikationstechniken in der kommunalen Praxis. Handbuch für Rat und Verwaltung, Köln.

Wesselmann, S., 1993: UVP in der Flächennutzungsplanung: weshalb, wozu und wie? Ein Konzept, dargestellt am Beispiel der Stadt Hamm. Diplomarbeit am Institut für Landesplanung und Raumforschung der Universität Hannover, Münster.

Wieser, E., 1990: Einführung der graphischen DV bei der Landeshauptstadt Wiesbaden. (8-9): 291-301.

Will, G., 1994: DV-Einsatz zur UVP-Verfahrensunterstützung, Anforderungen aus Sicht der Stadt Hannover, Vortrag. In: 4. Kongreß Umweltverträglichkeitsprüfung (UVP): IBM - Sonderveranstaltung Informationstechnologie in der Umweltverträglichkeitsprüfung, Freiburg.

Wright, J.R.; Wiggins, L.L.; Jain, R.K.; Kim, T.J. (Eds.), 1993: Expert Systems in Environmental Planning, Berlin.

Zimmermann, K., 1990: Vorsorgeprinzip und "präventive" Umweltpolitik: Abgrenzungsversuche zum Sinn und Unsinn eines politischen Begriffs. In: Zimmermann, K.; Hartke, V.J.; Ryll, A.: Ökologische Modernisierung der Produktion. Strukturen und Trends, 19-82, Berlin.

Interviews

Frau Albertz-Jellinghaus	Sachgebiet Kommunale UVP	Umweltamt Dortmund	25.01.1995
Frau Bank	Stelle für Umweltinformation	Amt f. Umweltschutz Hannover	04.08.1994
Herr Bock	UIS- Projektgruppe	Senatsverwaltung f. Stadtentwicklung u. Umweltschutz Berlin	26.01.1995
Herr Bornkessel	Sachgebiet Luftreinhaltung	Umweltamt Dormund	20.04.1994
Herr Bremerkamp	EDV-Koordination	Hauptamt Würzburg	26.01.1994
Herr Brosch	Systemadministrator	Umweltamt Wuppertal	15.12.1993
Herr Bütow-Blanke	Systembetreuung, Datenbank	Amt für Stadtenwicklung, Stadtforschung und Statistik Herne	03.02.1994
Frau Czorny	Stelle für Umweltplanung	Amt f. Umweltschutz Hannover	04.08.1994
Herr Du Bois	Amtsleiter	Umweltamt Münster	14.12.1993
Herr Falck	Amtsleiter	Stadtentwicklungsamt Herne	03.02.1994
Herr Fischer	Vermessungswesen und UIS	Hauptamt Bielefeld	24.01.1994
Herr Gierse	Umweltplg.: Boden, Wasser, Energie	Umweltamt Wuppertal	15.12.1993
Herr Gödecke	Ökologisches Planungsinstrument Naturhaushalt/Umwelt	Senatsverwaltung f. Stadtentwicklung u. Umweltschutz Berlin	26.01.1995
Herr Dr. Greve	Leiter Referat DV	Umweltbehörde Freie und Hansestadt Hamburg	20.08.1993
Herr Gründler	Sachgebiet Lärmschutz	Umlandverband Frankfurt	07.04.1994
Herr Halfmann	Sachgruppenleiter Altlasten	Umweltamt Dortmund	27.07.1994
Herr Hanke	Stellvert. Amtsleiter	Umweltamt Hamm	10.02.1994
Herr Hasse	Systembetreuung, Graphik	Amt für Stadtenwicklung, Stadtforschung und Statistik Herne	03.02.1994
Herr Hauschild	Referatsleiter Flächennutzungsplanung	Umlandverband Frankfurt	11.04.1994
Herr Herber	Sachgebiet Grundwasserschutz, Abtl. Wasserbeschaffung	Umlandverband Frankfurt	12.04.1994
Herr Höing	Abteilungsleiter Vorsorgender Umweltschutz	Umweltamt Dortmund	20.04.1994; 09.05.1995
Herr Hollmann	Ref. Daten und Informationssysteme	Ministerium für Umwelt, Raumordnung und Landwirtschaft NRW	14.09.1993
Herr Hümmler	Systembetreuung	Umlandverband Frankfurt	11.04.1994
Herr Jensen	Ref. UIS, Abt. Geoinformationssysteme	Niedersächsisches Umweltministerium	16.08.1993
Herr Jerosch	Abteilungsleitung	Vermessungsamt Wuppertal	15.12.1993
Herr Kamieth	Sachgebiet Umweltplanung	Amt f. Umweltschutz Hannover	07.06.1994

Frau Karls	Kommunale UVP	Umweltamt Dortmund	25.01.1995; 15.02.1995; 09.05.1995
Herr Kazda	Systembetreuung	Umweltamt Dortmund	19.04.1994; 27.07.1994, 15.02.1995; 09.05.1995
Herr Kemmsies	Sb Datenverarbeitung	Umweltamt Herne	03.02.1994
Herr Kochhafen	Amtsleiter	Planungsamt Würzburg	26.01.1994
Herr Kock	Systembetreuung	Umweltamt Münster	14.12.1993
Herr Küper	Sachgebietsleiter Altlasten	Umweltamt Herne	03.02.1994
Frau Kürmann	Systembetreuung	Umweltamt Dortmund	09.05.1995
Herr Lahnstein	Abt. Abwasserbeseitigung	Umlandverband Frankfurt	07.04.1994
Herr Dr. Lessing	Systembetreuung	Amt f. Umweltschutz Hannover	22.02.1994
Herr Lindner	Umweltplanung	Umweltamt Hamm	10.02.1994
Herr Lützow	Gruppenleiter Digitale Karten	Umlandverband Frankfurt	11.04.1994
Herr Dr. Marks	Lt. Landschaftsplanung	Untere Landschaftsbehörde im Umweltamt Dortmund	27.07.1994 19.04.1994
Herr Meinecke- De Cassan	Systembetreuung	Amt f. Umweltschutz Hannover	14.04.1994, 20.02.1995
Frau Middel	Projektgruppe GU-Info	Stadtentwicklungsamt Herne	03.02.1994
Frau Niedergethmann	Abtl. für Städtebauplanung	Planungsamt Dortmund	25.01.1995
Frau Palow		Vermessungsamt Herne	03.02.1994
Herr Dr. Rath	Sachgruppenleiter Umweltplanung und UVP	Umweltamt Dortmund	20.04.1994; 27.07.1994; 25.01.1995; 15.02.1995; 09.05.1995
Herr Dr. Riether	Sachgebiet Klima/Lufthygiene	Umlandverband Frankfurt	06.04.1994
Frau Dr. Rose	Abteilungsleiterin vorsorgender Umweltschutz	Umlandverband Frankfurt	06.04.1994
Herr Sander	Systemadministrator	Amt f. Umweltschutz Hannover	21.04.1994
Frau Schauermann	Grundwassersanierung	Wasserschutzamt Bielefeld	24.01.1994
Herr Schmiemann		Hauptamt Dortmund	21.04.1994
Herr Dr. Schmitt	Systembetreuer	Umweltamt Würzburg	06.01.1994
Herr Schneider	Koordination Umweltatlas	Senatsverwaltung f. Stadtentwicklung u. Umweltschutz, Berlin	26.01.1995
Herr Dr. Schütz	Ref.606 Umweltinformationssysteme, Abt.UDK	Niedersächsisches Umweltministerium	20.8.1993
Herr Schwalm	Untere Wasserbehörde	Umweltamt Dortmund	20.04.1994
Herr Seydich	Amtsleiter	Vermessungs- und Katasteramt Hamm	31.01.1994

Herr Siebert	Gruppe Informations- u. Planungssystem	Planungsdez., Umlandverband Frankfurt	07.04.1994
Herr Spitka	Systembetreuung	Amt für Stadtenwicklung, Stadtforschung und Statistik Herne	03.02.1994
Herr Dr. Stock	Sachgebiet Bodenschutz	Umlandverband Frankfurt	06.04.1994
Frau Stockermann	Abtl. für Städtebauplanung	Planungsamt Dortmund	09.05.1995
Herr Stöck	Amtsleiter	Umweltamt Hamm	10.02.1994
Herr Stuck	Sachgebiet Altlasten	Umlandverband Frankfurt	06.04.1994
Herr Szokala	Sachgebiet Überwachungsbedüftige Abfälle	Umweltamt Herne	03.02.1994
Herr Dr. Thoma	Amtsleiter	Umweltamt der Stadt Würzburg	26.01.1994
Herr Tomschke	Leiter Gruppe Landschaftsplanung, Planungsdez.	Umlandverband Frankfurt	11.04.1994
Herr Trillitzsch	EDV, GU-INFO-Gruppe	Planungsamt Herne	03.02.1994
Herr Venema	Systemadministrator	Wasserschutzamt Bielefeld	24.01.1994
Herr von Stillfried		Vermessungsamt Dortmund	21.04.1994
Herr Voggenreiter	Lagerbehälterkontrolle	Umweltamt Wuppertal	15.12.1993
Herr Wahle	UVP-Leitstelle	Amt f. Umweltschutz Hannover	07.06.1994
Frau Wedekind	Umweltplg: UVP, Luft, Lärm	Umweltamt Wuppertal	15.12.1993
Herr Will	UVP-Leitstelle	Amt f. Umweltschutz Hannover	07.06.1994

Mündliche Mitteilungen

Herr Dr. Arentz	Amt für Umweltschutz der Stadt Köln	Telefongespräch 31.08.1994
Herr Erat	Umweltamt der Stadt Karlsruhe	Telefongespräch 4/94
Herr Eschenfeld	Ministerium für Umwelt, Naturschutz und Raumordnung Brandenburg	Telefongespräch 5/94
Herr Feinen	Kreis Offenbach	Gespäch auf der CeBit 3/94
Herr Fischer	Planungsamt der Stadt Düsseldorf	Gepräch im Planungsamt am 14.09.93
Herr Gappel	ADV- Koord. Umweltschutz Rhein-Sieg-Kreis	Telefongespräch 4/94
Herr Hilligard	Umweltamt der Stadt Pforzheim	Telefongespräch 02.06.1994
Herr Jenewein	Grünflächen- und Umweltamt der Stadt Aalen	Gespräch auf der CeBit 3/94
Frau König	Umweltamt der Stadt Bonn	Telefongespräch 4/94
Herr Dr. Köppel	Amt für Umweltplanung und Energie der Stadt Nürnberg	Telefongespräch 09.03.1994
Frau Menzel	Stadt Frankfurt/Oder	Telefongespräch
Frau Dr. Müller	Umweltamt der Hansestadt Greifswald	Telefongespäch 15.02.94
Herr Pahlke	Amt für Umweltschutz der Stadt Stuttgart	Telefongespräch 31.03.1994

Frau Richert	Umweltamt der Stadt Göttingen	Telefongespräch 07.03.1994
Herr Rietschel	Amt für EDV, Statistik und Wahlen der Stadt Chemnitz	Gespräch auf der CeBit 3/94
Herr Ritter	Umweltschutzreferat München	Telefongespräch 24.02.1994
Herr Selke	Stadtverband Saarbrücken	Telefongespräch 5/94
Herr Tamke	Vermessungsamt der Stadt Göttingen	Telefongespräch 07.04.1994
Herr Zeckel	Umweltamt der Hansestadt Lübeck	Telefongespräch 02.11.1994

Schriftliche Mitteilungen

Herr Aegerter	Amt für Umweltschutz der Stadt Leipzig	21.02.1995
Herr Althammer	Landratsamt Altötting Umwelttechnik	12.10.1993
Herr Auth	Amt für Umweltplanung und Energie der Stadt Nürnberg	13.01.1995
Frau Blasius	Umweltbehörde der Stadt Hamburg	17.05.1995
Herr Benedes	Stadt Duisburg Umweltinformationssystem	18.01.1994
Herr Bock	Senatsverwaltung für Stadtentwicklung und Umweltschutz Berlin	08.06.1995
Herr Bruchmann	Umweltamt der Stadt Braunschweig	24.01.1995
Herr Ebert	Umweltamt der Stadt Greifswald	März 1995
Herr Ehler	Amt für Umweltschutz und Abfallwirtschaft der Stadt Neuß	18.04.1994
Herr Eipl	Umweltschutzamt der Stadt Kiel	30.01.1995
Herr Fischer	Planungsamt der Stadt Düsseldorf	08.02.1995
Herr Ganeff	Amt für Entwicklungsplanung, Statistik, Stadtforschung und Wahlen der Stadt Essen	26.01.1995
Herr Griesbeck	Projekt KUNIS der Anstalt für kommunale Datenverarbeitung in Bayern (AKDB)	24.02.1994
Herr Haselberger	Magistratsdirektion der Stadt Wien, Automatische Datenverarbeitung	23.01.1995
Herr Hensel	Amt für Entwicklungsplanung, Statistik, Stadtforschung und Wahlen Essen	01.02.1994
Herr van Holt	Amt für Planung und Umwelt, Kreis Wesel	13.09.1993
Herr Jenewein	Grünflächenamt der Stadt Aalen	07.02.1995
Herr Jungwirth	Bayerisches Staatsministerium für Landesentwicklung und Umweltfragen	12.01.1994
Herr Keil	Umweltamt der Stadt Leverkusen	10.03.1994
Frau Klinger	Amt für Umweltschutz der Stadt Dresden	14.02.1995
Herr Köppel	Amt für Umweltplanung und Energie der Stadt Nürnberg	10.03.1994
Herr Laesicke	Bürgermeister der Stadt Oranienburg	29.03.1994

Frau Dr. Müller	Umweltamt der Hansestadt Greifswald	21.03.1994
Herr Pahlke	Amt für Umweltschutz der Stadt Stuttgart	30.03.1994; 03.02.1995
Frau Pinkes	Hauptamt, Abtl. DV und NT der Stadt Halle/Saale	10.01.1995
Herr Remme	Amt für Kreisentwicklung und Statistik des Landkreises Osnabrück	04.01.1995
Herr Rietschel	Amt für EDV, Statistik und Wahlen der Stadt Chemnitz	30.01.1995
Herr Ritter	Umweltschutzreferat der Stadt München	07.02.1995
Herr Schmitt	Umweltamt der Stadt Frankfurt/Main	29.06.1994
Herr Selke	Projektleiter Altlastenmanagment Stadtverband Saarbrücken	27.05.1994
Herr Venema	Wasserschutzamt der Stadt Bielefeld	19.04.1994
Herr Wagner	Kataster- und Vermessungsamt der Stadt Bonn	29.12.1995
Herr Wernet	Referat Stadtentwicklung und Umweltschutz der Stadt Offenburg	09.02.1994; 08.02.1995
Herr Wieser	Stadt Wiesbaden	16.02.1995

Teilnehmerinnen und Teilnehmer des UIS-Workshop am 28.09.1994

Herr Du Bois	Stadt Münster, Umweltamt
Herr Falck	Stadt Herne, Stadtentwicklungsamt
Herr Hümmler	Umlandverband Frankfurt
Herr Drifthaus	Stadt Dortmund, Umweltamt
Herr Kohlhas	Stadt Wuppertal, Amt für Stadtentwicklung und Umweltschutz
Frau Klinger	Stadt Dresden, Amt für Umweltschutz
Herr Dr. Lessing	Stadt Hannover, Umweltamt
Frau Dr. Rose	Umlandverband Frankfurt
Herr Dr. Schmitt	Stadt Würzburg, Umweltamt
Herr Seydich	Stadt Hamm, Vermessungs- und Katasteramt
Herr Lindner	Stadt Hamm, Umweltamt
Herr Venema	Stadt Bielefeld, Wasserschutzamt
Herr Dr. Greve	Freie und Hansestadt Hamburg, Umweltbehörde
Herr Hollmann	Land Nordrhein-Westaflen, MURL
Herr Jensen	Land Niedersachsen, Umweltmisterium
Herr Fiebig	Deutsches Institut für Urbanistik
Herr Prof. Dr. Page	Universität Hamburg, Institut für Informatik
Herr Prof. Pietsch	TU Hamburg-Harburg, Stadtökologie
Herr Prof. Dr. Fürst	Institut für Landesplanung und Raumforschung
Herr Martinsen	Institut für Landesplanung und Raumforschung
Herr Roggendorf	Institut für Landesplanung und Raumforschung
Herr Scholles	Institut für Landesplanung und Raumforschung
Herr Stahl	Institut für Landesplanung und Raumforschung
Herr Dr. Hof	VW-Stiftung

Anhang

INHALTSVERZEICHNIS

A. DATENBESTÄNDE IN DEN BEREICHEN BODENSCHUTZ, ALTLASTEN UND GEWÄSSERSCHUTZ ... II

- Berlin ... II
- Bielefeld ... IV
- Bonn ... IV
- Braunschweig ... IV
- Dortmund ... V
- Dresden ... VI
- Düsseldorf ... VII
- Halle (Saale) ... VIII
- Hamm ... VIII
- Hannover ... X
- Herne ... XII
- Kiel ... XII
- Leverkusen ... XIII
- München ... XIV
- Neuss ... XV
- Nürnberg ... XVI
- Umlandverband Frankfurt ... XVII
- Wesel (Landkreis) ... XIX
- Wiesbaden ... XX

B. VERGLEICH DER BEWERTUNGSKRITERIEN UND PARAMETER FÜR DIE PRAXISSIMULATION DORTMUND ... XXI

C. KARTENBEISPIELE AUS DER PRAXISSIMULATION DORTMUND

A Datenbestände in den Bereichen Bodenschutz, Altlasten und Gewässerschutz

Im folgenden wird die dem Kapitel 3.4.10 zugrundeliegende Datenbasis dokumentiert. Dort sind Umfang und Bedeutung der Datenbestände im Bereich Bodenschutz, Altlasten und Gewässerschutz für die Verwendung in kommunalen Umweltinformationssystemen analysiert worden. Es handelt sich hier z.T. um Auszüge aus den Autoren vorliegenden Datenkatalogen, z.T. sind die Angaben aber auch aus schriftlichen oder mündlichen Mitteilungen der Kommunen entnommen worden. Daher ist die Detaillierung der Angaben von Kommune zu Kommune sehr unterschiedlich, auch fehlen aus diesem Grund des öfteren Angaben zu den Anwendungsbereichen.

Berlin

Quelle: BOCK et al. (1990)

Daten	Anwendung	d/a[1]
Boden/Altlasten		
Bodengesellschaften (37 naturnahe und 21 anthropogen veränderte Bodengesellschaften des Umweltatlasses)	Grundlage für die flächendeckende Darstellung der Bodeneigenschaften	d
pH-Wert des Ober- und Unterbodens (für die vorkommenden Kombinationen aus Bodengesellschaft und Nutzungskategorie (372 insgesamt))		d
Humusgehalt des Bodens (für s.o.)		d
Textur des Ober- und Unterbodens (für s.o.)		d
Nutzbare Feldkapazität (für s.o.)		d
Steingehalt (für s.o.)		d
Bodentypen der verschiedenen Gesellschaften (für s.o.)		d
Zugehörige geomorphologische Einheit (für s.o.)		d
Ausgangsmaterial der Bodenbildung (für s.o.)		d
Kataster der Altlasten- und Altlastenverdachtsflächen: Enthaltende Daten pro Altlast (Art und Umfang, Kenntnisstand über die Art der Altlast, Frühere und heutige bodenbelastende Nutzungen, Lage und Ausdehnung, Reale Flächennutzung, planungsrechtlicher Status)	Abschätzung des Gefährdungspotentials/ Festlegung von Untersuchungsprioritäten, Bauleitplanung	d
Karte der Altlasten und Altlastenverdachtsflächen 1:50.000	Informationen für die Öffentlichkeit	d
Schwermetallanalysen auf kleingärtnerisch u. landwirtschaftlich genutzten Böden: 3553 Meßpunkte (Boden- und Pflanzenproben) enthalten Angaben zu 10 Schwermetallen (Pb, Cd, Zn, Cu, Cr, Co, Ni, V, Hg, As), bei Bodenproben zusätzlich Humusgehalt, Ton-, Schluffgehalt, pH-Wert	Altlasten	d
Gehalt an radioaktiven Stoffen (Strontium SR-90, Caesium CS 137/134, Ruthenium RU-106) in		d

---

[1] d = Daten liegen in digitaler Form vor
a = Daten liegen in analoger Form vor

Daten	Anwendung	d/a[1]
zwei Bodenhorizonten: Belastungen 'vor Tschernobyl', 'durch Tschernobyl' und zum 1. Mai 1988		
Versiegelungsgrad/Flächenanteile verschiedener Belagsarten		d
Gewässerschutz		
Grundwasserstandsmessungen (Höhe des freien Grundwassers über NN) an ca. 2000 Grundwasserbeobachtungsrohren	Grundlagendaten	d
Grundwassergleichenkarte	Grundlagendaten	d
Höhenmodell (Grundlage: Höhenlinien im Abstand von 2,5m; Interpolation auf ein 25 x 25m Raster)	Grundlagendaten	d
Flurabstand des Grundwassers (analoge Überlagerung der Grundwasserhöhenkarte mit Informationen über die Geländehöhe, manuelle Berechnung)	Grundlagendaten zur Beurteilung der von Bodenkontaminationen ausgehenden Gefahren für Grundwasser	d
Geologischer Aufbau der Deckschichten (Art der Gesteine, Ausbildung, Durchlässigkeit, Mächtigkeit und regionale Verbreitung; Rückgriff auf Karte des Umweltatlasses;Untersuchung einer repräsentativen Auswahl von Schichtverzeichnissen)	Grundlagendaten zur Beurteilung der Grundwassergefährdung	d
Durchlässigkeitsbeiwerte des oberen Grundwasserleiters (errechnet aus ca. 380 Bodenprofilen der SenStadtUm)	Grundlagendaten zur Beurteilung der Grundwassergefährdung	d
Wasserschutzgebiete, -zonen M 1:4000	Trinkwasserschutz	d
Vorranggebiete Grundwasserschutz	langfristige Sicherung der Trinkwasserversorgung	d
Abgrenzung der Trinkwassergewinnungsanlagen der öffentlichen Wasserversorgung		d
Eigenwasserversorgungsanlagen (Datei über Lage der Standorte, Verwendungszweck, Menge des geförderten Wassers)	Trinkwasserschutz	d
Verteilung/Menge der zeitlich und räumlich differierenden Niederschläge (68 kontinuierlich messende Niederschlagsstationen)	verschiedene Auswertungen im Bereich Boden/Grundwasser	d
Datenbestand des Grundwasserüberwachungsprogramms: Standorte und Ausbaudaten der einzelnen Grundwasserbeobachtungsrohre (500 insgesamt), Analysen von 70 Einzelparametern (Anionen u. Kationen, Schwermetalle und Organika, Summenparameter)	Grundwasserschutz, Altlasten	d
Stoffdatei zum Umgang mit wassergefährdenden Stoffen: 286 Flüssigkeiten mit zumindest Teilangaben zu den relevanten toxikologischen und Mobilität betreffenden Faktoren	Vollzug der VO über das Lagern wassergefährdender Flüssigkeiten in Berlin	d
Wassergefährdende Stoffe (Stoffart und Menge): 441 untersch. Substanzen	s.o.	d

Bielefeld
Quelle: STADT BIELEFELD (1991, nicht aktuell !!)

Daten	Anwendung	d/a
Gewässerschutz		
Probeentnahmepunkte und Abwasseranalysen zur Indirekteinleiterüberwachung	Indirekteinleiterüberwachung, Gewässerschutz	
VAwS: Ort, Anlagenbeschreibung, Art, Menge, Doumentation von Überwachungstätigkeiten	VAwS, Gewässerschutz	
Verfahrensstand, Auflagen, Art, Menge, Dokumention von Überwachungstätigkeiten	Überwachung nach §19i WHG (wassergefährdende Stoffe)	

Bonn
Quelle: WAGNER (1991)

Daten	Anwendung	d/a
Boden/Altlasten		
Datei der Altablagerungen		
Datei der Altstandorte		
Datei „Sonderabfall"		
Gewässerschutz		
Datei der Lagerbehälter		
Datei der Gewässerbenutzungen		
Datei der Grundwassermeßstellen		
Datei der Oberflächengewässer		
Datei der Indirekteinleiter		
Datei der hydrologischen Daten		
Datei der Bohrstellen		
Datei der Trinkwasseranalysen		

Braunschweig
Quelle: Schriftl. Mitt. Bruchmann (1995)

Daten	Anwendung	d/a
Bodenschutz/Altlasten		
Altlasten (Überwachung und Sanierung von Altstandorten, -ablagerungen, Untergrundverunreinigungen)		d
Geologische Schichtenerfassung		d
Gewässerschutz		
Gewässerbenutzungen (geplant)		
VAwS, Überwachung von Lagerbehältern		d

Dortmund

Quelle: STADT DORTMUND (1994)

Daten	Anwendung	d/a
Boden/Altlasten		
Geologische Karte NRW 1: 25.000	Altlastenerkundung, Bodenschutz, -sanierung, Quellenschutz, Grundwasserschutz	a
Geologische Übersichtskarte 1.50.000	Boden-, Grundwasserschutz, Altlasten, UVP	a
Ingenieurgeologische Karte 1:25.000	Altlastenerkundung, Bodenschutz, Wasserschutz, Grundwasserschutz	a
Bodenkarte NRW 1: 50.000	Bodenschutz, Grundwasserschutz	d
Bodenkarte auf der Grundlage der Bodenschätzung 1:5.000		a
Bodenkarte des Stadtkreises Dortmund M 1:10.000	Bodenschutz, Grundwassserschutz	a
Bodenschadstoffkataster	Bodenschutz, Gefährdungsabschätzung und Ableitung von Anbaurestriktionen, UQZ,	
Bodenschutzvorranggebiete und -maßnahmen M 1:20.000 (in Vorbereitung)		d
Bodenkataster für landwirtschaftlich genutzte städtische Liegenschaften		d
Altablagerungen und Altstandorte M 1:20.000	Gefährungseinschätzungen, Vorsorge bei Inanspruchnahme von Flächen, UVP, Sanierungsplanungen	d,a
Informationssystem Altlasten (ISAL) (UDO-Teilsystem)	Sachstandsinformation über Altlastenverdachtsflächen, Beurteilung von Bauanträgen i. S. einer UVP, Sanierungskonzeptionen, Gefährdungsabschätzung	d
Entwicklung der Flächeninanspruchnahme durch Abgrabung M 1:100.000		a
Entwicklung der Flächeninanspruchnahme durch Aufschüttungen und Verfüllung		a
Schwermetall-Untersuchungsprogramm Kleingärten	Gesundheitsvorsorge, Bodenschutz, Gefährdungsabschätzung	a
Gewässerschutz		
Hydrogeologische Situation und Grundwasserbeschaffenheit im nördlichen Stadtbereich (in Vorbereitung)		d
Hydrogeologische Karte M 1:20.000		a
Hydrologische Karte des rheinisch-westfälischen Steinkohlenbezirks 1:10.000	Grundwasserschutz, Wasserschutz, Altlasten (Gefährdungsabschätzung), UVP	a
Gewässerstationierungskarte NRW 1:25.000		a
Arbeitskarte Umweltschutzprogramm, Bereich Wasser (Zusammenfassung hydrologischer Grundlagen verschiedener Herkunft) M 1:20.000	Wasserschutz, Umweltschutzprogramme, UVP, Gefährdungsabschätzung Wasserhaushalt, Landschaftsplanung	a
Gewässergütekarte NRW M 1:300.000		a
Gewässergütekarte M 1:20.000	Grundlage für Gewässerrenaturierungsplanungen,	a

Daten	Anwendung	d/a
	Gewässerschutz, Biotopmanagement	
Grundwasserstände unter Flur 1963 (nur für Orientierungszwecke zu nutzen) M 1:50.000	Wasserschutz	a
Grundwassergleichen NRW (1973) M 1. 50.000		a
Gewässernetz und -einzugsgebiete M 1:20.000	Grundlage für alle Sachgebiete des Gewässerschutzes	d,a
Erfassung der Grundwasserbrunnen (Brunnenkataster)	Wasserschutz, Grundwasserschutz, Altlasten UVP, Bodenschutz	a,d i.V.
Gewässerfunktionskataster (UDO-Teilsystem)	Wasserschutz, UVP, Ableitung von UQZ, Landschaftsplanung, Biotopmanagement, Gewässerunterhaltungsplanung	d
Gewässereinleiterkataster (UDO-Teilsystem)	wasserbehördliche Kontrollen, Wasserschutz, Sanierungsplanung, Gefährdungsabschätzung	
Lagerbehälterkataster (UDO-Teilsystem)	Gefährdungsabschätzung, Quellensuche bei Störfällen, wasserbehördliche Kontrollen, Wasserschutz	
Abwasserbeseitigungskonzept 1987 M 1:20.000		a
Gewässerunterhaltung nach ökologischen Kriterien M 1:10.000 (Pflegevorschriften)		a
Wasserschutzgebietsverordnung der Stadtwerke M 1:5000 (Abgrenzung der WSG)		a
Wassergewinnung und Lagerung von Abfallstoffen im Ruhrkohlenbezirk M 1:50.000		a
Gewässergüteuntersuchungen		d

Dresden

Quelle: Schriftl. Mitt. Klinger (1995)

Daten	Anwendung	d/a
Boden/Altlasten		
punktförmige und flächenhafte Altablagerungen, Altstandorte		d
Bodenschätzung		d
Lagerstätten		d
Bergschadensgebiete		d
Geologische Denkmale		d
Versiegelung		d
Boden: bodenkundliche Aufschlüsse, Bodenart, Anthropogenes Substrat, Bodentyp, Anthropogene Beeinflussung, Flächenraster Bodenart, Hauptbodengesellschaft		d
Bodennutzung		d
radiologische Beeinflussung		d
präkretazischer Untergrund		d
sensible Bodennutzung		d
Kleingartenanlage		d

Daten	Anwendung	d/a
großflächige Trümmerschuttverbreitung		d
Gewässerschutz		
Hochwasserschutzgebiete		d
Trinkwasserschutzgebiete		d
Überschwemmungsgebiete		d
Standorte von Grundwassermeßstellen		d
Grundwassernutzung (Einzugsgebiete der Wasserwerke, oberirdische Wasserscheiden, GW-Anreicherung)		d
Grundwasserverbreitung (Verbreitungsgebiete des Grundwasserleiters)		d
Gewässer mit Gütezustand an ausgewählten Gewässern mit Meßstellenstandort und Seen		d
Hydrologische Meßdaten		d
Grundwasserschutzzonen		d
Geologie der Versickerungszonen		d
Natürliche Versickerungsmöglichkeiten		d
Grundwasserflurabstände		d
Daten zum Umgang mit wassergefährdenen Stoffen		d
Daten zu Indirekteinleitern		d

Düsseldorf

Quelle: HAPPE et al. (1993)

Daten	Anwendung	d/a
Boden/Altlasten		
Altlastenverdachtsflächenkartierung		d,a
Einzelerhebungen zu Altlastenverdachtsflächen (Meßergebnisse der Bodenluftmessungen zu verschiedenen Parametern)		d
Bohrkataster (Lageinformation, allgemeine Angaben zur Bohrung, Schichtenaufbau, -analysen)		d
Bodenbefestigungen		a
Gewässerschutz		
Grundwassermodell (Isoliniendarstellung der Grundwasserhöhen		d
Brunnenkataster (Ausbau und Lage, 20 Parameter zum GW-Chemismus, GW-stand)		d,a
Grundwassergütekarte		a
Einzugsgebiete der Gewässer		a
GW-Entnahme		d
Versickerungen/Einleitungen ins Grundwasser		d,a
Wasserschutzzonen nach WasserschutzzonenVO		a

Daten	Anwendung	d/a
Einleiterdatei über Direkteinleitungen (ca.500)		d
Einleiterkarte 1:25.000		a
Gewässergütekarte 1:50.000		a
Meßstellen der Gewässergütemessungen		a
Niederschlagsabflußmengen		a
Daten über Ausbaugrad/Zustand der Gewässer		a
Begehungsprotokolle der Gewässerschau		a
Deichhöhen,-querschnitte, -schutzzonen		a
Überschwemmungsgebiete		a
Gewässerrahmenplan		a
Behälterdatei		d
Begehungsptotokolle der Chemielagerkommision bei umweltrelevanten Betrieben		a
Planwerk: Stadtentwässerung		a
Generalentwässerungsplan		a

Halle (Saale)

Quelle: Schriftl. Mitt. Pinkes (1995)

Daten	Anwendung	d/a
Boden/Altlasten		
Altlastkataster		d
Gewässerschutz		
Hochwasserflächen, Trinkwasserschutzgebiete		
Kleinkläranlagen, Indirekteinleiter (geplant)		

Hamm

Quelle: SEYDICH et al. (1993)

Daten	Anwendung	d/a
Boden/Altlasten		
Bohrprofile		d
Altlastenkataster: Datei der Altablagerungen; Datei der Altstandorte: (ehem.) Industrie- und Gewerbebetriebe (mit Altanlagen); Datei der Altablagerungen; Flächen mit Bergematerial; Datei der Altstandorte: (ehem.) Tankstellen, - lagerbereiche; Datei der Altstandorte: chem. Reinigungen		d
Bodenbelastungskataster		d
Klärschlammdatei		d
Datei der Boden- und Wasseruntersuchungen (bezügl. Altlasten)		d
Datei der Stellungnahmen bezgl. Altlasten zu Grundstücken im Stadtgebiet		d
Geologische Profilschnitte		d

März 1996 — Anhang

Daten	Anwendung	d/a
Amtliche Bodenkarte 1:5.000 (Bodenschätzung)		
Bodenkarte 1:100.000, 1:50.000, 1:25.000		
Geologische Karte 1:100.000, 1:25.000, in Teilbereichen auch 1: 5.000/10.000		
Ingenieurgeologische Karte, 1:25.000 (Bohrkarte), 1:10.000 (Bohrkarte, Karten der Quartärbasis, -mächtigkeit, Altlastenverdächtige Bohrungen, Anschüttungen, Auffüllungen)		
Karte der Karbonoberfläche 1:100.000		
Geowissenschaftlich schutzwürdige Gebiete		
Deckgebirgskarte des Rheinisch-Westfälischen Steinkohlenbezirks 1:25.000		
Wasserdurchlässigkeit des Untergrunds		
Karte der Unstetigkeitsstellen		
Luftbildinterpretation: Abgrabungen, Verfüllungen u. Aufschüttungen		
Gewässerschutz		
Wasserrechte		d
Trinkwasserbrunnen (Leitfähigkeit, Oxidierbarkeit, pH-Wert, Gesamthärte, Ammonium, Chlorid, Eisen, Mangan, Nitrat, Nitrit, Sulfat, Coliforme Bakterien, E-coli, Koloniezahl bei 20° u. 36° C)		d
Brunnen des Landesgrundwasserdienstes		d
Haus- und Weidebrunnen		d
Pegel in Vorflutern		d
Gewässerbelastungsdateien		d
Hydrobiologische Untersuchungen an Kleingewässern		d
Datei der Stillgewässer im Außenbereich		d
naturnahe Fließ- und Stillgewässer		d
Datei der Indirekteinleiter		d
Gewässerunterhaltungsplan		d
Ökologische Verbesserung und Renaturierung von Fließgewässern (Ist-Zustand 1993, zukünftige Entwicklung)		d
Hydrogeologische Karte 1:300.000 (mit Grundwasserhöhen),1:100.000, 1:50.000 (mit Grundwasserhöhen, Flurabständen 1963), 1:10.000 (Grundwasserhöhen, Nord-Süd-Schnitte, Ost-West-Schnitte, Flurabstände, Hydrochemie, Wasserwirtschaft		
Gewässerstationierungskarte		
Gewässereinzugsgebiete in der Stadt Hamm		
Gewässersysteme		
Güteklassen, Ökologische Gesamtzustand, Gewäs-		

Daten	Anwendung	d/a
serbelastungen der Fließgewässer		
Relative Belastung der Fließgewässer mit anorganischen Stickstoffverbindungen		
Verbreitung der Wasserpflanzengesellschaften und der Röhrichtgesellschaften der Fließgewässer		
Terrestrische Pflanzengesellschaften der Ufersäume an Fließgewässern		
Gesamtphosphorbelastung der Fließgewässer		
Wasserversorgungsgebiete von Stadtwerken und VEW		
Gewässergüte der Lippe und ihrer Zuflüsse		

Hannover

Quelle: LHH (1994a)

Daten	Anwendung	d/a
Boden/Altlasten		
Karte der Bodenarten nach Bodenschätzung		d
Karte der Klimastufen nach Bodenschätzung (Grünland)		d
Karte der Leistungsfähigkeit des Bodens nach Bodenschätzung		d
Karte der Bodenausgangsgesteine /Entstehung (Acker)		d
Karte der Wasserstufen nach Bodenschätzung		d
Attributstabelle zur Bodenschätzung		d
Geometrie der Bodenschätzungskarte (Tabelle)		d
Versiegelungskarte nach Geographen		d
Versiegelungskarte nach NLfB		d
Klassifizierte Bodenartenkarte für Zwecke der Wasserhaushaltsverhältnisse		d
Karte der Altablagerungen		d
Geologische Übersichtskarte 1.25:000		a
Bodenübersichtskarte 1:25.000		a
Bodenübersichtskarte 1:25.000		d
Baugrundkarte		d
Karte der pot. CKW-belasteten Flächen		d
Tabelle der auf Kv-Flächen vorkommenden Stoffe		d
Karte der Verdachtsflächen		d
Gewässerschutz		
Gewässergüte nach Saprobiensystem (Tab.)		d
Grundwasserflurabstände Mai 88 (Tab.)		d
Grundwasserflurabstände Sep. 88 (Tab.)		d
Karte der GW-Flurabstände Mai 88		d
Karte der GW-Flurabstände Sep. 88		d
Nitratkonzentration in GW 1988 (Tab.) 250 x 250 m Rasterdaten		d

Daten	Anwendung	d/a
Bleikonz. in GW (Tab.)		d
Chloridkonz. in GW (Tab.)		d
Eisenkonz. in GW (Tab.)		d
Elektrische Leitfähigkeit in GW (Tab.)		d
pH-Wert in GW (Tab.)		d
Sulfatkonz. in GW (Tab.)		d
Säurekonst. in GW (Tab.)		d
GW-Qualitätsindex (Tab.)		d
Eigenschaften des GW-Leiters		d
Transmissivität des GW-Leiters		d
Ammoniumkonzentration (Tab.)		d
Grundwassergleichenkarte		a
Grundwasserhöhe 1988 (Tab.)		d
Grundwasserneubildung nach Flächennutzung (Tab.)		d
Karte der GW-Fließrichtungen		d
GW-fließgeschwindigkeit (Tab.)		d
Karte der CKW-Vert. in GW		d
Arsenkonzentration in GW (Karte)		d
Konz. v. agg. Kohlensäure in GW (Karte)		d
Calciumoxidkonz. in GW (Karten)		a
Gesamthärte in GW (Karte)		a
Konz. freier Kohlensäure in GW		a
Cadmiumkoz. im GW (Karte)		a
Kaliumkonz. im GW (Karte)		a
Mangankonz. im GW		a
Magnesium im GW		a
Nitratkonz. im GW		a
Konz. von org. Kohlenstoff im GW		a
Karbonathärte im GW		a
Lage der Brunnen f. Grundwassermeßstellen (Tab.)		a
GW-höhe, Berechnnung der Frühjahrswerte von 10 Jahren		d
GW-höhe, Jahreswerte (Tab.)		d
GW-höhen 1988 (Tab.)		d
Karten für die Sim. von CKW-Vert. (1990-2180)		d
Eisenkonz. im GW (Karte)		d
Ammoniumkonz. im GW (Karte)		d
Bleikonz. im GW (Karte)		d
Chloridkonz. im GW (Karte)		d
GW-Neubildungsrate mit Kanalisationeinfluß (Tab.)		d
GW-Neubildungsrate nach Flächennutz. (Karte)		d/a

Daten	Anwendung	d/a
GW-Neubildungsrate mit Kanalisationseinfluß		d
Elektrische Leitfähigkeit im GW (Karte)		d
Karte des mittleren Kf-Wertes des GW-Leiters		d
Karte der Grundwasserhöhen		d
Mächtigkeit des GW-Leiters		d
Nitratkonz. im GW 1988 (Karte)		d
pH-Wert im GW (Karte)		d
Säurekonst. im GW (Karte)		d
Simulation NO3-Konz. im GW m. Abbaupro. (Tab.)		d
Simulation NO3-Konz. im GW o. Abbaupro. (Tab.)		d
Sulfatkonz. im GW (Karte)		d
Simulation NO3-Konz. im GW m. Abbaupro. (Karte)		d
Simulation NO3-Konz. im GW o. Abbaupro. (Karte)		d
GW-qualitätsindex (Karte)		d
Hydrogencarbonatkonz. im GW		d
Sim. CKW-Konzentration im GW für 1990 -2180 (Tab.)		d
Sim. CKW-Konzentration im GW für 1990 -2180 (Karte)		d
Lage der Trinkwassernotbrunnen (Tab.)		d
Lage der Trinkwassernotbrunnen (Karte)		d
GW-Höhen Juni 1992		d
Karte der GW-Höhen Juni 1992		d

Herne

Quelle: STADT HERNE (1993)

Daten	Anwendung	d/a
Grundwasserproben aus Pegeln, Quellen, Trink- und Brauchwasserbrunnen (Meßergebnisse)	Grundwasserkataster, Grundwasserschutz, Altlasten	
Informationen zur Meßstelle	Grundwasserkataster, Grundwasserschutz, Altlasten	
Informationen zur Bodenprobenstelle	Bodenkataster, Grundwasserschutz, Altlasten	
Bodenmeßergebnisse	Bodenkataster, Grundwasserschutz, Altlasten	
Informationen zu Grundwasserständen	Bodenkataster, Grundwasserschutz, Altlasten	
Nutzung der Bodenprobenflächen	Bodenkataster, Grundwasserschutz, Altlasten	
Kartierung aller Oberflächengewässer	Fachschale Oberflächengewässer, Gewässerschutz	

Kiel

Quelle: Schriftl. Mitt. Eipl (1995)

Daten	Anwendung	d/a
Bodenschutz/Altlasten		
Bodenkarte des Geologischen Landesamtes		d
Naturnahe Böden		d

Daten	Anwendung	d/a
Erosionsgefährdete Böden		d
Humusreiche Gartenböden		d
Böden mit Neigung zur Schadstoffanreicherung		d
Versiegelungskartierung		d
Karte der Altablagerungen, Verdachtsflächen und sonst. kontaminierten Flächen		d gepl.
Karte der Altstandorte, Verdachtsflächen, sonst. kontamierten Flächen		d gepl.
Vorranggebiete Bodenschutz		d
Gewässerschutz		
Biologische Fließgewässerkartierung, Zustand, Bewertung von Struktur und Fauna, Prioritäten des Fließgewässerschutzes und Dringlichkeit von Sanierungsmaßnahmen		d
Typen des Bodenwasserhaushaltes mit Potentialen und Qualitäten		d
Vorranggebiete Grundwasserschutz (gepl.)		d
Brunnenkataster (gepl.)		d
Lagerbehälter		d

Leverkusen

Quelle: AED GRAPHICS (1991)

Daten	Anwendung	d/a
Boden/Altlasten		
Daten der 650 Meßstellen/Pegel der unteren Wasserbehörde	Altlasten	
Altlastenkataster (Standortbesschreibung, Bearbeitungstand, Nutzung, Sicherungs-/Sanierungsmaßnahmen, Besonderheiten, Angaben zu Proben und Analysen, Bodenverhältnissen, Hydrologie, Rechtsverhältnissen und Finanzierung)	Altlasten	
Grenz- und Richtwerte (Hollandliste, Trinkwasserverordnung, Klokewerte, LÖLF-Liste etc.)	Altlasten, Boden und Gewässerschutz	
Boden: Basisdaten von 500 Meßpunkten mit einem jährlichem Zuwachs von ca. 500 Punkten (Standortdaten, geogr. Position, etc.)	Bodenschutz	
Bodenbelastungsdaten (Blei, Cadmium, Zinn, Nickel, Kupfer, Eisen, Arsen, Thalium, PCBs, PAKs, Pestizide (geplant))	Bodenschutz	
Erfassung der Versiegelungsflächen	Bodenschutz	
Gewässerschutz		
Daten zu Oberflächengewässern an ca. 100 Meßstellen (räumliche Lage der Meßstellen, hydrologische Daten, Wetterverhältnisse, Substratverhältnisse, chem. Substanzen, Vorkommen von Micro- und Macroorganismen)	Oberflächengewässerschutz	
Indirekteinleitererfassung	Gewässerschutz	

München

Quelle: LANDESHAUPTSTADT MÜNCHEN (1994)

Daten	Anwendung	d/a
Boden/Altlasten		
Standortkundliche Bodenkarte (M 1: 50.000)		d/a
Stadtbodenkartierung Blatt Allach (M 1:5.000)		d
Altlastverdachtsflächen - Geometrie		d
Altlastverdachtsflächen - Sachdaten		d
Boden- und Grundwasserkontaminationen		a
Terrassenkanten (obere Terrassenkanten, untere Hangkante, Gefällerichtungen (nur in Verbindung mit anderen Informationen zu wenden))		d/a
Untergrunddaten (Geologie der oberen Bodenschichten)		d/a
Bodenluft- und Bodenmeßdaten (firmenbezogen)		a
Gewässerschutz		
Grundwasserstand (Wasserstände (-isohypsen) des oberen, sog. Hauptgrundwasserhorizontes; räumliche Verteilung)		d/a
Grundwasserflurabstand		d/a
Grundwasser - langjährige Ganglinien (langjährige Wasserstandsschwankungen in den Meßstellen des oberen und einiger oberflächennaher GW-horizonte)		d/a
Grundwasser - Isothermen (Temperaturverhältnisse im oberen und in einigen oberflächennahen Grundwasserhorizonten)		d/a
Chemische Grundwasserdaten		d/a
Meßdaten Brunnen und Kiesgruben (Meßreihen, Gutachten)		a
Firmenbezogene Grundwassermeßdaten (Meßreihen, Gutachten)		a
Wasserschutzgebiete		d/a
Lage der Oberflächengewässer (Übernahme aus der Regionskarte)		d
Meßdaten von Oberflächengewässern (Messungen des Gesundheitsamtes/Wasserwirtschaftsamtes)		a

Neuss

Quelle: STADT NEUSS (1990)

Daten	Anwendung	d/a
Boden/Altlasten		
Boden-Grundlagenkarte (basierend auf der Bodenkarte NRW 1:50.000 sowie einer Flurabstandskarte)	Ermittlung der Probeentnahmestellen für das Bodenbelastungskataster	
Nitrat- und Chloridgehalte in Kulturböden	Bodenbelastungskataster	
Belastung an Schwermetallen, PCB, PAK und Organochlorpestiziden im Überschwemmungsbereich und auf Klärschlammaufbringungsflächen	Bodenbelastungskataster	
Pflanzenschutzmittelanreicherung in Gärten und auf Maisanbauflächen	Bodenbelastungskataster	
Pflanzenverfügbare Schwermetallgehalte in Bereichen mit erhöhtem Schwermetallgehalt	Bodenbelastungskataster	
Schwermetallanreicherung in ausgewählten Nahrungs- und Futtermittelpflanzen	Bodenbelastungskataster	
Schwermetallanreicherung/Streusalzbelastung entlang von Straßen/Parkplätzen	Bodenbelastungskataster	
Karte der Schadstoffkonzentration im Boden	Bodenbelastungskataster	
Karte der pot. Nitratauswaschungsgefährdung	Bodenbelastungskataster	
Karte des Versiegelungsgrades	Bodenbelastungskataster	
Karte der Wege- und Straßennetzdichte	Bodenbelastungskataster	
Karte „Belastungsgrad des Bodens" (abgestuft)	Bodenbelastungskataster	
Karte „Schutzwürdigkeit des Bodens"	Bodenbelastungskataster	
Altlastenkataster M 1:20.000 (Übersichtskarte) bis 1: 500 (Einzeldarstellungen) und beschreibende Darstellung (Akte pro Altlast)	Gefährdungsabschätzung von Verdachtsflächen	
Gewässerschutz		
Grundwasserströmungsmodell (zweidimensional)	Simulierung von Grundwasserverunreinigungen	
Grundwasserqualitätskataster (Erftverband) im Aufbau	Gewässerkataster	
Grundwassergüte-Meßwerte des LWA	Gewässerkataster	
Grundwasseruntersuchung nach hydrochemischen Parametern (geplant)	Gewässerkataster	
Hydraulische Kennwerte des oberen Grundwasserstockwerks (repräsentative Ermittlung geplant)	Gewässerkataster	
Emissionen der Einleiter (Kataster der Wasserrechte aller Entnehmer, Direkt- und Indirekteinleiter)	Gewässerkataster	
Gewässergüteuntersuchungen (biologisch)	Gewässerkataster	

Nürnberg

Quellen: Schriftl. Mitt. Köppel (1994); Schriftl. Mitt. Auth (1995)

Daten	Anwendung	d/a
Boden/Altlasten		
Bodeneinheitsdatei	Bodenschutz/Altlasten	a
Schadensfälle	Bodenschutz, Altlasten	d
Immissionsmeßprogramm zu Bodenbelastungen	Bodenschutz, Altlasten	d
Verdachtsflächenkataster	Bodenschutz, Altlasten	d
Altdeponieverzeichnis	Bodenschutz, Altlasten	d
Sonstige Meßprogramme	Bodenschutz, Altlasten	a
Erstbewertung (Methode)	Bodenschutz, Altlasten	d
Bewertung und Sanierungsziele (Methode)	Bodenschutz, Altasten	a
Statistiken, Überwachung	Bodenschutz, Altlasten	a
Ergebnisse von Altlastenerkundungen und Sanierungen (themat. Karte)	Bodenschutz, Altlasten, Gewässerschutz	a
Geologie (themat. Karte)	Bodenschutz, Altlasten	d
Versiegelungsgrad (themat. Karte)	Bodenschutz, Altlasten	a
Bodeneigenschaften (themat. Karte)	Bodenschutz, Altlasten	a
Bodenbelastungen (themat. Karte)	Bodenschutz, Altlasten	d
Standortpläne	Bodenschutz, Altlasten	d
Altlastenkataster (BImSchG- Anlagen, VAG-Einrichtungen, Altdeponien, Anlagen mit Umgang wassergef. Stoffe, Militäranlagen, Versorgungs-/Infrastruktureinrichtungen, Wohnbauflächen in der Altlastenexposition)	Altlasten	
Schwermetallbelastungen in Kleingärten (geplant)	Altlasten	
Bescheide, Gesetze (geplant)	Altlasten	
Gewässerschutz		
Abwasser	Gewässerschutz	d
Brunnenkataster	Gewässerschutz	d
Daten der Bäder- und Naturgewässerüberwachung	Gewässerschutz	
Daten der Industrieüberwachung	Gewässerschutz	
Daten der Klärwerksüberwachung	Gewässerschutz	
Entwässerungspläne (geplant)	Gewässerschutz	
Fließrichtungen (themat. Karte)	Gewässerschutz	d
Flurabstand (themat. Karte)	Gewässerschutz	d
Grenz- und Richtwerte (geplant)	Gewässerschutz	
Grundwasser (Daten)	Gewässerschutz	d
Grundwasserbelastungen (themat. Karte)	Gewässerschutz	a
Grundwassergleichen (themat. Karte)	Gewässerschutz	d
Grundwassermodell	Gewässerschutz	a
Grundwasserstände (geplant)	Gewässerschutz	

Daten	Anwendung	d/a
Informationssystem für Umweldaten (INFUD) - Abwasser-Kontroll/- Informationssystem	Gewässerschutz	
Lagerdatei (wassergefährdende Stoffe)	Gewässerschutz	d
Oberirdische Gewässer (Daten)	Gewässerschutz	d
Pegelstände (Daten)	Gewässerschutz	d
Satzungen, Ortsrecht	Gewässerschutz	d
Schadensfälle	Gewässerschutz	d
Standortpläne	Gewässerschutz	d
Störfalldaten, Einsatzpläne (geplant)	Gewässerschutz	
Überschwemmungsgebiete (themat. Karte)	Gewässerschutz	d
Überwachungsaufgaben, Statistiken	Gewässerschutz	a
Verteilungsberechnungen	Gewässerschutz	a
VGS-Daten (Direkteinleiter) (geplant)	Gewässerschutz	
Wasserschutzgebiete (themat. Karte)	Gewässerschutz	d

Umlandverband Frankfurt

Quellen: UVF (1991, 1993a, 1993b, 1993c)

Daten	Anwendung	d/a
Boden/Altlasten		
Bodeneinheitsbezogene Ursprungsdaten	Boden-, Grundwasserschutz, Bodeninformationssystem	d/a
Horizontbezogene Ursprungsdaten (nutzungsdiffenziert)	Boden-, Grundwasserschutz, Bodeninformationssystem	d/a
Bodeneinheitsbezogene abgeleitete Ursprungsdaten (nutzungsdifferenziert)	Boden-, Grundwasserschutz, Bodeninformationssystem	d/a
Horizontbezogene abgeleitete Ursprungsdaten (nutzungsdiffenziert)	Boden-, Grundwasserschutz, Bodeninformationssystem	d/a
Bodenübersichtskarte M 1: 100.000 (aus Bodentyp und Ausgangsgestein)	Boden-, Grundwasserschutz, Bodeninformationssystem	d/a
Bodenkarte M 1: 25.000	Boden-, Grundwasserschutz, Bodeninformationssystem	d/a
Karte der grundwassernahen Böden und der staunassen Böden M 1:100.000	Boden-, Grundwasserschutz, Bodeninformationssystem	d/a
Karte der nutzbaren Feldkapazität der durchwurzelten Bodenzone und der nutzbaren Feldkapazität bis 10 dm Bodentiefe M 1:100.000	Boden-, Grundwasserschutz, Bodeninformationssystem	d/a
Karte der pH-Werte im Bodenprofil M 1:100.000	Boden-, Grundwasserschutz, Bodeninformationssystem	d/a
Karten des potentiellen Blei-Filtervermögens und potentiellen Cadmium-Filtervermögens	Boden-, Grundwasserschutz, Bodeninformationssystem	d/a
Karte der Versickerung in einem feuchten Jahr des Zeitraumes 1978-83		d
Karte der Versickerung in einem trockenen Jahr des Zeitraumes 1978-83		d
Mittlere Versickerung des Zeitraumes 1978-83		d

Daten	Anwendung	d/a
Bodenschwermetallkarten:		
Karte der potentiellen Bleigehalte (bis 3 dm Bodentiefe in kg/ha/3dm)		
Karte der potentiellen Zinkgehalte (bis 3 dm Bodentiefe in kg/ha/3dm)	Boden-, Grundwasserschutz	d/a
Karte der potentiellen Kupfergehalte (bis 3 dm Bodentiefe in kg/ha/3dm)	Boden-, Grundwasserschutz	d/a
Karte der potentiellen Nickelgehalte (bis 3 dm Bodentiefe in kg/ha/3dm)	Boden-, Grundwasserschutz	d/a
Karte der potentiellen Chromgehalte (verfügbar, aber nicht Bestandteil des UVA) (bis 3 dm Bodentiefe in kg/ha/3dm)	Boden-, Grundwasserschutz	d/a
Karte der Cadmiumgehalte (geplant)	Boden-, Grundwasserschutz	d/a
Bleigehalt in ppm bzw. mg/kg (Daten im Bodenkataster)	Boden-, Grundwasserschutz	
Kupfergehalt in ppm bzw. mg/kg (Daten im Bodenkataster)	Boden-, Grundwasserschutz	
Zinkgehalt in ppm bzw. mg/kg (Daten im Bodenkataster)	Boden-, Grundwasserschutz	
Chromgehalt in ppm bzw. mg/kg (Daten im Bodenkataster)	Boden-, Grundwasserschutz	
Cadmiumgehalt in ppm bzw. mg/kg (Daten im Bodenkataster)	Boden-, Grundwasserschutz	
Arsengehalt in ppm bzw. mg/kg (Daten im Bodenkataster)	Boden-, Grundwasserschutz	
Quecksilbergehalt in ppm bzw. mg/kg (Daten im Bodenkataster)	Boden-, Grundwasserschutz	
„Altlasten"-Problemkataster (erfaßt sind: - vom RP festgestellte Altlast - ehemalige Gaswerke - Altablagerungen - Altablagerungen aus dem Kataster der HLfU - Altablagerungshinweise - insgesamt ca. 1.800 Flächen mit bis zu 160 Attributen) M 1:10.000	Boden-, Grundwasserschutz	
Karte der Altablagerungen und Wasserschutzgebiete (Lage der Altstandorte zu WSG und Trinkwassergewinnungsanlagen) M 1: 25.000	Altlasten	d/a
Karte der Altablagerungen: Größe und Untersuchungsstand M:1.100.000	Altlasten	d/a
Kriterienkatalog zu Altablagerungen im UVF siehe „Altablagerungsbericht" 1987	Altlasten	d/a
Gewässerschutz		
Klärschlammdaten (Parameter: Cadmium, Chrom, Kupfer, Quecksilber, Nickel, Blei, Zink, Ammoniumstickstoff, organischer Stickstoff, Nitrit und Nitratstickstoff, Gesamt-Phosphor, Kalium, Calcium, Magnesium; seit 1990 auch Silber, Alumium, Eisen, Zinn); seit 1986 im Schadstoffkataster enthalten		
Gewässergütebeurteilung (biologisch-ökologisch) nach Saprobienindex	Grundwasserschutz (Schadstoffkataster)	d/a

Daten	Anwendung	d/a
Gewässerphysiographie: Flußbettform, Sedimentbeschaffenheit, Ufergestaltung, Bewuchs, etc.	Oberflächengewässerschutz (Schadstoffkataster)	
Gewässeruntersuchung (physikalisch-chemisch) nach Parameterliste für Kläranlagen; Temperatur, pH-Wert, spezifische Leitfähigkeit, Sauerstoffgehalt, Sauerstoffsättigung	Oberflächengewässerschutz (Schadstoffkataster)	
Bestimmung chemisch-physikalischer Einzel- und Summenparameter (BSB5, CSB, pH-Wert, TOC, DOC)	Oberflächengewässerschutz (Schadstoffkataster)	
Abwasseranalysen (Parameter: Absetzbare Stoffe, Chloride, Cyanide (gesamt + leicht f), Chromat, Al, Cd, Cu, Hg, Pb, Zink, Ads.org.geb. Hal., Chem. Sauerstoffbedarf, Sulfate, Silber, Arsen, Chrom, Fe, Ni, Zinn, Mineralische Öle, Halog. Kohlenwasserstoffe)	überörtliche Abwasserbeseitigung, Indirekteinleiterkontrolle	d

Wesel (Landkreis)

Quelle: KREIS WESEL (1992)

Daten	Anwendung	d/a
Boden/Altlasten		
Altlasten (INFAL)		d
Bodenkataster		d
Gewässerschutz		
Brunnenkataster		d
Grundwasserkataster		d
Wasserschutzzonen		d
Oberflächengewässer und Sedimente		d
Kleinkläranlagen		d
Wasserbehördliche Erlaubnisse,		d
Indirekteinleiter (INDIKAT)		d
VAWS		d
Wasserrechte		d
Kontroll- und Auskunftsdateien, Umwelt (allgemein)		d
Wasserschutzgebiete		d

Wiesbaden

Quelle: Brief Wieser (1995)

Daten	Anwendung	d/a
Boden/Altlasten		
Altlasten und Altstandorte		d
Altstandort-Erfassungsprogramm		d
Gewässerschutz		
Indirekteinleiterkaster		d
Gewässerbestandskataster		

B Vergleich der Bewertungskriterien und Parameter für die Praxissimulation Dortmund

Bewertungskriterien und Parameter

Boden und Altlastenverdachtsgebiete

Ersteinschätzung bisher	Handbuch Umweltbewertung (HB)	ILR-Vorschlag
Kriterium: Natürlichkeit des Bodenkörpers mit seinen Funktionen Filterfunktion (für Grundwasser), Grundwasserneubildungsfunktion, Regelungsfunktion (Rückhaltung und Abgabe von Stoffen und Energien, Abbau organischer Substanzen), Standortfunktion (für grüne Pflanzen), Pufferfunktion für Schadstoffe, **Parameter:** Natürlich anstehende Bodentypen mit ihren aus der Bodenkarte zu entnehmenden Eigenschaften: Sorptionsfähigkeit, Filtereigenschaft, nutzbare Wasserkapazität und Wasserdurchlässigkeit, Staunässe und mittlerer Grundwasserstand, Bodenwertzahl, Bearbeitbarkeit,	-	**Kriterien:** Hilfskriterium Versiegelungsgrad, s.u.? Grundwasserneubildungsfunktion bei Wasserhaushalt behandeln
	Kriterium: Bodenversiegelung **Parameter:** Versiegelungsgrad der Raumeinheit	Geeignete als Hilfskriterium für Natürlichkeit: Auf Ausprägung der Regelungsfunktion (Rückhaltung und Abgabe von Stoffen und Energien, Abbau organischer Substanzen) und Standortfunktion (für grüne Pflanzen) kann über Versiegelungsgrad geschlossen werden. Wertstufen der Versiegelung übernehmen, aber für den Nutzungstyp darstellen
Kriterium: Seltene Bodenstandorte **Parameter:** Bodentyp	**Kriterium:** Bodeneigenschaften **Parameter:** Bodenzustand nach Feuchtegrad, Nährstoffgehalt und Natürlichkeit, abgeleitet aus dem Bodentyp	übernehmen
Kriterium: Bodenbelastungen **Parameter:** Altlasten und/oder LRP-Daten, grundsätzliche (Schadstoff)belastung von landwirtschaftlichen Nutzflächen wird angenommen (z.T)	**Kriterium:** Bodenkontamination **Parameter:** Konzentration anorganischer/organischer Schadstoffe im Boden (Meßwert aus Bodenmeßprogramm) und/oder Altlast und/oder Nähe zu vielbefahrenen Straßen	Altlastendarstellung übernehmen, Darstellung der Daten aus den Einzelmeßprogrammen bringt wenig zusätzliche Information (über Handeingabe ev. nachtragen) Laut HB ergibt „Nähe zu vielbefahrenen Straßen" Kontaminationsverdacht und damit Meßnotwendigkeit, daher als Puffer darstellen

Bewertungskriterien und Parameter	Flora/Fauna	
	Handbuch Umweltbewertung (HB)	**ILR-Vorschlag**
Ersteinschätzung bisher		
LP-Festsetzungen und Entwicklungsziele	Kriterium: Besonders geschützte Natur- und Landschaftsteile Parameter: NSG, LSG, ND, LB	übernehmen, aber in getrennter Karte der Schutzgebietsausweisungen darstellen
Kriterien: Bioökologischer Gesamtwert nach Blana, Schutzwürdige Biotope nach LÖLF oder Stadtbiotopkartierung Parameter: siehe Kartiervorschriften	Kriterium: Lebensraumfunktion für Pflanzen und Tiere mit fünf Wertstufen Parameter: Schutzwürdige Biotope (LöLF- bzw. Stadtbiotopkataster) oder Ökologischer Gesamtwert nach Blana	übernehmen, aber zur Darstellung des Gesamtwertes verknüpfen
Biotopschutzfunktion (Spez. Ausstattung mit Landschaftselementen und Nutzungsstruktur)	HB: vergleichbar ist nach alten HB: Strukturelle Gliederung von landwirt. und forstwirtsch. genutzten Flächen	Vorschlag: Eingabe- und Darstellungsmöglichkeiten anbieten für ev. durchgeführte oder vorliegende Kartierungen zu diesem Kriterium; Problem: Raumbezugseinheit Biotoptyp liegt nicht vor -> ausweichen auf Realnutzungskarte
Biotopverbund / Biotopvernetzung	nach altem HB: Grad der Einbindung in das städtische Freiflächensystem, dabei wird z.T. bewertet, ob die Fläche Teil eines größeren Freiflächenkomplexes ist (fließt aber auch schon bei Blana ein)	Regel nach HB verändert übernehmen (Biotopverbund), aber bei Biotopvernetzung Problem der Abbildbarkeit, da exakte Entscheidungsregeln für Mindestabstände zwischen Trittsteinbiotopen nur bei bestimmten Tiergruppen bekannt (z.B. Amphibien), daher Bewertungsregel erstmal am Gerät überprüfen, ob sinnvoll, ansonsten Handeingabe
Artenkartierungen	-	Im Blana-Wert schon berücksichtigt, aber Sonderkartierungen der Verbände neu aufnehmen (Handeingabe)
	Vielfalt an „naturnahen" Biotoptypen in der Raumeinheit	Bezugsgröße nicht gegeben (behelfsmäßig ließe sich das Kriterium über Raumbezugseinheit Blana oder durch Verknüpfung mit HB-Kriterium „Einbindung" einbeziehen)
Pufferfunktion für wertvolle Biotope		exakte, artenbezogene Distanzangaben nötig

Bewertungskriterien und Parameter	Klima und Lufthygiene	
	Handbuch Umweltbewertung (HB)	**ILR-Vorschlag**
Ersteinschätzung bisher		
Kriterium: Synthetische Klimafunktion (aus Klimaanalyse Do) Parameter: Klimatope, Spezifische Klimaeigenschaften, Spez. Klimafunktionen, Luftaustausch, Lufthygiene	gleiche Kriterien und Parameter, aber stärker strukturiert mit fünf Wertstufen	übernehmen
Kriterium: Schadstoffbelastung der Luft Parameter: Immissionswerte aus Luftreinhalteplan	Kriterium: Gas- und partikelförmige Immissionen Parameter: Immissionswerte des LRP, Meßwerte der TEMES-Stationen und der Sondermeßprogramme in Do	nur begrenzt aussagekräftig, da Meßwerte des LRP veraltet
Kriterium: Luftgüte nach Bioindikation Parameter: Luftgüteindex der Flechtenkartierung	Kriterium: Luftgüte nach Bioindikation Parameter: Luftgüteindex der Flechtenkartierung	übernehmen

Wasserhaushalt

Bewertungskriterien und Parameter	Handbuch Umweltbewertung (HB)	ILR
Konventionell		
Kriterium: Grundwasserschutzfunktion Parameter: Wird aus Puffereigenschaft der Böden und Grundwasserflurabstand (Angaben aus Bodenkarte) abgeleitet	Wird im Handbuch unter Empfindlichkeit geführt (s.u.)	wie HB
Kriterium: Grundwasseranreicherungsfunktion Parameter: Wird aus der Versickerungseignung des Bodentyps qualitativ abgeleitet	Kriterium: Grundwasserneubildung Parameter: Neubildungsrate, wird nach dem Verfahren von Haertle berechnet	übernehmen aus HB
Kriterium: Retentionsfunktion Parameter: Vorhandene Untergrundretetionsräume im Bereich kleiner Vorfluter werden aus Angaben der Bodenkarte interpretiert	---	Übernahme des Kriteriums sinnvoll, einfache Ableitung der Parameter entweder aus der Bodenkarte, eventuell auch Baugrundkarte, in Kombination mit Gewässerkarte und Grundwasserstandskarte, exakt nur über Modell, aber zu aufwendig Wünschenswert: insgesamt eine stärkere Berücksichtigung der Retentionsleistung von Flächen
	Kriterium: Grundwasserbeschaffenheit Parameter: Konzentration anorganischer und organischer Schadstoffe im Grundwasser	Überprüfen, ob für die Ersteinschätzung relevant
	Kriterium: Gewässerstruktur Parameter: Ökomorphologischer Zustand nach Linienführung (und Fließverhalten), Sohle, Verzahnung Wasser/Land und Breitenvariabilität. Böschungen/Ufer und Gehölze (4 Stufen)	übernehmen
	Kriterium: Gewässergüte Parameter: Saprobienindex, Wasser- und Sedimentchemie	übernehmen

Landschaftsbild und Erholungsfunktion

Bewertungskriterien und Parameter

Konventionell	Handbuch Umweltbewertung (HB)	ILR
Kriterium: Qualität des Landschaftsbildes Parameter: Visueller Gesamteindruck anhand der Nutzungsstruktur (Durchgrünung, Naturerleben, Störfaktoren), Interessante, landschaftstypische Sichtbeziehungen	Kriterium: Erhaltenswerte Ensembles Parameter: Vielfalt, Eigenart und Schönheit eines Landschaftsraumes Visuelle Störfaktoren	im Prinzip übernehmen, Abgrenzungen von Landschaftsteilräumen zur Bewertung notwendig, Realnutzung kann als Grundlagendarstellung dienen, allerdings müssen Parameter vom Gutachter eingeschätzt werden
Kriterium: Erholungsqualität Parameter: Erholungsflächen (Parks, Spielplätze), Freiraumanbindung und Wegebeziehungen, Potentieller Erholungswert von Freiflächen	---	nur beschränkt umsetzbar, Darstellung der Erholungsflächen anhand der Realnutzung, bei anderem gesonderte Digitalisierung notwendig (eventuell aus Freiflächenprogramm -> prüfen)

Lärm

Bewertungskriterien und Parameter

Konventionell	Handbuch Umweltbewertung (HB)	ILR
Lärmbelastung empfindlicher Nutzungen geschätzt	Kriterium: Lärmbelastung Parameter: Schallimmissionen im Breich empfindlicher Nutzungen nach DIN 18005, TA-Lärm, VDI 2058, 16. BImSchVO, AVV Baulärm	übernehmen

Situationskarte: Realnutzung

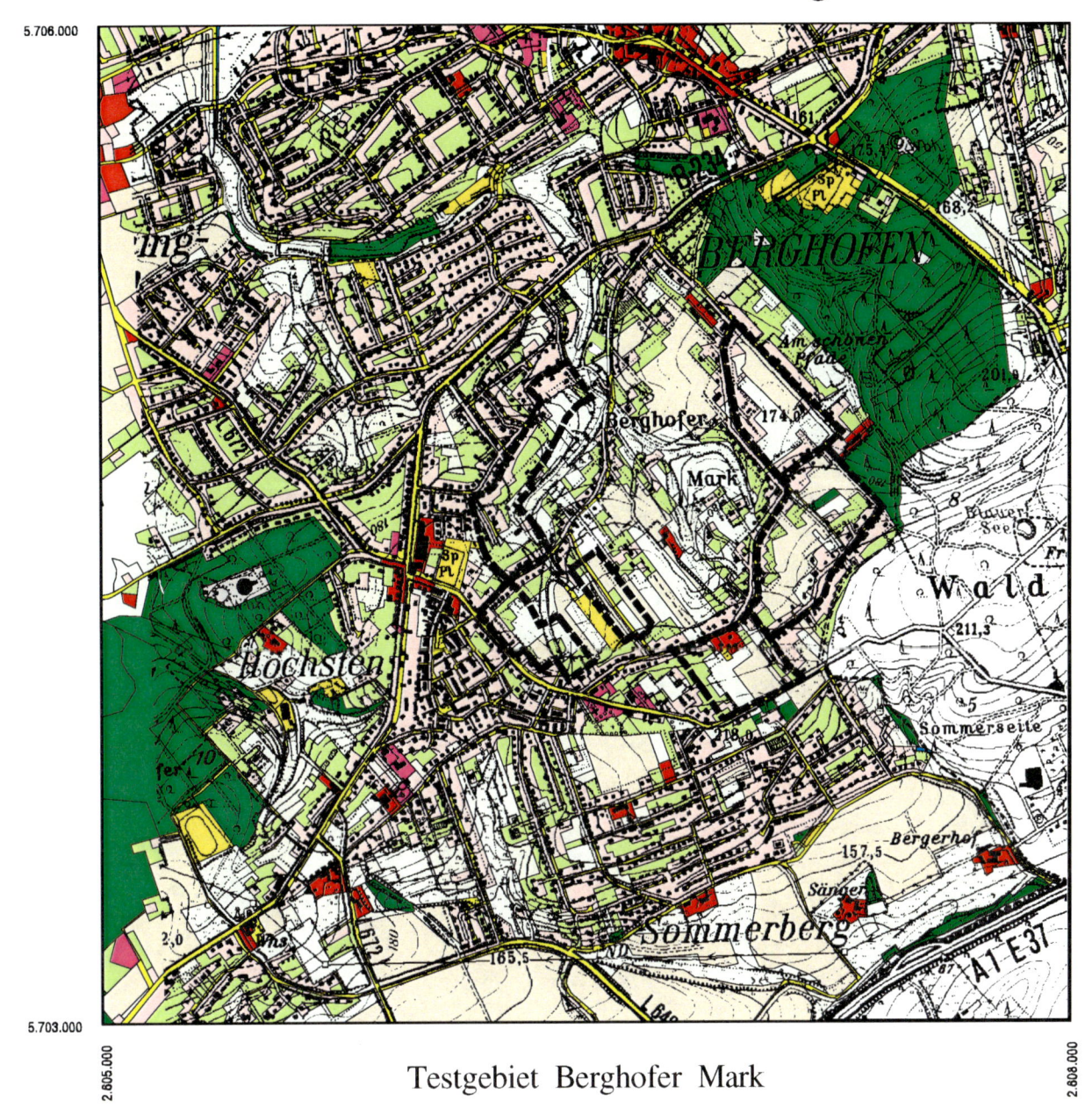

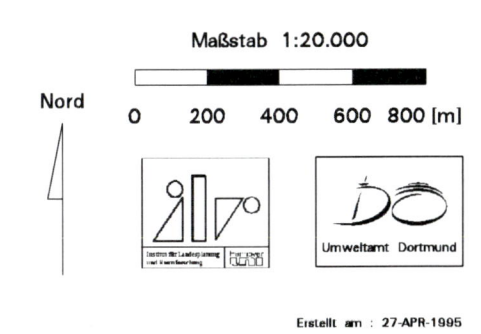

Testgebiet Berghofer Mark

Legende:

Realnutzung (nach KVR)

- Wohnbauflächen
- Gewerbeflächen
- Öffentliche Gebäude
- Industrieflächen, Halden und Deponieflächen
- Straßenverkehrsflächen
- Schienenverkehrsflächen
- Wasserflächen
- Ackerflächen
- Grünland
- Wald
- Garten- und Grünflächen
- Freiflächen und Brachen
- Freizeitflächen
- Unbekannt
- Projektierte B-Plan Gebiete

Maßstab 1:20.000

Nord   0   200   400   600   800 [m]

Umweltamt Dortmund

Erstellt am: 27-APR-1995

Bewertungskarte Flora/Fauna

Testgebiet Berghofer Mark

Legende:

Qualität für Flora und Fauna

- Sehr hoch (LÖBF Biotope oder Stadtbiotope der Wertstufe 1 oder Ökologischer Gesamtwert sehr hoch)
- Hoch (Stadtbiotope der Wertstufe 2 oder Ökologischer Gesamtwert hoch)
- Mittel (Stadtbiotope der Wertstufe 3 oder Ökologischer Gesamtwert mittel)
- Gering (Ökologischer Gesamtwert gering)
- Sehr gering (Ökologischer Gesamtwert sehr gering)

Projektierte B-Plan Gebiete

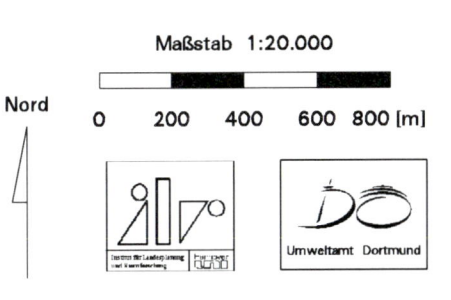

Maßstab 1:20.000

Nord

0 200 400 600 800 [m]

Umweltamt Dortmund

Erstellt am : 02-MAY-1995

Situationskarte: Synthetische Klimafunktion

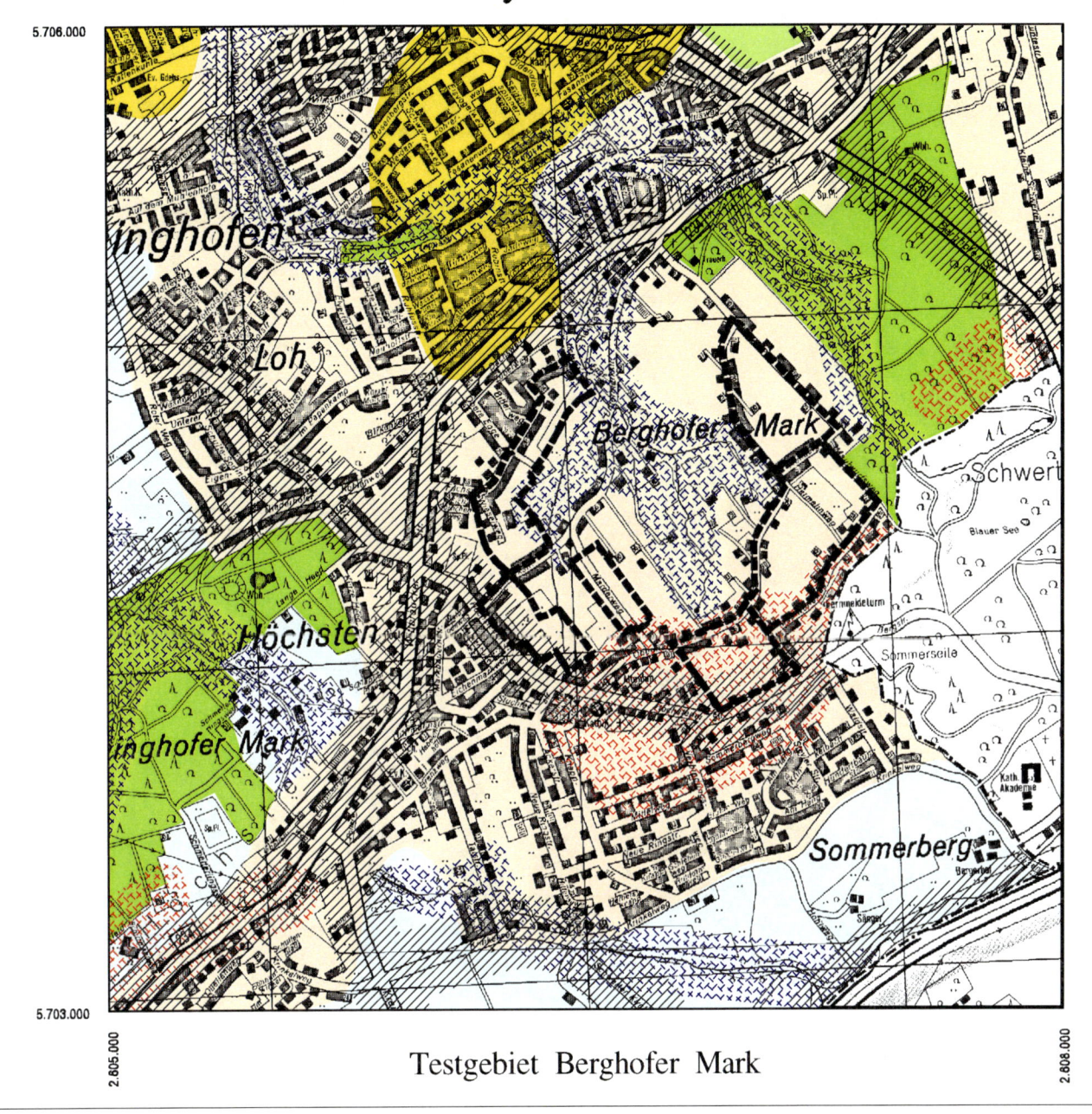

Testgebiet Berghofer Mark

Legende:

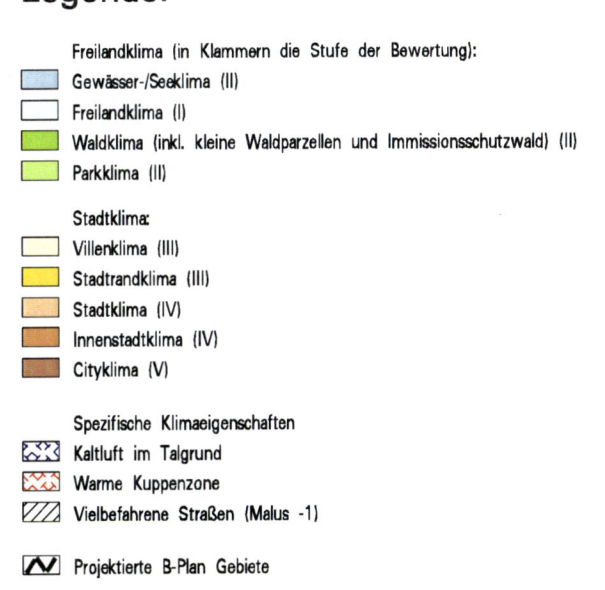

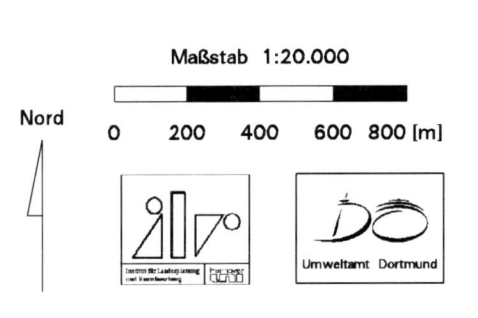

Freilandklima (in Klammern die Stufe der Bewertung):
- Gewässer-/Seeklima (II)
- Freilandklima (I)
- Waldklima (inkl. kleine Waldparzellen und Immissionsschutzwald) (II)
- Parkklima (II)

Stadtklima:
- Villenklima (III)
- Stadtrandklima (III)
- Stadtklima (IV)
- Innenstadtklima (IV)
- Cityklima (V)

Spezifische Klimaeigenschaften
- Kaltluft im Talgrund
- Warme Kuppenzone
- Vielbefahrene Straßen (Malus -1)
- Projektierte B-Plan Gebiete

Maßstab 1:20.000

0   200   400   600   800 [m]

Nord

Umweltamt Dortmund

Erstellt am: 15-MAY-1995